D1748444

Konzepte für die nachhaltige
Entwicklung einer Flusslandschaft

Band 5

Martin Pusch / Helmut Fischer (Hrsg.)
# Stoffdynamik und Habitatstruktur in der Elbe

Mit 214 Abbildungen und 39 Tabellen

Weißensee Verlag
ökologie

**Bibliografische Information Der Deutschen Bibliothek**
Die Deutsche Bibliothek verzeichnet diese Publikation in der Deutschen Nationalbibliografie; detaillierte bibliografische Daten sind im Internet über http://dnb.ddb.de abrufbar.
Pusch, M., Fischer, H. (Hrsg.) (2006) Stoffdynamik und Habitatstruktur in der Elbe. – Konzepte für die nachhaltige Entwicklung einer Flusslandschaft, Bd. 5. Weißensee Verlag Berlin.

ISBN 3-89998-011-5

© Weißensee Verlag, Berlin 2006
Kreuzbergstraße 30, 10965 Berlin
Tel. 0 30/91 20 7-100
www.weissensee-verlag.de
mail@weissensee-verlag.de

**Titelfoto (farbig):** Luftaufnahme der Elbe bei Kilometer 418 bis 420 aus dem Jahr 2003, Bundesanstalt für Gewässerkunde (BfG)
**Umschlagfoto (sw):** Ilona Leyer
**Satz:** Sascha Krenzin, Weißensee Verlag Berlin
Gesetzt aus der Myriad Pro

Alle Rechte vorbehalten
Printed in Germany

**Herausgeber:** Martin Pusch, Helmut Fischer*
*Leibniz-Institut für Gewässerökologie und Binnenfischerei im Forschungsverbund Berlin e.V., Abteilung Limnologie von Flussseen*
*\* jetzt Bundesanstalt für Gewässerkunde, Koblenz*

**Redaktion:** Michael Weber, Elke Rieth-Filaun, Birka Kiebel, Sebastian Kofalk
*Bundesanstalt für Gewässerkunde (BfG), Projektgruppe Elbe-Ökologie*

Die dem Bericht zu Grunde liegenden Vorhaben wurden mit Mitteln des Bundesministeriums für Bildung und Forschung unter den Förderkennzeichen (FKZ) 033 96 02, 033 96 06, 033 98 01, 033 96 03, 033 96 04, 033 95 66 gefördert. Die Veröffentlichung erfolgte im Rahmen des Vorhabens mit dem Förderkennzeichen 033 95 42 A.
Die Verantwortung für den Inhalt dieser Veröffentlichung liegt bei den Autoren.

GEFÖRDERT VOM
Bundesministerium für Bildung und Forschung

Projektträger Jülich
Forschungszentrum Jülich GmbH

Die Erstellung dieser Publikation wurde unterstützt mit Mitteln der Bundesanstalt für Gewässerkunde (BfG) und des Leibniz-Instituts für Gewässerökologie und Binnenfischerei im Forschungsverbund Berlin e.V. (IGB)

## Vorwort zur Buchreihe

Flüsse werden oft als Lebensadern der Landschaft bezeichnet. Ihre Bedeutung ist damit auf einfache Weise umschrieben, sie wird jedoch auf vielfältige Weise interpretiert: Lebensader als Lebensraum für Tiere und Pflanzen in den Auen, aber auch als Transportweg und als Wasserreservoir.

Alle in einem Flussgebiet lebenden und wirtschaftenden Menschen sind mehr oder weniger eng durch das Flusssystem miteinander verbunden. Gelangt beispielsweise in Berlin verunreinigtes Wasser in die Gewässer oder treten an einem Standort im Erzgebirge hohe Nährstoffausträge auf, wird ein Teil dieser Stoffbelastungen über die Havel oder die Mulde in die Elbe und damit in die Nordsee verfrachtet. Wird an der einen Stelle der Wasserstand durch bauliche Maßnahmen im Fluss verändert, kann das noch in großer Entfernung messbare Folgen, z. B. auf die Biotopentwicklung, haben. Zusammengefasst bedeutet das letztendlich, dass diejenigen, die einen Eingriff in die natürlichen Verhältnisse vornehmen, und diejenigen, die davon betroffen sind, oft räumlich weit voneinander entfernt, über das Flusssystem jedoch miteinander verbunden sind.

Erweitert man diesen Aspekt um den Faktor Zeit, kommt der Nachhaltigkeitsgedanke ins Spiel. Denn die Eingriffe in die Natur und ihre Folgen liegen häufig auch zeitlich deutlich auseinander. Stoffe, die sich im Boden zu den Gewässern bewegen, rufen Gewässerbelastungen oft erst Jahre bis Jahrzehnte später hervor. Änderungen des Abflussregimes dagegen können sich sehr schnell auf das Leben in den Flussunterläufen und im Auenbereich auswirken, sei es durch Überschwemmungen oder durch Wasserspiegelabsenkungen und Trockenheit.

Das bedeutet für alle im Einzugsgebiet Handelnden, eine gemeinsame Verantwortung für den Fluss und sein Einzugsgebiet zu übernehmen. Diese Erfordernis wird unterstrichen durch das Setzen internationaler Umweltqualitätsziele und Leitbilder für die europäischen Flüsse, wie sie z. B. die EU-Wasserrahmenrichtlinie oder die Flora-Fauna-Habitat-Richtlinie (FFH) vorsehen. Besonders drastisch hat dies auch das Hochwasserereignis des Jahres 2002 an der Elbe gezeigt. Es hat uns die natürliche Dynamik des Abflussgeschehens, den Einfluss der menschlichen Wirtschaftsweise im Einzugsgebiet (Talsperren, Landwirtschaft) und in der Aue (Eindeichungen), aber auch die wirtschaftlichen Aspekte (Schadenspotenziale) vor Augen geführt sowie den Zwang, die natürlichen Grenzen eines Flusses genauer zu beachten. Ähnliches gilt auch für die extreme Trockenheit des Jahres 2003.

Durch diese beiden Ereignisse rückte die Elbe in den letzten Jahren besonders in den Mittelpunkt des öffentlichen Interesses. Stand sie zunächst für die Teilung zwischen Ost und West, ist sie nun zu einem Symbol für die Einigung Deutschlands und Europas geworden. Die Elbe ist mit einer Länge von ca. 1.100 km und einem Gesamteinzugsgebiet von knapp 150.000 km$^2$ einer der größten Flüsse Mitteleuropas. Obwohl bis heute mehr als 80 % der ursprünglichen Überschwemmungsflächen durch Ausdeichungen verloren gegangen sind, weist die Elbelandschaft noch viele naturnahe Abschnitte auf, die z. T. Schutzgebiete internationalen Ranges darstellen. Nicht zuletzt die Anerkennung des sich über fünf Bundesländer erstreckenden Biosphärenreservats „Flusslandschaft Elbe" durch die UNESCO im Jahr 1997 unterstreicht die Bedeutung des Elberaumes als Natur- und Kulturlandschaft. Allerdings war die Gewässerqualität bis zu Beginn der 1990er-Jahre teilweise sehr schlecht. Aus Sicht der Schifffahrt waren viele wasserbauliche Unterhaltungsmaßnahmen nachzuholen.

## FORSCHUNGSVERBUND ELBE-ÖKOLOGIE

**Das Einzugsgebiet der Elbe (Deutscher Teil)**

- Fließgewässer/See
- Kanal
- Grenze Elbeeinzugsgebiet
- Staatsgrenze
- Landesgrenze
- Städte
- Elbeeinzugsgebiet
- Umgebung

**Lage von Untersuchungsgebieten:**
- Bereich Fließgewässer
- Bereich Auen
- Bereich Einzugsgebiete

Kartengrundlage: BfG / FZJ

### Übergeordnete Themen

- Koordination: Bundesanstalt für Gewässerkunde (BfG) – Projektgruppe Elbe-Ökologie
- Elbe-Ökologie-Informationssystem ELISE (IITB)
- Ökonomische Bewertung und Monetarisierung (TU B)

### Themenbereich Ökologie der Fließgewässer

Forschungsvorhaben:
- Morphodynamik der Elbe (Univ. KA)
- Vorlandbereiche und Strömungsdynamik (BAW)
- Buhnen und semiterrestrische Flächen (TU DA)
- Feststofftransport aus Nebenflüssen (BfG)
- Ökologie der Elbefische (Univ. HH)
- Wanderverhalten von Fischen (NLÖ)
- Biofilme und Sohlpermeabilität (TUD)
- Biozönosen und Stoffflüsse (Univ. HH)
- Stillwasserzonen und Wasserbeschaffenheit (BfG)
- Stoffumsatz an morphologischen Strukturen (IGB)
- Stofftransport und -umsatz in Buhnenfeldern (UFZ)

### Themenbereich Ökologie der Auen

Forschungsvorhaben:
- Naturschutz und Landwirtschaft (NNA)
- Auenregeneration durch Deichrückverlegung (LAGS)
- Rückgewinnung von Retentionsflächen (LAU LSA)
- Bioindikationssysteme für Auen (UFZ)
- Lebensgemeinschaften in dynamische Habitate (TU BS)
- Ökologische Konzepte für Elbe-Auenwälder (TUD)
- Schutz und Nutzung im Biosphärenreservat Mittlere Elbe (Univ. Halle)
- Revitalisierung der Unstrutaue (TLU)
- Erosionsminderung und Grünlandnutzung (SLfL)

### Themenbereich Landnutzung im Einzugsgebiet

Forschungsvorhaben:
- Naturräumliche Klassifizierung des Elbe-Einzugsgebietes (FZJ)
- Landschaftswasser- und stoffhaushalt Elbe-Einzugsgebiet (PIK)
- Wasser- und Stoffhaushalt im Tiefland (ZALF)
- Wasser- und Stoffhaushalt im Lössgebiet (UFZ)
- Wasser- und Stoffhaushalt im Festgestein (TUD)

**Abb. 0-1:** Der deutsche Teil des Elbe-Einzugsgebietes mit den Vorhaben und Themenbereichen des BMBF-Forschungsverbundes „Elbe-Ökologie" (siehe auch http://elise.bafg.de/?3268)

Vor diesem Hintergrund etablierte das Bundesministerium für Bildung und Forschung (BMBF) den Forschungsverbund „Elbe-Ökologie" (siehe Abbildung 0-1). Ziel war es, wissenschaftlich basierte Handlungsstrategien für eine nachhaltige Entwicklung zu entwerfen, die die ökologische Funktionsfähigkeit der Elbe erhalten bzw. verbessern, denn Konzepte für große Flusslandschaften als funktionale Einheit und damit als ökologisches System lagen nur ansatzweise vor.

Ein gemeinsam mit der Wissenschaft und den Entscheidungsträgern auf Bundes- und Landesebene sowie in enger Abstimmung mit der Internationalen Kommission zum Schutz der Elbe (IKSE) erarbeitetes Forschungsprogramm bildete die Grundlage für die anwendungsorientierten Arbeiten.

Ein grundsätzliches Anliegen der Forschungsprojekte bestand in der Weiterentwicklung von Instrumentarien zur Prognose ökologischer Auswirkungen menschlicher Aktivitäten auf die Auen der Elbelandschaft. Die Elbe und ihre größten Zuflüsse werden aufgrund der Hochwassersicherheit und verschiedener Nutzungen, wie z. B. als Bundeswasserstraße, wasserbaulich unterhalten. Ihre Auen und das Einzugsgebiet unterliegen verschiedenen, teils konkurrierenden Nutzungsinteressen. In besonderem Blickfeld standen daher Forschungsfragen, welche Auswirkungen wasserbauliche Konstruktionen (z. B. Buhnen) oder Deichrückverlegungen sowie die Auenwaldrenaturierung auf das Ökosystem Fluss inklusive seiner Aue haben. Von enormer praktischer Bedeutung waren weiterhin Fragen der Auswirkungen von Landnutzungsänderungen im Einzugsgebiet. Vorrangig war hier zu untersuchen, welche Änderungen zu einer Minderung der Nährstoffeinträge in die Fließgewässer beitragen und welche Bedeutung Wasser- und Nährstoffhaushalt für die Lebensgemeinschaften in Auen haben. Mit den entstandenen Modellsystemen (Bioindikations- und Prognosemodelle) können nun wichtige Schlussfolgerungen gezogen werden, welche Folgen menschliche Eingriffe auf den Lebensraum Fluss und die Auen mit sich bringen.

Die Forschung im Rahmen der „Elbe-Ökologie" zeichnete sich durch einen hohen Grad an Interdisziplinarität aus. Ein Hauptanliegen des Forschungsverbundes war es, Entscheidungsgrundlagen für die vollziehende Praxis zu schaffen.

Letzteres war unter anderem die Motivation dafür, den mittlerweile entstandenen Wissensfundus von 28 Forschungsvorhaben und ca. 300 Wissenschaftlerinnen und Wissenschaftlern in Form einer projektübergreifenden Buchreihe mit Konzepten für die nachhaltige Entwicklung einer Flusslandschaft zu veröffentlichen. Neben den direkt an der BMBF-Forschung beteiligten Vorhaben wurden Beiträge weiterer Autoren, die einen engen Bezug zur Thematik haben, integriert.

Die inhaltliche Strukturierung führte zu fünf Bänden, die jeweils einen Themenkomplex abdecken, jedoch auch zahlreiche Querverweise auf die anderen Bände enthalten:

- ▶ **Band 1:** Wasser- und Nährstoffhaushalt im Elbegebiet und Möglichkeiten zur Stoffeintragsminderung
- ▶ **Band 2:** Struktur und Dynamik der Elbe
- ▶ **Band 3:** Management und Renaturierung von Auen im Elbeeinzugsgebiet
- ▶ **Band 4:** Lebensräume der Elbe und ihrer Auen
- ▶ **Band 5:** Stoffdynamik und Habitatstruktur in der Elbe

Diese Form der Ergebnissicherung und der interdisziplinären Zusammenarbeit kann als richtungweisend in der Forschungsförderung angesehen werden. Sie trägt wesentlich dazu bei, die für die Einzelvorhaben eingesetzten Mittel effizient im Sinne der übergreifenden Forschungskonzeption zu verwerten.

Die Autorinnen und Autoren des vorliegenden Bandes repräsentieren 6 Verbundvorhaben. Sie bilanzieren die Ergebnisse von umfangreichen Forschungsarbeiten zu den Lebensraumstrukturen und der Stoffdynamik in der Elbe. Mit innovativen Methoden wurde untersucht, in welchen Gewässerteilen sich flusstypische Organismen entwickeln, welche an Sedimentstrukturen gebundene Stoffumsetzungen in der Elbe ablaufen, welchen Einfluss diese auf die Wasserqualität ausüben, und inwieweit Veränderungen der Habitatstrukturen die Lebensgemeinschaften und Prozesse beeinflussen können. Mit Hilfe von Modellen können die Auswirkungen menschlicher Eingriffe in den Fluss in vielen Bereichen eingeschätzt werden, etwa hinsichtlich von Veränderungen der Zusammensetzung von Lebensgemeinschaften und den damit verbundenen Folgen für die Selbstreinigungskapazität der Elbe. Dabei werden Zusammenhänge zwischen der Hydromorphologie und der Ökologie des Flusssystems deutlich, so dass wertvolle Hinweise für wasserbauliche Fragestellungen abgeleitet werden können. Gleichzeitig werden so auch Entscheidungshilfen für das Erreichen nationaler und internationaler Vereinbarungen und Gesetze, z. B. der Ziele der EU-Wasserrahmenrichtlinie und der Flora-Fauna-Habitat-Richtlinie, gegeben.

Für die Bereitstellung der Mittel zur Durchführung der Forschungen und zur Erstellung des Bandes dieser Buchreihe sei dem Bundesministerium für Bildung und Forschung (BMBF) an dieser Stelle ausdrücklich gedankt. Dieser Dank schließt die sachkundige und profilierte Steuerungstätigkeit von Ingo Fitting (Projektträger Jülich) ein, der durch sein großes Engagement die Entwicklung und die Umsetzung des integrativen Konzeptes ermöglicht hat. Den Mitgliedern des wissenschaftlichen Beirats, die nachfolgend genannt werden, sei für die Einbringung ihrer jahrelangen Erfahrungen in das anwendungsorientierte Gesamtkonzept und danach für die Begleitung und die Qualitätssicherung bei der Durchführung der Arbeiten gedankt.

Ganz besonders ist in diesem Zusammenhang auch den Mitgliedern der Projektgruppe Elbe-Ökologie zu danken. Das Team wechselte in den jetzt gut zehn Jahren in seiner Besetzung, aber immer war es dieser „zugstarke Motor", der durch hohen persönlichen Einsatz einer/s jeden, mit kreativen Ideen, Weitsicht und Fingerspitzengefühl das Gesamtprojekt auf Kurs hielt und nun zu einem erfolgreichen Abschluss bringt.

Die Herausgeber dieses Bandes, Martin Pusch und Helmut Fischer, haben die anspruchsvolle Aufgabe der inhaltlichen und formgerechten Gesamtgestaltung des vorliegenden Bandes übernommen und seine Erstellung koordiniert. Ihnen ist es gelungen, bei der integrativen Darstellung der ökologischen Funktionen von Gewässerstrukturen für die Lebensgemeinschaften und die Stoffumsetzungen im Fluss einen durchgehenden inhaltlichen Bogen zu spannen und neben den wissenschaftlichen Aspekten die anwendungsorientierte Zielstellung in das Blickfeld zu rücken. Dafür sei eine besondere Anerkennung ausgesprochen. Schließlich gilt allen Autorinnen und Autoren großer Dank. Sie haben außerhalb ihres eigentlichen Forschungsauftrages in nicht unerheblichem Ausmaß Zeit in die Erstellung dieser gemeinsamen Publikation investiert. Dem Weißensee Verlag danken wir für die gute Zusammenarbeit und die gelungene Gestaltung der Publikationsreihe.

|  |  |
|:---:|:---:|
| Volkhard Wetzel | Fritz Kohmann |
| Leiter der Bundesanstalt für | Bundesanstalt für Gewässerkunde (BfG) |
| Gewässerkunde (BfG) | Projektleitung Koordination |

## Wissenschaftlicher Beirat des Forschungsverbundes „Ökologische Forschung in der Stromlandschaft Elbe (Elbe-Ökologie)"

Dr. P. Braun
Ehem. Bayerisches Landesamt für Wasserwirtschaft, München

BD Dipl.-Ing. N. Burget
Niedersächsisches Umweltministerium, Hannover

Prof. Dr. E. Dister
Universität Karlsruhe (TH), Institut für Wasser und Gewässerentwickung,
Bereich WWF-Auen-Institut, Rastatt

Dr. I. Fitting
Forschungszentrum Jülich GmbH, Projektträger Jülich, Außenstelle Berlin

Dr. A. Henrichfreise
Bundesamt für Naturschutz, Bonn

Dr. V. Herbst
Niedersächsischer Landesbetrieb für Wasserwirtschaft, Küsten- und Naturschutz, Hildesheim

Dr. F. Kohmann
Bundesanstalt für Gewässerkunde, Koblenz

Prof. Dr.-Ing. F. Nestmann
Universität Karlsruhe, Institut für Wasserwirtschaft und Kulturtechnik

Prof. Dr.-Ing. habil. J. Quast
Zentrum für Agrarlandschafts- und Landnutzungsforschung (ZALF), Müncheberg

Prof. Dr. D. Sauerbeck†
Ehem. Bundesforschungsanstalt für Landwirtschaft, Braunschweig

MR U. Schell
Ehem. Ministerium für Umwelt, Natur und Forsten des Landes Schleswig-Holstein, Kiel

Dipl.-Ing. M. Simon
Ehem. Sekretariat der Internationalen Kommission zum Schutz der Elbe (IKSE), Magdeburg

Dr. B. Statzner
Centre National de la Recherche Scientifique (CNRS), Lyon

Prof. Dr. D. Uhlmann
Technische Universität Dresden und Sächsische Akademie der Wissenschaften zu Leipzig

Prof. Dr.-Ing. H.-J. Vollmers
Ehem. Universität der Bundeswehr München

Prof. Dr. Dr. W. Werner
Ehem. Universität Bonn, Agrikulturchemisches Institut, Bonn

## Vorwort der Herausgeber des vorliegenden Bandes

Der vorliegende Band ist der Frage gewidmet, wie die charakteristischen Prozesse und Organismen in einem großen Flussökosystem wie der Elbe von den vorhandenen Flussbettstrukturen, insbesondere Buhnenfeldern und Unterwasserdünen, beeinflusst werden. Dies betrifft vor allem die am Sediment angesiedelten Lebensgemeinschaften, die biologischen Stoffumsetzungen und den Stoffaustausch zwischen dem Hauptstrom und den benachbarten Ökosystem-Kompartimenten.

Dahinter verbergen sich weitere Fragen wie die zum Einfluss der Buhnenfelder auf Planktonentwicklung, Sauerstoffgehalt und Schwebstoffrückhalt in der Elbe, zur Funktion der kleinsten Organismen – Bakterien und Algen – für den Stoffumsatz und die Wasserqualität, sowie zur Besiedlung der verschiedenen Gewässerbereiche der Elbe durch wirbellose Tiere. Wie verändern sich Algenfracht, Schwebstoffablagerungen und die Vielfalt der Wirbellosen unter dem Einfluss des Menschen? Wird dabei das Selbstreinigungspotenzial der Elbe berührt? Was verändert sich, wenn die herkömmlichen Buhnenformen modifiziert werden? Die Fragen zeigen, dass an der Elbe Wissenschaft und Flussmanagement eng verwoben sind. Ihre Beantwortung liefert somit gleichzeitig wesentliche Grundlagen für die Bewirtschaftung der Elbe.

Die genannten Fragen wurden daher – zusammen mit weiteren – in einem in den Jahren 1998 bis 2003 arbeitenden Verbund von Forschungsprojekten unter dem Titel „Strukturgebundener Stoffumsatz und Bioindikation in der Elbe" untersucht. Der vorliegende Band fasst dessen Ergebnisse eingehender Felduntersuchungen in übersichtlicher und möglichst verständlicher Weise zusammen. So werden die Verknüpfungen zwischen den Lebensgemeinschaften der Elbe und den in einem Gewässerquerschnitt der Elbe vorhandenen Flussbettstrukturen, die jeweils eigene (mittelskalige) Lebensräume bilden, deutlich. Es werden darüber hinaus Modelle vorgestellt, die eine Prognose der Auswirkungen von Veränderungen des Flusses und seiner Struktur erlauben.

Die zugrunde liegenden Ergebnisse haben zahlreiche Wissenschaftler aus sechs Institutionen erarbeitet, wobei sich aufgrund der Größe des Stroms besondere wissenschaftliche, methodische und logistische Herausforderungen stellten. Diese wurden in einer fachübergreifenden Zusammenarbeit von Hydrologen, Ingenieuren, Biologen und Mathematikern gelöst, wobei die Verknüpfung der unterschiedlichen Forschungsfelder zu innovativen Forschungsansätzen und interessanten Ergebnissen führte, die in einer Vielzahl von Publikationen präsentiert wurden. In der Summe entstand ein moderner Blick nicht nur auf den faszinierenden Strom, sondern auch auf seine Erforschung. Nicht zuletzt werden zeitgemäße Entscheidungshilfen für die Planung wasserbaulicher Maßnahmen zur Verfügung gestellt.

Wir danken allen Kollegen für ihre engagierte Teilnahme an dem Verbundprojekt, ihren Willen zur Zusammenarbeit und ihre Offenheit gegenüber interdisziplinären Ansätzen. Allen Autoren sei für ihren besonderen Einsatz bei der Erstellung dieses Buches gedankt, zumal er meist lange über den eigentlichen Zeitrahmen des Projektes hinausging. Für die finanzielle Förderung der Forschungsarbeiten und der Erstellung dieses Buchs danken wir dem Bundesministerium für Bildung und Forschung (BMBF), der Bundesanstalt für Gewässerkunde (BfG) und dem Leibniz-Institut für Gewässerökologie und Binnenfischerei (IGB), sowie für die Finanzierung einer ergänzenden Studie der EU-Kommission. Dem Wasser- und Schifffahrtsamt Magdeburg ist für die außerordentliche Chance zur Erforschung des überströmten Elbegrundes durch die jeweils zweimalige

Bereitstellung des Taucherschachtschiffes bei Dresden, Coswig und Magdeburg besonders zu danken, wobei diese Kooperation freundlicherweise von Frau R. Eidner (BfG) in die Wege geleitet wurde.

Für ihre engagierte Hilfe bei der Konzeption und Realisierung des Projektverbunds danken wir Herrn I. Fitting vom Projektträger Jülich (Berlin), Herrn F. Kohmann (BfG) sowie Herrn H. Kausch (Hamburg). Während der Projektbearbeitung wurden einzelne Vorhaben dankenswerterweise von Herrn G. Stoyan (Budapest), Herrn D. Müller (BfG) und Herrn S. Naumann (Umweltbundesamt) beraten. Wir danken auch Herrn A. Schöl (BfG) für die Übernahme und erfolgreiche Durchführung der Wasserqualitätsmodellierung in der Endphase des Projektverbunds.

Ganz besonderer Dank gebührt der Projektgruppe „Elbe-Ökologie" bei der Bundesanstalt für Gewässerkunde (BfG). Sie hat uns über die gesamte Projektdauer sehr engagiert und konstruktiv begleitet und uns bei der Bearbeitung und Redaktion der Buchmanuskripte enorm unterstützt. Dabei hat uns besonders Herr Michael Weber in der Schlussphase in unermüdlicher und perfekt organisierter Weise geholfen. Schließlich sei dem Weißensee Verlag, hier insbesondere dem Grafiker Herrn S. Krenzin gedankt für die gute Zusammenarbeit und die sehr ansprechende Gestaltung des Buches.

|  |  |
|---|---|
| **Martin Pusch** | **Helmut Fischer** |
| Leibniz-Institut für Gewässerökologie, und Binnenfischerei, Berlin | Bundesanstalt für Gewässerkunde, Koblenz |

## Projekte des BMBF-Forschungsverbundes „Elbe-Ökologie", deren Ergebnisse zur Erstellung dieses Bandes herangezogen wurden:

**Bedeutung flußmorphologischer Strukturelemente für partikuläre Stoffaustausch- und -umsetzungsprozesse sowie für die Sedimentfauna der Elbe (FKZ: 0339602)**

- Leibniz-Institut für Gewässerökologie und Binnenfischerei im Forschungsverbund Berlin e.V. (IGB), Abteilung Limnologie von Flussseen und Abteilung Ökohydrologie

**Struktur und Dynamik der pelagischen, benthischen und aggregatassoziierten Biozönosen, ihrer Wechselwirkungen und Stoffflüsse (FKZ: 0339606)**

- Universität Hamburg, Institut für Hydrobiologie und Fischereiwissenschaft (IHF)

**Stofftransport und -umsatz in Buhnenfeldern der Elbe (FKZ: 0339801)**

- Umweltforschungszentrum Leipzig-Halle GmbH in der Helmholtz-Gemeinschaft (UFZ), Department Fließgewässerökologie Magdeburg
- Technische Universität Darmstadt, Institut für Wasserbau und Wasserwirtschaft

**Bedeutung der Stillwasserzonen und des Interstitials für die Nährstoffeliminierung in der Elbe (FKZ: 0339603)**

- Bundesanstalt für Gewässerkunde (BfG), Referat Ökologische Wirkungszusammenhänge
- Ecosystem Saxonia GmbH, Dresden
- Hydromod GbR, Wedel

**Bedeutung der Biofilme im Interstitial der Elbe für die Stoffdynamik, die Sohlepermeabilität und die Nährstoffelimination (FKZ: 0339604)**

- Technische Universität Dresden, Institut für Mikrobiologie

**Morphologie der Elbe (FKZ: 0339566)**

- Universität Karlsruhe, Institut für Wasser und Gewässerentwicklung, Bereich Wasserwirtschaft und Kulturtechnik

## Zusätzliches Projekt, das nicht aus dem BMBF-Forschungsverbund „Elbe-Ökologie" finanziert wurde:

**Management of fluvial waterways: Ecological effects of groyne construction types, EU-Marie Curie-Stipendium für Dr. Xavier-François Garcia (Vertrag Nr. EVK1-CT-2001-50013)**

- Leibniz-Institut für Gewässerökologie und Binnenfischerei im Forschungsverbund Berlin e.V. (IGB), Abteilung Limnologie von Flussseen

# Autorenverzeichnis

**Baumert,** Dr. Helmut Z.
(ehem. HYDROMOD – Wissenschaftliche Beratungsgesellschaft GbR), Institut für Angewandte Marine
und Limnische Studien – IAMARIS
Bei den Mühren 69A, 20457 Hamburg
*baumert@iamaris.net*

**Böhme,** Michael
Umweltforschungszentrum Leipzig-Halle GmbH,
Department Fließgewässerökologie
Brückstr. 3a, 39114 Magdeburg
*boehme@gmx.de*

**Brauns,** Mario
Leibniz-Institut für Gewässerökologie und Binnenfischerei, Abteilung Limnologie von Flussseen
Müggelseedamm 301, 12587 Berlin
*brauns@igb-berlin.de*

**Brunke,** Dr. Matthias
(ehem. Leibniz-Institut für Gewässerökologie
und Binnenfischerei), Landesamt für Natur und
Umwelt des Landes Schleswig-Holstein
Hamburger Chaussee 25, 24220 Flintbek

**Büchele,** Bruno
Institut für Wasser und Gewässerentwicklung,
Bereich Wasserwirtschaft und Kulturtechnik
Universität Karlsruhe (TH), Kaiserstrasse 12,
76128 Karlsruhe
*buechele@iwg.uka.de*

**Duwe,** Dr. Kurt
HYDROMOD – Wissenschaftliche Beratungsgesellschaft GbR
Bahnhofstr. 52, 22880 Wedel
*duwe@hydromod.de*

**Eidner,** Dr. Regina
(ehem. Bundesanstalt für Gewässerkunde)
Alt-Köpenick 34, 12555 Berlin

**Engelhardt,** Dr. Christof
Leibniz-Institut für Gewässerökologie und
Binnenfischerei, Abteilung Ökohydrologie
Müggelseedamm 310, 12587 Berlin
*engel@igb-berlin.de*

**Fischer,** Dr. Helmut
(ehem. Leibniz-Institut für Gewässerökologie und
Binnenfischerei)
Bundesanstalt für Gewässerkunde, Referat U2 –
Ökologische Wirkungszusammenhänge
Am Mainzer Tor 1, 56068 Koblenz
*helmut.fischer@bafg.de*

**Garcia,** Dr. Xavier-François
Leibniz-Institut für Gewässerökologie und Binnenfischerei, Abteilung Limnologie von Flussseen
Müggelseedamm 301, 12587 Berlin
*garcia@igb-berlin.de*

**Grafahrend-Belau,** Eva
Leibniz-Institut für Gewässerökologie und Binnenfischerei, Abteilung Limnologie von Flussseen
Müggelseedamm 301, 12587 Berlin
*eva_gafahrend@yahoo.de*

**Guhr,** Dr. Helmut
Umweltforschungszentrum Leipzig-Halle GmbH,
Department Fließgewässerökologie
Brückstr. 3a, 39114 Magdeburg
*helmut.guhr@ufz.de*

**Holst,** Henry
Universität Hamburg, Institut für Hydrobiologie
und Fischereiwissenschaft
Zeiseweg 9, 22765 Hamburg

**Kirchesch,** Volker
Bundesanstalt für Gewässerkunde, Referat U2 –
Ökologische Wirkungszusammenhänge
Am Mainzer Tor 1, 56068 Koblenz
*volker.kirchesch@bafg.de*

**Kloep,** Dr. Frank
(ehem. Technische Universität Dresden,
Institut für Mikrobiologie)
Mommsenstr. 13, 01069 Dresden
*fkloep@web.de*

**Kozerski,** Dr. Hans-Peter
Leibniz-Institut für Gewässerökologie und Binnenfischerei, Abteilung Limnologie von Flussseen
Müggelseedamm 301, 12587 Berlin
*kozerski@igb-berlin.de*

**Kranich,** Johannes
ECOSYSTEM SAXONIA GmbH
Overbeckstr. 21, 01139 Dresden
*ecodrlange@aol.com*

**Kröwer,** Sandra
Friedrich-Schiller-Universität Jena,
Institut für Ökologie, AG Limnologie
Carl-Zeiss-Promenade 10, 07745 Jena
*sandra.kroewer@uni-jena.de*

**Lange,** Dr. Klaus-Peter
ECOSYSTEM SAXONIA GmbH
Overbeckstr. 21, 01139 Dresden
*ecodrlange@aol.com*

**Levikov,** Dr. Simon
(ehem. HYDROMOD – Wissenschaftliche
Beratungsgesellschaft GbR)
Dorotheenstr. 74, 22301 Hamburg
*semen.levikov@freenet.de*

**Ockenfeld,** Dr. Klaus
(ehem. Umweltforschungszentrum Leipzig-Halle
GmbH, Department Fließgewässerökologie)
Hauptstr. 7, 56220 St. Sebastian

**Pusch,** Dr. Martin
Leibniz-Institut für Gewässerökologie und Binnenfischerei, Abteilung Limnologie von Flussseen
Müggelseedamm 301, 12587 Berlin
*pusch@igb-berlin.de*

**Schöl,** Andreas
Bundesanstalt für Gewässerkunde, Referat U2 –
Ökologische Wirkungszusammenhänge
Am Mainzer Tor 1, 56068 Koblenz
*schoel@bafg.de*

**Schwartz,** Dr. René
(ehem. Leibniz-Institut für Gewässerökologie und
Binnenfischerei), Technische Universität Hamburg-
Harburg, Abteilung Umweltschutztechnik
Eißendorfer Str. 40, 21071 Hamburg
*schwartz@tu-harburg.de*

**Sukhodolov,** Dr. Alexander
Leibniz-Institut für Gewässerökologie und Binnenfischerei, Abteilung Ökohydrologie
Müggelseedamm 310, 12587 Berlin
*alex@igb-berlin.de*

**Wilczek,** Dr. Sabine
Leibniz-Institut für Gewässerökologie und Binnenfischerei, Abteilung Limnologie von Flussseen
Müggelseedamm 301, 12587 Berlin
*sabine-wilczek@web.de*

**Wirtz,** Dr. Carsten
(ehem. Freie Universität Berlin, Institut für
Geographische Wissenschaften),
Terra4 – Gesellschaft für Geosystemanalyse mbH
Heinrich-Zille-Str. 32, 15827 Blankenfelde
*wirtz@terra4*

**Wörner,** Ute
(ehem. Universität Hamburg, Institut für Hydrobiologie und Fischereiwissenschaft)
Hoheluftchaussee 41, 20253 Hamburg
*woerneru@web.de*

**Zimmermann-Timm,** PD Dr. Heike
(ehem. Universität Hamburg, Institut für Hydrobiologie und Fischereiwissenschaft)
Potsdam-Institut für Klimafolgenforschung e.V.
Telegrafenberg, 14412 Potsdam
*heike.zimmermann-timm@pik-potsdam.de*

# Inhaltsverzeichnis

**1 Einleitung** ... 1
*Martin Pusch und Helmut Fischer*

    1.1 Ausgangslage und Ziele ... 1

    1.2 Aufbau des vorliegenden Bandes ... 5

**2 Die Elbe – natürliche Bedingungen und anthropogene Veränderungen** ... 7

    2.1 Entstehung und Gliederung des Flusslaufs ... 7
    *René Schwartz*

    2.2 Abflussverhältnisse und hydraulische Kenngrößen der Gewässerstrukturen entlang der Elbe ... 15
    *Bruno Büchele*

    2.3 Stoffliche Belastungen ... 19
    *Helmut Guhr und René Schwartz*

    2.4 Überblick über die untersuchten Elbabschnitte ... 27
    *Helmut Fischer und Martin Pusch*

**3 Prozesse und Biozönosen im Pelagial des Hauptstroms** ... 31
*Heike Zimmermann-Timm (Einleitung)*

    3.1 Phytoplanktondynamik ... 33
    *Michael Böhme, Helmut Guhr und Klaus Ockenfeld*

        3.1.1 Phytoplanktonentwicklung im Längsschnitt ... 33

        3.1.2 Zeitliche Aspekte der Phytoplanktonentwicklung ... 41

    3.2 Pelagische Stoffumsetzungen ... 44
    *Michael Böhme, Helmut Guhr und Klaus Ockenfeld*

        3.2.1 Übersicht über die einzelnen Stoffumsetzungsprozesse ... 44

        3.2.2 Tagesschwankungen ... 45

        3.2.3 Jahreszeitliche Änderungen ... 49

        3.2.4 Änderungen im Längsverlauf ... 51

        3.2.5 Langzeitveränderungen ... 52

        3.2.6 Einfluss des Phytoplanktons auf die Nährstoffkonzentrationen ... 53

    3.3 Zooplankton im Pelagial des Hauptstroms ... 56
    *Henry Holst*

        3.3.1 Lebensbedingungen des Zooplanktons in Flüssen ... 56

        3.3.2 Zooplanktonentwicklung im Längsverlauf ... 58

        3.3.3 Jahreszeitliche Dynamik ... 58

    3.4 Planktische Bakterien und Einzeller ... 65
    *Ute Wörner und Heike Zimmermann-Timm*

        3.4.1 Planktische Bakterien und Einzeller im Nahrungsnetz ... 65

        3.4.2 Saisonaler Verlauf ... 66

        3.4.3 Längsverlauf ... 69

### 3.5 Aggregate im Pelagial des Hauptstroms ... 72
*Ute Wörner (Kapitel 3.5.1) und Sabine Wilczek (Kapitel 3.5.2)*

    3.5.1 Vorkommen, Größe, Zusammensetzung und Besiedlung von Aggregaten ... 72

    3.5.2 Extrazelluläre Enzymaktivitäten freier und angehefteter Bakterien ... 79

## 4 Prozesse und Biozönosen in den Buhnenfeldern ... 83
*Martin Pusch, René Schwartz und Helmut Fischer (Einleitung)*

### 4.1 Hydro- und Morphodynamik ... 87
*Christof Engelhardt, Alexander Sukhodolov und Carsten Wirtz (Kapitel 4.1.1 und 4.1.2);*
*Helmut Baumert und Kurt Duwe (Kapitel 4.1.3)*

    4.1.1 Strömungsmuster in Buhnenfeldern ... 87

    4.1.2 Hydro- und Morphodynamik einzelner Buhnenfelder ... 89

    4.1.3 Aufenthaltszeiten von Schwebeteilchen in Buhnenfeldern der Elbe ... 99

### 4.2 Sedimentation in Buhnenfeldern ... 105
*René Schwartz und Hans-Peter Kozerski*

    4.2.1 Untersuchung der Bedeutung von Buhnenfeldern für die Retentionsleistung eines Flusses am Beispiel der Mittelelbe ... 105

    4.2.2 Aktuelle Sedimentation ... 106

    4.2.3 Stoffdepot ... 108

    4.2.4 Zusammensetzung rezenter Sedimente ... 110

    4.2.5 Extrapolation des Schwebstoffrückhalts ... 113

### 4.3 Plankton und benthische Besiedlung in Buhnenfeldern ... 118
*Henry Holst (Kapitel 4.3.1); Matthias Brunke (4.3.2); Sandra Kröwer (4.3.3);*
*Ute Wörner und Heike Zimmermann-Timm (4.3.4)*

    4.3.1 Zooplankton ... 118

    4.3.2 Meio- und Makrofauna des Buhnenfeldes ... 120

    4.3.3 Mikrofauna ... 139

    4.3.4 Aggregate im Buhnenfeld ... 144

### 4.4 Bakterien und deren Stoffumsetzungen ... 147
*Helmut Fischer und Sabine Wilczek*

## 5 Prozesse und Biozönosen an der überströmten Flusssohle ... 155
*Matthias Brunke und Martin Pusch (Einleitung)*

### 5.1 Hydrodynamik und lateraler Stoffaustausch ... 157
*Johannes Kranich und Klaus-Peter Lange (Einleitung, Kapitel 5.1.1 und 5.1.2);*
*Helmut Baumert und Simon Levikov (Kapitel 5.1.3)*

    5.1.1 Methodische Ansätze zur Untersuchung des lateralen Stoffaustausches mit dem Parafluvial ... 157

    5.1.2 Lateraler und vertikaler Stoffaustausch der Elbe ... 159

    5.1.3 Theorie und numerische Modellierung der Austauschprozesse zwischen Pelagial und Parafluvial sowie Hyporheal ... 163

### 5.2 Sedimentdynamik ... 171
*René Schwartz, Matthias Brunke und Helmut Fischer*

### 5.3 Biologische Besiedlung ... 174
*Sandra Kröwer (Kapitel 5.3.1); Matthias Brunke (Kapitel 5.3.2)*

    5.3.1 Protozoen der überströmten Flusssohle ... 174

    5.3.2 Meio- und Makrofauna der überströmten Sohle ... 181

## 5.4 Mikrobieller Stoffumsatz in der Flusssohle ...191
*Helmut Fischer, Sabine Wilczek und Matthias Brunke (Kapitel 5.4.1); Frank Kloep (Kapitel 5.4.2, 5.4.3)*

### 5.4.1 Kohlenstoffumsatz ...191
### 5.4.2 Stickstoffumsatz ...198
### 5.4.3 Struktur der bakteriellen Lebensgemeinschaft ...205

## 6 Wechselwirkungen zwischen den Gewässerkompartimenten ...209
*Michael Böhme (Einleitung)*

### 6.1 Wechselwirkungen zwischen Hauptstrom und Buhnenfeld ...210
*Michael Böhme*

#### 6.1.1 Untersuchungsansatz ...210
#### 6.1.2 Ergebnisse vom Profil Schnackenburg am Elbe-km 473 ...212
#### 6.1.3 Schlussfolgerungen aus den Flussquerschnitt-Messungen ...216

### 6.2 Wechselwirkungen und Stoffumsatz im Interstitial ...218
*Johannes Kranich und Klaus-Peter Lange*

#### 6.2.1 Untersuchung von Prozessen im Interstitial ...218
#### 6.2.2 Ergebnisse der Untersuchungen bei Dresden-Übigau (Elbe-km 62,1 bis 62,3) ...219
#### 6.2.3 Bedeutung des Interstitials für den Stoffumsatz und -transport ...223

### 6.3 Vertikale Wechselwirkungen zwischen Pelagial und Sediment im Buhnenfeld ...225
*Ute Wörner und Matthias Brunke*

#### 6.3.1 Austauschprozesse in einem Buhnenfeld ...225
#### 6.3.2 Vertikale Wechselwirkungen: Aggregatassoziierte Protozoen ...226
#### 6.3.3 Vertikale Wechselwirkungen: Sedimenteigenschaften ...230

## 7 Auswirkungen von strukturellen Veränderungen und Störungen ...233

### 7.1 Integrierte Modellierung der Wasserbeschaffenheit mit QSim ...233
*Andreas Schöl, Regina Eidner, Michael Böhme und Volker Kirchesch*

#### 7.1.1 Beschreibung des Gewässergütemodells QSim ...233
#### 7.1.2 Stillwasserzonen-Erweiterung in QSim ...237
#### 7.1.3 Modellanwendung auf die Mittelelbe ...240

### 7.2 Einfluss der Buhnenfelder auf die Wasserbeschaffenheit der Mitteleren Elbe ...243
*Andreas Schöl, Regina Eidner, Michael Böhme und Volker Kirchesch*

#### 7.2.1 Modellvalidierung für das Jahr 1998 ...243
#### 7.2.2 Einfluss der Buhnenfelder auf den Stoffhaushalt und das Plankton in der Mittelelbe ...253
#### 7.2.3 Simulationen zum Einfluss verschiedener Bauformen von Buhnenfeldern ...260

### 7.3 Auswirkungen von wasserbaulichen Veränderungen ...264
*Helmut Fischer und Martin Pusch (Kapitel 7.3.1); Xavier-François Garcia, Mario Brauns und Martin Pusch (Kapitel 7.3.2); Matthias Brunke, Eva Grafahrend-Belau und Martin Pusch (Kapitel 7.3.3)*

#### 7.3.1 Auswirkungen wasserbaulicher Eingriffe auf das Zoobenthos und die mikrobiellen Stoffumsetzungen ...264
#### 7.3.2 Makrozoobenthos-Besiedlung in unterschiedlichen Buhnenfeldtypen ...272
#### 7.3.3 Bedeutung von Totholz für das Makrozoobenthos ...278

### 7.4 Auswirkungen der Schifffahrt ...285
*Matthias Brunke und Helmut Guhr*

#### 7.4.1 Wasserspiegelschwankungen und Wirkungen der hydraulischen Kräfte ...286
#### 7.4.2 Verteilung des Benthos im exponierten Buhnenfeld und Drift der Fauna ...291

7.5 Synthese der Auswirkungen .................................................. 295
*Martin Pusch, Helmut Fischer und René Schwartz*

7.6 Szenarien und Entscheidungshilfen .......................................... 301
*Martin Pusch*

# 8 Zusammenfassung und Ausblick ................................................ 311
*Martin Pusch und Helmut Fischer*

**Publikationen aus dem Projektverbund** ............................................ 321

**Literaturverzeichnis** ............................................................ 327

**Abbildungsverzeichnis** .......................................................... 359

**Tabellenverzeichnis** ............................................................ 365

**Glossar** ........................................................................ 367

**Abkürzungsverzeichnis** .......................................................... 383

# 1 Einleitung
*Martin Pusch und Helmut Fischer*

## 1.1 Ausgangslage und Ziele

Die Elbe wird verbreitet als naturnaher und schöner Strom empfunden (z. B. THIELCKE 1999), da sie auf über 600 km Länge nicht durch Aufstau reguliert wurde und eine deutliche morphologische Eigendynamik der Flussbettstrukturen bewahrt hat. Die hellen Strände und Sandbänke könnten auch der Grund gewesen sein, warum der alteuropäische Name der Elbe von den Römern in der Form von *Albis – weißer Fluss* gebraucht wurde. Auch sind ihre Ufer zumeist nicht hart verbaut sowie kaum genutzt, und an ihren Ufern ist der größte zusammenhängende Auenwaldkomplex Mitteleuropas erhalten geblieben (siehe Abbildung 1-1).

**Abb. 1-1:** Die Elbe bei Cumlosen (rechts oben, Elbe-km 467–470) mit Blick in Strömungsrichtung. Am linken Ufer sind einige durchbrochene Buhnen mit wenig verlandeten Buhnenfeldern zu erkennen, am linken und rechten Ufer ehemalige Fließgerinne der Elbe als Nebengewässer. Das ehemalige Flussbett wird auf der linken Seite von einem Hartholz-Auenwald begrenzt (Foto: BfG).

Im Vergleich zu einigen anderen mitteleuropäischen Flüssen können an der Elbe daher tatsächlich noch die charakteristischen Eigenschaften eines großen Flusses studiert werden. Auf den zweiten Blick fallen dabei jedoch bald auch tief greifende ökologische Probleme des Stroms auf (DÖRFLER 2003, SCHOLTEN et al. 2005): Zunächst die langen Stauhaltungen im Oberlauf und in der Moldau, welche die stromab benötigten Geschiebe zurückhalten und statt dessen den Strom mit Planktonalgen animpfen, die sich im Längsverlauf aufgrund der Nährstoffbelastung (siehe Band 1 dieser Reihe: „Wasser- und Nährstoffhaushalt im Elbegebiet …") massenhaft vermehren. Daneben die Auswirkungen des Ausbaus zur Schifffahrtsstraße, der mit einer deutlichen Vertiefung und Einengung des Stroms verbunden war, wobei die Tiefenerosion abschnittsweise noch heute anhält. Das Erscheinungsbild des Stroms wird seit dem durchgehenden Bau von Buhnen und Deckwerken durch die damit verbundene Monotonisierung der Ufer geprägt. Die Auen sind großteils eingedeicht, damit meist vom Fluss abgetrennt, und sind unter anderem durch einen Verfall des Grundwasserspiegels sowie Nutzungsänderungen potenziell bedroht (siehe Band 4 dieser Reihe: „Lebensräume der Elbe und ihrer Auen").

Die relative Naturnähe der Elbe ist auch das Ergebnis ihrer geringen Bedeutung und Unterhaltung als Schifffahrtsstraße während der Zeit der deutschen Teilung. Damals war sie allerdings durch industrielle und kommunale Abwässer so stark verunreinigt, dass noch 1990 bei der Bewertung der Wassergüte einige Flussabschnitte im Dresdener Raum mit einer hierzu neu geschaffenen Kategorie als „ökologisch zerstört" klassifiziert werden mussten. Stand die Elbe bis dahin somit für massive Gewässerverschmutzung und für die Teilung zwischen Ost und West, spiegelten sich die raschen wirtschaftlichen Umwälzungen in ihrem Einzugsgebiet im Flusswasser noch im Jahr 1990 durch eine rasante Verbesserung der Wassergüte wider.

Allerdings wurden die Nutzungsansprüche nach 1990 von anderer Seite erhöht, indem der Bundesverkehrswegeplan von 1992 eine Vervielfachung des Schifffahrtsverkehrs auf der Elbe prognostizierte. Zur Bewältigung dieses Verkehrs wurde ein Ausbau der Elbe geplant mit dem Ziel, eine fast ganzjährig befahrbare Fahrrinne von mindestens 1,60 m Tiefe und 50 m Breite herzustellen (FAIST und TRABANDT 1996). Hierzu sollten die teilweise zerstörten Buhnen erneuert und neu aufgebaut werden, insbesondere auch in der weniger verbauten, so genannten „Reststrecke", sowie Untiefen ausgebaggert, Felssohle abgetragen und Kolke aufgefüllt werden. In der Folge wurde eine weitere Monotonisierung der Sohlen- und Uferstrukturen erwartet (HEINRICHFREISE 1996, KAUSCH 1996) sowie eine entsprechende Verarmung der biologischen Besiedlung (TITTIZER und SCHLEUTER 1989) befürchtet, verbunden mit einer Einschränkung der ökologischen Funktionen der überströmten Sedimente, vor allem hinsichtlich des Selbstreinigungspotenzials. Nach dem Extremhochwasser der Elbe im August 2002 wurden die Ausbauaktivitäten zwar gestoppt, jedoch werden weiter in größerem Umfang Unterhaltungsmaßnahmen durchgeführt, die z. B. durch die Instandsetzung zerstörter Buhnen in ihrer Wirkung Neubaumaßnahmen ähneln. Der Bundesverkehrswegeplan von 2003 geht von einer wesentlich geringeren, aber immer noch starken Steigerung des Schiffsverkehrs auf der Elbe aus.

Vor diesem Hintergrund wurde vom Bundesministerium für Bildung, Wissenschaft, Forschung und Technologie im August 1995 die Forschungskonzeption „Ökologische Forschung in der Stromlandschaft Elbe (Elbe-Ökologie)" erstellt. Darin werden als Hauptaufgaben genannt, die *„notwendigen Eingriffe in die relativ naturnahen Strukturen der Stromlandschaft Elbe so zu gestalten, dass die noch intakte Dynamik und die natürliche Entwicklungsfähigkeit dieses Flusssystems erhalten werden können"*, und *„Insbesondere wird der Erkenntnisgewinn über Wechselwirkungen zwischen Lebensraumstrukturen und Lebensgemeinschaften angestrebt"*. Es war in diesem Zusammenhang festzustellen, dass der wissenschaftliche Kenntnisstand über biologische Besiedlung, Struktur und Funktion von großen Flüssen – im Gegensatz zu dem über kleinere Fließgewässer – weltweit recht gering war. Insbesondere zur Ökologie von Flusssedimenten und flussmorphologischen Sohlenstrukturen war wenig bekannt. Hinsichtlich der Ökosystemfunktionen stellte SCHWOERBEL (1994) fest: *„Der Transport von pelagischer Produktion und Biomasse ins Sediment ist unbekannt, obwohl er theo-*

*retisch von großer Bedeutung ist"*. Es waren somit zunächst grundlegende ökologische Sachverhalte zu klären, um anhand dieser mögliche Auswirkungen von Ausbaumaßnahmen feststellen und bewerten zu können.

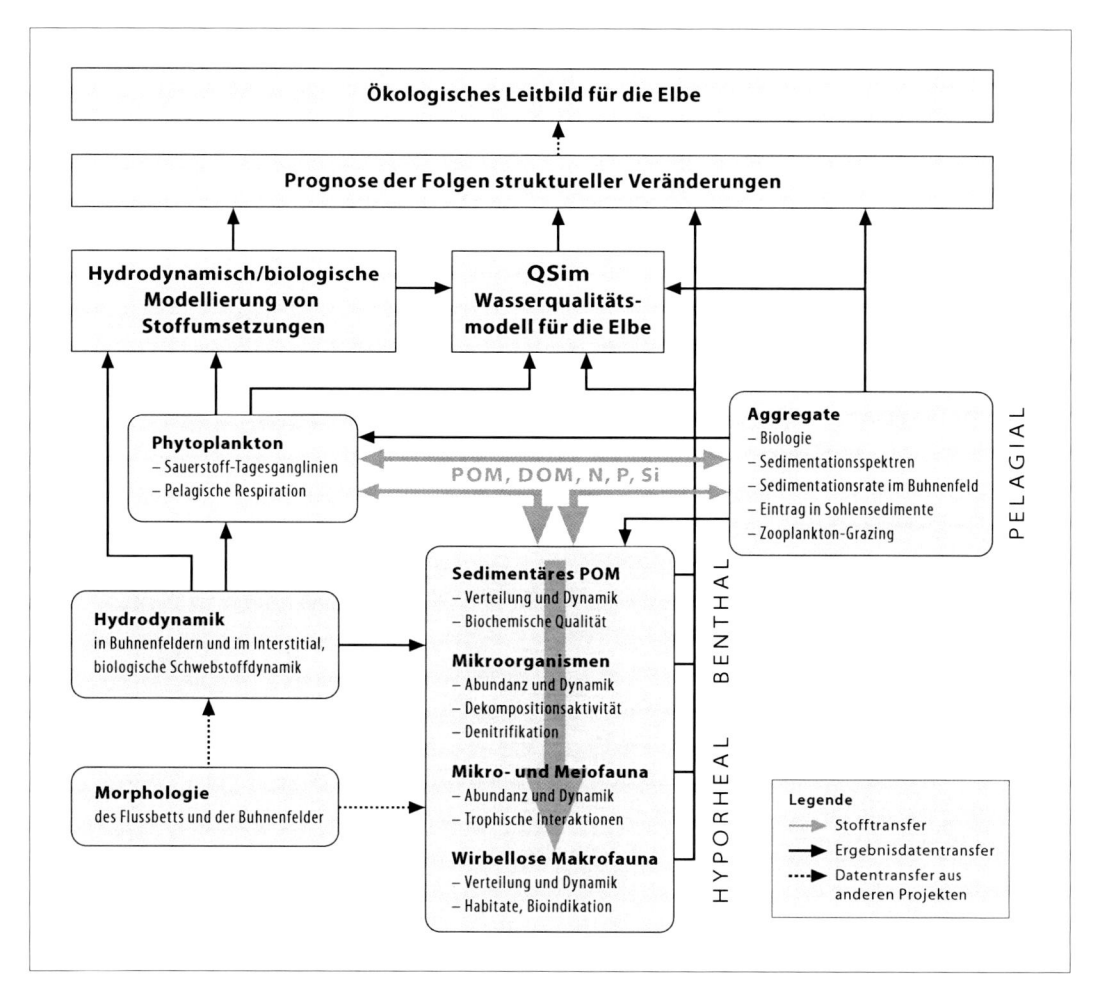

**Abb. 1-2:** Fachliche Struktur des Verbundprojekts „Strukturgebundener Stoffumsatz und Bioindikation in der Elbe" innerhalb der BMBF-Forschungskonzeption „Elbe-Ökologie". Es wurden in diesem Rahmen Felduntersuchungen zu Organismen und Prozessen im Hyphoreal (sowie Parafluvial), Benthal und Pelagial durchgeführt, um die Ergebnisse nicht nur fachspezifisch auszuwerten, sondern damit auch Modellierungsansätze zu verbessern und zu einem ökologischen Leitbild der Elbe beizutragen. Die Abkürzungen sind im Abkürzungsverzeichnis am Ende dieses Bands erklärt.

Die Auswirkungen menschlicher Eingriffe in Ökosysteme lassen sich zum einen erkennen durch Veränderungen der Besiedlung von entsprechend sensitiven und in ihren ökologischen Ansprüchen bekannten Organismen, also durch Bioindikation (siehe Band 4 dieser Reihe: „Lebensräume der Elbe und ihrer Auen", Kapitel 3.2). Zum anderen zeigen anthropogen veränderte Ökosysteme andere funktionelle Eigenschaften, etwa in Bezug auf die Morphodynamik, die Raten der Primärproduktion, des Abbaus organischer Stoffe und anderer Stoffumsetzungen, oder hinsichtlich des Stofftransfers zwischen verschiedenen Ökosystem-Kompartimenten. Eine grundlegende Eigenschaft von Fließgewässerökosystemen ist der Rückhalt von transportierten Substanzen (Retention), dessen örtliche Ausprägung die jeweiligen Gewässer somit auch grundlegend prägt. Die am Sediment lebenden, stationären Lebensgemeinschaften eines Fließgewässers sind daher nicht nur an die ständige Wasserströmung und Sedimentumlagerungen angepasst, sondern auch an eine effiziente Nutzung der ständig herantransportierten Stofffracht für den eigenen Stoffwechsel.

Hinsichtlich dieser ökologischen Grundlagen war an der Elbe wenig bekannt, teilweise wurde sogar eine Bedeutung der Flusssohle für den Stoffumsatz bezweifelt. Zahlreiche Fragen zur Funktion von Gewässerstrukturen in einem Flussökosystem wurden aufgeworfen: Wie wirkt sich die Gestalt des Flussbetts auf die Ausprägung der Lebensgemeinschaften im Freiwasser, auf der Flusssohle und in den Sedimenten aus? Welche Bedeutung hat der Gewässergrund für die Stoffumsetzungen im Fluss? Welche Wechselwirkungen bestehen zwischen dem Hauptstrom und den Flachwasserbereichen, insbesondere den Buhnenfeldern?

Zur Bearbeitung dieser Fragestellungen wurde im Rahmen der BMBF-Forschungskonzeption „Elbe-Ökologie" der interdisziplinäre Projektverbund *„Strukturgebundene Stoffdynamik und Bioindikation in der Elbe"* gefördert und durchgeführt, dessen Ergebnisse in diesem Band vorgestellt werden. Innerhalb der beteiligten Einzelprojekte (siehe Projekte 1–5 auf Seite XI) arbeiteten 20 Wissenschaftler aus 9 Arbeitsgruppen zusammen, die an 6 wissenschaftlichen Instituten angesiedelt waren. In diesem Projektverbund sollten alle relevanten Organismengruppen, Stoffumsetzungen und Stofftransfers zwischen den einzelnen ökologischen Kompartimenten des Stroms wenigstens exemplarisch untersucht werden (siehe Abbildung 1-2). Nicht zuletzt dadurch begünstigt, dass die Probenahmen teilweise gemeinsam oder an den gleichen Probestellen durchgeführt wurden, konnten die Ergebnisse miteinander in Beziehung gesetzt werden, um ein annähernd geschlossenes Bild der Ökologie des Stroms zu erhalten. Dabei profitierte der Projektverbund auch von Ergebnissen anderer „Elbe-Ökologie"-Projekte, vor allem der Projekte „Morphodynamik der Elbe", „Buhnen und semiterrestrische Flächen" und „Ökologie der Elbefische". Die Ergebnisse des Projektverbunds sind über ihre eigene fachliche Bedeutung hinaus auch für Modellierungsansätze von Belang, die auf sie aufbauen bzw. durch sie verbessert werden, sowie als Beiträge zur Erarbeitung eines ökologischen Leitbilds der Elbe.

## 1.2 Aufbau des vorliegenden Bandes

Der inhaltliche Aufbau der fünf Ergebniskapitel (Kapitel 3–7) des vorliegenden Bandes folgt der Einteilung des Stroms in die ökologischen Kompartimente und behandelt die meisten der dort vorkommenden flussmorphologischen Strukturen (siehe Abbildung 1-3).

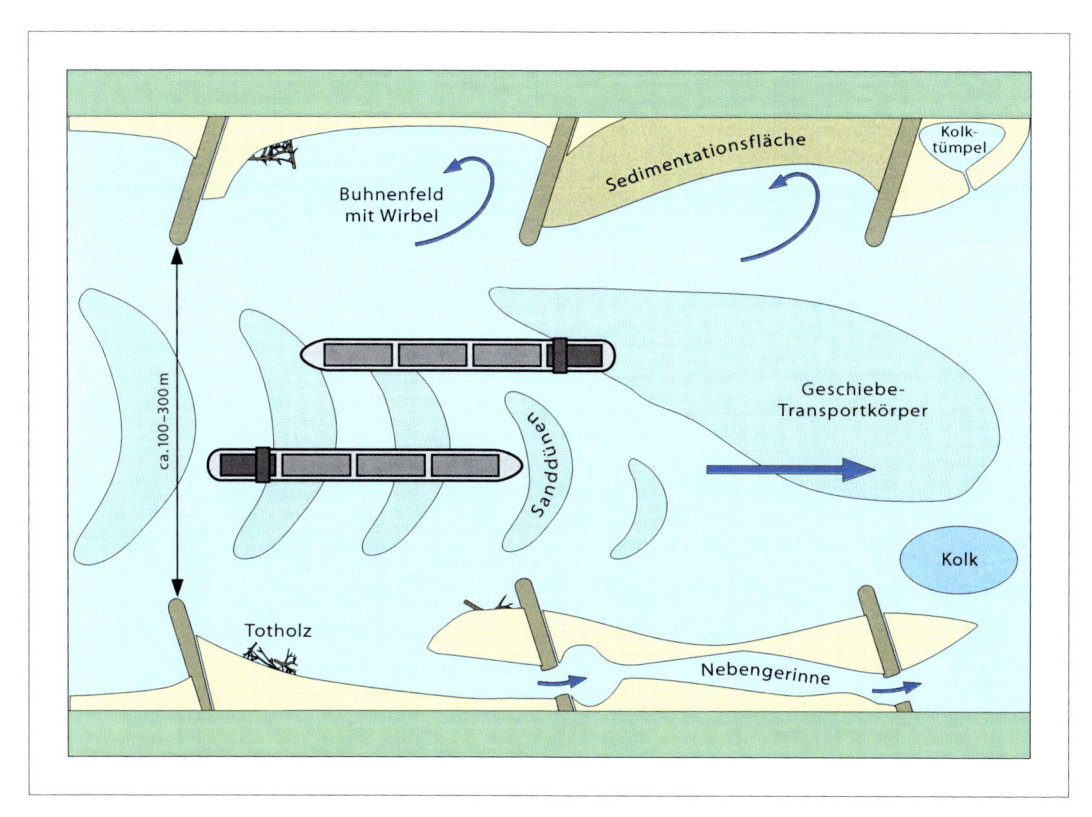

**Abb. 1-3:** Schematischer Grundriss eines Abschnitts der mittleren Elbe mit typischen natürlichen und wasserbaulich bedingten flussmorphologischen Strukturen der Gewässersohle (Benthal) im Hauptstrom und in den Buhnenfeldern, sowie mit den Hauptströmungsrichtungen im Freiwasser (Pelagial)

Zunächst wird ein Hintergrundbild der natürlichen Bedingungen und der anthropogenen Veränderungen an der Elbe entworfen (siehe Kapitel 2). Dann werden Prozesse und Biozönosen im Freiwasser (Pelagial) des Hauptstroms der Elbe beschrieben (siehe Kapitel 3). Buhnenfelder bilden heute einen prägenden Lebensraum der Elbe. Ihre hydromorphologischen Eigenschaften und die sie besiedelnden Biozönosen werden in Kapitel 4 vorgestellt. Ein bislang in Bezug auf den Stoffhaushalt wenig erforschter Lebensraum ist die Flusssohle großer Flüsse. Kapitel 5 vermittelt Einblicke in diese unbekannte Welt. Die bis hierhin beschriebenen Kompartimente des Stromes sind auf verschiedene Weise miteinander verknüpft. Austauschvorgänge zwischen diesen Kompartimenten, deren Intensität den Stoffhaushalt des gesamten Gewässers maßgeblich beeinflusst, werden in Kapitel 6 beschrieben. Neben der Darstellung der wissenschaftlichen Einzelergebnisse ist es ein Ziel dieses Buches, die Auswirkungen menschlicher Eingriffe auf die Elbe zu beschreiben, teils zu modellieren und zu quantifizieren, was in Kapitel 7 geschieht. Die Umsetzung der EG-Wasserrahmenrichtlinie stellt eine besondere Herausforderung für die zukünftige Bewirtschaftung der Elbe dar. Verschiedene, teilweise konkurrierende Schutz- und Nutzungsansprüche, werden deshalb in diesem Band verglichen und ihre Auswirkungen auf die Funktion des Gewässers prognostiziert. In Kapitel 8 werden die Ergebnisse nicht nur zusammengefasst, sondern auch die Innovation der Forschungen und ihre Einbettung in die internationale Flussforschung dargestellt.

Mit 1.094 km Länge ist die Elbe nach Wolga, Donau, Ural, Dnjepr, Kama, Don, Petschora, Oka, Dnjestr, Rhein und Dwina der zwölftlängste Fluss in Europa und gehört zu den 130 längsten Flüssen der Erde. Sie ist damit nur wenig länger als die mit ihr vergleichbaren Sandflüsse Weichsel und Loire. Die an ihr erarbeiteten Forschungsergebnisse sind von übergreifender Bedeutung und im Grundsatz auch auf andere große Sandflüsse übertragbar. Aus den Forschungsarbeiten können auch wissenschaftlich basierte Handlungsstrategien abgeleitet werden, die den Strom, seine Auen und sein Einzugsgebiet als funktionale Einheit betrachten und eine nachhaltige Entwicklung dieser Flusslandschaft erlauben. Umweltgerechtes Planen – zum Beispiel von flussbaulichen Maßnahmen – erfordert, die ökologischen Auswirkungen von Eingriffen erklären und prognostizieren zu können. Die drastischen Auswirkungen der Flut im August 2002 und des extremen Niedrigwassers des Jahres 2003 unterstreichen die Notwendigkeit einer integrierten Betrachtung. Die in diesem Band vorgestellten Ergebnisse eingehender Felduntersuchungen erlauben darauf aufbauend auch einen Ausblick auf die Möglichkeiten und Ziele eines naturverträglichen Flussbaus.

# 2 Die Elbe – natürliche Bedingungen und anthropogene Veränderungen

## 2.1 Entstehung und Gliederung des Flusslaufs
*René Schwartz*

Die Elbe (lateinisch: Albis = „weißer Fluss", tschechisch: Labe) ist mit einer Gesamtlänge von 1.094 km und einem Einzugsgebiet von 148.268 km² nach der Donau und dem Rhein der drittgrößte Fluss Mitteleuropas (siehe Tabelle 2-1). Sie entspringt als Zusammenfluss zahlreicher kleinräumiger Quellbereiche nahe der Ortschaft Špindlerův Mlýn (Spindlermühle) an der tschechisch-polnischen Grenze im Riesengebirge, nordwestlich der Schneekoppe, in einer Höhe von 1.384 m ü. NN. Es befinden sich 367 km des Flusslaufs auf tschechischem und 727 km auf deutschem Staatsgebiet. Die deutsche Kilometrierung gilt ab der Grenze bei Schmilka (Elbe-km 0). Die Kilometrierung des tschechischen Laufs wird in diesem Buch von der Grenze stromaufwärts durch negative Kilometer angegeben, z. B. Ústí nad Labem (Aussig, CZ-Elbe-km –37) (siehe Abbildung 2-1).

**Abb. 2-1:** Lauf der Elbe und ihrer größeren Nebenflüsse sowie die in diesem Band verwendete Flusskilometrierung; hellgraue Fläche = deutscher Teil des Elbeeinzugsgebietes

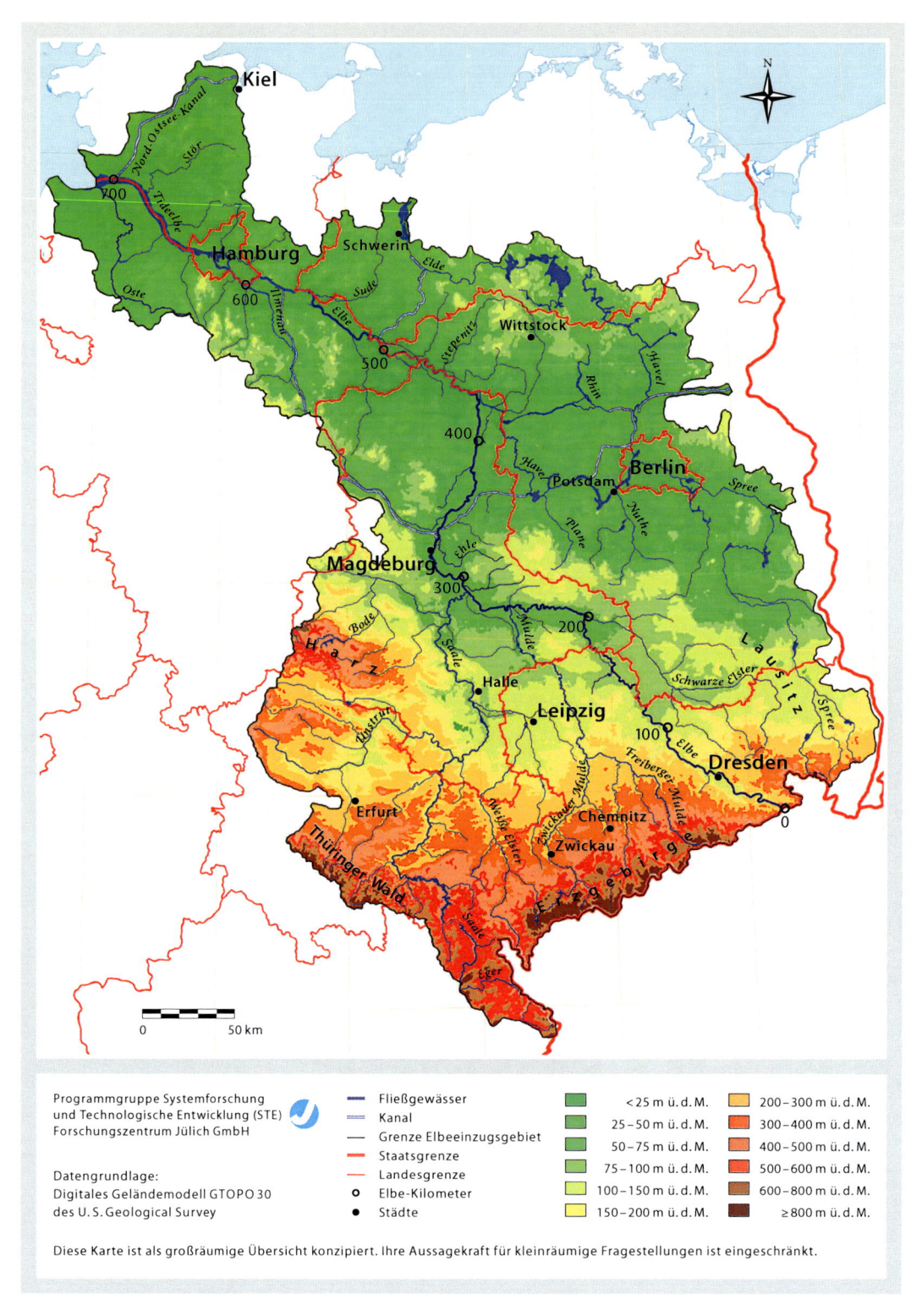

**Abb. 2-2:** Topographie und Gewässernetz im deutschen Teil des Elbeeinzugsgebietes (aus Band 1 dieser Reihe: „Wasser- und Nährstoffhaushalt im Elbegebiet …", Kapitel 3.1, KUNKEL und WENDLAND)

**Tab. 2-1:** Die Elbe im Vergleich mit anderen großen Flüssen Mitteleuropas (IKSE 1995a,b); * ab Zusammenfluss von Werra (292 km) und Fulda (212 km)

| Fluss | Länge [km] | Einzugsgebiet [km²] | Mittlerer Abfluss [m³/s] |
|---|---|---|---|
| Donau | 2.857 | 817.000 | 6.550 |
| Rhein | 1.326 | 183.800 | 2.300 |
| Elbe | 1.094 | 148.268 | 877 |
| Loire | 1.012 | 115.000 | 400 |
| Oder | 866 | 119.149 | 539 |
| Po | 676 | 75.000 | 1.500 |
| Weser | 432* | 46.136 | 402 |

Zunächst hat die Elbe den Charakter eines Gebirgsbachs mit hohem Gefälle, doch bereits 10 km unterhalb der Quelle unterbricht die erste Talsperre (Labská, siehe Abbildung 3-1) den freien Lauf; insgesamt bestehen derzeit 24 Stauanlagen auf dem tschechischen Gebiet der Elbe, deren untersten 21 Anlagen schiffbar sind. Ab Střekov (Schreckenstein) bei Ústí nad Labem (Aussig, CZ-Elbe-km –37) beginnt ein Flussabschnitt von 622 km Länge, der frei von Stauanlagen ist und bis zum Wehr bei Geesthacht (Elbe-km 586) reicht, der einzigen Stauhaltung auf deutschem Gebiet. Stromab hiervon unterliegt die Elbe für die verbleibende Fließstrecke von 142 km dem Tideeinfluss der Nordsee. Am Elbe-km 727,7 an der Seegrenze bei Cuxhaven (Kugelbake) mündet die Elbe in die Nordsee.

Entlang der über eintausend Kilometer langen Fließstrecke der Elbe speisen zahlreiche Nebengewässer in die Elbe ein, wobei die größten Teileinzugsgebiete die der Vltava/Moldau (28.090 km²), Havel (24.096 km²), Saale (24.079 km²), Mulde (7.400 km²), Ohře/Eger (5.614 km²) und der Schwarzen Elster (5.541 km²) sind (IKSE 1995a,b). Abbildung 2-2 gibt einen Überblick über das Gewässernetz und die Höhenunterschiede im deutschen Teil des Elbeeinzugsgebietes (siehe Band 1 dieser Reihe: „Wasser- und Nährstoffhaushalt im Elbegebiet …", Kapitel 3.1). Historisch betrachtet wurden viele hydrographische Einzelinformationen zum gesamten Elbstrom und seinen Nebenflüssen in ihrer damaligen Ausprägung in umfassender Weise bereits durch die KÖNIGLICHE ELBSTROMBAUVERWALTUNG (1898) dargestellt.

### Flussgeschichte

Das Gebiet des heutigen Mittel- und Unterlaufs der Elbe war seit dem Ende der variskischen Gebirgsbildung vor ca. 250 Millionen Jahren wiederholt von Flachmeeren bedeckt, so dass heute marine Sedimentgesteine des Mesozoikums (vor 220 bis 65 Mio. Jahren) in weiten Bereichen Mittel- und Ostdeutschlands vorherrschen. Im Gegensatz hierzu blieben große Teile des böhmischen Elbgebietes als Hebungsgebiet mit Ausnahme der Kreide-Zeit (vor 135 bis 65 Mio. Jahren) fast durchgängig Festland und waren somit der ständigen Abtragung unterworfen. Das Gebiet wurde demzufolge bereits seit dem ausgehenden Perm (vor ca. 220 Mio. Jahren) nordwärts entwässert.

Konkrete Hinweise auf eine „Ur-Elbe" gibt es aber erst aus dem Tertiär (vor 65 bis 1,5 Mio. Jahren). Erosive Einschnitte des Elbtales in das ab dem Miozän (vor 25 bis 5 Mio. Jahren) aufsteigende Erzgebirge und Funde für den böhmischen Raum charakteristischer Gerölle in gleichaltrigen Ablagerungen des Sächsisch-Niederlausitzer Sedimentationsraums belegen die Entstehung des Elbsystems (WOLF und SCHUBERT 1992). Für die „Ur-Elbe" ergibt sich somit ein Mindestalter von rund 25 Millionen Jahren. Der Mündungsfächer des tertiären Flusses lag nordöstlich von Dresden.

Infolge der Meeresregression an der Wende vom Tertiär zum Quartär (vor ca. 1,5 Mio. Jahren) kam es zu einer Laufverlängerung in westlicher Richtung bis in die heutigen Niederlande. Die Saale, Mulde und Weser wurden zu Nebenflüssen der Elbe, was sich anhand des Schwermineralspektrums niederländischer Flussschotter belegen lässt (EHLERS 1994). Im frühen Pleistozän floss die Elbe während der Elsterkaltzeit nördlich versetzt zum heutigen Flussbett (WOLF und SCHUBERT 1992), weshalb auch vom Berliner Elblauf gesprochen wird (MÜLLER 1988). Mit Beginn der Saaleeiszeit vor rund 350.000 Jahren wurde der Fluss von den aus Richtung Nordosten vorrückenden Eismassen abgedrängt, das Magdeburger Elbtal bildete sich aus. Die Inlandeisbedeckung bewirkte eine nördliche bis nordwestliche Entwässerung (ROMMEL 1998). Die Weichselvereisung (vor 115.000 bis 10.000 Jahren) überschritt mit ihrem Eisschild die heutige Elblinie nicht mehr, jedoch führten die riesigen Schmelzwassermassen zu einer wesentlichen Umgestaltung des Elbtales, besonders im Bereich der Unteren Mittelelbe und der Tideelbe. Verallgemeinernd lässt sich festhalten, dass das Alter des Elbtales abschnittsweise von der Mündung bis zur Quelle hin ansteigt (siehe auch Band 4 dieser Reihe: „Lebensräume der Elbe und ihrer Auen", Kapitel 2.2.1).

### Abschnitte des Flusslaufs

Der Lauf der Elbe auf deutschem Gebiet wird laut IKSE (1995a) in drei Abschnitte unterteilt (siehe Band 4 dieser Reihe: „Lebensräume der Elbe und ihrer Auen", Kapitel 2.1.1): Die Obere Elbe reicht von der Quelle bis zum Eintritt ins Norddeutsche Tiefland bei Riesa (Schloss Hirschstein) am Elbe-km 96; die Mittlere Elbe erstreckt sich bis zum Gezeitenwehr bei Geesthacht am Elbe-km 586; die Untere Elbe oder Tideelbe umfasst den tidebeeinflussten Bereich bis zur Seegrenze bei Cuxhaven am Elbe-km 728. Des Weiteren kann die Mittlere Elbe nach WSD OST (1997) an der Mündung der Havel bei Elbe-km 438 in eine Obere und Untere Mittelelbe unterteilt werden.

### Die Obere Elbe

Vom Quellgebiet ausgehend, fließt die Elbe bis Pardubice (Pardubitz) in südlicher Richtung aus dem granitischen Riesengebirge durch eine Klamm in das Böhmische Kreidebecken. Dort knickt der Verlauf annähernd bis zur Einmündung der Moldau in westlicher Richtung ab. Im Anschluss an das Böhmische Becken durchquert die Elbe auf einer Länge von 46 km das Böhmische Mittelgebirgsmassiv und überwindet zwischen Lovosice (Lobositz, CZ-Elbe-km −55) und Děčín (Tetschen, CZ-Elbe-km −11) das neovulkanische Stufenbruchsystem des böhmischen Mittelgebirges. An den Hebungsstellen einzelner Schollen treten kristalline Schiefer paläozoischen Alters, permokarbonische Brekzien und Quarzporphyre hervor. Der überwiegende Teil der Talhänge wird von Oberkreidesedimenten, Sand- und Mergelgestein gebildet. Im Elbtal selbst sind tertiäre Neovulkangesteine (Basalte, Trachyte, Phonolithe) vertreten. Stellenweise stehen auch Kreidesedimente an. Nördlich des Böhmischen Massivs durchbricht die Elbe in der Böhmisch-Sächsischen Schweiz in einem spektakulären, tiefen Einschnitt das Elbsandsteingebirge.

Vom Elbsandsteingebirge an ist die Hauptfließrichtung der Elbe über eine Strecke von ungefähr 200 km nach Nordwesten gerichtet, wobei die Elbe ab Pirna (Elbe-km 35) das Mittelgebirgsvorland (Platten- und Hügelland) durchströmt, welches sich bis unterhalb von Meißen (Elbe-km 85) ausdehnt. Aus flussmorphologischer Sicht sind die in diesem Flussabschnitt vorhandenen beiden letzten verbliebenen Elbinseln (von ehemals 18) interessant: die Pillnitzer und die Gauernitzer Insel. Bei Meißen durchfließt die Elbe das Spaargebirge in einem Durchbruchtal, das bis 100 m tief in das Meißner Synemit-Granit-Massiv einschneidet. Die Flussaue verengt sich dort von gut 2 km auf nur wenige 100 m Breite. Unterhalb von Meißen schließt sich das Elbhügelland mit weiten, lössbedeckten Bereichen an. Das Elbtal erweitert sich auf eine Breite von 3 bis 8 km. Etwa 15 km oberhalb von Riesa (Elbe-km 95), bei Hirschstein-Seußlitz, erreicht die Elbe das Norddeutsche Tiefland.

**Die Mittlere Elbe**

Die Mittlere Elbe erstreckt sich von Riesa bis zum Gezeitenwehr bei Geesthacht (Elbe-km 586). Der Stromverlauf der Mittleren Elbe folgt zumeist dem Lauf der pleistozänen Entwässerungsbahnen, d. h. er wird maßgeblich durch die drei Eiszeiten Elster, Saale und Weichsel geprägt. Mit dem Eintritt in die Norddeutsche Tiefebene durchquert die Elbe zunächst Teile des saalekaltzeitlichen Breslau-Bremer-Urstromtales und, ab der Havelmündung, mehrere Urstromtäler der Weichsel-Vergletscherung (ROMMEL 1998). Charakteristisch für den Bereich der Mittleren Elbe ist das geringe Gefälle des Flussbetts von durchschnittlich 17 cm/km, was den Fluss im flachen Gelände des sehr breiten Elbtals stark ausschwingen (mäandrieren) lässt. In früheren Zeiten (vor der Eindeichung und wasserbaulichen Einengung des Stroms) führte die ständige Verlagerung des Flussbetts zur Ausbildung von Inseln, lediglich zeitweise durchflossenen Flussschlingen, Altwässern und Flutrinnen. Als Ergebnis dieser häufig wechselnden Strömungsverhältnisse und – damit verbunden – auch der Sedimentationsbedingungen ist heute oftmals eine sowohl quer zur Talrichtung als auch in der Tiefe stark variierende Körnung der Auensedimente zu beobachten. Menschliche Eingriffe direkt am Strom (Flussbegradigungen, Bau von Hochwasserschutzdeichen und Buhnen), aber auch die landwirtschaftliche Nutzung des Überflutungsbereiches prägen in diesem Flussabschnitt das Landschaftsbild. Gebietsweise noch vorhandene Reste von Auenwäldern (Weich- und Hartholzaue) sowie Kies- bzw. Sandbänke in den Randbereichen des Flusses zeigen jedoch auch aktuell noch ein naturnahes Bild.

Mit der Einmündung der rechtselbischen Schwarzen Elster am Elbe-km 199 schwenkt die Hauptfließrichtung der Elbe von Nordwest auf West. Linksseitig folgt die Einmündung der Mulde (Elbe-km 260), bevor bei Aken (Elbe-km 276) sich die Fließrichtung wieder nordwärts dreht. Am Elbe-km 291 mündet die Saale ebenfalls linksseitig ein. Oberhalb der Stadt Schönebeck (Elbe-km 301) zweigt der Elbumflutkanal der Stadt Magdeburg ab und mündet unterhalb von Magdeburg bei der Gemeinde Lostau (Elbe-km 336) wieder ein. Bis zum 10. Jahrhundert bildete der Umflutkanal den eigentlichen Elblauf. Heutzutage dient er dazu, bei großen Hochwässern durch das Öffnen des Pretziener Wehres ca. 20 % der Hochwassermassen um Magdeburg herum zu leiten (IKSE 1995a). In Magdeburg selbst spaltet sich der Fluss für wenige Kilometer in die Stromelbe (mit Schiffsverkehr) und die Alte Elbe auf, welche aber durch ein Überfallwehr vom Hauptstrom abgetrennt ist und daher zumeist nur gering durchströmt wird. Die Stromelbe überwindet im Stadtgebiet von Magdeburg zwei natürliche Schwellen: den Magdeburger Domfelsen und den Herrenkrugfelsen. Bei diesen Felsrippen handelt es sich um Vulkanite und Konglomerate aus der Zeit des Perms (siehe oben). Die Felsrippen führen zu einer bedeutenden lokalen Erhöhung der Strömungsgeschwindigkeit bei verringerter Wassertiefe (Stromschnellen), begleitet von erheblichen Übertiefungen (Kolken) oberhalb und unterhalb davon.

Stromab von Magdeburg fließt die Elbe bis zur Einmündung des größten Nebenflusses auf deutschem Gebiet, der Havel (Elbe-km 438), in nördlicher Richtung, wobei besonders im letzten Abschnitt der Mittleren Elbe ab Tangermünde der Verlauf auffallend gestreckt ist. Das Elbtal weist in diesem Flussabschnitt Breiten bis über 20 km auf. Trotz der Eindeichung weiter Auenflächen und der fast vollständigen Rodung der Auenwälder unterhalb von Magdeburg sind stellenweise noch weitläufige naturnahe Überschwemmungsgebiete erhalten geblieben. Der Auenbereich, der im Überflutungsgebiet durch Wiesen- und Weidelandschaften gekennzeichnet ist, wird durch mächtige Solitäreichen, Wildobst-Baumbestände und Baumgruppen gegliedert. Eine Besonderheit des weichselzeitlichen Elbtals zwischen Magdeburg und der Havelmündung ist seine Verbindungsfunktion zwischen den älteren Urstromtälern der Aller und Havel, welche noch aus der Saalevereisung stammen (IKSE 1995a). Stellenweise kam es in diesen Flussabschnitt sogar zur Querung von Endmoränenzügen (WOLDSTEDT 1956). Solcherart entstandene Steilhänge sind heute im Bereich nördlich von Magdeburg und bei Arneburg noch vorhanden. Unterhalb von Rogätz (Elbe-km 355) finden sich großflächige, reich strukturierte Überflutungsbereiche. Sie sind gekennzeichnet durch Reste alter Elbläufe mit Verlandungsbereichen und Flutrinnen. Ein neues landschaftsprägendes Element sind Sandrücken, deren Entstehung unterschiedlich ist: stromnah häufen sich flussparallel rezente Uferrehnen (Uferwälle) auf, talrandnah sind es zumeist weichselzeitliche Sanderflächen (Niederterrassen) oder holozäne Dünen. Aufgrund der natürlichen Ausbildung der Uferrehnen wird auch von der Dammfluss-Mäanderzone gesprochen. Der Elbe-Havel-Winkel mit seinen ausgeprägten Weichholzauen und Erlenbrüchen sowie Altwasserflachseen spiegelt insbesondere bei Hochwasser aufgrund der großflächigen Überflutungen ein relativ naturnahes Bild dieses Landschaftsraums wider.

Von der Einmündung der Havel am Elbe-km 438 nimmt die Elbe die nordwestliche Hauptfließrichtung wieder auf und ändert diese bis zur Mündung nicht mehr wesentlich. Eingebettet in die das Urstromtal begrenzenden Geestränder erstreckt sich das Elbtal im Bereich von Havelberg bis Geesthacht auf 8 bis 16 km Breite. Vom weiträumigen Urstromtal ist jedoch nur ein kleiner Teil (maximal 3 km) der aktiven Hochflutaue zuzuordnen. Der Rest ist durch Hochwasserschutzdeiche abgetrennt und kann durch Elbwasser nicht mehr direkt überflutet werden, weshalb man in diesen Bereichen von einer inaktiven Aue sprechen kann (siehe Band 4 dieser Reihe: „Lebensräume der Elbe und ihrer Auen", Kapitel 2.1.2). Aufgrund der hohen Wasserleitfähigkeit der mit der Elbe in Kontakt stehenden unterliegenden Sande wirken sich die Wasserstandsänderungen des Flusses jedoch noch weit (bis zu 3 km) hinter dem Deich aus (SCHWARTZ 2001). Dies sorgt an Stellen, an denen die oberflächlich abdichtende Auenlehmdecke nur gering ausgeprägt ist oder gar fehlt, für z.T. starken Austritt von Qualmwasser (TACKE 1988).

Das im Weichselglazial angelegte Urstromtal durchschneidet im Bereich der Unteren Mittelelbe das Altmoränengebiet der Saalevereisung. Das Gefälle der nahezu komplett eingedeichten Elbe beträgt durchschnittlich nur 13 cm/km, was dazu führt, dass durch das Überwiegen von Sedimentationsprozessen gegenüber den Transport- und Erosionsprozessen sich das Flussbett im Laufe der Zeit tendenziell aufhöht, insbesondere gegenüber den Talrändern. Als Folge ist zu beobachten, dass die in die Elbe einmündenden Nebenflüsse (z. B. Löcknitz) nach ihrem Eintritt in das Elbe-Urstromtal eine längere Strecke parallel zum Hauptstrom fließen und dabei zumeist alte Elbläufe nutzen, bevor sie in den Strom münden. Bis an die Geestkante erstreckt sich weitflächig das weichselzeitliche Niederterrassengebiet, wobei es an zahlreichen Stellen zu einer äolischen Umlagerung der anstehenden Sande (Bildung von Binnendünen, z. B. bei Klein Schmölen) gekommen ist.

Neben den Umgestaltungen im Auenbereich wirkte der Mensch aber auch im Fluss selbst. Um auch bei niedrigen Wasserständen eine möglichst große Fahrwassertiefe in der Elbe zu gewährleisten, wurden über weite Strecken im Bereich der Mittelelbe an beiden Uferseiten Buhnen (insgesamt rund 6.900) in Steinsatztechnik (historisch) bzw. als Steinschüttungen (aktuell) gebaut (siehe Abbildung 2-3). Die Hauptaufgabe dieser Leitbauwerke ist die Anhebung des Wasserspiegels bei Niedrigwasser (NESTMANN und BÜCHELE 2002, SCHWARTZ und KOZERSKI 2002). Gleichzeitig wird in der Fahrrinne die Fließgeschwindigkeit erhöht und so eine unerwünschte Ablagerung von Sedimenten verhindert. Zwischen den 100 bis 200 m weit auseinander liegenden Buhnen lagern sich innerhalb der Buhnenfelder in den stärker durchströmten Bereichen zumeist Mittelsande und in den beruhigten Zonen überwiegend Schluffe ab (BfG 1993).

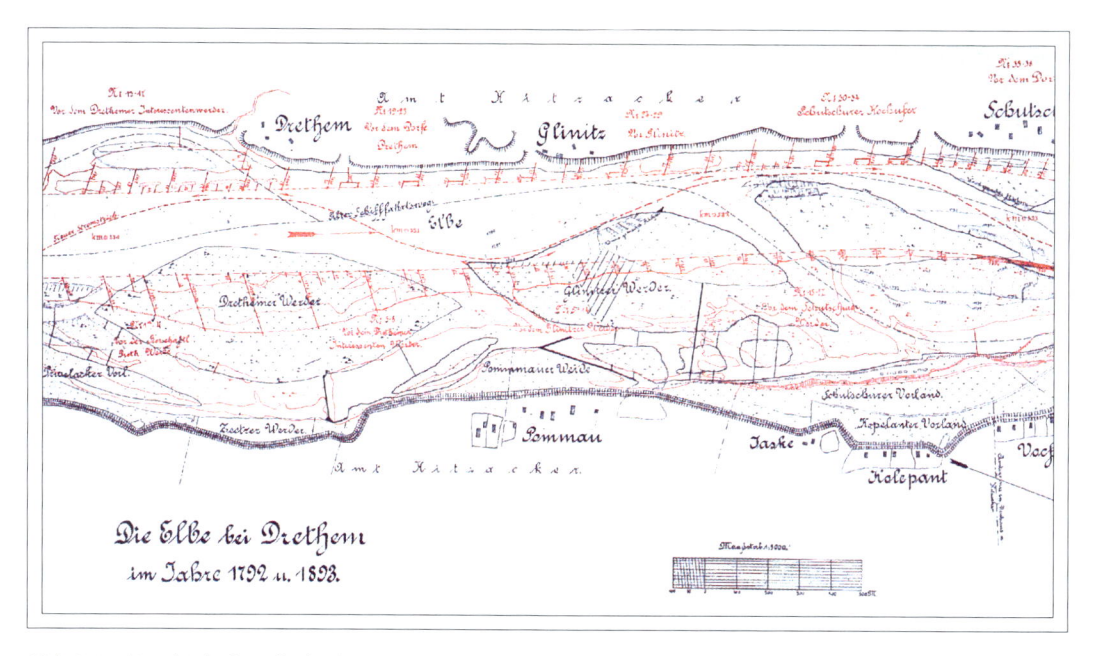

**Abb. 2-3:** Vergleich des Elbabschnitts bei Drethem (stromab von Hitzacker) in den Jahren 1792 und 1893 und somit vor und nach dem Bau von Buhnen (rot gezeichnet). Die aus dem Buhnenbau folgende Einengung des Flussbetts auf die Hälfte bis ein Drittel der bisherigen Breite ist deutlich sichtbar. Im ursprünglichen, noch wenig veränderten Gerinne sind mehrere Sandbänke bzw. Inseln zu erkennen, die bereits teilweise mit dem Ufer verbunden wurden. Ausschnitt der historischen Karte „Die Elbe bei Drethem 1792/1893", Staatsbibliothek zu Berlin PK, Signatur: Kart. L 15999/12.

### Die Untere Elbe

Die Untere Elbe, auch als Tideelbe bezeichnet, beginnt an der Staustufe Geesthacht (Elbe-km 586). Hier wird der Strom auf 4,0 m ü. NN aufgestaut, wodurch – bis auf extreme Sturmfluten – den Tideschwankungen eine künstliche Grenze gesetzt wird. Kurz vor den Toren Hamburgs teilt sich die Elbe in Norder- und Süderelbe, die vor der kompletten Eindämmung gegen Ende des 15. Jahrhunderts ein reich gegliedertes Stromspaltungsgebiet umflossen. Aktuell sind nur noch zwei Seitenarme erhalten (Gose- und Dove-Elbe), welche zumindest über Wehranlagen in Kontakt mit der Elbe stehen. Von der hamburgischen Landesgrenze an erweitert sich das Flusstal von 1,5 km bis auf 18 km an der Mündung bei Cuxhaven. Im Laufe der Entstehungszeit hat sich ein Ästuar ausgebildet, dessen gezeitenabhängig wasserführender Mündungstrichter aufgrund des nahezu fehlenden Gefälles (2 cm/km) rund 100 km landein bis nach Hamburg reicht. Am Köhlbrand vereinigen sich die Norder- und Süderelbe nach etwa 15 Stromkilometern wieder. Von den stromab einstmals sehr zahlreichen Inseln sind nur noch wenige (Neßsand, Pagensand, Schwarztonnensand, Rhinplatte) erhalten geblieben. Infolge der mehrmaligen Elbvertiefungen und Eindeichungen hat sich der Tidenhub im Hamburger Raum in den letzten Jahrzehnten erheblich vergrößert und beträgt heutzutage durchschnittlich 3,4 m. Als herausragende Biotope sind in dieser Zone die weltweit sehr seltenen Süßwasserwattbereiche hervorzuheben.

Je nach Oberwasserabfluss und Gezeitenkonstellation reicht der Salzwassereinfluss in der oligohalinen Brackwasserzone (Salzgehalt 0,5 bis 5‰) zeitweilig bis Glückstadt (Elbe-km 675) stromaufwärts. Unterhalb von Brunsbüttel (Elbe-km 700) schwankt der Salzgehalt zwischen 5 bis 18‰ (mesohalin) und im Mündungsbereich bei Cuxhaven zwischen 18 und 30‰ (polyhalin). Weiter in Richtung Nordsee schließt sich das ökologisch sehr wertvolle Wattenmeer (Schlick-, Misch- und Sandwatt) an.

## 2.2 Abflussverhältnisse und hydraulische Kenngrößen der Gewässerstrukturen entlang der Elbe
*Bruno Büchele*

Im Folgenden wird eine Übersicht über die hydrologischen und hydraulischen Verhältnisse entlang der Elbe gegeben. Für Einzelheiten wird auf den Band 2 dieser Reihe: „Struktur und Dynamik der Elbe", Kapitel 2.2 und 2.3 sowie auf NESTMANN und BÜCHELE (2002) verwiesen.

### Abflussverhältnisse

Die Elbe durchfließt auf ihrem 1.094 km langen Weg von der Quelle im Riesengebirge bis zur Mündung in die Nordsee verschiedene Naturräume und Landschaftstypen (siehe Kapitel 2.1). Einen entscheidenden Einfluss auf das Abflussverhalten haben die Geländehöhen und Reliefeigenschaften im Einzugsgebiet. Besondere Bedeutung haben die Mittelgebirgsregionen, z. B. Riesengebirge, Böhmerwald, Erzgebirge, Harz. Knapp ein Drittel der Gesamtfläche des Elbeeinzugsgebietes weist Höhen über 400 m ü. NN auf; dagegen ist etwa die Hälfte des Einzugsgebiets mit Höhen unter 200 m ü. NN dem Flachland zuzuordnen (vor allem Mittel- und Norddeutsches Tiefland). Im Vergleich zum alpinen Raum werden Niederschläge in Form von Schnee im Elbeeinzugsgebiet nur in geringem Maße bis in den Frühsommer zurückgehalten.

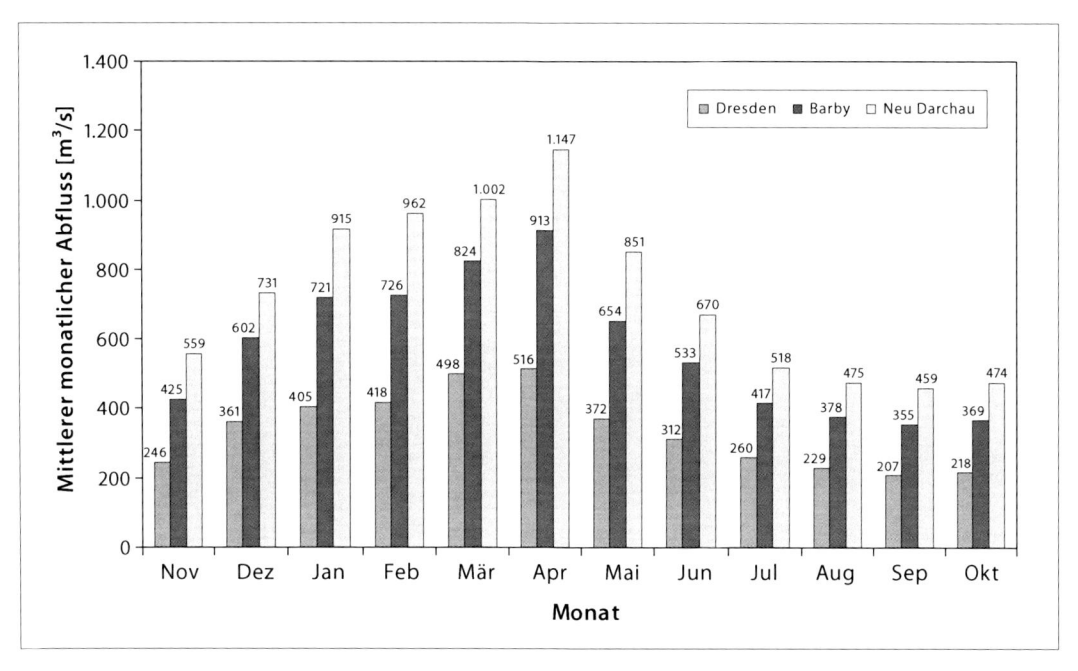

**Abb. 2-4:** Jahresgang der mittleren monatlichen Abflüsse am Beispiel der Pegelstellen Dresden, Barby und Neu Darchau im Zeitraum 1964 bis 1995 (HELMS et al. 2002)

Das Abflussverhalten weist die Elbe als Regen-Schnee-Typ aus. Über 60 % des mittleren Jahresabflusses fließen im Winterhalbjahr und weniger als 40 % im Sommerhalbjahr ab (siehe Abbildung 2-4). Die Niedrigwasserphase erreicht im Mittel ihr Minimum im September. Hochwasser stellen sich vorwiegend – das Extremhochwasser vom August 2002 war eine Ausnahme – im Winter und Frühjahr ein; sie sind häufig, jedoch nicht immer, durch Schneeschmelze beeinflusst. Im Durchschnitt sind die höchsten Wasserstände in den Monaten Februar bis April und in geringerem Maße im Dezember und Januar zu erwarten. Neben den Winter- und Frühjahrshochwässern kann es jedoch auch zu jedem anderen Zeitpunkt im Jahr zu einem Hochwasser kommen, wenn ergiebige Niederschläge im Einzugsgebiet auftreten. So können auch im Sommer Elbe-Hochwasser auftreten, insbesondere bei so genannten Vb-Wetterlagen mit Starkniederschlägen wie z. B. beim Hochwasser im August 2002, welches an zahlreichen Pegeln Maximalwerte erreichte (IKSE 2004).

Die Abflussdynamik der Elbe ist das prägende Element in der Flusslandschaft, das am Beginn von vielen ökologischen Wirkungsketten steht. Daher wurde eine umfangreiche hydrologische Analyse zum Abflussprozess der Elbe durchgeführt, um die Abflussdynamik in ihrem mittleren Verhalten, ihrer Variabilität und ihrer langfristigen Entwicklung zu beschreiben (HELMS et al. 2002). In Tabelle 2-2 sind ausgewählte hydrologische Kenngrößen zusammengestellt, die sich auf den von HELMS et al. (2002) am intensivsten untersuchten Zeitraum von 1964 bis 1995 beziehen; zum Vergleich sind die Maximal- und Minimalabflüsse aus dem Sommer des extremen Hochwasserjahres 2002 bzw. des extremen Niedrigwasserjahres 2003 angegeben.

**Tab. 2-2:** Übersicht hydrologischer Kenngrößen an ausgewählten Pegelstellen entlang der Elbe, alle Abflussangaben (durch „Q" gekennzeichnet) in m³/s und bezogen auf den Zeitraum von 1964 bis 1995, HHQ auf die Abflusszeitreihen bis 1995 (Daten HELMS et al. 2002). MNQ = Mittlerer Niedrigwasserabfluss, MQ = Mittlerer Abfluss, MHQ = Mittlerer Hochwasserabfluss, HHQ = Höchster bekannter Hochwasserabfluss, HQ = Hochwasserabfluss, NQ = Niedrigwasserabfluss; + = mehrfach aufgetreten

| Stammdaten | Pegelstelle | | | | | | | |
|---|---|---|---|---|---|---|---|---|
| | Dresden | Torgau | Wittenberg | Aken | Barby | Tangermünde | Wittenberge | Neu Darchau |
| Lage (Elbe-km) | 55,6 | 154,2 | 214,1 | 274,7 | 295,5 | 388,2 | 454,6 | 536,5 |
| Einzugsgebietsfläche [km²] | 53.096 | 55.211 | 61.879 | 69.849 | 94.060 | 97.780 | 123.532 | 131.950 |
| Abflusszeitreihe | ab 1851 | ab 1936 | ab 1951 | ab 1936 | ab 1900 | ab 1966 | ab 1900 | ab 1875 |
| **Gewässerkundliche Hauptwerte** | | | | | | | | |
| MNQ | 121 | 130 | 140 | 171 | 224 | 243 | 305 | 288 |
| MQ | 336 | 351 | 371 | 449 | 576 | 587 | 715 | 730 |
| MHQ | 1.311 | 1.290 | 1.360 | 1.528 | 1.845 | 1.770 | 1.887 | 1.856 |
| HHQ | 4.490 | 3.400 | 2.560 | 3.690 | 4.650 | 3.259 | 3.590 | 4.400 |
| (Jahr) | (1862) | (1940) | (1982) | (1940) | (1920) | (1981) | (1920) | (1888) |
| **Extremwerte 2002/2003** (Daten WSD OST 2005) | | | | | | | | |
| HQ (2002) | 4.580 | 4.420 | 4.120 | 4.040 | 4.320 | 4.900 | 3.830 | 3.420 |
| NQ (2003) | 89,6 | 111$^+$ | 111 | 130 | 155$^+$ | 168$^+$ | 194 | 173$^+$ |

### Hydraulisch-morphologische Verhältnisse im Längsschnitt

Morphologie und Strömung im Flussbett und Vorland beeinflussen sich gegenseitig. Sie sind nicht nur für Nutzungen wie die Schifffahrt von maßgebender Bedeutung, sondern bestimmen auch die Lebensbedingungen für Pflanzen und Tiere. Morphologische Veränderungen, wie Eintiefung oder Auflandung der Flusssohle oder Bewuchs der Ufer und Vorlandbereiche, haben bedeutende Auswirkungen unter anderem auf die Lebensbedingungen im Ufer- und Auenbereich.

Im Zuge von numerischen Strömungsberechnungen für ca. 507 km Flusslauf (90 % der frei fließenden deutschen Elbe) wurden umfangreiche Datensätze erarbeitet, z. B. Wasserstände im Abstand von 100 bis 500 m für verschiedene Abflusssituationen von Niedrig- bis Hochwasser (OTTE-WITTE et al. 2002). Die Ergebnisse zu den mittleren Fließgeschwindigkeiten im Flussschlauch bei verschiedenen Abflüssen (siehe Abbildung 2-5) vermitteln einen Eindruck der raumzeitlichen Variabilität der Strömungsparameter. Die Lebensmöglichkeiten aquatischer Organismen werden in einem hohen Maß durch die Diversität der Strömung (flach oder tief, schnell oder langsam fließend) bestimmt, die wiederum in einem direkten Zusammenhang mit der Tiefenvarianz steht. Neben der lokalen Variabilität der Wassertiefen und der Strömungsbedingungen im Querprofil gibt es auch eine Veränderung der Wassertiefen im Längsprofil, die als ökologisch bedeutsam einzustufen ist (siehe Abbildung 2-6). Die Variabilität der Wassertiefen (hier: Differenz berechneter Wasserspiegel zu mittleren Sohlhöhen) hängt dabei nicht nur von der betrachteten Abflusssituation, sondern auch von der Flussstrecke ab. Das „Rauschen" der Linien ist als Variabilität innerhalb der Strecken zu interpretieren.

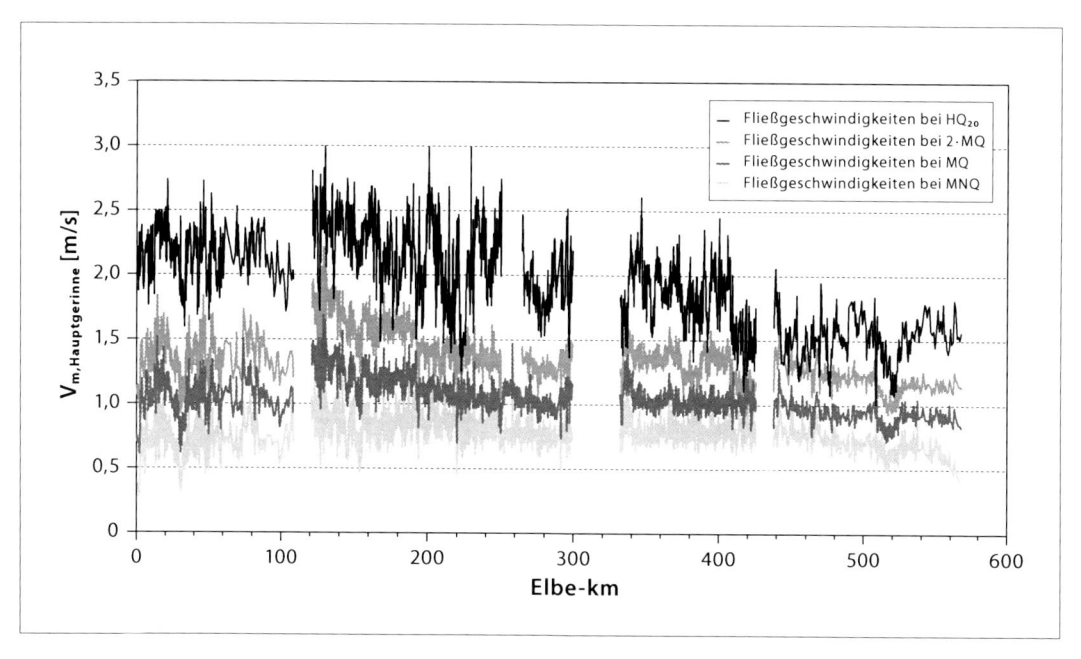

**Abb. 2-5:** Berechnete mittlere Fließgeschwindigkeiten ($v_m$) im Hauptgerinne für ausgewählte Abflusszustände entlang der deutschen Binnenelbe (Daten OTTE-WITTE et al. 2002); MNQ = Mittlerer Niedrigwasserabfluss, MQ = Mittlerer Abfluss, $HQ_{20}$ = Hochwasserabfluss, statistisch alle 20 Jahre

Die Kornverteilung der Elbsohle im Längsverlauf wurde in einer Untersuchung der Bundesanstalt für Gewässerkunde erfasst (BFG 1994). Der hohe Sandanteil in der Sohle ist sowohl für die Feststofftransportprozesse und die Erosionsproblematik der Elbe als auch für die Lebensbedingungen des Benthos im Hauptstrom und in den Uferbereichen von großer Relevanz. Die mit abnehmendem Gefälle sinkende Transportkraft kommt im Anteil der Kiesfraktion zum Ausdruck: der Kiesanteil verringert sich von nahezu 50 % bei Torgau über gut 30 % bei Magdeburg auf weniger als 5 % an der Unteren Elbe. Generell erklärt sich die Feinkörnigkeit der Sedimente im Elbuntergrund dadurch, dass in die eiszeitlich umgelagerten Niederterrassenschotter der Talsohle ein hoher Anteil sandiger Schmelzwasserablagerungen der umliegenden Hochflächen einging. Geht man in der Umlagerungsgeschichte einen Schritt weiter zurück, so ist festzustellen, dass die quartären Gletscher zumeist über feinkörnige tertiäre Sedimente vordrangen und diese bereits teilweise aufgriffen (SAUKE und BRAUNS 2002).

Auf den mit dieser großräumigen Sedimentstruktur zusammenhängenden Feststoffhaushalt der Elbe wird im Band 2 dieser Reihe: „Struktur und Dynamik der Elbe", Kapitel 2.4 (NAUMANN und GÖLZ) näher eingegangen. Für die Biologie ist jedoch eher die kleinräumige Verteilung von Korngrößen und Feststoffdynamik entscheidend; hierzu sei auf die Kapitel 4 und 5 des vorliegenden Bandes verwiesen.

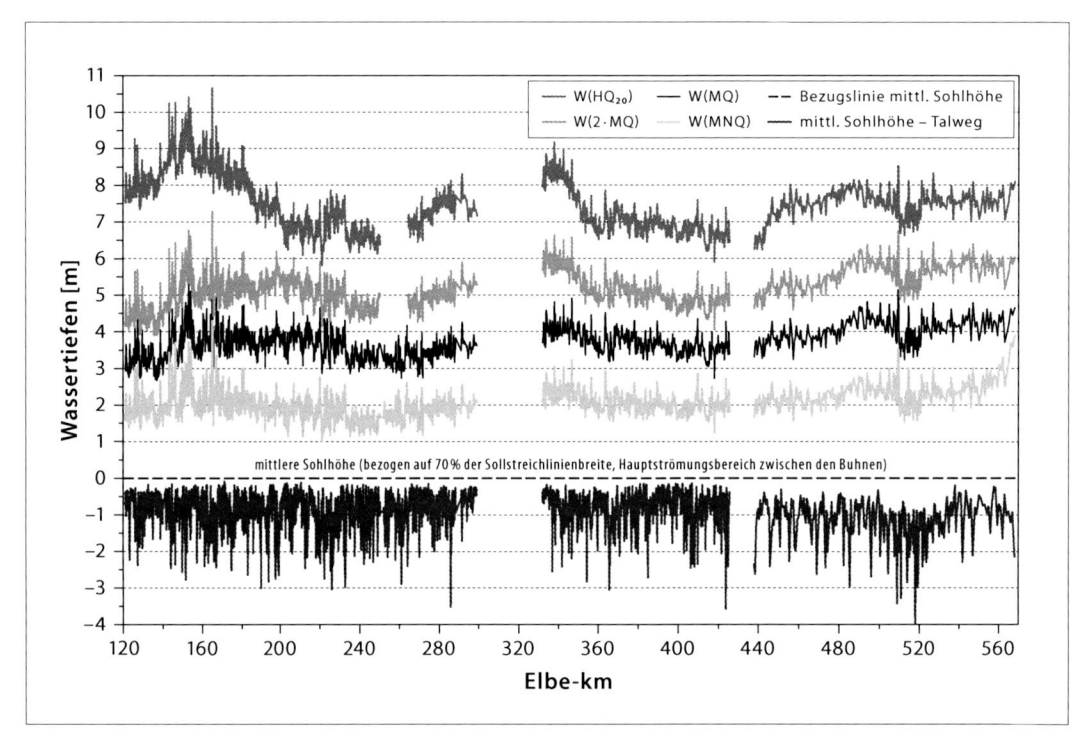

**Abb. 2-6:** Wassertiefen bei verschiedenen Abflusszuständen (oberer Diagrammbereich) bezogen auf die mittleren Sohlhöhen, d. h. jeweilige Wasserspiegellage „W(Q)" minus mittlere Sohlhöhe, sowie die Höhendifferenz (unterer Diagrammbereich) der mittleren Sohlhöhe zum Talweg (tiefstem Punkt im Querschnitt entsprechend maximaler Fließtiefen) entlang der Mittleren Elbe (Daten OTTE-WITTE et al. 2002); MNQ = Mittlerer Niedrigwasserabfluss, MQ = Mittlerer Abfluss, $HQ_{20}$ = Hochwasserabfluss, statistisch alle 20 Jahre

## 2.3 Stoffliche Belastungen
*Helmut Guhr und René Schwartz*

Zur Charakterisierung der Konzentrationen von Wasserinhaltsstoffen in der Elbe und ihren Veränderungen durch anthropogene Belastungen eignen sich folgende Messstellen besonders gut (siehe Abbildungen 2-1 und 2-2):

- bei Děčín (Tetschen, CZ-Elbe-km –18) als letzte IKSE-Messstelle auf tschechischem Territorium bzw. bei Schmilka (Elbe-km 4) zur Kennzeichnung der Vorbelastung aus der Tschechischen Republik,
- bei Magdeburg (Elbe-km 318) zur Kennzeichnung der Belastung aus dem Oberen Elbtal und aus den Nebenflüssen Mulde und Saale sowie
- bei Schnackenburg (Elbe-km 470) zur Kennzeichnung der Belastung aus dem oberhalb gelegenen Elbabschnitt und der Havel.

In den 1970er-Jahren wurde begonnen, die beiden zuletzt genannten Messstellen wöchentlich zu untersuchen und mit automatisch arbeitenden Messeinrichtungen auszustatten. Die Ergebnisse wurden von der Arbeitsgemeinschaft für die Reinhaltung der Elbe (ARGE-Elbe), der Internationalen Kommission zum Schutz der Elbe (IKSE) und verschiedenen Autoren zusammengefasst und unter unterschiedlichen Gesichtspunkten ausgewertet (SPOTT 1995, SCHWARTZ et al. 1999, GUHR 2002). Für die nachfolgenden Betrachtungen werden hauptsächlich die Messdaten zu den Pflanzennährstoffen berücksichtigt.

Um den Einfluss hydrologischer Schwankungen auf die Trendaussagen zu minimieren, wurden die Gütedaten von der Messstelle Magdeburg für die häufigsten Durchflusswerte im Bereich von 300 bis 400 m$^3$/s verwendet; dieser Bereich kann folglich mit den meisten Konzentrationswerten im Laufe der Jahre belegt werden (SPOTT 1995). Dennoch mussten aus statistischen Gründen meist 3 Jahre zu einem Datenpunkt zusammengefasst werden, insbesondere wenn die Messdaten zusätzlich aus einem abgegrenzten Temperaturbereich stammen sollten.

### Organische Belastung

Die Elbe war in den 1980er-Jahren so stark mit organischen Stoffen belastet, dass sie im Raum Dresden in der ersten gesamtdeutschen Gewässergütekarte im Jahr 1990 als ökologisch zerstört klassifiziert werden musste (LAWA 1999; siehe Abbildung 2-10). Durch Veränderung von Produktionsprofilen, Stilllegungen bedeutender Industriebetriebe und Neubau von Kläranlagen ging die organische Belastung bereits Anfang der 1990er-Jahre rasch zurück, in dessen Folge sich die Sauerstoffverhältnisse spürbar verbesserten (SPOTT 1995). In den nachfolgenden Jahren nahmen die Konzentrationen organischer Summenparameter nur noch langsam ab (siehe Abbildung 2-7). Der Gehalt an gelöstem organisch gebundenem Kohlenstoff (DOC) hat sich seit dem Zeitraum 1989–05/1990 um 68 % reduziert. In den letzten Jahren stabilisierte sich der Wert, der nur eine geringe Variationsweite aufwies. Der Chemische Gesamtsauerstoffbedarf (Gesamt-CSB) verringerte sich im gleichen Zeitraum um 55 % bei einer größeren Variationsweite. Dieser Parameter erfasst neben dem gelösten auch den partikulären organischen Anteil (Algen, Belebtschlammflocken, Detritus), der größeren saisonalen Schwankungen unterliegt. In den Jahren 1998 bis 2000 deutete sich eine neuerliche Erhöhung des Gesamt-CSB an, was jedoch noch im Schwankungsbereich solcher Trendaussagen liegen kann. Denkbar ist aber auch eine tatsächliche Zunahme der organischen Belastung als Folge des erhöhten Anschlussgrades der Bevölkerung bei gleichzeitig fortbestehenden Defiziten in der Abwasserreinigung. Einem solchen möglichen Belastungstrend wirkt die Ausstattung der Kläranlagen von 20.000 bis 50.000 EGW mit einer biologischen Grundreinigung bis 2005 entgegen, die in einem Programm der Internationalen Kommission zum Schutz der Elbe (IKSE 1995c) festgelegt wurde. Bis zum Jahr 2000 wurden im Einzugsgebiet der Elbe bereits 239 kommunale Kläranlagen neu gebaut bzw. erweitert (SIMON 2001). Die Elbe wurde im Jahr 2000 hinsichtlich der Gewässergüte von der deutsch/tschechischen Grenze bis zur Mündung der Havel – außer einer kurzen Strecke unterhalb von Riesa – als „mäßig belastet" (Güteklasse II) bewertet. Unterhalb der Havelmündung bis zur Nordsee war sie „kritisch belastet" (Güteklasse II–III).

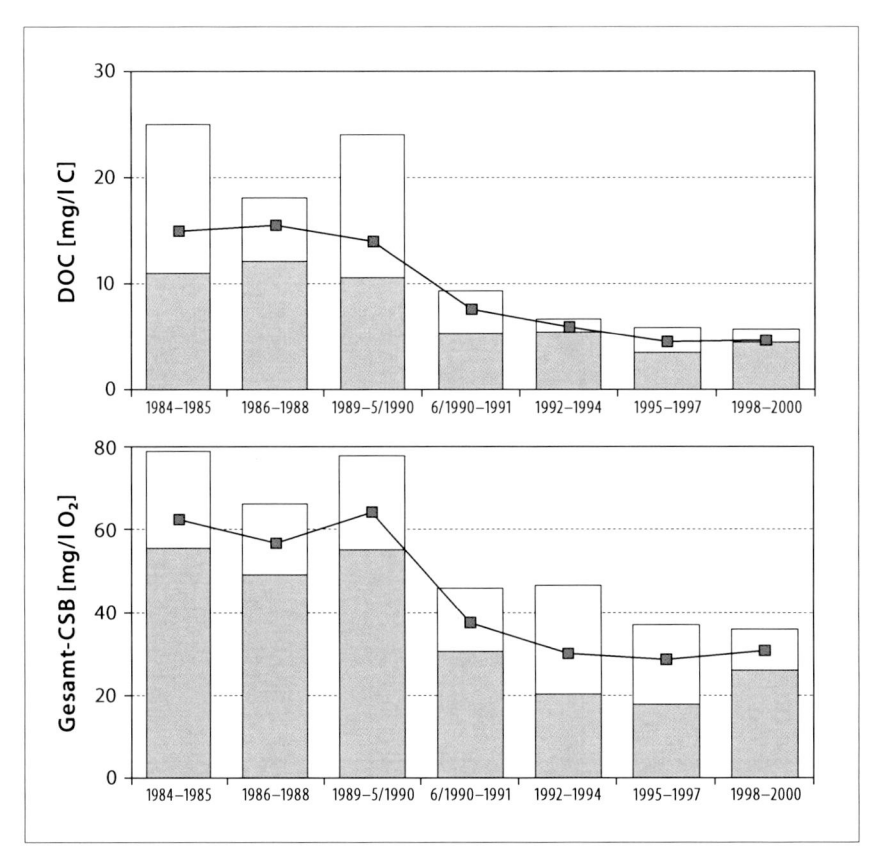

**Abb. 2-7:** Entwicklung des Gehalts an gelöstem organisch gebundenem Kohlenstoff (DOC) und des Chemischen Gesamtsauerstoffbedarfs (Gesamt-CSB) in der Elbe bei Magdeburg (Elbe-km 318, linkes Ufer) im Zeitraum von 1984 bis 2000 für Durchflüsse im Bereich von 300 bis 400 m³/s und bei einer Wassertemperatur von 10 bis 25 °C basierend auf wöchentlichen Messungen; grau = Minimum, weiß = Maximum, Linie = Median

Die Belastungsänderung zwischen Děčín und Schnackenburg im Zeitraum von 10 Jahren verlief ähnlich wie in Magdeburg (siehe Tabelle 2-3). Die abfiltrierbaren Stoffe wurden früher von Belebtschlammflocken geprägt. Mit deren Abnahme durch den Kläranlagenbau werden jetzt Minimalgehalte im Winter beobachtet, während im Sommer die Schwebstoffkonzentrationen hauptsächlich vom Phytoplankton bestimmt werden. Die Sauerstoffgehalte der Elbe lagen im Oberen Elbtal und unterhalb der Muldemündung bis Magdeburg zu Zeiten der hohen Belastung (heterotropher Abbau, spontane Sauerstoffzehrung) in den Sommermonaten nahe Null mg/l $O_2$.

**Tab. 2-3:** Stoffkonzentrationen der organischen Belastung und des Sauerstoffgehaltes (Median und Minimum bis Maximum von Einzelproben) in der Elbe bei Děčín und Schnackenburg der Jahre 1990 und 2000 (IKSE 1992, 2001); Gesamt-CSB = Chemischer Gesamtsauerstoffbedarf $BSB_{21}$ = Biochemischer Sauerstoffbedarf während 21 Tagen

| Messgröße | Děčín 1990 | Děčín 2000 | Schnackenburg 1990 | Schnackenburg 2000 |
|---|---|---|---|---|
| Mittlerer Jahresdurchfluss [m³/s] | 190 (Ústí nad Labem) | 304 | 447 (Neu Darchau) | 630 |
| Abfiltrierbare Stoffe [mg/l] | 19 (9 bis 28) | 17 (8 bis 134) | 28 (15 bis 46) | 20 (< 10 bis 74) |
| Sauerstoff [mg/l] | 8,5 (2,3 bis 11,0) | 8,4 (4,4 bis 12,1) | 7,6 (5,5 bis 10,2) | 11,5 (9,8 bis 15,7) |
| Gesamt-CSB [mg/l $O_2$] | 53 (31 bis 81) | 22 (18 bis 56) | 46 (29 bis 57) | 31 (16 bis 44) |
| $BSB_{21}$ [mg/l $O_2$] | – | 10,0 (4,9 bis 20,0) | – | 11,5 (3,9 bis 30,0) |

### Nährstoffe

Die Phosphorkonzentration hat sich seit der politischen Wende im Jahr 1989 sowohl beim Gesamtphosphat als auch beim gelösten reaktiven Phosphat (SRP, dies entspricht annähernd dem ortho-Phosphat) um 70 % verringert (siehe Abbildung 2-8). Die Ursachen waren in der Substitution phosphorhaltiger Waschmittel, der Ausrüstung der größeren Kläranlagen mit einer Nährstoffeliminationsstufe, dem Rückgang der Tierproduktion und dem Wegfall von industriellen Einleitungen zu sehen. Somit ging die Bedeutung von punktförmigen Belastungsquellen zurück und der Anteil von diffusen Quellen ist auf 65 % angestiegen (BEHRENDT et al. 1999).

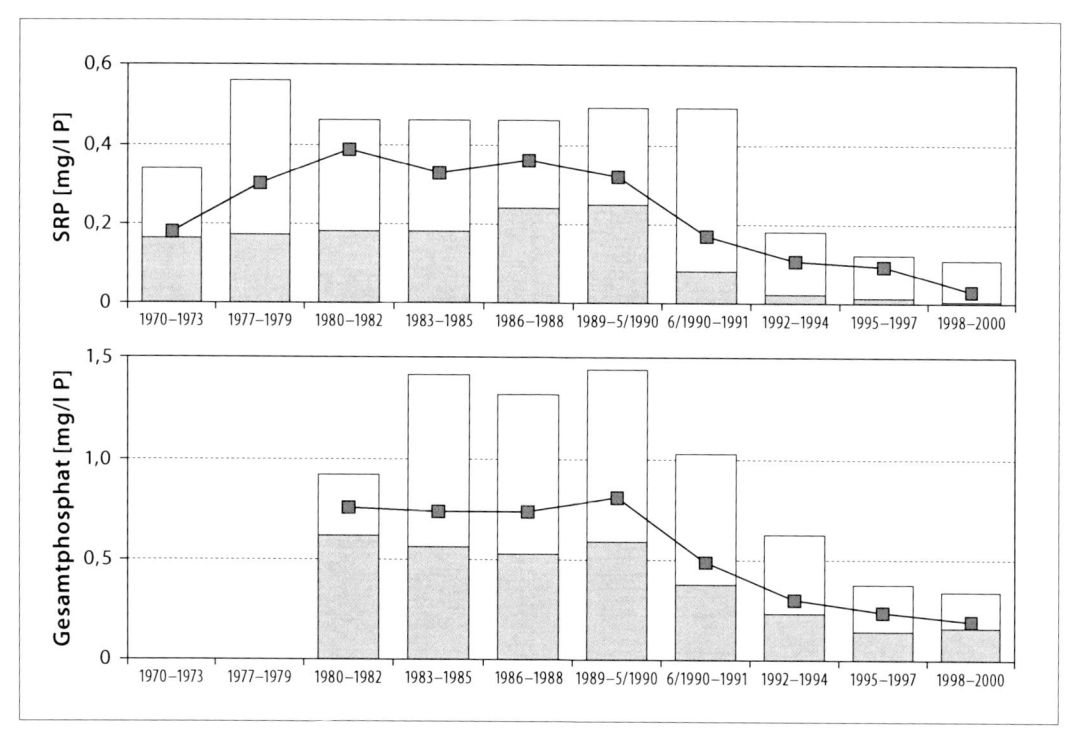

**Abb. 2-8:** Entwicklung der Phosphatkonzentration, gelöstes reaktives Phosphat (SRP) (oben) und Gesamtphosphat (unten), in der Elbe bei Magdeburg (Elbe-km 318, linkes Ufer) im Zeitraum von 1970 bis 2000 für Durchflüsse im Bereich von 300 bis 400 m³/s und bei einer Wassertemperatur von 0 bis 25 °C basierend auf wöchentlichen Messungen; grau = Minimum, weiß = Maximum, Linie = Median

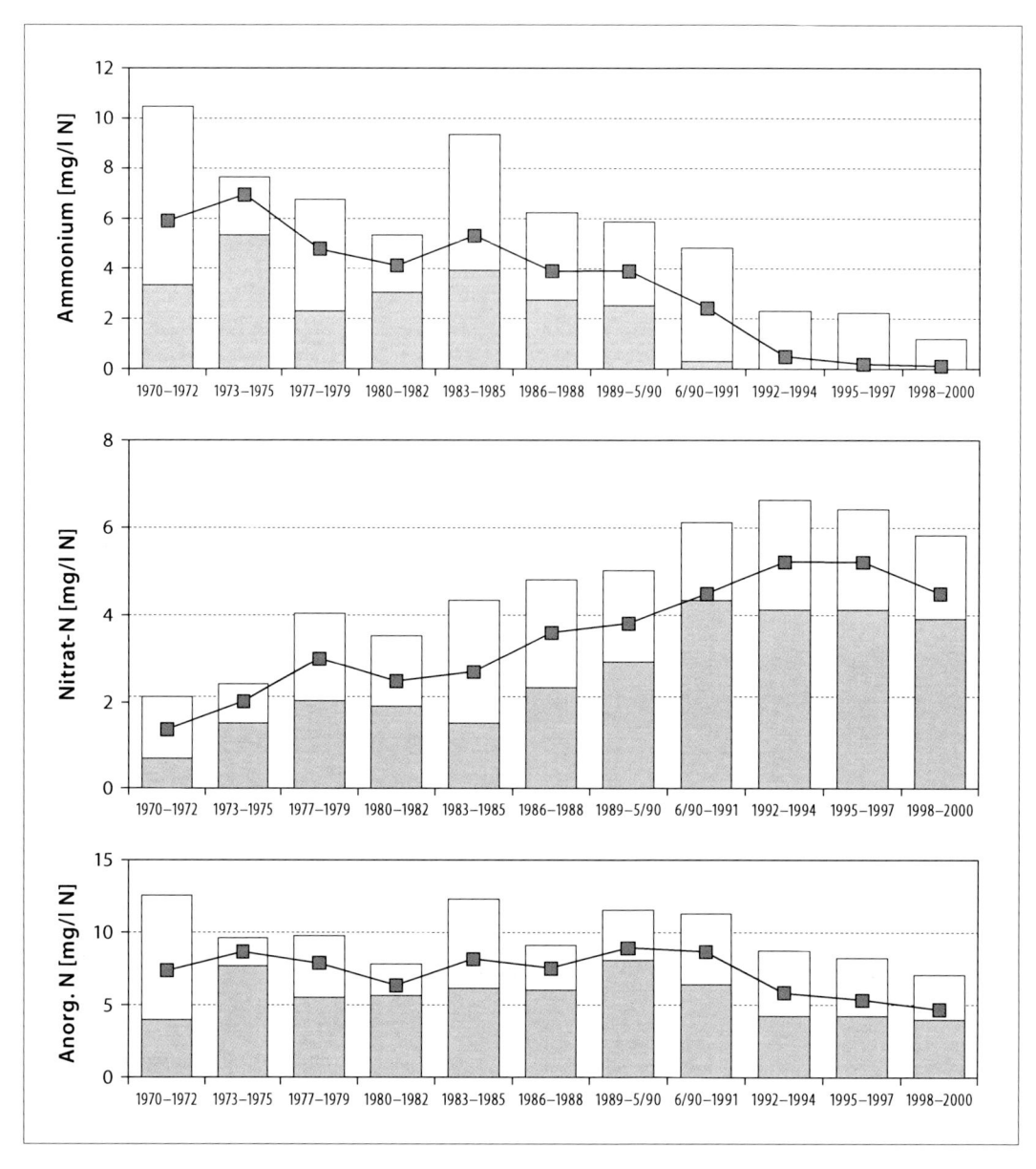

**Abb. 2-9:** Trend der Konzentrationen anorganischer Stickstoffkomponenten, Ammonium- (oben), Nitrat- (mitte) und anorganisch gebundener Stickstoff (unten), in der Elbe bei Magdeburg (Elbe-km 318, linkes Ufer) im Zeitraum 1970 bis 2000 für Durchflüsse im Bereich von 300 bis 400 m³/s und bei einer Wassertemperatur von 0 bis 25 °C basierend auf wöchentlichen Messungen; grau = Minimum, weiß = Maximum, Linie = Median

Der Trend des anorganisch gebundenen Stickstoffs sowie des Nitrats und Ammoniums im Besonderen ist in Abbildung 2-9 wiedergegeben. Der Ammoniumgehalt, der vor 1990 die bedeutendste Stickstoffbelastung der Elbe darstellte, hat sich seither um 95 % verringert. Insbesondere der Wegfall großer industrieller Einleiter und der Bau von biologischen Kläranlagen in den Kommunen hat die externe Ammonium-Belastung reduziert. Durch die Verbesserung der Sauerstoffverhältnisse auf weiten Elbstrecken wurde dort die Nitrifikation wieder ermöglicht. Das ist einer der Gründe, warum der Nitratgehalt bis 1992/94 stetig zunahm (um ca. 10 % pro Jahr). Ein anderer Grund war die Funktion des Nitrats als Sauerstoffreserve für den heterotrophen Abbau von organischen Substanzen (Denitrifikation) in den Zeiten vor 1990, in denen lang andauernde Sauerstoffmangelsituationen im Gewässer typisch waren. Der Rückgang der Nitratkonzentration seit 1995/97 dürfte in der Ausstattung der größeren Kläranlagen mit einer Stickstoffeliminierungsstufe und auch in dem Rückgang der Nährstoffüberschüsse der Landwirtschaftsflächen begründet sein (BACH et al. 1999), der sich zeitverzögert auch in der Oberflächenwasserbeschaffenheit widerspiegeln wird. Insgesamt ist der anorganische Stickstoffgehalt an der Messstelle Magdeburg innerhalb des 30-jährigen Beobachtungszeitraumes um 37% gesunken. Der Anteil der diffusen Stickstoffeinträge in die Elbe beläuft sich auf 72% (BEHRENDT et al. 1999).

Auch im Vergleich der Nährstoffparameter in Děčín und Schnackenburg ist der starke Rückgang der Ammoniumkonzentration innerhalb von 10 Jahren ersichtlich, wohingegen beim Nitrat aus den genannten Gründen der Konzentrationsabfall weniger deutlich ausfällt (siehe Tabelle 2-4). Die hohen Nitritgehalte zu Zeiten hoher Belastung sind auf die Denitrifikation zurückzuführen, deren erster Schritt, die Nitratreduktion, bei Sauerstoffmangel von einer großen Zahl von Bakterienarten zur „Nitratatmung" betrieben werden kann (RHEINHEIMER 1991, siehe Kapitel 5.4.2). Da damals Nitrat offenbar in großem Umfang als Elektronenakzeptor beim mikrobiellen Abbau organischer Substanz diente, reicherte sich Nitrit stark an.

**Tab. 2-4:** Stoffkonzentrationen der Nährstoffbelastung und des Salzgehaltes (Median und Minimum bis Maximum von 13 Einzelproben) in der Elbe bei Děčín (Tetschen) und Schnackenburg 1990 und 2000 (IKSE 1992, 2001)

| Messgröße | Děčín 1990 | Děčín 2000 | Schnackenburg 1990 | Schnackenburg 2000 |
|---|---|---|---|---|
| Mittlerer Durchfluss [m³/s] | 190 (Ústí nad Labem) | 304 | 447 (Neu Darchau) | 630 |
| Ammonium-N [mg/l N] | 1,69 (0,82 bis 4,04) | 0,19 (0,03 bis 1,1) | 1,7 (0,2 bis 3,1) | 0,06 (<0,05 bis 0,48) |
| Nitrat-N [mg/l N] | 4,8 (3,0 bis 7,9) | 4,1 (3,1 bis 5,8) | 4,3 (3,0 bis 5,6) | 3,4 (2,0 bis 5,5) |
| Nitrit-N [mg/l N] | 0,335 (0,152 bis 0518) | 0,051 (0,028 bis 0,100) | 0,05 (0,02 bis 0,16) | (<0,01 bis 0,026) |
| ortho-Phosphat [mg/l P] | 0,25 (0,13 bis 0,49) | 0,16 (0,05 bis 0,27) | 0,26 (0,12 bis 0,37) | 0,07 (<0,01 bis 0,17) |
| Gesamtphosphat [mg/l P] | – | 0,21 (0,11 bis 0,38) | 0,69 (0,41 bis 0,85) | 0,24 (0,10 bis 0,27) |
| Chlorid [mg/l] | 54 (33 bis 88) | 42 (21 bis 56) | 221 (118 bis 353) | 190 (64 bis 250) |
| Sulfat [mg/l] | 112 (93 bis 125) | 80 (61 bis 97) | (146 bis 212) | 140 (100 bis 180) |

### Salzgehalt

Der Salzgehalt der Elbe wurde und wird maßgeblich von der Saale beeinflusst, die durch die Salz fördernde und verarbeitende Industrie sowie durch die bedeutende geogene Grundbelastung in Teileinzugsgebieten hohe Konzentrationen an entsprechenden Kationen und Anionen aufweist. Bei Chlorid zeigen sich in Magdeburg die klassischen Verdünnungskurven in Abhängigkeit vom Durchfluss sowohl 1988/89 als auch 1998/99: Die Konzentration hat sich in diesen Zeiträumen etwa halbiert von im Mittel 405 mg/l in 1989 auf 222 mg/l in 1999, was insbesondere auf die Schließung der Kalibergbaubetriebe im Saaleeinzugsgebiet zurückzuführen ist (siehe auch Tabelle 2-4).

## Schadstoffe im Spurenbereich

An der Messstation Schnackenburg ist bei vielen Schadstoffen eine deutliche Abnahme der Mediankonzentrationen im Zeitraum von 1989 bis 1999 zu erkennen (siehe Tabellen 2-5 und 2-6). Bei den Cadmiumgehalten ist jedoch so gut wie kein Rückgang zu verzeichnen. Die spezifischen Schwermetallkonzentrationen des Sediments sind beim Cadmium und Blei praktisch unverändert geblieben, während beim Arsen die Beladung der Schwebstoffe sogar zugenommen hat. Die Ursachen hierfür sind hauptsächlich in den Hinterlassenschaften bzw. in dem Bewirtschaftungsregime des stillgelegten Bergbaus und der Metallverhüttung im Erzgebirge zu sehen.

Die Zielvorgaben der IKSE und ARGE-Elbe zum Schutz der aquatischen Lebensgemeinschaft werden insbesondere bei Gesamtstickstoff, Gesamtphosphor, Quecksilber, Cadmium, Blei, Kupfer, Zink, Arsen, Hexachlorbenzen und den adsorbierbaren organisch gebundenen Halogenen (AOX) überschritten (Reincke 2002). Die Belastungen mit Spurenstoffen stammen hauptsächlich aus dem Muldeeinzugsgebiet (auch organische Zinnverbindungen) und aus der Tschechischen Republik (HCB, PCB-Kongenere, p,p'-DDT). Die DDT- und HCB-Belastung resultiert hier insbesondere aus den Hinterlassenschaften der chemischen Industrie an der Bilina, die bei Ustí (Aussig) mündet (Kalinova 2002, Martinek et al. 2002, Hypr et al. 2002). Die Fische in der Stromelbe sind wegen der HCB-Belastung bisher nur eingeschränkt vermarktungsfähig.

Ein Vergleich zwischen den Konzentrationen in der Elbe an der tschechisch-deutschen Grenze und in Schnackenburg ist für einige Messgrößen anhand Tabelle 2-6 möglich. In Ermangelung von Daten an der Messstelle Děčín werden Angaben von der nächst oberhalb gelegenen IKSE-Messstelle Obříství (tschechischer Elbe-km 114, flussaufwärts der Mündung der Moldau bei Mělník) verwendet.

**Abb. 2-10:** Einleitung von Abwässern der Papierindustrie in die Elbe bei Pirna/Heidenau im Jahr 1984, die wesentlich zur damaligen massiven Belastung der Elbe mit organischen Stoffen im Raum Dresden beitrug. Im Hintergrund der Schaufelraddampfer „Karl Marx" (Foto: M. Böhme)

**Tab. 2-5:** Konzentrationswerte (Median und Minimum bis Maximum) für Schadstoffe im Spurenbereich, Gesamtgehalte in Wochenmischproben (Wmpr.) und im schwebstoffbürtigem Sediment (schwebst. Sed.), an den Messstellen Děčín im Jahr 1999 sowie Schnackenburg in den Jahren 1989 und 1999 (Daten ARGE-ELBE 1990 und IKSE 2000); m = aus Wochenmischproben

| Schadstoff im Spurenbereich | Děčín 1999 | Schnackenburg 1989 | Schnackenburg 1999 |
|---|---|---|---|
| Durchfluss MQ [m$^3$/s] | 185 | 525 (Wittenberge) | 640 (Wittenberge) |
| AOX [µg/l] (Einzelproben) | 65 (26 bis 100) | 100 (70 bis 170) | 25 (20 bis 35) |
| Quecksilber [µg/l] (Wmpr.) | < 0,1 | 0,73 (0,53 bis 1,3) | 0,08 (< 0,0005 bis 0,13) |
| Quecksilber [mg/kg] (schwebst. Sed.) | 3,7 (0,6 bis 8,8) | 24 (14,8 bis 30,7) | 3,6 (2,3 bis 3,6) |
| Kupfer [µg/l] (Wmpr.) | 13 (10 bis 39) | 15,2 (8,4 bis 49,4) | 3,9 (3,1 bis 7,3) |
| Kupfer [mg/kg] (schwebst. Sed.) | 90 (43 bis 163) | 278 (184 bis 389) | 120 (61 bis 150) |
| Zink [µg/l] (Wmpr.) | 40 (28 bis 79) | 151 (113 bis 243) | 41 (27 bis 71) |
| Zink [mg/kg] (schwebst. Sed.) | 725 (331 bis 1.200) | 1.570 (1.150 bis 2.530) | 1.300 (830 bis 1.700) |
| Cadmium [µg/l] (Wmpr.) | 0,10 (< 0,10 bis 0,30) | 0,43 (0,24 bis 1,0) | 0,31 (0,18 bis 0,69) |
| Cadmium [mg/kg] (schwebst. Sed.) | 3,6 (2,1 bis 5,8) | 9,4 (8,6 bis 11,8) | 9,2 (5,5 bis 11) |
| Nickel [µg/l] (Wmpr.) | 6,0 (3,0 bis 5,0) | 14,3 (9,1 bis 20,2) | 3,7 (2,9 bis 4,4) |
| Nickel [mg/kg] (schwebst. Sed.) | 52 (29 bis 70) | 90,4 (54,7 bis 112) | 66 (33 bis 84) |
| Blei [µg/l] (Wmpr.) | (< 1,0 bis 2,0) | 6,2 (4,5 bis 14,2) | 3,1 (1,2 bis 5,9) |
| Blei [mg/kg] (schwebst. Sed.) | 96 (51 bis 191) | 158 (115 bis 188) | 160 (80 bis 180) |
| Chrom [µg/l] (Wmpr.) | 4,0 (1,0 bis 23) | 14,1 (6,4 bis 22,7) | 1,4 (< 1,0 bis 2,3) |
| Chrom [mg/kg] (schwebst. Sed.) | 92 (62 bis 165) | 332 (240 bis 398) | 115 (50 bis 160) |
| Arsen [µg/l] (Wmpr.) | 6,0 (2,0 bis 9,0) | 3,1 (2,5 bis 5,6) | 2,1 (1,9 bis 4,6) |
| Arsen [mg/kg] (schwebst. Sed.) | 25 (15 bis 85) | 15,0 (9,4 bis 20,5) | 38 (23 bis 58) |
| Tetrachlormethan [µg/l] (Einzelproben) | (< 0,10 bis 0,13) | 0,115 (0,035 bis 0,498)$^m$ | 0,003 (< 0,002 bis 0,009) |
| Tetrachlorethen [µg/l] (Einzelproben) | 0,22 (< 0,1 bis 0,98) | 0,414 (0,091 bis 1,21)$^m$ | 0,02 (0,003 bis 0,04) |
| Hexachlorbenzen [µg/l] (Einzelproben) | 0,0055 (0,0013 bis 0,17) | 0,009 (0,003 bis 0,021)$^m$ | 0,001 (0,0005 bis 0,006) |
| Hexachlorbenzen [µg/kg] (schwebst. Sed.) | 942 (73 bis 4.400) | 286 (192 bis 910) | 94 (36 bis 410) |
| β-Hexachlorcyclohexan [µg/l] (Einzelproben) | 0,013 (0,0085 bis 0,033) | 0,006 (0,003 bis 0,014)$^m$ | 0,001 (< 0,0002 bis 0,006) |
| β-Hexachlorcyclohexan [µg/kg] (schwebst. Sed.) | 16 (< 5,0 bis 63) | 12,1 (4,1 bis 30) | 9,8 (0,9 bis 33) |
| p,p'-DDT [µg/kg] (schwebst. Sed.) | 309 (23 bis 2.500) | 21,5 (12,9 bis 62,6) | 5,3 (< 0,3 bis 110) |
| PCB 153 [µg/kg] (schwebst. Sed.) | 58 (5 bis 206) | 15,5 (11,2 bis 40,6) | 4,8 (0,8 bis 9,1) |
| Atrazin [µg/l] (Einzelproben) | 0,038 (0,014 bis 0,54) | – | 0,004 (<0,002 bis 0,4) |
| Benzo(a)pyren [µg/l] (Einzelproben) | 0,004 (<0,001 bis 0,0083) | – | 0,005 (0,003 bis 0,01) |
| Benzo(a)pyren [µg/kg] (schwebst. Sed.) | 727 (125 bis 1960) | – | 405 (150 bis 460) |
| EDTA [µg/l] (Einzelproben) | – | – | 3,5 (0,7 bis 15) |
| Tributylzinn [mg/kg] (schwebst. Sed.) | – | – | 22 (6 bis 35) |

**Tab. 2-6:** Schwermetallkonzentrationen (Median und Minimum bis Maximum von 13 Einzelproben) in der Elbe bei Obříství und Schnackenburg in den Jahren 1990 und 2000 (IKSE 1992, 2001)

| Messgröße [µg/l] | Obříství 1990 | Obříství 2000 | Schnackenburg 1990 | Schnackenburg 2000 |
|---|---|---|---|---|
| Gesamt-Quecksilber | 0,16 (0,07 bis 0,50) | < 0,01 | 0,42 (0,25 bis 0,72) | 0,09 (0,04 bis 0,14) |
| Gesamt-Kupfer | 20 (16 bis 26) | 14 (5 bis 36) | 13,8 (9,7 bis 21,7) | 4,5 (2,6 bis 7,9) |
| Gesamt-Zink | 53 (28 bis 80) | 43 (18 bis 110) | 111 (86 bis 165) | 35 (14 bis 61) |

## 2.4 Überblick über die untersuchten Elbabschnitte
*Helmut Fischer und Martin Pusch*

Die in diesem Band vorgestellten Ergebnisse beruhen auf Untersuchungen entlang der gesamten frei fließenden Elbe von der tschechischen Grenze bei Schmilka (Elbe-km 0) bis zum Wehr Geesthacht (Elbe-km 586) (siehe Abbildung 2-11). Auf diese Weise konnte die charakteristische Längsentwicklung des Nährstoffhaushalts und der Planktonlebensgemeinschaft entlang des Fließkontinuums der Elbe erfasst werden (siehe z. B. Kapitel 3.1 bis 3.5). Daneben wurden an ausgewählten Probenahmestellen die Lebensgemeinschaften und Prozesse im Hauptstrom denjenigen in den Buhnenfeldern der Elbe gegenübergestellt (Kapitel 4 und 5). Dabei wurden einige wenige Stellen als Dauerprobestellen während eines gesamten Jahresgangs oder länger untersucht. In drei Flussabschnitten gelang es mit dem Einsatz eines Taucherschachtschiffes (siehe Abbildung 2-12) erstmals, intensive ökologische Untersuchungen auf und in der Flusssohle der Elbe vorzunehmen, damit das Sedimentlückensystem als flusstypischen Lebensraum zu beschreiben und dessen Funktion für den Stoffhaushalt der Elbe abzuschätzen. An diesen Probestellen wurden auch die Austauschprozesse zwischen dem frei fließenden Wasser und dem Sedimentlückenraum unter der Stromsohle (hyporheisches Interstitial) untersucht, an weiteren der Wasseraustausch zwischen Hauptstrom und Buhnenfeldern (siehe z. B. Kapitel 4.1, 5.1.3, 6.2).

Die Probestellen zur Untersuchung der am Benthal und im Hyporheal angesiedelten Prozesse und Lebensgemeinschaften wurden entsprechend der Fragestellung in besonders geeigneten Flussabschnitten ausgewählt (siehe Tabelle 2-7), beispielsweise in Flussabschnitten mit überwiegender Exfiltration von Grundwasser in die Elbe, solchen mit Infiltration von Elbewasser in das hyporheische Interstitial sowie Abschnitten mit ausgeprägten natürlichen oder künstlichen flussmorphologischen Strukturen, wie Unterwasserdünen oder unterschiedlichen Typen von Buhnen und Buhnenfeldern. Dabei waren die grundlegenden hydromorphologischen Unterschiede zwischen der Oberen Elbe oberhalb von Riesa und dem daran anschließenden mittleren Elbabschnitt zu beachten, der durch die Norddeutsche Tiefebene fließt. Schwerpunkte der Untersuchungen waren Dauermessstellen und gemeinsame Untersuchungskampagnen mehrerer beteiligter Forschungseinrichtungen im Raum Dresden (Elbe-km 52 bis 80), in einem Elbebogen südlich von Coswig (bei Dessau, Elbe-km 232 bis 234) und im Raum Havelberg (Elbe-km 420 bis 425) (siehe Abbildung 2-11). Im Raum Dresden wurde insbesondere die Rolle des Interstitials für den Stickstoffumsatz intensiv untersucht. Im Coswiger Bogen wurde die wirbellose Bodenfauna sowie der mikrobielle Kohlenstoffumsatz in unterschiedlichen Lebensräumen verglichen und Jahresgänge des mikrobiellen Abbaus aufgenommen. Im Abschnitt um Havelberg wurden die Morphologie und Hydrodynamik von Buhnenfeldern unterschiedlicher Verlandungs- und Erhaltungszustände untersucht und ihre Funktion für den Stoffrückhalt und -austausch mit dem Hauptfluss beschrieben. Außerdem befanden sich hier Dauermessstellen für den Aggregattransport sowie für das Zooplankton. Die an einzelnen Probestellen erarbeiteten Untersuchungsergebnisse charakterisieren dabei jeweils die Verhältnisse in einem längeren Elbabschnitt, da sich über längere Stromabschnitte die Wasserqualität, die Sedimentkorngröße und die Formen der Buhnenfelder nur wenig ändern.

**Tab. 2-7:** Übersicht über die untersuchten Themengebiete, Untersuchungsstellen und die entsprechenden Kapitel in diesem Band. Einsatzorte des Taucherschachtschiffes sind mit (T) markiert. Die Buchstaben R und L kennzeichnen Buhnenfelder auf der rechten bzw. linken Seite des Flusses (in Fließrichtung).

| Untersuchte Themengebiete | Untersuchungsstelle | Elbe-km | Nr. in der Karte | Kapitel |
|---|---|---|---|---|
| **Im Pelagial des Hauptstroms** | | | | |
| Stoffhaushalt des Pelagials (Nährstoffe, $O_2$) | Gesamte Elbe von Schmilka bis Geesthacht | 0–586 | | 3.2 |
| Phytoplankton | | | | 3.1 |
| Zooplankton | Wie oben; zusätzlich Dauermesstation bei Havelberg | 0–586, 423 | 4 | 3.3 |
| Planktische Bakterien und Einzeller | | | | 3.4 |
| Aggregate | | | | 3.5 |
| **In Buhnenfeldern** | | | | |
| Hydro- und Morphodynamik | Magdeburg, Havelberg | 317,5 L, 420,5 L, 425,1 L | 3, 4 | 4.1 |
| Sedimentation | Havelberg | 420,9 L | 4 | 4.2 |
| Zusammensetzung Buhnenfeldsedimente | | 474–485 R | 5 | 4.2.4 |
| Bilanzierung des Schwebstoffrückhalts | Wittenberge bis Hitzacker | 455–523 R, L | 5 | 4.2.5 |
| Zooplankton | Havelberg | 423 R, L | 4 | 4.3.1 |
| Meio- und Makrofauna | Coswiger Bogen | 204 R, 232,4–232,6 R | 2 | 7.3.2, 4.3.2 |
| Mikrofauna (Protozoen) | Havelberg | 420,5 L | 4 | 4.3.3 |
| Aggregate | Havelberg | 421,8 L | 4 | 4.3.4 |
| Mikrobieller Kohlenstoffumsatz (Respiration, Produktion, Aktivität extrazellulärer Enzyme) | Coswiger Bogen | 232,4–232,6 R | 2 | 4.4, 5.4 |
| **In der überströmten Flusssohle** | | | | |
| Lateraler und vertikaler Stoffaustausch | Dresden, Meißen Coswig, Magdeburg | 61–63, 80 233–234, 319 | 1 (T), 1 2 (T), 3 | 5.1 |
| Sedimentdynamik | Hitzacker | 519 | 6 | 5.2 |
| Mikrofauna (Protozoen) | Fünf Stellen von Dresden bis Geesthacht | 52–585 | 1 (T), 2 (T), 3 (T), 4, 7 | 5.3.1 |
| Meio- und Makrofauna | Coswig, Hitzacker | 233–234, 519 | 2 (T), 6 | 5.3.2 |
| Mikrobieller Kohlenstoffumsatz (Respiration, Produktion, Aktivität extrazellulärer Enzyme) | Dresden, Coswiger Bogen, Hitzacker | 63, 233–234, 519 | 2 (T) | 5.4.1 |
| Stickstoffumsatz: Nitrifikation, Denitrifikation (Labormessungen) | Flussufer Dresden Flussufer und -mitte Dresden Buhnenfelder und Flussmitte bei Coswig | 52 63 232–234 | 1 1 (T) 2 (T) | 5.4.1, 5.4.2 |
| Stickstoffumsatz (Modellierung) | Dresden | 61–63 | 1 | 6.2 |
| Struktur der bakteriellen Lebensgemeinschaft | Dresden, Coswig Hitzacker | 63, 233–234 519 | 1 (T), 2 (T) 6 | 5.4.3 |
| **Wechselwirkungen und übergreifende Aspekte** | | | | |
| Hauptstrom ↔ Buhnenfelder | Schnackenburg sowie gesamte Fließstrecke | 473 R, L | 5 | 6.1, 4.1.3 |
| Hauptstrompelagial ↔ Interstitial | Dresden, Coswig Hitzacker | 62, 233–234 519 | 1 (T), 2 (T) 6 | 6.2, 5.4.1, 5.2 |
| Buhnenfeldpelagial ↔ Interstitial | Coswig, Hitzacker sowie Laborversuche | 232,5 R, 519 | 2, 6 | 6.3 |
| Modellierung der Wasserbeschaffenheit und Einfluss der Buhnenfelder auf die Wasserbeschaffenheit | Gesamte Elbe von Schmilka bis Geesthacht | 0–586 | | 7.1, 7.2 |
| Auswirkungen der Schifffahrt | Coswig, Magdeburg | 232,5 R, 318 L | 2, 3 | 7.4 |

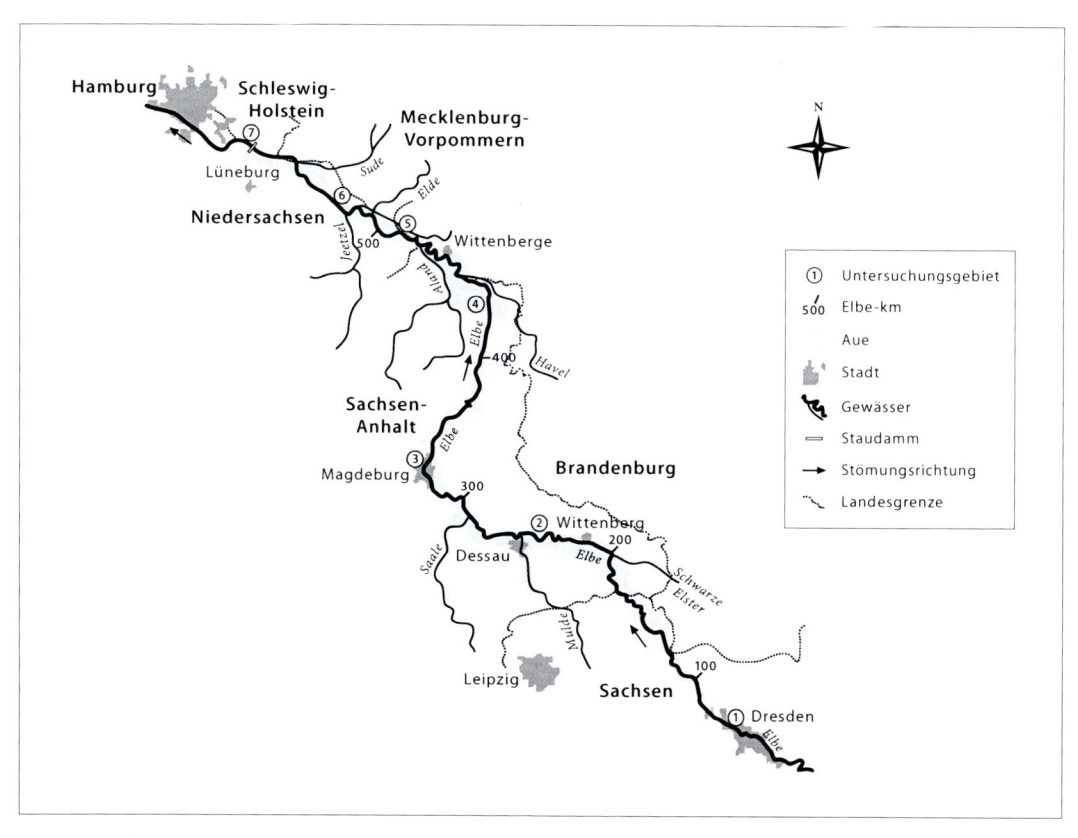

**Abb. 2-11:** Übersichtskarte der Untersuchungsgebiete aller in diesem Band vorgestellten Projekte. Räumliche Schwerpunkte der Untersuchung sind durch Zahlen markiert (vgl. Tab. 2-7; Graphik: J. LUGE).

**Abb. 2-12:** Beprobung der Gewässersohle in Strommitte im Jahr 2001 mit Hilfe des Taucherschachtschiffs (links). Innenansicht des Taucherschachts (rechts) (Fotos: S. KRÖWER, H. FISCHER)

## 3 Prozesse und Biozönosen im Pelagial des Hauptstroms
*Heike Zimmermann-Timm (Einleitung)*

Der Freiwasserraum von Seen und Flüssen wird als Pelagial bezeichnet (SCHWOERBEL 1999). Für das Leben im Pelagial von Flüssen sind die Körpergröße und Fortbewegungsorgane für einen eigenbeweglichen Ortswechsel entscheidend – in der Gesamtheit werden diese Organismen (zumeist Fische) Nekton genannt. Daneben existiert in größeren Fließgewässern ab der 5. Größenordnung nach STRAHLER (1957) das Plankton, die Gesamtheit der im Freiwasserraum lebenden und mit den Wasserbewegungen passiv treibenden Organismen. Das Plankton der Flüsse wird auch als Potamoplankton bezeichnet – ein arteigenes Flussplankton gibt es allerdings nicht. Es umfasst Algen, Bakterien, Pilze, Protozoen (einzellige Tiere) wie beispielsweise Ciliaten (Wimpertierchen), Flagellaten (Geißeltiere) und Amöben (Wechseltiere) sowie Metazoen (mehrzellige Tiere), die durch Crustaceen (Krebse) und Rotatorien (Rädertiere) vertreten sind. Das Plankton wird größenmäßig in Piko- (0,2–2 µm), Nano- (2–20 µm), Mikro- (20–200 µm) und Mesoplankton (200–2.000 µm) eingeteilt (SIEBURTH 1979).

Die jahreszeitliche und räumliche Dynamik des Flussplanktons wurde lange Zeit limnologisch kaum untersucht (SCHWOERBEL 1994). Inzwischen wurde die Besiedlung des Pelagials einiger großer Fließgewässer studiert, allerdings sind die biotischen und abiotischen Wechselwirkungen sowie der Stoffumsatz für das Pelagial sowie die angrenzenden Habitate noch immer unzureichend bekannt.

Produzenten (photoautotrophe Organismen – wie Algen und Bakterien), Konsumenten (heterotrophe Organismen – Tiere) sowie Destruenten (Organismen, die tote organische Substanz abbauen – wie Bakterien und Pilze) stehen im Pelagial in einer komplexen Wechselbeziehung. Die Protozoen stellen in diesem Gefüge eine wichtige funktionelle Komponente dar, indem sie über die „mikrobielle Schleife" (microbial loop; AZAM et al. 1983) Energie aus der Primärproduktion und der bakteriellen Sekundärproduktion höheren trophischen Ebenen verfügbar machen (VERITY 1991). Außerdem bewirken sie eine Regeneration der in den Bakterien gebundenen anorganischen Nährstoffe, so dass diese für die Primärproduktion der Algen zur Verfügung stehen (CARON 1991a).

Die hohe Komplexität und Dynamik in Zeit und Raum erschweren die Erhebung und Interpretation von Fließgewässerdaten. Neben den abiotischen Einflussgrößen, wie Wassertemperatur, advektiver Transport, Turbulenz und Trübung, wirken die biotischen Faktoren Nahrungsangebot, Konkurrenz- und Räuberdruck zusätzlich strukturierend auf die Planktongemeinschaft. Der advektive Transport mit der Strömung führt zu einer andauernden Reduktion des Planktons in einem bestimmten Flussabschnitt. Somit bildet das Verhältnis zwischen der Verweilzeit des Wasserkörpers im Fließgewässersystem und den Vermehrungsraten der Planktonorganismen die wichtigste Stellgröße für die Struktur und Dynamik der Planktongemeinschaft in Flüssen (BASU und PICK 1996). Daher dominieren im Freiwasser kleine Organismen, die sich häufig durch hohe Reproduktionsraten auszeichnen. Eine weitere wichtige Randbedingung für die Planktondynamik ist die Präsenz von Retentionszonen, also Gewässerteilen mit geringer Strömungsgeschwindigkeit, in denen sich Planktonorganismen längere Zeit aufhalten und vermehren können. Aus diesen Retentionszonen wird der Hauptstrom permanenet mit planktischen Organismen „angeimpft" (REYNOLDS und GLAISTER 1993). Die in Fließgewässern auftretenden Turbulenzen bewirken eine

Resuspension von partikulärer organischer und anorganischer Substanz in Form von Aggregaten (EISMA 1993), die bei großer Dichte zur Trübung des Gewässers und damit zur Lichtlimitation der Planktonalgen (REYNOLDS und GLAISTER 1993) beitragen können. Aggregate können von Organismen der Wassersäule und des Benthos (Bodenbewohner) als Nahrung genutzt werden. Sie werden von planktischen und benthischen Bakterien, Protozoen und Metazoen besiedelt und gelten als „hot spots" des mikrobiellen Lebens (ZIMMERMANN-TIMM 2002).

Mit mehr als 600 km freier, unverbauter Fließstrecke und Transportzeiten von über 10 Tagen von Strekov (bei Ústí nad Labem) in der Tschechischen Republik (CZ-Elbe-km −37) bis zum Wehr Geesthacht (Elbe-km 586) zur Vegetationszeit erfüllt die Elbe die Voraussetzung zur Ausprägung einer distinkten Flussplanktongemeinschaft, die sich deutlich von der vieler anderer Flüsse unterscheidet, deren Kontinuum durch Wehre und Staudämme unterbrochen wird. Daher ist die Ausprägung der pelagischen Biozönosen in der Elbe wissenschaftlich besonders interessant, auch hinsichtlich der Rolle der dort vorhandenen Buhnen, sowie der zeitweise angebundenen Auen- und Stehgewässer, die als Zonen des Umbaus und der Retention von Stoffen und Organismen im Sinne einer „Selbstreinigung" des Stroms zu betrachten sind.

## 3.1 Phytoplanktondynamik
*Michael Böhme, Helmut Guhr und Klaus Ockenfeld*

Die Dynamik planktischer Algen wird bestimmt von den Nährstoffverhältnissen, dem Lichtangebot und der Temperatur, biozönotischen Wechselwirkungen (vor allem Zooplanktonfraß) und gegebenenfalls auch von der Wirkung im Wasser gelöster Schadstoffe. Besonders prägend sind in einem Fließgewässer die Gewässermorphologie und die hydraulischen Verhältnisse, die über Turbulenz und Verweilzeit im Gewässer maßgeblich die Wachstumsbedingungen für das Phytoplankton bestimmen.

Phytoplankton dominiert in der Elbe die Primärproduktion und ist im Mittel- und Unterlauf, neben dem allochthonen Eintrag aus dem Einzugsgebiet, die Hauptquelle organischer Substanz, von der die Organismen anderer trophischer Ebenen (Bakterien, Zooplankton, Zoobenthos, Fische) leben. Wasserpflanzen säumen lediglich als Gelegegürtel an kurzen Flussstrecken die Ufer. Der Flussgrund bietet benthischen Algen kaum Aufwuchsmöglichkeiten wegen der beweglichen Sohle (Geschiebe- bzw. Sandtrieb), der Dunkelheit am Gewässergrund und den starken Schwankungen des Wasserstandes.

Im Folgenden wird die Phytoplanktondynamik im Längsschnitt des Flusses von seiner Quelle bis zur Mündung sowie im zeitlichen Verlauf (mehrjährige, jahreszeitliche bis hinab zu täglichen Schwankungen) dargestellt.

### 3.1.1 Phytoplanktonentwicklung im Längsschnitt

Im Quellgebiet (Quelle bei CZ-Elbe-km −367) ist zunächst kaum Phytoplankton anzutreffen, da Nährstoffkonzentrationen, Wassertemperatur und Verweilzeit zu gering sind; außerdem ist das Wasser anthropogen versauert. Aber bereits 10 km unterhalb der Quelle bietet die erste Talsperre (Labská, siehe Abbildung 3-1) während Niedrigwasser mehrere Tage Verweilzeit. Auch Nährstoffangebot und pH-Wert sind nun durch die Abwässer aus Špindlerův Mlýn (Spindlermühle) so günstig, dass es zeitweise bereits zu Massenentwicklungen von Algen (Algenblüten) kommt (ARGE-ELBE 2000). Die darauf folgende 42 km lange Fließstrecke hat zunächst den Charakter eines schnell fließenden Gebirgsflusses. Hier gehen die in der Talsperre Labská gewachsenen Algen rasch zu Grunde.

Ab der Talsperre bei Bílá Třemešná (Les Království) beginnt der von Querbauwerken dominierte Elbabschnitt. Bis Strekov (Schreckenstein) findet sich im Mittel alle 9 Kilometer eine Staustufe. Innerhalb der gestauten Strecke sind 174 km für den Schiffsverkehr ausgebaut; die „Tauchtiefen" betragen 2,0 bis 2,1 m. Infolge des künstlich vergrößerten Fließquerschnittes fließt das Wasser in Zeiten geringen Durchflusses entsprechend langsam. Das Phytoplankton wächst unter diesen Bedingungen stetig an (DESERTOVÁ und BLAŽKOVA 2000, ARGE-ELBE 2000). So betrugen die Jahresmaxima der Chlorophyll-a-Werte im Zeitraum von 1996 bis 1999 in Verdek bei Dvůr Králové (CZ-Elbe-km −310) zwischen 10 und 30 µg/l sowie in Děčín 50 bis 180 µg/l (CZ-Elbe-km −11) (DESERTOVÁ 2002). Wichtigste Steuergröße ist hier der Durchfluss und damit vor allem die Aufenthaltszeit in der Kaskade der Staustufen bis Ústí nad Labem (Aussig) (DESERTOVÁ 2002). Die Aufenthaltszeit beträgt im überwiegend stauregelten Abschnitt Hradec Králové (Königsgrätz, CZ-Elbe-km −266) bis Ústí (CZ-Elbe-km −35) bei mittlerem Durchfluss (MQ) fast 9 Tage, bei mittlerem Niedrigwasserabfluss (MNQ) sogar fast 43 Tage (Ergebnisse des Alarmmodells ALAMO der Bundesanstalt für Gewässerkunde). Die Konzentration der Nährstoffe ist bis Ústí, abgesehen von der Quellregion oberhalb Špindlerův Mlýn (Spindlermühle), an keiner Stelle so gering, dass sie das Algenwachstum limitieren könnte.

**Abb. 3-1:** Talsperre Labská unterhalb Špindlerův Mlýn – erste große Staustufe der Elbe (Foto: A. Prange, GKSS)

Am Schreckenstein (Střekov) bei Ústí nad Labem (Aussig, CZ-Elbe-km −37) endet aktuell die Kaskade von Staustufen; die Errichtung weiterer wird in Tschechien kontrovers diskutiert. Es beginnt dort der bis zu 622 km lange frei fließende Abschnitt, der bei Niedrigwasser durch den Rückstau des Wehres Geesthacht oberhalb von Hamburg um einige Kilometer verkürzt wird. Der deutsche Teil der Elbe wurde mehrfach über den gesamten limnischen Abschnitt bis Geesthacht beprobt. Bei Probenahmen, welche den gesamten Längsschnitt über 1 bis 2 Tage (z. B. Desertová et al. 1996, Routineuntersuchungen der ARGE-Elbe) umfassen oder über mehrere Tage entgegen der Fließrichtung (Untersuchungen der Universitäten von Jena und Hamburg) erfolgen, wird immer wieder Wasser mit einer anderen Vorgeschichte untersucht, so dass Interpretationen der Ergebnisse im Fließverlauf erschwert werden. Bei fließzeitkonformen Beprobungen – die erste führte Klapper (1961) durch – gibt es diese Probleme nicht. Fließzeitkonform bedeutet, dass der am Startpunkt (z. B. Schmilka) angetroffene Wasserkörper im weiteren Fließverlauf immer wieder beprobt wird und damit jeweils die Vorgeschichte des beprobten Wasserkörpers weitgehend bekannt ist.

Die folgenden Ergebnisse stammen aus solchen annähernd fließ- und tageszeitkonformen Untersuchungen der Bundesanstalt für Gewässerkunde (BfG) und des Umweltforschungszentrums Leipzig-Halle (UFZ), die in den Monaten 10/1996, 8–9/1997, 9/1998, 4–5/1999, 6–7/2000, 4/2002, 5–6/2002, 8/2002 und 9–10/2002 bei Durchflusssituationen zwischen 132 und 426 m³/s am Pegel Dresden bzw. 281 und 878 m³/s am Pegel Darchau durchgeführt wurden (Guhr et al. 1998, Böhme et al. 2002, Guhr et al. 2003). Da der Tag-Nacht-Wechsel zu deutlichen Fluktuationen von Stoffwechselintensität und Biomasse des Phytoplanktons führt, wurden die Beprobungen im Jahr 2000 idealerweise an jedem Probenahmepunkt zu festen Zeiten morgens und abends durchgeführt. Für die Berücksichtigung der Transportzeiten standen Tracermessungen von Hanisch et al. (1997) und das hydraulische Submodell des Gewässergütemodells QSim der BfG (Kirchesch et al. 1999, Kirchesch und Schöl 1999, Böhme et al. 2002; siehe Kapitel 7.1) zur Verfügung.

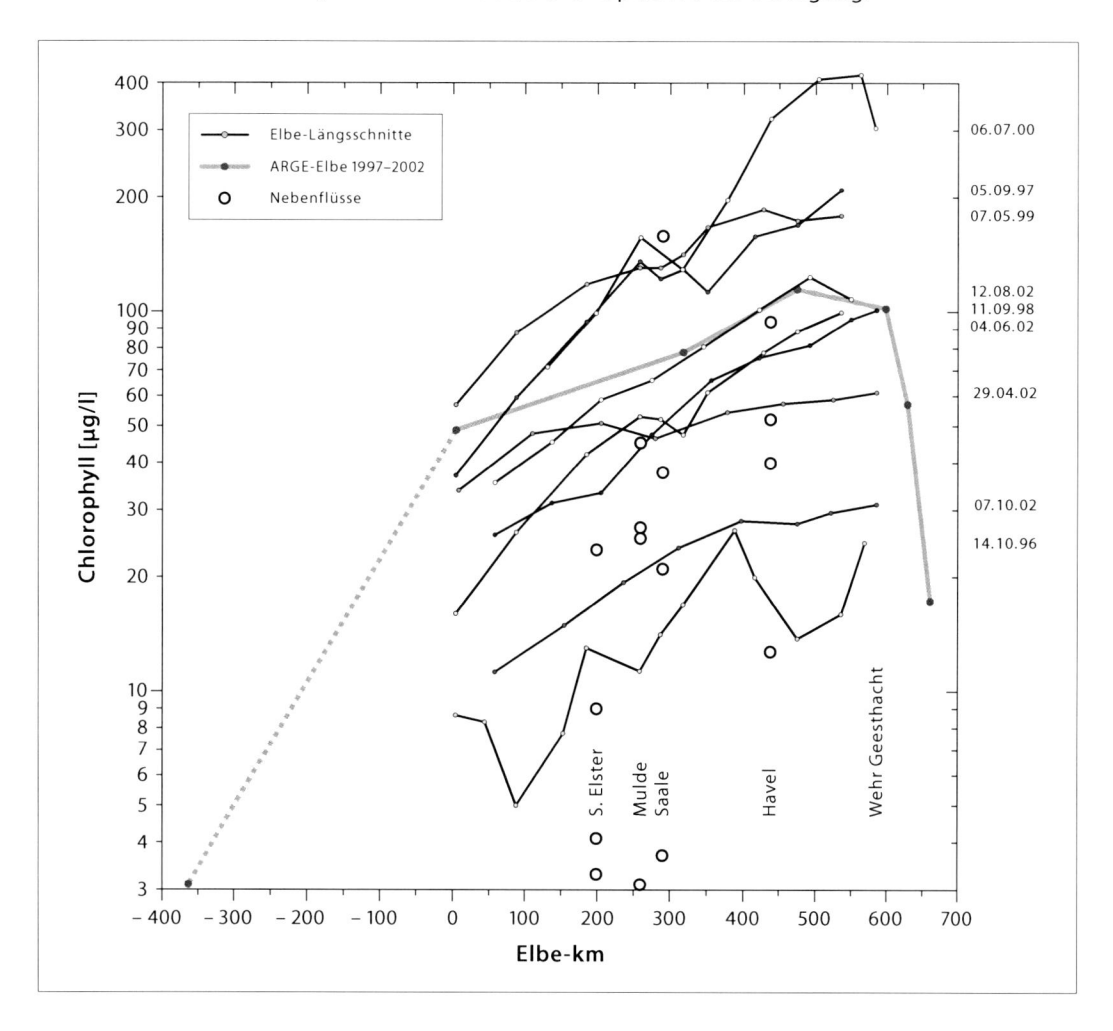

**Abb. 3-2:** Chlorophyll-a-Konzentration (logarithmische Auftragung) im Längsschnitt der Elbe; schwarz = Daten von 9 Bereisungen (UFZ), Mittelwerte von Einzelmessungen am linken und rechten Ufer; grau = Mittel der Summe von Chlorophyll-a- und Phaeophytinkonzentration über die Jahre 1997 bis 2002 an 6 Dauermessstationen der deutschen Länder, Anzahl der Werte pro Station 69 bis 138 (Daten UFZ und ARGE-Elbe, zusätzlich gesetzt ein Punkt 3 µg/l für die Elbquelle)

Vom Frühjahr über den Sommer bis in den Herbst war bei allen Bereisungen ein deutliches Wachstum des Phytoplanktons auf der Fließstrecke erkennbar (siehe Abbildung 3-2). Auf der deutschen Fließstrecke stieg die Chlorophyllkonzentration im Mittel auf das 4-fache, die Chlorophyllfracht auf das 9-fache (Bereich minimal 4- bis maximal 18-fach). Die Zunahme der Phytoplanktonfracht basiert überwiegend auf dem Wachstum in der Elbe selbst. Die Nebenflüsse weisen meist erheblich niedrigere Chlorophyllkonzentrationen auf. Sie verdünnen damit tendenziell die Chlorophyllkonzentration der Elbe unterhalb der Mündungen und tragen meist nur gering zur Phytoplanktonfracht des Flusses bei. Nur die Saale (Mündung am Elbe-km 290) und die Havel (Mündung am Elbe-km 438) speisen die Elbe zeitweise mit erheblichen Phytoplanktonfrachten. In der Vegetationsperiode werden 66 bis 82% der Fracht am Pegel Schnackenburg im deutschen Elbabschnitt selbst gebildet.

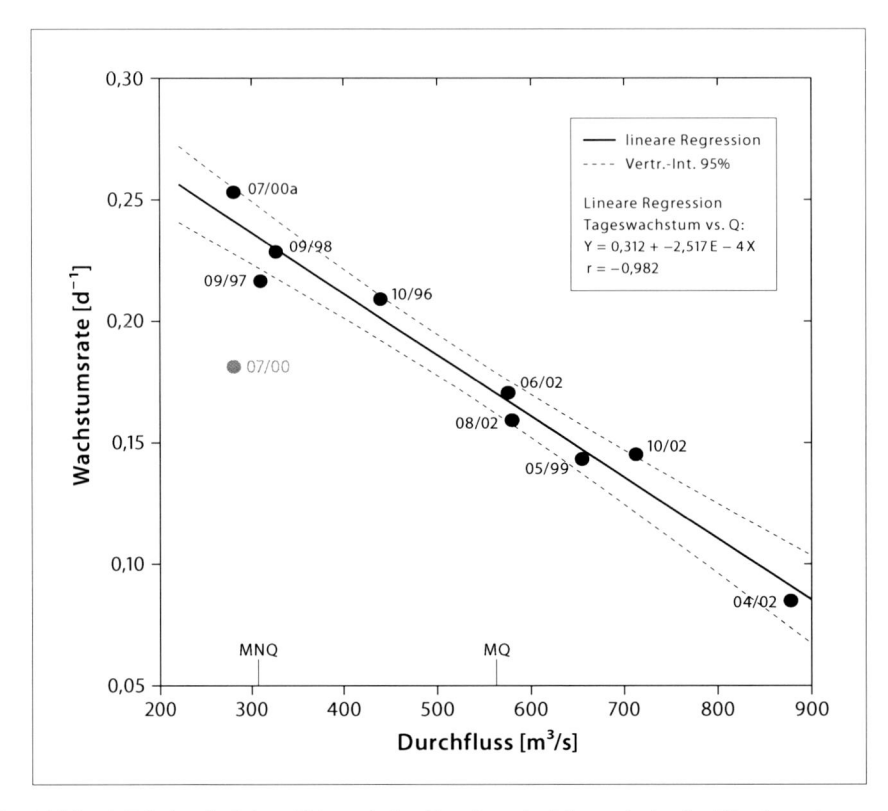

**Abb. 3-3:** Abhängigkeit der täglichen Chlorophyll-a-Zunahme im Längsschnitt der Elbe (errechnet aus den Anfangs- und Endkonzentrationen aus Abbildung 3-2 bei Annahme eines exponenziellen Wachstums) vom Durchfluss Q am Ende der Fließstrecke (Pegel Neu Darchau). Anstelle des Endwertes 07/00 wurde der Wert ein Tag vor dem Zusammenbruch des Phytoplanktons in der Regression berücksichtigt (07/00a). Wachstumsrate = $\ln(C2 - C1) \cdot (t2 - t1)^{-1}$ (t = Zeit in Tagen d, C = Konzentration des Chlorophylls in µg/l). Die Hauptzahlen Mittlerer Niedrigwasserabfluss (MNQ) und Mittlerer Abfluss (MQ) sind ermittelt aus den Sommerhalbjahren (Mai bis Oktober) der Jahre 1926 bis 2002 (Daten UFZ und WSA Lauenburg).

Bei fließzeitkonformen Längsschnittbeprobungen des UFZ wurden höhere Wachstumsraten auf dem ersten Teil der Fließstrecke zwischen Schmilka und der Saalemündung festgestellt. Im weiteren Verlauf flachte der Anstieg oft ab und wurde unterhalb der Havelmündung zum Teil auch negativ (Rückgang der Biomasse). Ursache hierfür waren neben der Sedimentation im Rückstaubereich des Wehres Geesthacht auch der Fraß durch Zooplankton und oft eine Nährstofflimitation (siehe Kapitel 3.3). Im Tidebereich bei Hamburg brach die Phytoplanktonpopulation vor allem aufgrund der geringen Durchlichtung des dort besonders tiefen Wasserkörpers regelmäßig rasch zusammen. Der Salzgehalt steigt heute erst einige Kilometer nach dem Zusammenbruch des Phytoplanktons an (siehe Abbildung 3-7), so dass der Salzstress nicht primäre Ursache für den Zusammenbruch des Phytoplanktons im Tidebereich ist.

Eine wichtige Steuergröße für den „Startwert" in Schmilka (Elbe-km 4) und die weitere Entwicklung im Längsschnitt ist der Durchfluss (siehe Abbildung 3-3). Das Phytoplankton nahm während der Längsschnittbereisungen durchschnittlich um 8 bis 25% am Tag zu, mit hohen Raten während der sommerlichen Niedrigwasserperioden. Die Chlorophyllkonzentrationen erhöhten sich auf der Fließstrecke bei hohem Durchfluss auf das Doppelte, bei geringem Durchfluss bis auf das 6-fache. Geringer Durchfluss bedeutet für die Algen zum einen hohe Verweilzeit, also Zeit zum Wachsen; zum anderen führt ein niedriger Wasserstand zu guter Durchlichtung des Wasserkörpers und damit zu optimalen Bedingungen für die Primärproduktion. In Kombination bewirkt beides die ausgeprägte Durchflussabhängigkeit der Wachstumsrate.

Das Artenspektrum und die Individuenzahlen des Phytoplanktons wurden im Sommer 1991 über die gesamte schiffbare limnische Elbe im Längsschnitt von Veletov (bei Kolín; 197 Flusskilometer oberhalb der deutsch-tschechischen Grenze) bis Geesthacht von MEISTER (1994) untersucht, auf kleineren Teilstrecken unter anderem auch von MÜLLER (1984), KRIENITZ (1990) und regelmäßig von den Bundesländern im Rahmen der Gewässerüberwachung.

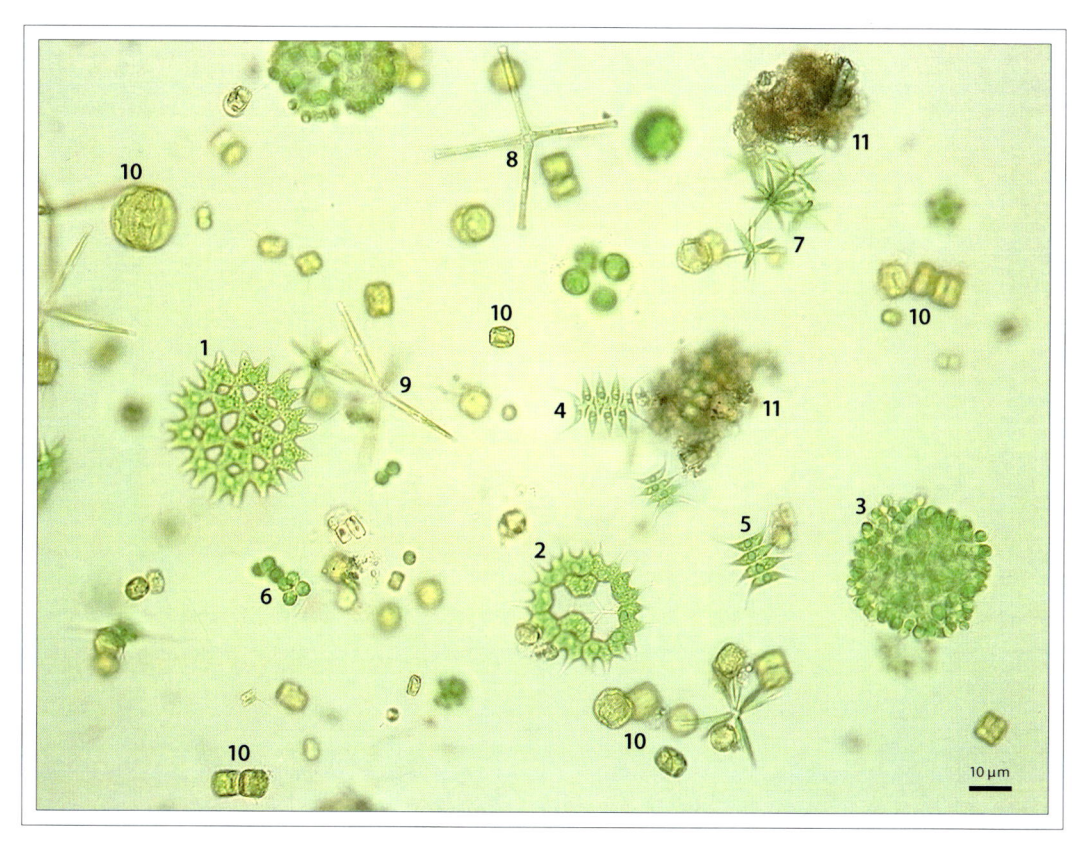

**Abb. 3-4:** Typische Schwebealgen (Phytoplankton) aus der Elbe. Das Bild zeigt einen Sommeraspekt, in dem neben den im Winterhalbjahr dominierenden Kieselalgen (Bacillariophyceen) auch ein hoher Anteil an Grünalgen (Chlorophyceen) enthalten ist. Die einzelligen Planktonalgen treten teilweise in – durch Zellteilung entstandenen – Kolonien auf. Sie bilden vielfach lange Schwebefortsätze aus, die das Absinken (Sedimentation) der Zellen in langsam strömenden Gewässerteilen minimieren. Im Einzelnen sind die koloniebildenden Grünalgenarten *Pediastrum duplex* (1), *Pediastrum boryanum* (2), *Dictyosphaerium pulchellum* (3), *Scenedesmus falcatus* (4), *Scenedesmus dimorphus* (5), *Micractinium pusillum* (6) und *Actinastrum fluviatile* (7) zu erkennen, des Weiteren die koloniebildenden pennaten Kieselalgenarten *Asterionella formosa* (8) und *Nitzschia fruticosa* (9) sowie solitär zentrische, lichtmikroskopisch nicht eindeutig bestimmbare Kieselalgenarten (10). Daneben treten im Elbwasser Schwebstoffflocken (Aggregate) (11) auf, die meist aus totem organischem und mineralischem Material bestehen, das durch Algen, Bakterien und Protozoen reich besiedelt ist (siehe Kapitel 3.5). Angereicherte unfixierte Probe aus Sandau (Elbe-km 413) vom 5.6.2005 (Foto: H. TÄUSCHER, IGB)

Das Phytoplankton der Elbe (siehe Abbildung 3-4) entspricht in seiner Artenzusammensetzung dem anderer großer Flüsse Mitteleuropas. Die wichtigsten Algengruppen sind in der Elbe die Diatomeen (Kieselalgen), Chlorophyceen (Grünalgen) und Cyanobakterien (Blaualgen) (KOLKWITZ und EHRLICH 1907, MÜLLER 1984, MEISTER 1994, BRANDT 2003). Gesamtbiomasse und Artenzahl sind in einem mittelgroßen eutrophen Fluss wie der Elbe naturgemäß hoch. KRIENITZ (1990) fand in den 1980er-Jahren allein bei Aken 196 Grünalgenarten.

Angesichts der großen Unterschiede in Individuengröße und Häufigkeit der Phytoplanktonarten werden im Folgenden die Entwicklung der Biomasse und der Abundanz für die dominanten Planktongruppen getrennt dargestellt (siehe Abbildungen 3-5 und 3-6). Die Diatomeen dominierten die Gesamtbiomasse des Phytoplanktons bei den Längsschnittuntersuchungen von 1996 bis 1999 mit 44 bis 64 % (siehe Abbildungen 3-5 und 3-6), ein Anteil, der auch in anderen mitteleuropäischen Flüssen anzutreffen ist (z. B. GOSSELAIN et al. 1994). Bei vier Bereisungen von April bis Oktober 2002 war die Dominanz der Diatomeen mit 70 bis 97 % der Gesamtbiomasse deutlich stärker ausgeprägt. Dabei überwogen zentrische Diatomeen (Centrales), vor allem Vertreter der Gattungen *Cyclotella*, *Stephanodiscus* und *Melosira*. Chlorophyceen hatten einen Anteil von 2 bis 20 % an der Biomasse. Häufige Gattungen sind hier *Scenedesmus*, *Chlamydomonas*, *Actinastrum* und *Coelastum* sowie *Pediastrum* (BRANDT 2003).

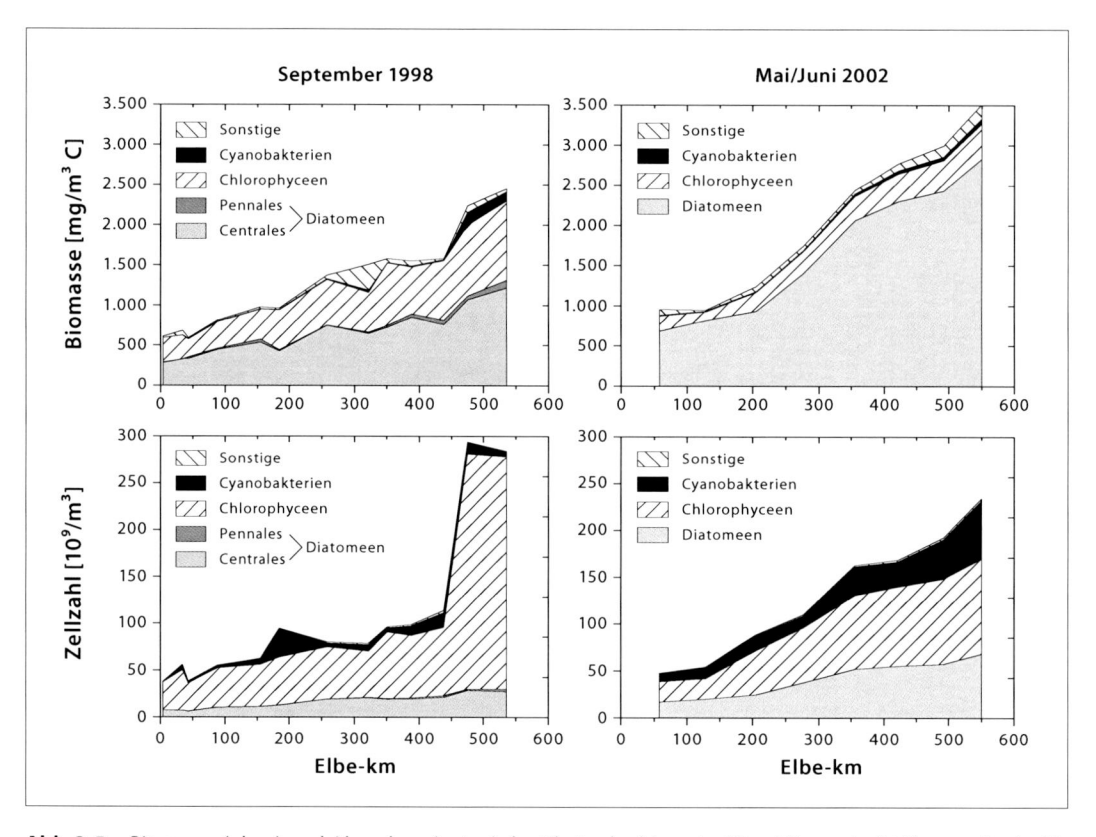

**Abb. 3-5:** Biomasse (oben) und Abundanz (unten) des Phytoplanktons im Elbe-Längsschnitt (Strommitte) während Untersuchungen im September 1998 und im Mai 2002 (1998 nach GUHR et al. 2003, 2002 nach BRANDT 2003)

In allen Längsschnitten überstieg die Zellzahl der Chlorophyceen mit ihrer im Durchschnitt geringeren Individuengröße die der anderen Algengruppen (siehe Abbildungen 3-5 und 3-6) und zeigte in der fließenden Welle eine deutliche Zunahme. Autotrophe Flagellaten (Geißelalgen) und Cyanobakterien (vor allem Gattung *Oscillatoria*) waren bezüglich Abundanz und Biomasse wenig vertreten. Cyanobakterien entwickeln sich zeitweise in der tschechischen Staustufenkette, gelangen aber auch über Saale und Gnevsdorfer Vorfluter (Havel) in die Elbe. KARRASCH et al. (2001) fand hohe Anteile von Blaualgen an der Gesamtabundanz des Phytoplanktons in den Wintermonaten an der Messstelle Magdeburg (Abundanz um 60 %, Biomasse um 20 %).

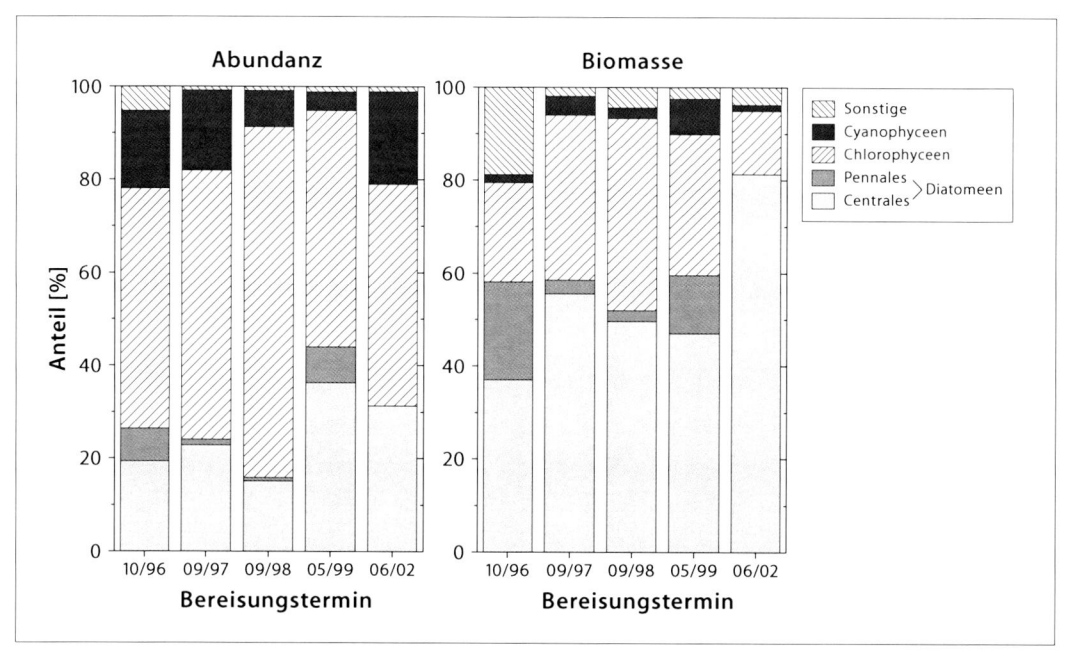

**Abb. 3-6:** Relative Anteile der Phytoplanktongruppen an der über den Elbe-Längsschnitt (Strommitte) gemittelten Abundanz (links) und Biomasse (rechts) während 5 Längsschnittuntersuchungen des UFZ (2002 ist die Summe der Diatomeen hellgrau dargestellt) (1996 bis 1998 nach GUHR et al. 2003, 2002 nach BRANDT 2003)

Die Untere Elbe beginnt nach der Staustufe Geesthacht und endet in Cuxhaven mit der Mündung in die Nordsee. Dieser von der Tide beeinflusste Abschnitt ist 142 km lang. Für diese Strecke benötigt das Wasser bei geringem Oberwasserabfluss (250 m³/s, der MNQ Neu Darchau Sommer 1926–2002 beträgt 308 m³/s) rund 12 Wochen. Bei einem Oberwasserabfluss in Höhe des Mittleren Hochwasserabflusses (der MHQ Neu Darchau Sommer 1926–2002 liegt bei 1.300 m³/s) beträgt die mittlere Laufzeit immer noch mehr als 2 Wochen (BERGEMANN et al. 1996). Abundanz und Biomasse des Phytoplanktons gehen in der Unterelbe regelmäßig stark zurück (siehe Abbildung 3-2; FAST 1993). Grund hierfür ist primär vor allem die durch Ausbaggerung für die Schifffahrt drastisch vergrößerte Wassertiefe, womit ein zu geringes Lichtangebot in der Wassersäule und damit im Mittel über die Tiefe eine zu geringe Primärproduktion verbunden ist, um die Lebensprozesse der Algen aufrechtzuerhalten. Zudem kommt es während der Kenterpunkte von Ebbe und Flut zu starker Sedimentation, jedoch werden die Algen dazwischen durch die starken Tideströmungen wieder über die gesamte Wassersäule verteilt (WOLFSTEIN und KIES 1995). Eine weitere Vertiefung der Tideelbe für die Schifffahrt auf 14,5 m ist in Arbeit. Neben dem geringen Lichtangebot sind für den Rückgang des Phytoplanktons der sich bereits oberstrom andeutende zeitweilige Mangel an den Nährstoffen Phosphat und Silikat sowie der verstärkte Fraßdruck durch Zooplankton sowie Pilz- und Vireninfektionen von einer gewissen Bedeutung.

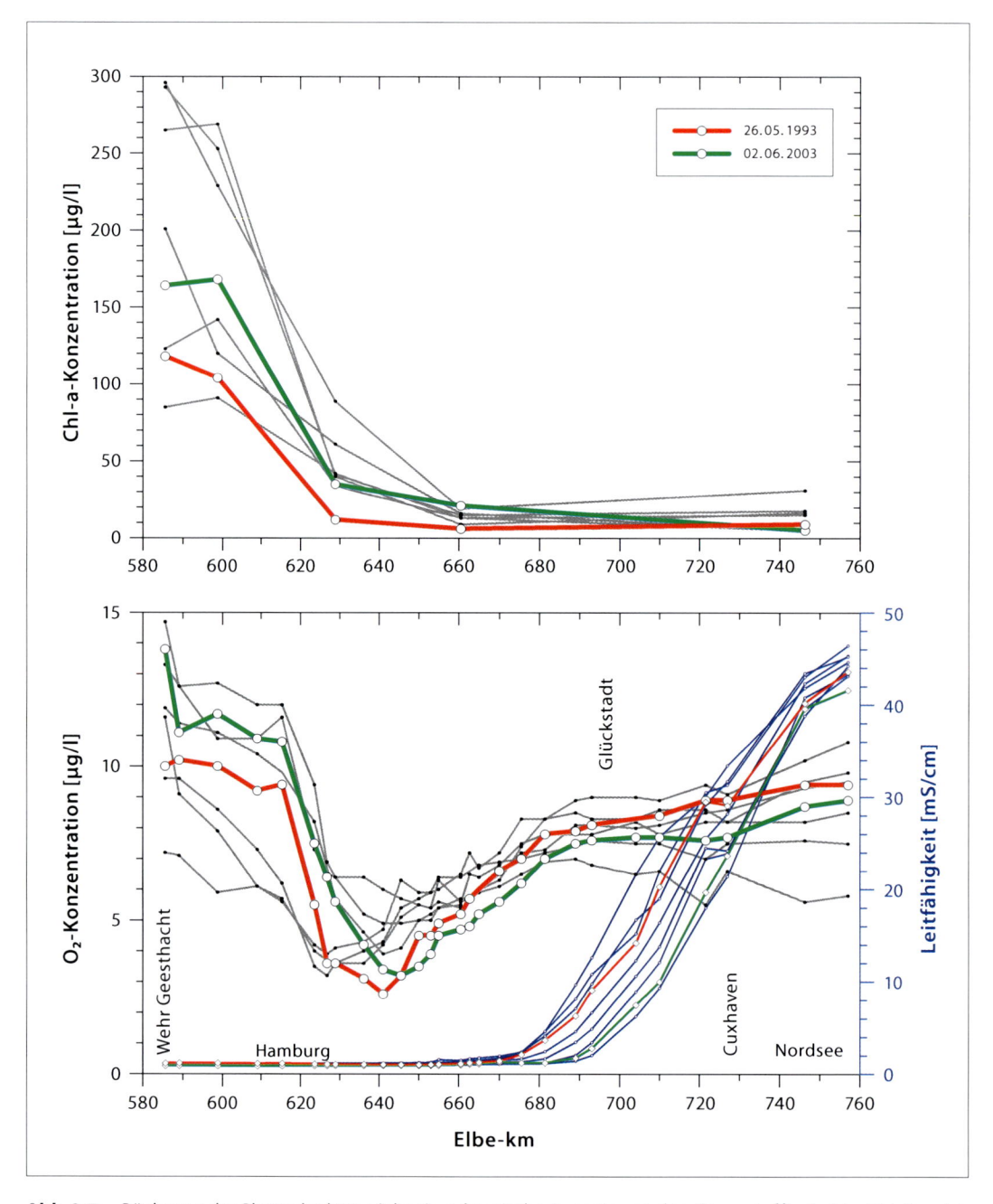

**Abb. 3-7:** Rückgang des Phytoplanktons (oben) und typische Ausprägung des „Sauerstofflochs" im Tidebereich während der Vegetationsperiode. Zwei Beprobungen wurden zur besseren Erkennbarkeit hervorgehoben; blau = Anstieg der Leitfähigkeit durch Einmischung von Nordseewasser (Daten der Hubschrauberbeprobungen vom 26.05.1993, 08.06.1993, 07.07.1993, 17.08.93, 05.05.2003, 02.06.2003, 01.07.2003 und 11.08.2003 sowie Daten der ARGE-Elbe)

Mit dem mikrobiellen Abbau der absterbenden Organismen kommt es während der Vegetationsperiode zu der typischen Ausprägung eines „Sauerstofflochs" in Höhe des Stadtgebietes und unterhalb von Hamburg (siehe Abbildung 3-7). Weiter stromab wird das Oberstromwasser dann mit salzigem Nordseewasser vermischt, was zum Absterben eines Teils des jetzt noch übrig gebliebenen Süßwasserplanktons durch osmotischen Stress führt (ARGE-ELBE 2004).

Stoffdynamik und Habitatstruktur in der Elbe

## 3.1.2 Zeitliche Aspekte der Phytoplanktonentwicklung

Die Entwicklung des Phytoplanktons kann in verschiedenen zeitlichen Ebenen betrachtet werden: langfristig über Jahre, Jahrzehnte und Jahrhunderte, saisonal über ein Jahr oder kurzfristig mit Blick auf die Tagesschwankungen.

Man kann spekulieren, dass die Elbe vor 1.000 Jahren klares Wasser mit wenig Phytoplankton führte. Im Mittel- und Unterlauf könnten noch Anteile von huminstoffreichem Braunwasser von Bedeutung gewesen sein, etwa aus den noch nicht entwässerten riesigen Moorgebieten der Schwarzen Elster und der Havel. Die Nährstoffkonzentration war deutlich geringer als heute. Natürliche Hintergrundwerte, welche vorlägen, wenn es niemals menschliche Einflüsse gegeben hätte, werden für den Tieflandbereich der Elbe auf 0,4 mg/l N (Stickstoff) und 0,035 mg/l P (Phosphor) geschätzt (persönliche Mitteilung H. Behrendt, IGB). Ausgehend von dieser geringen Phosphorkonzentration wären mesotrophe Verhältnisse anzunehmen. Da viele Gewässerstrecken sehr flach waren, traten hohe Phytoplanktonverluste durch Rückhalt am und im Sediment auf (siehe Kapitel 5.4.1), und das Nettowachstum war entspechend gering. Nur in den bei Niedrigwasser stagnierenden Altarmen in der Aue entwickelten sich vermutlich regelmäßig, jedoch örtlich begrenzt, Planktonblüten.

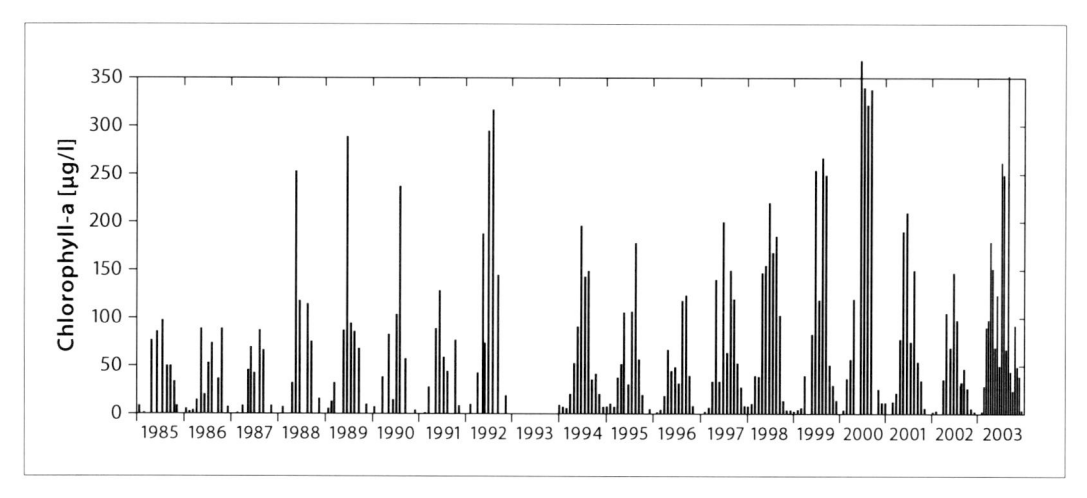

**Abb. 3-8:** Chlorophyllkonzentration in der Elbe bei Schnackenburg (Elbe-km 475) im Zeitraum von 1985 bis 2003 (Daten der ARGE-Elbe, Daten für 1993 fehlen)

Seither stieg mit Zunahme der menschlichen Besiedlung und Entwaldung, der Erosion im Einzuggebiet, der Abwassereinleitungen, des Düngereinsatzes in der Landwirtschaft und der flächendeckenden Entwässerung von Niedermooren die Nährstoffkonzentration stark an. Die Schiffbarmachung, das heißt Begradigung, Verengung und Vertiefung des Flussbettes, verringerte den Benthalkontakt der Phytoplankter und damit deren Rückhalt.

Dadurch nahm die Phytoplanktonkonzentration stark zu. Ein vorläufiger Höhepunkt dieser Entwicklung war in den 1960er- bis 1980er-Jahren erreicht. Zwar war der Flussausbau vollendet und die Nährstoffkonzentrationen im polytrophen Bereich (Gesamt-P > 0,5 mg/l), allerdings limitierte die Verdunklung der Wassersäule durch braune Ligninabwässer der Zellstoffindustrie und Belebtschlammflocken kommunaler Abwässer das Algenwachstum. Dass hohe Schadstoffkonzentrationen ebenfalls das Algenwachstum behinderten, ist zu vermuten, konnte aber nicht belegt werden. Mit dem Niedergang der DDR-Industrie, der Phosphatsubstitution in Waschmitteln und dem Bau von Kläranlagen ging das Nährstoffangebot im Fluss deutlich zurück: Gesamt-P um mehr als die Hälfte, Gesamt-N um ein Drittel (REINCKE und PAGENKOPF 2001). Die geringere Schadstoffbelastung und vor allem das verbesserte Lichtklima führten jedoch dazu, dass die Algen besser wachsen konnten (siehe Abbildungen 3-8 und 3-9).

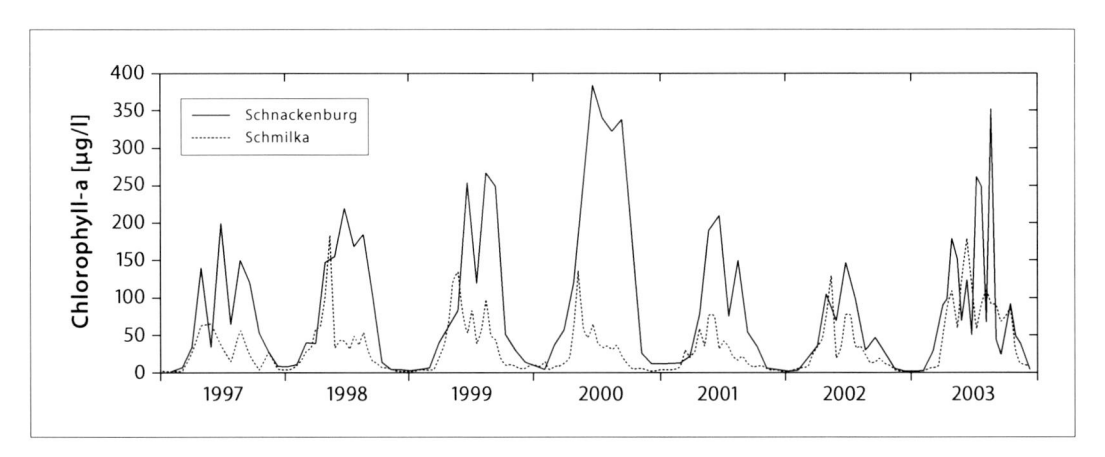

**Abb. 3-9:** Chlorophyllkonzentration in der Elbe im Zeitraum von 1997 bis 2003 – saisonale Dynamik und regelmäßiger Anstieg auf der 470 km langen Fließstrecke zwischen Schmilka (Elbe-km 4) und Schnackenburg (Elbe-km 475) (Daten der ARGE-Elbe)

Seit den 1990er-Jahren weist die Elbe hinsichtlich der Animpfungsreservoire in Tschechien, der Nährstoffsituation, des Lichtklimas und der Aufenthaltszeit so gute Bedingungen für das Wachstum von Phytoplankton auf wie kaum ein anderer frei fließender Fluss in Mitteleuropa. Dadurch hat sich die Phytoplanktonkonzentration seit 1989 noch einmal deutlich erhöht. Heute kommt es bereits, wenn auch nur selten während hochsommerlicher Niedrigwasserperioden, zur Nährstofflimitation des Phytoplanktonwachstums, da die Algen auf der Fließstrecke alles vom jeweils limitierenden Nährstoff aufgebraucht haben (nur Siliziumlimitation in BÖHME et al. 2002, Phosphor- und Siliziumlimitation in KARRASCH et al. 2003). Eine solche Nährstofflimitation schien in den 1980er-Jahren noch undenkbar. Aktuell kann man die Elbe hinsichtlich ihrer Trophie auf der Basis ihres Phosphorgehalts im deutschen Abschnitt als hoch eutroph klassifizieren (Einstufung eutroph 2 nach MAUCH 1992).

Von Jahr zu Jahr kommt es zu erheblichen Schwankungen der Phytoplanktonbiomasse (siehe Abbildungen 3-8 und 3-9). Beispielsweise lag das Integral über alle Messwerte Schnackenburg im Jahr 2000 um den Faktor 3,5 über dem Wert im Jahr 2002. Im Jahresverlauf wechseln sehr geringe Chlorophyllkonzentrationen im Winter mit Spitzenwerten in der Vegetationsperiode. In Schmilka treten die höchsten Werte regelmäßig während der Frühjahrsblüte auf.

Das Phytoplanktonaufkommen ist saisonal stark von der Witterung geprägt. Ein typischer Jahresgang der Chlorophyllkonzentration startet im Januar mit Winterwerten von 10 bis 20 µg/l (Beispiel Cumlosen, siehe Abbildung 3-14; die Originaldaten des Landesumweltamtes Brandenburg [kontinuierliche fluorometrische Messung]) sind für diesen Text mit dem Faktor 1,85 korrigiert, um eine Vergleichbarkeit mit den 14-täglich nasschemisch nach DIN 38412-16 ermittelten Werten zu erreichen, wie sie in den vorhergehenden Abbildungen dargestellt sind). Die Frühjahrsblüte beginnt, abhängig von Durchfluss (Hochwasser nach Schneeschmelze) und Sonnenscheinintensität, meist im März oder April. Das Frühjahrsmaximum wurde im Mai 1998 mit 180 µg/l erreicht. Die Frühjahrsblüte endet mit einem auffälligen und in seiner Ursache bisher weitgehend unverstandenen Klarwasserstadium. Die klassischerweise angenommene Ursache hoher „Zooplanktonfraß" ist für die Elbe nicht belegbar. Der Sommer (Juni bis September) war 1998 geprägt durch hohe Chlorophyllwerte zwischen 120 und 220 µg/l. Nach dem Ende der Vegetationsperiode Mitte September werden rasch wieder die Winterwerte erreicht.

Die jahreszeitliche Algendynamik wird bei strahlungsreichem Wetter von einer geringen tageszeitlichen Dynamik überlagert, die sich durch Wachstum und Vermehrung der Algen während des Tages und Abbau in der Nacht erklärt. So lag bei der Bereisung im Jahr 2000 die Chlorophyll-a-Konzentration bei den Abendproben, die um 18 Uhr genommen wurden, um bis zu 21 % über den Konzentrationen in den um 6 Uhr genommenen Morgenproben.

## 3.2 Pelagische Stoffumsetzungen
*Michael Böhme, Helmut Guhr und Klaus Ockenfeld*

### 3.2.1 Übersicht über die einzelnen Stoffumsetzungsprozesse

Der Stoffumsatz und damit auch die Verteilung von Stoffen im Längsschnitt wird im hier betrachteten frei fließenden Stromabschnitt der Elbe von Schmilka bis Geesthacht zunächst entscheidend von den Transportverhältnissen geprägt. Im Wasser gelöste und suspendierte Stoffe werden aus der Tschechischen Republik, den deutschen Nebenflüssen, durch Abwassereinleitungen und in geringem Maße durch Grundwasserzustrom eingetragen, entlang der Fließstrecke transportiert und schließlich in die Unterelbe exportiert.

Ein Teil der importierten gelösten und partikulären Stoffe wird im Fluss physikalisch, chemisch und/oder biologisch umgesetzt und zurückgehalten (Retention). Auf physikalischer Ebene sind dabei die Aggregation und die Sedimentation von Partikeln aus dem Freiwasser in langsam durchströmten Bereichen der Flusssohle von Bedeutung, wie in den Buhnenfeldern oder – bei Hochwasser – den überströmten Auen. Außerdem werden suspendierte Partikel bei der Durchströmung von Sedimentkörpern auf der Flusssohle ausfiltriert. Auf der anderen Seite können bereits abgesetzte Sedimente bei rascher Strömung wieder ins Freiwasser resuspendiert werden. Die im Flusswasser gelösten Gase unterliegen einem ständigen physikalischen Gasaustausch mit der Atmosphäre. Auf chemische Weise umgesetzt werden vom Wasser transportierte Stoffe beispielsweise bei der Oxidation von gelöstem Eisen, das aus dem Grundwasser eingetragen wird, bei der Bindung von Stoffen an Huminstoffe oder auch bei Ausfällung von Kalk. Diese zunächst abiotisch ablaufenden Reaktionen werden in Gewässern häufig von Organismen beeinflusst oder genutzt.

Der biologische Stoffumsatz umfasst die über die Lebenstätigkeit der Organismen verursachten Veränderungen von Stoffkonzentrationen im Freiwasser. Aerobe heterotrophe Organismen (viele Bakterien sowie Pilze und Tiere) assimilieren vorhandene organische Substanzen, oxidieren einen Teil zur Energiegewinnung und verwenden einen Teil für das Wachstum. In kleinen, stark beschatteten Bächen, tiefen, huminstoffreichen Strömen (Amazonas-Unterlauf) oder auch in Kläranlagen ist fast der gesamte Stoffumsatz heterotroph. Er speist sich aus dem importierten organischen Material, wie herabgefallenem Laub, gelösten organischen Stoffen oder eben Abwasser.

Autotrophe Organismen (z. B. Cyanobakterien, Algen und höhere Pflanzen) nutzen dagegen überwiegend anorganische Stoffe, um aus diesen organische Substanz zu synthetisieren. In der Elbe sind das hauptsächlich planktische Algen (siehe Kapitel 3.1). Energiequelle ist hier das Sonnenlicht. Die Grundgleichung der Photosynthese, $6\ CO_2 + 12\ H_2O \rightarrow C_6H_{12}O_6 + 6\ O_2 + 6\ H_2O$, lässt erkennen, an welchen Stoffen Messmethoden für Photosynthese bzw. Primärproduktion praktischerweise ansetzen können. Zum einen kann man den Algen in isolierten Proben Kohlendioxid ($CO_2$) anbieten, das mit einem radioaktiven Kohlenstoff-Isotop ($^{14}C$) markiert ist. Wie viel davon in partikuläre organische Substanz, zunächst in Zucker, in den Algenzellen eingebaut wird, kann mit einem Zerfallsteilchenzähler (Szintillationszähler) gemessen werden. Zum anderen kann man die Zunahme des freigesetzten Sauerstoffs im Wasser beobachten, entweder in isolierten Proben (Flaschen) oder auch im Freiwasser. Zur Untersuchung der Stoffumsetzungen von organischem Kohlenstoff in ganzen Flussökosystemen bietet die Sauerstoff-Ganglinienanalyse (SGA) gute Möglichkeiten.

Im Freiwasser wird der Sauerstoffgehalt durch die Photosynthese der Algen am Tage erhöht. Umgekehrt wird er durch die Atmung (Respiration) der Algen und aller anderen Wasserorganismen sowohl am Tage als auch bei Nacht abgesenkt. Im Falle der Elbe findet die Photosynthese fast ausschließlich im Pelagial statt, während das Sediment erheblich zur Gesamtatmungsrate des Flusses beiträgt. Andere Sauerstoff verbrauchende Prozesse, wie die Nitrifikation des Ammoniums oder auch die Oxidation von Eisen ($Fe^{2+}$) aus dem Grundwasser, können nicht von der Respiration getrennt werden.

Der aus Photosynthese und Respiration resultierende Sauerstoffgehalt im Freiwasser wird zusätzlich durch den physikalischen Gasaustausch über die Wasseroberfläche mit der Atmosphäre modifiziert. Da dieser auf Diffusion beruht, treibt der Gasaustausch den Sauerstoffgehalt immer in Richtung des Gleichgewichtes mit der Atmosphäre, also in Richtung 100 %iger Sauerstoffsättigung.

Mit diesen drei Hauptprozessen, die den Sauerstoffgehalt teils gegenläufig, teils gleichsinnig beeinflussen, lassen sich die meisten Veränderungen des Sauerstoffgehaltes im Wasser quantitativ erklären. Umgekehrt lassen sich damit aus der Sauerstoffkonzentration und ihren Änderungen Rückschlüsse auf die Intensität und zeitliche wie örtliche Variabilität der beteiligten Prozesse ziehen (ODUM 1956).

Die Konzentration an gelöstem Sauerstoff und andere Wassergüteparameter werden kontinuierlich bereits seit den 1980er-Jahren an mehreren festen Messstationen entlang der Elbe aufgezeichnet. Damit steht ein Datenarchiv zur Verfügung, welches über verschiedene zeitliche Skalen Aussagen zum biologischen Stoffumsatz ermöglicht.

Die hier benutzte Sauerstoff-Ganglinienanalyse erlaubt zunächst die Berechnung einer Netto-Ökosystemproduktion (NEP, siehe Abbildung 3-11). In den Nachtstunden wird die Gesamtrespiration (GR) ermittelt. Diese umfasst den Sauerstoffverbrauch durch die Atmung sowohl der Autotrophen (Phytoplankton) als auch der Heterotrophen im Freiwasser und am Gewässergrund. Wenn man in erster Näherung annimmt, dass die Respiration tagsüber und nachts gleich hoch ist, kann die Brutto-Primärproduktion (BPP) der Autotrophen ermittelt werden: BPP = NEP − GR.

### 3.2.2 Tagesschwankungen

Der Stoffumsatz im Pelagial der Elbe unterliegt typischen Tagesschwankungen (siehe Abbildung 3-10). Die Wassertemperatur steigt und fällt entsprechend der wechselnden Wärmeeinstrahlung der Sonne und der nächtlichen Ausstrahlung. Der Sauerstoffgehalt steigt tagsüber an, wenn die Primärproduktion höher ist als die Respiration und Ausgasung. Nachts kommt die Primärproduktion zum Erliegen, es wirken somit nur noch Respiration und Ausgasung, und der Sauerstoffgehalt fällt ab. Im Beispiel der Abbildung 3-10 war die Sauerstoffübersättigung im Wasser so groß, dass es auch noch in den Morgenstunden zu einer Ausgasung kam.

Der pH-Wert steigt an, wenn die Algen das im Wasser gelöste $CO_2$ für die Synthese organischer Stoffe aufnehmen und damit das Kalk-Kohlensäure-Gleichgewicht verschieben. Die Chlorophyll-Fluoreszenz nahm über die dargestellten vier sonnenreichen Tage ebenfalls deutlich zu. Sie ist ein Maß für die Biomasse des Phytoplanktons. Der Zuwachs betrug über die vier Tage etwa 50 %. Inwieweit die Tagesschwankungen der Chlorophyll-Fluoreszenz mit tatsächlichen Biomasseschwankungen korrelieren, ist nicht ganz sicher. Chlorophyll kann in den Algenzellen in Grenzen auch unabhängig von der Biomasse auf- und abgebaut werden. Außerdem kann die chlorophyllspezifische Fluoreszenzintensität in Abhängigkeit von der Vorbelichtung bzw. vom physiologischen Zustand schwanken. Trübungsmessungen und Messungen der Absorption von UV-Licht bei 254 nm zeigten (hier nicht dargestellt) ähnliche Tagesschwankungen (Messstation Schnackenburg, Elbe-km 475 am linken Ufer).

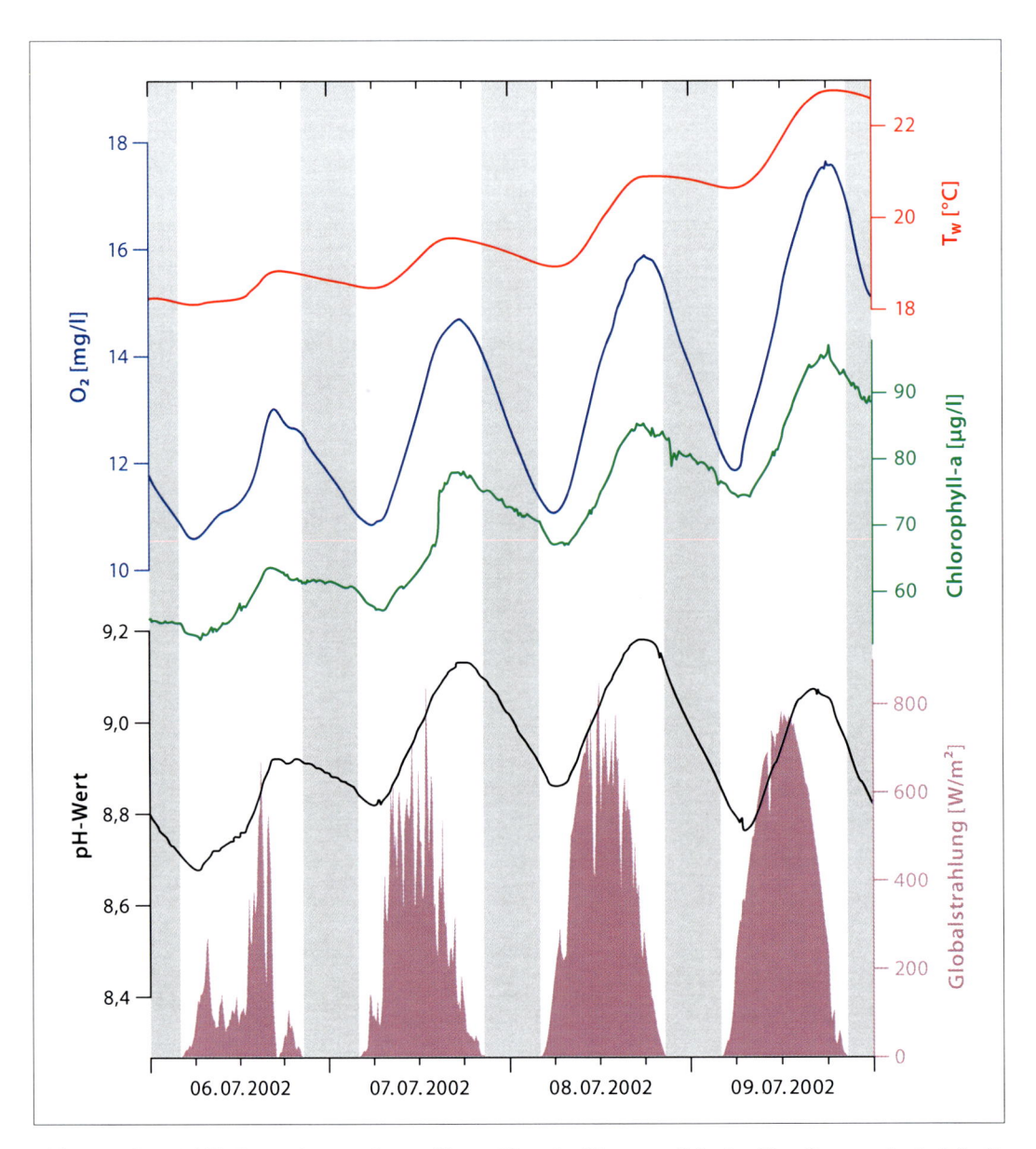

**Abb. 3-10:** Beispiel für Tagesgänge mehrerer Messgrößen der Wasserqualität der Elbe. Dargestellt sind die 10-minütlich gemessenen Werte der Wassergütemessstation Cumlosen (Elbe-km 470, rechtes Ufer) für den Zeitraum 06.07. bis 09.07.2002: Wassertemperatur ($T_W$) und Sauerstoffkonzentration ($O_2$), die fluorometrisch ermittelte Chlorophyllkonzentration, der pH-Wert sowie die Globalstrahlung (Daten des Landesumweltamtes Brandenburg).

Nach einem Tag mit geringer Einstrahlung und Wassertemperatur (06.07.) folgten sonnenscheinreiche Sommertage. Der Sauerstoffgehalt lag bereits am ersten Tag morgens bei 10,5 mg/l $O_2$ und damit 1,1 mg über der Sättigungskonzentration von 9,4 mg/l $O_2$. $O_2$ stieg bis zum 09.07. weiter stark an bis zu einer Sauerstoffsättigung von 205%. Bei einer solch starken Übersättigung muss man bereits mit Ausgasung in Form von aufsteigenden Sauerstoffbläschen rechnen. Die Tagesschwankung erreichte 5,8 mg/l. Auch die Chlorophyllkonzentration wies einen Tagesgang analog zu den Tagesschwankungen der anderen Wassergüteparameter auf.

Aus den Sauerstoffganglinien lässt sich die momentane Netto-Ökosystemproduktion während dieser Tage berechnen (siehe Abbildung 3-11). Nachts war die NEP infolge der Respiration negativ (Biomasseverlust), tags stieg sie auf positive Werte. Aus den 10-Minuten-Werten der Kohlenstoffumsatzraten wurden Tagesintegrale berechnet (siehe Abbildung 3-12). Man erkennt, dass die tagsüber vom Phytoplankton erzeugte Bruttoproduktion an Biomasse zu einem erheblichen Anteil (51% am 05.07., 32% am 08.07.) am Tage wie auch nachts wieder veratmet wurde. Dennoch verblieb immer noch eine hohe Netto-Ökosystemproduktion, die zu dem in Abbildung 3-10 anhand der Chlorophyllwerte dargestellten Phytoplanktonwachstum führte.

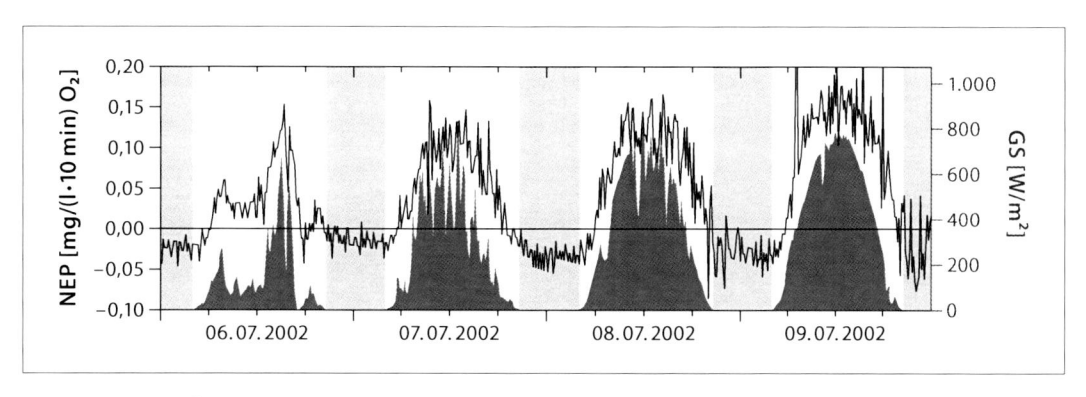

**Abb. 3-11:** Netto-Ökosystemproduktion (NEP) in der Elbe bei Cumlosen (Elbe-km 470) vom 06.07. bis 09.07.2002; GS = Globalstrahlung

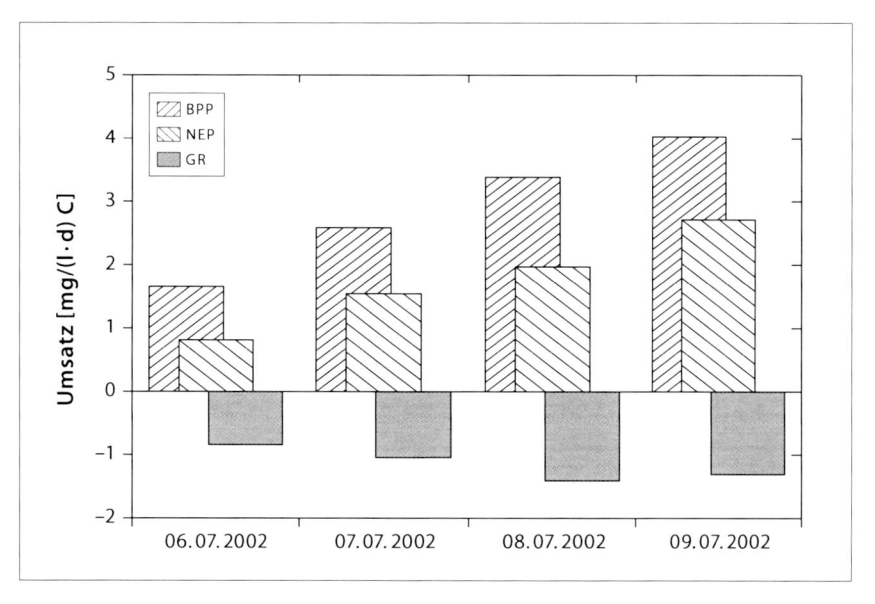

**Abb. 3-12:** Tagesintegrale der Brutto-Primärproduktion (BPP), Netto-Ökosystemproduktion (NEP) und Gesamtrespiration (GR) in der Elbe bei Cumlosen (Elbe-km 470) (die gleichen Tage wie in den vorigen Abbildungen). Die Umsatzraten sind in Einheiten organischen Kohlenstoffs angegeben, also als Biomassegewinn und -verlust.

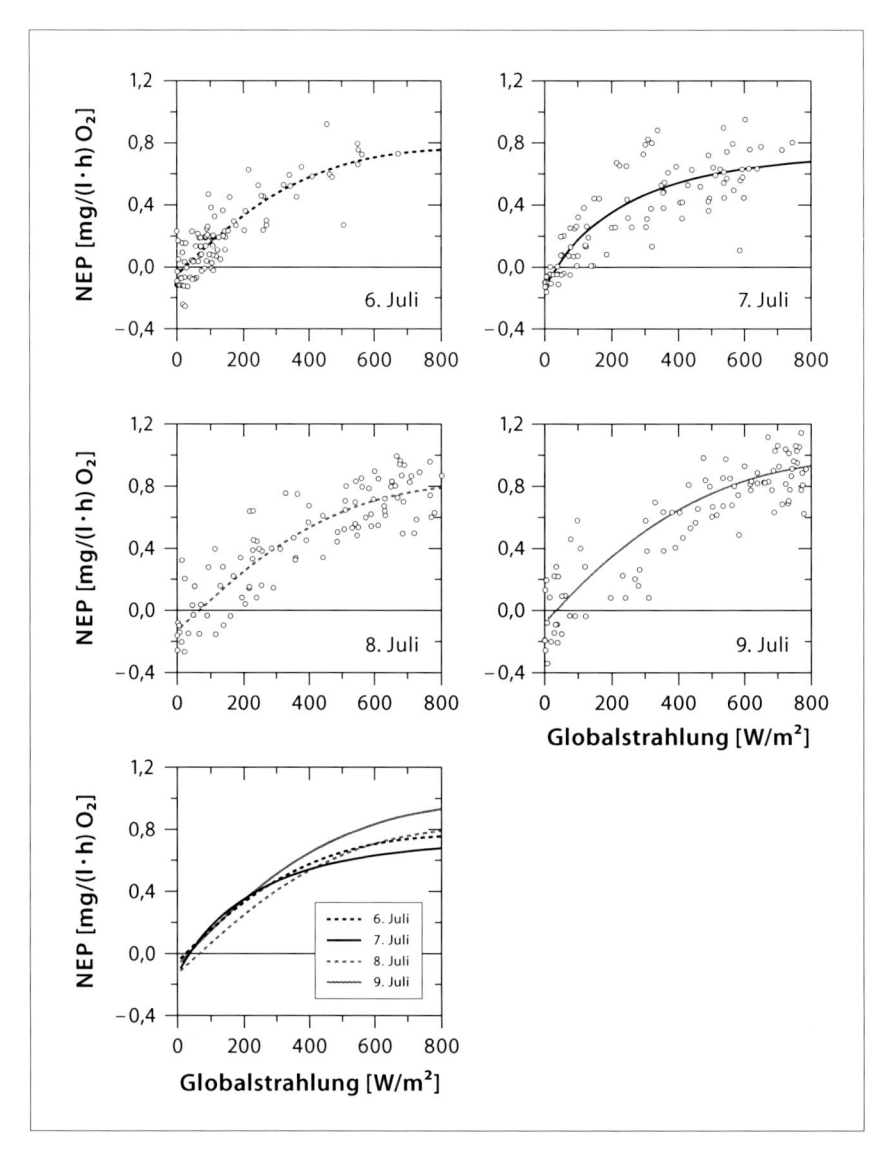

**Abb. 3-13:** Produktion-Licht-Beziehung in der Elbe bei Cumlosen (Elbe-km 470) (Zeitraum wie in den vorigen Abbildungen). Dargestellt ist die Netto-Ökosystemproduktion (NEP) aus Abbildung 3-11 aufgetragen gegen die Globalstrahlung. Neben den Originalwerten ist jeweils eine Regressionskurve nach dem Modell von Eilers und Peeters (1988) dargestellt. Die Regressionskurven sind im unteren Diagramm zusammengefasst.

Die NEP korreliert eng mit der aktuellen Einstrahlung, was in Abbildung 3-11 besonders am 06.07. gut erkennbar ist. Dieser Zusammenhang zwischen der Produktion und der Intensität der Globalstrahlung (GS) wird durch so genannte P-I-Kurven abgebildet (siehe Abbildung 3-13). Die P-I-Kurven der vier untersuchten Tage liegen eng beieinander (siehe Abbildung 3-13, letztes Diagramm). Der Achsenabschnitt, bei dem die P-I-Kurven bei Dunkelheit (GS = 0) auf die NEP-Achse treffen, entspricht der Ökosystem-Gesamtrespirationsrate. Sie liegt hier zwischen 0,05 und 0,14 mg/(l·h) $O_2$. Die Steilheit des Anfangsanstiegs der Kurve ist ein charakteristisches Maß für die Primärproduktion bei geringen Lichtintensitäten und beträgt 2 bis 4 µg/(l·h) $O_2$ pro W/m². Wenn die maximale Photosynthesekapazität des Phytoplanktons bei höherer Strahlungsintensität erreicht wird, flacht die Kurve ab und kann im Bereich der Lichtsättigung waagerecht verlaufen, was an den Beispieltagen aber nicht ganz erreicht wurde. Aufgrund des Kurvenverlaufes lässt sich eine maximale NEP ($P_{max}$) von 0,8 bis 1,1 mg/(l · h) $O_2$ abschätzen. Bei weiter steigender Strahlung könnte die NEP durch Lichthemmung wieder absinken, was aber im Freiwasser der Elbe (unter natürlichen Bedingungen) noch nie beobachtet wurde.

### 3.2.3 Jahreszeitliche Änderungen

Wasserbeschaffenheit und Stoffumsätze sind im Jahresverlauf stark geprägt durch Wasserstands- bzw. Abflussschwankungen, Temperatur- und Lichtbedingungen. Dadurch wird die Sauerstoffganglinie der Elbe, wie auch in anderen phytoplanktonreichen Flüssen, im Jahresverlauf unterschiedlich ausgeprägt. So manifestieren sich Algenblüten oft durch über mehrere Tage steigenden Sauerstoff-Tagesschwankungen; Nettowachstum kommt in einer Zunahme der mittleren Sauerstoffsättigung zum Ausdruck. Zusammenbrüche einer Phytoplanktonpopulation, im Extrem „Klarwasserstadien", lassen sich anhand sinkender Sauerstoffkonzentrationen und kleiner werdender Sauerstoff-Tagesschwankungen verfolgen (siehe Abbildung 3-14).

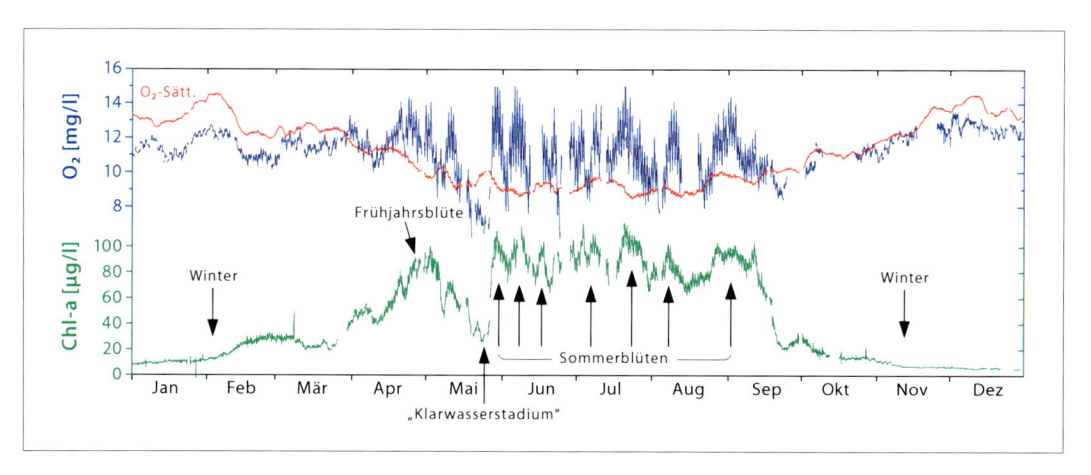

**Abb. 3-14:** Jahresgang der Sauerstoff- und Chlorophyllkonzentration bei Cumlosen (Elbe-km 470) im Jahr 1998; rot = Sauerstoff-Sättigungskonzentration (Daten des Landesumweltamtes Brandenburg)

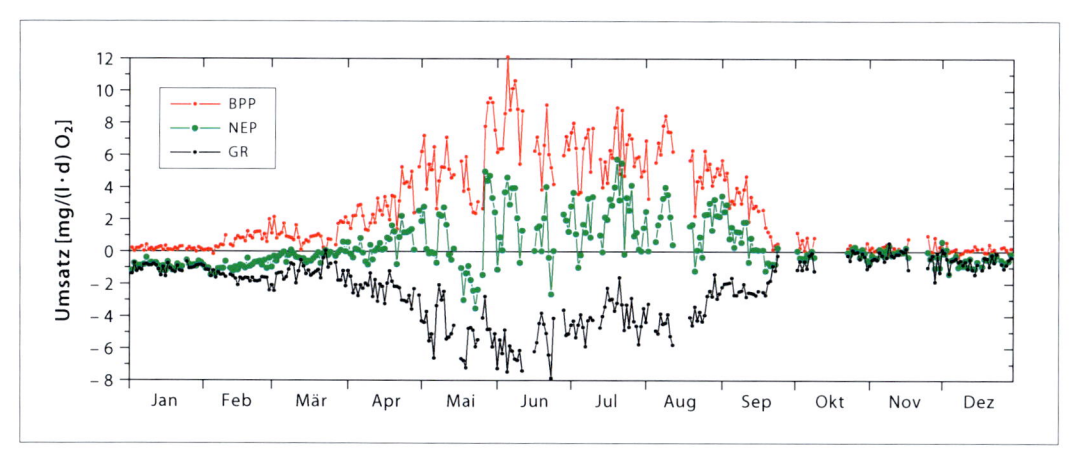

**Abb. 3-15:** Tagesintegrale der Sauerstoffumsatzgrößen Netto-Ökosystemproduktion (NEP), Brutto-Primärproduktion (BPP) und Gesamtrespiration (GR) bei Cumlosen (Elbe-km 470) im Jahr 1998

Prozesse und Biozönosen im Pelagial des Hauptstroms

Die Sauerstoffganglinie von 1998 spiegelt bis Ende März typische Winterbedingungen wider: sehr geringe Tagesschwankungen und ein relativ konstantes Sauerstoffdefizit von 1 bis 2 mg/l $O_2$. Die Vegetationsperiode beginnt mit einer ausgeprägten Frühjahrsblüte mit relativ hohen Tagesschwankungen bis über 2 mg/l $O_2$ und zeitweiser Sauerstoffübersättigung. Der Zusammenbruch der Frühjahrsblüte im Mai wird von einem Abfall der Sauerstoffkonzentration begleitet. Das „Klarwasserstadium" am Ende des Zusammenbruchs der Frühjahrsblüte ist durch geringe Tagesschwankungen und relativ starke Untersättigung gekennzeichnet.

Mit der beginnenden Sommerblüte nehmen Sauerstoffkonzentration und Tagesschwankung ab Ende Mai rasch wieder zu. Die anschließende anhaltende Sauerstoffübersättigung über den Sommer zeigt an, dass in einem langen Flussabschnitt stromauf der Messstation mehr Sauerstoff durch Photosynthese freigesetzt als durch Respiration im selben Abschnitt verbraucht wird. Die Sauerstoffganglinie wie auch die Chlorophyll-Fluoreszenz zeigen hier mehrfach Blüten und Zusammenbrüche des Phytoplanktons. Jede Planktonblüte fällt durch ausgeprägte Tagesschwankungen sowie hohe Sauerstoff- und Chlorophyllwerte (und pH-Werte) auf. Über den ganzen Sommer hinweg wird die Sättigungskonzentration fast ständig überschritten. In der Höhe der Übersättigung kommen die sehr günstigen Bedingungen für Photosynthese zum Ausdruck, vor allem das optimale Lichtklima in der Wassersäule und der anthropogene Nährstoffreichtum. Natürlicherweise läge die Sauerstoffsättigung von Flüssen wie der Elbe nur selten über 100 %, da die Sauerstoff verbrauchenden Prozesse nicht nur von der im Fluss produzierten Biomasse genährt werden (dann könnten sich Freisetzung und Verbrauch etwa die Waage halten), sondern auch von außen eingetragener organischer Substanz. Das in der Übersättigung zum Ausdruck kommende hohe Phytoplanktonwachstum wurde im Rahmen von fließzeitkonformen Längsschnittbereisungen (siehe Kapitel 3.1.1) auch direkt gemessen (BÖHME et al. 2002).

Die Höhe der Primärproduktion (NEP, BPP) und die Gesamtrespiration sind in Abbildung 3-15 und Tabelle 3-1 für das gesamte Jahr 1998 dargestellt. Korrespondierend zu den $O_2$-Tagesschwankungen und der Chlorophyllkonzentration waren alle Umsatzgrößen von Oktober bis Mitte März auf geringem Winterniveau. Bis Ende Januar war die BPP immer unter 0,1 mg/(l · d) C, das Mittel lag bei 0,05. Während des Frühjahrs nahm die Primärproduktion zu und erreichte in der Hauptvegetationsperiode bis zu 3,8, im Mittel 1,9 mg/(l · d) C. An anderen Messstationen an der Elbe wurden über die 1990er-Jahre auch öfter maximale BPP-Tagesintegrale von 5, ganz selten von über 6 mg/(l · d) C errechnet. Im Jahresmittel liegt die Primärproduktion an der Elbe bei Cumlosen über der Respiration, obwohl von Oktober bis April mehr organische Substanz abgebaut als erzeugt wird.

**Tab. 3-1:** Mittel der Tagesintegrale von Brutto-Primärproduktion (BPP), Netto-Ökosystemproduktion (NEP), Gesamtrespiration (GR) und atmosphärischer Eintrag von Sauerstoff ($O_2$) aus der Luft in das Wasser bei Cumlosen (Elbe-km 470) über das gesamte Jahr 1998 und ausgesuchte Zeiträume; in mg/(l · d) $O_2$ bzw. Kohlenstoff (C) (in Klammern).

|  | NEP | BPP | GR | atm. Eintrag |
|---|---|---|---|---|
| Jahresmittel | 0,31 (0,10) | 2,69 (0,86) | −2,38 (−0,76) | −0,12 |
| Januar | −0,85 (−0,27) | 0,16 (0,05) | −1,01 (−0,32) | 0,27 |
| Februar bis April | −0,21 (−0,07) | 1,51 (0,48) | −1,72 (−0,55) | 0,06 |
| Mai bis August | 1,43 (0,46) | 6,03 (1,93) | −4,60 (−1,47) | −0,51 |
| Oktober bis Dezember | −0,33 (−0,11) | 0,20 (0,06) | −0,53 (−0,17) | 0,10 |

### 3.2.4 Änderungen im Längsverlauf

Entlang der Elbe betreiben die verschiedenen Landesumweltämter Messstationen, an denen unter anderem auch quasi kontinuierlich Sauerstoffwerte aufgezeichnet werden. Auf dieser Basis können für beliebige Zeitabschnitte Längsverläufe des Stoffumsatzes dargestellt werden, die einem charakteristischen Muster folgen (siehe Abbildungen 3-16 und 3-17). Während einer typischen Sommersituation im Jahr 2000 nahmen Brutto- und Netto-Primärproduktion zunächst zu und fielen unterhalb von Schnackenburg wieder ab. Dieses Muster kann durch die zeitgleich im Rahmen einer fließzeitkonformen Längsbereisung des Flusses von Schmilka bis Geesthacht erhobene Phytoplanktondichte erklärt werden, die einen parallelen Verlauf nahm (siehe Kapitel 3.1).

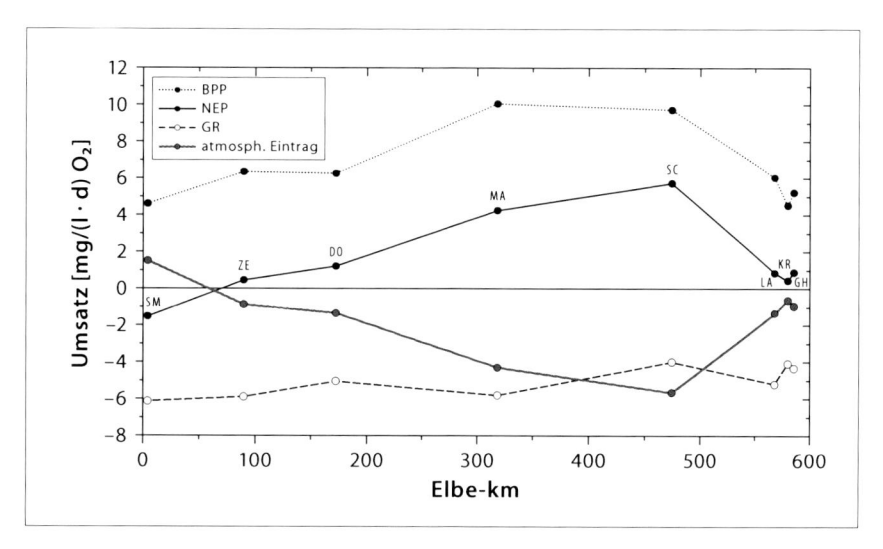

**Abb. 3-16:** Tagesintegrale der Brutto-Primärproduktion (BPP), Netto-Ökosystemproduktion (NEP), Gesamtrespiration (GR) und des atmosphärischen Sauerstoffeintrages im Zeitraum vom 26.06. bis 07.07.2000 im Längsschnitt der deutschen Elbe: Schmilka (SM), Zehren (ZE), Dommitzsch (DO), Magdeburg (MA), Schnackenburg (SC), Lauenburg (LA), Krümmel (KR), Geesthacht (GH)

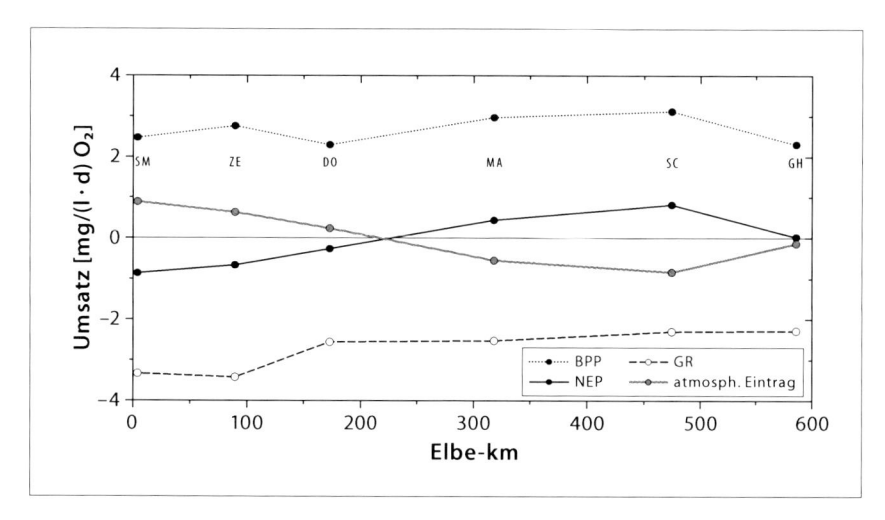

**Abb. 3-17:** Mittelwerte der Tagesintegrale der Brutto-Primärproduktion (BPP), Netto-Ökosystemproduktion (NEP), Gesamtrespiration (GR) und des atmosphärischen Sauerstoffeintrages für das gesamte Jahr 1998 im Längsschnitt der deutschen Elbe (Abkürzungen wie in Abbildung 3-16)

Die NEP lag in Schmilka noch im negativen Bereich, d. h. die Gesamtrespiration mit 8 mg/(l · d) $O_2$ lag höher als die BPP (5 mg/(l · d) $O_2$). Von Dommitzsch (unterhalb von Torgau) bis Schnackenburg (unterhalb von Wittenberge) war die BPP höher als die Gesamtrespiration. Am Ende des Flussabschnittes hielten sich Auf- und Abbau organischer Substanz im Fluss etwa die Waage.

Die Mittel der Tagesintegrale eines ganzen Jahres zeigen im Längsschnitt ein ähnliches Bild (siehe Abbildung 3-17). Auch hier wird an der Oberen Mittelelbe mehr Biomasse veratmet als erzeugt. In der Unteren Mittelelbe wird dagegen mehr Biomasse gebildet als veratmet. Das Maximum der NEP lag im Jahr 1998 bei Schnackenburg. Unterhalb nahm sie wieder ab. In der stark vertieften Tideelbe (nicht dargestellt) ist die BPP sehr gering, weshalb der Stoffabbau stark dominiert (siehe Kapitel 3.1). BPP und GR bleiben über den Längsschnitt relativ konstant und liegen bei 30 bis 50 % (BPP) bzw. 40 bis 60 % (GR) der sommerlichen Werte.

### 3.2.5 Langzeitveränderungen

Die Auswirkungen der veränderten Belastungssituation seit Anfang der 1990er-Jahre werden anhand von Daten der Station Schnackenburg sichtbar (siehe Abbildung 3-18). Vor der politischen Wende 1989 lagen die täglichen Minima bzw. Maxima aller in der Elbe bei Schnackenburg messtechnisch erfassten Sommertage zwischen 2 und 6 mg/l, bei einer Tagesschwankung von unter 1 mg/l im Mittel. Im Jahr 1990 verbesserte sich die Wasserqualität sprunghaft, so dass die täglichen sommerlichen Maxima bereits über der Sättigungskonzentration lagen. Seit 1992 liegen sogar die Sommermittel der täglichen Minima über der Sättigung, und die Tagesschwankung ist 2- bis 3-mal höher als vor 1990. Die jeweils nachmittags gemessenen höchsten Sauerstoffkonzentrationen erreichen starke Übersättigungen. Im Zeitraum der Jahre 1994 bis 2003 wurden in Schnackenburg an durchschnittlich 49 Tagen pro Jahr Sauerstoffsättigungen von mehr als 150 % gemessen, und an 4 Tagen pro Jahr sogar mehr als 200 %. Die wenigen für Schnackenburg zur Verfügung stehenden Chlorophyll-a-Einzelmesswerte schwanken sehr stark, lassen aber eine Zunahme auf etwa das Doppelte gegenüber den Jahren vor 1990 vermuten.

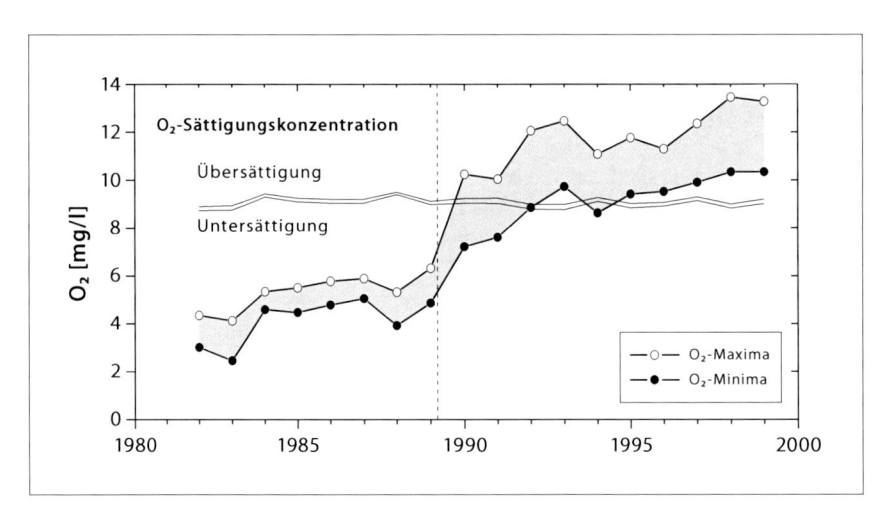

**Abb. 3-18:** Zeitliche Entwicklung der Sauerstoffkonzentration in der Elbe bei Schnackenburg über 18 Jahre. Dargestellt sind die Mittel der täglichen Minima bzw. Maxima aller verfügbaren Tage im Zeitraum vom 1. Juni bis 31. August eines jeden Jahres (Daten Niedersächsischer Landesbetrieb für Wasserwirtschaft und Küstenschutz Lüneburg).

### 3.2.6 Einfluss des Phytoplanktons auf die Nährstoffkonzentrationen

Phytoplankton benötigt für das Wachstum nicht nur $CO_2$ und Licht, sondern weitere Nähr- und Spurenstoffe. Die wichtigsten Nährstoffe sind Stickstoff- (N) und Schwefelverbindungen (S) zum Aufbau von Eiweißen, Phosphor (P) z.B. für die Synthese von Nukleinsäuren, und Kieselalgen benötigen Silizium für den Aufbau ihrer Außenschalen. Fehlt auch nur ein essenzielles Element, so begrenzt dieses die weitere Biomassezunahme. Die Elbe weist seit vielen Jahrzehnten derartig hohe Nährstoffkonzentrationen (siehe Kapitel 2.3) auf, dass das Phytoplankton nur sehr selten im Wachstum limitiert ist. Die meiste Zeit begrenzt Lichtmangel das Phytoplanktonwachstum. Nur in lang anhaltenden sommerlichen Niedrigwasserperioden kommt es seit wenigen Jahren zeitweise zur Erschöpfung der für das Phytoplankton verfügbaren gelösten Silizium- und seltener auch der Phosphorverbindungen (siehe Abbildungen 3-19 und 3-20). Solche Zeitpunkte zeichnen sich dadurch aus, dass durch geringe Wasserführung eine lange Fließzeit auftritt, wodurch das Phytoplankton eine lange Zeitspanne zum Aufbau einer „Blüte" entlang der Fließstrecke zur Verfügung hat. Zum anderen ist bei Niedrigwasser auch das mittlere Lichtangebot über die dann niedrige Wassersäule (geringe mittlere Tiefe über den Querschnitt) hoch.

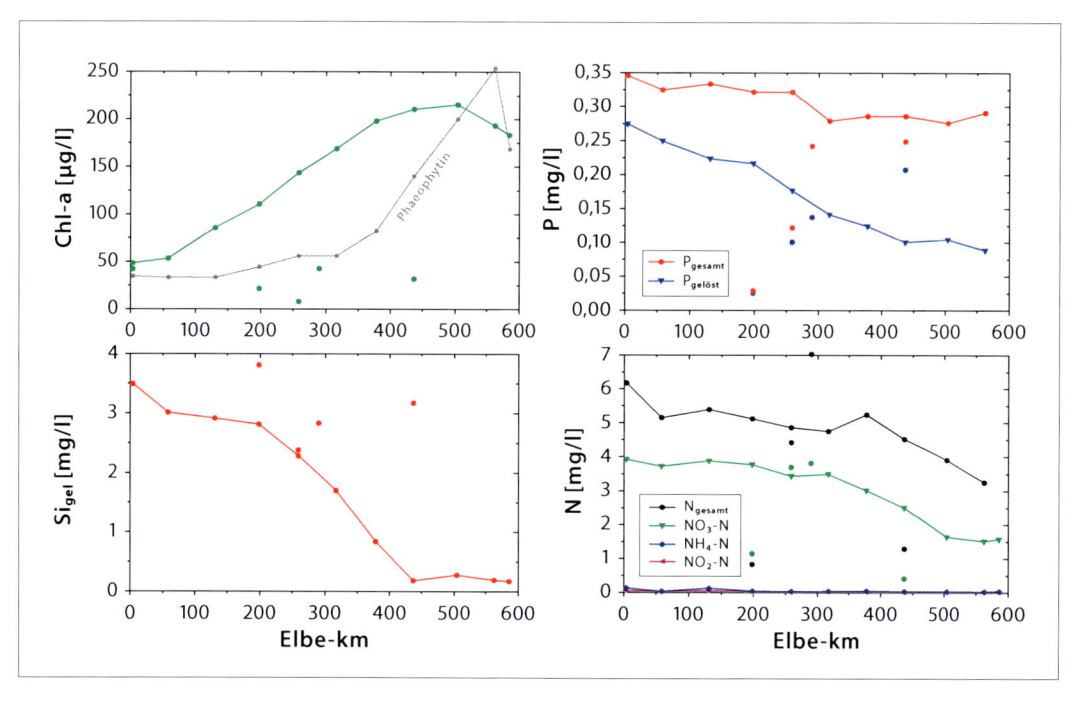

**Abb. 3-19:** Konzentrationen von Chlorophyll-a, Phaeophytin (Abbauprodukt von Chlorophyll) und wichtigen Nährstoffen im Elbe-Längsschnitt zwischen Schmilka und Geesthacht. Die frei stehenden Punkte repräsentieren die Konzentrationen im Wasser wichtiger Nebenflüsse: Schwarze Elster am Elbe-km 198, Mulde am Elbe-km 259, Saale am Elbe-km 299, Havel am Elbe-km 439 (Daten aus einer fließzeitkonformen Längsbereisung im Juni/Juli 2000 (siehe Kapitel 3.1.1; Böhme et al. 2002).

Im Längsverlauf der Elbe findet sich ein enger Zusammenhang zwischen Phytoplanktonwachstum (Zunahme der Chlorophyllkonzentration) und der Abnahme von Nährstoffkonzentrationen. Parallel zur Zunahme der Chlorophyllkonzentration nahmen in der in Abbildung 3-19 dargestellten Situation Ende Juni/Anfang Juli 2000 der gelöste Phosphor und das gelöste Silizium ab. Die Gesamtphosphorkonzentration blieb dagegen nahezu unverändert und veranschaulicht gut den Transfer von der gelösten in die partikuläre Fraktion, hier das Phytoplankton. Auch die Konzentration des gelösten Siliziums nimmt entlang der Fließstrecke steil ab, bis die Konzentration in Höhe der Havelmündung Werte nahe Null erreicht. Ab Elbe-km 438 ist das Kieselalgenwachstum klar Silizium-limitiert. Entsprechend nimmt die Chlorophyllkonzentration nicht mehr zu und das gelöste Phosphat nicht mehr ab.

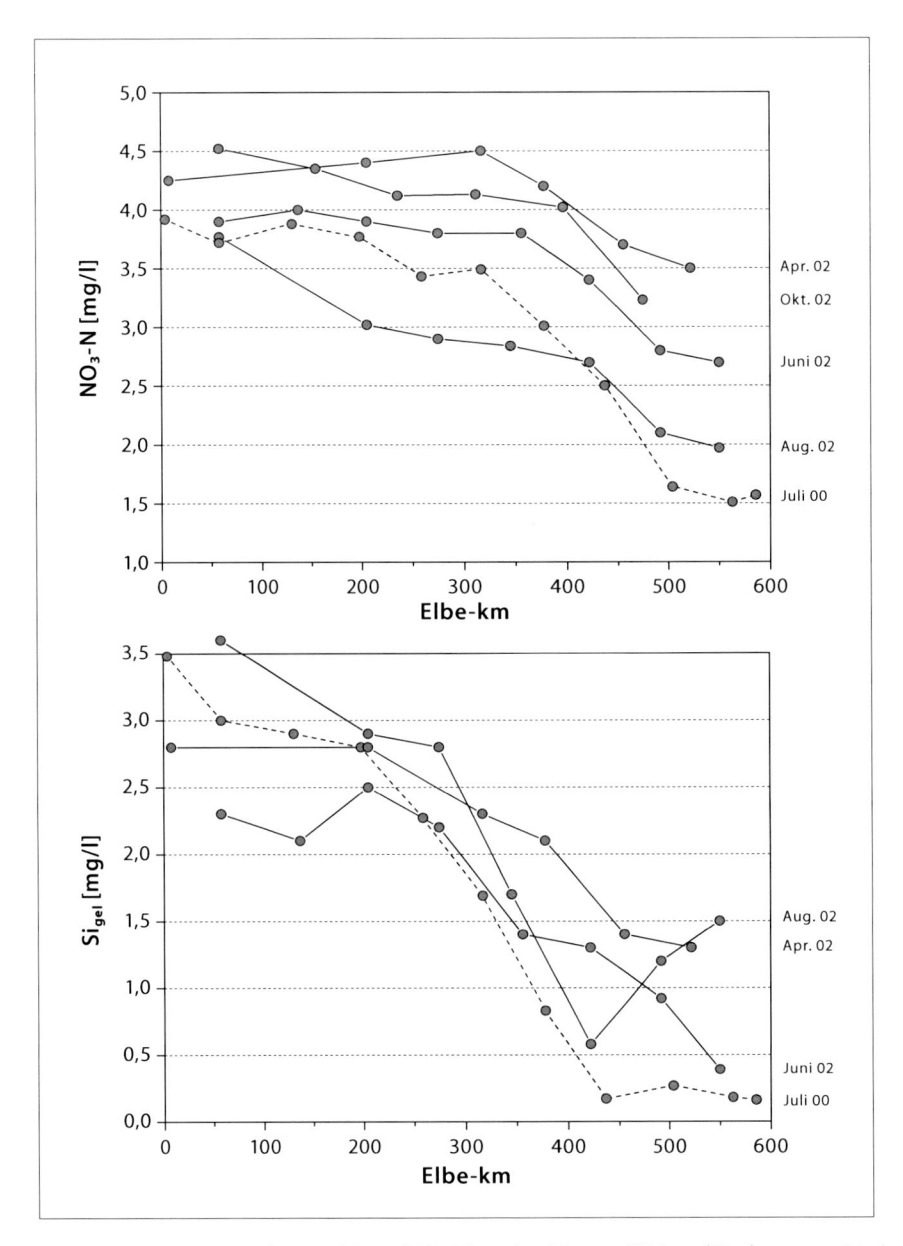

**Abb. 3-20:** Konzentrationen von gelöstem Nitrat ($NO_3$-N) und gelöstem Silizium ($Si_{gel}$) zu verschiedenen Zeitpunkten im Elbe-Längsschnitt. Daten von mehreren fließzeitkonformen Längsbereisungen, die bereits in Abbildung 3-19 dargestellten Werte von 2000 gestrichelt

Im Gegensatz zu gelöstem Phosphor und Silizium verringern sich die Konzentrationen verschiedener Stickstoffverbindungen auf dem ersten Teil der betrachteten Fließstrecke kaum (siehe Abbildung 3-19). Dies ist darauf zurückzuführen, dass über die gesamte Fließstrecke die algenverfügbaren gelösten N-Verbindungen weit über dem Bedarf der Algen vorliegen, der durch das

Redfield-Verhältnis von 16 Mol N auf 1 Mol P abgeschätzt werden kann. Die deutliche Abnahme des Nitrats und vor allem des Gesamtstickstoffs in der Fließstrecke oberhalb und verstärkt unterhalb von Magdeburg bis Geesthacht kann nur durch starke Denitrifikation erklärt werden. Wie ein Vergleich mit 4 Bereisungen aus dem Jahr 2002 zeigt, treten die oben beschriebenen Nährstoffgradienten im Längsverlauf der Elbe häufiger auf (siehe Abbildung 3-20).

## 3.3 Zooplankton im Pelagial des Hauptstroms
*Henry Holst*

### 3.3.1 Lebensbedingungen des Zooplanktons in Flüssen

In stehenden Gewässern wurde die Ökologie des Zooplanktons eingehend untersucht und u. a. im PEG-Modell von SOMMER et al. (1986) zusammenfassend dargestellt. Die Bedeutung des Zooplanktons in Fließgewässern ist dagegen erst in neuerer Zeit Gegenstand limnologischer Untersuchungen (SCHWOERBEL 1994). Die wesentlich höhere Komplexität und Dynamik in Zeit und Raum erschweren die Erhebung und Interpretation diesbezüglicher Daten. So wirken neben den klassischen abiotischen (z. B. Wassertemperatur) und biotischen Einflussgrößen (Nahrungsangebot, Konkurrenz- und Räuberdruck) zusätzliche strukturierende Faktoren wie advektiver Transport, Turbulenz und Trübung auf die Planktongemeinschaften von Fließgewässern (BASU und PICK 1996) (siehe Abbildung 3-21).

**Advektiver Transport**
- Hohe Strömungsgeschwindigkeiten führen zu hohen **advektiven Verlustraten**.
- Angebundene **Retentionsbereiche** wie Altarme und Buhnenfelder wirken als Orte mit **erhöhter Planktonproduktion**.
- Advektive Verlustprozesse begünstigen **kleine Planktonorganismen mit hohen Reproduktionsraten**.

**Turbulenz und Trübung**
- **Lichtlimitation** durch erhöhte Trübung hemmt die Produktion autotropher Organismen.
- **Aggregate** und ihre assoziierten Organismen (Bakterien, Protozoen) stellen eine Nahrungsquelle für das Zooplankton dar.
- **Suspendierte anorganische Partikel** hemmen planktische Filtrierer.

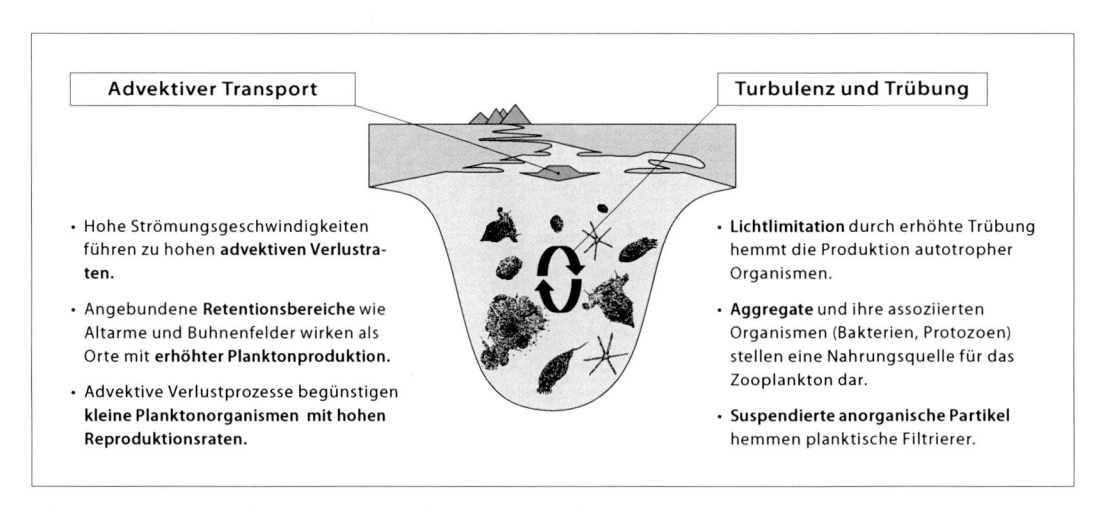

**Abb. 3-21:** Schema der fließgewässerspezifischen Umweltfaktoren, die auf das Zooplankton einwirken

Der advektive Transport mit der Strömung führt zu einer andauernden Reduktion des Planktons. Das Verhältnis zwischen der Verweilzeit des Wasserkörpers im Fließgewässersystem und den Vermehrungsraten der Planktonorganismen ist daher die wichtigste Stellgröße für die Struktur und Dynamik der Planktongemeinschaften großer Flüsse (VIROUX 1997). Einzellige Tiere (Protozoen) und Rädertiere (Rotatorien), die sich durch hohe Reproduktionsraten auszeichnen, dominieren hier oftmals die Zooplanktongemeinschaften (KIM und JOO 2000). Die Krebse (Crustaceen), insbesondere große Wasserflöhe (Cladoceren) und Hüpferlinge (Copepoden), welche in Stillgewässern meist durch Nahrungskonkurrenz und Prädation (Räuberdruck) die Rotatorien rasch verdrängen (SOMMER et al. 1986), spielen in Flüssen aufgrund ihres relativ langsamen Populationswachstums oft eine untergeordnete Rolle (VIROUX 2002).

Eine weitere wichtige Randbedingung für die Planktondynamik in Flüssen ist das Vorhandensein von Retentionszonen (REYNOLDS und DESCY 1996), also Gewässerteilen mit sehr geringer Strömungsgeschwindigkeit, in denen sich Planktonorganismen längere Zeit aufhalten und vermehren können. Die quantitative und qualitative Verfügbarkeit von Retentionszonen wird dabei von der Morphologie und Hydrologie des Flussbettes und der angrenzenden Auenbereiche bestimmt. Natürliche Stillwasserzonen, wie etwa Flussseen oder Nebenarme, und solche anthropogenen Ursprungs, wie Stauhaltungen und Stauseen, stellen eine Unterbrechung des stromabwärts gerichteten Planktontransports dar. Je nach Aufenthaltszeit des Wasserkörpers können sich dort auch langsam wachsende Zooplanktonorganismen (Crustaceen) im Gesamtsystem anreichern (Ward und Stanford 1983, Thorp et al. 1994, Welker und Walz 1999). Ufernahe Strömungsrefugien, wie buchtenreiche Uferstrukturen mit Makrophytenbewuchs, Auengewässer, Altarme und Buhnenfelder, erhöhen ebenfalls die Verweilzeit des Wasserkörpers im Gesamtsystem und wirken somit als „Planktonreaktoren", welche im Hauptstrom für eine permanente Animpfung (Inokulum) mit planktischen Organismen sorgen (Reynolds und Glaister 1993, Lair und Reyes-Marchant 1997, Basu et al. 2000).

Die in Fließgewässern auftretenden Turbulenzen wirken sich indirekt auf das Zooplankton aus, indem eine permanente Resuspension von partikulärer organischer Substanz in Form von Aggregaten in die Wassersäule stattfindet, die in Standgewässern durch Sedimentation dem Benthal zugeführt wird. Dadurch kommt es u. a. zu erhöhter Trübung mit Lichtlimitation der autotrophen Nahrungsorganismen im tiefen Wasser (Reynolds und Glaister 1993). Die organischen Komponenten der resuspendierten Aggregate und daran festsitzende Organismen können dabei als Nahrungsquelle für das Zooplankton dienen (Holst 1996). Resuspendierte anorganische Partikel hingegen hemmen bestimmte planktische Filtrierer in ihrer Nahrungsaufnahme, wie z. B. Wasserflöhe und einige Rädertiere (Kirk und Gilbert 1990, Kirk 1991, Miquelis et al. 1998) und können somit einen strukturierenden Einfluss auf die gesamte Planktonzönose ausüben (Jack et al. 1993). Darüber hinaus wird diskutiert, ob fragile Planktonorganismen (z. B. mit angehefteten Eisäcken) durch die bei Turbulenz auftretenden Scherkräfte beeinträchtigt werden (Hondzo und Lynn 1999). Dieser Scherkrafteffekt ist direkt von der Größe (Länge) des jeweiligen Organismus abhängig und könnte eine weitere Erklärung für die Dominanz kleinerer Spezies innerhalb des Zooplanktons von Flüssen sein.

Mit ca. 600 km freier, unverbauter Fließstrecke und Transportzeiten von über 10 Tagen zur Vegetationszeit erfüllt die Elbe die Voraussetzung zur Ausprägung einer distinkten Fließgewässerplanktongemeinschaft und unterscheidet sich somit deutlich von vielen Flüssen, deren Kontinuum durch Wehre und Staudämme unterbrochen wird. Die hohe Nährstofffracht der Elbe fördert eine ausgeprägte Phytoplanktonentwicklung, welches wiederum eine potenzielle Nahrungsgrundlage für das Zooplankton darstellt. Die relativ große Fracht an Schwebstoffen mit der daran assoziierten Fauna (siehe Kapitel 3.4) ist eine weitere Nahrungsquelle für das Zooplankton, muss jedoch ebenso als hemmender Faktor für größere Filtrierer (z. B. Daphnien) in Betracht gezogen werden. Verglichen mit anderen Flüssen, z. B. dem Rhein, in dem benthische Filtrierer (z. B. *Dreissena, Corbicula*) einen hohen Fraßdruck auf das Plankton ausüben können (Welker und Walz 1998, Ietswaart et al. 1999), weist die Mittelelbe nur relativ geringe Individuendichten dieser ökologischen Gilde auf. Das während der Wachstumsperiode vorherrschende Mittel- bis Niedrigwasserbett der Elbe zeichnet sich durch Strukturarmut im Uferbereich und einem Mangel an Retentionszonen aus. Makrophyten- und Totholzbestände sind selten, und viele Auengewässer sind vom Hauptstrom isoliert. Die zahlreichen Buhnenfelder der Mittelelbe sind die dominierenden retentiven Strukturen, die als Strömungsrefugium und potenzielle Animpfungszonen für das Zooplankton dienen können. Die relativ hohen Austauschraten des Wassers innerhalb der meisten Buhnenfelder führen jedoch zu Wasseraufenthaltszeiten, die deutlich unter den Generationszeiten der meisten Zooplanktonorganismen liegen. Dies verhindert eine direkte Anreicherung von Zooplankton in diesen Habitaten, und nur die große Zahl an aufeinander folgenden Buhnenfeldern ermöglicht einen positiven Effekt auf das Zooplanktonwachstum (siehe Kapitel 4.3.2).

### 3.3.2 Zooplanktonentwicklung im Längsverlauf

Das Zooplankton der Mittelelbe ist in der jüngeren Literatur nur von KLAPPER (1961) und MEISTER (1994) beschrieben worden. Die Angaben in KLAPPER (1961) sind diesbezüglich jedoch nur sehr grob und beziehen sich semi-quantitativ auf das Vorkommen weniger Gattungen und Arten. Die erste umfassendere Arbeit ist die Studie von MEISTER (1994), in der das Plankton der Elbe und ihrer Nebenflüsse während einer einmaligen stromabwärts gerichteten Bereisung von Veletov (bei Kolín) bis Geesthacht im Juli/August 1991 untersucht wurde. Dabei wurde ein starker Rückgang der Individuendichte des Rotatorien- und Crustaceenplanktons vom tschechischen zum deutschen Abschnitt der Elbe beobachtet. Es bleibt unklar, ob dieses Phänomen auf die Erhöhung der Planktondichten durch die tschechischen Staubereiche oder auf die Tatsache zurückzuführen ist, dass die Beprobung unterhalb Schmilkas auf einer sommerlichen Hochwasserwelle stattfand. Im Verlauf des deutschen Abschnittes der Mittelelbe erfolgte ein diskontinuierlicher Anstieg des Rotatorienplanktons von 158 Ind./l bei Schmilka (Elbe-km 4) auf über 1.600 Ind./l bei Boizenburg (Elbe-km 560) (siehe Abbildung 3-22), wobei im gesamten Untersuchungsabschnitt filtrierende Arten wie *Keratella cochlearis*, *Brachionus angularis* und *B. calyciflorus* dominierten.

Das Crustaceenplankton zeigte eine stark schwankende Verteilung mit geringen Abundanzen (siehe Abbildung 3-22); es bestand zu dieser Zeit überwiegend aus Naupliuslarven der Copepoden (>90%) und der Gattung *Bosmina*. Die Nebenflüsse der Elbe wiesen relativ geringe Zooplanktondichten auf, mit Ausnahme der Havel, die wesentlich höhere Crustaceenabundanzen als die Elbe aufwies (MEISTER 1994).

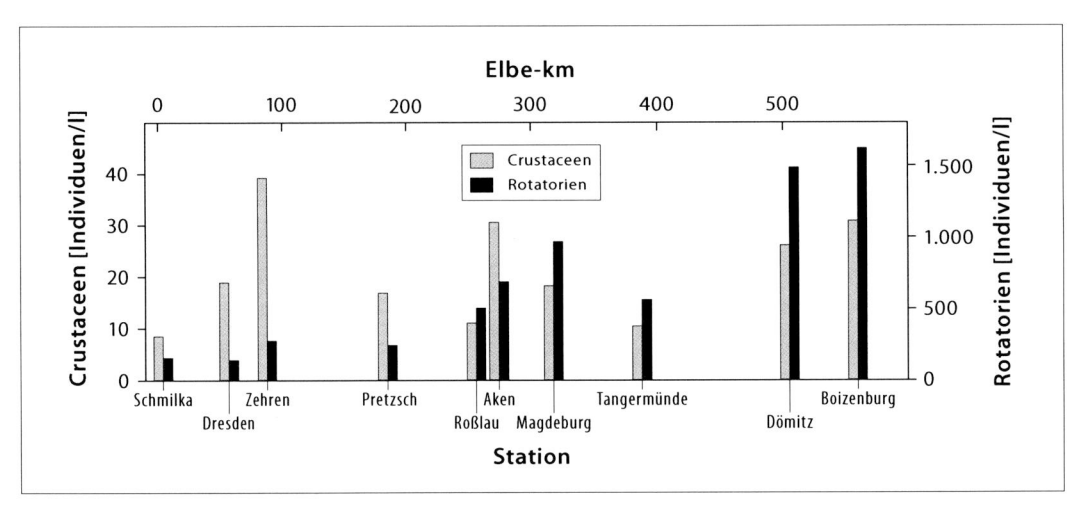

**Abb. 3-22:** Longitudinale Entwicklung des Zooplanktons der Elbe zwischen Schmilka und Boizenburg im Juni/August 1991 (nach MEISTER 1994)

### 3.3.3 Jahreszeitliche Dynamik

Innerhalb des Forschungsverbundes „Elbe-Ökologie" wurden die umfangreichsten Untersuchungen über das Zooplankton der Mittelelbe in den Jahren 1999 bis 2001 durchgeführt, wobei die zeitliche und räumliche Dynamik sowie die Ökologie des Zooplanktons intensiv erfasst wurden (ZIMMERMANN-TIMM 2004). Hierzu wurden in den Jahren 1999 und 2000 in 2- bis 4-wöchigen Intervallen an einer Dauerstation (Havelberg, Elbe-km 423) Zooplanktonproben aus dem Hauptstrom entnommen, um die Saisonalität des Zooplanktons zu erfassen. Zusätzlich wurden im Jahr 1999 vier Längsbereisungen durchgeführt (April, Juni, August und Oktober), wobei jeweils 10 Stationen von Dresden bis Geesthacht beprobt wurden. Im Juli 2000 erfolgte ein fließzeitkonformer Längsschnitt an 16 Stationen, auf dem ebenfalls die Mündungsbereiche der wichtigsten Zuflüsse sowie einige Nebengewässer erfasst wurden. Alle Proben wurden im Feld aufkonzentriert, fixiert und im Labor ausgewertet. Die Rotatorien wurden vermessen und anschließend das Volumen (nach RUTTNER-KOLLISKO 1977) und die Biomasse (mit einem C-Gehalt von 5 %, PADISÁK und ADRIAN 1999) ermittelt. Darüber hinaus wurden mit einem speziell konstruierten Rotationsgerät, in dem bis zu 13 Plexiglaszylinder von 9 Liter Volumen unter Freilandbedingungen exponiert werden konnten, Experimente zur Nahrungsökologie und zum Einfluss von Turbulenz und Trübung auf das Zooplankton durchgeführt (ZIMMERMANN-TIMM 2004).

Die saisonalen Untersuchungen ergaben, dass das Metazooplankton der Mittelelbe von Rotatorien (Rädertierchen) dominiert wird, die zu Zeiten geringen Oberwasserabflusses und Wassertemperaturen über 18 °C sehr hohe Abundanzen erreichen können (siehe Abbildung 3-23). Die Abundanzmaxima der Rotatorien von 5.000 bis über 18.000 Ind./l sind – verglichen mit anderen großen Flüssen – außergewöhnlich hoch (KIM und JOO 2000). In beiden Untersuchungsjahren konnte ein distinktes Sukzessionsmuster beobachtet werden, das mit einem Maximum filtrierender Generalisten wie *Keratella cochlearis* und *Brachionus* spp. im Mai und Juni beginnt, gefolgt von einem zweiten Maximum Anfang August, das hauptsächlich von der beutegreifenden Art *Trichocerca pusilla* dominiert wurde (siehe Abbildungen 3-24 und 3-25). Die extrem hohe Rotatoriendichte von über 18.000 Ind./l, die Anfang Juni 1999 auftrat, wurde vermutlich durch den spontanen, temperaturinduzierten Schlupf aus im Sediment vorhandenen Dauereiern hervorgerufen.

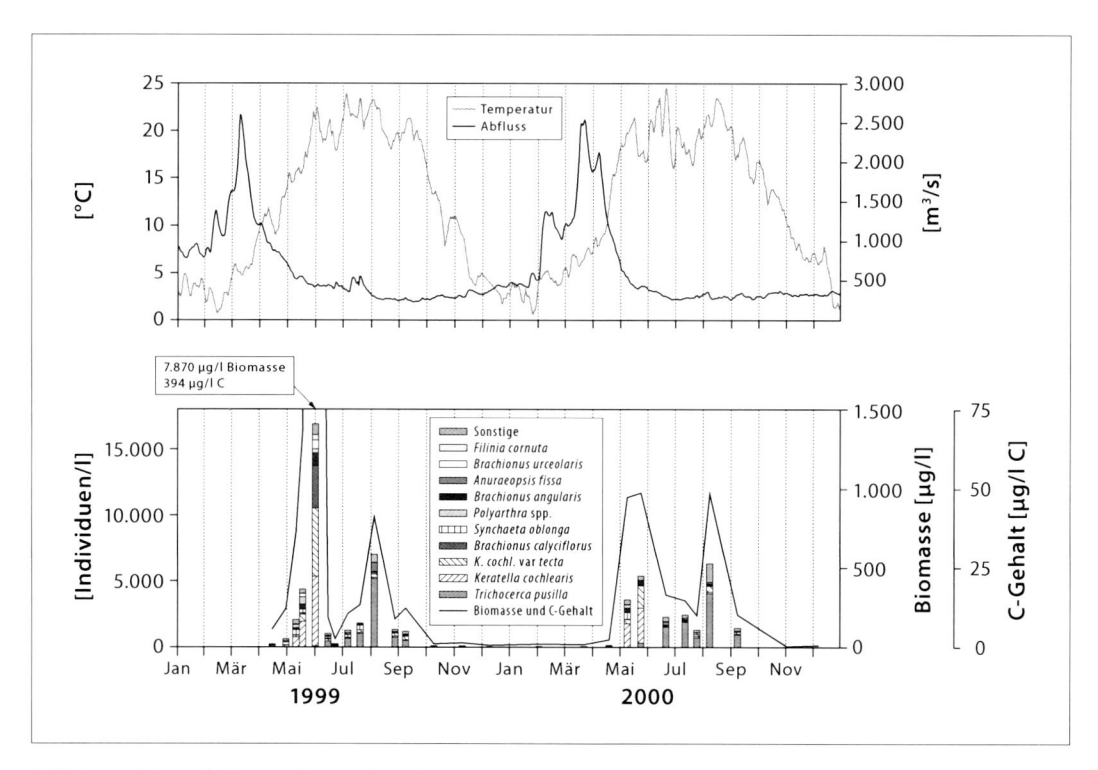

**Abb. 3-23:** Saisonale Dynamik von Abundanz, Biomasse und C-Gehalt des Rotatorienplanktons an der Dauerstation bei Havelberg (Elbe-km 423) in den Jahren 1999 und 2000; oben: Abflusswerte und Wassertemperaturen an der Station Wittenberge (Elbe-km 454) (Daten nach ARGE-Elbe 2000, 2001)

Die saisonale Dynamik der Crustaceen zeigte in den Jahren 1999 und 2000 einen diskontinuierlichen Verlauf (siehe Abbildung 3-26). In beiden Frühjahren dominierten Naupliuslarven der Copepoden das Crustaceenplankton. Das Abundanzmaximum Anfang August 1999 setzte sich, neben Nauplien und Copepodidstadien, im Wesentlichen aus semi-benthischen Arten der Chydoridae und Macrothricidae zusammen, die durch einen kurzfristigen Anstieg des Elbpegels Mitte Juli (siehe Abbildung 3-23) ins Freiwasser eingetragen worden sein könnten. Die sommerlichen Maxima im Jahr 2000 wurden von der Gattung *Bosmina* dominiert. Bosminiden und Nauplien stellen auch im Freiwasser anderer großer Flüsse oftmals die dominierenden Crustaceentaxa (BASU und PICK 1996, KIM und JOO 2000, VIROUX 2002). Die beobachteten relativ hohen Abundanzen von Nauplien und Copepodiden, verglichen mit den geringen Dichten adulter Copepoda, weisen auf ein aktives Verbleiben der erwachsenen Tiere in ufernahen Retentionszonen hin, während die Entwicklungsstadien aufgrund verminderter Schwimmleistung in den Hauptstrom verfrachtet werden (VIROUX 2002). Die relativ geringen Dichten an Crustaceen zeigen einen Mangel an geeigneten retentiven Strukturen (Altarme, Makrophytenbestände usw.) als potenzielle Lebensräume an.

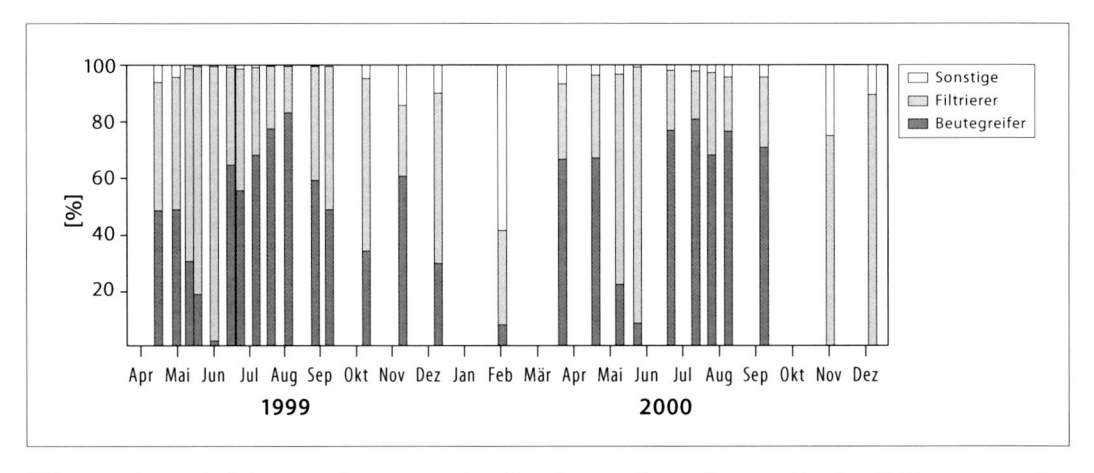

**Abb. 3-24:** Saisonale Sukzession der prozentualen Abundanzanteile von beutegreifenden (*Trichocerca* spp., *Synchaeta* spp.) und filtrierenden (*Keratella* spp., *Brachionus* spp.) Rotatorien (nach KOSTE 1978) an der Dauerstation bei Havelberg (Elbe-km 423)

Unter günstigen Bedingungen, etwa hohen Wassertemperaturen und niedrigen Abflussraten, wurde 1999 und 2000 stromabwärts ein rascher Abundanzanstieg des Rotatorienplanktons mit maximalen Dichten in Geesthacht (Elbe-km 583) beobachtet (siehe Abbildung 3-27). Wassertemperatur und Transportgeschwindigkeit (Durchflussrate) bewirkten auch eine longitudinale Verlagerung des Abundanzanstieges. Die im April und Oktober 1999 bei geringen Wassertemperaturen ermittelten Dichten spiegeln somit nicht nur die Reproduktion im Hauptstrom wider, sondern charakterisieren zudem das Potenzial retentiver Uferstrukturen als Inokulum für das Rotatorienplankton im Hauptstrom. Die im Juli 2000 beprobten Nebenflüsse wie Schwarze Elster, Mulde, Saale und Havel wiesen geringere Rotatoriendichten auf und übten somit einen verdünnenden Effekt auf die Rotatorienabundanzen im Hauptstrom aus (ZIMMERMANN-TIMM 2004). Dieser Effekt wurde jedoch durch die hohen Wachstumsraten im Hauptstrom (z. B. bei *Trichocerca pusilla* mit einer Verdopplungszeit von 29,9 h) relativ rasch ausgeglichen (HOLST et al. 2002).

Das Crustaceenplankton zeigte auf allen Längsschnitten ebenfalls einen stromabwärts gerichteten Abundanzanstieg, dessen Maxima in Geesthacht saisonal bedingte Unterschiede in der Artenzusammensetzung aufwiesen (siehe Abbildung 3-28). Der deutliche Abundanzanstieg ab ungefähr Elbe-km 420 lässt sich nicht, wie es bei den Rotatorien der Fall ist, auf eine Reproduktion im Hauptstrom zurückführen, da die meisten Crustaceen hierfür eine zu geringe Wachstumsrate aufweisen. Die erhöhte Verfügbarkeit retentiver Strukturen, d. h. tiefer Buhnenfelder, und geringere Fließgeschwindigkeiten innerhalb der kaum ausgebauten, so genannten „Reststrecke" zwischen Elbe-km 508 und 521 führen vielmehr zu einem erhöhten lateralen Eintrag. Im Juli 2000 wiesen darüber hinaus die Havel und der Elbe-Seitenkanal Abundanzen von über 35 Ind./l auf und kommen somit als zusätzliche Eintragsquellen in Betracht (LUNAU 2001).

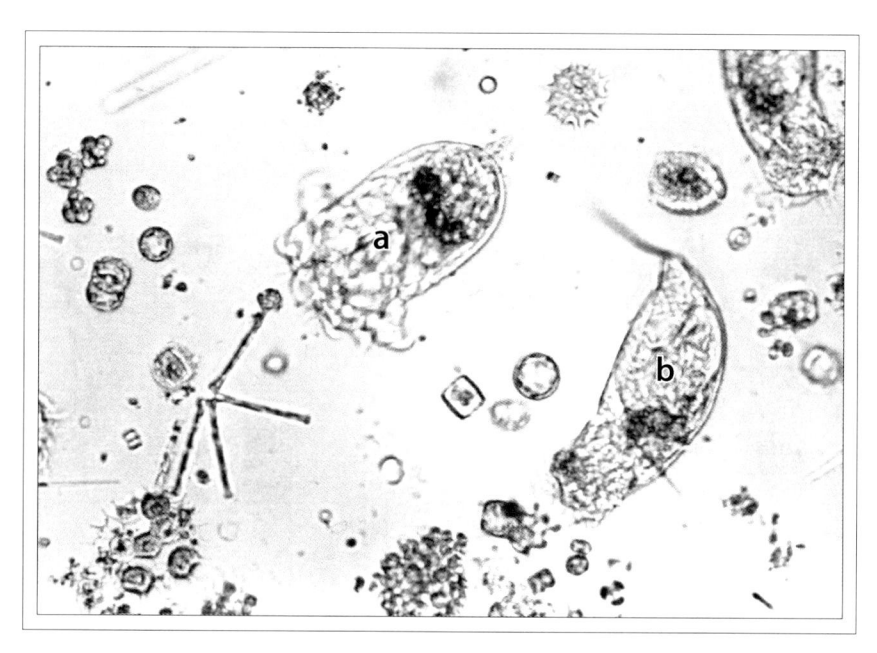

**Abb. 3-25:** Lebendaufnahme von *Synchaeta oblonga* (a) und *Trichocerca pusilla* (b), zweier beutegreifender Rädertierarten, die das Zooplankton der Mittelelbe in den Sommermonaten dominieren (Foto: H. HOLST)

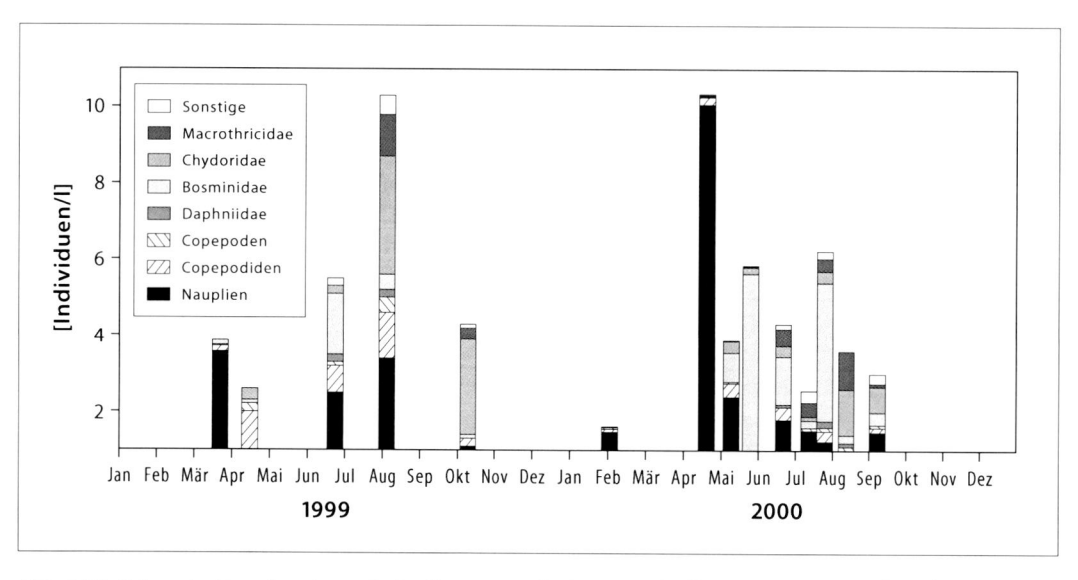

**Abb. 3-26:** Saisonale Abundanzdynamik des Crustaceenplanktons an der Dauerstation in Havelberg (Elbe-km 423) in den Jahren 1999 und 2000 (ZIMMERMANN-TIMM 2004)

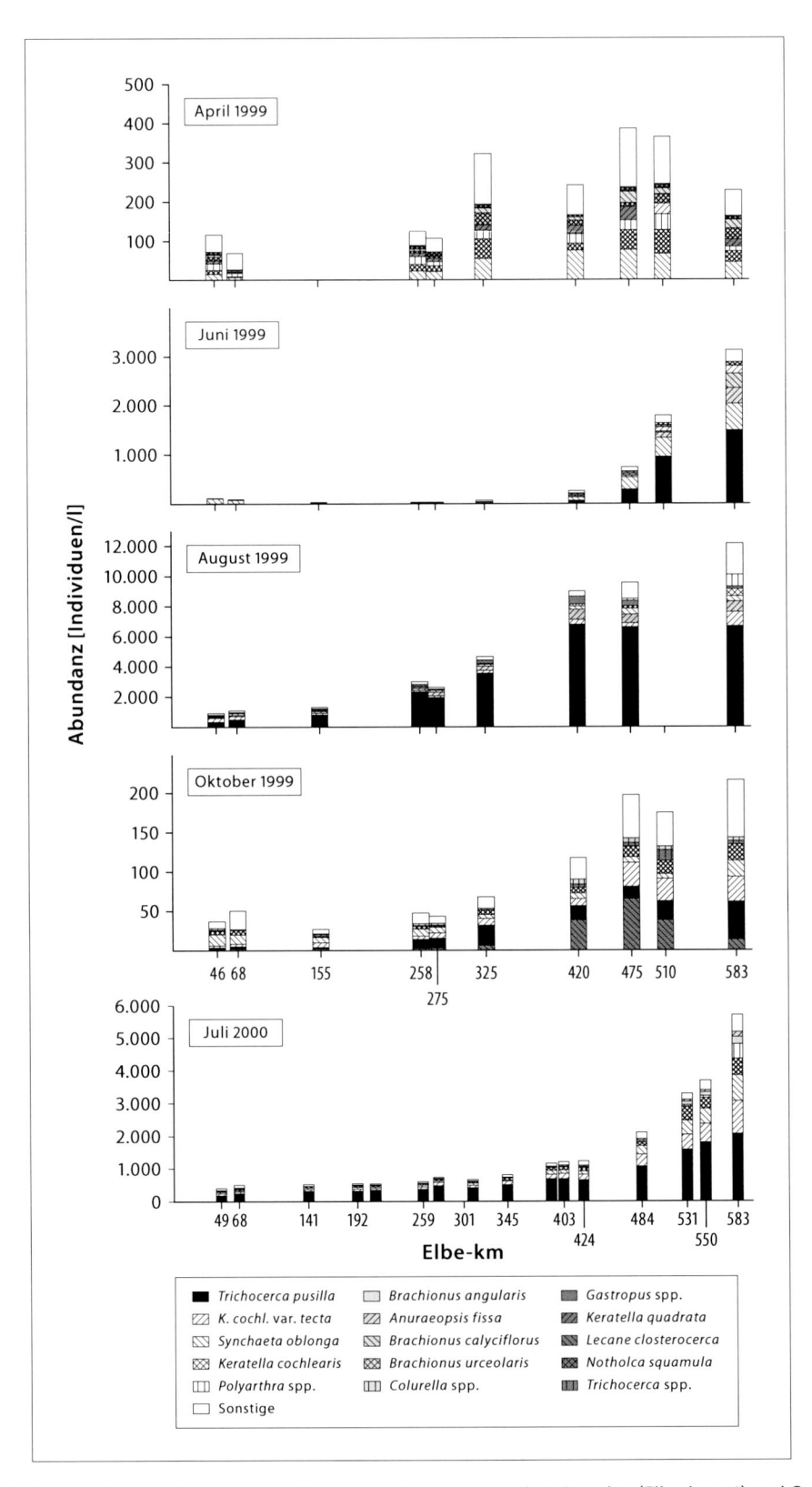

**Abb. 3-27:** Longitudinale Entwicklung des Rotatorienplanktons zwischen Dresden (Elbe-km 46) und Geesthacht (Elbe-km 583) in den Jahren 1999 und 2000

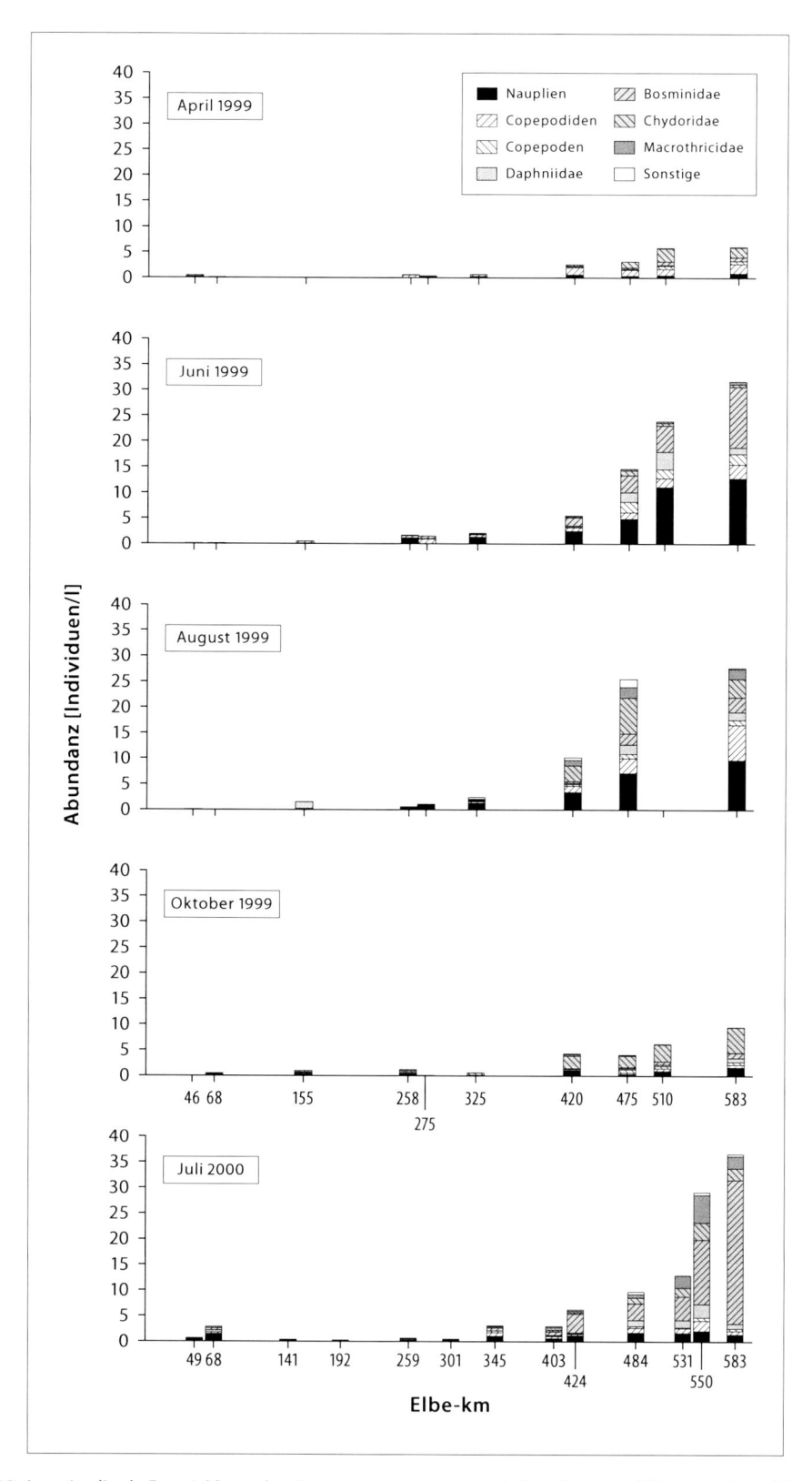

**Abb. 3-28:** Longitudinale Entwicklung des Crustaceenplanktons zwischen Dresden (Elbe-km 46) und Geesthacht (Elbe-km 583) in den Jahren 1999 und 2000

Die Bedeutung lateraler Stillwasserbereiche als strukturierender Faktor für die Zooplanktongemeinschaft belegt auch ein Freilandexperiment, welches im August 2000 in Havelberg (Elbe-km 423) durchgeführt wurde. Hierbei wurden 18 Acrylglaszylinder mit einem Volumen von jeweils 9 Litern mit Elbwasser aus dem Hauptstrom befüllt. Jeweils neun dieser Behälter wurden unter Stillwasserbedingungen im Buhnenfeld bzw. unter turbulenten Bedingungen in einem speziell konstruierten Rotationsgerät exponiert (Rotation von ca. 10 Umdrehungen/min) (ZIMMERMANN-TIMM 2004). In Intervallen von 20 h wurden jeweils 3 Behälter aus beiden Ansätzen entnommen und die Abundanzveränderung von Crustaceen und Rotatorien ermittelt. Die Ergebnisse dieses Experimentes zeigen deutlich, dass das Rotatorienplankton von turbulenten Bedingungen, d.h. permanenter Suspension partikulärer Substanz, profitiert (siehe Abbildung 3-29). Obwohl die Expositionszeit von 60 h, bezogen auf die geringeren Wachstumsraten der Crustaceen, sehr kurz bemessen war, zeigte sich dennoch, dass das Crustaceenplankton signifikant negativ auf die Turbulenzbedingungen reagierte (LUNAU 2001) und Stillwasserbedingungen favorisierte. Dieses Experiment bekräftigt die Hypothese, dass die in Fließgewässern häufig beobachtete Dominanz der Rotatorien gegenüber den Crustaceen nicht nur durch unterschiedliche Wachstumspotenziale erklärt werden kann, sondern auch eine unterschiedliche Sensibilität dieser beiden Gruppen gegenüber Turbulenz und Trübung widerspiegelt.

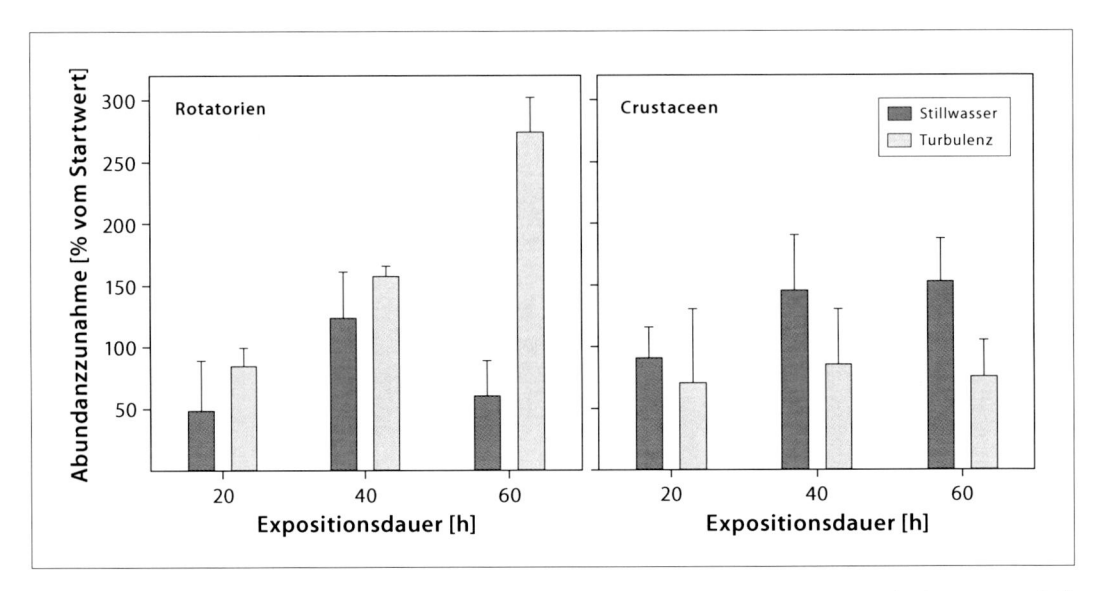

**Abb. 3-29:** Abundanzzunahme (mit Standardabweichung) des Rotatorien- und Crustaceenplanktons unter Stillwasser- und Turbulenzbedingungen

## 3.4 Planktische Bakterien und Einzeller
*Ute Wörner und Heike Zimmermann-Timm*

### 3.4.1 Planktische Bakterien und Einzeller im Nahrungsnetz

Das Verständnis der Bedeutung von Bakterien und einzelligen Tieren (Protozoen) in Gewässern wurde in den vergangenen beiden Jahrzehnten wesentlich vertieft. Die klassische Vorstellung vom Nahrungsnetz im Pelagial basierte auf der Primärproduktion des Phytoplanktons. Der Kohlenstofftransfer zu höheren Trophieebenen erfolgt dabei über Primär- und Sekundärkonsumenten wie Metazooplankton und Fische. Dieses Konzept wurde von Azam et al. (1983) um die Komponente des so genannten „Microbial Loop" (Mikrobielle Schleife) erweitert. In dieser mikrobiellen Schleife werden organische Abfallstoffe (Detritus), die auf den verschiedenen trophischen Ebenen durch Ausscheidung (z. B. Exsudate von Algen, Fäzes von Tieren) oder den Tod von Individuen entstehen, von Bakterien aufgenommen und teilweise für deren Wachstum verwertet. Die Bakterien werden von Protozoen gefressen, wie zum Beispiel Geißeltierchen (heterotrophe Flagellaten) und Wimpertierchen (Ciliaten). Die Protozoen wiederum werden vom Metazooplankton konsumiert. Damit gelangt die in der mikrobiellen Schleife aus Abfallstoffen wiedergewonnene Energie teilweise in die klassische Nahrungskette zurück und trägt zur Produktivität des Gesamtsystems bei. Die mikrobielle Schleife ist in den einzelnen Lebensräumen jedoch auf unterschiedliche Weise mit dem konventionellen Nahrungsnetz verknüpft, wobei vieles, insbesondere in Fließgewässern, noch unbekannt ist.

Bakterien sind somit im Stoffkreislauf nicht nur als Nahrungsquelle von Bedeutung, sondern auch als Destruenten organischen Materials, das mineralisiert wird und dessen enthaltene chemische Energie teilweise wieder in lebende Organismen überführt wird. In organisch verschmutzten Gewässern hat dieser Vorgang eine besonders große Bedeutung und bildet die biologische Grundlage für die Selbstreinigung des Gewässers. Protozoen spielen als Bakterienkonsumenten bei der Selbstreinigung somit eine wichtige indirekte Rolle, indem sie mit ihrer Fraßaktivität die Größe und Struktur der Bakterienpopulation beeinflussen (Jürgens et al. 1997). Bisher wurden Untersuchungen der mikrobiellen Schleife und der beteiligten Organismengruppen überwiegend im Meer sowie in Seen und Ästuaren durchgeführt; über das Vorkommen von planktischen Protozoen in größeren Fließgewässern ist weniger bekannt (Carlough 1989, Bereczky und Nosek 1994, Lair et al. 1999). In Rhein, Mosel und Saar und anderen für die Schifffahrt genutzten Flüssen wurden in den vergangenen Jahren Vorkommen und Bedeutung von Protozoen durch Scherwass (2001), Weitere und Arndt (2002), Bergfeld (2002) und Prast et al. (2003) eingehend untersucht. Für die Elbe stellten Arndt und Mathes (1991) fest, dass ein bedeutender Anteil der Zooplanktonbiomasse aus Protozooplankton besteht. Die Dynamik der Populationen von Bakterien, Algen und heterotrophen Flagellaten in der Mittleren Elbe bei Magdeburg wird dabei auch erheblich durch die Zuflüsse Mulde und Saale bestimmt (Karrasch et al. 2001).

Um die Bedeutung des mikrobiellen Nahrungsgefüges in großen Fließgewässern und speziell in der Elbe abschätzen zu können, wurden in der vorliegenden Untersuchung Ciliaten, Flagellaten und Bakterien in ihrer räumlichen und zeitlichen Dynamik untersucht. Der saisonale Verlauf der Populationsdichten wurde in den Jahren 1999 und 2000 untersucht. Längsprofil-Untersuchungen erfolgten am 13.–17. April, 21.–26. Juni, 2.–7. August und 7.–12. Oktober 1999. Beginnend am Elbe-km 583 wurden an 10 verschiedenen Stationen Proben entnommen: Geesthacht (Elbe-km 583), Damnatz (510), Schnackenburg (475), Havelberg (423), Magdeburg (317), Aken (275), Rosslau (258), Torgau (150), Dresden-Radebeul (68) und Dresden-Laubegast (46). Die Quantifizierung der Bakterien und heterotrophen Flagellaten (HF) erfolgte nach DAPI-Färbung an einem Epifluoreszenzmikroskop (PORTER und FEIG 1980). Bei fädigen Bakterien wurde 1 µm Fadenlänge als 1 Bakterium gewertet. Die Ciliaten wurden im differenziellen Interferenzkontrast nach quantitativer Protargolfärbung und vorangegangener Dichtegradientenzentrifugation der Probe zur Eliminierung anorganischer Partikel mikroskopiert (SCHERWASS et al. 2002).

### 3.4.2 Saisonaler Verlauf

Die Proben für die saisonale Dynamik der Bakterien-, Flagellaten- und Ciliatenpopulationen in der Elbe wurden von April 1999 bis November 2000 am Elbe-km 423 bei Havelberg gewonnen. In beiden Jahren traten Abundanzmaxima in den Frühjahrs- und Sommermonaten bei hohen Wassertemperaturen und einer hohen Algenabundanz auf (siehe Abbildung 3-30). Algen können von zahlreichen herbivoren Ciliaten und einigen wenigen heterotrophen Flagellaten direkt als Futter verwertet werden; indirekt beeinflussen sie über die Ausscheidung von Exsudaten die Bakterienpopulation.

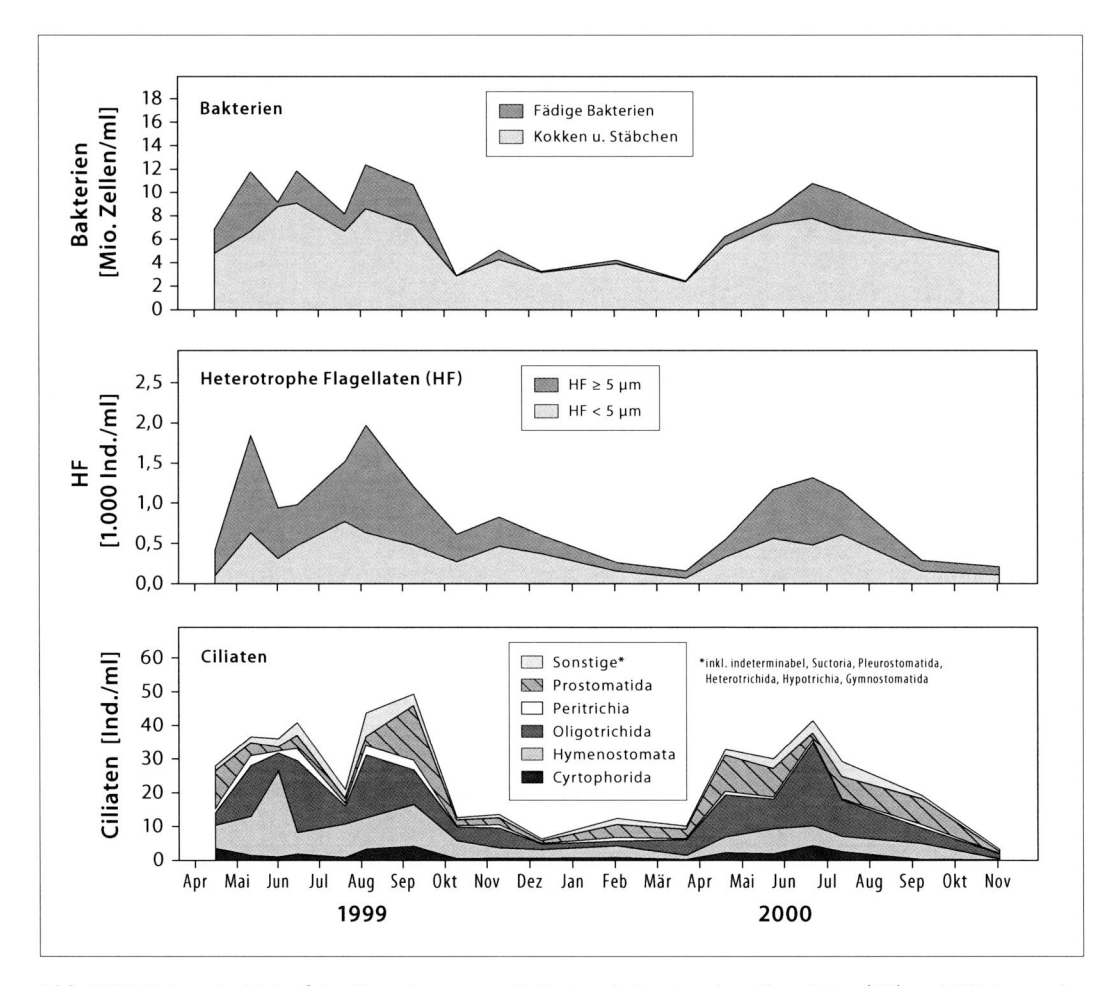

**Abb. 3-30:** Saisonaler Verlauf der Abundanzen von Bakterien, heterotrophen Flagellaten (HF) und Ciliaten an der Station Havelberg (Elbe-km 423) in den Jahren 1999 und 2000

Bakterien erreichten im Elbwasser Dichten bis zu rund 12 Mio. Zellen/ml, im Winter lagen die Werte meist zwischen 4 und 6 Mio. Ind./ml. Fädige Bakterien mit bis über 50 µm Fadenlänge wurden überwiegend in den Sommermonaten beobachtet. Heterotrophe Flagellaten besiedelten das Elbwasser mit bis zu ca. 2.000 Ind./ml und Ciliaten mit bis zu 50 Ind./ml. Im Winter sanken die Werte meist auf unter 1.000 bzw. 20 Ind./ml für heterotrophe Flagellaten bzw. Ciliaten. Diese Individuendichten liegen leicht höher als die von RHEINHEIMER (1977) in der Elbe bei Lauenburg im Jahresdurchschnitt gefundenen 4,7 Mio. Bakterien/ml sowie die im Rhein festgestellten maximalen Dichten von 4,1 Mio. Bakterien/ml und 3.100 HF/ml (BERGFELD 2002). Die Ciliatendichte im Rhein bei Köln erreichte lediglich bis zu 1,3 Ind./ml (SCHERWASS 2001), weniger als ein Zehntel der Werte aus der Elbe.

Die im Vergleich zum Rhein höheren Individuendichten von Bakterien, Protozoen und auch Algen in der Elbe sind vermutlich durch das höhere Trophieniveau der Elbe begründet. Geringe Abundanzen aller drei Organismengruppen wurden im März 2000 während des Frühjahrshochwassers gefunden, wobei es sich um einen Verdünnungseffekt zu handeln scheint. Auch hier unterscheidet sich die Elbe vom Rhein, wo bei Hochwasser hohe Dichten von heterotrophen Flagellaten vorliegen, vermutlich wegen des zu diesen Zeiten geringeren Einflusses benthischer Filtrierer (zum Beispiel Muscheln) (WEITERE und ARNDT 2002).

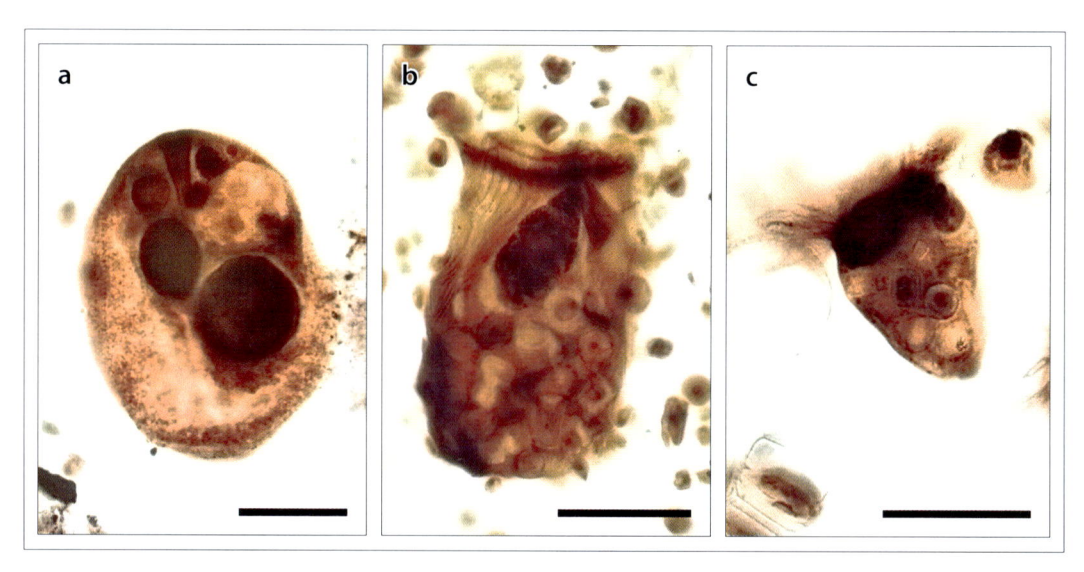

**Abb. 3-31:** In der Mittleren Elbe häufig vorkommende Ciliaten (Präparation mittels quantitativer Protargolfärbung): a) nicht bestimmbarer Vertreter der Prostomatida; b) *Phascolodon vorticella* (Cyrtophorida) mit ingestierten zentrischen Diatomeen; c) *Rimostrombidium* sp. (Oligotrichida) mit ingestierten zentrischen Diatomeen (Balkenlänge = 20 µm) (Fotos: U. WÖRNER)

Die am häufigsten in der Elbe gefundenen Ciliaten gehörten den taxonomischen Gruppen der Cyrtophorida, Hymenostomata, Oligotrichida, Peritrichia und Prostomatida an (siehe Tabelle 3-2 und Abbildung 3-30). Die Gruppen unterscheiden sich in der Art ihrer Körperbewimperung oder ihrer Mundstrukturen, wie es auch aus den wissenschaftlichen Namen hervorgeht. Bei den Prostomatiden beispielsweise liegt der Mund zentral am Vorderende (siehe Abbildung 3-31).

Bei der überwiegenden Mehrheit der gefundenen Ciliaten handelt es sich um gute Schwimmer, die häufig im Freiwasser anzutreffen sind. Echte Planktonorganismen, die nur im Freiwasser leben (so genannte Euplankter), waren in der Elbe beispielsweise durch die Gattung *Rimostrombi-*

*dium* (früherer Name *Strobilidium*) der Gruppe der Oligotrichida vertreten. Die Peritrichia besitzen einen Stiel, mit dem sie sich festheften können, werden aber auch häufig im Plankton angetroffen. Sie bevorzugen Bakterien als Nahrung (MÜLLER et al. 1991). Im Rhein treten die Peritrichia neben den Oligotrichida häufig auf (SCHERWASS 2001), nicht aber in der Elbe. Hier dominierten neben den Oligotrichida und den Prostomatida (überwiegend Vertreter der Gatttung *Urotricha*) kleine Scuticociliaten mit einer Körpergröße <30 µm (zu den Hymenstomata gehörig), zum Beispiel die Arten *Uronema nigricans* und *Cinetochilum margaritaceum*, beide überwiegend bakterivor (bakterienfressend). Der Ciliat *Phascolodon vorticella* aus der Gruppe der Cyrtophorida tritt vor allem im Frühjahr häufig in der freien Wassersäule auf und dürfte dann aufgrund seiner Größe von 60 bis 70 µm einen bedeutenden Anteil an der Ciliatenbiomasse haben. Er frisst bevorzugt zentrische Diatomeen, was in Abbildung 3-31 deutlich zu sehen ist.

**Tab. 3-2:** Die zahlenmäßig wichtigsten taxonomischen Gruppen der Ciliaten in der Mittleren Elbe mit typischen Vertretern und ihren Nahrungsspektren

| Taxonomische Gruppe | Häufige Vertreter in der Mittleren Elbe | Skizze (nach FOISSNER et al. 1991,1992,1994) | Nahrungsspektrum nach Art und Größe |
|---|---|---|---|
| Cyrtophorida | Chilodonella uncinata<br>Gastronauta membranaceus<br>Phascolodon vorticella | *Phascolodon vorticella* | Bakterien,<br>Algen (Phytoflagellaten, Diatomeen)<br>→ pico-, nano-, mikrophag |
| Hymenostomata | Cinetochilum margaritaceum<br>Frontonia spp.<br>Uronema nigricans | *Uronema nigricans* | Bakterien,<br>Algen (inkl. Diatomeen),<br>Flagellaten, Ciliaten<br>→ pico-, nano-, mikrophag |
| Oligotrichida | Rimostrombidium brachykinetum<br>Rimostrombidium spp.<br>Tintinnidium fluviatile | *Rimostrombidium* sp. (früher *Strobilidium* sp.) | Bakterien,<br>Phytoflagellaten,<br>Diatomeen<br>→ pico-, nanophag |
| Peritrichia | Vorticella convallaria<br>Vorticella spp.<br>Opercularia coarctata | *Vorticella* sp. | Bakterien,<br>Algen,<br>kleine Flagellaten<br>→ pico-, nanophag |
| Prostomatida | Urotricha farcta<br>Urotricha furcata<br>Urotricha spp.<br>Coleps hirtus | *Urotricha* sp. | Bakterien,<br>Algen (inkl. Diatomeen),<br>Ciliaten<br>→ pico-, nano -, mikrophag |

Neben der Abundanz ist die Biomasse der Bakterien, Ciliaten und heterotrophen Flagellaten für das Nahrungsnetz der Elbe von Bedeutung (siehe Abbildung 3-32). Die Biomasse wird meist als Kohlenstoffgehalt angegeben, der mit Hilfe eines Umrechnungsfaktors aus dem Biovolumen der Organismen berechnet wird. Die heterotrophen Flagellaten stellten in der Elbe wegen ihrer geringen Größe den geringsten Anteil an der Gesamtbiomasse der Mikroorganismen (2 bis 25 µg/l), obwohl sie häufiger waren als die Ciliaten, die aber eine Biomasse von 3 bis 79 µg/l besaßen. Den größten Anteil an der Biomasse stellten augrund ihrer hohen Anzahl über das ganze Jahr die Bakterien (42 bis 210 µg/l). Im Gegensatz zur Elbe ist im Rhein die Biomasse der heterotrophen Flagellaten größer als die der Ciliaten (SCHERWASS 2001).

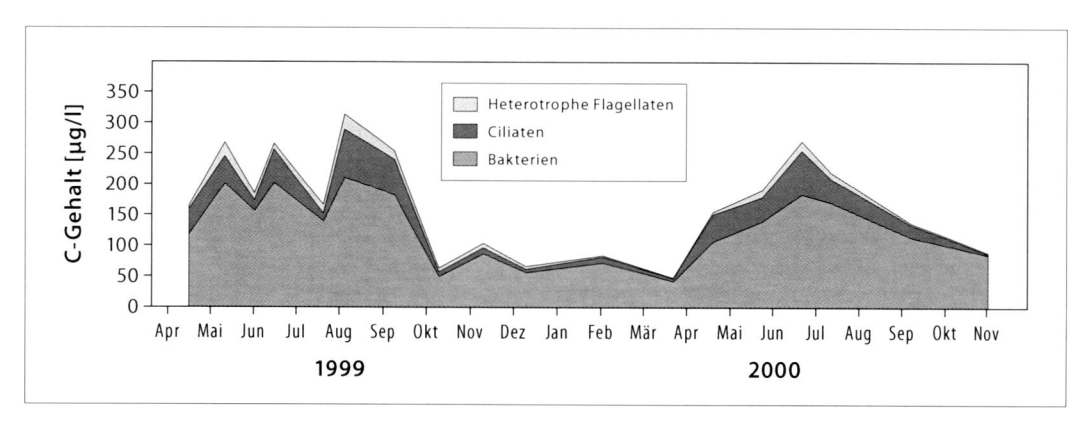

**Abb. 3-32:** Saisonaler Verlauf der Biomasse (angegeben als Kohlenstoffgehalt) von heterotrophen Flagellaten, Ciliaten und Bakterien an der Station Havelberg (Elbe-km 423) in den Jahren 1999 und 2000

### 3.4.3 Längsverlauf

Die biologische Organisation eines Fließgewässers verändert sich im Flussverlauf entsprechend den gegebenen physikalischen Gradienten (Breite, Tiefe, Abfluss, Fließgeschwindigkeit, Temperatur), so wie es im River Continuum Concept (VANNOTE et al. 1980) modellhaft zusammengefasst ist. In dieser Modellvorstellung nimmt die Algenproduktion vom Oberlauf zum Mittellauf zu und im Unterlauf infolge Lichtlimitierung durch feinpartikuläre organische Substanz wieder ab. Mikroorganismen wie Bakterien und Protozoen können aufgrund ihrer kurzen Generationsdauer rasch auf veränderte Bedingungen reagieren. Die Elbe ist einer der wenigen großen Flüsse in Europa, der über eine lange Strecke frei von Querverbauungen wie Wehre und Stauhaltungen ist und daher relativ naturnah fließt. Daher lässt sich die oben beschriebene Modellvorstellung an der Elbe besonders gut untersuchen.

Die Bakterien und heterotrophen Flagellaten zeigten einen deutlichen Anstieg in ihrer Abundanz vom Oberlauf zum unteren Mittellauf während der Sommermonate (siehe Abbildungen 3-33 und 3-34) bei vergleichsweise geringen Abflusswerten von unter 600 m³/s am Pegel Magdeburg (ARGE-ELBE 2000; siehe auch Abbildung 3-23) und hohen Wassertemperaturen. Die höchste Bakteriendichte wurde im August mit 17,2 Mio. Zellen/ml bei Geesthacht (Elbe-km 583) festgestellt, während in Dresden-Radebeul (Elbe-km 68) lediglich 5,9 Mio. Zellen/ml gefunden wurden. Die heterotrophen Flagellaten hatten zur selben Zeit ihre minimale Abundanz bei Dresden-Laubegast (Elbe-km 46) mit 925 Zellen/ml, das Maximum lag bei Schnackenburg (Elbe-km 475) mit 2.100 Zellen/ml. Bei höheren Abflüssen im April konnten keine Unterschiede im Längsverlauf des Flusses

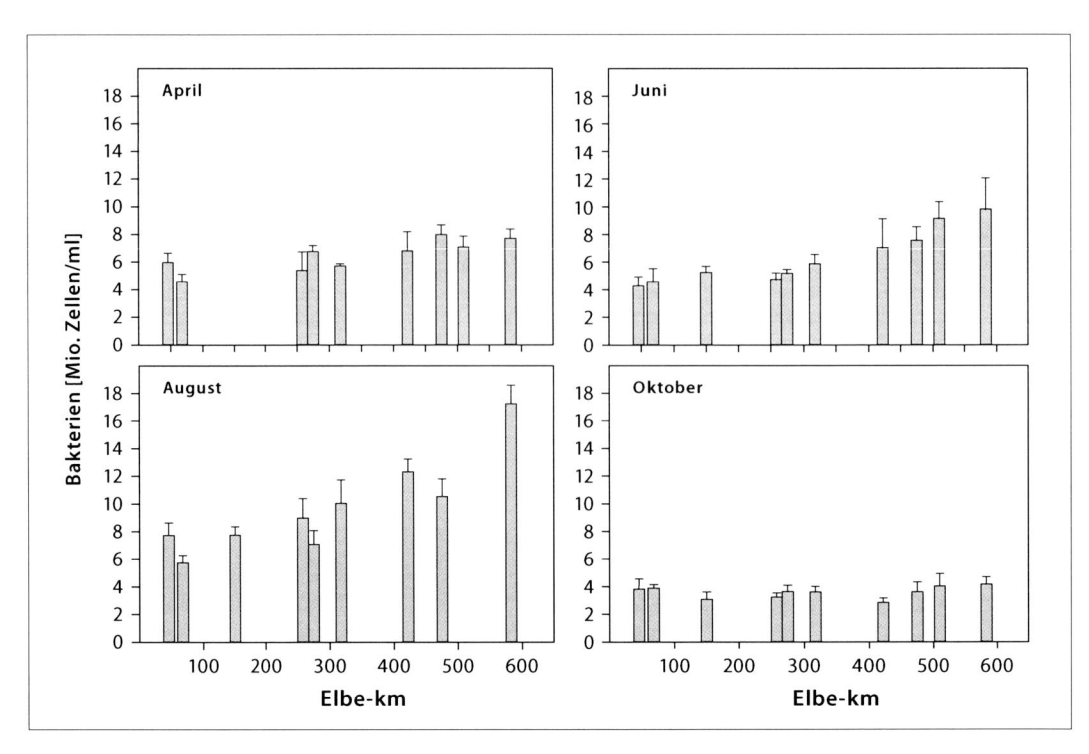

**Abb. 3-33:** Abundanz der Bakterien (mit Standardabweichung) im Längsprofil von Dresden-Laubegast (Elbe-km 46) bis Geesthacht (Elbe-km 583) zu vier verschiedenen Jahreszeiten im Jahr 1999 (Ergebnisse von Längsbereisungen)

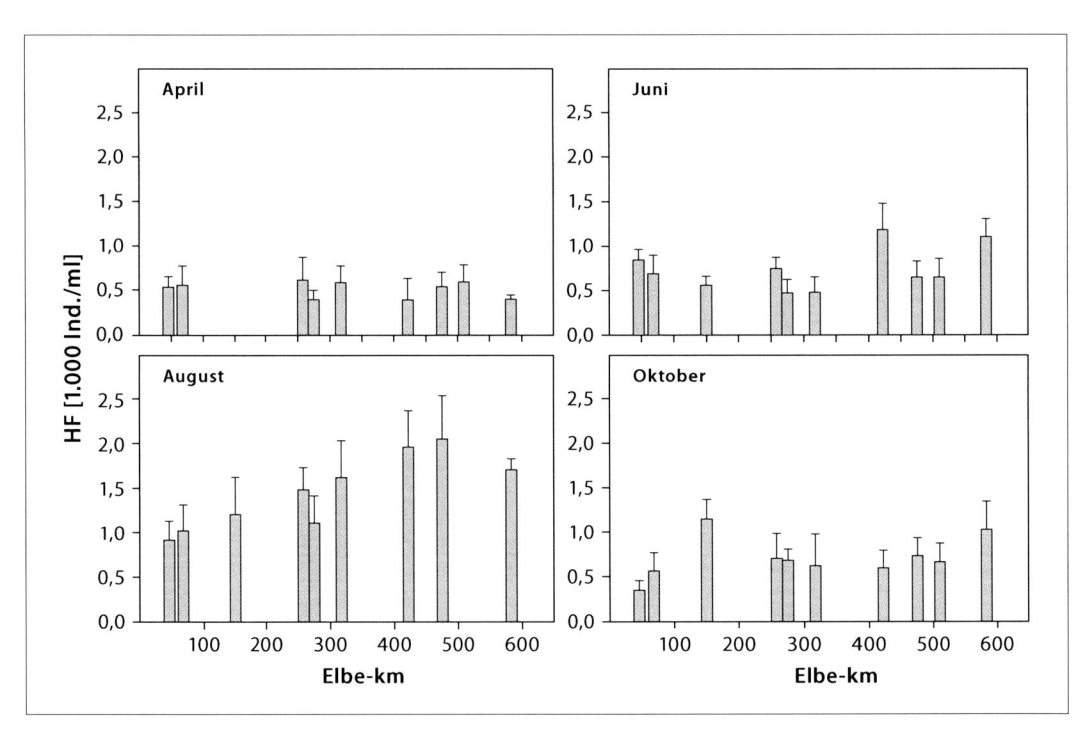

**Abb. 3-34:** Abundanz der heterotrophen Flagellaten (HF; mit Standardabweichung) im Längsprofil von Dresden-Laubegast (Elbe-km 46) bis Geesthacht (Elbe-km 583) zu vier verschiedenen Jahreszeiten im Jahr 1999 (Ergebnisse von Längsbereisungen)

festgestellt werden, bei niedrigen Abflüssen unter 300 m³/s im Oktober jedoch auch nicht, was möglicherweise auf einen vorhergehenden Kälteeinbruch zurückzuführen ist. Wie im River Continuum Concept für naturnahe Flüsse postuliert (Vannote et al. 1980), nahm die Algendichte in der Elbe vom Oberlauf bis zum unteren Mittellauf zu (siehe Kapitel 3.1). Auch die Bakterienabundanz stieg während der warmen Jahreszeit auf der Fließstrecke deutlich an. Da Bakterien Algenexsudate verwerten, war ihre Abundanz im Längsschnitt Juni 1999 positiv mit dem Chlorophyll-a-Gehalt korreliert (Wörner et al. 2002). Höhere Abflüsse und niedrigere Temperaturen in den Herbst- und Wintermonaten führten dazu, dass sich die im River Continuum Concept postulierte Entwicklung zu diesem Zeitpunkt nicht einstellen konnte.

## 3.5 Aggregate im Pelagial des Hauptstroms
*Ute Wörner (Kapitel 3.5.1) und Sabine Wilczek (Kapitel 3.5.2)*

### 3.5.1 Vorkommen, Größe, Zusammensetzung und Besiedlung von Aggregaten

Aggregate sind in Gewässern schwebende, fragile, mikroskopisch und oft auch makroskopisch sichtbare Gebilde unterschiedlicher Form und Größe, welche durch Kollision von kleineren Partikeln und nachfolgendem Aneinanderhaften entstehen (GROSSART und SIMON 1993). Zunächst wurden sie im marinen Bereich nachgewiesen (SUZUKI und KATO 1953), später auch in Seen (GROSSART und SIMON 1993), Flüssen (BERGER et al. 1996, BÖCKELMANN et al. 2000, NEU 2000) und Ästuaren (EISMA 1986, ZIMMERMANN und KAUSCH 1996, KIES et al. 1996). Aggregate entstehen aus suspendiertem, organischem und anorganischem Material in der Wassersäule, wie zum Beispiel toten und lebenden Planktonorganismen, Detritus und Mineralpartikeln. Mineralische Partikel entstammen oft der Resuspension von Sediment oder der Ufererosion. Die Aggregatbestandteile können somit dem Pelagial (freie Wassersäule), dem Benthal (Gewässersohle) oder dem terrestrischen Bereich entstammen und in Raum und Zeit variieren (GROSSART und SIMON 1993, ZIMMERMANN et al. 1998, ZIMMERMANN-TIMM 2002). Die Entstehung von Aggregaten ist sowohl biologisch als auch chemisch und physikalisch bedingt. Für eine Aggregation wesentlich sind die Konzentration (JACKSON 1990) und die Klebrigkeit (BIDDANDA 1988) der Partikel, physikalisch entscheidend sind Scherkräfte (MCCAVE 1984) und damit die Wasserströmung. Die Klebrigkeit wird vor allem durch die Ausscheidung von Mucopolysacchariden durch Kieselalgen bewirkt. Sie bilden eine Hülle um die Zelle oder liegen als so genannte transparente exopolymere Partikel (TEP) (KIØRBOE und HANSEN 1993, PASSOW und ALLDREDGE 1994) in der Wassersäule vor. Aber auch Bakterien können durch die Ausscheidung fibrillären Materials zur Verfestigung von Aggregaten beitragen (HEISSENBERGER et al. 1996).

Flüsse transportieren große Mengen suspendierten Materials ins Meer (MILLIMAN und MEADE 1983, EISMA 1993). Aggregate im Mittellauf größerer Flüsse wurden bislang selten untersucht. Routineuntersuchungen erfassen meist nur den Gehalt abfiltrierbarer Stoffe, das suspendierte partikuläre Material. Dies ist zwar ein guter Indikator zur Abschätzung der Planktonentwicklung im Gewässer oder der Resuspension von Sediment, aber über die Struktur und Größenzusammensetzung des partikulären Materials gibt es keinen Aufschluss. Diese Information ist jedoch erforderlich, um die Sedimentationsgeschwindigkeiten, Stoffumsetzungsprozesse und Lebensgemeinschaften besser beschreiben zu können. Aggregate in Fließgewässern weisen eine Größe von maximal 5 mm auf und sind damit kleiner als jene in Seen und im Meer (ZIMMERMANN-TIMM 2002, 2004). Die Aggregate in der Mittleren Elbe und konnten mittels spezieller mikroskopischer Verfahren in ihrer heterogenen, dreidimensionalen Struktur sichtbar gemacht werden (NEU 2000). Sie sind von einer diversen, saisonal variierenden Bakteriengemeinschaft besiedelt (BÖCKELMANN et al. 2000) und werden durch von Bakterien und Algen gebildete Exopolymere stabilisiert (NEU 2000).

Aggregate sind im Vergleich zum umgebenden Wasser stark angereichert mit organischen und anorganischen Nährstoffen und daher Mikrozonen mit hohen Abbauraten organischen Materials (SIMON et al. 2002, ALLDREDGE und SILVER 1988). Aufgrund ihres Nährstoffreichtums sind Aggregate häufig dicht besiedelt mit Bakterien sowie ein- und mehrzelligen Tieren (Proto- und Metazoen) (ALLDREDGE und SILVER 1988, ZIMMERMANN-TIMM et al. 1998, HOLST et al. 1998). Protozoen, wie zum

Beispiel Wimpertierchen (Ciliaten) und heterotrophe Geißeltierchen (heterotrophe Flagellaten), können über ihren Fraßdruck die Bakteriengemeinschaft und damit die Mineralisationsrate innerhalb von Aggregaten kontrollieren (GÜDE 1996). Untersuchungen zur Besiedlung von Aggregaten durch Bakterien im Mittellauf größerer Flüsse liegen bisher für die Donau (BERGER et al. 1996) und die Elbe vor. Dort ist die taxonomische Zusammensetzung der aggregatassoziierten Bakteriengemeinschaft stark von der Jahreszeit abhängig (BÖCKELMANN et al. 2000). Die Besiedlung von Aggregaten durch Proto- und Metazoen wurde bislang lediglich in Ästuaren untersucht (ROGERSON und LAYBOURN-PARRY 1992, ZIMMERMANN und KAUSCH 1996, ZIMMERMANN-TIMM et al. 1998).

Um die Bedeutung aggregatassoziierter Organismen für den Stoffumsatz im Fließgewässer einschätzen zu können, wurde dieser Thematik in der vorliegenden Untersuchung besondere Beachtung geschenkt (ZIMMERMANN-TIMM 2004). Ziel war es, die quantitative Bedeutung von Aggregaten und aggregatassoziierten Mikroorganismen im Elbwasser herauszuarbeiten und auf zeitliche und räumliche Einflussfaktoren zu beziehen. Qualitative Analysen der aggregatassoziierten Ciliaten und heterotrophen Flagellaten sollten zudem zeigen, welche Taxa bevorzugt auf Aggregaten siedeln. Während für den saisonalen und longitudinalen Verlauf nur schnell sedimentierende, größere Aggregate analysiert wurden, sollte eine einmalige Untersuchung am Elbe-km 472 bei Lütkenwisch mögliche Unterschiede in der Besiedlung zwischen verschieden großen Aggregaten und dem Freiwasser aufzeigen. Die Funktionalität unterschiedlich großer Aggregate wurde zeitgleich über die Bestimmung der Enzymaktivitäten untersucht.

Um die mikrobielle Besiedlung und Enzymaktivität an Aggregaten untersuchen zu können, mussten diese zunächst einmal aus dem Elbwasser gewonnen werden. Dazu wurde ein Sinktrichter verwendet (KERNER et al. 1995), bei welchem auf dem Grund sedimentierte Aggregate über einen Auslass entnommen werden können. Die Aggregate wurden direkt vor Ort mit einem Binokular gezählt und vermessen. Das Freiwasser verbleibt als Überstand darüber. Aus den Konzentrationen in der wässrigen Aggregatfraktion und dem Überstand sowie dem eingesetzten Wasservolumen ließen sich die Werte für die reine Aggregatassoziation errechnen (WÖRNER et al. 2002).

**Saisonale Entwicklung**

Die saisonale Entwicklung der Aggregatdichte in den Jahren 1999 und 2000 bei Havelberg (Elbe-km 423) ist in Abbildung 3-35 (oben) dargestellt. In beiden Jahren traten die Aggregate in den Monaten Mai bis August am dichtesten auf, einhergehend mit maximalen Chlorophyll-a-Gehalten (siehe Abbildung 3-9). Maximal wurden pro Milliliter über 2.000 Aggregate in der Größe ab 25 µm gezählt. Im Mittel beider Jahre waren 63 % der Aggregate größer als 50 µm. Geringe Aggregatdichten traten in den Wintermonaten sowie zur Zeit des Frühjahrshochwassers im März 2000 auf.

Die Größe dieser Aggregate (gemessen wurde hier die längste Dimension) lag meist unter 200 µm, der Median durchweg unter 150 µm. Maximale Längen bis zu 750 µm wurden im Juni/Juli festgestellt, zeitgleich mit einer hohen Aggregatdichte (siehe Abbildung 3-35, unten).

Die Zusammensetzung der Aggregate wurde nach Lebendbeobachtung am Phasenkontrastmikroskop (siehe Abbildung 3-36) in prozentualen Anteilen geschätzt. Hauptbestandteil war Detritus, daneben wurden noch mineralische Partikel, coccale Grünalgen (Chlorococcales, meist kolonial), Kieselalgen (Diatomeen), deren Schalen sowie Reste von Makrophyten gefunden (siehe Abbildung 3-37). Die Zusammensetzung variierte im Jahresverlauf leicht. Lebende Algen traten als Aggregatbestandteile vermehrt in den warmen Monaten Mai bis September auf, während zeitgleich der Detritusanteil sank.

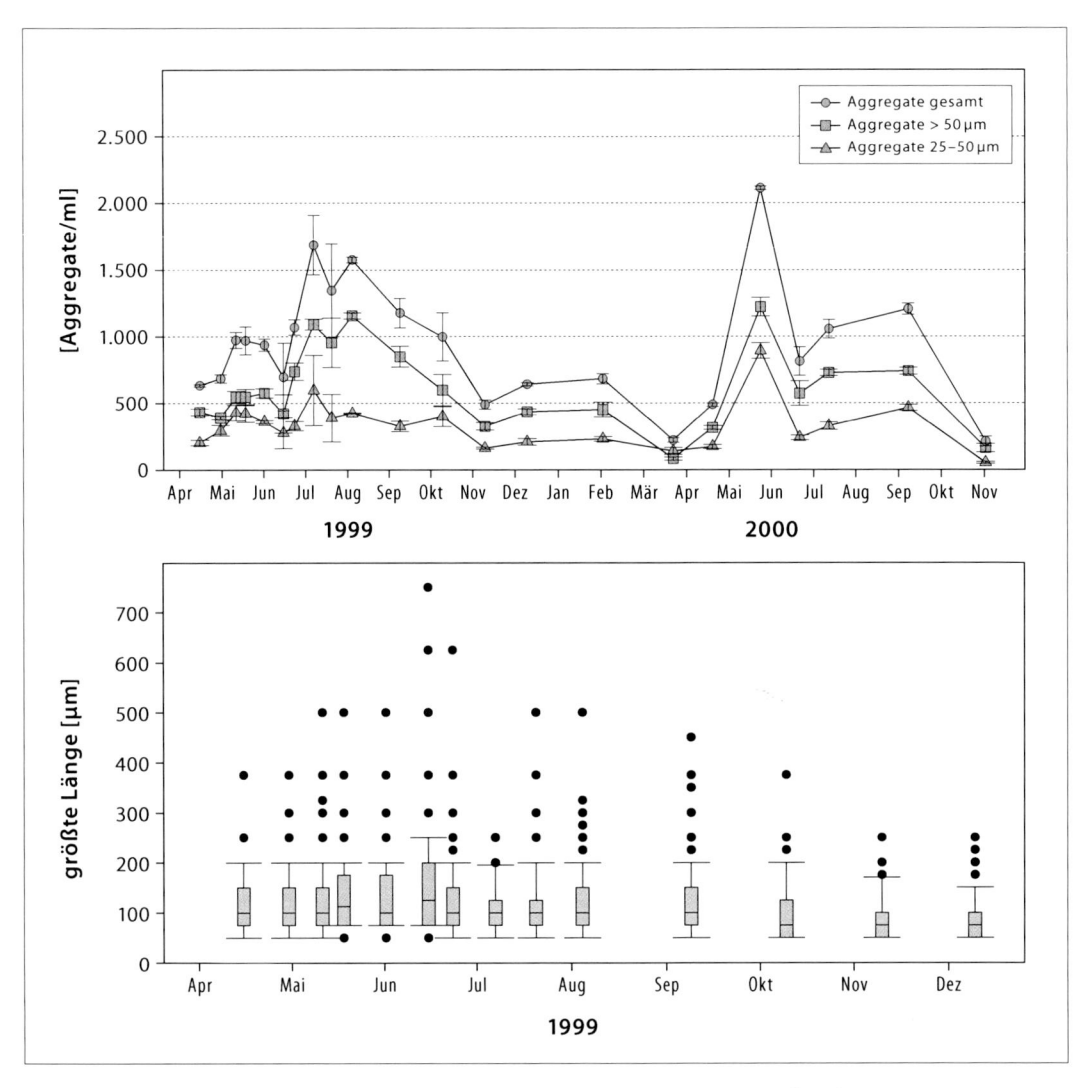

**Abb. 3-35:** Aggregatdichte in den Jahren 1999 und 2000 (oben) sowie Aggregatgrößen der Aggregate >50 μm im Jahr 1999 (unten) bei Havelberg (Elbe-km 423)

Die Besiedlung von Aggregaten wurde neben den fixierten Proben auch anhand von Lebendmaterial am Phasenkontrastmikroskop beobachtet. Unter den heterotrophen Geißeltierchen (heterotrophen Flagellaten) waren es die taxonomischen Gruppen der Kinetoplastida (z. B. *Bodo designis, Rhynchomonas nasuta*) und der Euglenida (z. B. *Petalomonas* sp., *Peranema* sp.), alles bewegliche Formen, die sich innerhalb oder am Rand der Aggregate aufhielten und sich dort von Bakterien und/oder gelöster organischer Substanz ernährten. Auch Thaumatomonadida (*Thaumatomastix setifera, Protaspis* sp.) und Cryptomonadida (*Goniomonas* sp.) wurden häufig gefunden, ebenso wie die mit einem Stiel festgehefteten Bicosoecida. Diese Gruppen werden auch häufig im marinen Benthal gefunden (ALONGI 1991, DIETRICH und ARNDT 2000). Kinetoplastida und Euglenida dominierten auch in den Sedimenten der Spree (GÜCKER und FISCHER 2003). Die Kinetoplastida sind schlechte Schwimmer, deren Existenz im Pelagial vom Vorkommen von Aggregaten abhängt (CARON 1991b). Offensichtlich besiedeln also viele benthische heterotrophe Flagellaten Aggregate des Pelagials und wären ohne deren Existenz dort wohl nicht anzutreffen. Daneben wurden noch Choanoflagellida (*Codosiga* sp., *Monosiga* sp.) und Chrysomonadida (*Spumella* spp.) beobachtet, welche sich mit einem Stiel an Aggregate oder auch an einzelne Diatomeen festheften können und so Bakterien herbeistrudeln. Sie werden auch häufig als Besiedler des Pelagials beschrieben (LAYBOURN-PARRY 1994). Neben den heterotrophen Flagellaten wurden noch in geringerer Abundanz Wimpertierchen (Ciliaten), Nackt- und Schalenamöben beobachtet. Unter den Ciliaten waren kleine (<30 µm) Scuticociliaten (*Uronema nigricans*, *Cinetochilum margaritaceum*, beide Hymenostomata) häufig auf Aggregaten lebend zu beobachten, ebenso in geringerer Abundanz die räuberischen Pleurostomatida (*Litonotus* spp.), kleinere Vertreter der Cyrtophorida (*Chilodonella uncinata*) oder die relativ große omnivore Art *Uroleptus musculus* (Hypotrichia). Seltener wurden die mit einem Stiel festgehefteten Suctoria und Peritrichia (Glockentierchen *Vorticella* spp.) beobachtet. Viele aggregatbesiedelnde Ciliaten werden auch als Besiedler von Aufwuchs in Gewässern oder von Belebtschlamm in Kläranlagen beschrieben (FOISSNER et al. 1991); etliche wurden außerdem im Sediment der Mittleren Elbe gefunden (siehe Kapitel 4.3.4 und 5.3.1).

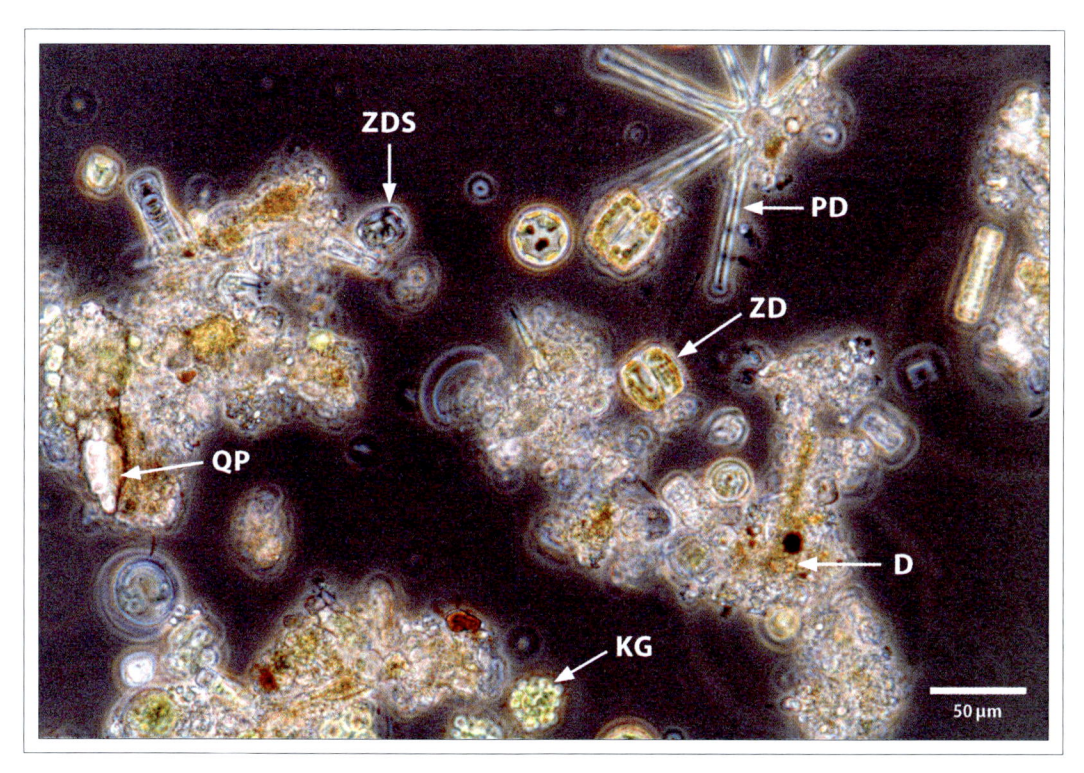

**Abb. 3-36:** Aggregate der Mittleren Elbe (12.07.2000 bei Havelberg am Elbe-km 423) mit ihren typischen Bestandteilen; Lebendaufnahme im Phasenkontrast: QP = Quarzpartikel; ZDS = zentrische Diatomeenschale; PD = pennate Diatomee; ZD = zentrische Diatomee; D = Detritus; KG = koloniale Grünalge (Foto: U. WÖRNER)

Die nach Auswertung des fixierten Materials (wie in Kapitel 3.4.1 beschrieben) ermittelten prozentualen Anteile an schnell sedimentierende Aggregate assoziierter Organismen sind in Abbildung 3-38 dargestellt. Der aggregatassoziierte Anteil der Bakterien variierte von 1% (April 2000) bis 16% (Juli 2000), bei den heterotrophen Flagellaten waren 14 bis 56% und bei den Ciliaten 7 bis 61% aggregatassoziiert. Auffällig ist, dass nicht nur in Zeiten hoher Aggregatabundanz – also in den Sommermonaten – ein hoher Anteil der Protozoen aggregatassoziiert war, sondern ebenso in den Wintermonaten, wenn weitaus weniger Aggregate im Wasser vorhanden waren. In Zeiten geringeren Nahrungsangebotes scheinen sich einige Organismen verstärkt an Aggregate zu assoziieren und von dem dort besseren Nahrungsangebot zu profitieren. Zum Beispiel wurde bei den Ciliaten die sonst eher planktisch lebende Gruppe der Prostomatida im Frühjahr kaum in Aggregatassoziation angetroffen, verstärkt dagegen im Dezember 1999.

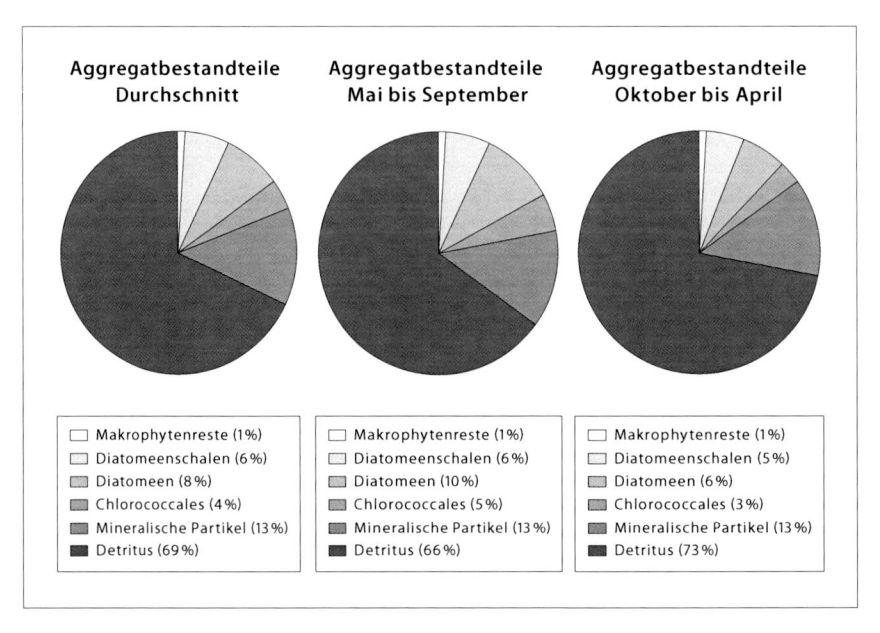

**Abb. 3-37:** Durchschnittliche prozentuale Zusammensetzung der Aggregate in den Jahren 1999 und 2000 bei Havelberg (Elbe-km 423)

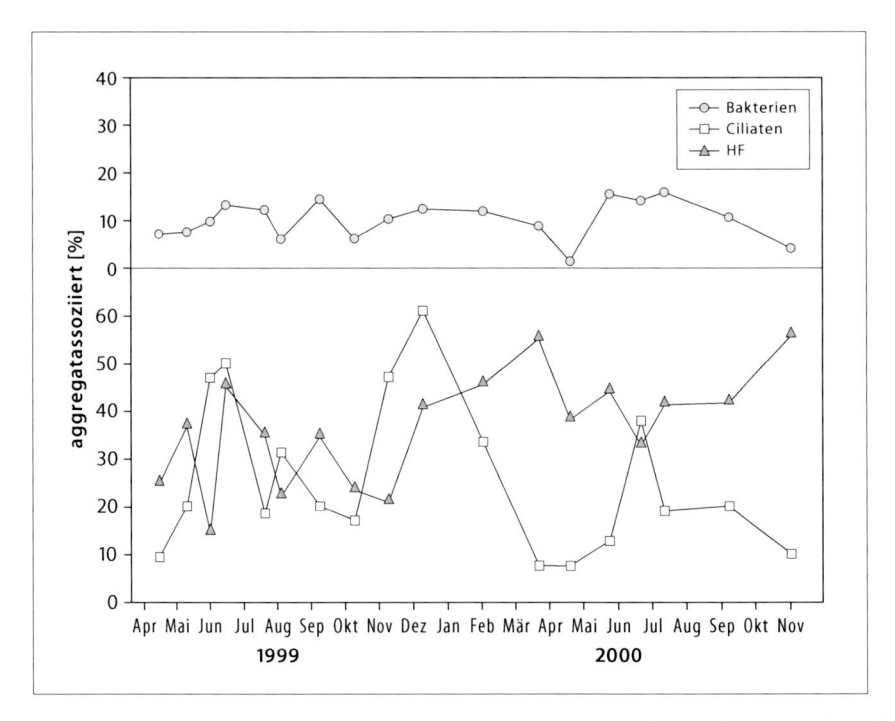

**Abb. 3-38:** Prozentuale Aggregatassoziation der Gesamtpopulationen von Bakterien, heterotrophen Flagellaten (HF) und Ciliaten bei Havelberg (Elbe-km 423) in den Jahren 1999 und 2000

## Longitudinale Dynamik

Nach dem River Continuum Concept von VANNOTE et al. (1980) soll die Algenproduktion im Längsverlauf eines naturbelassenen, unverbauten Flusses zunehmen, bevor sie im Unterlauf infolge Lichtlimitation durch feinpartikuläre Substanz wieder abnimmt. Da Algen wesentlich an der Entstehung von Aggregaten beteiligt sind (JACKSON 1990), sollte sich das auch auf deren Entstehung und infolgedessen auf das Vorkommen aggregatassoziierter Biozönosen auswirken.

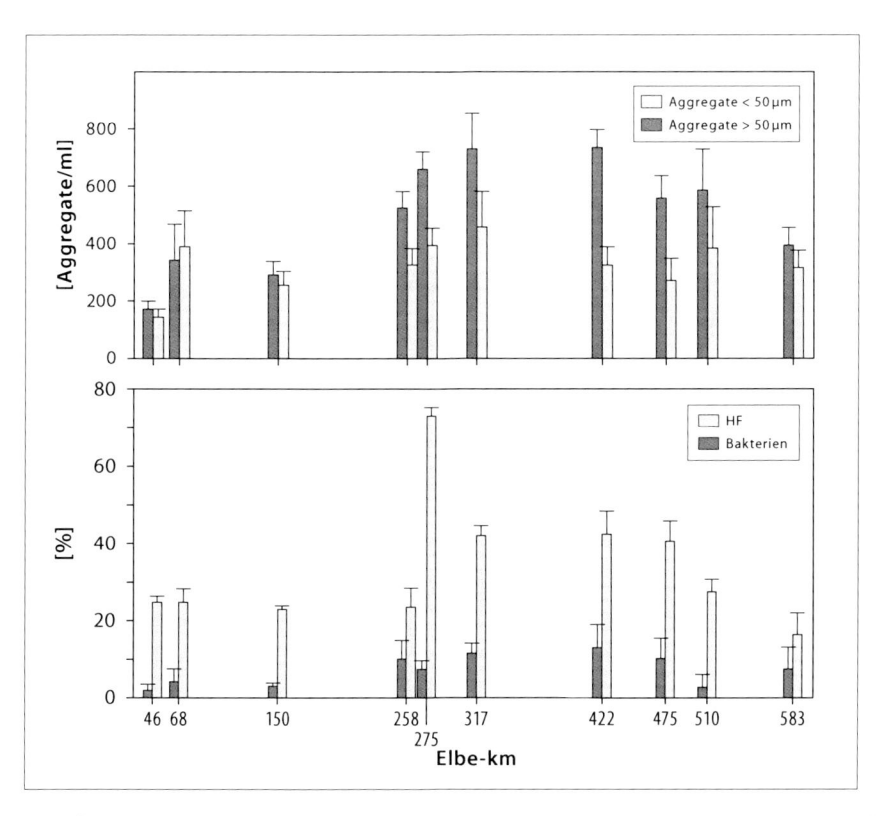

**Abb. 3-39:** Verteilung der Aggregatdichte (oben) und der prozentualen Anteile aggregatassoziierter heterotropher Flagellaten (HF) und Bakterien (unten) in einem Längsprofil im Juni 1999

Daher wurden in einer Längsprofiluntersuchung im Juni 1999 die Aggregatdichte und die prozentualen Anteile der an schnell sedimentierende Aggregate assoziierten Bakterien und heterotrophen Flagellaten in der Elbe untersucht (siehe Abbildung 3-39). An nahezu allen 10 Stationen dominierten die Aggregate >50 µm gegenüber den kleineren im Größenbereich 25 bis 50 µm. Die geringsten Abundanzen beider Aggregatklassen traten an der obersten Station bei Dresden-Laubegast (Elbe-km 46) auf, bei gleichzeitig geringen Chlorophyll-a-Gehalten in diesem Bereich (WÖRNER et al. 2002). Es wurden maximale Dichten von 738 Aggregate/ml für die größeren Aggregate und von 462 Aggregate/ml für die kleineren festgestellt. Die höchsten Dichten von Aggregaten konnten im mittleren Elbabschnitt festgestellt werden, geringere Werte traten im unteren Mittellauf im Staubereich der Staustufe Geesthacht auf, eventuell bedingt durch ein Absedimentieren von Aggregaten infolge verringerter Strömungsgeschwindigkeit. Einhergehend mit der hohen Dichte von Aggregaten wurden im mittleren Bereich der untersuchten Fließstrecke die höchsten prozentualen Anteile aggregatassoziierter Organismen gefunden, nämlich 2 bis 13 % aller Bakterien sowie 17 bis 73 % aller heterotrophen Flagellaten. Es wurde eine signifikante positive Korrelation des Aggregattrockengewichtes mit dem Chlorophyll-a-Gehalt gefunden (p < 0,01). Außerdem waren sowohl aggregatassoziierte Bakterien als auch heterotrophe Flagellaten mit der Abundanz von Aggregaten >50 µm positiv korreliert (p < 0,05) (WÖRNER et al. 2002). Dies stützt die Hypothese, dass eine zunehmende Algenproduktion zu einer verstärkten Bildung von Aggregaten und der darauf lebenden Organismen führt.

### Besiedlung von Aggregaten unterschiedlicher Größe

Zur Klärung der Frage, ob die Besiedlung der Aggregate von ihrer Größe abhängt, wurde am 30.05.2001 bei Lütkenwisch (Elbe-km 472) Elbwasser entnommen und die Partikel mittels eines Sinktrichters (KERNER et al. 1995) hinsichtlich ihrer Größe fraktioniert. Hierzu wurden große, schnell sedimentierende Aggregate mit einer Sinkgeschwindigkeit von >80 cm/h sowie mittelgroße, langsam sedimentierende Aggregate mit einer Sinkgeschwindigkeit zwischen 80 und 26 cm/h drei Mal innerhalb eines Tages gewonnen und untersucht. Der Überstand, eine Fraktion mit einer Sinkgeschwindigkeit <26 cm/h, bestand hauptsächlich aus freien Bakterien und enthielt auch kleine Partikel. Zum Zeitpunkt der Probenahme dominierten drei taxonomische Gruppen: die Ciliatenzönose im Elbwasser, die Hymenostomata (überwiegend kleine Scuticociliaten wie *Uronema nigricans* und *Cinetochilum margaritaceum*), die Oligotrichida (vor allem *Rimostrombidium* spp.) und die Prostomatida (vor allem *Urotricha* spp.) (siehe Abbildung 3-40). Der Anteil aggregatassoziierter Ciliaten war mit 23% vergleichsweise gering, die restlichen 77% waren im Freiwasser zu finden. Dies ist jedoch ein zu dieser Jahreszeit normales Verhältnis (siehe Abbildung 3-38).

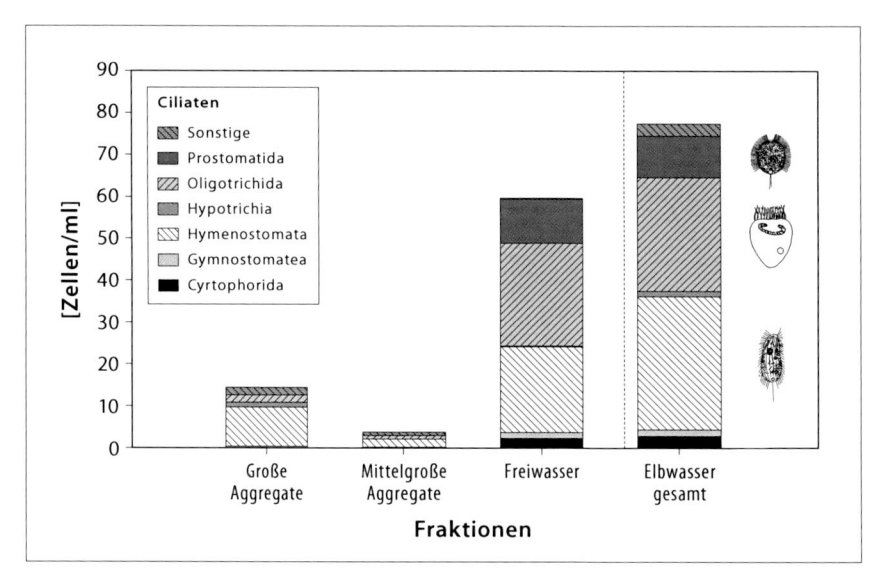

**Abb. 3-40:** Abundanz der Ciliaten am 30.05.2001 bei Lütkenwisch (Elbe-km 472) an schnell und langsam sedimentierenden Aggregaten (große und mittelgroße Aggregate) sowie im Freiwasser und gesamten Elbwasser (Ciliatenskizzen nach FOISSNER et al. 1991, 1992, 1994)

Dabei war der größere Teil der aggregatassoziierten Ciliaten an die großen Aggregate (18%), ein geringerer Teil (5%) an mittelgroße Aggregate assoziiert. Auch die taxonomische Zusammensetzung der Ciliatenfauna änderte sich mit der Partikelgröße. Große und mittelgroße Aggregate wurden überwiegend von den kleinen, meist bakterivoren Scuticociliaten (Hymenostomata) besiedelt. Ihre Anteile an der Gesamtfauna lagen bei 68% bzw. 52%. Die vornehmlich planktischen Oligotrichida (FOISSNER et al. 1991) spielten bei den großen und mittelgroßen Aggregaten nur eine untergeordnete Rolle. Die omnivoren, mit einer Länge von bis zu 200 µm recht großen Hypotrichia, fanden sich fast ausschließlich an den großen Aggregaten. Im Freiwasser, welches nur wenige kleine Partikel enthält, waren dagegen die planktischen Oligotrichida die häufigste Gruppe. Die Prostomatida bevorzugten diesen Lebensraum ebenfalls und waren daher nur in dieser Fraktion zu finden. Aber auch die Scuticociliaten (Hymenostomata) traten im Freiwasser noch recht häufig auf. Sie besiedeln zwar häufig Aggregate, können sich als gute Schwimmer aber auch im Freiwasser aufhalten. Einen kleineren Anteil an der Ciliatenfauna des Freiwassers hatten auch die Cyrtophorida, meist vertreten durch den planktischen Ciliat *Phascolodon vorticella*. Somit war sowohl die Abundanz der Ciliaten als auch deren taxonomische Zusammensetzung stark von der Partikelgröße abhängig.

### 3.5.2 Extrazelluläre Enzymaktivitäten freier und angehefteter Bakterien

Extrazelluläre Enzyme werden von Mikroorganismen, hauptsächlich von Bakterien, in ihre Umwelt abgegeben, um hochmolekulare organische Stoffe in niedermolekulare Stoffe umzuwandeln, die durch die Zellmembran aufgenommen werden können. Die Aktivität dieser Enzyme stellt somit ein Maß für den Abbau von organischer Substanz dar. Aggregate und ihre mikrobielle Lebensgemeinschaft aus Bakterien, Cyanobakterien, Algen, Pilzen (seltener), tierischen Einzellern und Mehrzellern werden häufig durch eine extrazelluläre Polysaccharidmatrix zusammengehalten. Sie sind in dieser Hinsicht vergleichbar mit stationären Biofilmen. In dieser Matrix können gelöste und partikuläre organische Substanzen sorbiert werden (Lock 1993), wodurch die Stoffabbauaktivität von angehefteten Bakterien gegenüber frei lebenden Bakterien erhöht werden kann. Ein großer Teil der Aggregate besteht aus organischem Detritus (Simon et al. 2002), der den angehefteten Bakterien als Nahrungssubstrat dient, was ihre Stoffabbauaktivität zusätzlich begünstigt. Kleinere Aggregate weisen ein größeres Oberflächen/Volumen-Verhältnis auf und haben – da sie oft algenbürtig sind – einen größeren organischen Anteil an der Trockenmasse, weswegen sie eine besonders hohe Stoffabbauaktivität aufweisen können.

Ziel dieser Untersuchung war einerseits der Vergleich der bakteriellen Abundanz und extrazellulären Enzymaktivität (EEA) auf Aggregaten verschiedener Größe sowie im Freiwasser. Andererseits sollte der Anteil der EEA von Bakterien, die an Aggregaten angeheftet sind, mit der EEA von Bakterien des Freiwassers verglichen werden. Hierzu, wie im vorigen Kapitel beschrieben, wurden große, schnell sedimentierende Aggregate sowie mittelgroße, langsam sedimentierende Aggregate drei Mal innerhalb eines Tages gewonnen und zusammen mit den noch im Überstand enthaltenen kleinsten Partikeln untersucht. Bakterien wurden nach DAPI-Färbung quantifiziert (Porter und Feig 1980).

Die potenziellen EEA wurden nach Marxsen et al. (1998) mittels fluoreszierender Substratanaloga bestimmt. Es wurden EEA von β-Glucosidase, Zellulase, Phosphatase und Leucin-Aminopeptidase ermittelt.

### Bakterielle Abundanz

Die Bakterienzahlen pro Liter Elbwasser und pro Milligramm Trockenmasse waren im Überstand deutlich höher gegenüber den Aggregatfraktionen (siehe Tabelle 3-3). Daraus folgt, dass die allermeisten Bakterien des Pelagials der Elbe freie Bakterien waren. Nur 7 % der Bakterien waren an Aggregate angeheftet, zusätzlich waren noch einmal 6 % der Bakterien im Überstand an kleineren Partikeln assoziiert. Vergleichsweise wurden in der Donau 10 % aggregatassoziierte Bakterien ermittelt (BERGER et al. 1996). Bezogen auf einen Liter Elbwasser wurden etwas höhere Bakterienzahlen auf den großen Aggregaten gegenüber den mittelgroßen Aggregaten ermittelt. Bezogen auf die Trockenmasse der Aggregate waren jedoch die Bakterienzahlen auf den mittelgroßen Aggregaten höher als die auf den großen (siehe Tabelle 3-3). Demzufolge zeigten die mittelgroßen Aggregate eine dichtere Besiedlung mit Bakterien. Eine Erklärung dafür ist das größere und damit günstigere Oberflächen/Volumen-Verhältnis der mittelgroßen Aggregate und der höhere organische Anteil (42 % der Trockenmasse gegenüber 25 %), der das wichtigste Nahrungssubstrat für die Bakterien darstellt.

**Tab. 3-3:** Bakterielle Abundanzen von Aggregatfraktionen und Freiwasser (Überstand) bezogen auf Volumen Elbwasser und auf Aggregat-Trockenmasse (TM); Mittelwert ± Standardabweichung (n = 3)

| Fraktion | Bakterielle Abundanz – Elbwasser [Zellen · $10^9$/l] | Bakterielle Abundanz – Trockenmasse [Zellen · $10^9$/mg TM] |
|---|---|---|
| Große Aggregate | 58,8 ± 20,6 | 2,8 ± 1,1 |
| Mittelgroße Aggregate | 31,3 ± 20,7 | 5,5 ± 1,7 |
| Freiwasser (einschl. kleine Partikel) | 1.240,0 ± 143,0 | 88,1 ± 21,8 |

**Potenzielle extrazelluläre Enzymaktivitäten**

Die höchsten extrazellulären Enzymaktivitäten (EEA) wurden bei allen Fraktionen für Leucin-Aminopeptidase gemessen, gefolgt von Phosphatase, β-Glucosidase und Zellulase. Grund für die hohen Leucin-Aminopeptidase-Werte ist der hohe Anteil von Proteinen sowie Peptiden und Aminosäuren der L-Konfiguration an der Biomasse, die als Substrat genutzt werden können (CHROST 1991). Die EEA, bezogen auf Elbwasser und auf Trockenmasse, waren im Freiwasser höher als in den Aggregatfraktionen, was auf die hohen bakteriellen Abundanzen im Freiwasser zurückzuführen ist (siehe Abbildungen 3-41 und 3-42).

Trotz der wesentlich niedrigeren Bakterienzahlen in den Aggregatfraktionen (siehe Tabelle 3-3) hatten diese jedoch z.T. einen erheblichen Anteil an den EEA. Daraus folgt, dass die EEA pro Bakterienzelle bei den angehefteten Bakterien der Aggregatfraktionen wesentlich höher war als bei den freien Bakterien des Überstandes (siehe Abbildung 3-43).

Die Beiträge freier und angehefteter Bakterien zur Gesamtaktivität der untersuchten Enzyme unterschieden sich stark. An der Gesamt-Phosphataseaktivität hatten die angehefteten Bakterien der Aggregatfraktionen 52 % Anteil, an der Gesamt-Leucin-Aminopeptidaseaktivität hingegen nur 21 %. Es ist bekannt, dass Phosphorverbindungen hauptsächlich partikelgebunden sind, wohingegen Aminosäuren auch gelöst im Wasser vorkommen können. Den an Partikel angehefteten Bakterien steht potenziell mehr Kohlenstoff zur Verfügung als den frei lebenden Bakterien (siehe Abbildung 3-44). Dieses höhere Substratangebot der angehefteten Bakterien bzw. der Substratmangel der freien Bakterien sowie die Möglichkeit der Retention extrazellulärer Enzyme im Biofilm, der die Aggregate umgibt, erklären die großen Unterschiede in der Enzymaktivität zwischen angehefteten und freien Bakterien. Verschiedene Studien im Meer und in Seen zeigten ebenfalls, dass Bakterien, die an Makroaggregate assoziiert waren, signifikant höhere potenzielle EEA pro Bakterienzelle aufweisen als freie Bakterien (KARNER und HERNDL 1992, GROSSART und SIMON 1998). Ingesamt ist der Anteil partikelgebundener Enzymaktivität in der Elbe somit zwar variabel, jedoch stellen die Aggregate mit ihrer Lebensgemeinschaft die wichtigsten Orte des mikrobiellen Stoffumsatzes im Pelagial dar.

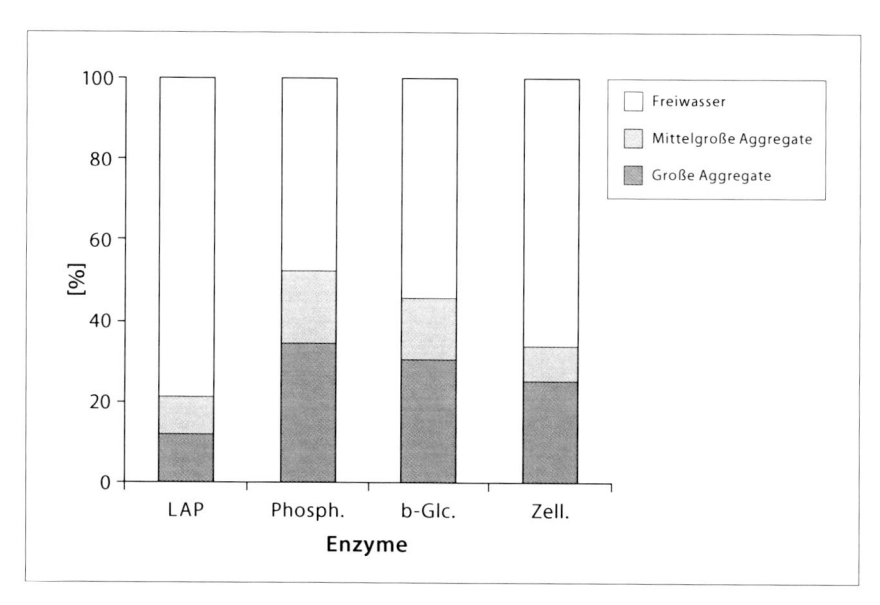

**Abb. 3-41:** Prozentuale Anteile der Fraktionen an den extrazellulären Enzymaktivitäten bezogen auf eine Volumeneinheit des Elbwassers; Mittelwerte von Leucin-Aminopeptidase (LAP), Phosphatase (Phosph.), β-Glucosidase (b-Glc.) und Zellulase (Zell.) (n = 3)

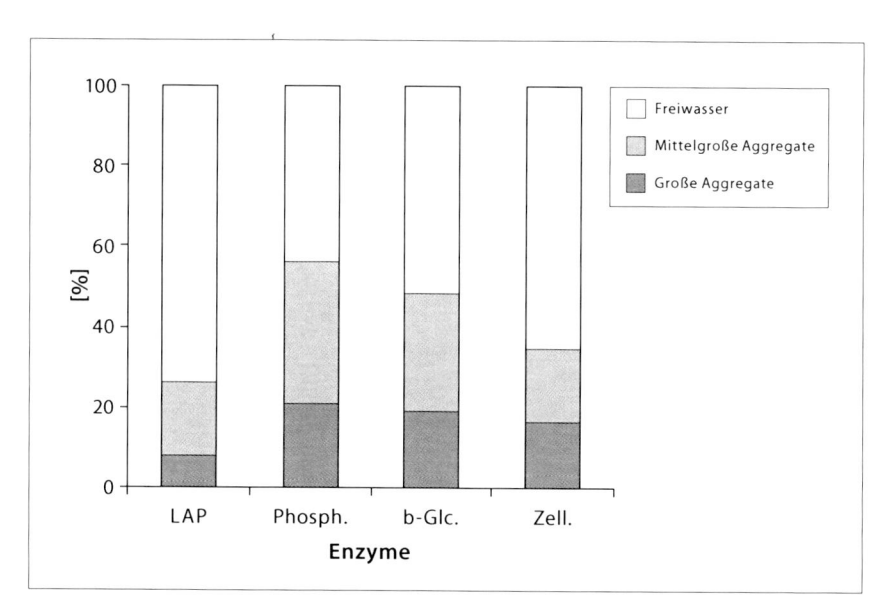

**Abb. 3-42:** Prozentuale Anteile der Aggregatfraktionen und des Freiwassers an den extrazellulären Enzymaktivitäten bezogen auf das Gesamtgewicht der Aggregate; Mittelwerte von Leucin-Aminopeptidase (LAP), Phosphatase (Phosph.), β-Glucosidase (b-Glc.) und Zellulase (Zell.) (n = 3)

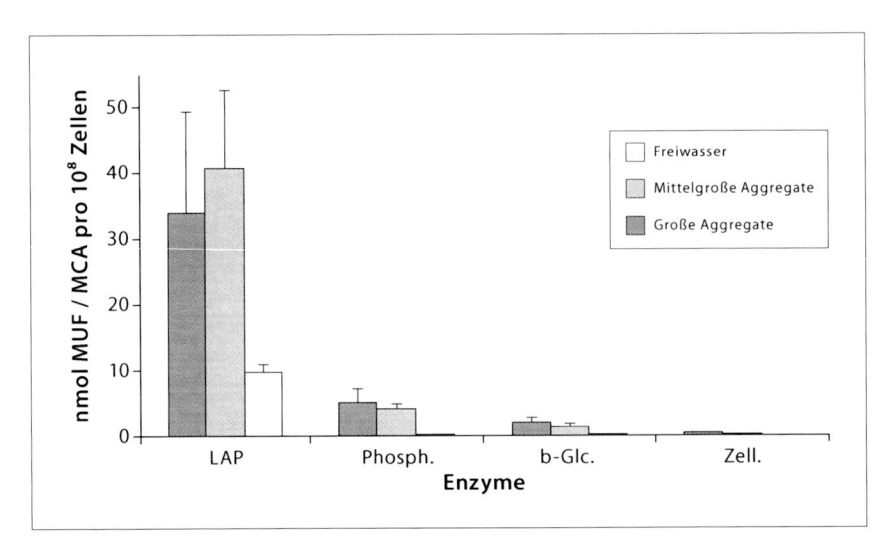

**Abb. 3-43:** Extrazelluläre Enzymaktivitäten in den Aggregatfraktionen und im Freiwasser pro $10^8$ Bakterienzellen ermittelt mit den Fluoreszenzfarbstoffen MUF (Methylumbelliferyl) und MCA (Methylcumarinylamid); Mittelwerte von Leucin-Aminopeptidase (LAP), Phosphatase (Phosph.), β-Glucosidase (b-Glc.) und Zellulase (Zell.) (n = 3)

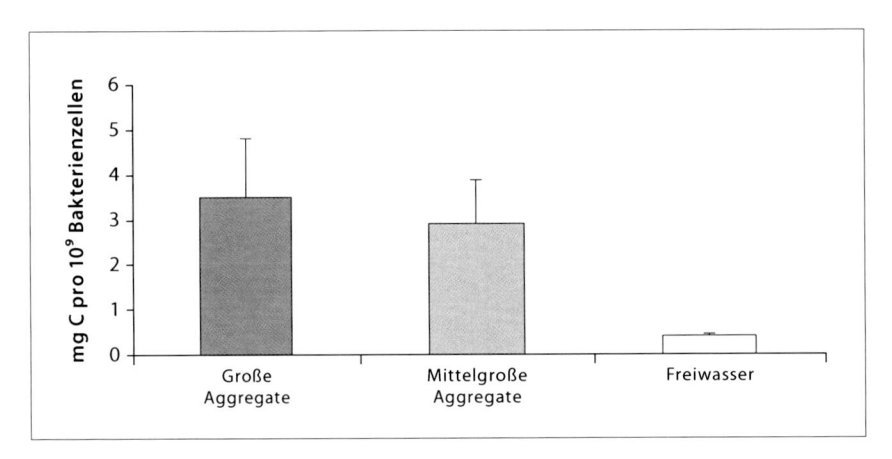

**Abb. 3-44:** Organischer Kohlenstoffgehalt von Aggregatfraktionen und Freiwasser bezogen auf $10^9$ Bakterienzellen. Mittelwert + Standardabweichung (n = 3)

# 4 Prozesse und Biozönosen in den Buhnenfeldern
*Martin Pusch, René Schwartz und Helmut Fischer (Einleitung)*

Die Ufer der Elbe blieben bis weit ins 19. Jahrhundert hinein überwiegend unverbaut, was unter anderem auf Flächen- und Nutzungsstreitigkeiten der vielen angrenzenden deutschen Kleinstaaten zurückzuführen war. Im Tieflandbereich waren die Naturufer der Elbe dabei aufgrund ihrer jahreszeitlichen Pegelschwankungen durch einen sehr breiten Wasserwechselbereich gekennzeichnet. Die Ufer waren damals erheblich länger, da nicht nur heute durchbrochene Mäander noch aktiv durchflossen wurden, sondern durch Inselbildungen und ufernahe wandernde Sandbänke die Ufer stark gegliedert wurden (siehe auch Band 4 dieser Reihe: „Lebensräume der Elbe und ihrer Auen, Kapitel 2.2.5). Flache Schlamm- und Sandufer wechselten sich mit Uferabbrüchen, Totholzanschwemmungen und Auskolkungen ab. Da die Elbe im Winter regelmäßig starkes Treibeis führt, das durch Eisschurf Auenbäume (außer alte Eichen) entrinden kann, unterscheidet sich ihre natürliche Auenvegetation von derjenigen westeuropäischer Flüsse. Die Ufer und Inseln waren daher teilweise vegetationsfrei, wo hydraulische Belastung und winterlicher Eisschurf das Wachstum höherer Pflanzen verhinderte. An geschützteren Stellen waren sie aber je nach Standortdynamik und Bodenbeschaffenheit wohl von Schilf, Strauchweiden oder charakteristischen Baumarten der Weichholz- oder Hartholzaue wie etwa Weiden, Schwarzpappeln oder Eichen bestanden (siehe auch Band 4 dieser Reihe: „Lebensräume der Elbe und ihrer Auen, Kapitel 5.4). Vorbehaltlich solcher klimatisch-biogeographisch einzigartiger Ausprägungen sind ähnliche Uferstrukturen wie ehemals an der Elbe heute noch an wenig verbauten Sandflüssen wie Loire, Weichsel, Pruth oder Dnjestr vorhanden.

Im Mittelalter und der frühen Neuzeit dienten örtlich ausgeführte Uferschutzmaßnahmen vor allem der Sicherung angrenzender Siedlungen vor Hochwasser und Eisgang (KÖNIGLICHE ELBSTROMBAUVERWALTUNG 1911). Seit der Mitte des 17. Jahrhunderts gibt es im Tieflandbereich der Elbe buhnenartige Bauwerke, so genannte Stacks (ROHDE 1998, ROMMEL 2000). Sie unterschieden sich in Aufbau und Funktion wesentlich von den heutigen Buhnen. Die Stacks bestanden aus mehreren Lagen von Faschinen (Weidenbündel), deren Zwischenlagen mit Bodenmaterial aufgefüllt waren. Im Gegensatz zur gegenwärtigen, leicht stromaufwärts gerichteten Neigung der Buhnen waren die Stacks aufgrund ihres Schutzzwecks stromab ausgerichtet. Diese Buhnen erleichterten auch die Abwicklung des Zollverkehrs und halfen – ebenso wie bereits durchgeführte Mäanderdurchstiche – acker- bzw. weidefähiges Land zu gewinnen (PUDELKO und PUFFAHRT 1981).

In der Folge des Wiener Kongresses von 1815 wurde im Jahr 1821 eine Elbe-Schifffahrtsakte unterzeichnet, die die Anliegerstaaten formal verpflichtete, auf ihren Territorien Flussregelung zu betreiben (ROMMEL 2000, siehe auch Band 4 dieser Reihe: „Lebensräume der Elbe und ihrer Auen, Kapitel 2.3.2). Daraufhin gab es bereits 1858 insgesamt 4.298 Buhnen, 113 km Deckwerke und 28 km Leitwerke (Daten der Wasser- und Schifffahrtsverwaltung). Ab etwa 1825 wurden dabei die Buhnen leicht flussaufwärts geneigt (72° bis 85° Inklination), um die Verlandungswirkung zu steigern. Die Bautätigkeit wurde durch die neu gegründete Elbstromverwaltung überregional koordiniert und intensiviert, nachdem Preußen sich im Jahr 1866 als dominierende Macht an der Elbe durchgesetzt hatte. Der anschließende, fast lückenlose Mittelwasser-Ausbau der Elbe wurde in einem mehrbändigen Werk dokumentiert (KÖNIGLICHE ELBSTROMBAUVERWALTUNG 1898). Da die Wassertiefen bei Niedrigwasser aus der Sicht der Schifffahrt noch immer unbefriedigend blieben, wurde die Elbe in den 1930er-Jahren bis Anfang der 1940er-Jahre weiter verbaut, diesmal im Hinblick auf die Niedrigwasserverhältnisse. Hierzu wurden die Buhnen verlängert und damit die Streichlinien der Buhnenköpfe beider Ufer weiter angenähert. Außerdem wurden örtlich, insbesondere an Prallufern, die Buhnenköpfe durch einen uferparallelen Steindamm verbunden und die Zwischenräume verfüllt, so dass eine durch Deckwerk gesicherte neue Uferlinie entstand. Dieser Niedrigwasserausbau unterblieb kriegsbedingt lediglich in einem 13 Kilometer langen Elbabschnitt zwischen Dömitz und Hitzacker (Elbe-km 508 bis 521), der so genannten „Reststrecke". Seitdem ist der deutsche Teil der Elbe durch rund 6.900 Buhnen sowie 327 km Deck- und Leitwerke verbaut.

Die Bauweise der Buhnen hat sich im Laufe ihrer Entwicklung dahingehend verändert, dass heutzutage aus Kostengründen zumeist auf ein zeitaufwendiges Setzen zugunsten einer Schüttung verzichtet wird (SCHWARTZ und NEBELSIEK 2002). Als Wasserbaustein wird größtenteils Metallhüttenschlacke eingesetzt. Die Schlacke zeichnet sich durch eine sehr hohe Trockenrohdichte (3,6 bis 3,9 kg/dm$^3$) und eine hohe mittlere Schüttdichte (2,1 bis 2,2 kg/dm$^3$) aus. Wegen möglicher Schwermetallfreisetzung und -anreicherung ist ihr Einsatz aus ökotoxikologischer Sicht jedoch umstritten (JÄHRLING 1996, TITIZER 1997, RINGELBAND 2005).

Aktuell besteht die wesentliche Funktion der Buhnen darin, die Wasserstände während der Niedrigwasserphasen des Flusses durch Einengung des Abflussquerschnitts anzuheben. Als Nebenwirkung steigt die Fließgeschwindigkeit im verbleibenden Flussschlauch, was abschnittsweise zu einer verstärkten Eintiefung des sandigen Flussbettes führt (FAULHABER 1998). Infolge einer fortschreitenden Sohlerosion und damit einhergehend einer Wasserspiegelabsenkung im Fluss vergrößert sich auch der Grundwasserflurabstand in den angrenzenden Auen, was zu einer Gefährdung der Auwälder führt (HENRICHFREISE 1996). Das weitere wasserwirtschaftliche Vorgehen hinsichtlich der Unterhaltung und des Ausbaus der Buhnen ist daher umstritten (siehe Kapitel 7.3).

Die periodisch überstauten und wieder trocken fallenden Uferbereiche zwischen zwei Buhnen werden als Buhnenfelder bezeichnet. Sie bilden die Grenze zwischen Fluss und Aue. Innerhalb der Buhnenfelder findet aufgrund der Strömungsberuhigung gegenüber dem Hauptstrom eine verstärkte Sedimentation von Schwebstoffen und Ablagerung von Sanden statt. Die Ablagerung von partikulärem Material führt im Laufe der Zeit dazu, dass die Buhnenfelder verlanden (siehe Abbildung 4-1). Der Vergleich der topographischen Karten des Elbabschnittes von Elbe-km 518 bis 520 aus den Jahren 1889 und 1990 zeigt deutliche Veränderungen innerhalb der Uferstrukturen. Zahlreiche Kleingewässer sind bis 1990 verschwunden oder weisen keinen Anschluss mehr an die Elbe auf (FRICKE 1992). Gleichzeitig hat sich die Uferlinie stark verkürzt. Im Vergleich zum Jahr 1889, als in diesem Flussabschnitt bei mittleren Pegelständen innerhalb der Buhnenfelder noch 47% Wasserfläche und 53% Landfläche ausgewiesen wurden, hat sich das Wasser-Land-Verhältnis ein Jahrhundert später zugunsten des terrestrischen Bereiches verschoben (1990: 37% Wasserfläche und 63% Landfläche) (SCHWARTZ und KOZERSKI 2002). Durch die Festlegung und Einengung der Ufer mit Buhnen und Deckwerken sind somit große Flachwasserbereiche und eine kaum mehr vorstellbare landschaftliche und biologische Vielfalt verloren gegangen.

Aus hydrodynamischer Sicht werden Uferbuchten, Altarme und wenig durchströmte Seitenarme als „Totzonen" bezeichnet (siehe Kapitel 4.1), die eine gegenüber dem Fluss wesentlich längere Wasseraufenthaltszeit aufweisen. Infolge der geringen Strömungsgeschwindigkeit sinkt ein Teil der Schwebstoffe (Aggregate, siehe Kapitel 4.3.4) dort aus und wird somit zurückgehalten (Retention, siehe Kapitel 4.2). Solche Gewässerteile erlauben die Entwicklung von Planktonorganismen, die dann ein permanentes Animpfen des Hauptstroms mit planktischen Organismen bewirken (siehe Einführung zu Kapitel 3). In flachen Uferbereichen ist die Primärproduktion planktischer Algen wegen der guten Durchlichtung deutlich höher als im Hauptgerinne (siehe auch Kapitel 6.1). Deswegen sind z. B. in Buhnenfeldern nicht nur höhere Phytoplanktonkonzentrationen, sondern auch höhere Dichten von tierischen Einzellern (Protozoen, siehe Kapitel 4.3.3), des Zooplanktons (siehe Kapitel 4.3.1) und von Jungfischen (siehe Band 4 dieser Reihe: „Lebensräume der Elbe und ihrer Auen, Kapitel 5.1.3) zu erwarten. Eine hohe hydraulische Retentionsfähigkeit der Uferbereiche, die sich an morphologischen Merkmalen wie der Uferentwicklung festmachen lässt, bewirkt durch den Wasseraustausch eine erhöhte Dichte von Organismen im Pelagial des Hauptstroms (SCHIEMER et al. 2001). Aufgrund unterschiedlicher Aufenthaltszeiten unterscheidet sich diese Wirkung vermutlich deutlich bei natürlichen Uferstrukturen und bei Buhnenfeldern. Natürliche Auengewässer bieten bekanntermaßen daneben auch Lebensraum für eine reiche Vielfalt an bodenlebenden wirbellosen Tieren und höheren Pflanzen (siehe Band 4 dieser Reihe: „Lebensräume der Elbe und ihrer Auen, Kapitel 5.3).

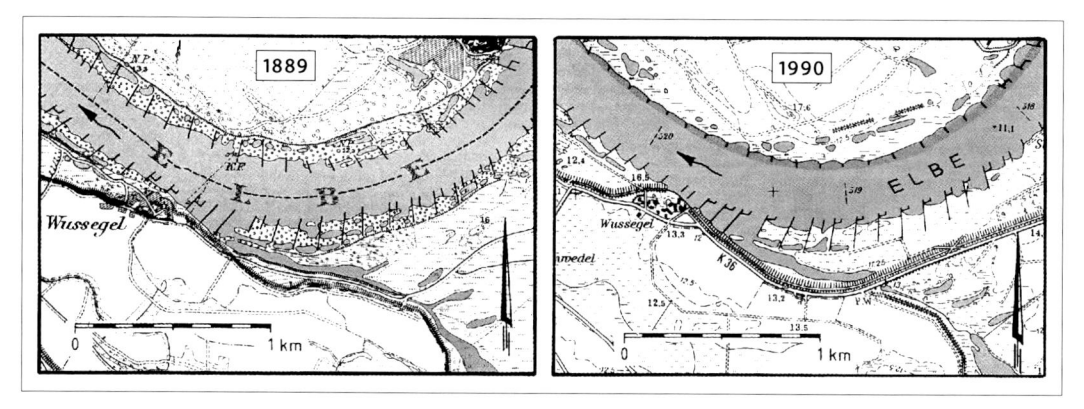

**Abb. 4-1:** Vergleich von Karten des Elbabschnittes von Elbe-km 518 bis 520 aus den Jahren 1889 und 1990. Kartengrundlagen: Topographische Karte 1 : 25000 und Preussische Landesaufnahme, jeweils Blatt 2832, mit Erlaubnis der Landesvermessung und Geobasisinformation Niedersachsen (LGN) – D 9330

Auch die heute vorhandenen Buhnenfelder wirken im erwähnten Sinne als Retentionsstrukturen, wenn auch mit einem wesentlich verringerten und eingeengten Spektrum an Aufenthaltszeiten. Die in sie eingetragene organische Substanz wird in der obersten Sedimentschicht mit einer sehr hohen Rate nach einem jahreszeitlich veränderlichen, spezifischen Muster von Mikroorganismen abgebaut. Sie tragen dadurch erheblich zur Selbstreinigung des Gewässers bei (siehe Kapitel 4.3). Der aus früheren Jahrzehnten stammende Überschuss an abgelagerten Schwebstoffen dagegen stellt mit seiner hohen Schadstoffbelastung eine potenzielle Gefahrenquelle für das Flusssystem der Elbe und dessen Nutzung (GELLER et al. 2004; siehe Kapitel 4.2.4).

Buhnenfelder wurden auch auf ihre interne Algendynamik und ihren Einfluss auf die Algendynamik im Hauptfluss hin untersucht. Wegen der hohen Wasseraustauschrate zwischen Buhnenfeldern und Hauptstrom (siehe Kapitel 4.1) ist der Einfluss dieser Uferstrukturen auf die Verhältnisse im Hauptstrom statistisch schwer nachzuweisen. Es zeigte sich daher in mehreren Untersuchungen, dass sich die Phytoplanktonkonzentration nicht signifikant zwischen diesen beiden Lebensräumen unterscheidet, und sich somit die unterschiedlichen Strömungs- und Lichtverhältnisse nicht direkt auf die Planktonkonzentrationen auswirken (HOLST et al. 2002, OCKENFELD 2002). Außerdem scheint die Phytoplanktonkonzentration und die Artenzusammensetzung in Buhnenfeldern eher durch Sedimentationsprozesse als durch die Biomasseproduktion im Buhnenfeld selbst gesteuert zu werden (ENGELHARDT et al. 2004). Das bessere Lichtangebot erlaubt dort dennoch tagsüber eine volumenbezogen höhere Photosynthese als im Hauptstrom. Dies führt zu höheren tagesperiodischen Maxima der Sauerstoffkonzentration in Buhnenfeldern (siehe Kapitel 6.1). Bei ausreichenden Lichtverhältnissen kann im Buhnenfeld ein erheblicher Anteil der Algenbiomasse auch im Benthal angesiedelt sein. In den Aufwuchsalgen auf Sand oder Schlamm dominieren dabei in der Elbe wie auch in der Spree häufig solche Arten, die bisher als pelagisch bekannt sind (TEFS und ZIMMERMANN-TIMM 2002, WERNER und KÖHLER 2005).

Die bodenlebende wirbellose Tierwelt (Makrozoobenthos) der Buhnenfelder ist – entsprechend der morphologischen Eintönigkeit – vergleichsweise artenarm und von Buhnenfeld zu Buhnenfeld recht einheitlich (siehe Kapitel 4.3.2). Die Artenarmut ist möglicherweise auch maßgeblich auf die dort regelmäßig auflaufenden Wellen zurückzuführen, die von vorbei fahrenden Schiffen verursacht werden (siehe Kapitel 4.1).

Zusammenfassend stellt sich die Funktion der Buhnen und Buhnenfelder im Flussökosystem zwiespältig dar: Einerseits enthalten die Buhnenfelder im Gegensatz zu den Deckwerk-Ufern noch (strukturell vereinheitlichte) flache Naturufer, und es sind systemgemäße Retentionsprozesse festzustellen. Andererseits werden die Buhnenfelder durch die Vereinheitlichung und den von Schiffen verursachten Wellenschlag ökologisch stark entwertet. Ein direkter Vergleich des heutigen Zustands mit einem Referenzzustand der Ufer ist heute wegen des fast vollständigen Ausbaus der Elbe leider kaum möglich.

## 4.1 Hydro- und Morphodynamik

*Christof Engelhardt, Alexander Sukhodolov und Carsten Wirtz (Kapitel 4.1.1 und 4.1.2);*
*Helmut Baumert und Kurt Duwe (Kapitel 4.1.3)*

### 4.1.1 Strömungsmuster in Buhnenfeldern

Seit dem Mittelalter wurden in den Niederlanden Buhnen als ein Mittel zur Gewährleistung der Schiffbarkeit quer zum Flussufer gebaut und bis heute beherrschen Buhnenfelder (insgesamt mehr als 6.900) fast lückenlos das Bild der Mittelelbe. Auch die naturwissenschaftliche Betrachtung der Buhnenproblematik reicht von dem 1576 erschienenen „Tractaet van Dyckagie" von ANDRIES VIERLINGH über die zeitgenössischen Studien von BRINCKMANN und HOLZ (1990), von MAYERLE et al. (1995) und von QUILLON und DARTUS (1997) bis hin zu den Arbeiten, die im Rahmen des Forschungsverbundes „Elbe-Ökologie" entstanden sind (ZANKE 2001). Die ökologischen Auswirkungen der Flussverbauung standen dabei nicht im Vordergrund der Veröffentlichungen; im Laufe des letzten Jahrzehnts erschienen – neben den hydrodynamischen und ingenieurtechnischen Betrachtungen – auch Arbeiten, die die ökologischen Aspekte der Buhnenfelder betrachten (z. B. CARLING et al. 1996). Die für die Biologie wichtigen abiotischen Einflussfaktoren können jedoch nur durch eine Aufklärung der morphodynamischen und hydrodynamischen Prozesse in den Buhnenfeldern bestimmt werden. Die wenigen veröffentlichten Strömungsmodellierungen in Buhnenfeldern, die auch Turbulenzmodelle einbeziehen (MYERLE et al.1995, QUILLON und DARTUS 1997), können sich aber nicht auf entsprechende Feldexperimente stützen; dieses Defizit bei der hydrodynamischen Beschreibung der Buhnenfeldströmungen wurde erstmals innerhalb des Forschungsverbundes „Elbe-Ökologie" überwunden (SUKHODOLOV et al. 2002).

Bei der Charakterisierung der turbulenten Strömungsverhältnisse in Buhnenfeldern müssen prinzipiell zwei Fälle unterschieden werden:

① Überströmte Buhnenköpfe (bei Hochwasser) und
② Frei liegende Buhnenköpfe (bei Mittel- und Niedrigwasser).

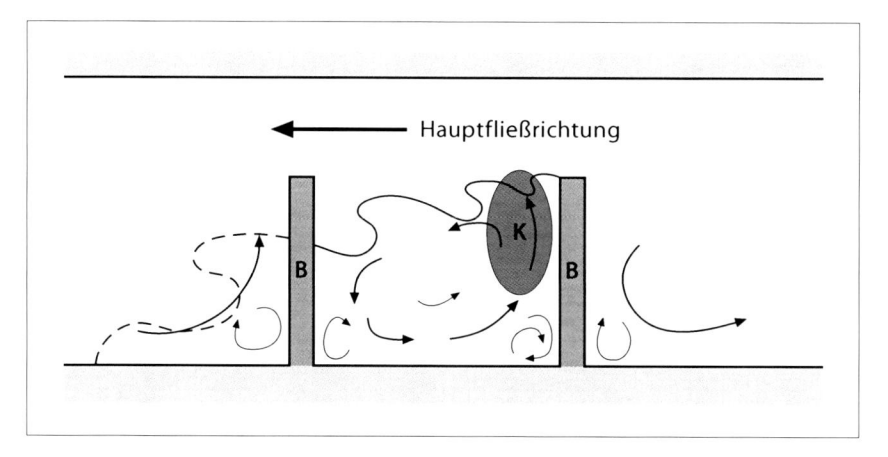

**Abb. 4-2:** Schema der Strömungsstruktur in einem Buhnenfeld bei frei liegenden Buhnenkörpern (nach SUKHODOLOV et al. 2004). B = Buhne; K = Kolk; durchgezogene Linie = Scherungszone; gestrichelte Linie = Fortsetzung der Scherungszone des Flusswassers mit dem Buhnenfeldwasser ohne die zweite stromab gelegene (linke) Buhne; Pfeile = horizontale Wirbelstrukturen

Im Hochwasserfall sind die Buhnenfelder Bestandteil des Hauptstroms und die Buhnenkörper können als (extreme) Sohlschwellen im Uferbereich betrachtet werden, bei deren Überströmung dreidimensionale Turbulenzstrukturen dominieren. Die Größenordnung der Strömungsgeschwindigkeiten ist dabei im Uferbereich (überströmte Buhnenfelder) und in der Fahrrinne des Hauptstroms vergleichbar.

| Klasse | Definition | Schema |
|---|---|---|
| 1 | wenig verlandet | 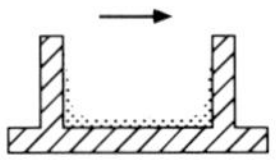 |
| 2 | unterstromig dreiecksförmig verlandet | 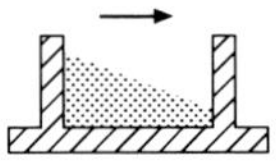 |
| 3 | oberstromig dreiecksförmig verlandet | 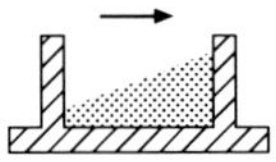 |
| 4 | unterstromig wellenförmig verlandet | 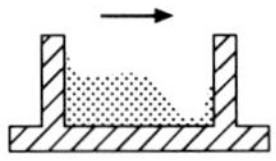 |
| 5 | oberstromig wellenförmig verlandet | 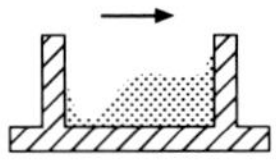 |
| 6 | gleichmäßig teilweise verlandet | 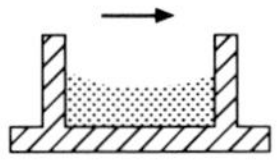 |
| 7 | gleichmäßig vollständig verlandet | 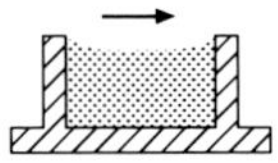 |

**Abb. 4-3:** Morphologische Klassifizierung von Buhnenfeldern (Sukhodolov et al. 2002, verändert nach Hinkel 1999)

Im zweiten Fall sind die Buhnenfelder Rückströmzonen mit vom Hauptstrom komplett verschiedenen Strömungsverhältnissen, die von großräumigen horizontalen Wirbelstrukturen gezeichnet sind. An den Köpfen der frei liegenden Buhnenkörper bildet sich eine Sekundärströmung – Scherströmung mit einer Mischungszone – aus, deren komplizierte Eigenschaften den Wasseraustausch zwischen Hauptstrom und Buhnenfeld bestimmen. Laborkanaluntersuchungen an künstlichen Buhnen haben gezeigt, dass die Ausdehnung dieser Sekundärströmung (siehe Abbildung 4-2) sowie die Größenordnung der Fließgeschwindigkeiten vom Längenverhältnis der Buhnenkörper und der Strombreite ebenso abhängen wie von der Wassertiefe und dem Buhnenwinkel (Mayerle et al. 1995). Die am Buhnenkopf separierte Strömung bildet im Buhnenfeld einen (oder zwei) Primärwirbel, die an Buhnenkörper und Ufer abgelenkt werden, so dass es zur Entstehung von Sekundärwirbeln kommt. Lage und Anzahl dieser Wirbelstrukturen sowie die Austauschprozesse zwischen ihnen beeinflussen auch das Gleichgewicht von Partikelsedimentation und -resuspension. Eine Untersuchung der Phytoplanktondynamik in den Buhnenfeldern muss daher in engem Zusammenhang mit den dort vorherrschenden Strömungsmustern gesehen werden. Einen kurzzeitigen, aber dennoch nicht zu vernachlässigenden Einfluss auf den Wasser- und Stoffaustausch zwischen Hauptstrom und Buhnenfeld hat auch der Schiffsverkehr (siehe Kapitel 7.4).

Im nachfolgenden Kapitel werden nur Ergebnisse von Buhnenfeldern bei Mittel- und Niedrigwasser vorgestellt; es muss jedoch berücksichtigt werden, dass sich die morphodynamischen Veränderungen in den Buhnenfeldern aus der zeitlichen Folge der beiden oben genannten Strömungsfälle ergeben und folglich die Ergebnisse zur Sedimentation (siehe Kapitel 4.2) nur in diesem Zusammenhang interpretiert werden können.

### 4.1.2  Hydro- und Morphodynamik einzelner Buhnenfelder

Obwohl allgemein anerkannt ist, dass die durch die Strömungsbedingungen geprägte morphologische Vielfalt der Buhnenfelder groß ist (PRZEDWOJSKI 1995), fehlten bis vor kurzem experimentelle Untersuchungen, die die Strömung in den Rückströmzonen, die Verteilungsmuster der Sedimentation und die spezifische Buhnenfeldmorphologie im Zusammenhang betrachteten. HANNAPPEL und PIERHO (1996) und HINKEL (1999) haben eine morphologische Klassifizierung aller 2.156 Buhnenfelder eines rund 200 km langen Elbabschnittes vorgeschlagen, die sich auf eine automatisierte Auswertung von Luftbildern stützt. Für den Forschungsverbund „Elbe-Ökologie" wurde eine vereinfachte (nur 7 statt 9 Klassen umfassende) Klassifizierung (siehe Abbildung 4-3) von SUKHODOLOV et al. (2002) verwendet, um diejenigen Buhnenfelder an der Mittelelbe auszuwählen, bei denen interdisziplinäre Feldexperimente zur Ermittlung der charakteristischen Turbulenzstruktur stattfinden sollten; zeitintensive Feldmessungen konnten aus Kapazitätsgründen nur an einer kleinen Zahl von Untersuchungsgebieten durchgeführt werden. Die Häufigkeitsverteilung aller Buhnenfeldklassen (siehe Abbildung 4-4) legte eine Untersuchung der gleichmäßig bzw. oberstromig wellenförmig und partiell verlandeten Buhnenfelder (mit einem Anteil von über 70 %) nahe, welche eine für die Mittelelbe charakteristische Buhnenfeldform darstellen.

Ein weiteres Auswahlkriterium ergab sich aus der Auswertung von Untersuchungen in anderen fluvialen und marinen Rückströmzonen, die den Buhnenfeldern ähnlich sind (u. a. WESTRICH 1977; LANGENDOEN et al. 1994) und vor allem von Laborkanalmessungen an künstlichen Buhnenfeldern (UIJTTEWAAL et al. 2001). Bei diesen an der Technischen Universität Delft durchgeführten Experimenten konnte nachgewiesen werden, dass das Seitenverhältnis von Buhnenlänge zu Buhnenabstand mit wenigen Zentimetern Wassertiefe – unter Laborbedingungen – von entscheidendem Einfluss auf die Strömungsmuster in diesen Buhnenfeldern ist (siehe Abbildung 4-5). Um zu überprüfen, ob diese für Laborgerinne gefundenen Resultate auch unter den natürlichen Turbulenzbedingungen der Elbe Gültigkeit haben, wurden Feldexperimente an Buhnenfeldern mit unterschiedlichen Seitenverhältnissen durchgeführt. Hierbei musste beachtet werden, dass das Seitenverhältnis eines konkreten Buhnenfeldes keine konstante Größe ist, sondern sich sowohl durch den langfristigen Verlandungsprozess verändern kann als auch von der aktuellen Abflusssituation des Flusses abhängig ist. Bei ansteigendem Wasserstand werden vormals trocken liegende Uferbereiche überströmt, so dass sich die effektive Buhnenlänge erhöht; da sich dabei aber der Abstand der Buhnenkörper voneinander kaum verändert, führen höhere Wasserstände im Fluss zu einem größeren Seitenverhältnis der Buhnenfelder. Die hier vorgestellten Ergebnisse wurden in hydrodynamischen Messkampagnen an Buhnenfeldern bei Magdeburg (Elbe-km 317) und bei Havelberg (Elbe-km 420) erarbeitet.

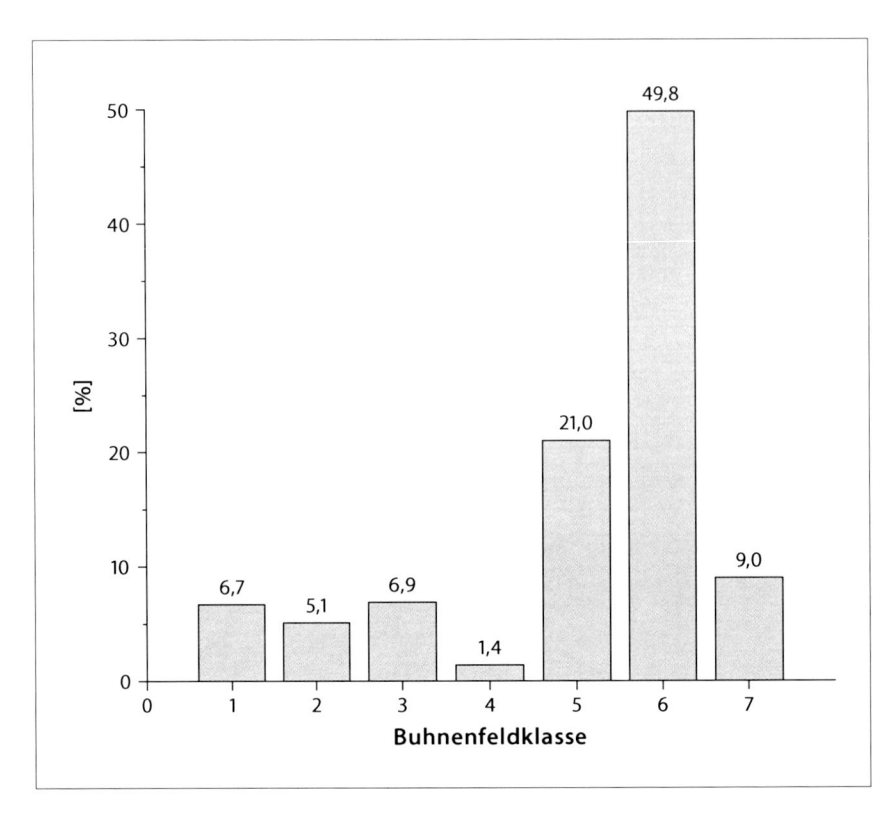

**Abb. 4-4:** Häufigkeitsverteilung von sieben Buhnenfeldformen (siehe Abbildung 4-3) in der Elbe nach HINKEL (1999)

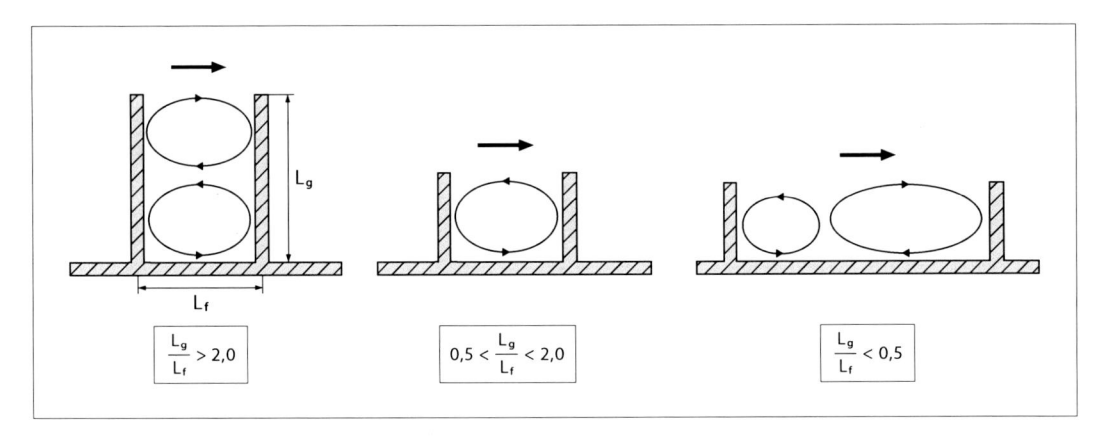

**Abb. 4-5:** Schematische Darstellung der Muster von Rückströmzonen in Buhnenfeldern bei verschiedenen Seitenverhältnissen von Buhnenlänge ($L_g$) zu Buhnenabstand ($L_f$) (SUKHODOLOV et al. 2002)

### Feldmessungen

Die unten zusammengefassten experimentellen Ergebnisse zur Hydro- und Morphodynamik von Buhnenfeldern der Elbe bzw. deren Wirkung auf biologische Messgrößen beruhen auf den Ergebnissen von drei Feldmesskampagnen (SUKHODOLOV et al. 2002, 2004, ENGELHARDT et al. 2004), die unter unterschiedlichen hydrodynamischen und morphologischen Situationen durchgeführt wurden (siehe Tabelle 4-1).

**Tab. 4-1:** Charakterisierung der Messsituationen bei drei Feldmesskampagnen: Q = Abfluss, B = Flussbreite, h = mittlere Wassertiefe, U = mittlere Strömungsgeschwindigkeit, Fr = Froude-Zahl, Re = Reynolds-Zahl, $L_g/L_f$ = Seitenverhältnis des untersuchten Buhnenfeldes

| | Q [m³/s] | B [m] | h [m] | U [m/s] | Fr ($\times 10^4$) | Re ($\times 10^{-6}$) | $L_g/L_f$ |
|---|---|---|---|---|---|---|---|
| Elbe-km 317, August 1999 | 238 | 176 | 1,5 | 0,9 | 550 | 1.266 | 0,7 |
| Elbe-km 420, Mai 2000 | 470 | 210 | 2,8 | 0,8 | 233 | 2.101 | 0,6 |
| Elbe-km 420, September 2000 | 236 | 194 | 1,7 | 0,7 | 307 | 1.082 | 0,4 |

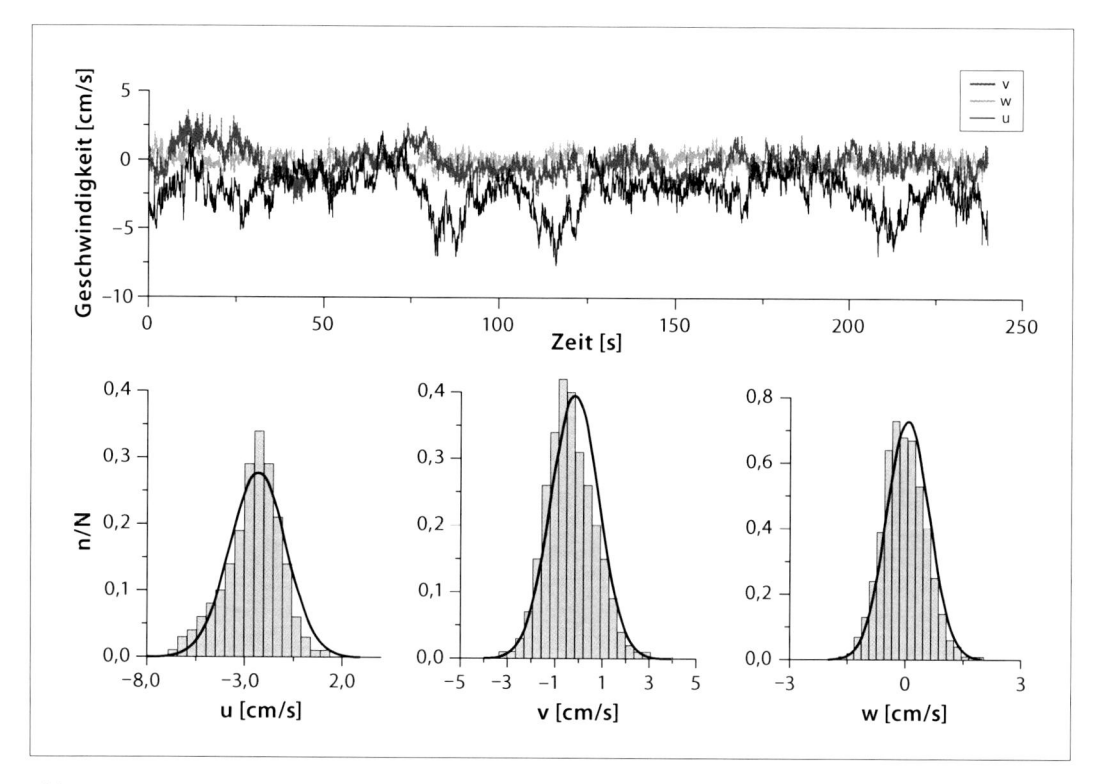

**Abb. 4-6:** Beispiel einer Messreihe (ADV-Messungen in einem Buhnenfeld) der in allen drei Raumkoordinaten schwankenden Fließgeschwindigkeitskomponenten u (longitudinal), v (lateral) und w (vertikal) (oben) und die Wahrscheinlichkeitsverteilungen der Geschwindigkeit (unten) (SUKHODOLOV et al. 2004)

Das ein- bis zweiwöchige Messprogramm umfasste jeweils folgende Arbeitsschritte:

① Messung von Zeitreihen dreidimensionaler Geschwindigkeitsvektoren (Vertikalprofile und horizontal im Buhnenfeld verteilte Messpunkte) mit Hilfe von hochfrequenten akustischen dreidimensionalen Fließgeschwindigkeitsmessgeräten (ADV) (SUKHODOLOV et al. 1998)

② Entnahme von Wasserproben (Vertikalprofile und horizontal im Buhnenfeld verteilte Probenahmepunkte) zur Bestimmung der Schwebstoffgesamtkonzentration, der Verteilung von partikulärem Material auf Sinkgeschwindigkeitsklassen (Sinkgeschwindigkeitsspektren) (PROCHNOW et al. 1996), des organischen Anteils an der Gesamtschwebstoffmasse (POM-Konzentration) und zur Bestimmung der Pigmentkonzentration von Algen (HPLC-Spurenanalytik) sowie für Analysen der Elementgehalte an Stickstoff und Kohlenstoff (NICKLISCH und WOITKE 1999; ENGELHARDT et al. 2004)

③ Geodätische Vermessung und Echolotmessungen der Buhnenfeldmorphometrie einschließlich der Bestimmung von Sedimentschichtdicken (SUKHODOLOV et al. 2004)
④ Aufzeichnung von Driftkörpertrajektorien (SUKHODOLOV et al. 2002)

Hinsichtlich der experimentellen Bestimmung der turbulenten Strömung in Buhnenfeldern (Punkt 1 des Messprogramms), die im Zentrum unserer Untersuchungen stand, soll hier auf ein entscheidendes Gütekriterium der Messungen (NIKORA und GORING 1998) hingewiesen werden. Zur Erfassung der durch die großräumigen Wirbelstrukturen bedingten, langperiodischen Schwankungen der mittleren Fließgeschwindigkeiten im Buhnenfeld sind bei den ADV-Messungen die Zeitreihen der Geschwindigkeitskomponenten so lange aufzuzeichnen, dass die Mittlungsprozedur zur Bestimmung der zeitlich gemittelten Fließgeschwindigkeiten unabhängig von diesen Schwankungen wird (siehe Abbildung 4-6).

**Vergleich Hauptstrom – Buhnenfeld**

Die gemessenen Strömungsgeschwindigkeiten waren im Buhnenfeld im zeitlichen Mittel durchschnittlich eine Größenordnung geringer als im Hauptstrom, schwankten aber in Abhängigkeit vom Messort so stark, dass horizontal im Buhnenfeld verteilte Messungen zur Charakterisierung der mittleren Strömungsgeschwindigkeiten und der Aufenthaltszeiten unerlässlich waren (SUKHODOLOV et al. 2002).

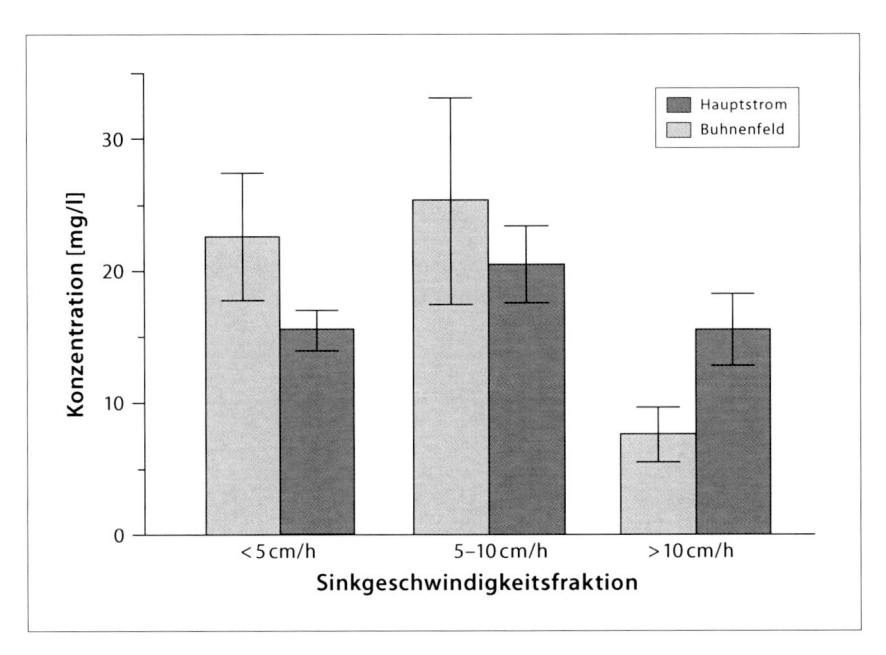

**Abb. 4-7:** Sinkgeschwindigkeitsverteilungen von Schwebstoffen im Hauptstrom bzw. in einem Buhnenfeld oberhalb von Magdeburg (Elbe-km 317) im August 1999 (Mittelwerte und Standardabweichungen)

Die Konzentration der Gesamtschwebstoffe im Buhnenfeld verringerte sich, je nach Abflusssituation, nur um maximal 10 bis 50 % gegenüber dem Hauptstrom. Die wegen des hohen Aufwandes nur in wenigen Punkten des Buhnenfeldes ermittelbare Sinkgeschwindigkeit des partikulären Materials war dort nur geringfügig kleiner als im Hauptstrom, wie die gemessenen Sinkgeschwindigkeitsspektren (siehe Abbildung 4-7) zeigen. Natürlich änderte sich während des Aufenthalts im Buhnenfeld auch die Zusammensetzung der Schwebstoffe, wie z. B. das Verhältnis von organischem zu anorganischem Material oder die Konzentration von Algenpigmenten (ENGELHARDT et al. 2004). Jedoch lagen die biotischen und abiotischen Schwebstoffparameter im Hauptstrom und Buhnenfeld in der gleichen Größenordnung (siehe unten).

**Vertikalprofile im Buhnenfeld**

Die Analyse der tiefengemittelten mittleren Fließgeschwindigkeiten zeigte, dass die Richtung der Geschwindigkeitsvektoren an der Oberfläche nur um 5 bis 10 % von der Richtung des Mittelwertvektors abweichen (SUKHODOLOV et al. 2002). Dies rechtfertigte den Einsatz von schwimmenden Driftkörpern, die nur die oberflächennahe Strömung widerspiegeln, zur (ergänzenden) Beschreibung von großräumigen Strukturen der tiefengemittelten mittleren Fließgeschwindigkeit im Buhnenfeld.

Die Analyse von Vertikalverteilungen der turbulenten Energie (siehe Abbildung 4-8), die überhaupt erst durch die ADV-Messungen der Geschwindigkeitsfluktuationen möglich ist, ergab, dass die gemessene kinetische Energie im oberflächennahen Bereich nicht mehr durch die von NEZU und NAKAGAWA (1993) eingeführten Approximationen beschrieben werden kann (SUKHODOLOV et al. 2004). Damit ist die Nutzung der üblichen numerischen Turbulenzmodelle (k-ε-Modelle) zur Beschreibung der Verhältnisse im Buhnenfeld unzulässig.

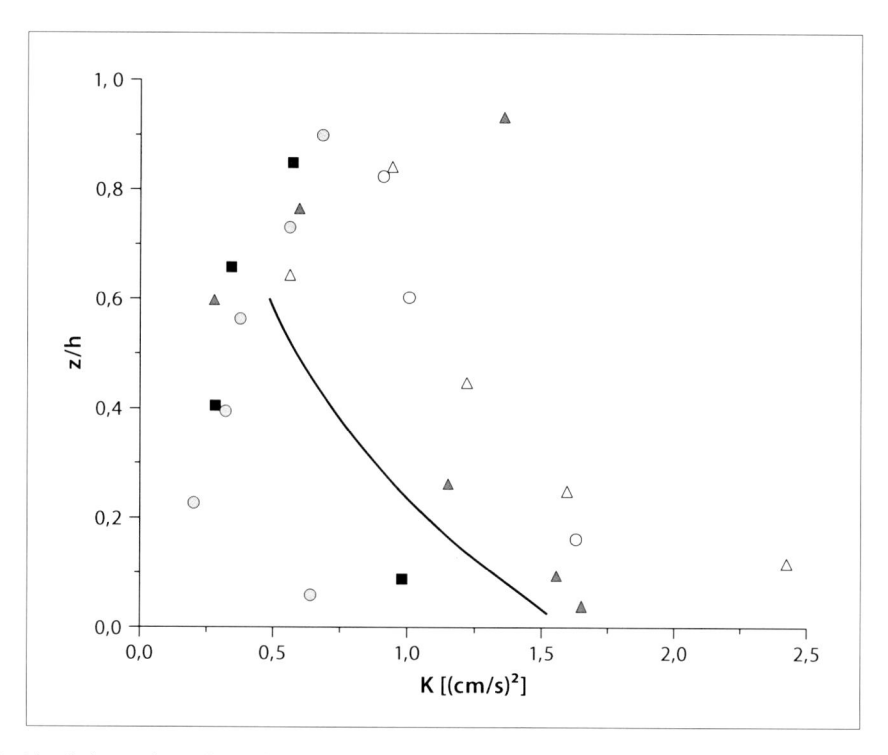

**Abb. 4-8:** Vertikalverteilung der turbulenten kinetischen Energie (K) (z/h ist die dimensionlose Wassertiefe) an drei bzw. zwei charakteristischen Punkten des Buhnenfeldes im Mai (volle Symbole) und September (leere Symbole) 2000 (SUKHODOLOV et al. 2004)

Die Vertikalverteilungen der Gesamtschwebstoffkonzentration und anderen Partikelparameter zeigte, dass die Schwebstoffe in der Wassersäule fast gleich verteilt waren und sie daher im Oberflächenwasser repräsentativ beprobt werden konnten (ENGELHARDT et al. 2004; siehe Abbildung 4-9).

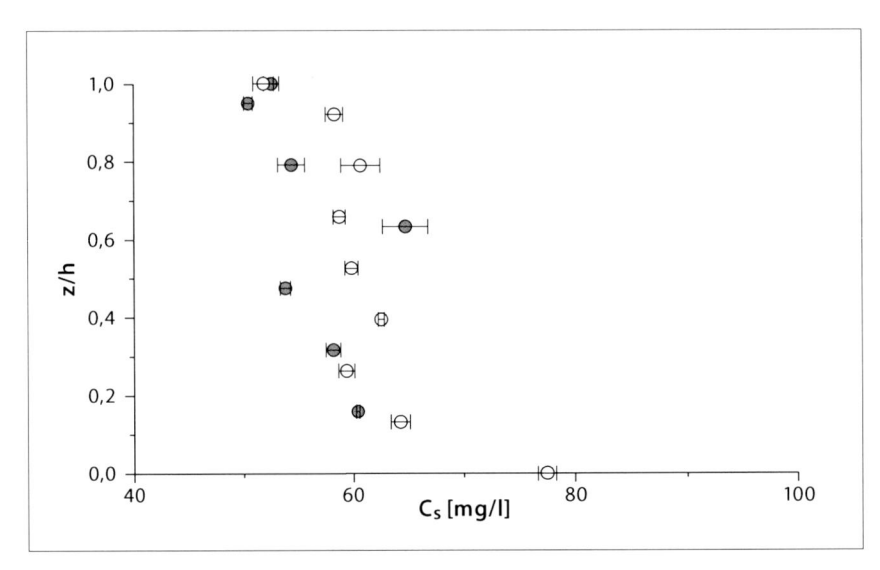

**Abb. 4-9:** Vertikalverteilung der Gesamtschwebstoffkonzentration (z/h ist die dimensionlose Wassertiefe) an jeweils einem ausgewählten Punkt des Buhnenfeldes im Mai (volle Symbole) und September (leere Symbole) 2000 (ENGELHARDT et al. 2004); Mittelwerte mit Standardabweichung

### Horizontale Verteilungen im Buhnenfeld

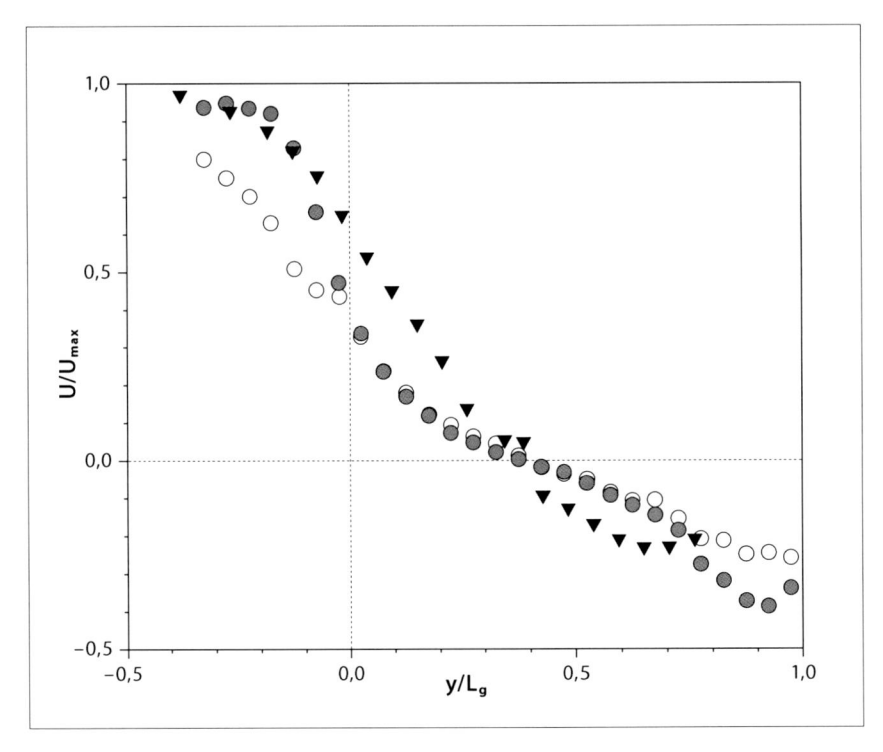

**Abb. 4-10:** Tiefenintegrierte mittlere Fließgeschwindigkeiten entlang eines Querprofils durch den Hauptwirbel eines Buhnenfeldes im Laborgerinne (volle und leere Kreise stehen für zwei aufeinander folgende Buhnenfelder im Modellversuch) und im natürlichen Buhnenfeld (Dreiecke; Seitenverhältnis Buhnenlänge/Buhnenabstand ($L_g/L_f$) = 0,4) (SUKHODOLOV et al. 2002). U = mittlere Fließgeschwindigkeit in Strömungsrichtung, $U_{max}$ = Fließgeschwindigkeit im Hauptstrom, y = Abstand von der Scherschicht zwischen Hauptstrom und Buhnenfeld, y > 0 = Werte im Buhnenfeld, y < 0 = Werte im Hauptstrom

Zur Prüfung von Ergebnissen aus Laborgerinnen wurde die über die Gewässertiefe integrierte mittlere Fließgeschwindigkeit im natürlichen Buhnenfeld entlang einer durch das Zentrum des Primärwirbels gelegten Linie, die sich vom Hauptstrom bis ans Ufer erstreckt, gemessen. Der dimensionslose Vergleich mit den Laborgerinnen (siehe Abbildung 4-10) belegt, dass das Seitenverhältnis von Buhnenlänge zu Buhnenabstand nicht nur im Laborkanal, sondern auch unter Naturbedingungen eines Buhnenfeldes der entscheidende Parameter ist, von dem Anzahl und Lage der primären Wirbelstruktur im Buhnenfeld abhängen.

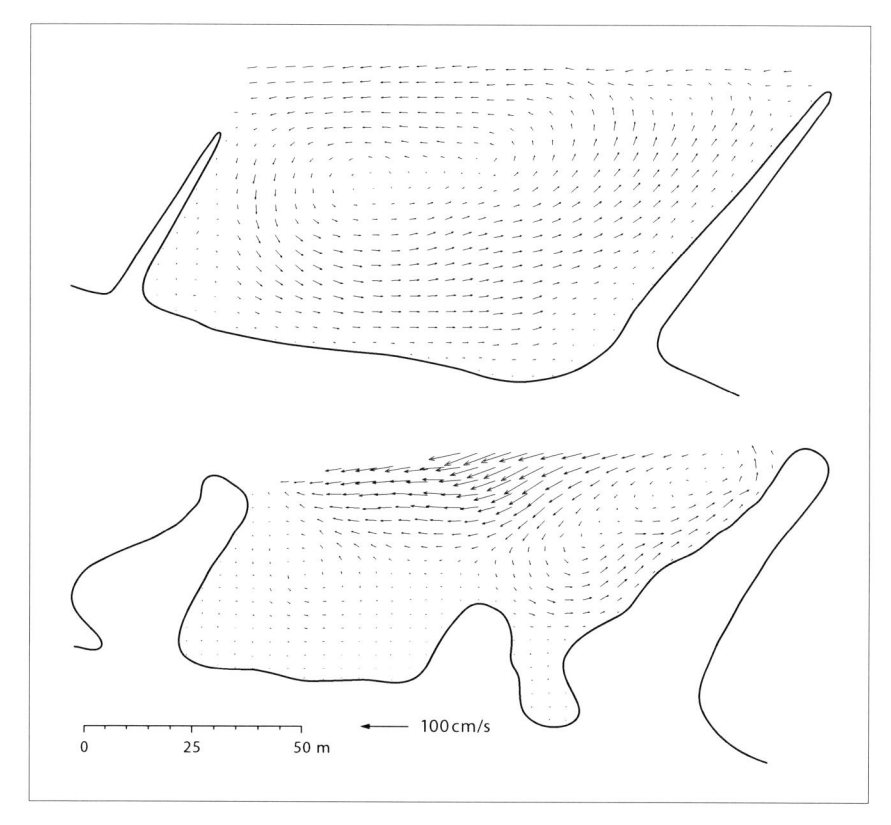

**Abb. 4-11:** Horizontale Verteilung der tiefenintegrierten mittleren Fließgeschwindigkeit (ENGELHARDT et al. 2004) in einem Buhnenfeld bei unterschiedlichen Wasserständen der Elbe und damit Seitenverhältnissen des Buhnenfeldes im Mai 2000 (oben) und im September 2000 (unten)

Damit bestimmt dieses Seitenverhältnis die von der Strömung getriebenen Prozesse im Buhnenfeld, wie durch Abbildung 4-11 bis 4-15 verdeutlicht wird. Strömungsstrukturen und daraus resultierende Aufenthaltszeiten des Wasserkörpers in Buhnenfeldern mit Seitenverhältnissen unter bzw. über dem Schwellenwert von 0,5 sind in den Abbildungen 4-11 und 4-12 gezeigt. Aus ihnen ist abzulesen, dass selbst bei Niedrigwasser die meisten Schwebstoffpartikel sich höchstens eine Stunde im Buhnenfeld aufhalten, meistens wesentlich kürzer. Dadurch bilden sich schwache räumliche Muster der Schwebstoffkonzentration und seiner Bestandteile aus, die in Buhnenfeldern mit unterschiedlichen Seitenverhältnissen jedoch in charakteristischer Weise auch die unterschiedlichen Strömungsverhältnisse widerspiegeln. Durch die Sedimentation von Partikeln (siehe Abbildung 4-13) steigt der organische Anteil des Sestons (siehe Abbildung 4-14), während die Differenz im Chlorophyllgehalt gegenüber dem Hauptstrom gering ist (siehe Abbildung 4-15).

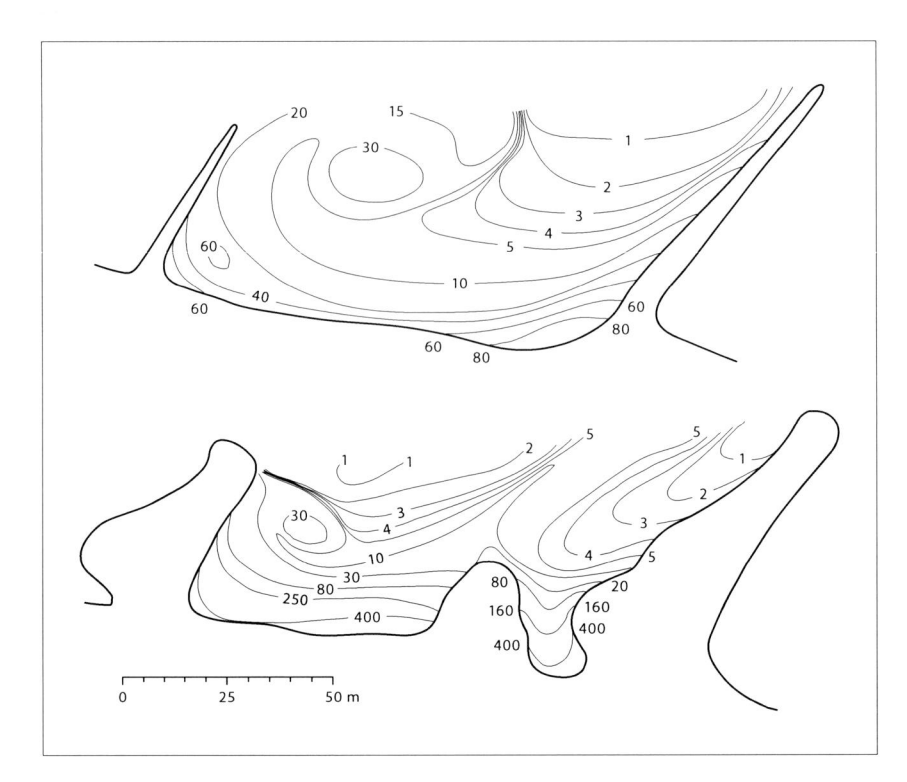

**Abb. 4-12:** Partikelaufenthaltszeiten (in Minuten) im Mai 2000 (oben) und im September 2000 (unten), sonst wie Abbildung 4-11 (siehe auch Kapitel 4.1.3)

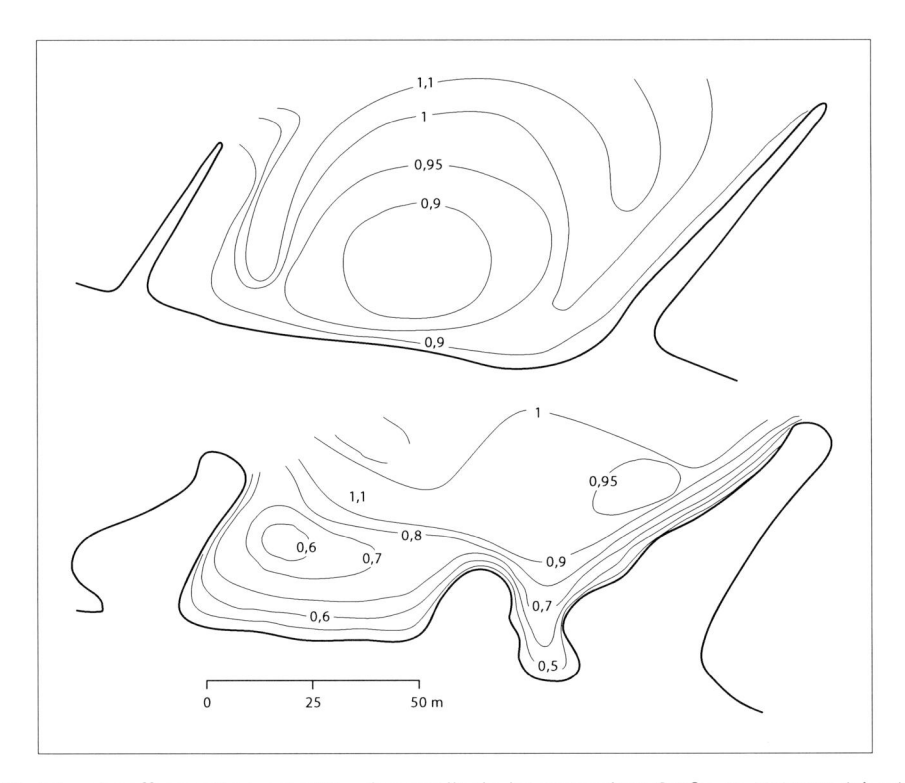

**Abb. 4-13:** Schwebstoffgesamtkonzentration, dargestellt als dimensionslose Größe, im Mai 2000 (oben) und im September 2000 (unten), sonst wie Abbildung 4-11

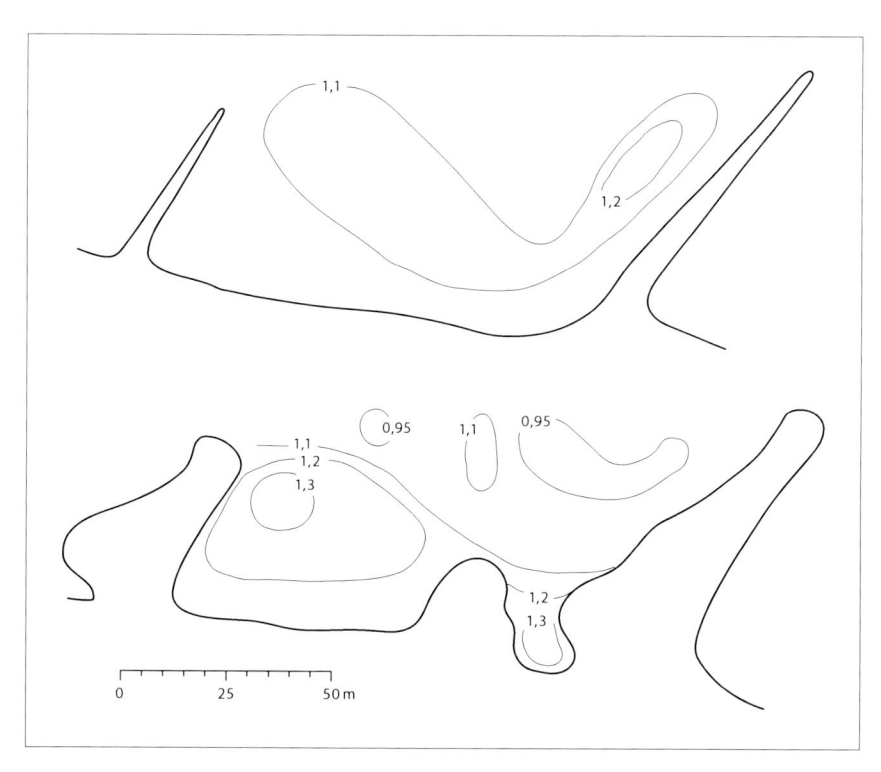

**Abb. 4-14:** Partikuläres organisches Material (organischer Anteil der Schwebstoffe), dargestellt als dimensionslose Größe, im Mai 2000 (oben) und im September 2000 (unten), sonst wie Abbildung 4-11

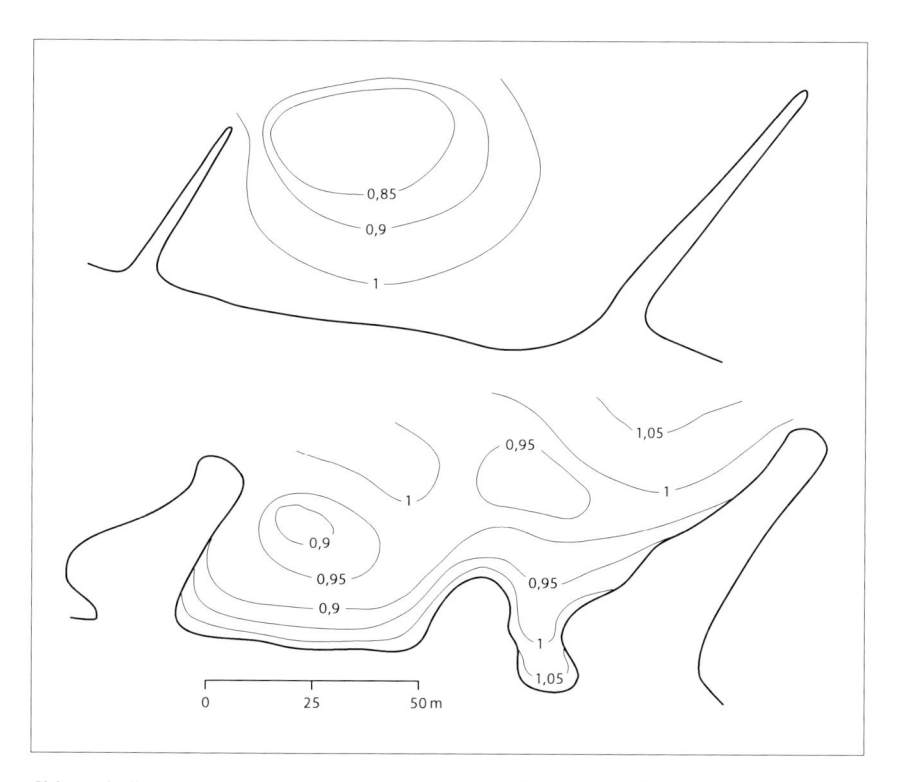

**Abb. 4-15:** Chlorophyll-a-Konzentration, dargestellt als dimensionslose Größe, im Mai 2000 (oben) und im September 2000 (unten), sonst wie Abbildung 4-11

## Schiffswellen

Dreidimensionale Messungen der Fließgeschwindigkeiten im Buhnenfeld vor, während und nach der Passage von Schubverbänden in der Fahrrinne der Elbe zeigen, dass die von Schiffen induzierten Wellen die natürlichen Fluktuationen der Geschwindigkeit in von der Schifffahrt unbeeinflussten Zeiten bei weitem übersteigen (siehe Abbildung 4-16) und dass es unmittelbar nach einer Schiffsdurchfahrt zu einer erheblichen Konzentrationserhöhung des Gesamtschwebstoffs und seines anorganischen Anteils kommt (SUKHODOLOV et al. 2004; siehe Abbildung 4-17). Das bedeutet, dass nach Schiffspassagen Partikelfraktionen im Buhnenfeld resuspendiert werden, die bei gleichen Abflussverhältnissen, aber unter schiffsunbeeinflussten Bedingungen nicht in die Wassersäule gelangen würden. In SUKHODOLOV et al. (2004) konnte weiterhin gezeigt werden, dass die nach der linearen Defraktionstheorie (KIRBY 1986) berechneten Ausbreitungsgeschwindigkeiten von Schiffswellen in Flachwasserbereichen mit der im Buhnenfeld experimentell gefundenen Ausbreitungsgeschwindigkeit, die im August 1999 ca. 2 m/s betrug, gut übereinstimmen. Die Theorie, mit der auch die Amplituden der Schiffswellen berechnet werden können, ist also auf die Verhältnisse in den Buhnenfeldern der Elbe anwendbar.

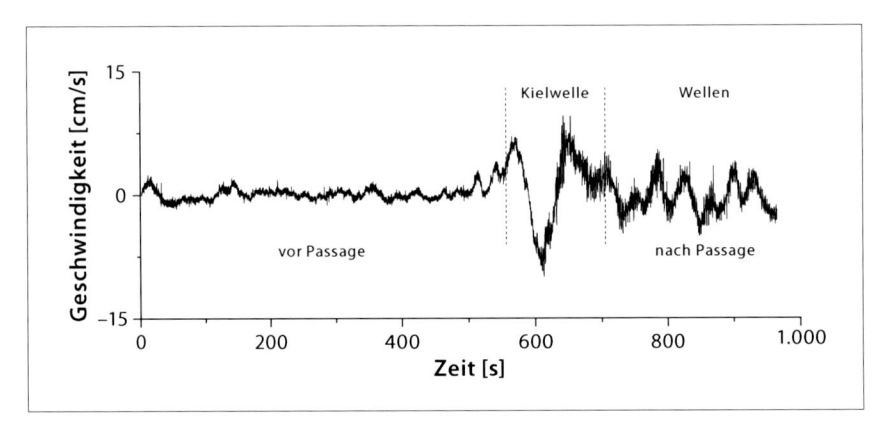

**Abb. 4-16:** Hochfrequente Messung der lateralen Fließgeschwindigkeit im Buhnenfeld vor, während und nach der Passage eines Schubverbandes in der Fahrrinne der Elbe

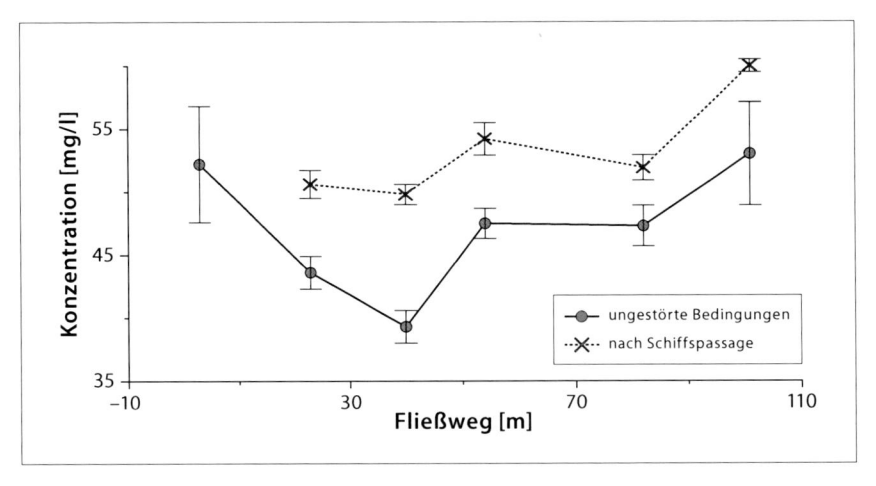

**Abb. 4-17:** Gesamtschwebstoffkonzentration im Buhnenfeld entlang des darin ausgebildeten Fließwegs, jeweils vor und unmittelbar nach einer Schiffspassage in der Fahrrinne der Elbe (Mittelwerte und Standardabweichungen)

Die Berufsschifffahrt auf der Elbe beeinflusst durch die Passage eines Lastschiffs die Strömungsverhältnisse in den Buhnenfeldern für ca. 10 bis 15 Minuten, ein Sportboot etwa für 5 Minuten. Untersuchungen zur Beeinflussung der Habitatqualität in den Buhnenfeldern durch die Elbschifffahrt, die durch hydrodynamische Messungen flankiert wurden, fanden im Sommer 2001 bei Coswig statt. Dort wurde festgestellt, dass nach einer Schiffspassage die mittleren Fließgeschwindigkeiten im Buhnenfeld gegenüber dem Hauptstrom um dem Faktor 1,5 bis 2 und die Scherspannungen sogar um den Faktor 3 bis 5 erhöht werden, und dass sich der Wasserspiegel im Buhnenfeld um bis zu 30 cm absenkte (ENGELHARDT et al. 2001, WIRTZ 2004).

Betreffend der Ergebnisse aus der Modellierung der Hydro- und Morphodynamik von Buhnenfeldern sei auf den Band 2 dieser Reihe: „Struktur und Dynamik der Elbe", Kapitel 3.2, sowie auf ZANKE (2001) verwiesen.

### 4.1.3  Aufenthaltszeiten von Schwebeteilchen in Buhnenfeldern der Elbe

Ziel der nachstehend dargestellten Arbeiten war es, Modellierungsansätze zu entwickeln, mit Hilfe derer Buhnenfelder im Flusswassergütemodell QSim (KIRCHESCH und SCHÖL 1999, SCHÖL et al. 2004) der Bundesanstalt für Gewässerkunde (BfG) berücksichtigt werden können. Zunächst wurden dazu vorhandene Theorien und Ansätze weiterentwickelt und daraus prinzipielle Zusammenhänge zwischen Retentionszeiten und hydraulischen Parametern abgeleitet. Anschließend wurden mit einem lokalen numerischen Strömungsmodell Ausbreitungsexperimente an einem Buhnenfeld der Elbe simuliert und daraus berechnete Aufenthaltszeiten für Schwebeteilchen angegeben. Parallel dazu wurden Aufenthaltszeiten aus einem großskaligen Tracer-Feldexperiment der Bundesanstalt für Gewässerkunde (HANISCH et al. 1997, EIDNER 1998) an der Elbe abgeleitet. Schließlich wurden die Ergebnisse (siehe auch BAUMERT et al. 2000, 2001, 2003) zu einer für den untersuchten Bereich genähert gültigen, einfachen semi-empirischen Formel zusammengefasst, die sich in ihrer Struktur auf die weiterentwickelte Theorie stützt und im Qualitätssimulationsmodell für die Elbe (QSim) direkte Anwendung findet (siehe Kapitel 7.1, 7.2). Diese Arbeiten werden nachfolgend in den Grundzügen und Hauptergebnissen skizziert.

#### Weiterentwicklung der Theorie des Stofftransports in Fließgewässern

Der eindimensionale Stofftransport in Fließgewässern wird durch folgende Modellgleichungen beschrieben, wobei $v = Q/A$ die mittlere Fließgeschwindigkeit und $D_L$ den longitudinalen Dispersionskoeffizienten symbolisieren; $c_1$ und $c_2$ sind die Konzentrationen eines Stoffes im Hauptstrom bzw. in den Totzonen; $\varphi_1$ und $\varphi_2$ sind korrespondierende Umsatzraten:

$$\frac{\partial c_1}{\partial t} + v \cdot \frac{\partial c_1}{\partial x} - D_L \cdot \frac{\partial^2 c_1}{\partial x^2} = \frac{1}{\tau_1} \cdot (c_2 - c_1) + \varphi_1(c_1) \qquad \text{(Gleichung 1)}$$

$$\frac{\partial c_2}{\partial t} = \frac{1}{\tau_2} \cdot (c_1 - c_2) + \varphi_2(c_2) \qquad \text{(Gleichung 2)}$$

Wie in BAUMERT et al. (2000, 2001, 2003) detailliert begründet, stehen die zunächst unbestimmten Zeitkonstanten oder Blockparameter $\tau_1$ und $\tau_2$ aufgrund der geometrischen Verhältnisse in folgender Beziehung zueinander:

$$\frac{\tau_2}{\tau_1} = \frac{B_2 \cdot h_2}{B_1 \cdot h_1} \qquad \text{(Gleichung 3)}$$

Hierbei sind $B_1$ und $B_2$ die Breiten von Hauptstrom und Buhnenfeld und $h_1$ und $h_2$ die korrespondierenden mittleren Wassertiefen. Die Zeitkonstanten $\tau_1$ und $\tau_2$ sind außerdem zum Wasserdurchfluss des Hauptstroms Q invers proportional, wobei $\beta_{1,2}$ empirische Parameter darstellen (BAUMERT et al. 2000, 2001):

$$\tau_1 = \beta_1/Q \qquad \text{(Gleichung 4)}$$

$$\tau_2 = \beta_1/Q \qquad \text{(Gleichung 5)}$$

Es ist zu beachten, dass Gleichung 4 und Gleichung 5 nur in einem relativ engen Durchflussbereich gelten, in welchem weder Überströmung noch Trockenfallen der Buhnenfelder auftreten dürfen. Die Parameter $\beta_1$ und $\beta_2$ können anhand weiterer Gleichungen bestimmt werden (BAUMERT et al. 2000, 2001). Für die nachfolgende Parameterbestimmung in den Modellgleichungen 1 und 2 wird der Einfachheit halber $\varphi_1 = \varphi_2 = 0$ gesetzt, d. h., es werden nur chemisch-biochemisch inerte (konservative) Stoffe betrachtet.

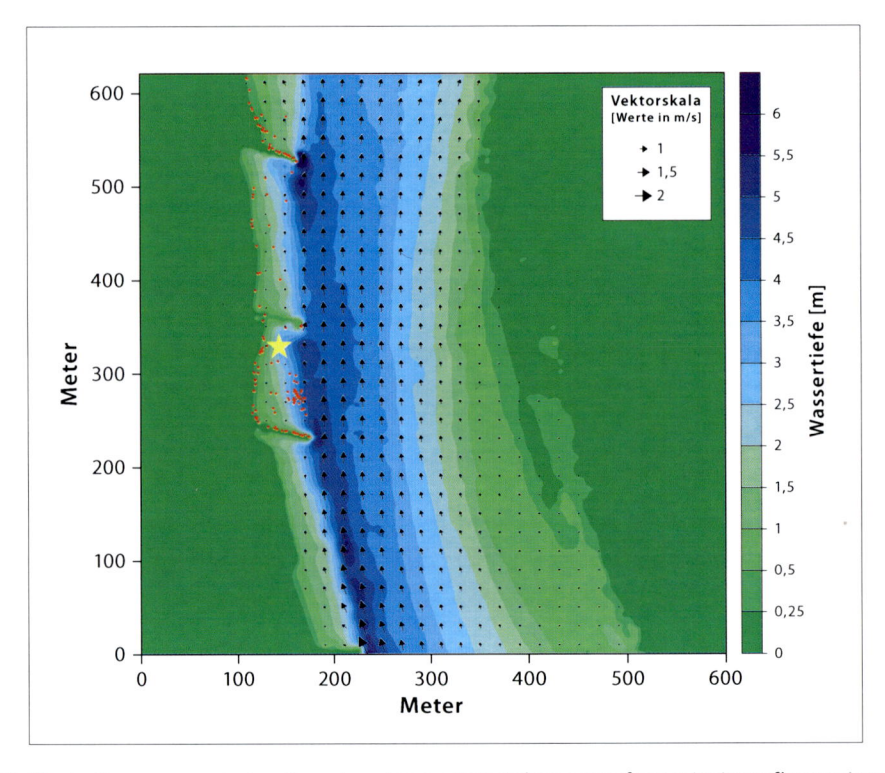

**Abb. 4-18:** Illustration zu numerischen Experimenten am Beispiel einer Impfung mit einem fluoreszierenden Tracer an der durch den gelben Stern markierten Stelle im Buhnenfeld Elbe-km 425,1 links bei Q = 450 m³/s: Jeder zwanzigste simulierte Strömungspfeil wurde gezeichnet. Die horizontale Gittergröße für die Strömungsberechnung betrug 10 Meter. Die Teilchentransporte wurden mit einem gitterfreien Verfahren ermittelt. Die hochauflösende Simulation der Buhnenfelder zeigt klare Rezirkulationswalzen und Totwasserbereiche, die allerdings nur in einer Bildschirmanimation, aber nicht in der vorliegenden Abbildung erkennbar sind. Die roten Punkte im obigen Bild markieren die Positionen ausgewählter Teilchen. Die von der Rechnung erfasste Teilchenzahl ist so hoch, dass deren Positionen bei weitem nicht gezeigt werden können, ohne die Aussagekraft des Bildes einzuschränken.

**Numerische Experimente**

Die Aufenthaltszeit von Schwebeteilchen in einem Buhnenfeld wurde mit Hilfe einer Serie numerischer Strömungssimulationen bestimmt. Die Methodik und die physikalisch-mathematischen Grundlagen der numerischen Experimente mit Lagrange'schen Tracern, die auf Rechenprogrammen von Duwe (1988) und von Duwe und Pfeiffer (1988) basieren, wurden in Baumert et al. (2000) dargestellt und werden hier beispielhaft durch Abbildung 4-18 illustriert. Aus solchen numerischen Simulationen wurden Ganglinienverläufe der Teilchenkonzentrationen im untersuchten Buhnenfeld (Abbildung 4-19) berechnet, aus denen charakteristische Abklingkonstanten abgeschätzt wurden. Die Untersuchungen konzentrierten sich auf die drei dargestellten Wasserstand-Durchflusskombinationen.

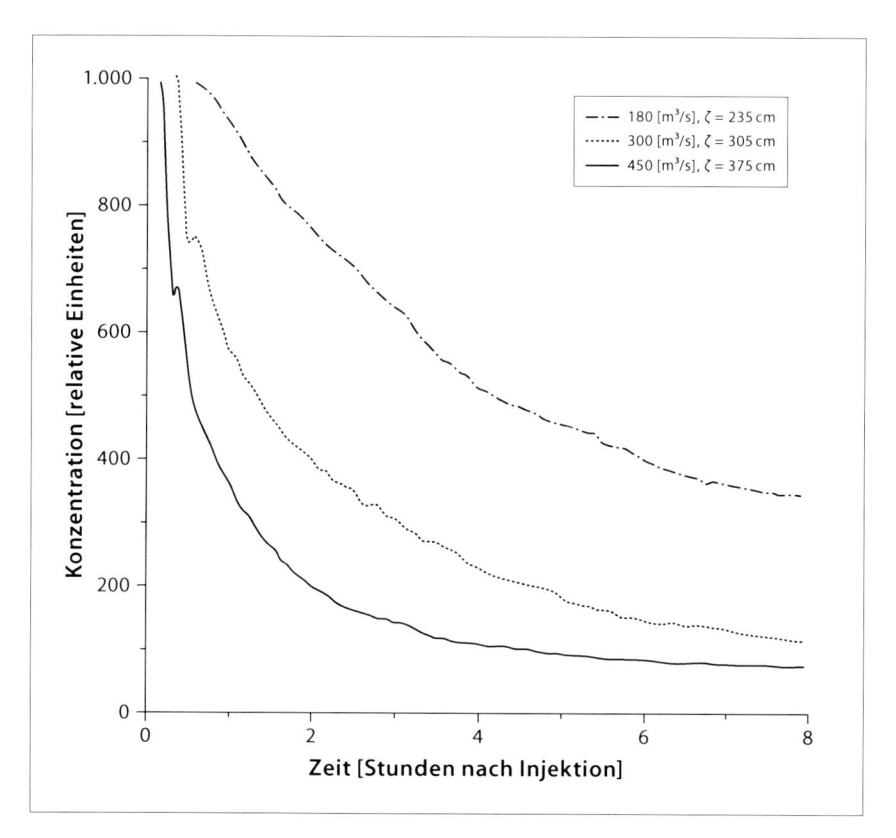

**Abb. 4-19:** Beispielhafte, numerisch simulierte Ganglinien der Konzentration im Buhnenfeld am Elbe-km 425,1 links nach einer einmalig-kurzzeitigen, punktförmigen Impfung. $\zeta$ und Q kennzeichnen jeweils charakteristische Wasserstände und Durchflüsse im Simulationsgebiet. Bei geringem Durchfluss (oberste Kurve) wird die Konzentration im Buhnenfeld durch Verdünnung erst nach mehreren Stunden halbiert, während bei deutlich höherem Durchfluss (unterste Kurve) die Konzentration im Buhnenfeld rapide abnimmt. Aus diesen Kurven kann man die effektiven Aufenthaltszeiten ableiten.

**Großskaliges Tracerexperiment im Hauptstrom der limnischen Elbe: Anwendung der Inversen Methode**

Die in den Modellgleichungen 1 und 2 enthaltenen Parameter wurden auch mittels der so genannten Inversen Methodik bestimmt, deren mathematische und numerische Hintergründe von G. Stoyan auf den vorliegenden Zusammenhang angepasst wurden und in Baumert et al. (2000) beschrieben sind. Kern der Methode ist der Vergleich simulierter Konzentrationsverläufe mit 23 gemessenen Ganglinien aus einem von der Bundesanstalt für Gewässerkunde (BfG) durchgeführten großskaligen Tracer-Feldexperiment. Dieses Feldexperiment bestand in der „punktförmigen" Markierung des Elbwassers im Oberlauf mit bestimmten Wasserinhaltsstoffen, die in der Natur nur in sehr geringer Konzentration vorkommen. Anschließend wurde der so markierte Wasserkörper als „fließende Welle" messtechnisch anhand dieser Stoffe verfolgt. Abbildung 4-20 demonstriert beispielhaft, dass die gefundenen Parameter realistisch sind und die Messungen gut bis sehr gut widerspiegeln.

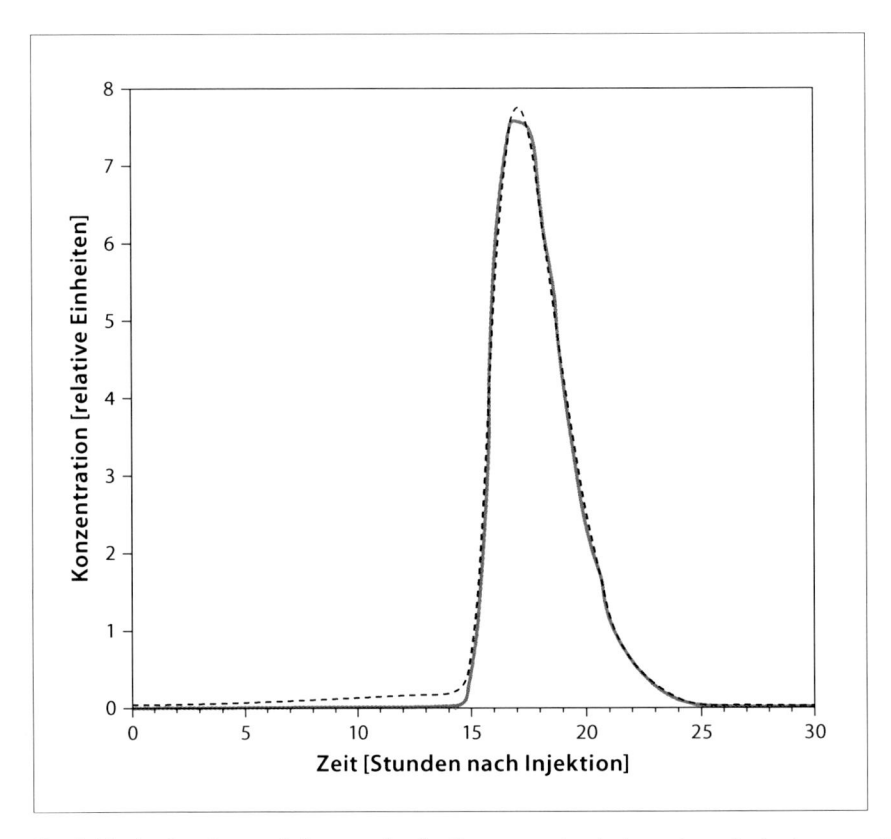

**Abb. 4-20:** Vergleich der Durchgangslinien aus der Stofftransportsimulation mit nach der Inversen Methode bestimmten Parametern (schwarz gepunktet) und aus einem Tracer-Feldexperiment (graue Linie) (HANISCH et al. 1997). Die Simulation bezieht sich dabei auf die Fließstrecke vom Impfpunkt in Tschechien bis zum deutschen Elbe-km 11,2 (Bad Schandau).

### Aufenthaltszeitbestimmung aus hochauflösenden Querprofilmessungen

Begleitend zur Tracermodellierung wurde untersucht, ob aus hochauflösend gemessenen Querprofilen der Temperatur und anderer Wassergüteparameter (BÖHME et al. 2002, siehe auch Kapitel 6.1) belastbare Aussagen über die Zeitkonstanten $\tau_1$ und $\tau_2$ gewonnen werden können. Das dazu entwickelte Verfahren liefert zwar einen sinnvollen Algorithmus, der jedoch für praktische Anwendungen viel zu ungenau arbeitet, da der Austausch zwischen Kernstrom und Buhnenfeldern nur einer von mehreren Faktoren ist, die die Temperaturganglinien in beiden Kompartimenten steuern, und die anderen Faktoren deutlich wirksamer sind. Das Verfahren musste nach Tests daher als zu ungenau verworfen werden (Details siehe BAUMERT et al. 2003).

## Aufenthaltszeitformel für Buhnen der Mittleren Elbe

Die für ein beispielhaftes Buhnenfeld (Elbe-km 425,1) gefundenen mittleren Aufenthaltszeiten liegen im Bereich von 5 bis 7 Stunden (siehe Abbildung 4-12). Die Abnahme der Aufenthaltszeit im Buhnenfeld mit zunehmendem Wasserdurchfluss der Elbe lässt sich genähert mit folgender Formel beschreiben (siehe Abbildung 4-21):

$$\tau_2 = \tau_2^0 \frac{1}{1 + Q/q_2} \qquad \text{(Gleichung 6)}$$

mit den Werten $\tau_2^0 = 12\,h$ und $q_2 = 400\,m^3/s$. Damit ist ein wesentlicher Parameter für die Modellgleichungen 1 und 2 abflussabhängig für diesen Flussabschnitt fixiert. Der Parameter $\tau_1$ kann dann mit Hilfe von Gleichung 3 berechnet werden.

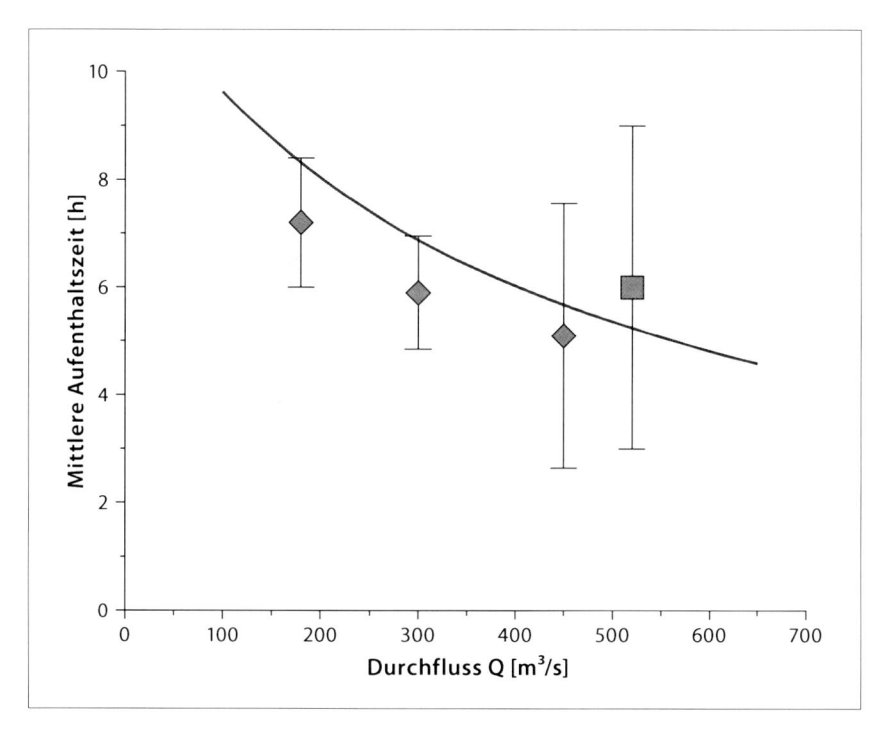

**Abb. 4-21:** Die Aufenthaltszeit $\tau_2$ virtueller Wasserpartikel im Referenzbuhnenfeld am Elbe-km 425,1. Rhomben = „Messungen" am numerischen Modell durch Auswertung von Ergebnissen wie in Abbildung 4-19; Quadrat = mittels Inverser Methode aus dem ersten Tracergroßexperiment der BfG abgeleiteter Wert; durchgezogene Linie = theoretisches Aufenthaltszeitmodell. Die Fehlerbalken ergaben sich aus Abschätzungen.

Hier ist kritisch anzumerken, dass die Auswirkungen veränderter Buhnengeometrien auf die Aufenthaltszeitspektren in der vorliegenden Studie nicht untersucht werden konnten und diese Frage offen bleiben muss. Die obigen Aussagen beziehen sich daher auf eine bestimmte Topographie, wie sie im Rahmen des Forschungsauftrages vorgegeben war. Schließlich sei ergänzt, dass die oben beschriebenen Ergebnisse mit Ergebnissen real durchgeführter, kleinskaliger Farbstoffexperimente im Buhnenfeld (Elbe-km 425,1; siehe Kapitel 4.1.2) nicht sinnvoll verglichen werden konnten, weil zwischenzeitlich durchgeführte Baumaßnahmen die Bathymetrie dieses Buhnenfeldes sehr stark verändert haben (KOZERSKI und SCHWARTZ 2004).

**Schlussfolgerungen**

Vergleicht man den Kosten- und Zeitaufwand für die hier vorgestellten numerischen Studien mit dem für Feldexperimente an der gesamten Elbe, so zeigt sich, dass erstere weitaus günstiger sind. Jedoch bedürfen sie der Absicherung durch wenigstens ein Feldexperiment, was im vorliegenden Projekt der Fall war. Die numerischen Experimente sind nach Validierung ein kostengünstiges Hilfsmittel, um Szenarien der Überströmung von Buhnenkörpern und der Ausuferung des Flussbetts studieren zu können. Wollte man die Aufenthaltszeitverteilung für alle Buhnenfelder der Elbe bestimmen, könnte die hier entwickelte Methodik verwendet und gegebenenfalls – vorsichtig – statistisch generalisiert werden.

Die neue parametrisierte Formel für die Aufenthaltszeit in Buhnenfeldern ist einfach und dadurch prinzipiell praktikabel. Parallel zu ihrer Ableitung und der Parameteridentifikation wurde innerhalb der Arbeit am Projekt auch ein robuster und praktikabler Algorithmus entworfen (hier nicht weiter dargestellt), der die Einfügung eines Buhnenfeldkompartiments in das Elbe-Wasserqualitätsmodell QSim der Bundesanstalt für Gewässerkunde erlaubte. Über die damit erzielten Modellierungsergebnisse der Wassergüte wird in Kapitel 7.2 berichtet.

## 4.2 Sedimentation in Buhnenfeldern
*René Schwartz und Hans-Peter Kozerski*

### 4.2.1 Untersuchung der Bedeutung von Buhnenfeldern für die Retentionsleistung eines Flusses am Beispiel der Mittelelbe

Die Bedeutung von Buhnenfeldern für die Retentionsleistung der Mittelelbe wurde schwerpunktmäßig in einem linksseitigen Buhnenfeld der Elbe am Elbe-km 420,9 (BF 420,9-L) in der Nähe der Ortschaft Räbel untersucht (siehe Abbildung 4-22). Die Größe des ausgewählten Buhnenfeldes ist typisch für den untersuchten Elbabschnitt. Die Länge der stromauf gelegenen Buhne beträgt 70 m, die der stromab gelegenen 45 m und der Abstand zwischen den beiden Buhnenwurzeln 83 m. Es ergibt sich eine Gesamtbuhnenfeldfläche von 4.770 m².

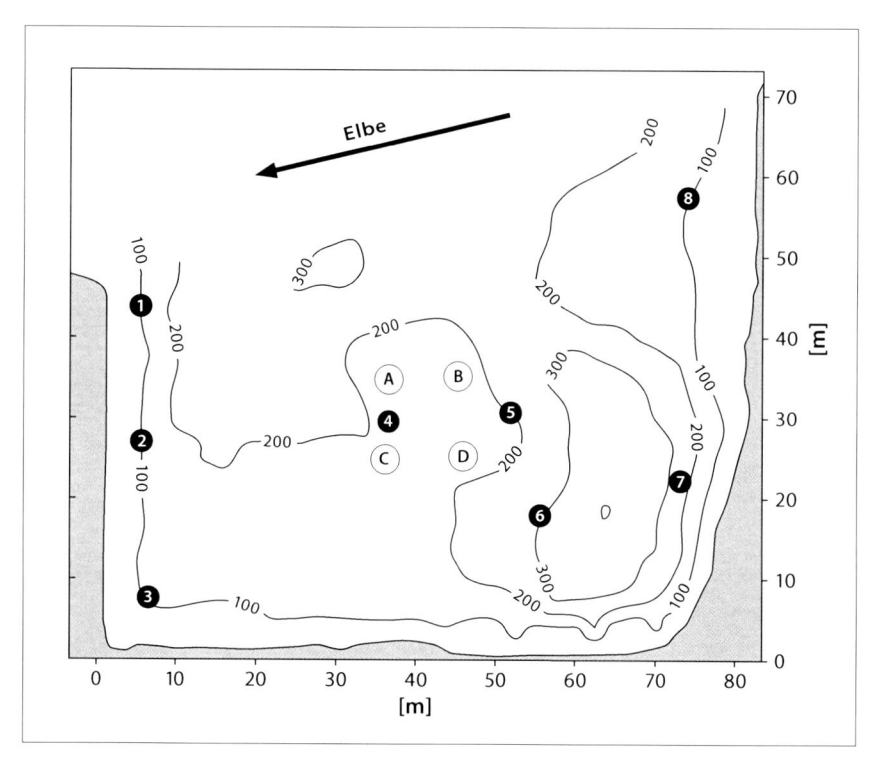

**Abb. 4-22:** Schematische Darstellung der Topographie im linksseitigen Buhnenfeld am Elbe-km 420,9 mit Sedimentkernentnahmestellen (A–D) sowie Messpunkten für Fließgeschwindigkeit und aktueller Sedimentation (1–8). Bezugswasserstand: 2,8 m PN, Pegel Havelberg

Aus den Tiefenlinien innerhalb des Buhnenfeldes (siehe Abbildung 4-22) ist zu entnehmen, dass bei einem Wasserstand von 2,8 m PN am Pegel Havelberg (d. h. 24,4 m ü. NN) weite Bereiche innerhalb des Buhnenfeldes eine Wassertiefe von mehr als 2,0 m aufwiesen. Die maximale Wassertiefe befand sich mit 4,0 m als Resultat eines früheren, mittlerweile behobenen Buhnendurchbruchs im Bereich der oberstromigen Buhnenwurzel. Zusätzlich zur Topographie sind in Abbildung 4-22 die im Zentrum des Buhnenfeldes gelegenen vier Sedimentkernentnahmestellen (A–D) abgebildet, welche der chemischen Bestimmung der Sedimentqualität dienten. Außerdem sind die über das gesamte Buhnenfeld verteilten acht Messpositionen für die Bestimmung der Fließgeschwindigkeit und der aktuellen Sedimentation dargestellt. Die Messpositionen gliederten sich auf in Haupteinstrombereich (1–3), Zirkulationszentrum (4–5), Rand des Sekundärwirbels (6–7) sowie Hauptausstrombereich (8).

### 4.2.2 Aktuelle Sedimentation

Hinsichtlich der aktuellen Sedimentation in einem Buhnenfeld sind zwei unterschiedliche Formen zu unterscheiden: Zum einen handelt es sich um die effektive Sedimentation, welche die realen Sedimentationsraten am Gewässergrund unter der Berücksichtigung der Strömungsverhältnisse angibt. Zum anderen ist es die potenzielle Sedimentation, welche die maximal mögliche Sedimentationsrate unter Vernachlässigung der Strömungsverhältnisse beziffert. Die potenzielle Sedimentationsrate wurde bei den Untersuchungen mit Hilfe von Zylinderfallen ermittelt, die aktuelle Sedimentationsrate mit Hilfe von Tellerfallen nach KOZERSKI und LEUSCHNER (1999). Beide Fallentypen wurden gemeinsam jeweils an einer der in Abbildung 4-22 aufgeführten acht Messpositionen ca. 40 cm oberhalb des Gewässergrundes in Abhängigkeit von der vorherrschenden Schwebstoffführung für 1 bis 2 Stunden exponiert. Die aktuellen Sedimentationsraten wurden im Jahr 2001 an vier Terminen (Mai, Juli, September, Oktober) mit jeweils dreifacher Wiederholung bei mittleren bis niedrigen Durchflüssen (zwischen 195 und 540 m$^3$/s) und unterschiedlichen Sestonkonzentrationen (zwischen 21 und 54 mg/l Trockenmasse) bestimmt.

Die mittleren Strömungsgeschwindigkeiten waren im Einstrombereich an der Position 1 mit 23 cm/s die höchsten innerhalb des Buhnenfeldes (siehe Abbildung 4-23, oben); die große Spanne zwischen dem 25%- und 75%-Wert macht deutlich, dass das Strömungsgeschehen hier sehr variabel war. Innerhalb des Einstrombereiches nahmen mit zunehmender Entfernung vom Hauptstrom nicht nur die mittleren Fließgeschwindigkeiten ab, auch die Streuung zwischen den Einzelwerten verringerte sich. Im Buhnenfeldzentrum (P4/5) umfasste die 25–75%-Spanne nur noch einen kleinen Wertebereich. Am Rande des Sekundärwirbels (P6) lag die mittlere Fließgeschwindigkeit bei 11 cm/s. Auffällig an dieser Stelle war, dass – möglicherweise durch Schiffsverkehr verursacht – zu bestimmten Zeiten sehr hohe Fließgeschwindigkeiten auftraten. Im Ausstrombereich war in etwas vermindertem Maße analog zum Einstrombereich ein Anstieg der Fließgeschwindigkeit mit zunehmender Nähe zum Hauptstrom zu beobachten. Detaillierte Angaben zu den Strömungsverhältnissen innerhalb der Buhnenfelder und deren Modellierung finden sich im Kapitel 4.1.2 und im Band 2 dieser Reihe: „Struktur und Dynamik der Elbe", Kapitel 3.2, sowie bei WIRTZ und ERGENZINGER (2002).

Die potenziellen Sedimentationsraten in diesem Buhnenfeld über ein hydrologisches Jahr zeigen (siehe Abbildung 4-23, Mitte), dass die Minimalwerte die potenzielle Sedimentation bei geringen Schwebstoffkonzentrationen der Elbe (Frühjahr, Herbst) wiedergeben, während hohe Raten in stark Schwebstoff führenden Phasen des Flusses (Sommer) auftreten. Die Medianwerte reichten von 580 g/(m$^2$·d) TM (P1) bis 970 g/(m$^2$·d) TM (P4). Lediglich unter extremen Bedingungen (z. B. „Klarwasserstadium" (siehe Kapitel 3.1), Algenblüte, auflaufende Hochwasserwelle) ist anzunehmen, dass die dargestellten Werte unter- bzw. überschritten werden. Nahezu unabhängig von der Fließgeschwindigkeit differierten die potenziellen Sedimentationsraten nur gering. Im Gegensatz zu GUHR (2002), der in einem Buhnenfeld am Elbe-km 317 eine durchschnittliche Abnahme der Schwebstoffkonzentration während der Buhnenfeldpassage von 24% feststellte, konnte im Buhnenfeld 420,9-L keine signifikante Minderung der Schwebstoffkonzentration nachgewiesen werden.

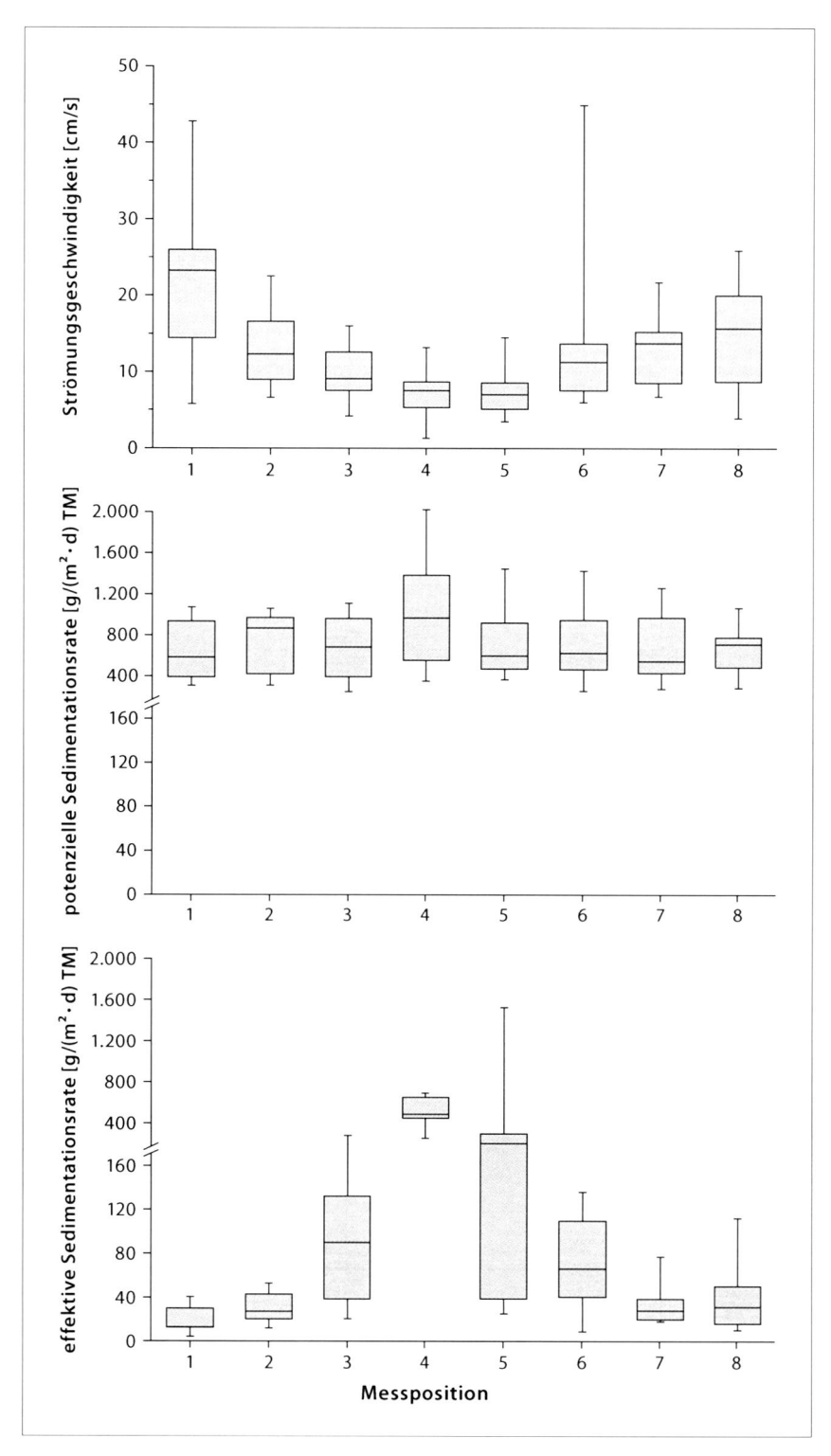

**Abb. 4-23:** Strömungsgeschwindigkeiten (oben) sowie potenzielle (mitte) und effektive (unten) Sedimentationsraten an den Messpositionen 1 bis 8 im Buhnenfeld 420,9-L (siehe Abbildung 4-22). Der Kasten der Box-Whisker-Darstellungen visualisiert jeweils den 25 %-, 50 %- und 75 %-Wert der Gesamtheit (n = 12) aller an dieser Stelle erhobenen Messdaten. Der obere und untere Balken umfasst die gesamte Wertespanne.

Die gleichmäßigen potenziellen Sedimentationsraten bedeuten, dass entweder lediglich ein geringer Teil der im Elbwasser befindlichen Schwebstoffe innerhalb des Buhnenfeldes aussinkt oder dass sich die Sedimentations- und Produktionsrate von Schwebstoffen annähernd die Waage halten. In diesem Zusammenhang zeigen EIDNER et al. (2002) und OCKENFELD (2002), dass die Buhnenfelder der Mittelelbe nicht nur eine wesentliche Stoffsenke darstellen sondern auch einen Ort verstärkter Planktonproduktion (siehe Kapitel 6.1).

Im Gegensatz zu den potenziellen ist bei den effektiven Sedimentationsraten aus dem gegenläufigen Muster zur Fließgeschwindigkeit zu schließen, dass die Strömungsgeschwindigkeit eine entscheidende Einflussgröße für das effektive Sedimentationsgeschehen darstellt. In den Hauptein- und -ausstrombereichen, in denen hohe durchschnittliche Fließgeschwindigkeiten (> 10 cm/s) herrschten, wurden die geringsten effektiven Sedimentationsraten innerhalb des Buhnenfeldes (< 40 g/(m²·d) TM) festgestellt. In den mäßig durchströmten Bereichen stieg einerseits die mittlere effektive Sedimentationsrate an, gleichzeitig nahm aber auch die Streuung der Werte deutlich zu. Im Buhnenfeldzentrum, der Zone mit den geringsten Fließgeschwindigkeiten (75 % der aufgenommenen Geschwindigkeitswerte lagen unterhalb von 10 cm/s), näherte sich das Niveau der effektiven Sedimentationsrate dem der potenziellen an. Das bedeutet, dass der Großteil der im Elbwasser vorhandenen potenziell aussinkbaren Teilchen im Zentrum des Buhnenfeldes tatsächlich sedimentierte.

Generell lassen sich bezüglich der Ablagerung von frischen schwebstoffbürtigen Sedimenten innerhalb des Buhnenfeldes 420,9-L drei Zonen unterscheiden: Die erste Zone umfasst die Buhnenfeldrandbereiche, in denen hohe durchschnittliche Strömungsgeschwindigkeiten mit regelmäßigen kurzzeitigen Geschwindigkeitsspitzen zu beobachten waren. Die durchschnittliche effektive Sedimentationsrate lag hier unterhalb von 20 g/(m²·d) TM. In der direkt angrenzenden zweiten Zone dominierten mittlere Fließgeschwindigkeiten mit einer geringen Häufigkeit von Extremwerten. Die durchschnittliche effektive Sedimentationsrate reichte hier von 40 bis 120 g/(m²·d) TM. In den zentralen Bereichen des Buhnenfeldes, in denen nahezu ausschließlich geringe Fließgeschwindigkeiten vorherrschten und gleichzeitig nur sehr wenige Extremwerte festzustellen waren, kam es im Gegensatz zu den schnell durchflossenen Arealen verstärkt zum Aussinken von feinem partikulärem organischem Material aus dem Elbwasser. Die durchschnittliche effektive Sedimentationsrate betrug in dieser Zone 485 g/(m²·d) TM; vereinzelt wurden Spitzenwerte bis zu 1.600 g/(m²·d) TM erreicht. Unter Berücksichtigung der jeweiligen Flächenanteile der drei Sedimentationszonen ergibt sich für das gesamte 4.770 m² große Buhnenfeld im Jahr 2001 ein mittlerer effektiver Schwebstoffeintrag von 151 kg/d im Jahr 2001 bzw. 32 g/(m²·d).

### 4.2.3 Stoffdepot

Für die Bewertung der Buhnenfelder hinsichtlich ihres Einflusses auf den Stoffhaushalt der Elbe ist die Frage nach dem langfristigen Verbleib der ausgesunkenen, feinpartikulären Schwebstoffe wichtig. Stellen die Buhnenfelder eine dauerhafte Schwebstoffsenke dar oder werden die während der sommerlichen Niedrigwasserphasen abgelagerten jungen Sedimente innerhalb der nachfolgenden Hochwasserphase wieder remobilisiert und weiter stromabwärts verfrachtet? Wie hoch ist der remobilisierte Anteil in Bezug zum sedimentierten? Ergibt sich in der Bilanz von Sedimentation und Remobilisierung über einen längeren Zeitraum ein Netto-Stoffrückhalt?

Zur Beantwortung dieser Fragen wurde in ausgewählten Buhnenfeldern der Gewässergrund sondiert und die Verteilung sowie die Mächtigkeit der feinkörnigen, an organischer Substanz reichen Dauerablagerungen (Mudde) festgehalten. Ergänzend wurden, um eine Aussage hinsichtlich Lage- und Volumenveränderungen der Mudde über mehrere Sedimentations- und Erosionsphasen treffen zu können, in einem typischen Buhnenfeld Sondierungen im Abstand von mehreren Monaten dreimal wiederholt. Die Erkundung des Gewässergrundes erfolgte mittels Peilstange, wobei die exakte Position innerhalb des Buhnenfeldes über an den Buhnen eingemessenen Festpunkten mit Hilfe eines skalierten Seiles gewährleistet werden konnte.

Im Ergebnis ließen sich im Buhnenfeld 420,9-L bezüglich des Muddedepots analog zur Einteilung der aktuellen Sedimentationsraten (siehe Kapitel 4.2.2) ebenfalls drei unterschiedliche Zonen ausweisen (siehe Abbildung 4-24): Im Buhnenfeldrandbereich, in welchem die aktuelle Sedimentationsrate nur sehr gering war, konnten keine feinkörnigen, an organischen Bestandteilen reichen Dauerablagerungen festgestellt werden. Als mögliche Ursache hierfür ist anzunehmen, dass die während der Mittel- und Niedrigwasserphasen abgelagerten Schwebstoffe in der nachfolgenden Hochwasserphase aufgrund der dann gesteigerten Fließgeschwindigkeiten und der daraus resultierenden Turbulenzen zum größten Teil wieder remobilisiert wurden. Ein weiterer Grund für die Diskrepanz zwischen den Ergebnissen der effektiven Sedimentation und der Gewässergrundsondierung kann in der schwachen kohäsiven Bindung der frischen wasserreichen schwebstoffbürtigen Sedimente an den sandigen Gewässergrund gesehen werden. In dem an die stark durchströmten Buhnenfeldrandbereiche direkt angrenzenden zweiten Bereich überwogen mittlere Fließgeschwindigkeiten. Die Mächtigkeit der Mudde betrug hier maximal 50 cm, d. h., die Sedimentationsrate dominierte gegenüber der Erosion- bzw. Remobilisierungsrate über einen längeren Zeitraum. Im zentralen Bereich des Buhnenfeldes, in dem größtenteils nur geringe Fließgeschwindigkeiten auftraten, war aktuell ein starkes Aussinken von feinem partikulärem organischem Material zu beobachten. Langfristiges Resultat der sehr hohen Sedimentationsraten an dieser Stelle war eine maximale Muddemächtigkeit von 1,2 m (siehe Abbildung 4-24).

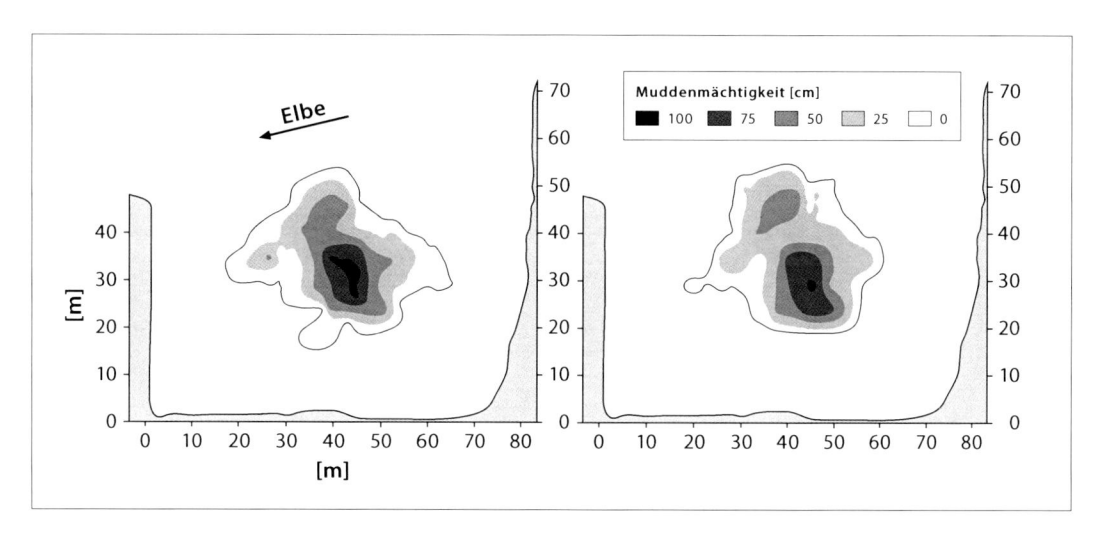

**Abb. 4-24:** Muddevorkommen im Buhnenfeld 420,9-L am 20.11.2001 (links) und am 10.07.2002 (rechts)

Das im Buhnenfeld 420,9-L festgestellte Muddedepot war hinsichtlich seiner Ausdehnung und seines Volumens über einen langen Zeitraum annähernd konstant. Wiederholungssondierungen haben ergeben, dass sich sowohl die Grundfläche als auch das Volumen der Muddeablagerung innerhalb von 230 Tagen (mit einer ausgedehnten Hochwasserphase) nur geringfügig verlagerten bzw. verkleinerten. An beiden Terminen waren es jeweils rund 980 m² bzw. 320 m³.

Aus der Kombination der Ergebnisse zur aktuellen Sedimentation und dem Sedimentdepot lassen sich weitere wichtige Kennwerte berechnen. Eine mittlere effektive Sedimentationsrate im Buhnenfeldzentrum von 485 g/(m²·d) TM entspricht bei einer Nassdichte der frischen schwebstoffbürtigen Sedimente von 1,15 g/cm³ einem jährlichen Sedimentzuwachs von ca. 1,5 cm. Unter der Annahme konstanter Sedimentationsbedingungen ergibt sich für das 1,2 m mächtige Muddepaket eine Entstehungszeit von ca. 80 Jahren. Diese Altersangabe kann anhand der analysierten Spurenmetallgehalte in der Mudde bestätigt werden. In den Tiefenprofilen der vier analysierten Sedimentkerne (siehe Kapitel 4.2.4) wurde ein Belastungsniveau nachgewiesen, welches jeweils im unteren Kernbereich ein elementspezifisches Konzentrationsmaximum aufwies. Die in diesem Bereich festgestellten Konzentrationen lagen weit über denen, die in den aktuellen schwebstoffbürtigen Sedimenten vorkommen. Daraus kann geschlossen werden, dass es sich bei den Muddeablagerungen nicht um junge, wenige Jahre alte Sedimente handeln kann, sondern um deutlich ältere. In diesem Belastungsausmaß können sie frühestens gegen Ende der Industrialisierung um 1900 in die Elbe gelangt sein, d. h., ihr Alter beträgt höchstens 100 Jahre.

### 4.2.4 Zusammensetzung rezenter Sedimente

Infolge der großen Differenz der Strömungsgeschwindigkeiten zwischen Flussmitte und Buhnenfeld unterscheidet sich die Textur des Gewässergrundes in diesen beiden Kompartimenten wesentlich (siehe Abbildung 4-25). Während im Hauptstrom die Korngrößenzusammensetzung sehr gleichförmig war, war das Körnungsspektrum in den Buhnenfeldern wesentlich weiter. In den Hauptstromproben war die größte Steigung der Körnungssummenkurve im Mittel- und Grobsandbereich zu erkennen, Feinsand- und Kiesbestandteile waren von untergeordneter Bedeutung, und Schluff- und Tonbestandteile fehlten gänzlich. In den Buhnenfeldern reichte das Körnungsspektrum von Mittelsand dominierten Proben, mit maximal 20 % Grobsand, bis nahezu sandfreien, stark schluffigen Proben, in denen der Tonanteil bis zu 25 % ausmachen konnte. Mittlere Feinkornanteile in den Buhnenfeldproben stellten das Resultat einer durch die Probenahme bedingten Durchmischung von geringmächtigen Wechsellagerungen von feinkorn- bzw. sandreichen Schichten dar. Eine gleichzeitige Ablagerung von kleinen und großen Partikeln an einem Ort konnte nicht festgestellt werden. Es zeigte sich, dass die räumliche Verteilung der grob- und feinkörnigen Sedimente zwischen den untersuchten Buhnenfeldern stark variierte und das jeweilige Ablagerungsmuster eng an das Strömungsgeschehen gekoppelt war (KOZERSKI et al. 2001).

Sedimentproben aus den rechtsseitigen Buhnenfeldern zwischen den Elbe-km 474 und 485 zeigten eine hoch signifikante Beziehung zwischen der Körnung und dem Gehalt an organischem Kohlenstoff ($C_{org}$) (siehe Abbildung 4-26). Während rein sandige Proben nur geringe Kohlenstoffgehalte aufwiesen (0,1 %), betrug der $C_{org}$-Gehalt annähernd sandfreier Proben 8,2 %. Aufgrund der Karbonatfreiheit der untersuchten Sedimente entsprachen die Gehalte an organischem Kohlenstoff dem Gesamt-Kohlenstoff. Die Beziehung von Gesamt-Stickstoff ($N_{tot}$) zu organischem Kohlenstoff war ebenfalls eng. Steigende Kohlenstoffgehalte korrespondierten mit steigenden Stickstoffgehalten. Der $N_{tot}$-Gehalt für nahezu sandfreie Proben lag bei 0,7 %. Das bedeutet ein C/N-Verhältnis von 12:1.

Die in den Buhnenfeldproben festgestellten engen Korrelationen zwischen den Makronährelementen und der organischen Substanz gelten in ähnlichem Maß auch für die Spurenmetalle. Aufgrund der geringen Beteiligung an Abbau-, Umwandlungs- und Aufnahmeprozessen kann bei den Spurenmetallen jedoch neben dem Gesamtgehalt der geogene und anthropogene Anteil getrennt ausgewiesen werden. Stellvertretend für die Gruppe der in den Elbsedimenten gering anthropogen angereicherten Elemente wurde die Beziehung von Nickel und für die Gruppe der stark anthropogen angereicherten Elemente die von Zink zum organischen Kohlenstoff untersucht (siehe Abbildung 4-27).

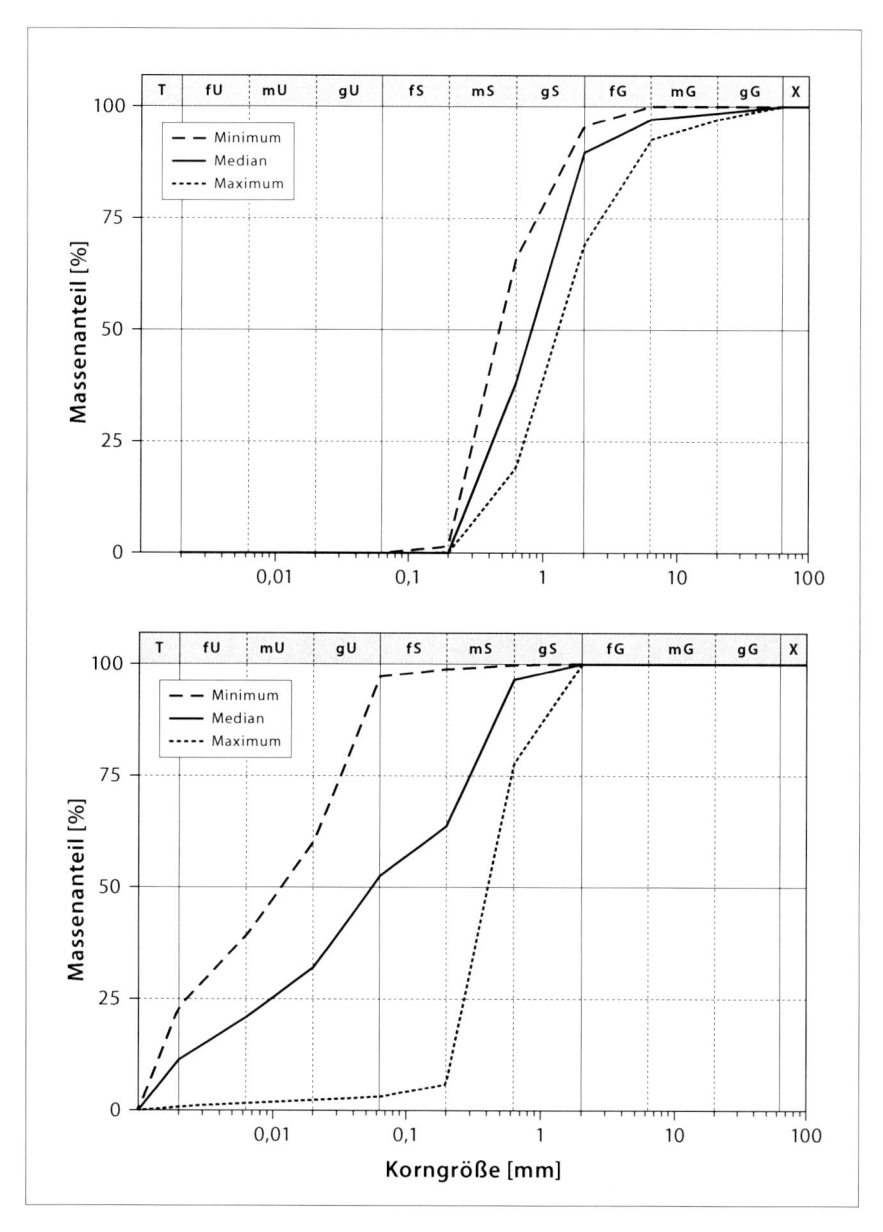

**Abb. 4-25:** Kornzusammensetzung der Elbsohle (oben) und der Buhnenfelder (unten) zwischen Elbe-km 474 und 485. T = Ton, U = Schluff, S = Sand, G = Kies, X = Steine, f = fein, m = mittel, g = grob (Daten SCHWARTZ et al. 2001)

Vier aus dem Buhnenfeld 420,9-L stammende Sedimentkerne wurden hinsichtlich ihrer Element-Gesamtgehalte mittels Röntgen-Fluoreszenzanalyse untersucht (siehe Tabelle 4-2, siehe auch Abbildung 4-22). Da der Masseanteil der Feinkornfraktion (< 63 µm) an der Gesamtprobe bei den Sedimentkernproben lediglich zwischen 79 und 97 % variierte, ist ein direkter Vergleich mit den aufgeführten Literaturwerten der geogenen Gehalte jedoch nicht zulässig. Aufgrund der aufgezeigten engen Korrelationen zwischen dem Feinkornanteil, dem Gehalt an organischer Substanz sowie den Nähr- bzw. Spurenmetallgehalten (siehe Abbildungen 4-26 und 4-27) ist zu berücksichtigen, dass die Elementgehalte in der reinen < 63 µm-Fraktion bei den Sedimentkernproben bis zu 20 % höher gewesen wären.

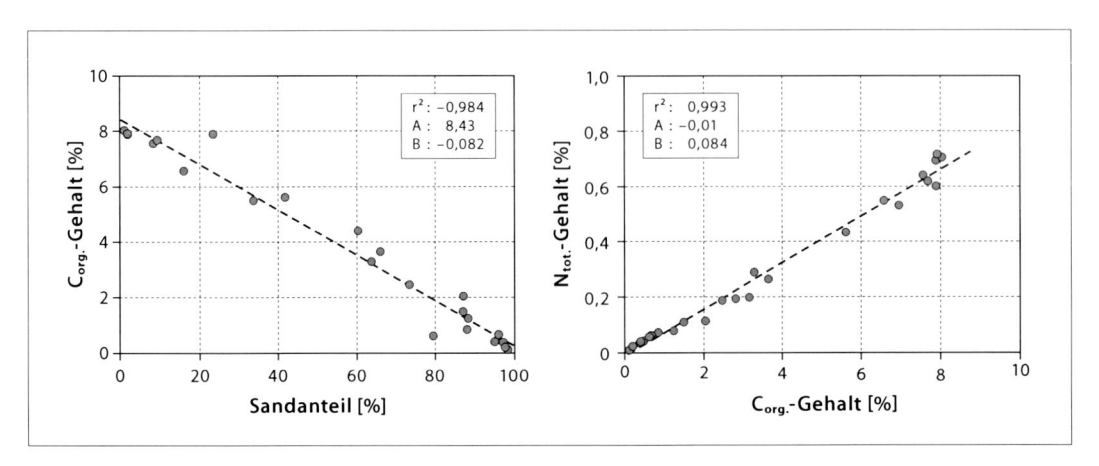

**Abb. 4-26:** Lineare Regressionen von organischem Kohlenstoff ($C_{org}$) und Sandanteil (links) sowie von Gesamt-Stickstoff ($N_{tot}$) und organischem Kohlenstoff (rechts) in Buhnenfeldsedimenten zwischen Elbe-km 474 und 485 (Daten Schwartz et al. 2001)

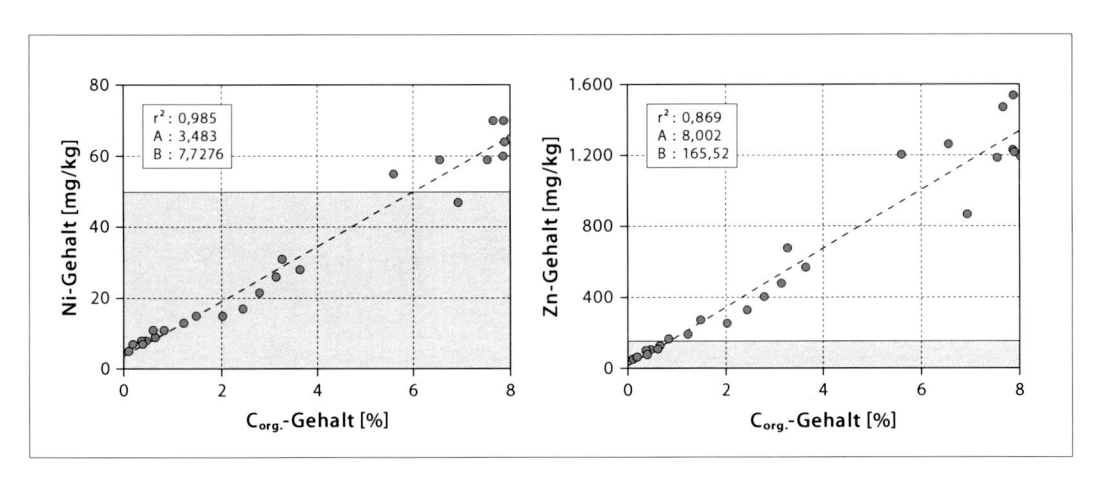

**Abb. 4-27:** Lineare Regressionen von Gesamt-Nickelgehalt (Ni) und organischem Kohlenstoff ($C_{org}$) (links) sowie Gesamt-Zinkgehalt (Zn) und organischem Kohlenstoff (rechts) in Buhnenfeldern zwischen Elbe-km 474 und 485 (Daten Schwartz et al. 2001). Graue Fläche = geogener Anteil, d. h. einzugsgebietsbedingte elementspezifische Hintergrundgehalte für die Kornfraktion < 20 µm (Krüger und Prange (1999)

Hinsichtlich der Spurenmetallgehalte ergeben sich in den Buhnenfeldsedimenten zwei unterschiedliche Gruppen. Zur ersten gehören solche Elemente, die nur wenig anthropogen angereichert sind (z. B. Chrom, Nickel). In die zweite fallen die Elemente, bei denen der anthropogene Anteil den geogenen bei weitem übersteigt (z. B. Kupfer, Blei, Zink). In frischen schwebstoffbürtigen Sedimenten der Mittelelbe wies im Jahr 1998 Cadmium die höchste Überschreitung gegenüber dem Hintergrundgehalt auf. In einer Reihe abnehmender Belastungsgrade folgten Zink, Quecksilber, Arsen, Blei, Kupfer, Nickel und Chrom (Schwartz et al. 1999).

**Tab. 4-2:** Mittlere Element-Gesamtgehalte feinkörniger Sedimente (Mediane, n = 25) des Buhnenfeldes 420,9-L und geogene Hintergrundwerte nach KRÜGER und PRANGE (1999)

| (mg/kg) | Phosphor | Schwefel | Eisen | Mangan | Calcium | Magnesium | Kupfer | Chrom | Nickel | Blei | Zink |
|---|---|---|---|---|---|---|---|---|---|---|---|
| gesamt | 3.110 | 2.830 | 44.190 | 2.260 | 27.930 | 7.530 | 185 | 150 | 65 | 150 | 1.335 |
| geogen | 730 | 540 | 50.800 | 660 | 7.100 | 8.100 | 30 | 120 | 50 | 30 | 130 |

Während die Spurenmetalle vor allem für den Umweltschutz Bedeutung haben, sind aus ökologischer Sicht vor allem die in der Mudde enthaltenen Nährstoffe von Interesse. Auch hier zeigte sich eine elementspezifische Anreicherung. Beispielsweise lag der mittlere Gesamtgehalt der Sedimente an den Makronährelementen Phosphor und Schwefel jeweils bei ca. 0,3 %. Anhand der geogenen Gehalte war zu erkennen, dass lediglich ca. 1/4 bzw. 1/5 des Gesamtgehaltes dieser beiden Elemente natürlichen Ursprungs war. Andere Nährelemente wie Eisen und Magnesium waren dagegen kaum anthropogen in der Mudde angereichert.

Wie weiter oben berichtet, befanden sich im Jahr 2001 innerhalb des Buhnenfeldes 420,9-L insgesamt ca. 300 m³ Mudde. Das bedeutet allein für dieses Buhnenfeld ein Stoffdepot von 28 t organischem Kohlenstoff, 2,4 t Stickstoff, 1,1 t Phosphor, 1,0 t Schwefel sowie 52 kg Blei, 64 kg Kupfer und 460 kg Zink. Auf einen typischen Flusskilometer der Unteren Mittelelbe hochgerechnet ergeben sich unter Annahme gleicher Muddemengen in allen dieser qualifizierten Schätzung zugrunde gelegten 20 Musterbuhnenfeldern sehr hohe Elementmengen: 560 t $C_{org}$, 48 t N, 22 t P, 20 t S, 1 t Pb, 1,3 t Cu, 9,2 t Zn. Es wird deutlich, dass die Buhnenfelder aufgrund der in ihnen lagernden feinkörnigen, stark mit Nähr- und potenziellen Schadstoffen angereicherten Sedimente, zumindest unter gewöhnlichen Abflusssituationen eine wesentliche Stoffsenke innerhalb des Ökosystems Flusslandschaft Elbe darstellen. Offen bleibt an dieser Stelle das Verhalten der Sedimente unter extremen hydrologischen Bedingungen. Sollte es zu einer Remobilisierung der Sedimente kommen, würden die Buhnenfelder eine erhebliche sekundäre Schadstoffquelle für das Flusssystem darstellen.

### 4.2.5 Extrapolation des Schwebstoffrückhalts

Um eine Extrapolation des in den Buhnenfeldern ermittelten partikulären Stoffrückhalts (siehe Kapitel 4.2.3) auf einen größeren Flussabschnitt zu ermöglichen, war eine Verknüpfung mit ergänzenden Fremddaten notwendig. Für eine Bilanzierung des Schwebstoffrückhalts im Bereich der Unteren Mittelelbe konnten Daten der Bundesanstalt für Gewässerkunde (unveröffentlicht) verwendet werden, die Tagesmittelwerte der Schwebstoffkonzentrationen und Durchflussmengen von mehreren Dauerbeobachtungsstellen über einen Zeitraum von 3 Jahren (01.11.1996 bis 31.10.1999) enthalten.

Für die Auswertung wurden zwei dem Untersuchungsgebiet nahe gelegene Messstationen unterhalb der Haveleinmündung (Wittenberge am Elbe-km 455 sowie Hitzacker am Elbe-km 523) herangezogen. Ein Vorteil dieser beiden Stationen ist, dass entlang der zwischen ihnen liegenden, 68 km langen Fließstrecke der Elbe der Einfluss von einmündenden Nebenarmen auf die Schwebstoffführung gering ist. Es speisen lediglich kleine Gewässer (Seege, Löcknitz, Elde, Jeetzel) ein, welche durch ihre geringe Wasserführung und stoffliche Belastung keinen wesentlichen Einfluss auf den Durchfluss oder die Schwebstoffkonzentration der Elbe haben. Aus diesem Grund können, zumindest bei niedrigen und mittleren Wasserständen, Änderungen in der Schwebstofffracht innerhalb des ausgewählten Flussabschnittes größtenteils auf flussinterne Prozesse (z. B. Sedimentation, Netto-Primärproduktion) zurückgeführt werden. Die Bedeutung der Mineralisation wird an dieser Stelle vernachlässigt.

Eine weitere mögliche Fehlerquelle ergibt sich dadurch, dass die Auswirkungen des 17 km oberhalb der Messstelle Wittenberge einmündenden Gnevsdorfer Vorfluters auf die Schwebstofffracht nicht berücksichtigt werden können. Der Gnevsdorfer Vorfluter speist einen wesentlichen Teil des Havelwassers rechtsseitig in die Elbe ein. Möglicherweise hat sich bis zum Erreichen der oberen Messstelle keine vollständige Durchmischung mit dem Elbwasser über den gesamten Flussschlauch vollzogen. Die Ergebnisse von BÖHME (2002a) und EIDNER et al. (2002) geben Hinweise darauf, dass es aufgrund der unterschiedlichen Probenahmeseiten (Wittenberge rechtes Ufer, Hitzacker linkes Ufer) gegebenenfalls zu einer systematischen Abweichung in der Schwebstoffführung kommen kann. Die Fließzeit der Elbe beträgt zwischen Wittenberge und Hitzacker je nach Wasserführung ungefähr 19 Stunden. Für die Bilanzierung der Schwebstofffracht wurde der Tagesmittelwert der oberen Messstelle (Wittenberge) mit den Werten der unteren Messstelle (Hitzacker) des darauf folgenden Tages über drei hydrologische Jahre verglichen und in Beziehung zur Gesamtschwebstofffracht der Elbe gesetzt.

Die Ergebnisse der täglichen Schwebstofffrachtbilanzierungen zwischen den Elbe-km 455 und 523 werden anhand zweier charakteristischer Winter- und Sommerniedrigwassersituationen dargestellt (siehe Abbildung 4-28). Am Ende beider ausgewählter Zeiträume kam es zu einem sprunghaften Anstieg der Wasserführung, einhergehend mit einem Ausufern der Elbe und Überflutung der angrenzenden Aue. Bei der Interpretation der Daten muss berücksichtigt werden, dass sie das Ergebnis mindestens zweier gegenläufiger Prozesse darstellen. Geringe Differenzen sagen lediglich etwas über das Verhältnis von Sedimentation und Netto-Primärproduktion aus, jedoch nichts über die jeweiligen absoluten Beträge.

Während der eigentlichen Niedrigwasserphase im Winter 1996/97 vom 01.11.1996 bis 14.02.1997 kam es an 89 von 106 möglichen Tagen zu einer negativen Bilanz, d. h. einer Reduzierung der Schwebstofffracht, von insgesamt 19.600 t. An den verbleibenden 17 Tagen war die Schwebstofffracht in Hitzacker gleich groß oder größer als in Wittenberge. Es verbleibt eine Frachtdifferenz von 17.700 t. Bezogen auf einen Normkilometer Fließstrecke bedeutet dies einen durchschnittlichen Netto-Schwebstoffrückhalt von 2,5 t pro Tag. Mit Beginn des Hochwassers am 15.02.1997 stiegen die Frachtdifferenzen stark an. Innerhalb einer Woche betrug die Differenzsumme für den Gesamtabschnitt 20.600 t bzw. 43,4 t/(km · d). Werden die Differenzen der Niedrig- und Hochwasserphase des Winters 1996/97 addiert, ergibt dies eine Gesamtbilanz von −38.300 t bzw. −5,0 t/(km · d).

Das Verhältnis von Schwebstoffrückhalt und -produktion war in den Sommermonaten im Gegensatz zu den Wintermonaten uneinheitlich (siehe Abbildung 4-28 unten). Es überwogen die Tage, in denen die Schwebstofffracht zwischen Elbe-km 465 und 523 anstieg. Eine positive Bilanz wurde an 68 Tagen nachgewiesen, an 44 Tagen war die Bilanz negativ. In der Gesamtbilanz dominierte auch in den Sommermonaten in dem 68 km langen Flussabschnitt die Senken- über der Quellenfunktion. Es fand ein Netto-Stoffrückhalt von 6.400 t bzw. 0,8 t/(km · d) statt.

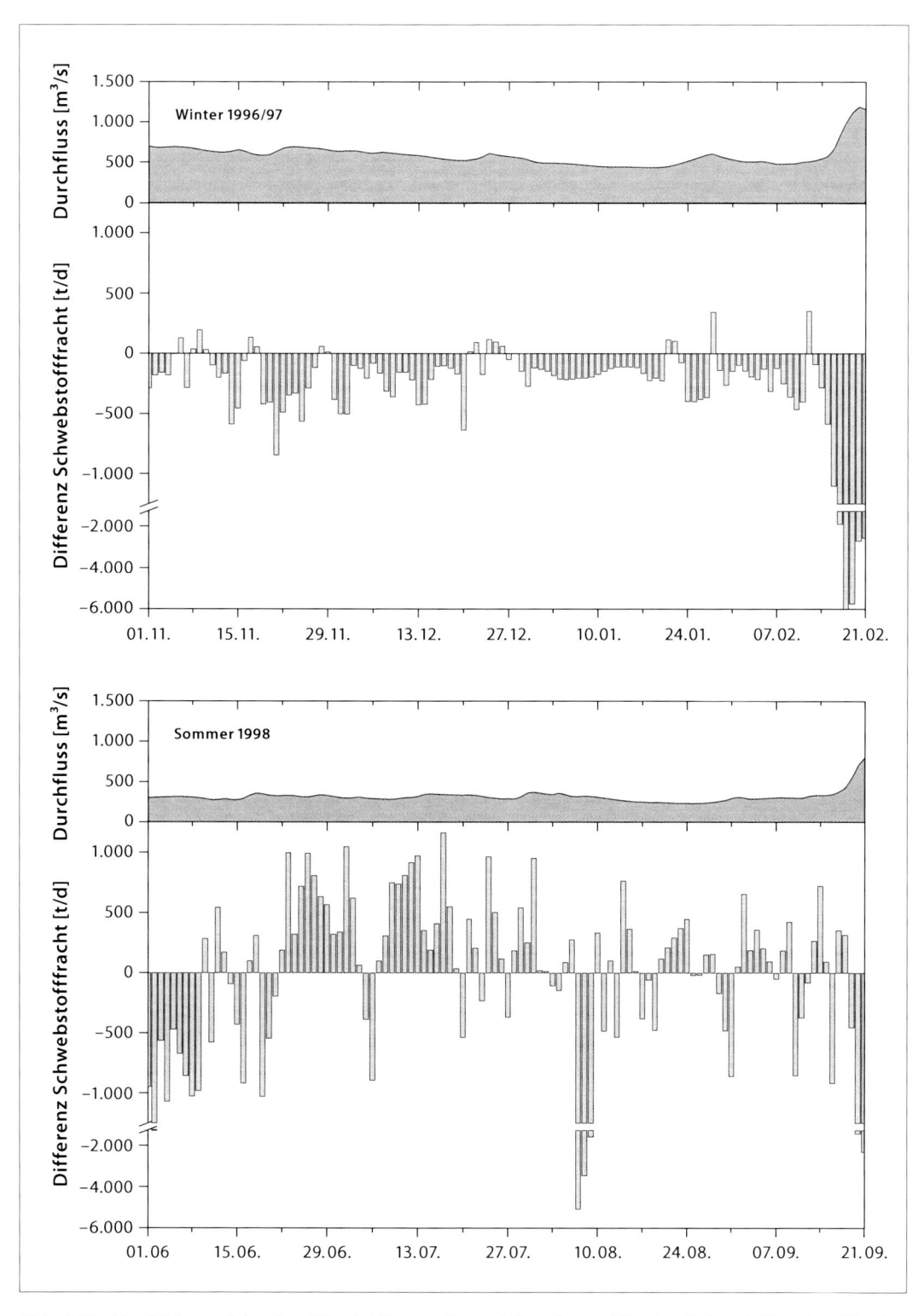

**Abb. 4-28:** Vergleich der Schwebstofffrachtbilanz zwischen Wittenberge (Elbe-km 455) und Hitzacker (Elbe-km 523) im Winter 1996/97 (oben) und im Sommer 1998 (unten); es wurden jeweils Zeiträume von 112 Tagen mit einer Niedrigwassersituation und anschließender Durchflusszunahme ausgewählt (Daten Bundesanstalt für Gewässerkunde). Positive Werte im Balkendiagramm bedeuten eine Zunahme der Schwebstofffracht entlang der Fließstrecke, negative eine Verringerung.

Prozesse und Biozönosen in den Buhnenfeldern

Während des Gesamtzeitraumes der drei ausgewerteten hydrologischen Jahre kam es entlang der Messstrecke in den Jahren 1997 und 1999 zu einem deutlichen Netto-Schwebstoffrückhalt. Im Jahr 1998 fiel dagegen die Bilanz nahezu ausgeglichen aus (siehe Abbildung 4-29). Insgesamt belief sich die Differenzsumme der drei Jahre im Jahresdurchschnitt auf 155.000 t. Aus Abbildung 4-29 wird ferner deutlich, dass die in Abbildung 4-28 aufgezeigte einfache Beziehung der Reduzierung des Sestongehaltes im Flussverlauf durch die Buhnenfelder oft nicht zutrifft. Eine direkte Übertragung der Erkenntnisse aus den ausgewählten Winter- und Sommer-Niedrigwassersituationen für die Prognose eines gesamten hydrologischen Jahres ist offenbar aufgrund der Vielzahl der das System beeinflussenden Faktoren (z. B. Zeitpunkt, Dauer, Höhe eines Hochwassers) nicht möglich.

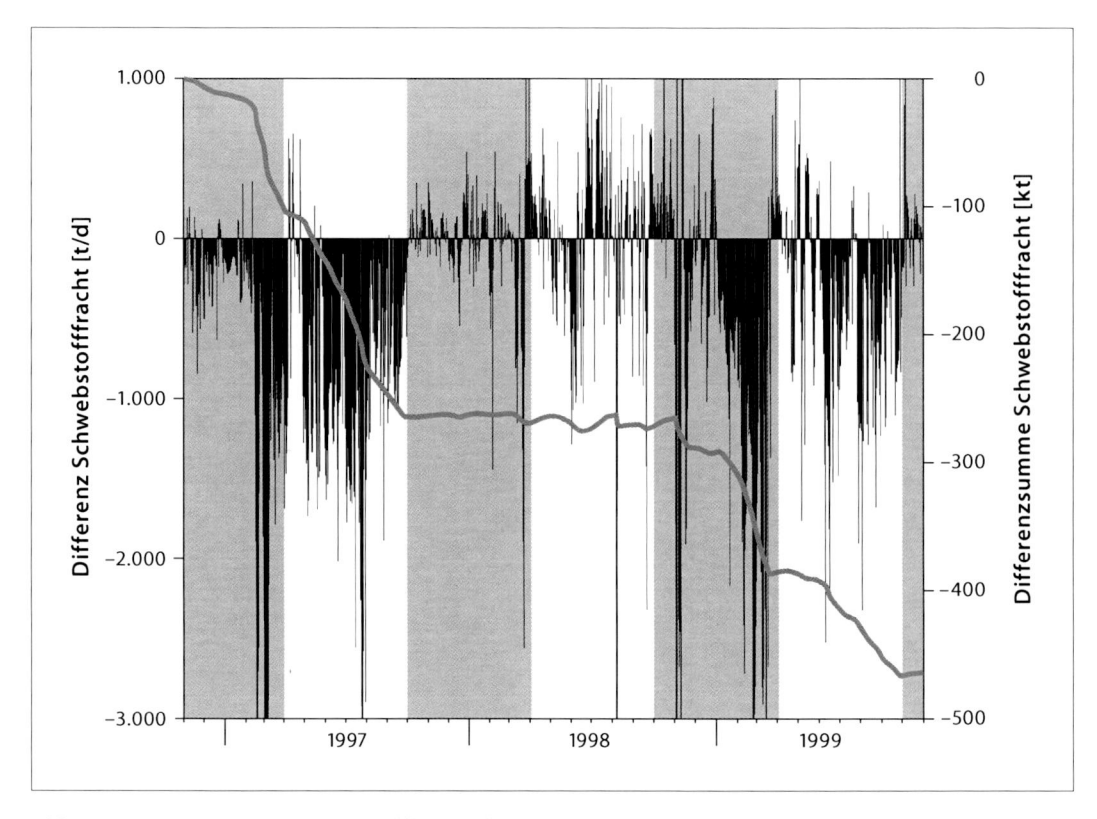

**Abb. 4-29:** Tageswerte der Schwebstofffrachtdifferenz und Differenzsumme zwischen Elbe-km 455 und 523 in den hydrologischen Jahren 1997 bis 1999 (Daten Bundesanstalt für Gewässerkunde)

Um trotz der aufgezeigten Unwägbarkeiten bezüglich der Schwebstoffreduzierung die Bedeutung der Buhnenfelder für die Retentionsleistung im Bereich der Mittelelbe abschätzen zu können, ist es notwendig, geeignete Zeiträume aus dem Gesamtdatensatz gesondert zu betrachten. Es hat sich gezeigt, dass während winterlicher Niedrigwasserphasen die Schwebstoffe entlang der Fließstrecke des Flusses am stärksten zurückgehalten wurden. Der durchschnittliche Netto-Rückhalt aller winterlichen Niedrigwasserphasen des Beobachtungszeitraumes betrug innerhalb der Gesamtstrecke 62.000 t/a. Dieser Wert stimmt gut überein mit der aus dem Buhnenfeld 420,9-L für den gesamten Flussabschnitt hochgerechneten effektiven Sedimentationsrate von 75.000 t/a. Eine Annahme hierbei ist, dass sich alle ca. 1.360 Buhnenfelder entlang der Messstrecke wie das Musterbuhnenfeld verhalten.

Um eine Abschätzung des Verhältnisses von Schwebstoffrückhalt in den Buhnenfeldern im Vergleich zum Schwebstoffrückhalt in den direkt angrenzenden Auen tätigen zu können, sind zum einen die von Schwartz et al. (2001) ermittelten Daten zum hochwassergebundenen Stoffeintrag in die rezente Aue und zum anderen die Angaben der IKSE (1995c) bezüglich der Ausdehnung der hochwasserrelevanten Vordeichbereiche zu berücksichtigen. Der durchschnittliche Sedimenteintrag auf die flächenmäßig dominierenden, mittelhoch gelegenen Vordeichbereiche beträgt 0,5 bis 1,5 kg/(m²·a). Bei einer Ausdehnung der rezenten Aue zwischen Elbe-km 455 und 523 von ca. 12.200 ha ergibt sich ein jährlicher Stoffrückhalt zwischen 61.000 t und 183.000 t. Der Gesamtschwebstoffrückhalt ergibt sich aus der Addition der Sedimentationsmengen der Buhnenfelder und der Aue. Er beträgt 123.000 t/a bis 258.000 t/a.

Die gesamte Schwebstofffracht, die in den drei hydrologischen Jahren an den zwei Messstellen vorbeigeströmt ist, betrug in Wittenberge 2.085.000 t und in Hitzacker 1.620.000 t. Demzufolge fand im Jahresdurchschnitt ein Netto-Stoffrückhalt von 155.000 t statt. Dies entspricht einer Schwebstoffreduktion von 22 %. Diese Angaben für den Stoffrückhalt innerhalb des Gesamtzeitraumes passen gut zu den unabhängig hiervon ermittelten Sedimentationsmengen in Buhnenfeld und Aue (siehe oben). Der Anteil des partikulären Stoffrückhalts variiert demnach in den Buhnenfeldern der Mittelelbe zwischen 25 % und 50 % und in der rezenten Aue zwischen 50 % und 75 % je nach Höhe, Dauer, Häufigkeit und Zeitpunkt von Hochwasserereignissen.

Festzuhalten ist, dass mit der beschriebenen Methode lediglich für winterliche Niedrigwasserphasen und für einzelne Flussabschnitte, in denen keine größeren Nebenflüsse einmünden, eine sinnvolle Schwebstoffbilanz erstellt werden kann. Steigt der Durchfluss der Elbe soweit an, dass es zum Ausufern kommt, nimmt der Stoffrückhalt deutlich zu. Im Hochwasserfall stellt die überflutete Aue die größte Stoffsenke dar. In den Sommermonaten ist neben der Deposition noch die Primärproduktion in der Stoffbilanz zu berücksichtigen, und auch die Mineralisation kann erheblich zum Stoffrückhalt beitragen (siehe Kapitel 5.4). Dies erschwert eine Abschätzung der realen Retentionsleistung der Buhnenfelder.

## 4.3 Plankton und benthische Besiedlung in Buhnenfeldern

Henry Holst (Kapitel 4.3.1); Matthias Brunke (4.3.2); Sandra Kröwer (4.3.3); Ute Wörner und Heike Zimmermann-Timm (4.3.4)

### 4.3.1 Zooplankton

Das Vorkommen und die Populationsdynamik des Zooplanktons in Fließgewässersystemen hängen entscheidend vom Vorhandensein strömungsberuhigter Uferlebensräume ab, da advektive Verluste zu einer permanenten Reduktion des Planktons führen. Insbesondere für das Metazooplankton (Rotatorien und Crustaceen), dessen Wachstumsraten im Vergleich zum Phyto-, Protozoo- und Bakterioplankton deutlich geringer sind, ist der Eintrag aus solchen lateralen Retentionszonen von übergeordneter Bedeutung.

Die Bedeutung der seitlichen Strukturen eines Fließgewässers für die Lebensgemeinschaften im Hauptstrom wurden konzeptionell im „Flood Pulse Concept" zusammengefasst (JUNK et al. 1989), wobei für die mit dem Wasserstand schwankende Überflutungsfläche der Begriff der „bewegten Uferzone" („moving littoral") geprägt wurde. Ufernahe Bereiche weisen oft Kreis- und Rückströmungsbereiche auf, weswegen sie auch als hydrodynamische Totzonen (REYNOLDS und GLAISTER 1993) oder „Aufenthaltszonen" (REYNOLDS und DESCY 1996) bezeichnet werden. Hier können sich im Gewässer Stoffe und Organismen anreichern („Inshore Retention Concept", SCHIEMER et al. 2001). Auch das Zooplankton im Hauptstrom wird so maßgeblich beeinflusst durch die Morphologie der Uferhabitate (z.B. Makrophytenbestände, Buhnenfelder, Altarme), ihre räumliche Relation zum Hauptstrom sowie durch laterale Gradienten der Strömungsgeschwindigkeit und Verweilzeit. Darüber hinaus wirken indirekte Faktoren, wie die veränderte Dynamik bezüglich Licht, Wassertemperatur und Schwebstoffgehalt, auf das Zooplankton in diesen Retentionsbereichen ein. Den positiven Effekten in diesen Habitaten steht jedoch auch ein erhöhter Räuberdruck z.B. durch Jungfische gegenüber.

Der direkte Nachweis dieser fördernden Faktoren auf das Zooplankton konnte jedoch bis jetzt, vermutlich aufgrund der hohen Dynamik der Fließgewässer, nur in wenigen Freilandstudien erbracht werden. So kommt in ufernahen Bereichen des Ohio-Flusses das Crustaceenplankton (Nauplien und Copepoda) in bis zu 60 % höheren Abundanzen vor (THORP et al. 1994), und in der Donau können bis zu 47 % der Zooplanktonvarianz durch die Verfügbarkeit von Retentionsbereichen erklärt werden (RECKENDORFER et al. 1999). Signifikante Unterschiede in der lateralen Verteilung des Zooplanktons wurden auch in der Maas und in der Mosel festgestellt (VIROUX 1999).

Buhnenfelder sind Gewässerbereiche mit einer je nach Größe und Beschaffenheit mehr oder weniger deutlich erhöhten Verweilzeit des Wasserkörpers. Verglichen mit naturnahen Uferstrukturen, z.B. Makrophytenbeständen und langsam durchströmten Altarmen, ist das Retentionspotenzial einzelner Buhnenfelder jedoch gering, und die Austauschzeiten des Wasserkörpers wesentlich höher als die Wachstumsraten der meisten Zooplankter. Lediglich Zooplankter mit ausreichendem Schwimmvermögen (z.B. Copepoden) können sich aktiv in Bereichen niedriger Strömungsgeschwindigkeiten halten und sich dort anreichern (VIROUX 2002). Jedoch verhindert der von Binnenschiffen verursachte Sog und Wellenschlag (siehe Kapitel 7.4) vermutlich häufig einen solchen Anreicherungsprozess. So konnte in der Waal (Hauptarm des Rheins in den Niederlanden) kein signifikanter Unterschied zwischen der Planktondynamik des Hauptstroms und eines Buhnenfeldes registriert werden, vermutlich weil die Passagen von über 300 Schiffen am Tag einen zu großen Störeffekt auf den Uferbereich ausübten (SPAINK et al. 1998).

Obwohl der Schiffsverkehr der Elbe wesentlich geringer ist, wurden auf einer lateralen Beprobung in Havelberg (Elbe-km 423) im Sommer 1999 ebenfalls keine Unterschiede zwischen Phytoplankton- und Rotatorienabundanzen des Hauptstroms und der angrenzenden Buhnenfelder gefunden (HOLST et al. 2002). Wahrscheinlich lag dies an dem relativ geringen Volumen der Buhnenfelder bei Niedrigwasser, welches die Aufenthaltszeiten des Wassers in den Buhnenfeldern reduzierte, sowie an der hohen Varianz der Planktonverteilung zu dieser Zeit (HOLST et al. 2002). Bei den planktischen Krebstieren (Crustaceen) hingegen konnten während einer Längsschnittuntersuchung im Jahr 2000 ein verstärktes Auftreten in den Uferbereichen registriert werden (siehe Abbildung 4-30), welches aber nicht ausschließlich auf die retentive Wirkung von Buhnenfeldern zurückzuführen ist (LUNAU 2001).

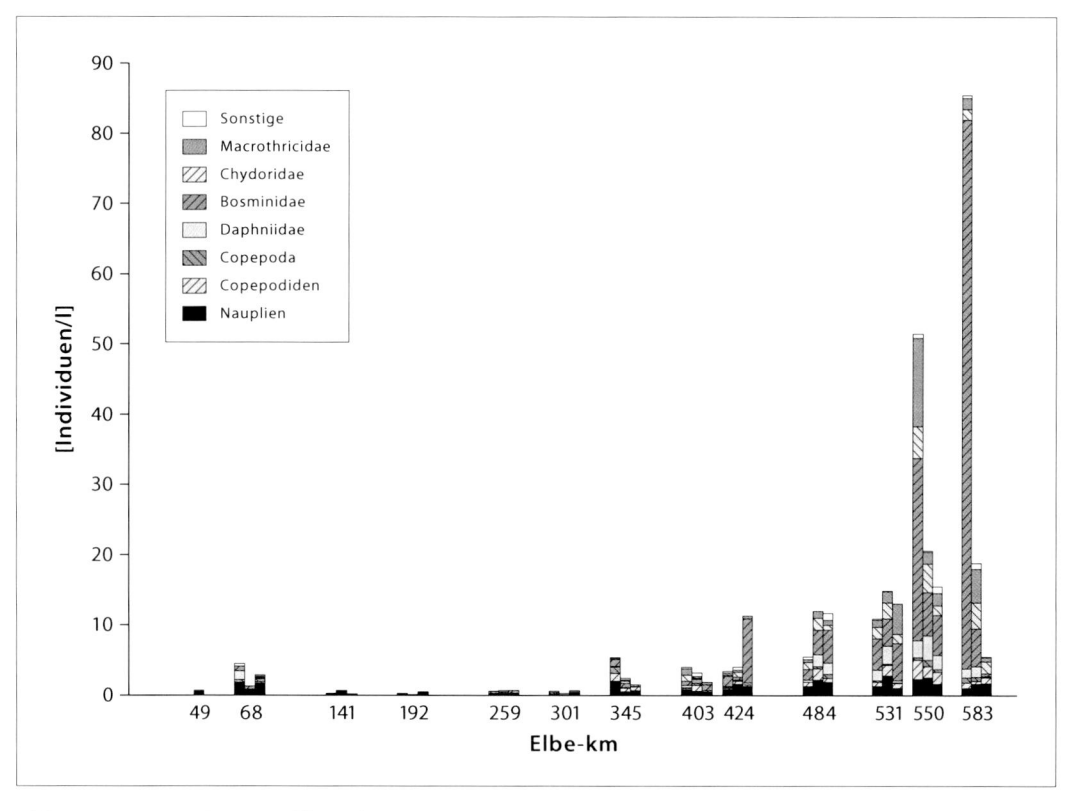

**Abb. 4-30:** Longitudinale und laterale Verteilung der Crustaceen im Juli 2000; linker Balken = linkes Ufer, mittlerer Balken = Hauptstrommitte, rechter Balken = rechtes Ufer (nach LUNAU 2001)

Ebenfalls deutlich wurde dieses Phänomen bei einer Beprobung des Stromquerschnitts bei Havelberg im August 2000 (LUNAU 2001): Insbesondere die Bosminidae waren in den Buhnenfeldern häufiger vertreten als in der Hauptstrommitte (siehe Abbildung 4-31). Die primär benthischen Chydoridae zeigten bei dieser Untersuchung ausschließlich während der Nachtstunden eine wesentlich höhere Abundanz im Freiwasser eines Buhnenfeldes (siehe Abbildung 4-32), was auf eine erhöhte Ausdriftung aus dem Benthal schließen lässt (LUNAU 2001). Die Buhnenfelder können demnach als Retentionszonen einen steuernden Einfluss auf die Dynamik und Taxazusammensetzung des Zooplanktons der Elbe ausüben.

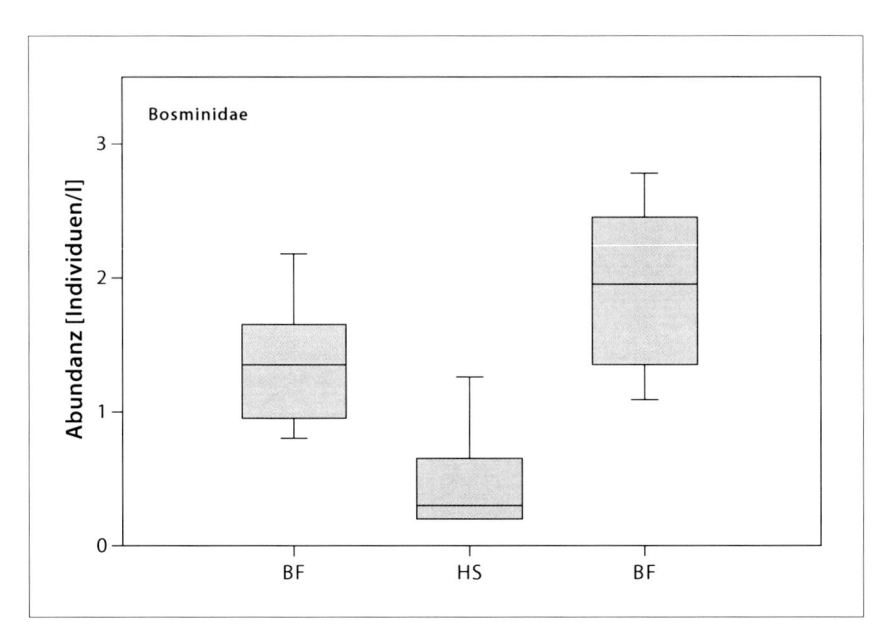

**Abb. 4-31:** Verteilung der Bosminidae im Hauptstrom (HS) und in den angrenzenden zwei Buhnenfeldern (BF) bei Havelberg (Elbe-km 423) im August 2000

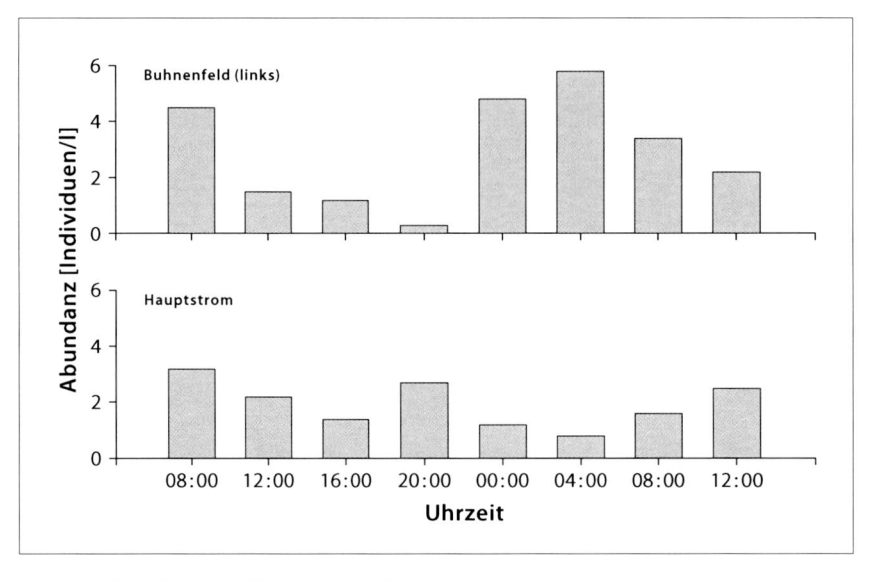

**Abb. 4-32:** Diurnale Verteilung der Chydoridae im Hauptstrom und im linken Buhnenfeld bei Havelberg (Elbe-km 423) am 11. und 12. August 2000

### 4.3.2 Meio- und Makrofauna des Buhnenfeldes

Die Ausprägung der Lebensgemeinschaften der auf dem Gewässergrund lebenden Meio- und Makrofauna (mehrzellige Tiere kleiner bzw. größer als 1 mm Körperlänge) wird in einem besonderen Maße von abiotischen Umweltfaktoren bestimmt. Zu diesen gehören die physische Struktur des Lebensraums, Häufigkeit und Intensität von Störungen sowie das Ressourcenangebot. Diese Faktoren formen multidimensionale Gradienten, in die sich die Lebensräume (Habitate) anordnen und auch aggregieren lassen (BRUNKE et al. 2002b). Die Umweltfaktoren, die die Lebensbedingungen in einem Habitat prägen, zeigen klein- und mittelskalige räumliche Muster, so dass kleinskalige, relativ homogene Mikrohabitate und mittelskalige, ebenfalls aufgrund geringer Heterogenität abgrenzbare Mesohabitate entstehen. Die aquatischen Mikrohabitate der Elbe werden über flussmorphologische Strukturen aggregiert, die als Mesohabitate mit einer Ausdehnung von 1 m bis etwa 100 m mehrere Mikrohabitate enthalten können, sich jedoch insgesamt von anderen Mesohabitaten hinsichtlich ihrer Struktur und Störungsdynamik unterscheiden (NEWSON und NEWSON 2000, THOMPSON et al. 2001, BRUNKE et al. 2002b) (siehe Abbildung 4-33).

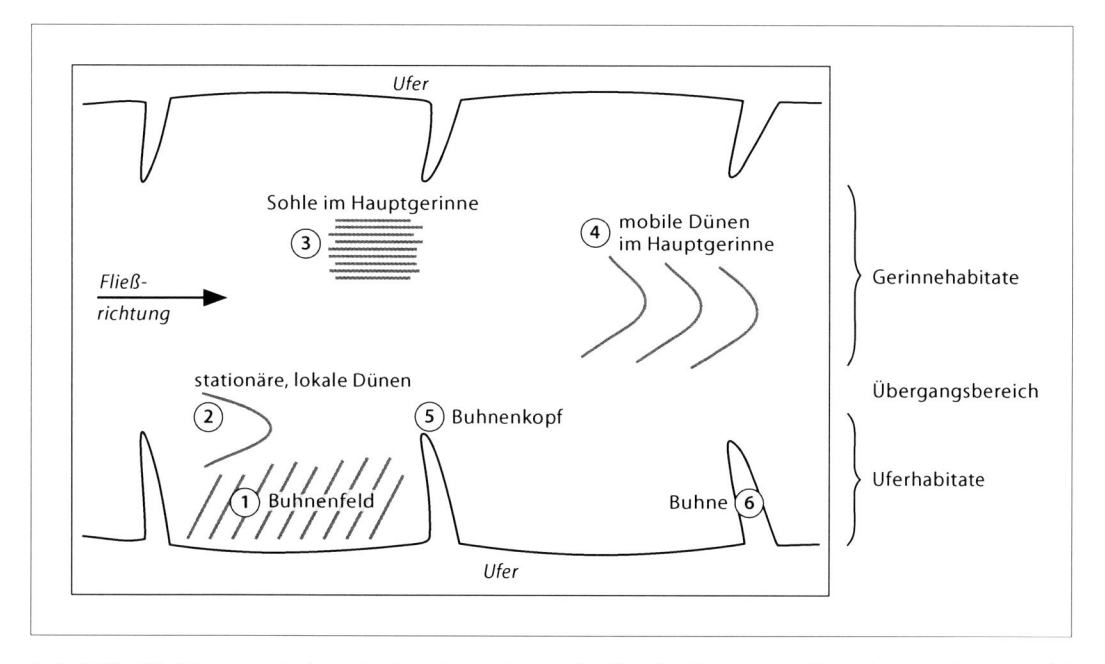

**Abb. 4-33:** Fünf flussmorphologische Strukturen als mittelskalige Gewässerlebensräume (aquatische Mesohabitate) für wirbellose Tiere in der Elbe

An der Elbe sind die Buhnenfelder den anderen Mesohabitaten gegenüberzustellen, die im Bereich der überströmten Sohle liegen. Die Buhnenfelder stellen Flachwasserhabitate dar, die im Allgemeinen strömungsberuhigt sind. Sie sind in dem heutigen, ausgebauten Zustand der Elbe als Ersatzlebensräume für eine Vielzahl durch den Ausbau verschwundener Uferlebensräume zu betrachten. Heute hat die Elbe einen einsträngigen Flusslauf, der aus dem Fahrwasser für die Schifffahrt und den Buhnenfeldern besteht (BRUNKE et al. 2002d). Bis vor dem Mittelwasserausbau im 19. Jahrhundert (FAULHABER 2000) bestand die Elbe jedoch aus einem Gerinne mit mehrfachen Fließwegen, die durch ein Mosaik aus Inseln flossen (siehe Band 2 dieser Reihe: „Struktur und Dynamik der Elbe" und Band 4: „Lebensräume der Elbe und ihrer Auen", Kapitel 5.1.1). Diese Inseln unterschieden sich hinsichtlich Alter, Überschwemmungshäufigkeit, Form, Größe und Bewuchs (BÜCHELE et al. 2002) und bildeten in dem Fluss eine Vielfalt an Lebensräumen aus. Das Verlorengegangene lässt sich in seiner Fülle an der Elbe selbst kaum rekonstruieren, jedoch kann die Heterogenität der Buhnenfelder als Ersatzhabitate analysiert werden, um eine Bewertung des aktuellen Zustandes zu ermöglichen (BRUNKE et al. 2002a, DIRKSEN 2003, GÜCK 2003).

### Umweltbedingungen im Buhnenfeld

Es wurden hierzu drei Buhnenfelder untersucht (Elbe-km 232,4 bis 232,6 rechts), die sich in der Nähe der Stadt Coswig im Bereich des Biosphärenreservates an der Mittleren Elbe befinden. Während der Niedrigwasserphase liegt die mittlere Wassertiefe der Buhnenfelder bei etwa 50 cm, während die tiefsten Bereiche zwischen 120 und 140 cm Wassertiefe erreichen (siehe Abbildung 4-34). Diese Flachwasserhabitate sind während der Niedrigwasserphase durch überdurchschnittliche Erwärmung und Strömungsberuhigung gekennzeichnet, aber auch durch pulsartiges Auflaufen von Wellen, die durch vorbei fahrende Schiffe verursacht werden (ENGELHARDT et al. 2001).

Die Tiefenprofile der drei Buhnenfelder waren allerdings recht variabel; so lag die Wassertiefe bei einer Uferentfernung von 12 m zwischen 20 und 80 cm (siehe Abbildung 4-34). Buhnenfelder unterscheiden sich somit einerseits zwar deutlich von anderen Mesohabitaten der Elbe, aber andererseits erwiesen sie sich als Habitatgruppe auch recht uneinheitlich, da jedes Buhnenfeld über eine gewisse Individualität verfügt. Dies zeigt sich im Erosions- und Sedimentationsverhalten, der Korngrößenzusammensetzung, der Morphologie und Hydrodynamik (SUKHODOLOV et al. 2002, siehe Kapitel 4.1).

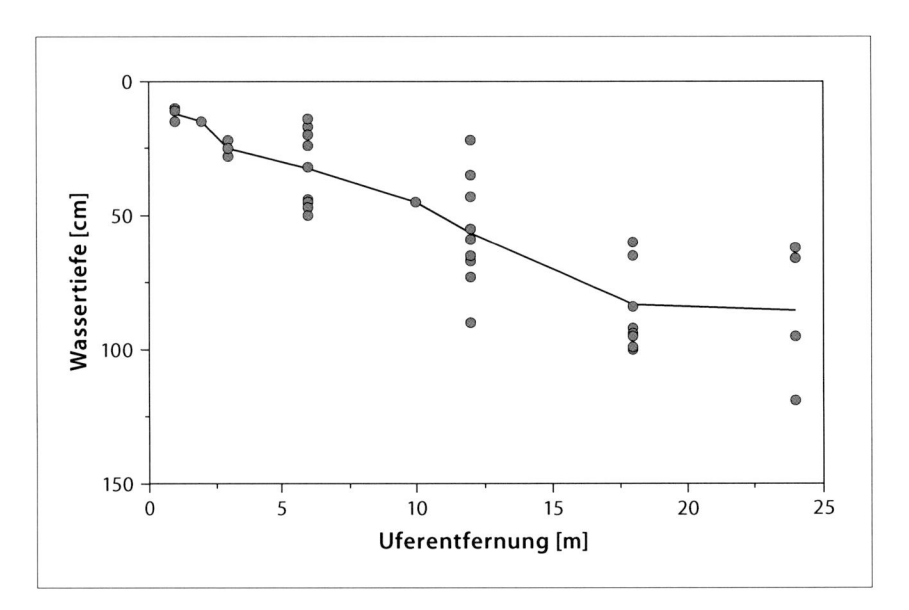

**Abb. 4-34:** Wassertiefe in unterschiedlicher Uferentfernung in drei Buhnenfeldern am Elbe-km 232 bis 233 bei Niedrigwasserabfluss (Linie verbindet Mittelwerte, n = 42)

Die Sedimentzusammensetzung war in den Buhnenfeldern heterogener als in den anderen Mesohabitaten, da erhebliche Anteile sowohl feiner als auch grober Fraktionen vorhanden waren (siehe Abbildungen 4-35 und 4-33). Diese beiden Fraktionen bestimmen wesentlich die Lebensbedingungen der Meio- und Makrofauna. Feinsedimente enthalten häufig einen größeren Anteil an organischem Material, das für viele Wirbellose eine potenzielle Nahrungsressource darstellt. Grobsedimente stellen ein lagestabileres Substrat dar, das oft auch ein grobporiges Lückensystem ausbildet, welches wiederum als Refugium genutzt werden kann.

Die Menge und Zusammensetzung des organischen Materials in den drei Buhnenfeldern wurde an 15 Stellen anhand von 8 Variablen bestimmt. Zu diesen Variablen zählt der Gesamtgehalt an organischem Material im Sediment, gemessen als Kohlenstoff (C-POM) und Stickstoff (N-POM), sowie deren Verhältnis (C/N-POM), das eine Kenngröße für die Nahrungsqualität darstellt. Zudem wurde die Menge mobiler feiner Partikel (< 90 µm) im Lückensystem des Sediments (TM-MFIP) untersucht. Der Gehalt an organischem Material in den MFIP wurde als Kohlenstoff (C-MFIP) und Stickstoff (N-MFIP) gemessen. Zudem wurden als Kenngrößen der Nahrungsqualität das Verhältnis zwischen C-MFIP und N-MFIP (C/N-MFIP), sowie als Kenngröße der Nahrungsverfügbarkeit das Verhältnis zwischen TM-MFIP und C-MFIP (C/TM-MFIP) berechnet. Jeweils sechs Probestellen befanden sich in 6 m bzw. 12 m sowie drei in 1 m Uferentfernung. Die Wassertiefen betrugen zwischen 10 cm und 90 cm, im Mittel 42 cm.

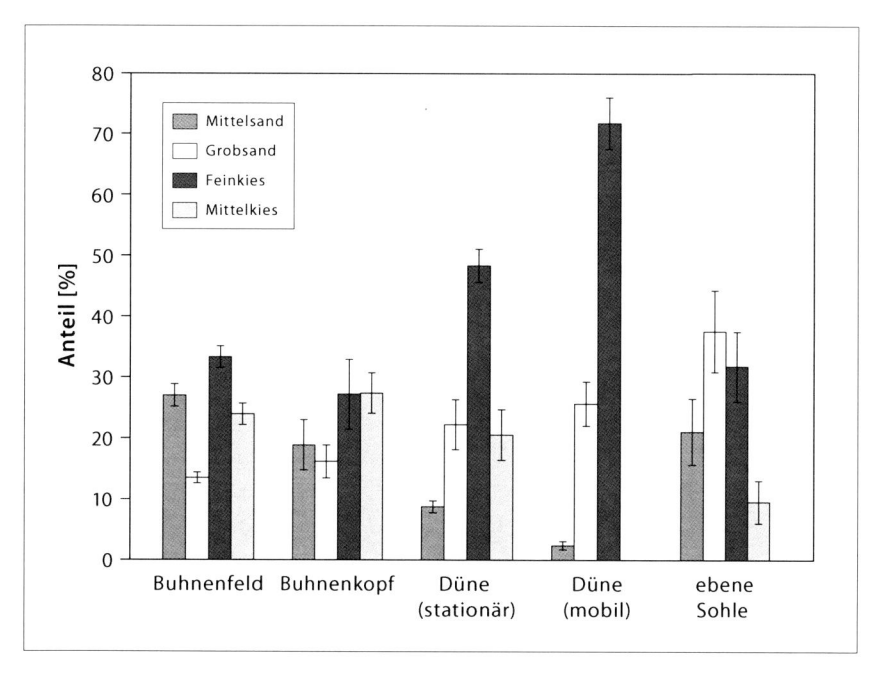

**Abb. 4-35:** Anteile der Kornfraktionen an flussmorphologischen Sohlstrukturen der Elbe (Mittelwerte und Standardabweichungen, n = 74)

Die C-POM-Gehalte im Buhnenfeld und in der stationären Düne der überströmten Sohle lagen deutlich höher als in der mobilen Düne und der ebenen Sohle der Fahrrinne, wobei das N-POM in der stationären Düne mit Abstand am höchsten war (siehe Abbildung 4-36). Daher lag das C/N-POM im Buhnenfeld am ungünstigsten von allen Mesohabitaten. Auch das C/N-MFIP und das C/TM-MFIP erwiesen sich im Buhnenfeld als vergleichsweise ungünstiger. Die Buhnenfelder wirken als Akkumulationsorte für organisches Material, das aus der freien Welle hier sedimentiert. Durch die dortige lange Lagerungszeit führen mikrobielle Umsetzungen offenbar zu einer Verschlechterung der Nahrungsqualität des POM im Sediment, das nur aus feinem Material <1 mm besteht. Auch in der stationären Düne wurde sehr viel organisches Material zurückgehalten, gleichzeitig aber auch anorganische Feinpartikel, wodurch die Verfügbarkeit des organischen Materials für die Fauna verringert wurde. Im Gegensatz zum Buhnenfeld und der stationären Düne dominierte in der mobilen Düne und auf der ebenen Flusssohle nicht der Rückhalt (Retention) von organischem Material, sondern dessen ständiger Import und Export. Daher war bei diesen Mesohabitaten der Gehalt an organischem Material vergleichsweise gering, die Qualität und Verfügbarkeit für die Fauna jedoch günstiger. Die Nahrungsressourcen in den einzelnen Mesohabitaten unterschieden sich somit in charakteristischer Weise.

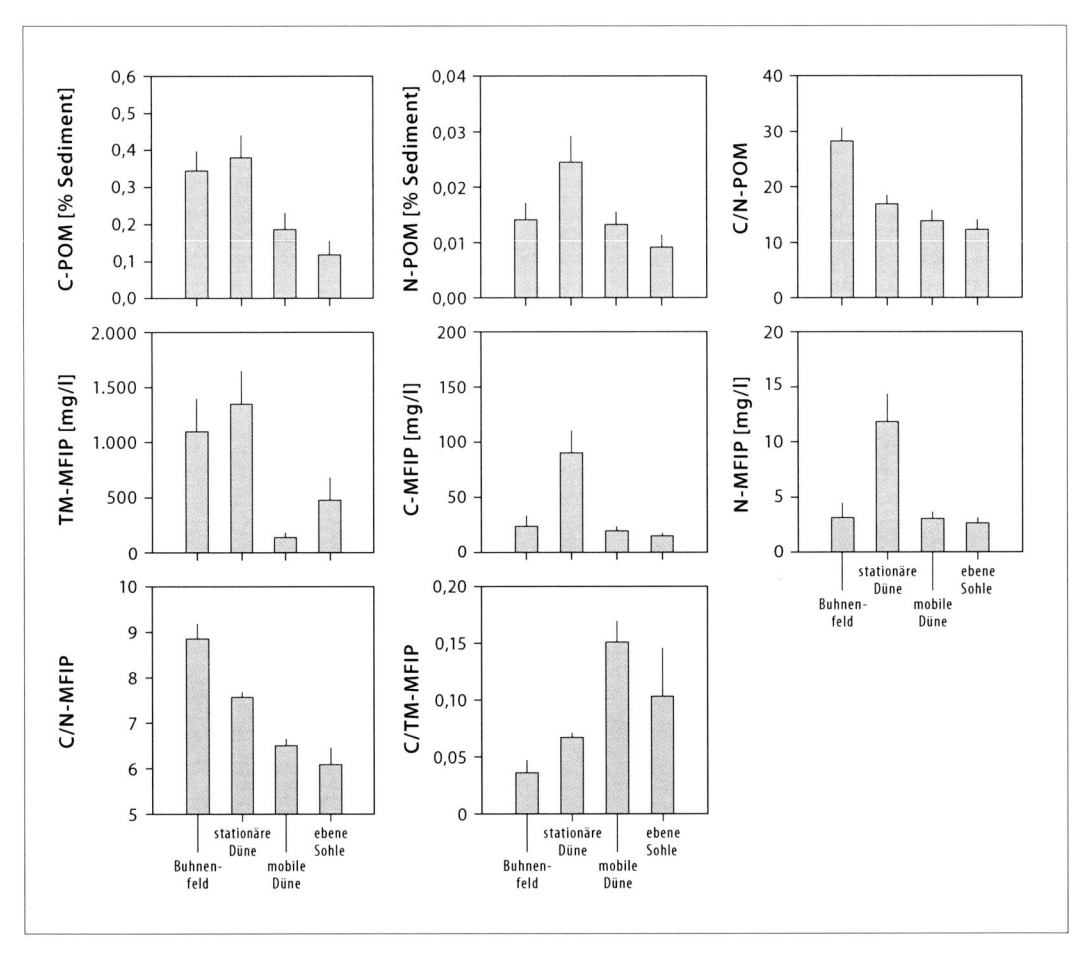

**Abb. 4-36:** Kenngrößen der Nahrungsressourcen (Abkürzungen siehe Text) im Buhnenfeld und in den Mesohabitaten der überströmten Sohle (Mittelwerte und Standardfehler, n = 42)

### Dominanz und Artenspektrum

Die individuenstärksten taxonomischen Gruppen an der Elbe wurden von den Larven der Zuckmücken (Chironomidae, Diptera) und den Wenigborstigen Würmern (Oligochaeta) gestellt (siehe Abbildung 4-37). Allerdings bestanden deutliche Unterschiede zwischen der Besiedlung auf der Gewässersohle (Benthal, 0 bis 2,5 cm Sedimenttiefe) und dem Sedimentlückenraum (Interstitial) unterhalb der Gewässersohle (Hyporheal, > 2,5 cm Sedimenttiefe), das durch deutlich geringere Sauerstoffgehalte gekennzeichnet ist. Die Zuckmücken dominierten das Benthal mit einem mittleren Anteil von 60 %, der sich im Hyporheal auf 18 % verringerte. Der Anteil der Wenigborstigen Würmer hingegen betrug im Benthal 8 %, während er im Hyporheal bei 25 % lag. Nicht berücksichtigt sind hier Fadenwürmer (Nematoda) und Rädertiere (Rotatorien) sowie einige Teilgruppen der Meiofauna.

In den sandig-kiesigen Sedimenten der drei Buhnenfelder wurden 44 Zuckmückentaxa während der Niedrigwasserphase in den Sommer- und Herbstmonaten der Jahre 2000 und 2001 gefunden. Dabei dominierten im Benthal die *Microtendipes-chloris*-Gruppe (14,8 %), *Microtendipes confinis* (7,4 %), *Robackia demeijerei* (6,0 %), *Cryptochironomus* sp. (4,9 %) *Cladotanytarsus vanderwulpi* (4,8 %), *Tanytarsus* sp. (3,5 %), *Rheotanytarsus* sp. (3,2 %), *Telopelopia falcigera* (2,6 %), *Chironomus nudiventris* (2,1 %), *Polypedilum-scalaenum*-Gruppe (1,9 %) sowie *P. cultellatum* (1,3 %) und *P. laetum* (1,2 %). Mikrocrustaceen (Ruderfußkrebse = Hüpferlinge (Cyclopoida) und Harpacticoida sowie Muschelkrebse (Ostracoda)) stellten sowohl im Benthal als auch im Hyporheal ebenfalls nennenswerte Anteile der Lebensgemeinschaft (siehe Abbildung 4-37). Bemerkenswert sind Funde des Grundwasserkrebses *Antrobathynella stammeri* (Bathynellaceae, Syncarida) im Hyporheal am Ufer des Buhnenfeldes am Elbe-km 232,6. Diese selten gefunden Grundwasserkrebse bildeten lokal hohe Populationsdichten im Übergangsbereich zwischen dem Talgrundwasser und dem Hyporheal der Elbe aus.

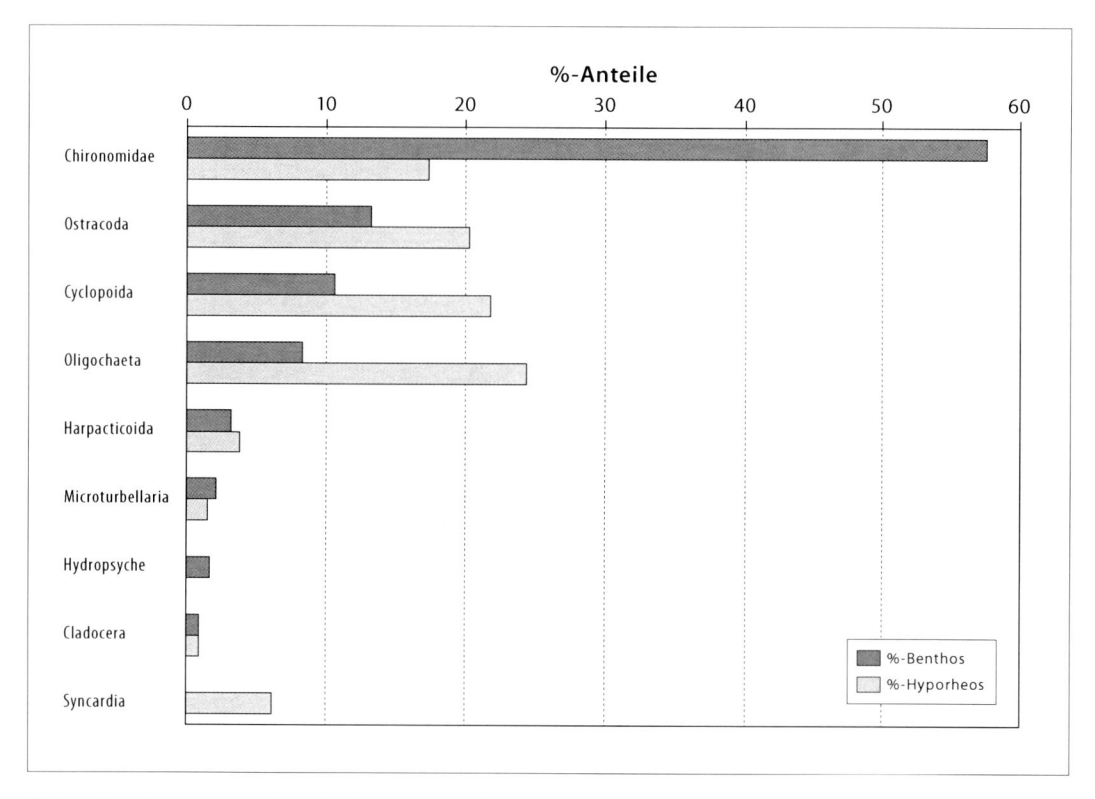

**Abb. 4-37:** Dominanzstruktur der Meio- und Makrofauna im Benthal und Hyporheal in drei Buhnenfeldern (Elbe-km 232 bis 233) im Juli, August, September 2000 (n = 87)

Die Abundanzen anderer Faunengruppen, wie z. B. Köcherfliegen (3,1 %) und Eintagsfliegen (0,4 %) (beide Insecta), Muscheln (0,5 %) und Schnecken (0,1 %) sowie Flohkrebse (Amphipoda, 0,09 %) und Asseln (Isopoda, 0,01 %) waren vergleichsweise gering, obwohl sie ansonsten auch in großen Fließgewässern zu den dominierenden Formen gehören (Schönborn 1992). Ebenso war der Anteil an nicht einheimischen Arten (Neozoen) an den untersuchten Abschnitten gering. Das steht im Gegensatz zu den faunistischen Entwicklungen in anderen, auch zu Schifffahrtsstraßen ausgebauten mitteleuropäischen Strömen (Haas et al. 2002). Die Abundanzen von exotischen Crustaceen waren aber etwa 200 km stromab bei Elbe-km 439 bis 446 höher (Kleinwächter et al. 2003), aber auch dort dominierten noch Zuckmückenlarven (Chironomidae) und Wenigborstige Würmer (Oligochaeta). Detaillierte Zusammenstellungen der in der gesamten Elbe vorkommenden Makrozoobenthosarten und deren historische Entwicklung finden sich bei Schöll und Balzer (1998) und Petermeier et al. (1996).

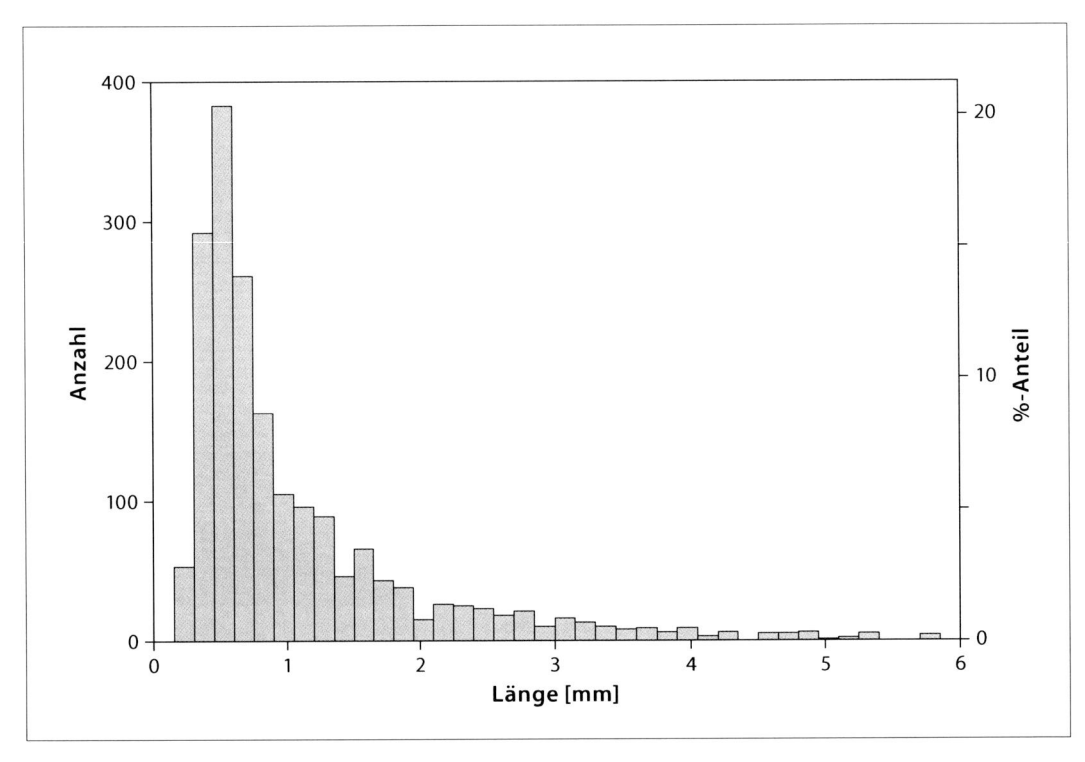

**Abb. 4-38:** Verteilung der Körperlängen der Meio- und Makrofauna (> 90 μm) im Benthal eines Buhnenfeldes (Elbe-km 232,5) (n = 20; 1.915 Individuen)

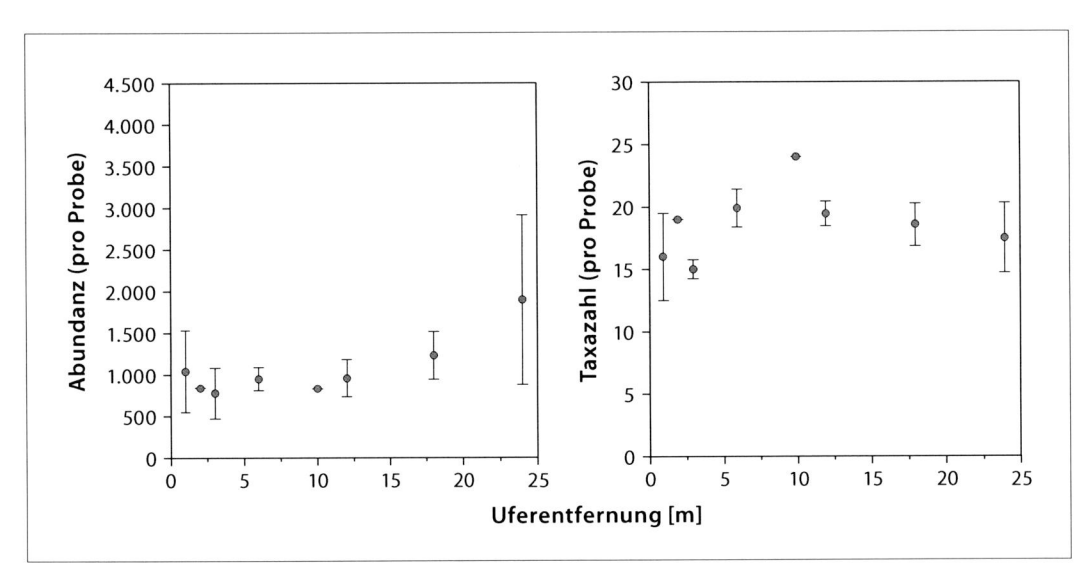

**Abb. 4-39:** Abundanzen und Taxazahlen (Mittelwerte und Standardfehler) pro Probenahme (> 90 μm, ca. 400 cm² Oberfläche, 1.000 cm³ Sedimentvolumen) in verschiedener Uferentfernung in drei Buhnenfeldern an der Mittleren Elbe (n = 42)

Die Besiedlungsdichte der Meio- und Makrofauna > 90 μm des benthischen Sediments (oberste Lage 0 bis ca. 2,5 cm Sedimenttiefe) betrug im Mittel 32.050 Individuen/m² (Standardabweichung 23.050 Ind./m²); diese verteilten sich zu 11%, 57% bzw. 32% auf die Körpergrößen >1mm, 1 bis

0,3 mm und 0,3 bis 0,09 mm. Ähnliche Abundanzen bezogen auf 1 mm Maschenweite wurden von KLEINWÄCHTER et al. (2002) bei Elbe-km 439 bis 446 gefunden (im Mittel 2.967 Individuen/m² bei undefinierter Sedimenttiefe). Die gefundenen Abundanzen lagen bei DIRKSEN et al. (2002) für Buhnenfelder an Elbe-km 418 bis 427 (bezogen auf 0,2 mm Größe) erheblich höher als in der hier vorgestellten Studie, allerdings ist dort die einbezogene Sedimenttiefe nicht definiert und dürfte auch weit größer sein (wohl 15 bis 20 cm). Der Modalwert der Individualgrößen der benthischen Meio- und Makrofauna eines Buhnenfeldes (Elbe-km 232,5) lag bei etwa 0,4 mm (siehe Abbildung 4-38), nur weniger als 1% der Individuen war größer als 6 mm.

Insgesamt betrachtet waren die Lebensgemeinschaften der Elbe vergleichsweise artenarm, wie auch von DIRKSEN et al. (2002) festgestellt wurde. Die Taxazahlen pro Probe zeigten mit der Uferentfernung keinen klaren Trend, jedoch könnten die Abundanzen in Nähe der überströmten Sohle etwas variabler sein und die Taxazahlen in Ufernähe etwas geringer (siehe Abbildung 4-39). Unmittelbar am Ufer wirkt sich der Wellenschlag der Schifffahrt am stärksten negativ auf die Lebensgemeinschaft aus (BRUNKE et al. 2002c).

**Struktur der Benthoszönose**

Anhand der taxonomischen Zusammensetzung und der Abundanzen wurde mit Hilfe multivariater Ordinationsverfahren eine statistische Analyse der Struktur der untersuchten Lebensgemeinschaften durchgeführt, die zu einer graphischen Aufteilung der Taxa und Messstellen entlang dominierender Umweltgradienten führt (JONGMAN et al. 1995). Hier wurden die Korrespondenzanalyse (DCA), Hauptkomponentenanalyse (PCA) und Redundanzanalyse (RDA) eingesetzt. Die DCA liefert Informationen über den Artenwechsel, die PCA visualisiert die Struktur der Benthoszönose entlang von Gradienten, und die RDA quantifiziert die Bedeutung gemessener Umweltfaktoren für die Benthoszönose.

Die Korrespondenzanalyse ergab, dass der Artenwechsel zwischen den Messstellen in den drei untersuchten Buhnenfeldern nur gering war. Die Übergänge in der Struktur der Benthoszönose waren daher kurz und folgten einem linearen Modell. Der Faktor 1 der Hauptkomponentenanalyse trennt die Taxa, die an schnell überströmten Stellen mit einem hohen Mittelkiesanteil vorkamen (rechte Seite in der Abbildung 4-40), von denjenigen, die an langsam überströmten Stellen mit hohem Feinkiesanteil gefunden wurden (linke Seite in der Abbildung 4-40). Zur ersten Gruppe gehörten Taxa wie Harpacticoida (Crustacea), *Rheotanytarsus* sp., *Rheocricotopus fuscipes* (beides Zuckmücken); zur zweiten Gruppe gehörten Taxa wie die Zuckmückenarten *Rheopelopia ornata*, *Chironomus nudiventris* und das Neozoon *Dikerogammarus villosus* (Crustacea).

Der Faktor 2 der Hauptkomponentenanalyse trennt diejenigen Taxa, die an morphodynamisch instabilen Stellen in der Nähe zum Hauptstrom des Flusses vorkamen (oberer Bereich in der Abbildung 4-40), von denjenigen, die in lagestabilem Sediment in der Nähe zur Uferlinie gefunden wurden (unterer Bereich in der Abbildung 4-40). Zur ersten Gruppe gehörten Taxa wie die Zuckmückenarten *Robackia demeijerei* und *Polypedilum laetum*; zur zweiten Gruppe zählten Mikrocrustaceen und auch die Zuckmückenarten der *Microtendipes-chloris*-Gruppe. Damit spiegelt die Ordinationsabbildung der zwei Faktoren sowohl Strömungs- als auch Stabilitätsgradienten wider, die zu einem lotisch-lenitischen Gradienten zusammengefasst werden können. In Bezug auf diese Faktoren unterschieden sich die Buhnenfelder nicht deutlich, da die einzelnen Messstellen in der Analyse weit streuen; daher erklären die Unterschiede zwischen den Buhnenfeldern nur 7,4% der Gesamtvariabilität der Fauna.

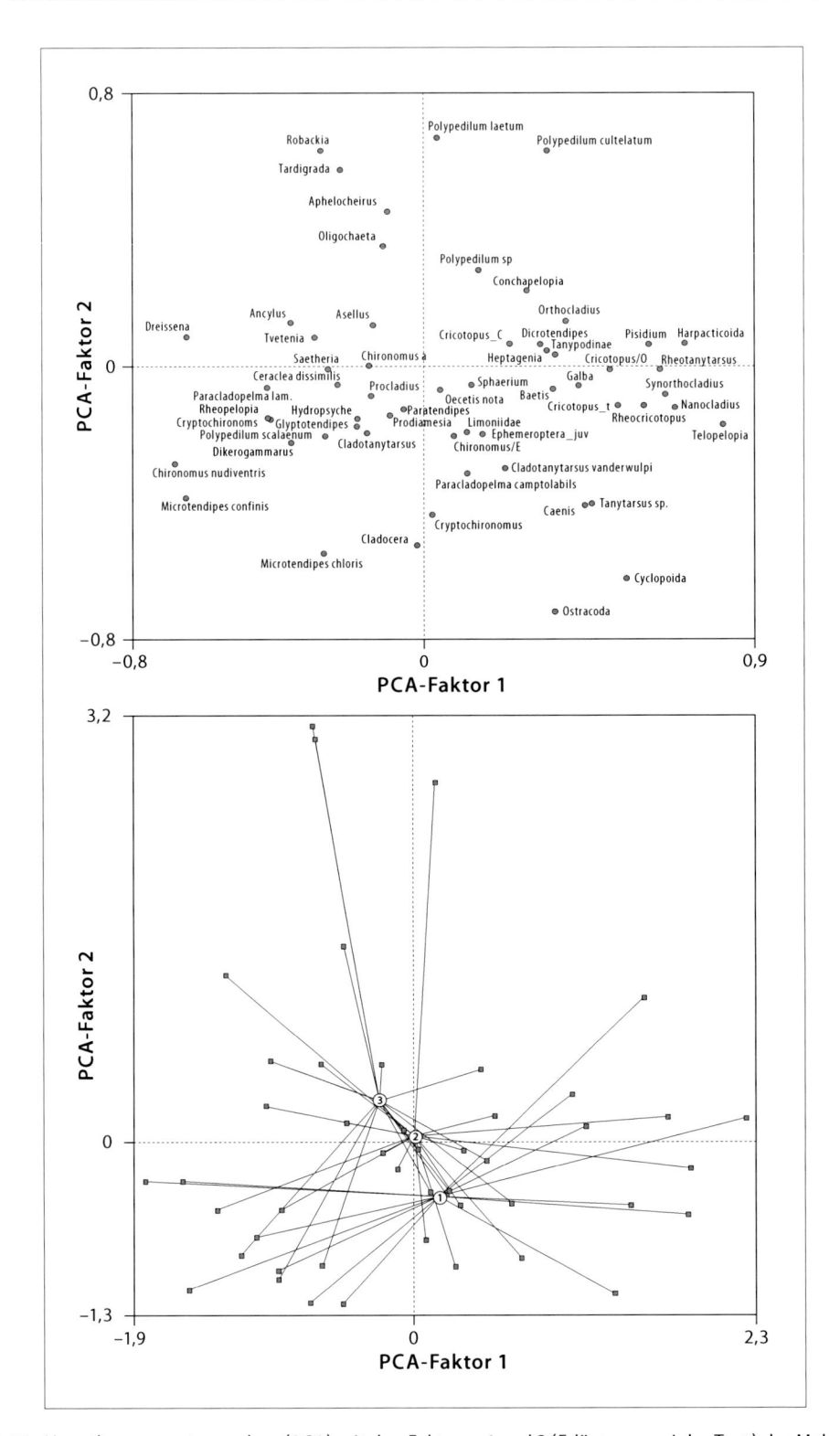

**Abb. 4-40:** Hauptkomponentenanalyse (PCA) mit den Faktoren 1 und 2 (Erläuterung siehe Text) der Makro- und Meiofauna von drei Buhnenfeldern an der Mittleren Elbe (Korrelationspfeile zugunsten der Übersichtlichkeit entfernt) (oben). Dasselbe Diagramm, aber mit Darstellung der 48 Probenahmestellen von drei aufeinander folgenden Buhnenfeldern (unten) und ihrer Schwerpunkte: 1 = Buhnenfeld bei Elbe-km 232,3; 2 = Elbe-km 232,5; 3 = Elbe-km 232,7 (vgl. BRUNKE 2004a)

### Einfluss der Hydromorphologie auf Taxazahlen und Gesamtabundanz

Der in der Ordination gefundene lotisch-lenitische Gradient zeigte einen statistischen Zusammenhang zur Gesamtabundanz, die signifikant positiv mit der Reynolds-Zahl in Sohlennähe und der sohlennahen Fließgeschwindigkeit korrelierte (vgl. BRUNKE 2004a,b). Zudem korrelierte die Abundanz negativ mit den Anteilen von Grobsand, Mittelsand und dem gesamten Sandanteil, hingegen positiv mit dem Feinkiesanteil.

Die Taxazahl stand jedoch in keinem statistisch signifikanten Zusammenhang zum lotisch-lenitischen Gradienten, sondern nur zu Sedimenteigenschaften: Positive Korrelationen bestanden zur Sedimentrauheit, zum Median der Korngröße und zum effektiven Porendurchmesser; negative Korrelationen zu den Anteilen von Mittelsand, Grobsand und dem gesamten Sandanteil. Die Diversität, betrachtet als Eveness, war signifikant positiv korreliert zur Sedimentrauheit, zum Median der Korngröße und zu den Anteilen von Mittelkies, sowie invers korreliert zur Wassertiefe und Anteilen von Grobsand (vgl. BRUNKE 2004a,b).

### Bedeutung der Hydromorphologie für die Struktur der Benthoszönose

Die Bedeutung von 13 hydromorphologischen Messgrößen für die Struktur der Benthoszönose in den Buhnenfeldern wurde mittels einer Redundanzanalyse (RDA) getestet; Von diesen haben 8 Variablen (siehe Tabelle 4-3) einen je etwa gleich starken Einfluss auf die Struktur, der zwischen 4 und 7 % liegt (Marginal Effects). Das kombinierte Modell dieser Variablen erklärt 38 % an der gesamten Varianz, davon die 5 signifikanten Sedimentvariablen 25 % (siehe Tabellen 4-3 und 4-4). Die kleinräumig bedeutsamen hydraulischen Variablen, nämlich die sohlennahe Fließgeschwindigkeit und die Reynolds-Zahl in Sohlennähe, haben in dem multiplen Modell eine etwas geringere Bedeutung, was sich durch deren Beziehung zu den Sedimentvariablen erklärt. Die Uferentfernung erklärt 7 % an der Variabilität der Verteilung der Fauna. Dies weist auf mesoskalige Effekte hin, die einerseits vom Flusslauf ausgehen, wie dem Sedimenttransport, und andererseits von der Ufernähe bestimmt werden, wie der Erwärmung in flacheren Bereichen. Die Wassertiefe allerdings hat, wie auch bei der Untersuchung von DIRKSEN et al. (2002), keinen signifikanten Effekt auf die Verteilung der Fauna.

Insgesamt zeichnet das Modell ein relativ eindeutiges Bild der Beziehungen zwischen den Arten und den Messgrößen, was auch aus den hohen Korrelationskoeffizienten für die vier RDA-Faktoren (zwischen 0,72 und 0,88) ersichtlich wird (siehe Tabelle 4-4). Die ersten drei Faktoren repräsentieren bereits 79 % der Fauna-Umwelt-Beziehung. Die Übereinstimmung zwischen der Hauptkomponenten- und der Redundanzanalyse war daher ebenfalls hoch, abgesehen davon, dass die Vorzeichen des Faktors 1 vertauscht waren. Es kann somit davon ausgegangen werden, dass die 8 gemessenen hydromorphologischen Variablen die wesentlichen Umweltfaktoren repräsentieren, die auf die Uferfauna wirken. Die Faktoren 1 und 2 werden geprägt durch die negativen Beziehungen zwischen Uferentfernung und Mittelkies sowie zwischen Feinkies und Grobsand (siehe Abbildung 4-41). Der effektive Porendurchmesser (EPD) erklärt als einzelne Variable nur 4 % der Gesamtvariabilität und ist in dem multiplen Modell unbedeutend.

Mit der Uferentfernung korrelierten insbesondere die Siedlungsdichten der Zuckmückenarten *Robackia demeijerei* ($r = 0{,}58$), *Polypedilum laetum* ($r = 0{,}48$) und *Paracladopelma camptolabilis* ($r = -0{,}47$) sowie der Bärtierchen (Tardigrada) ($r = 0{,}45$), während Wasserflöhe (Cladocera) ($r = -0{,}41$), Muschelkrebse (Ostracoda) ($r = -0{,}41$) und Hüpferlinge (Cyclopoida) ($r = -0{,}55$) mit zunehmender Uferentfernung abnahmen. Mit dem Anteil von Mittelkies korrelierte insbesondere die Abundanz der Zuckmücke *Telopelopia falcigera* ($r = 0{,}44$).

**Tab. 4-3:** Bedeutung von hydromorphologischen Variablen für die Verteilung von Meio- und Makrofauna an 48 Stellen in drei untersuchten Buhnenfeldern. Lambda 1 = Anteil der durch einzelne Variablen erklärten Varianz (Marginal Effects); Lambda A = Anteil der durch die Variablen innerhalb des multiplen Modells erklärten Varianz (Conditional Effects). P- und F-Werte = Signifikanzen; sie wurden mit Hilfe von Monte-Carlo-Permutationen als Signifikanztest innerhalb der Redundanzanalyse errechnet.

| Variable | Lambda 1 | Lambda A | P-Wert | F-Wert |
|---|---|---|---|---|
| Feinkies | 0,07 | 0,08 | 0,005 | 3,79 |
| Uferentfernung | 0,07 | 0,07 | 0,005 | 3,49 |
| Mittelsand | 0,05 | 0,05 | 0,005 | 3,17 |
| Grobsand | 0,06 | 0,05 | 0,005 | 2,84 |
| Feinsand | 0,04 | 0,04 | 0,05 | 1,78 |
| Fließgeschwindigkeit | 0,07 | 0,03 | 0,01 | 2,27 |
| Mittelkies | 0,04 | 0,03 | 0,01 | 1,86 |
| Reynolds-Zahl (Sohlennähe) | 0,06 | 0,03 | 0,045 | 1,78 |

**Tab. 4-4:** Zusammenfassende Statistik der hydromorphologischen Redundanzanalyse der Meio- und Makrofauna in den Buhnenfeldern

| Faktor | 1 | 2 | 3 | 4 | Gesamtvarianz |
|---|---|---|---|---|---|
| Eigenwerte | 0,134 | 0,090 | 0,079 | 0,033 | 1,0 |
| Arten-Umwelt-Korrelationen | 0,875 | 0,854 | 0,794 | 0,717 | |
| Erklärte kumulative prozentuale Varianz | | | | | |
| der Fauna-Daten | 13,4 | 22,4 | 30,3 | 33,6 | |
| der Fauna-Umwelt-Beziehung | 35,0 | 58,3 | 79 | 87,5 | |
| Summe aller uneingeschränkten Eigenwerte | | | | | 1,0 |
| Summe aller kanonischen Eigenwerte | | | | | 0,384 |

Mit dem Gehalt an Feinkies waren insbesondere die Abundanzen der Zuckmücken *Microtendipes confinis* (r = 0,58) und *M.-chloris*-Gruppe (r = 0,56), des eingewanderten Flohkrebses *Dikerogammarus villosus* (r = 0,43) und der Wasserflöhe (Cladocera) (r = 0,41) positiv korreliert sowie negativ die Abundanz der Erbsenmuscheln *Pisidium* sp. (r = −0,40). Mit dem Gehalt an Grobsand korrelierten insbesondere die Grundwanze *Aphelocheirus aestivalis* (r = 0,57), die Zuckmücken *Conchapelopia* sp. (r = 0,45) und *Microtendipes confinis* (r = −0,40) positiv sowie Vertreter der *Microtendipes-chloris*-Gruppe (r = −0,46) und die Köcherfliege *Hydropsyche contubernalis* (r = −0,43) negativ.

Die hydraulischen Variablen, also die sohlennahe Fließgeschwindigkeit und die Reynolds-Zahl in Sohlennähe werden durch den Faktor 3 der RDA abgebildet (siehe Abbildung 4-42). Mit der Reynolds-Zahl korrelierte insbesondere die Abundanz der Zuckmücken *Rheocricotopus fuscipes* (r = 0,50) und *Rheotanytarsus* sp. (r = 0,47), sowie der Harpacticoida (r = 0,41) positiv, negativ korrelierte die der Wasserflöhe (Cladocera) (r = −0,54). Mit der sohlennahen Fließgeschwindigkeit waren insbesondere die Zuckmücken *Robackia demeijerei* (r = 0,61), *Polypedilum laetum* und *P. cultellatum* (r = 0,46 bzw. r = 0,45) sowie die Grundwanze *Aphelocheirus aestivalis* (r = 0,45) positiv korreliert, Hüpferlinge (Cyclopoida) (r = −0,42) und Wasserflöhe (r = −0,58) hingegen negativ korreliert. Die Anteile von Mittelsand und von Feinsand am Sediment zeigten keine positiven Korrelationen zur Fauna. Deutlich negative Korrelationen bestanden allerdings zwischen Mittelsand und der Abundanz der Zuckmücke *Telopelopia falcigera* (r = −0,44) sowie zwischen Feinsand und Wenigborstigen Würmern (Oligochaeta) (r = −0,43).

Insgesamt lassen sich nur wenige ökologische Gruppen (Gilden) aufgrund von Habitatpräferenzen abtrennen. Die Faktoren 1 und 2 der RDA deuten drei bestimmte Gilden an (siehe Abbildung 4-41). Eine Gilde bestehend aus den Zuckmückenarten *Robackia demeijerei*, *Polypedilum cultelatum* und *P. laetum* sowie der Grundwanze *Aphelocheirus aestivalis* und Bärtierchen (Tardigrada), die die instabilen lotischen Teilflächen eines Buhnenfeldes im Bereich der stark überströmten Fahrrinnengrenze besiedeln, also die Übergangszone zwischen Buhnenfeld und frei überströmter Flusssohle. Die beiden *Microtendipes*-Taxa *M. confinis* und *M.-chloris*-Gruppe scheinen eng an hohe Feinkiesanteile gebunden zu sein. Im Gegensatz hierzu sind folgende Taxa nicht mit hohen Feinkiesanteilen, sondern mit Vorkommen von Grobsandanteilen assoziiert: die Erbsenmuscheln *Pisidium* sp. und die Kugelmuscheln *Sphaerium* sp. sowie die Zuckmücken *Polypedilum* sp. und *Conchapelopia* sp. Da sich die Sedimentfraktionen Grobsand (0,63 bis 2 mm) und Feinkies (2 bis 6,3 mm) in ihrer Korngröße nur gering unterscheiden, sind die spezifischen Auswirkungen unterschiedlicher Anteile beider Fraktionen auf die Besiedlung des Buhnenfeldes bemerkenswert.

Der Faktor 3 der Redundanzanalyse bildet die Toleranzen der Taxa gegenüber hydraulischen Belastungen ab (siehe Abbildung 4-42). Eine hydraulisch tolerante Gilde, die aber auf stabiles Sediment angewiesen ist (Bereich oben links in Abbildung 4-42), besteht aus den Harpacticoida, den Zuckmücken *Rheotanytarsus* sp., *Dicrotendipes/Glyptotendipes* sp., *Rheocricotopus fuscipes* und *Orthocladius* sp., den Eintagsfliegen *Baetis fuscatus*, *Heptagenia* sp. einschließlich nicht bestimmbarer kleiner Eintagsfliegenlarven sowie aus der Köcherfliege *Hydropsyche contubernalis*. Im Gegensatz zu dieser Gruppe scheinen Wasserflöhe (Cladocera) sowie die Zuckmücken *Chironomus* sp., *Chironomus nudiventris*, *Prodiamesia olivacea* und *Paracladopelma camptolabilis* lotische Bedingungen zu meiden und eher lenitische Sedimentationsbereiche innerhalb der Buhnenfelder zu besiedeln.

Im Gegensatz zu den oben erwähnten Tierarten zeigten viele Taxa hinsichtlich der erhobenen hydromorphologischen Variablen keine klaren Präferenzen, da sie im Buhnenfeld bei intermediären hydromorphologischen Bedingungen koexistieren können oder aber deren Optima in diesen intermediären Bereichen liegen (siehe Abbildung 4-43), beispielsweise die Zuckmücken *Polypedilum-scalaenum*-Gruppe, *Cladotanytarsus vanderwulpi* und *Cryptochironomus* sp. Die genannten Taxa indizieren im Übrigen auch einen hohen Gehalt an abgelagertem organischem Material beziehungsweise dessen künstliche Erhöhung infolge saprobieller Belastung durch den Menschen.

Die Reynolds-Zahl in Sohlennähe ist eine dimensionslose Maßzahl für die Turbulenz nahe der Grenzschicht und drückt den hydrodynamischen Stress aus, der auf den Lebensraum ausgeübt wird. Die sohlennahe Reynolds-Zahl erstreckte sich an den Probenahmestellen über eine Spanne von 8,7 bis 471,2 bei einem Mittelwert von 149. Von den 60 Taxa, die in die Analyse einbezogen wurden, zeigten 19 Taxa signifikant positive und 9 Taxa signifikant negative Reaktionen gegenüber der Reynolds-Zahl. Die Reaktionsnormen von 8 Taxa sind in Abbildung 4-43 beispielhaft dargestellt: Wasserflöhe (Cladocera) und die Zuckmücke *Paracladopelma camptolabilis* scheinen die hydraulisch unbelasteten Teilflächen eines Buhnenfeldes zu bevorzugen; die Zuckmückenarten *Cladotanytarsus vanderwulpi* und *Polypedilum cultellatum* sowie die Erbsenmuscheln *Pisidium* sp. haben ihr ökologisches Optimum in hydraulisch mäßig belasteten, die Zuckmückenarten *Rheotanytarsus* sp. und *Rheocricotopus fuscipes* in hydraulisch stark belasteten Teilflächen. Die Modellierung der Reaktionsnorm der Köcherfliege *Hydropsyche contubernalis* ergibt noch höhere Werte, wobei das Optimum allerdings außerhalb des gemessenen Wertebereichs liegt.

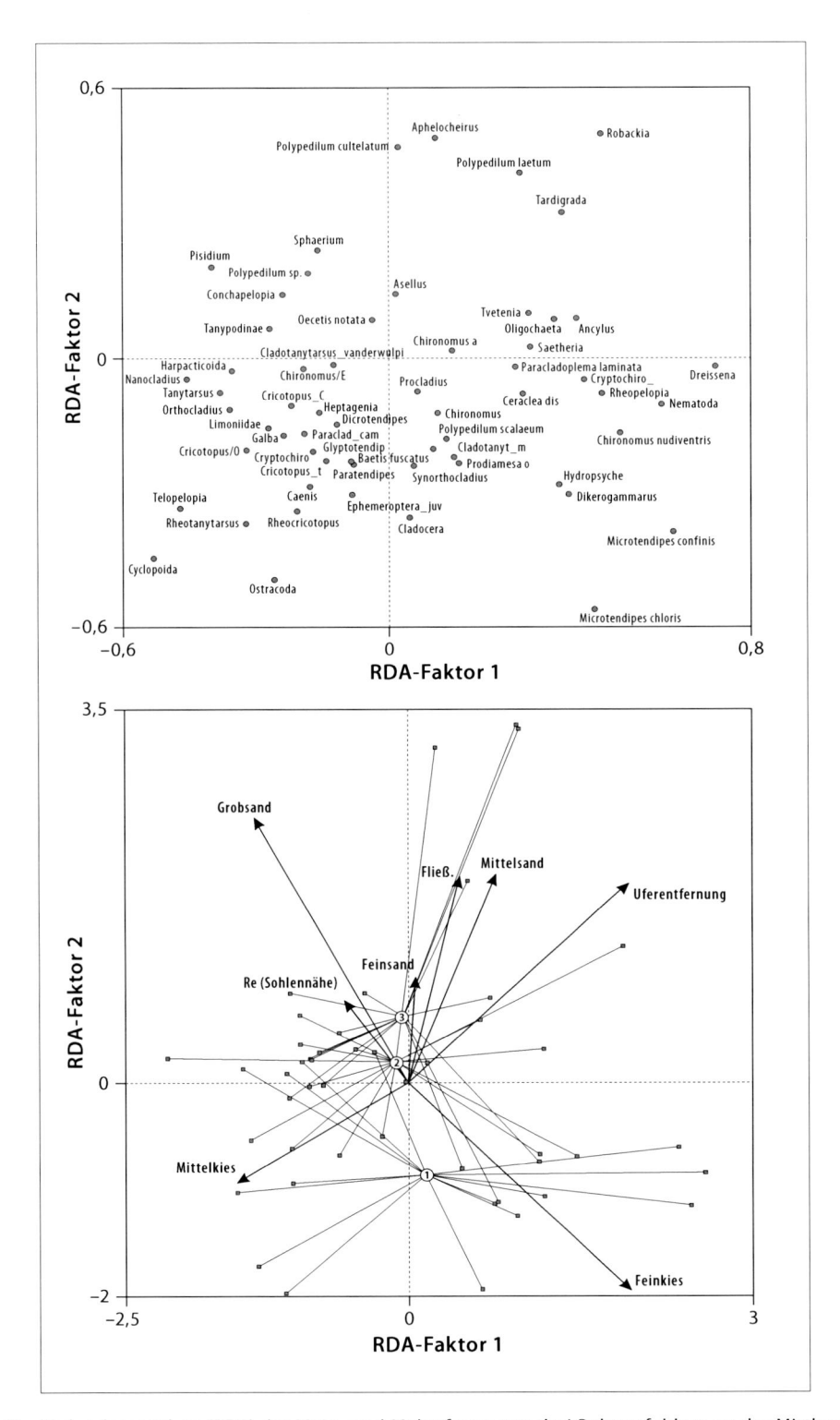

**Abb. 4-41:** Redundanzanalyse (RDA) der Meio- und Makrofauna von drei Buhnenfeldern an der Mittleren Elbe. Ordinationsdiagramm der Taxa mit den Faktoren 1 und 2 (Erläuterung siehe Text) (oben, Korrelationspfeile zugunsten der Übersichtlichkeit entfernt). Dasselbe Diagramm, aber mit Darstellung der hydromorphologischen Variablen und der 48 Probenahmestellen in drei aufeinander folgenden Buhnenfeldern (unten) und ihrer Schwerpunkte: 1 = Elbe-km 232,3; 2 = Elbe-km 232,5; 3 = Elbe-km 232,7; Fließ. = sohlennahe Fließgeschwindigkeit, Re = Reynolds-Zahl

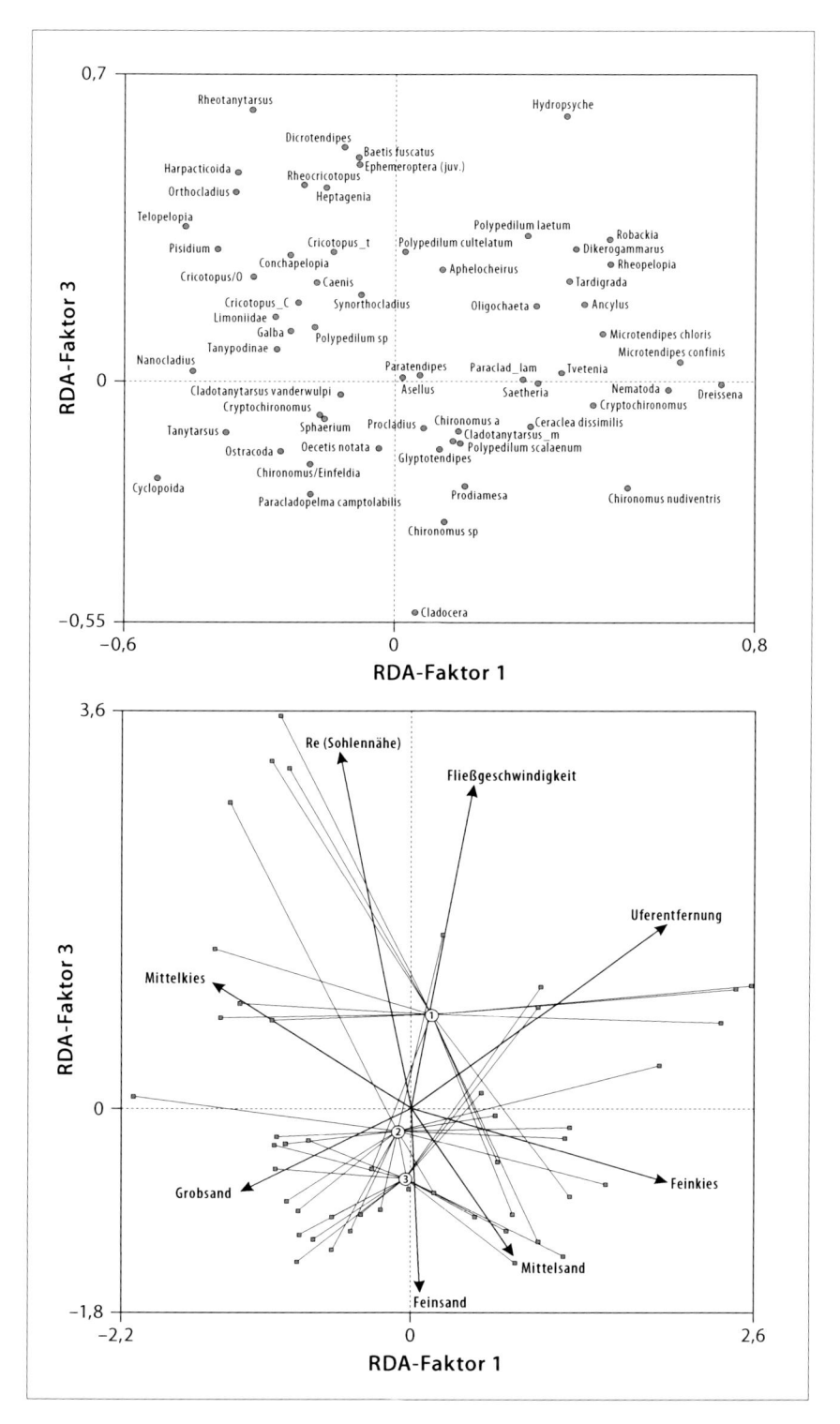

**Abb. 4-42:** Redundanzanalyse (RDA) der Meio- und Makrofauna von drei Buhnenfeldern an der Mittleren Elbe. Ordinationsdiagramm der Taxa mit den Faktoren 1 und 3 (Erläuterung siehe Text) (oben, Korrelationspfeile zugunsten der Übersichtlichkeit entfernt). Dasselbe Diagramm, aber mit Darstellung der hydromorphologischen Variablen und 48 Probenahmestellen in drei aufeinander folgenden Buhnenfeldern (unten) und ihrer Schwerpunkte: 1 = Elbe-km 232,3; 2 = Elbe-km 232,5; 3 = Elbe-km 232,7; Re = Reynolds-Zahl

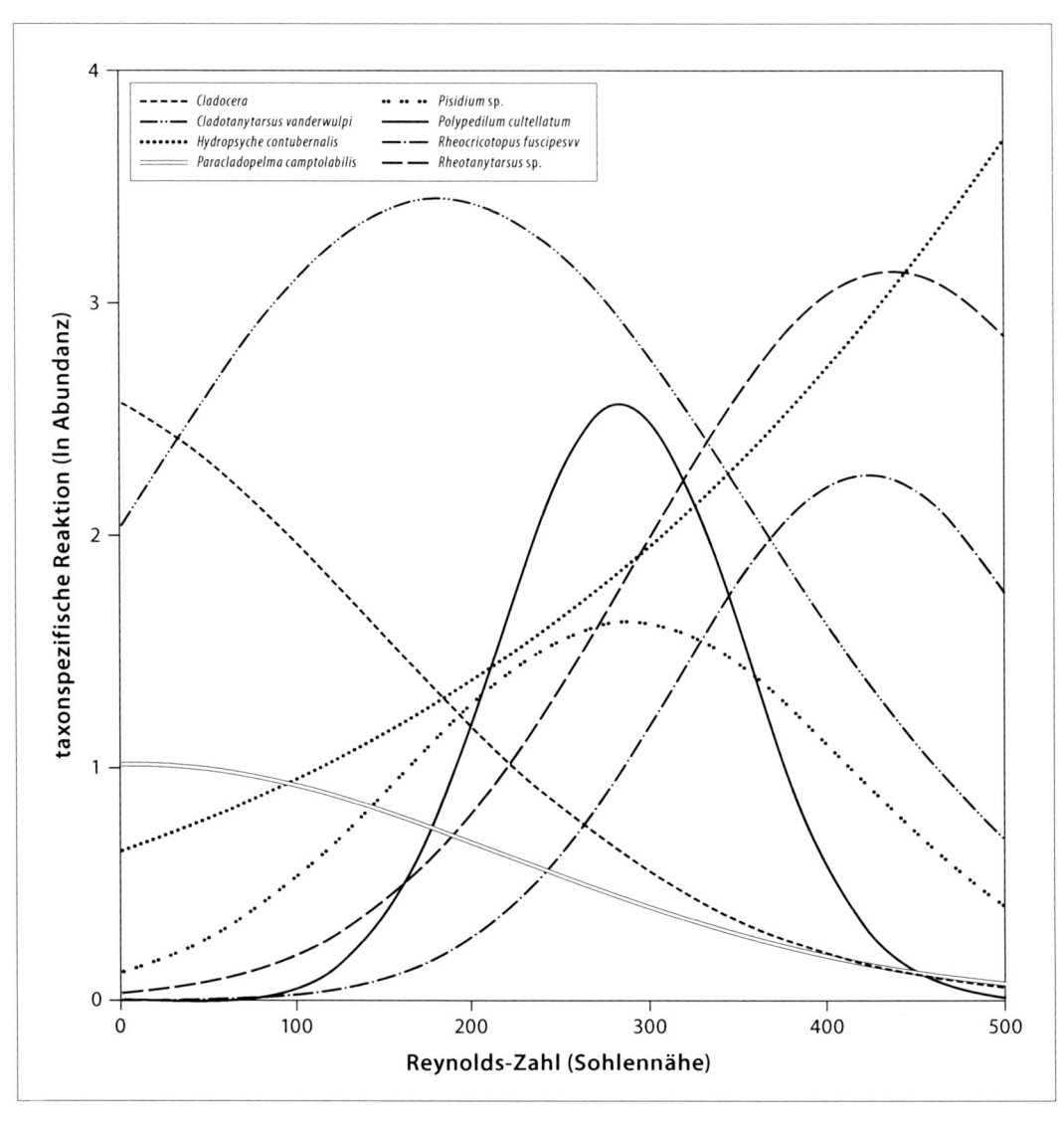

**Abb. 4-43:** Ökologische Reaktionsnormen der Abundanzen von 8 benthischen Taxa gegenüber der sohlennahen hydraulischen Belastung (Reynolds-Zahl), erstellt als signifikante allgemein-lineare Regressionsmodelle (Generalized Linear Models) mit quadratischer Anpassung und Poisson-Verteilung (n = 48)

### Bedeutung der Nahrungsressourcen für Taxazahlen und Gesamtabundanz

Wegen der geringeren Beprobungsdichte der Sedimenteigenschaften im Vergleich zur Fauna stand nur eine geringe Stichprobenzahl (n = 15) für direkte Korrelationen beider Größen zur Verfügung. Dennoch zeigten sich dabei einige Tendenzen hinsichtlich der Wechselbeziehungen zwischen den Nahrungsressourcen einerseits und der Abundanz sowie der Taxazahl der Tiergemeinschaften andererseits (vgl. BRUNKE 2004a). Die Abundanz korrelierte positiv mit N-POM und negativ mit C/N-MFIP. Die Taxazahl korrelierte signifikant positiv mit C/TM-MFIP und N-MFIP sowie negativ mit C/N-MFIP. Die Diversität, betrachtet als Eveness, korrelierte ebenfalls signifikant positiv mit C/TM-MFIP und negativ mit C/N-MFIP.

### Bedeutung von Nahrungsressourcen für die Struktur der Benthoszönose

Die Bedeutung der Nahrungsressourcen für die Struktur der Benthoszönose wurde mittels Redundanzanalysemodellen (RDA) getestet. Die Anteile der durch die jeweiligen Nahrungsressourcen erklärten Varianz (Lambda 1) lagen dabei durchweg hoch: C/TM-MFIP – 24 %, N-MFIP – 15 %, C-MFIP – 14 %, Gesamtmasse MFIP – 9 %, N-POM – 9 %, C/N-POM – 7 %, C-POM – 6 %, C/N-MFIP – 4 %. In dem multiplen RDA-Modell der Nahrungsressourcen schließt allerdings C/TM-MFIP die Bedeutung aller Variablen ein; neben dieser Variablen beeinflussen also keine weiteren der im Feld erhobenen Nahrungsressourcen die Zusammensetzung und Abundanz der Fauna. Der Kohlenstoffgehalt der mobilen Interstitialpartikel war somit als Nahrungsressource von überragender Bedeutung. Zu einem RDA-Modell der hydromorphologischen Variablen trugen bei den untersuchten 15 Probenstellen nur die Reynolds-Zahl in Sohlennähe und Feinkies bei, die als einzelne Variablen (Lambda 1) 16 % bzw. 12 % und in dem multiplen Modell (Lambda A) 6 % bzw. 13 % erklären (siehe Tabelle 4-5). Die Arten-Umwelt-Korrelationen waren in dem multiplen RDA-Modell (der Nahrungsressourcen und hydromorphologischen Variablen zusammen) sehr gut abgebildet, da die beiden ersten Faktoren bereits 90 % der Beziehung zwischen der Fauna und den drei einbezogenen Variablen erklären (siehe Tabelle 4-6).

**Tab. 4-5:** Bedeutung von hydromorphologischen Variablen und Nahrungsressourcen für die Verteilung der Meio- und Makrofauna an 15 Stellen in drei Buhnenfeldern. Lambda 1 = Anteil der durch einzelne Variablen erklärten Varianz (Marginal Effects); Lambda A = Anteil der durch die Variablen innerhalb des multiplen Modells erklärten Varianz (Conditional Effects). P- und F-Werte = Signifikanzen; sie wurden mit Hilfe von Monte-Carlo-Permutationen als Signifikanztest innerhalb der Redundanzanalyse errechnet.

| Variable | Lambda 1 | Lambda A | P-Wert | F-Wert |
|---|---|---|---|---|
| C/TM-MFIP | 0,24 | 0,24 | 0,005 | 4,10 |
| Feinkies | 0,12 | 0,13 | 0,035 | 2,37 |
| Reynolds-Zahl (Sohlennähe) | 0,16 | 0,06 | 0,185 | 1,31 |

**Tab. 4-6:** Zusammenfassende Statistik der Redundanzananlyse der Meio- und Makrofauna mit hydromorphologischen Variablen und Nahrungsressourcen an 15 Stellen in drei Buhnenfeldern

| Faktor | 1 | 2 | 3 | 4 | Gesamtvarianz |
|---|---|---|---|---|---|
| Eigenwerte | 0,251 | 0,140 | 0,042 | 0,156 | 1 |
| Arten-Umwelt-Korrelationen | 0,902 | 0,891 | 0,717 | 0 | |
| Erklärte kumulative prozentuale Varianz | | | | | |
| der Fauna-Daten | 25,1 | 39,1 | 43,2 | 58,9 | |
| der Fauna-Umwelt-Beziehung | 58,0 | 90,3 | 100 | 0 | |
| Summe aller uneingeschränkten Eigenwerte | | | | | 1 |
| Summe aller kanonischen Eigenwerte | | | | | 0,432 |

C/TM-MFIP war mit der Reynolds-Zahl in Sohlennähe korreliert ($r^2 = 0,54$, n = 15; siehe Abbildung 4-44), und aus diesem Grund war die Reynolds-Zahl in dem multiplen Modell nicht mehr signifikant. Dieser Effekt ist vermutlich dadurch zu erklären, dass die sohlennahe Turbulenz zwar direkt als strukturierender Faktor auf die Fauna wirkt, aber wahrscheinlich diese in stärkerem

Maße indirekt beeinflusst, indem sie die Ablagerung von organischem Material und dessen Eindringen in die oberste Sedimentlage steuert. Für die Strukturierung dieser Benthoszönosen im mittleren Bereich der Buhnenfelder scheint die Verfügbarkeit der Nahrungsressourcen in Form von feinen organischen Partikeln eine sehr wichtige Größe zu sein, da C/TM-MFIP in diesen Modellen einen sehr hohen Anteil von 24 % der gesamten Varianz erklärt (siehe Tabelle 4-5). Dieses Ergebnis deckt sich mit denjenigen der wenigen Untersuchungen, bei denen eine Kenngröße der Nahrungsverfügbarkeit ermittelt und in Bezug gesetzt wurde einerseits zur Larvalentwicklung einer benthischen Zuckmücke *(Chironomus riparius)* (Vos 2001) bzw. zur Verteilung der hyporheischen Fauna eines Kiesbaches (BRUNKE und GONSER 1999).

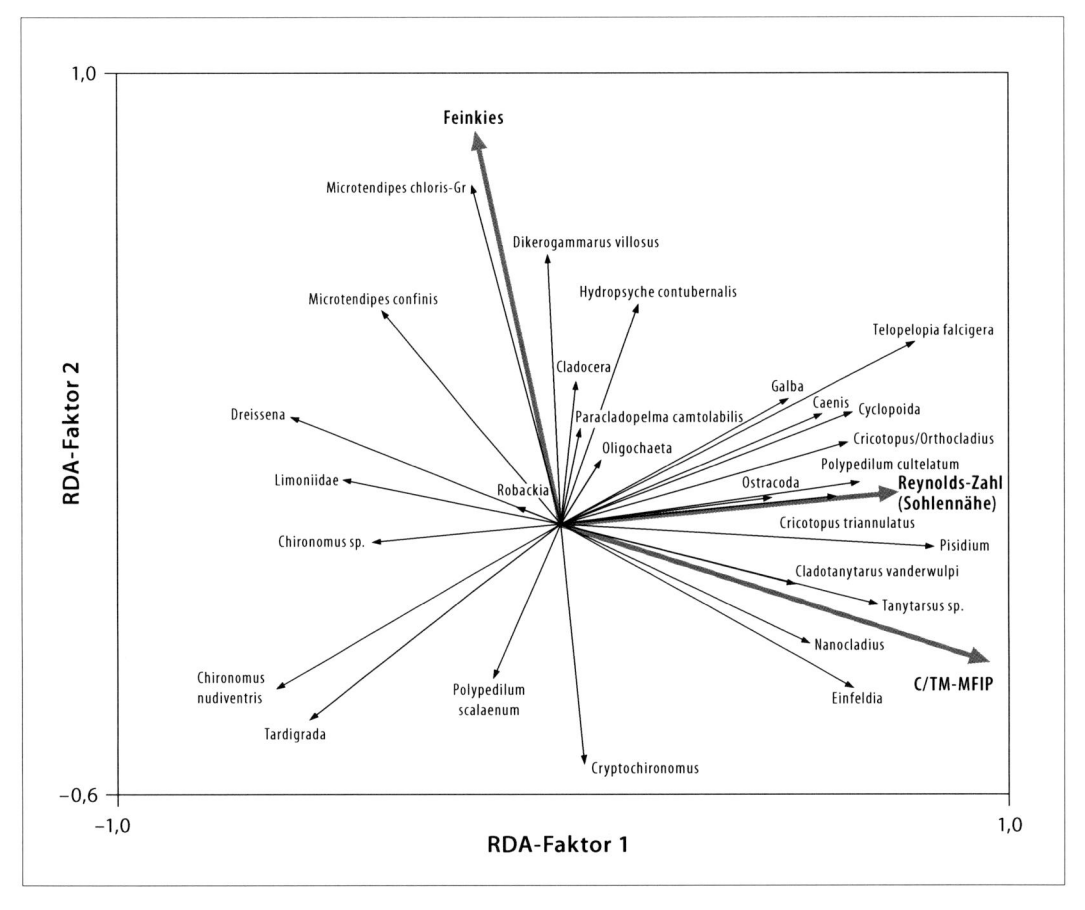

**Abb. 4-44:** Ordinationsdiagramm der Redundanzanalyse der Abundanzen der Meio- und Makrofauna in drei Buhnenfeldern mit den Faktoren 1 und 2 (Erläuterung siehe Text) mit gleichzeitiger Darstellung (Biplot) der Variablen Hydromorphologie und Nahrungsressourcen

In den Buhnenfeldern waren die Abundanzen einer Reihe von Taxa eng korreliert ($r > 0{,}60$) zu C/TM-MFIP, z. B. die Abundanzen der Erbsenmuschel *Pisidium* sp. sowie der Zuckmücken *Einfeldia* sp., *Tanytarsus* sp., *Telopelopia falcigera* und *Polypedilum cultellatum*; diejenigen von weiteren 7 Taxa korrelierten etwas weniger eng ($r = 0{,}40$ bis $0{,}60$). Keinen bzw. einen negativen Bezug zur Verfügbarkeit der Nahrungsressourcen hatten Feinsandbewohner wie die Zuckmücke *Polypedilum scalaenum* bzw. Feinkiesbewohner wie die Zuckmücke *Microtendipes confinis* (siehe Abbildung 4-44).

## Drift der Meio- und Makrofauna

Die Anteile der Tiergruppen an der Wirbellosen-Drift im Ein- und Ausstrombereich der Buhnenfelder spiegeln nur bedingt die Dominanzstruktur der Besiedlung wider. Die höchsten Anteile an der Drift hatten Wenigborstige Würmer (Oligochaeta) und Hüpferlinge (Cyclopoiden) mit 27 bzw. 23 %. Wasserflöhe (Cladoceren) trugen mit 15 % zur Drift bei, und erst dann folgten die im Sediment dominanten Zuckmückenlarven (Chironomiden) mit 12 % und Muschelkrebse (Ostracoda) mit 8 %. Die in der Gesamtabundanz gering vertretene Köcherfliege *Hydropsyche contubernalis*, der Flohkrebs *Dikerogammarus villosus* und die Eintagsfliegenlarve *Heptagenia* sp. wurden in nennenswerten Anteilen mit 6 % und jeweils 2 % der Gesamtdrift gefunden.

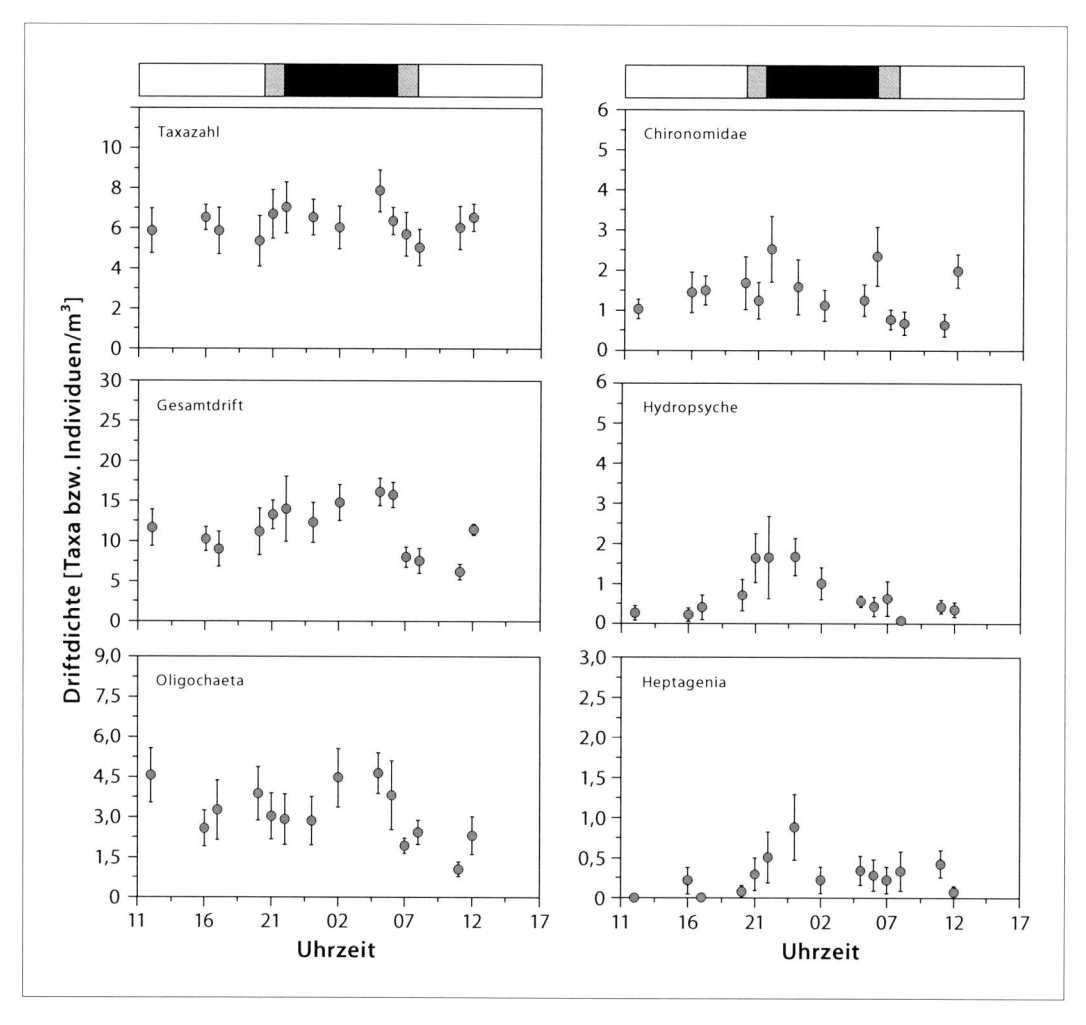

**Abb. 4-45:** Tagesverläufe der Taxazahl pro Driftprobe (20 min) sowie Driftdichten (pro m³) verschiedener Taxa in Driftproben zwischen 12 Uhr am 05.09.2001 und 12 Uhr am 06.09.2001 an Elbe-km 232,3 (Mittelwerte und Standardfehler, n = 84). Die Schattierung des Balkens zeigt Hell-, Dunkel- und Dämmerungsphasen an.

Die Taxazahl in der Drift änderte sich im Tagesverlauf nur unwesentlich (siehe Abbildung 4-45), obwohl die Driftdichte insgesamt von der Abenddämmerung bis zum Morgengrauen deutlich anstieg und während des Tages auf einem geringeren Niveau verblieb. Die Driftdichte der Zuckmücken war während der Abenddämmerung und des Morgengrauens erhöht. Die Driftdichte der

Köcherfliege *Hydropsyche contubernalis* stieg während der Dämmerung an und nahm dann noch während der frühen Nacht zu; in der späten Nacht nahm die Drift allerdings wieder ab, verblieb aber bis zum Morgengrauen auf einem geringen Niveau; tagsüber war die Drift von *Hydropsyche* minimal. Ein vergleichbares Driftverhalten zeigte auch die Eintagsfliege *Heptagenia* sp., die nur während der Abenddämmerung und den frühen Nachtstunden driftete. Die Drift der Wenigborstigen Würmer (Oligochaeta) schien in keinem deutlichen Zusammenhang zum Tagesverlauf zu stehen.

**Diskussion und Schlussfolgerungen**

Die Elbe ist ein sandig-kiesiger Tieflandfluss dessen benthische und hyporheische Fauna dominiert wird von Larven der Zuckmücken (Chironomidae) und Wenigborstigen Würmer (Oligochaeta), die auch maßgeblich zur Diversität beitragen. Auch in vergleichbaren Flüssen wird die Fauna von diesen Tiergruppen dominiert (z.B. SIMPSON et al. 1986, WOLZ und SHIOZAWA 1995, GARCIA und LAVILLE 2000, FESL et al. 1999). Aber auch Mikrocrustaceen stellen bedeutende Anteile an der Fauna der Elbe. Die Diversität und Besiedlungsanteile anderer taxonomischer Gruppen sind allerdings sehr gering, was wahrscheinlich auf die zurückliegende starke Verschmutzung der Elbe, den Ausbau zu einem einsträngigen Flusslauf als Wasserstraße und auf die hydraulische Belastung durch Schiffswellen (siehe Kapitel 7.4) zurückzuführen ist.

In großen Tieflandströmen wie der Elbe, beispielsweise dem unteren Mississippi (BECKETT et al. 1983, ANDERSEN und DAY 1986), bestimmen hauptsächlich hydromorphologische Faktoren die räumliche Verteilung der wirbellosen Fauna, da sie auch die Bildung flussmorphologischer Einheiten auf einer mittleren Skala (Mesohabitate) bedingen. Diese unterscheiden sich in ihrer Sedimentzusammensetzung, Morphodynamik und ihren sohlennahen hydraulischen Eigenschaften. Die Mesohabitate schließen wiederum zahlreiche Mikrohabitate ein. Betrachtet man Buhnenfelder als Mesohabitate, so bestehen hier graduelle Übergänge in den hydromorphologischen Bedingungen. Die lokale sohlennahe Hydraulik und Sedimentzusammensetzung wirken für die Meio- und Makrofauna in Buhnenfeldern der Elbe stark strukturierend. So wird beispielsweise die Zuckmückenfauna an der Elbe, wie auch an anderen Gewässern, von diesen beiden Faktoren wesentlich beeinflusst (RUSE 1994, FRANQUET 1999, SCHÖNBAUER 1999). Daher lassen sich verschiedene biotische Kenngrößen auf der Grundlage von sohlennahen hydraulischen Messgrößen vorhersagen (STATZNER et al. 1988, REMPEL et al. 2000, FESL 2002).

Der offensichtlich große Einfluss hydromorphologischer Variablen schließt jedoch nicht aus, dass auch Nahrungsressourcen für die Ausprägung der Lebensgemeinschaften von Bedeutung sind (z.B. MCLACHLAN et al. 1978, WARD und WILLIAMS 1986), die aber bisher nur in wenigen Studien zusätzlich zu den hydromorphologischen Variablen erfasst wurden. Auch wenn viele aquatische Wirbellose ein generalistisches Verhalten bei der Nahrungsaufnahme zeigen (z.B. PINDER 1986, TAVARES-CROMAR und WILLIAMS 1997), können komplexere Zusammenhänge durchaus nachgewiesen werden. Beispielsweise darf bei detritivoren Taxa nicht nur die Gesamtmenge von Detritus betrachtet werden, welcher oft im Überfluss vorhanden ist, sondern es müssen auch die Größe der Nahrungspartikel, deren physiologische Qualität und deren Verfügbarkeit beachtet werden. Unter Berücksichtigung dieser Komplexität konnten an der Elbe insgesamt 8 aussagekräftige Kenngrößen der Nahrungsressourcen ermittelt werden.

Die Besiedlungsdichte der Meio- und Makrofauna in den untersuchten Buhnenfeldern wird vermutlich von der Nahrungsqualität des organischen Materials in den Sedimenten bestimmt. Die Diversität und kleinräumige Verteilung innerhalb der Buhnenfelder steht dagegen in einem engen Zusammenhang zur Qualität und insbesondere zur Verfügbarkeit der Nahrungsressourcen. Innerhalb der Buhnenfelder, die hier als Mesohabitate aufgefasst wurden, beeinflusst demzufolge die Ernährungsökologie der Wirbellosenarten und die Verteilung von Nahrungsressourcen deutlich die Gesamtabundanz, Diversität und taxonomische Zusammensetzung der Benthoszönosen. Die sohlennahen hydraulischen Kräfte bestimmen nur teilweise die Verteilung der Fauna, da die vorhandenen Wirbellosenarten den hydraulischen Kräften in unterschiedlichem Ausmaß widerstehen können, so dass durch diese limitierende Wirkung die Struktur der Lebensgemeinschaften geprägt wird.

### 4.3.3 Mikrofauna

Einzellige Tiere (Protozoen) leben aufgrund ihrer geringen Körpergröße von typischerweise 0,01 bis 0,1 mm in Kleinstlebensräumen (Mikrohabitaten) in der typischen Ausdehnung eines Wassertropfens. Die in diesen Kleinstlebensräumen jeweils wirkenden Umweltfaktoren führen zur Ausbildung von unterschiedlichen Kleinstlebensgemeinschaften (Mikrozönosen), die jeweils an ihre Mikro-Umwelt angepasst sind. Dabei spielen auch für diese Organismen abiotische Faktoren wie Licht, Temperatur, Strömungsintensität, Sedimentbeschaffenheit oder Sauerstoffgehalt, eine bedeutende Rolle (FENCHEL 1987, HAUSMANN und HÜLSMANN 1996, CARLING et al. 1996), sowie auch biotische Faktoren wie die Nahrungsverfügbarkeit. Über die so genannte „Mikrobielle Schleife" (Microbial Loop) in den Nahrungsnetzen bilden Protozoen ein wichtiges Bindeglied zwischen Bakterien und höheren trophischen Ebenen in den Gewässern (AZAM et al. 1983, siehe Kapitel 3.4).

Die Buhnenfelder der Elbe werden bei geringem und mittlerem Pegelstand nur langsam durchströmt, so dass transportierte Schwebstoff- und Sedimentpartikel dort in großem Umfang sedimentieren (TIPPING et al. 1993). Dabei werden die Buhnenfelder kreisförmig durchströmt, wobei ständig Flusswasser an der flussabwärts gelegenen Seite des Buhnenfeldes einströmt und ein Teil des im Kreis fließenden Wassers auf der flussaufwärts gelegenen Seite ausströmt (siehe Kapitel 4.1) Die Sedimentationsphasen werden bei höheren Wasserständen durch zunehmende, in verschiedenen Bereichen des Buhnenfeldes jedoch unterschiedlich starke Resuspensionsprozesse unterbrochen, so dass die Buhnenfeldsedimente deutliche Schichtungen aufweisen. Sie werden im Gegensatz zu den Sedimenten des Hauptstroms kaum durchströmt, weswegen nur die obersten Millimeter oder Zentimeter mit Sauerstoff versorgt werden (PETERMEIER und SCHÖLL 1996; siehe Kapitel 5.4.1). Während der Niedrigwasserphasen können sich Organismengesellschaften entwickeln, die im Hauptstrom mit seiner starken Turbulenz und seinen mobilen Sedimenten aufgrund des mechanischen Stresses und des raschen Transports nicht vorkommen können. Da die Sedimentations- und Resuspensionsprozesse innerhalb eines Buhnenfeldes ein heterogenes Muster verschiedener Sedimentqualitäten erzeugen, sind dort verschiedene Kleinstlebensräume zu finden, die sich in unterschiedlicher Korngröße, organischem Gehalt und Sauerstoffgehalt des Sediments widerspiegeln (CARLING et al. 1996; siehe Kapitel 4.2). Dort besteht die Möglichkeit, Mikrozönosen innerhalb eines engen Raums miteinander zu vergleichen.

### Einfluss des Sedimenttyps auf die Mikrofauna

Um die Zusammenhänge zwischen der Korngröße, dem Feinsedimentanteil (Fraktion < 72 µm), der Sauerstoffkonzentration und dem Gehalt an partikulärem organischem Material (POM) des Sediments einerseits und der Abundanz, Diversität, Artenzahl und Größe der Ciliaten andererseits zu zeigen, wurden in einem Buhnenfeld der Elbe bei Havelberg (Elbe-km 420) zwei Probenahmestellen mit sehr unterschiedlicher Sedimentverteilung untersucht (siehe Tabelle 4-7, siehe Abbildung 4-46).

**Tab. 4-7:** Abiotische und biotische Ergebnisse aus zwei Bereichen eines Buhnenfeldes bei Havelberg (Elbe-km 420) im Mai 2001. Die Angaben sind Mittelwerte (n = 3) ± Standardfehler; *kennzeichnet statistisch signifikante Unterschiede zwischen Einstrom- und Ausstrombereich nach dem Mann-Whitney-U-Test mit p ≤ 0,05.

| Bereich im Buhnenfeld | Sedimente | | | Ciliaten | | | |
|---|---|---|---|---|---|---|---|
| | Mittlere Korngröße [mm] | Anteil Feinsedimente < 72 µm [%] | POM-Gehalt [%] | Gesamt abundanz [Ind./cm³] | Diversität (Shannon-Index) | Artenzahl | Größe < 50 µm |
| Einstrom | 0,92 ± 0,15* | 5,25 ± 1,90* | 1,61 ± 0,59* | 428,5 ± 64,3 | 1,88 ± 0,27* | 7,7 ± 1,9* | 100 % |
| Ausstrom | 0,46 ± 0,01 | 1,12 ± 0,13 | 0,56 ± 0,08 | 303,1 ± 110,7 | 2,52 ± 0,22 | 15,3 ± 4,3 | 84 % |

Eine Probenahmestelle lag hinter dem Einstrombereich und wies zwar eine größere mittlere Korngröße auf, jedoch lagen die Anteile der Feinsedimente und der organische Gehalt dort um ein Mehrfaches höher als an der Probenahmestelle im Ausstrombereich. Im Einstrombereich war das Sediment daher kolmatiert und wies einen hohen Muddegehalt auf. Dementsprechend lag der Sauerstoffgehalt im Sediment zu allen untersuchten Jahreszeiten im Einstrombereich signifikant niedriger als im Ausstrombereich (siehe Abbildung 4-46).

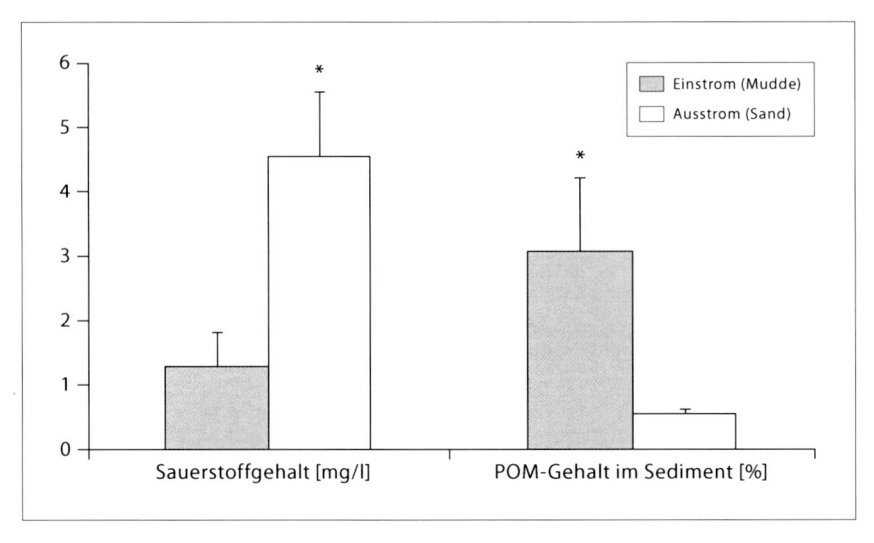

**Abb. 4-46:** Sauerstoffgehalt (gemessen in 7 cm Sedimenttiefe) und Gehalt an partikulärem organischem Material (POM) an zwei Beprobungsstellen innerhalb eines Buhnenfeldes bei Havelberg (Elbe-km 420) Anfang Mai, Ende Mai und Oktober 2001. Die Angaben sind Mittelwerte von 3 Probenahmeterminen; *kennzeichnet einen statistisch signifikanten Unterschied zwischen Einstrom- und Ausstrombereich gemäß Mann-Whitney-U-Test mit p ≤ 0,05.

Die Korngröße beeinflusste die Körpergröße der Wimpertierchen (Ciliaten) in diesen Buhnenfeldarealen. Während im sandigen Ausstrombereich Ciliaten bis über 100 µm Größe zu finden waren, kamen im muddigen Einstrombereich lediglich Arten bis zu einer Größe von 50 µm vor. Obwohl der Einstrombereich eine gröbere mittlere Korngröße und Heterogenität aufwies (siehe Tabelle 4-7), bewirkte die Kolmation durch die Feinsedimente offenbar eine Verkleinerung des für die Protozoen besiedelbaren Porenraums, so dass ausschließlich kleinere Ciliatenarten vorkamen, wie *Platynematum sociale*. Dieser Zusammenhang zwischen der Größe des Porenraums und der Körpergröße der Ciliaten ist auch aus dem marinen Lebensraum bekannt (FENCHEL 1987).

Die Besiedlungsdichte der Ciliaten war im muddigen Einstrombereich höher als im Ausstrombereich, jedoch lagen die Taxazahl und Diversität signifikant niedriger als im sandigen Ausstrombereich. Während im Ausstrombereich acht Ciliaten-Untergruppen mit bis zu 28 Arten (Mittelwert 16,3) gefunden wurden, konnten im muddigen Einstromareal nur fünf Großgruppen und höchstens zehn Ciliatenarten (Mittelwert 7,3) nachgewiesen werden (siehe Abbildung 4-47). Allerdings traten die wenigen Arten dort in einer sehr hohen Abundanz von über 500 Individuen/cm$^3$ auf, im Gegensatz zu einer Abundanz von unter 100 Ind./cm$^3$ im sandigen Buhnenfeldareal. Der Unterschied lässt sich durch den niedrigen Sauerstoffgehalt, insbesondere in größerer Sedimenttiefe, und dem höheren Feinsedimentanteil im Einstrombereich erklären (siehe Tabelle 4-7 und Abbildung 4-46). Ähnlich wie hier wurde auch in der schlecht durchströmten Stromsohle eines anderen Flusses die höchste Abundanz der Protozoen in den Oberflächensedimenten und auf der Oberfläche gefunden (BALDOCK und SLEIGH 1988). Vergleichbare Abundanzunterschiede wurden bereits aufgrund unterschiedlicher Nährstoffverfügbarkeit in der Wassersäule von saprobiell unterschiedlich belasteten Fließgewässern beschrieben (FOISSNER et al. 1994), wobei höherer Nährstoffgehalt mit höherer Abundanz bakterivorer Ciliatenarten verknüpft war.

Trotz geringer Sauerstoffgehalte wurden in den Buhnenfeldern der Elbe im Gegensatz zu den Uferbereichen der Spree (GÜCKER und FISCHER 2003) jedoch keine auf anaerobe Zonen spezialisierte Ciliatenarten gefunden. Die geringsten Unterschiede in der Abundanz und Zusammensetzung der Ciliatengemeinschaft zeigten sich in den jeweils obersten Sedimentschichten, wobei aber die Artenvielfalt im Sand auch in dieser Schicht bereits höher war. Der Vergleich zwischen dem wenig durchströmten, muddigen Bereich im Einstrombereich des Buhnenfeldes und dem im Ausstrombereich gelegenen, sandigen Beprobungsareal des gleichen Buhnenfeldes demonstriert die Anpassungen der Ciliatengemeinschaften an ihre Umweltbedingungen, wie die Sedimentqualität (FENCHEL 1969) und den Sauerstoffgehalt (BERNINGER und EPSTEIN 1995, GÜCKER und FISCHER 2003).

**Taxonomische Zusammensetzung der Ciliatengemeinschaft**

In beiden Buhnenfeldbereichen wurde die Ciliatengemeinschaft durch die Hymenostomata dominiert (siehe Abbildung 4-47). Diese im Elbsediment hauptsächlich durch bakterivore Arten vertretene Gruppe kam offenbar als Ubiquisten (FOISSNER et al. 1994, CLEVEN 2004) mit den beiden unterschiedlichen Lebensbedingungen zurecht, und Bakterien stellten offenbar an den beiden Probestellen keine nahrungslimitierende Ressource dar.

Die Untergruppe der Cyrtophorida ist hingegen nur in einem Sand-Kies-Gemisch zu finden und bevorzugt somit eine bestimmte Sedimentzusammensetzung (FENCHEL 1969). Sie wurden aus diesem Grund nur im sandigen Ausstrombereich nachgewiesen, nicht aber im muddigen Einstrombereich des Buhnenfeldes. Hier fanden sich neben den bakterivoren Ciliaten-Untergruppen in der Hauptsache räuberisch lebende Arten aus den Gruppen der Suctoria (Sauginfusorien), Gymnostomatida und Hypotrichida, die sich von anderen Einzellern ernähren. Sie bevorzugen nährstoffreiche Areale und sind weder direkt noch indirekt über die Nahrung – wie etwa bei Algen fressenden Arten – auf gute Lichtverhältnisse angewiesen. Die hohe Abundanz der Prostomatida, hier vornehmlich Arten der ausschließlich planktisch lebenden Gattung *Urotrichia* (FOISSNER et al. 1994), in der obersten Schicht des Einstrombereichs liegt in der starken Sedimentation in dieser strömungsberuhigten Zone begründet. Diese Organismen sinken mitsamt den Detrituspartikeln in die hierdurch entstehende Schlammauflage der oberen Schicht ab. Es entsteht im obersten Sedimentbereich eine lockere Sediment-Wasser-Kontaktzone, in der sich die Gattung *Urotrichia* ansiedelt und unter guten Nährstoffbedingungen vermehren kann, ohne dem mechanischen Stress der fließenden Welle unterworfen zu sein.

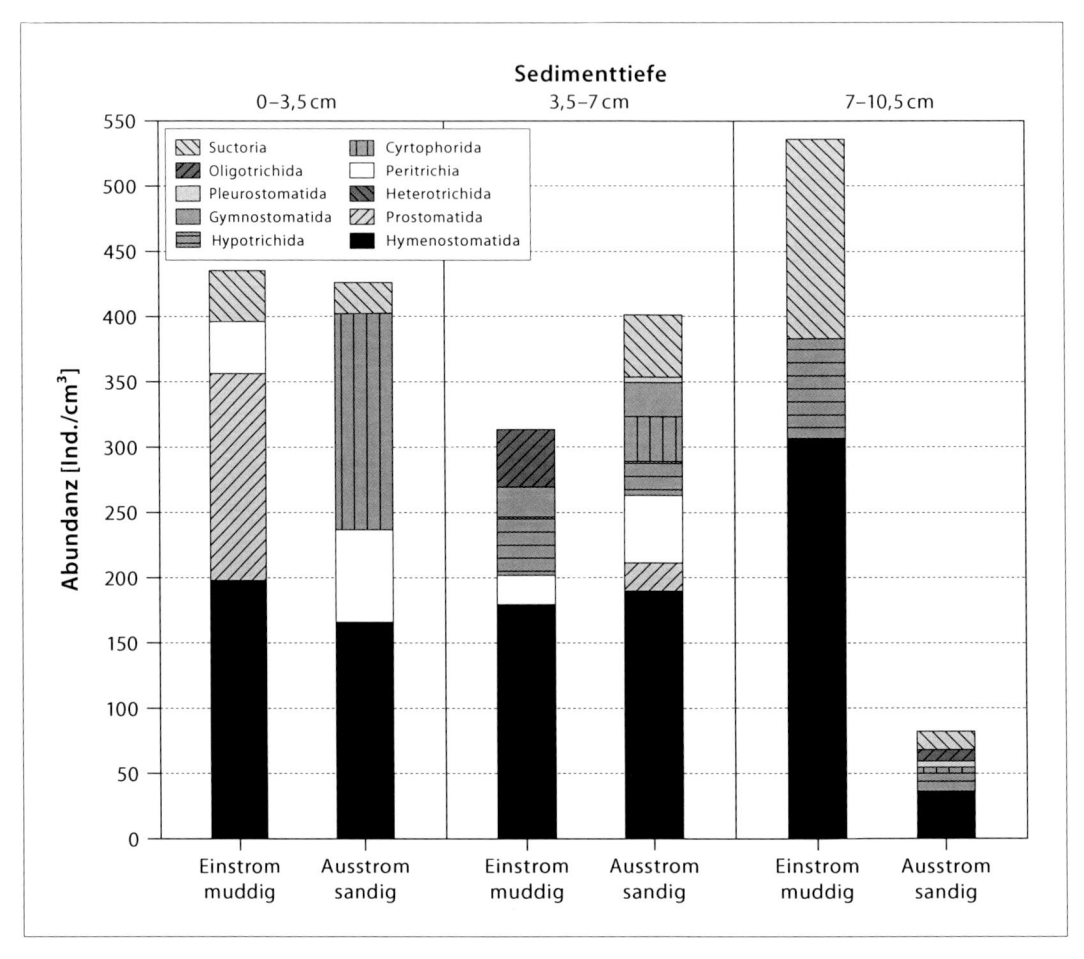

**Abb. 4-47:** Taxonomische Untergruppen der Wimpertierchen (Ciliaten) in drei Tiefenhorizonten an zwei Beprobungsstellen innerhalb eines Buhnenfeldes bei Havelberg (Elbe-km 420) im Mai 2001

### Jahreszeitliche Unterschiede

Sowohl die Siedlungsdichten als auch die Zusammensetzung der Lebensgemeinschaften können sich im Jahresverlauf drastisch ändern (Schmid-Araya 1994, Cleven 2004). Die jahreszeitlichen starken Schwankungen der Temperatur und der Lichtverhältnisse sowie der Strömungsgeschwindigkeit aufgrund von Hochwasserereignissen prägen die Lebensgemeinschaften der Protozoen. Während eines Hochwasserereignisses ändert sich das Strömungsmuster innerhalb eines Buhnenfeldes völlig. Im Falle einer Überströmung der Buhnen fließt das Wasser über das Buhnenfeld hinweg und die Kreisströmung verschwindet. Das Wasser überfließt in diesem Fall zuerst den flussaufwärts gelegenen Ausstrombereich, bevor es den flussabwärts gelegenen Einstrombereich des Buhnenfeldes erreicht (Sukhodolov et al. 2004).

Entsprechend zeigte die Mikrofauna der Elbe im Frühjahr und Herbst 2001 deutliche jahreszeitliche Veränderungen der Siedlungsdichten von Wimpertierchen (Ciliaten), Geißeltierchen (Flagellaten), Kieselalgen (Bacillariophyceen) und Bakterien in Sedimenten des Hauptstroms (siehe Kapitel 5.3.1) und eines Buhnenfeldes der Elbe (siehe Tabelle 4-8).

**Tab. 4-8:** Abundanzen von Wimpertierchen (Ciliaten), Geißeltierchen (Flagellaten), Kieselalgen (Bacillariophyceen) und Bakterien im Hauptstrom der Elbe sowie im Eintrom- und Ausstrombereich eines Buhnenfeldes bei Coswig (Elbe-km 233) im Juni und Oktober 2001. Die Angaben sind Mittelwerte (n = 3) ± Standardfehler, abweichende Einheiten * = × $10^6$ Ind./cm³, ** = × $10^9$ Ind./cm³.

| Organismen [Ind./cm³] | Juni | | | Oktober | | |
|---|---|---|---|---|---|---|
| | Hauptstrom | Einstrom | Ausstrom | Hauptstrom | Einstrom | Ausstrom |
| Ciliaten gesamt | 192,5 ± 10,2 | 223,1 ± 44,5 | 311,9 ± 126,7 | 55,3 ± 8,8 | 491,6 ± 189,6 | 559,4 ± 341,7 |
| Hymenostomata | 9,0 ± 3,5 | 129,4 ± 18,6 | 171,3 ± 89,0 | 13,0 ± 5,5 | 307,2 ± 70,0 | 378,4 ± 238,5 |
| Prostomatida | 3,5 ± 1,4 | 8,1 ± 4,3 | 35,6 ± 21,2 | 1,1 ± 0,7 | 87,3 ± 55,2 | 35,5 ± 8,6 |
| Cyrtophorida | 92,6 ± 4,7 | 25,9 ± 8,6 | 32,3 ± 17,1 | 34,9 ± 2,4 | 64,7 ± 64,7 | 77,6 ± 59,3 |
| Peritrichia | 72,4 ± 9,8 | 22,6 ± 18,0 | 9,7 ± 9,7 | 2,8 ± 0,5 | 6,5 ± 6,5 | 0,0 ± 0,0 |
| Suctoria | 9,7 ± 1,1 | 3,2 ± 3,2 | 11,1 ± 6,9 | 0,7 ± 0,1 | 6,5 ± 6,5 | 0,0 ± 0,0 |
| Flagellaten* | 1,3 ± 0,7 | 1,3 ± 0,1 | 0,4 ± 0,7 | 0,56 ± 0,0 | 0,9 ± 0,1 | 0,9 ± 0,2 |
| Bacillariophyceen gesamt* | 0,23 ± 0,05 | 1,3 ± 0,5 | 2,9 ± 1,1 | 0,02 ± 0,00 | 4,6 ± 1,9 | 2,3 ± 1,3 |
| Pennales* | 0,02 ± 0,01 | 0,22 ± 0,05 | 0,47 ± 0,1 | 0,01 ± 0,00 | 1,0 ± 0,5 | 0,77 ± 0,40 |
| Centrales* | 0,21 ± 0,04 | 1,1 ± 0,5 | 2,5 ± 1,0 | 0,01 ± 0,00 | 3,6 ± 1,4 | 1,5 ± 0,9 |
| Bakterien** | 1,83 ± 1,3 | 4,0 ± 0,2 | 2,4 ± 1,2 | 5,2 ± 1,8 | 5,1 ± 1,1 | 1,8 ± 0,4 |

Die beiden Beprobungstermine unterschieden sich deutlich hinsichtlich Wassertemperatur, Sauerstoffgehalt und Pegelstand. Während bei der Frühjahrsbeprobung (Juni) eine mittlere Abflusssituation herrschte (Monatsmittel bis Probenahmetermin: Dresden 245 m³/s, Coswig (Pegel Lutherstadt Wittenberg) 273 m³/s, Magdeburg 371 m³/s), erfolgte die Beprobung im Herbst (Oktober) unter Hochwasserbedingungen (Monatsmittel bis Probenahmetermin: Dresden 460 m³/s, Coswig bzw. Pegel Lutherstadt Wittenberg 424 m³/s, Magdeburg 479 m³/s). Die Temperatur des Porenwassers in 7 cm Sedimenttiefe lag im Juni bei 19 °C bis 20 °C im Gegensatz zu 10 °C im Oktober. Der Sauerstoffgehalt war im Frühjahr um die Hälfte niedriger als im Herbst, lag aber mit 5 mg/l deutlich im aeroben Bereich. Der pH-Wert und die Leitfähigkeit unterschieden sich zu den beiden Zeitpunkten nur unwesentlich voneinander. Die Sedimentbeschaffenheit war bei Coswig im Buhnenfeld und im Hauptstrom (siehe Abbildung 5-11) allgemein kiesig-sandig, wies jedoch im Buhnenfeld infolge der Sedimentationsprozesse zwischen 10 und 20 % Feinsediment auf und war damit deutlich heterogener.

Die Gesamtabundanz der Ciliaten und die Verteilung ihrer Taxa unterschieden sich deutlich zwischen den beiden Probenahmeterminen. Die Gesamtabundanz war im Oktober bei erhöhtem Wasserstand im Einstrombereich mit über 410 Individuen/cm³ mehr als doppelt so hoch wie im Juni bei mittlerem Durchfluss (170 Ind./cm³). Der Ausstrombereich wies mit 176 Ind./cm³ im Oktober ebenfalls höhere Abundanzen auf als im Juni (104 Ind./cm³). Sowohl die ubiquitär im Pelagial und Sediment lebenden Hymenostomata als auch rein pelagische Vertreter der Prostomatida (FOISSNER et al. 1994) waren im Oktober häufiger als im Juni (siehe Kapitel 3.4). Sie wurden vermutlich aufgrund der erhöhten Strömungsgeschwindigkeit und Turbulenz während des Hochwasserereignisses in das Sediment des Buhnenfeldes eingetragen und fanden unter anderem wegen des hohen Sauerstoffgehaltes zu diesem Zeitpunkt hier bessere Lebensbedingungen als im Juni.

Im Gegensatz zu den Verhältnissen im Sediment des Buhnenfeldes wurden die Siedlungsdichten im Sediment des Hauptstroms durch das Hochwasserereignis mit Fließgeschwindigkeiten von bis zu 2,50 m/s im Stromstrich reduziert von mehr als 200 Ind./cm$^3$ auf 52 Ind./cm$^3$. Während im Juni hohe Abundanzen der Taxa Cyrtophorida und Peritrichia (Glockentierchen) im Hauptstromsediment zu finden waren, konnten im Oktober lediglich wenige Cyrtophorida, nicht aber Peritrichia gefunden werden. Diese sessilen Ciliaten werden bei erhöhtem mechanischem Stress leicht vom Untergrund abgerissen und mit der fließenden Welle fortgetragen. Generell spielten Cyrtophorida und Peritrichia im Sediment der Buhnenfelder keine große Rolle, da sie hier keine geeigneten Lebensbedingungen vorfanden (siehe Kapitel 5.3.1). Im Fall der Cyrtophorida, die auf rein kiesig-sandige Sedimente angewiesen sind, wirkte sich der Feinsedimentanteil von 20 % nachteilig aus. Den sessilen Peritrichia fehlte in den Buhnenfeldern die Wasseranströmung zur Futteraufnahme. Daher wurden Peritrichia während des Hochwassers in den oberen beiden Tiefenhorizonten des Buhnenfeldeinstroms in höheren Siedlungsdichten als im Juni festgestellt.

Ebenso wie bei den Ciliaten wurden die jahreszeitlichen Unterschiede in den Siedlungsdichten der Kieselalgen (Bacillariophyceen) und Geißeltierchen (Flagellaten) im Hauptstrom durch das Hochwasserereignis im Oktober geprägt. In den Buhnenfeldbereichen war die Entwicklung uneinheitlich. Die beiden Untergruppen der Diatomeen, die Pennales und die häufiger auftretende Gruppe der Centrales, zeigten ähnliche jahreszeitliche Veränderungen. Im Gegensatz zu den Protozoen wurden die Bakterienzahlen durch das Hochwasser nicht verringert; auch in ihrer räumlichen Verteilung zeigte sich kein jahreszeitlicher Trend.

Die Ergebnisse zeigen, dass die Sedimente der Buhnenfelder aufgrund der geringeren Strömungsverhältnisse und der durch Sedimentation geprägten Korngrößenzusammensetzung mit höheren Anteilen feineren Sediments für Protozoen andere Lebensbedingungen bieten als das gut durchströmte Sediment des Hauptstroms. Somit haben sich in beiden Lebensräumen charakteristische, unterschiedliche Protozoengemeinschaften ausgebildet. In den Buhnenfeldarealen war eine deutliche Anpassung der Ciliatenarten an die höheren Anteile feiner Korngrößen und des organischen Gehaltes sowie an die geringeren Sauerstoffgehalte festzustellen.

### 4.3.4 Aggregate im Buhnenfeld

Auf die Bedeutung der Aggregate als Orte erhöhter Stoffumsatzprozesse, mikrobieller Besiedlung sowie daraus resultierender enzymatischer Aktivität wurde bereits in Kapitel 3.4 ausführlich eingegangen. In Buhnenfeldern sind nach eigenen Beobachtungen Aggregate meist in geringerer Anzahl und in einer weniger kompakten Form als im Hauptstrom anzutreffen, was ihre Quantifizierung in diesem Habitat erschwert. Kompakte Aggregate sedimentieren in strömungsberuhigten Zonen schnell; in der Schwebe bleiben die leichteren, wenig kompakten. In der Einstromzone eines Buhnenfeldes muss von einem ständigen Eintrag von Aggregaten des Hauptstroms ausgegangen werden, ebenso wie in der Ausstromzone resuspendiertes Präsediment aus dem Buhnenfeld in den Hauptstrom gelangt.

Bei einer gemeinsamen Untersuchung des Leibniz-Instituts für Gewässerökologie und Binnenfischerei (IGB) und der Universität Hamburg am 31.07.2001 in einem Buhnenfeld der Mittleren Elbe (Elbe-km 420,9, linkes Ufer) konnten keine Unterschiede in der mikrobiellen Besiedlung und der enzymatischen Aktivität zwischen den Aggregaten des Ein- und des Ausstrombereichs nachgewiesen werden – vermutlich aufgrund des zu diesem Zeitpunkt recht hohen Abflusswertes von 434 m$^3$/s am Pegel Magdeburg (ARGE-ELBE 2001). Ein hoher Abfluss scheint somit räumliche Unterschiede im Buhnenfeld sowie vertikale Wechselwirkungen zu verwischen. Auf die vertikalen Wechselwirkungen zwischen Pelagial und Benthal wird in Kapitel 6.3 ausführlich eingegangen.

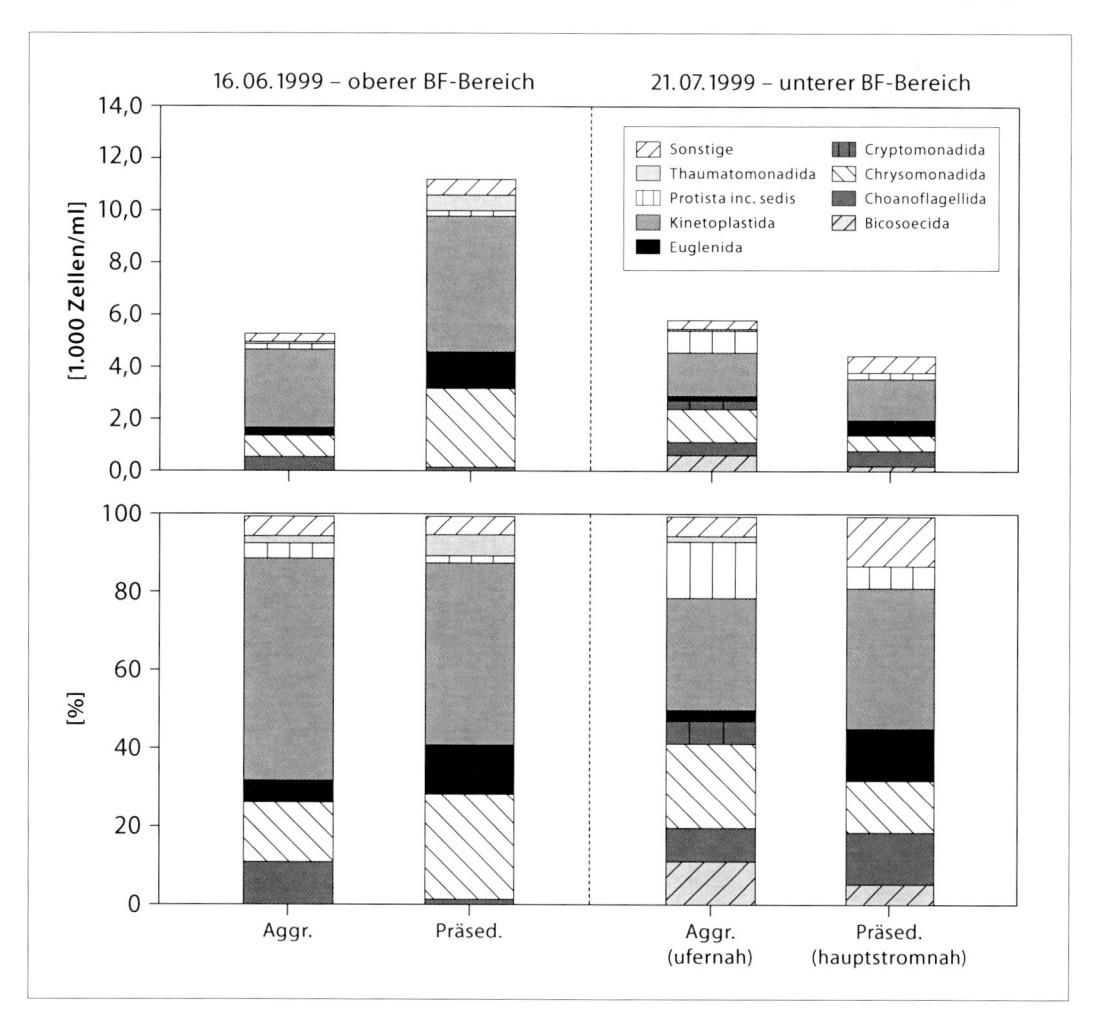

**Abb. 4-48:** Abundanz und prozentuale taxonomische Zusammensetzung der heterotrophen Flagellatenfauna in einem Buhnenfeld (BF) am Elbe-km 421,8 (linkes Ufer) im Juni und Juli 1999 nach Lebenduntersuchung am Phasenkontrastmikroskop; Aggr. = Aggregatfraktion der Wassersäule, Präsed. = Präsediment, inc. sedis = unsichere systematische Zuordnung

Die Fauna der heterotrophen Flagellaten (HF) in der durch Sedimentation gewonnenen Aggregatfraktion der Wassersäule sowie die Fauna im Präsediment eines Buhnenfeldes wurden im Juni 1999 im oberen Bereich eines Buhnenfeldes (Elbe-km 421,8, linkes Ufer) über einer Sandbank beprobt; im Juli wurden im unteren Bereich des Buhnenfeldes an einer hauptstromnahen Stelle das Präsediment und an einer ufernahen Stelle die Wassersäule beprobt. Sowohl in der Aggregatfraktion als auch im Präsediment konnten die gleichen Gruppen heterotropher Flagellaten (HF) nachgewiesen werden wie im Hauptstrom (siehe Abbildung 4-48). An den jeweiligen Beprobungszeitpunkten war die Zusammensetzung der HF-Fauna im Präsediment vergleichbar mit jener der Aggregatfraktion, was auf eine Herkunft des Präsediments aus sedimentierten Aggregaten des Pelagials deutet (siehe Abbildung 4-49). Auch Struktur und Bestandteile des Präsediments – Kieselalgen, Detritus und mineralische Partikel – ähnelten denen der Aggregate. Lediglich die Gesamtabundanz der heterotrophen Flagellaten war im Präsediment deutlich höher; jedoch ergeben sich geringere Werte für das Präsediment, wenn die HF-Abundanz auf das Trockengewicht bezogen wird. Die taxonomische Zusammensetzung der Flagellatenfauna unterschied sich ebenfalls nur geringfügig zwischen der ufernahen und stromnahen Probenahmestelle am 21.07.1999. Die Gesamtabundanz der HF war in Hauptstromnähe nur leicht niedriger.

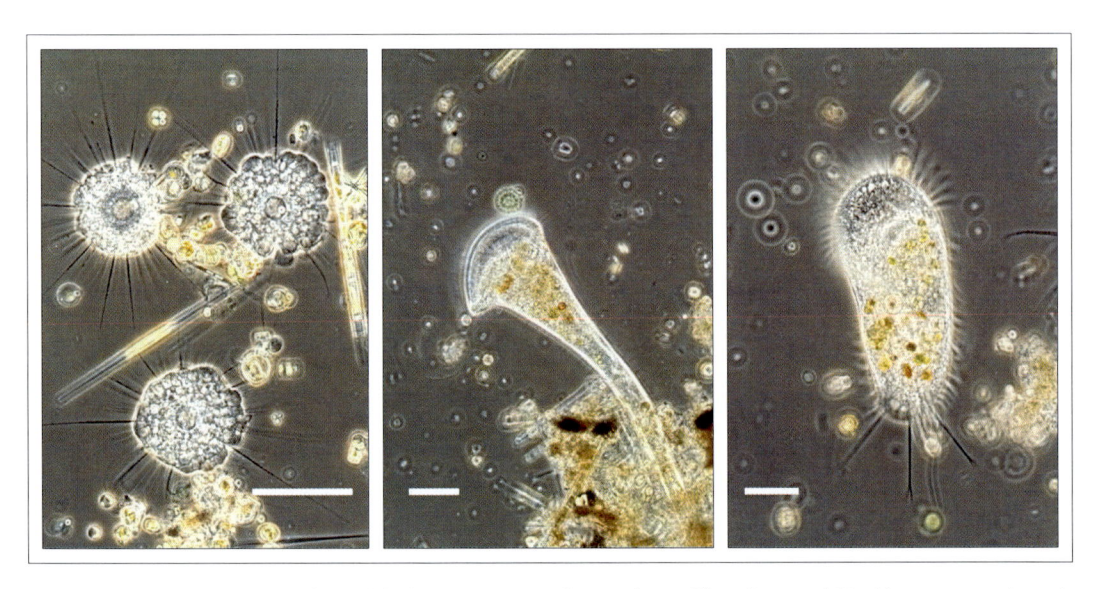

**Abb. 4-49:** Typische aggregatbesiedelnde Protozoen in der Mittleren Elbe, die sowohl im Hauptstrom als auch im Buhnenfeld vorkommen (Lebendaufnahmen im Phasenkontrast). Von links nach rechts: Sonnentierchen (Heliozoa); Trompetentierchen *Stentor* sp. (Ciliophora, Heterotrichida); *Stylonichia-mytilus*-Komplex (Ciliophora, Hypotrichia) (Balkenlänge = 50 µm) (Fotos: U. WÖRNER)

## 4.4 Bakterien und deren Stoffumsetzungen
*Helmut Fischer und Sabine Wilczek*

Ein erheblicher Anteil der Umsetzungen organischer Kohlenstoffverbindungen (heterotrophen Stoffumsetzungen) in Fließgewässern findet an Oberflächen statt, z. B. im Biofilm auf Steinen (Epilithon) und Pflanzenoberflächen (Epiphyton). Organische Stoffe aus dem fließenden Wasser sorbieren an diese Biofilme und sind dann für die direkte Aufnahme oder den enzymatischen Abbau durch Bakterien zugänglich (FISCHER 2003). Damit Bakterien das organische Material für die Energiegewinnung oder den Aufbau von Biomasse nutzen können, muss dieses zunächst in die Bakterienzelle gelangen. Hierfür nutzen Mikroorganismen extrazelluläre Enzyme, mit deren Hilfe Polymere in ihre Grundeinheiten zerlegt werden. Die Aktivität dieser Enzyme stellt somit ein Maß für die Abbaurate hochmolekularen organischen Materials dar.

Innerhalb der Bakterienzelle wird das reduzierte organische Material entweder für die Energiegewinnung oxidiert (Atmung, Respiration) oder zum Aufbau von Biomasse genutzt (Produktion). Dieser mikrobielle Stoffumsatz trägt entscheidend zum Stoffhaushalt und der Selbstreinigungskraft von Gewässern bei. Bei allen Atmungsprozessen wird organisches Material zu Kohlendioxid oxidiert und auf diese Weise aus dem Fluss eliminiert. Bei der Biomasseproduktion wird das zunächst in gelöster Form vorliegende organische Material in die partikuläre Form überführt und somit für das Nahrungsnetz im Gewässer verfügbar gemacht.

In Kleinlebensräumen, in denen es an molekularem Sauerstoff mangelt, wird oft Nitrat für die Oxidation der organischen Substanz genutzt (Denitrifikation). Unter den anaeroben Atmungsprozessen ermöglicht die Denitrifikation den höchsten Energiegewinn pro übertragenem Elektron. Weil außerdem viele denitrifizierende Bakterien auch aerob leben und eine Vielzahl organischer Substrate nutzen können, ist dieser Prozess in der Natur weit verbreitet (KOROM 1992). Da bei der Denitrifikation Nitrat in mehreren Schritten zu molekularem Stickstoff reduziert wird, führt dies zu einer Verringerung des Nitratgehaltes im Fluss. Viele Mikroorganismen beziehen allerdings ihre Energie nicht aus der Oxidation organischer Verbindungen; sie sind in der Lage, reduzierte anorganische Verbindungen – beispielsweise Ammonium – zu oxidieren und sind damit vom Vorhandensein organischer Substanz unabhängig. Bei diesen Umsetzungen wird zunächst Ammonium von bestimmten Bakterien zu Nitrit oxidiert. Andere Bakterien wiederum nutzen Nitrit und oxidieren dieses weiter zu Nitrat. Der gesamte Prozess wird als Nitrifikation bezeichnet. Die Energieausbeute aus den Nitrifikationsreaktionen ist gering, und der Anteil nitrifizierender Bakterien an der mikrobiellen Biomasse in natürlichen Gewässern ist weitgehend unbekannt. Die Nitrifikation kann aber zur Sauerstoffzehrung im Gewässer beitragen (FINDLAY und SINSABAUGH 2003) und ist für den Stickstoffhaushalt von höchster Bedeutung (STOREY et al. 1999).

### Bedeutung der einzelnen Habitate

Um Kenntnisse über die Höhe der bakteriellen Stoffumsatzraten und die sie beeinflussenden Faktoren zu erlangen, wurden Proben aus unterschiedlichen Teillebensräumen (siehe Abbildungen 2-11 und 4-33) untersucht:

► Stationäre Sedimentkörper, die intensiv angeströmt werden; hier können durch advektiven Transport partikuläre und gelöste Substanzen in das Sediment gelangen.

- Die überströmte Flusssohle, die entweder aus stabil gelagerten Kiesen und Steinen bestehen kann, oder auf welcher Sande in Form von mobilen Sedimenttransportkörpern bewegt werden.
- Buhnenfelder als strömungsberuhigte Zonen, in welchen eine intensive benthisch-pelagische Kopplung von Sedimentation und Resuspension besteht (siehe Kapitel 4.2 und 6.3).

**Tab. 4-9:** Methoden der Untersuchung des mikrobiellen Stoffumsatzes. Untersuchungsgebiete: 1 = Flussufer bei Dresden (Elbe-km 62), 2 = Flussmitte bei Dresden (Elbe-km 62), 3 = drei Buhnenfelder bei Coswig (Elbe-km 232,5), 4 = Flussmitte bei Coswig (mobiles Grobsand- bis Feinkiesbett) (Elbe-km 233,3), 5 = stationäre Düne bei Coswig (Elbe-km 232,5), 6 = Flussmitte bei Magdeburg (mobiles Sandbett) (Elbe-km 317), 7 = mobile Düne bei Hitzacker (Elbe-km 519)

| Untersuchte Variable | Messprinzip | Untersuchungsgebiete |
|---|---|---|
| Bakterienzahl (Abundanz) | Direktzählung mit den Fluoreszenzfarbstoffen DAPI (4',6-diamidino-2-phenylindol) (Porter und Feig 1980, verändert) bzw. SYTOX blue (Fa. Molecular Probes) | 1–7 |
| Bakterielle Biomasseproduktion | Aufnahme eines radioaktiv markierten Tracers ([$^{14}$C] Leucin) in bakterielles Protein (Fischer und Pusch 1999) | 1–6 |
| Gesamtrespiration | Messung des Sauerstoffverbrauchs in einem definierten Sedimentvolumen im Durchflusssystem (Pusch und Schwoerbel 1994, verändert) | 1–7 |
| Extrazelluläre Enzyme | Messung der Hydrolyse von Modellsubstraten mit den Fluoreszenzmarkierungen MUF (Methylumbelliferyl) und MCA (Methylcumarinylamid) (Marxsen et al. 1998, Wilczek 2005) | 1–7 |
| Nitrifikation | Acetylenblock-Methode: Anreicherung von $N_2O$ bei Blockierung der Reduktion von $N_2O$ zu $N_2$ mit Acetylen (Seitzinger et al. 1993) | 1–6 |
| Denitrifikation | Anreicherung von Nitrit bei Blockierung der Oxidation mittels $KClO_3$ (Belser und Mays 1980) | 1–6 |
| Taxonomische Charakterisierung der bakteriellen Gemeinschaft | Fluoreszenz-in-situ-Hybridisierung mit Oligonukleotidsonden (Manz et al. 1992) | 1–4, 7 |

Durch die intensive benthisch-pelagische Kopplung können potenziell sowohl die überströmten Sedimente als auch die Uferzonen und Buhnenfelder Orte hoher Stoffumsatzleistungen sein und damit eine wichtige Rolle für den Stoffhaushalt der Elbe spielen. Im Folgenden werden die mit Hilfe verschiedener Methoden (siehe Tabelle 4-9) untersuchten Stoffumsetzungen mikrobieller Gemeinschaften in Buhnenfeldern dargestellt, also in solchen Bereichen, in denen der Stoffaustausch zwischen Sediment und fließender Welle durch Sedimentation und Resuspension erfolgt. Der mikrobielle Stoffumsatz in der überströmten Flusssohle und ein Vergleich dieser unterschiedlichen Lebensräume werden in Kapitel 5.4.1 behandelt.

### Umweltbedingungen in Buhnenfeldern

Im Vergleich zum Hauptgerinne stellen Buhnenfelder einen Ort verstärkter Sedimentation dar. Daher akkumulieren hier Feinsande und Schlämme zu Schichtdicken von bis zu mehreren Dezimetern Dicke (siehe Kapitel 4.2). Bei Hochwasser werden die Buhnenfelder überströmt, so dass auch grobe Kiese in die Buhnenfelder transportiert werden. Aus diesem Grund ist die Korngrößenverteilung in Buhnenfeldern meist heterogener als im angrenzenden Hauptgerinne. In diesem Kapitel werden die mikrobiellen Stoffumsetzungen in drei Buhnenfeldern im Bereich der mittleren

Elbe (Elbe-km 232,4 bis 232,6) dargestellt. Die Habitateigenschaften dieser Buhnenfelder sind in Kapitel 4.3.2 detailliert beschrieben.

### Kohlenstoffumsatz – Respiration

Die Gesamtatmungsrate der Sedimentlebensgemeinschaft (Sedimentgesamtrespiration, SGR) kann in gut mit Sauerstoff versorgten Fließgewässersedimenten eine grobe Abschätzung der aeroben mikrobiellen Abbauraten liefern (PUSCH und SCHWOERBEL 1994). Ein Teil (etwa 5 %) der so gemessenen Sauerstoffzehrung wird durch die Meio- und Makrofauna verursacht, ein weiterer – möglicherweise erheblicher – Teil wird für die Nitrifikation genutzt. Die Höhe der SGR hängt vor allem vom Gehalt der Sedimente an organischen Substanzen, deren biochemischer Zusammensetzung sowie von der Verfügbarkeit des Sauerstoffs ($O_2$) ab.

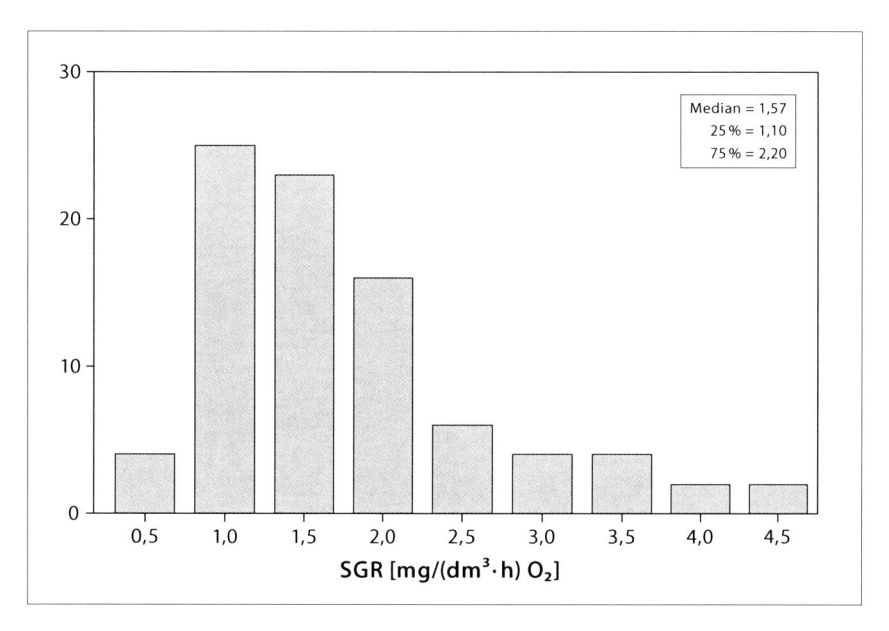

**Abb. 4-50:** Verteilung der Sedimentgesamtrespiration (SGR) in 86 Einzelproben aus Buhnenfeldern der Elbe bei Coswig zwischen Juli 2000 und Juni 2001

In den Buhnenfeldern der Elbe bei Coswig betrug das arithmetische Mittel der gemessenen Respirationsraten 1,8 mg/($dm^3$·h) $O_2$, bei einer Streubreite von 0,6 bis 4,6 mg/($dm^3$·h) $O_2$ (siehe Abbildung 4-50). Dabei unterschieden sich die Respirationsraten der oberflächennahen Sedimentschicht bis 10 cm Sedimenttiefe im Buhnenfeld nicht signifikant von den gleichzeitig gemessenen Respirationsraten in der Flussmitte. ($t$-test, $p = 0,14$, $n = 9$). Einzelmessungen ($n = 9$) in der Elbe bei Hitzacker (16.08.2001) ergaben ebenfalls einen Mittelwert von 1,8 mg/($dm^3$·h) $O_2$. Dies zeigt, dass die Respiration im Sediment der Elbe über weite Flussabschnitte sowohl in der Flussmitte als auch in sandig-kiesigen Buhnenfeldern in der gleichen Größenordnung liegt. Bezogen auf den gesamten Sedimentkörper war die mikrobielle Aktivität in der Strommitte allerdings deutlich höher (siehe auch Kapitel 5.4.1).

Ein Vergleich der in der Elbe gemessenen SGR mit anderen Flusssystemen zeigt, dass die in der Elbe gemessenen Werte im Maximalbereich der publizierten Daten liegen (siehe Abbildung 4-51). Dies ist sicherlich auf den hohen Nährstoffgehalt und auf das reichliche Angebot von gut abbaubarem, autochthonem organischem Material (z. B. Planktonalgen) zurückzuführen. Besonders niedrig ist die SGR in nährstoffarmen Bergbächen (siehe Abbildung 4-51), die durch einen hohen Anteil allochthonen Materials (vor allem Laub) an der Gesamtmenge des organischen Materials gekennzeichnet sind. Für den aeroben Abbau in den Sedimenten der Elbe ist die Hydrodynamik von besonderer Bedeutung. Der Kontakt des Sedimentporenraums mit dem darüber strömenden Flusswasser („vertikale Konnektivität") gewährleistet eine Versorgung der bakteriellen Biofilme mit Nahrungssubstrat und Sauerstoff. Bei unzureichender Konnektivität können beide Faktoren in Mangel geraten und limitierend auf die Respiration wirken (siehe Kapitel 5.4.1).

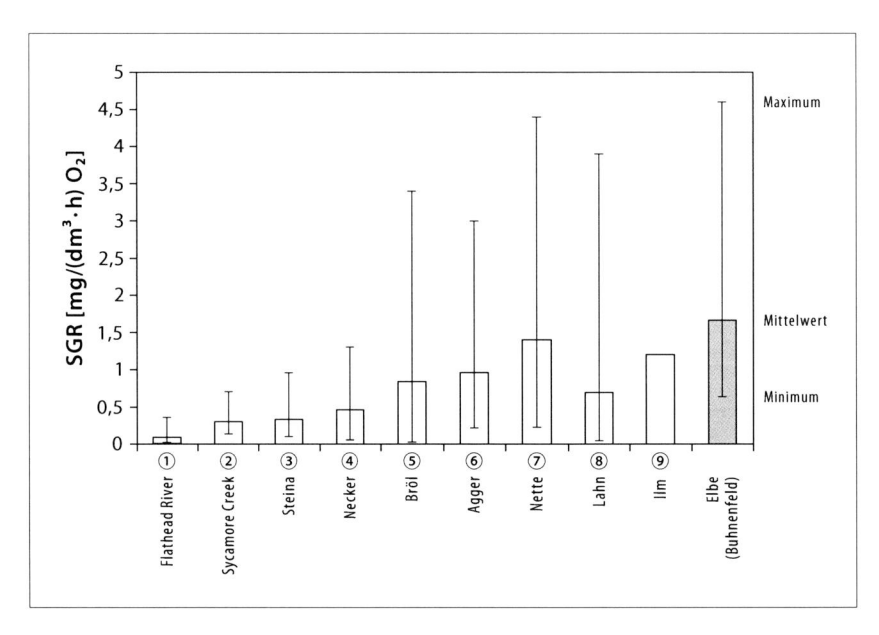

**Abb. 4-51:** Sedimentgesamtrespiration (SGR) in Fließgewässern; es sind jeweils der arithmetische Mittelwert sowie Minimum und Maximum der veröffentlichten Daten angegeben: (1) CRAFT et al. 2002, (2) JONES (1995), (3) PUSCH und SCHWOERBEL 1994, (4) NAEGELI (1995), (5–7) INGENDAHL 1999, (8) INGENDAHL et al. (2002), (9) PROFT 1998

### Räumliche Verteilung der bakteriellen Biomasse und Aktivität

Horizontale Verteilung: Im August 2000 und im Juni 2001 wurde die räumliche Verteilung der bakteriellen Aktivität entlang von Transekten vom Ufer in die Buhnenfelder hinein untersucht. Hierbei zeigte sich kein signifikanter Einfluss der Uferentfernung auf die Aktivität der extrazellulären Enzyme. Im Parafluvial, dem wassergefüllten Porenraum unter dem trockenen Ufer, ging die Aktivität tendenziell gegenüber der Aktivität innerhalb des Buhnenfeldes zurück. Es zeigten sich außerdem kleinere Unterschiede zwischen den drei untersuchten Buhnenfeldern. In dem am weitesten stromab gelegenen Buhnenfeld (C), dessen Sedimente einen höheren organischen Anteil aufwiesen, wurden zumeist höhere Aktivitäten als in den anderen Buhnenfeldern ermittelt (siehe Abbildung 4-52).

Vertikale Verteilung: Für alle untersuchten mikrobiellen Variablen wurde ein Rückgang mit zunehmender Sedimenttiefe gefunden (siehe Abbildungen 4-52 und 4-53). Im Oktober 2001 wurden außerdem in allen drei Buhnenfeldern Tiefenprofile der mikrobiellen Aktivität bis in 105 cm Sedimenttiefe untersucht. Die Ergebnisse hierzu werden in Kapitel 5.4.1 in Verbindung mit Tiefenprofilen aus der Flussmitte präsentiert und zur Durchströmung des Interstitials in Beziehung gesetzt.

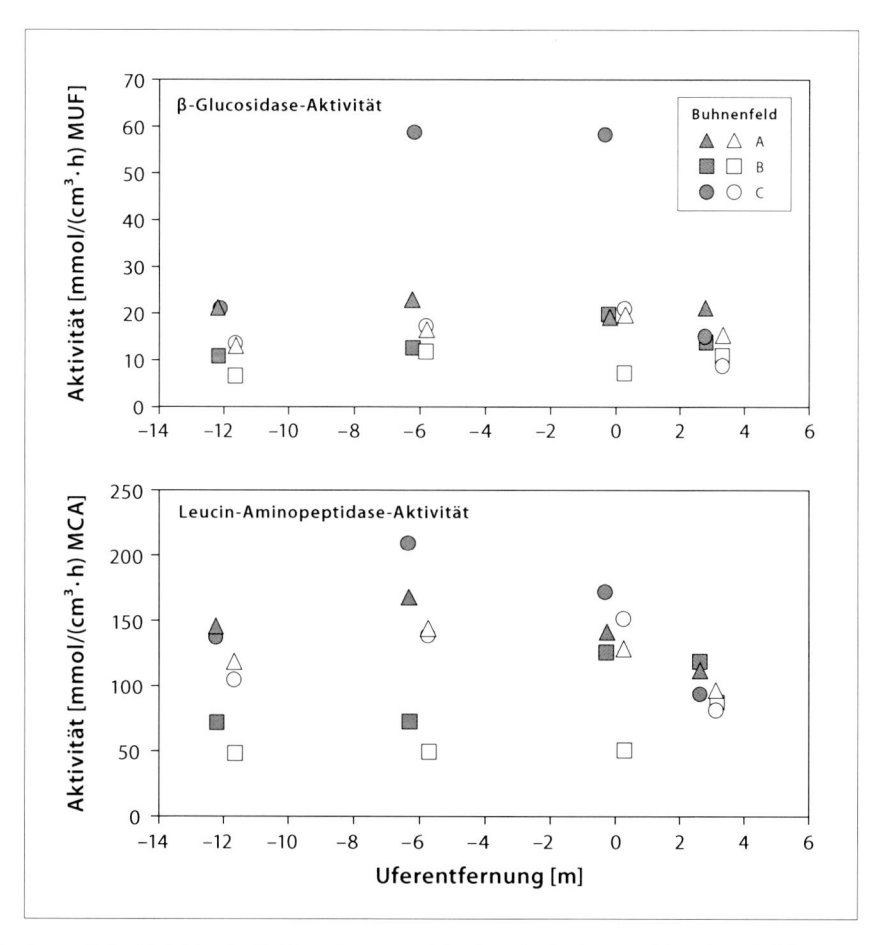

**Abb. 4-52:** Potenzielle Aktivität der β-Glucosidase und der Leucin-Aminopeptidase (pro Kubikzentimeter Sediment und Stunde) jeweils entlang eines Transektes in drei Buhnenfeldern bei Coswig (A, B, C stromabwärts bezeichnet) im August 2000. Gefüllte Symbole = 5 cm Sedimenttiefe, leere Symbole = 25 cm Sedimenttiefe. Negative Werte der Uferentfernung liegen im wasserbedeckten Buhnenfeld, positive am trockenen Ufer.

### Zeitliche Entwicklung der bakteriellen Aktivität

Die Besiedlungsdichte der Bakterien in den Buhnenfeldsedimenten bei Coswig (pro Kubikzentimeter Sediment) betrug in 5 cm Tiefe im Mittel $1{,}3 \times 10^9$ Zellen/cm$^3$ und in 20 cm Tiefe $1{,}0 \times 10^9$ Zellen/cm$^3$, wobei die Besiedlung im Jahresverlauf zwischen $0{,}5 \times 10^9$ und $2{,}5 \times 10^9$ Zellen/cm$^3$ variierte. Dagegen zeigte die Aktivität der extrazellulären Enzyme ein deutliches zeitliches Muster mit einem Rückgang in der kalten Jahreszeit. Außerdem war eine Differenzierung zwischen den unterschiedlichen Funktionalitäten der Enzyme möglich. So war die Aktivität von Leucin-Aminopeptidase und Phosphatase zwischen April und August signifikant höher als zwischen September bzw. Oktober und März. Im Gegensatz dazu war die Aktivität der Kohlenhydrat abbauenden Enzyme β-Glucosidase, α-Glucosidase und Exo-1,4-β-Glukanase (Zellulase) auch im September und Oktober noch relativ hoch, insbesondere in den Oberflächensedimenten (siehe Abbildung 4-53). Entsprechend stieg der Anteil dieser Enzyme an der Gesamtaktivität in den Herbstmonaten deutlich an.

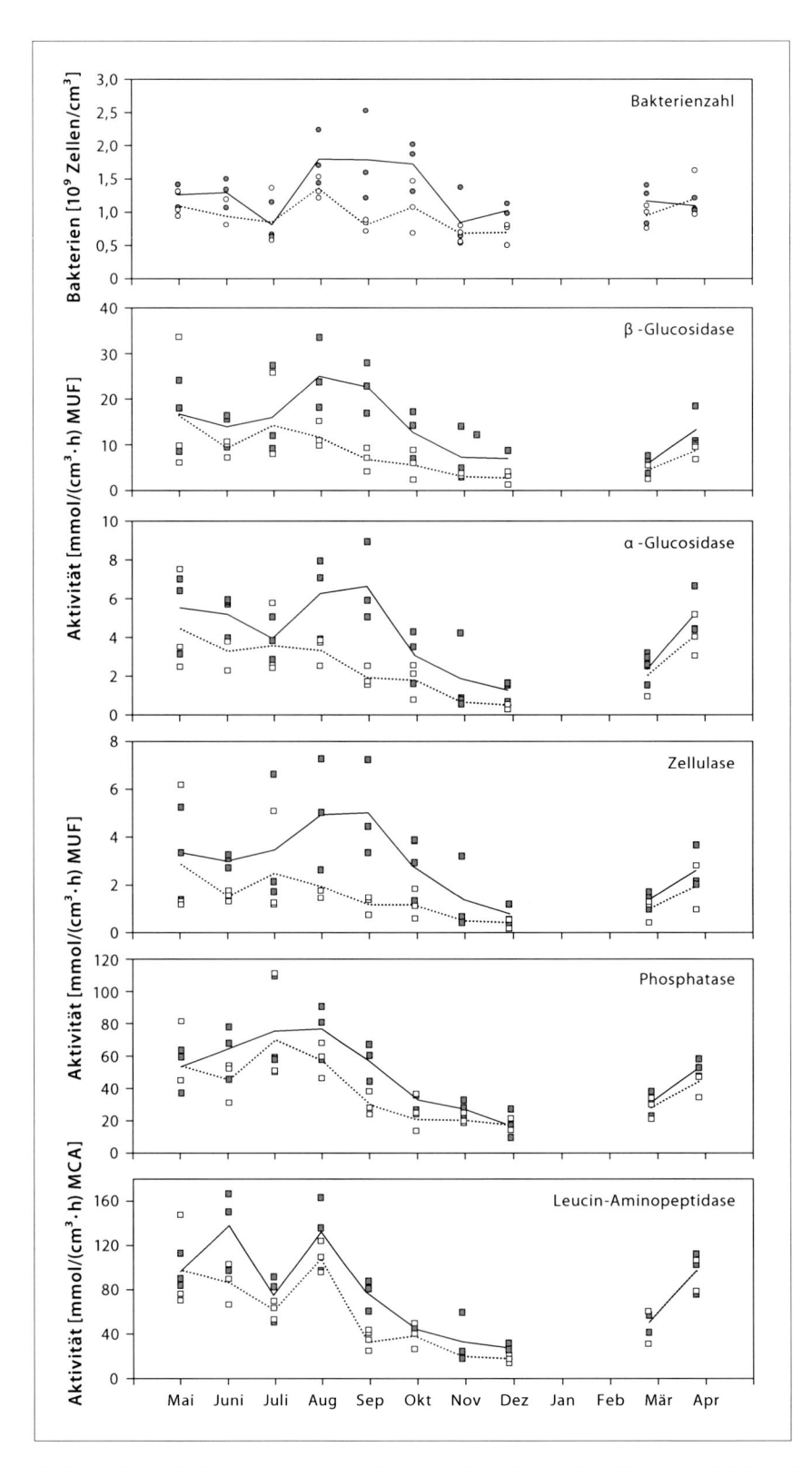

**Abb. 4-53:** Zeitliche Dynamik der Bakterienzahl und verschiedener Enzymaktivitäten (pro Kubikzentimeter Sediment und Stunde) in Buhnenfeldern der Elbe bei Coswig von Mai 2001 bis April 2002; gefüllte Symbole = 5 cm Sedimenttiefe, leere Symbole = 25 cm Sedimenttiefe

Die Unterschiede der Anteile einzelner Enzyme zu verschiedenen Jahreszeiten beruhen auf der unterschiedlichen saisonalen Versorgung mit organischem Material autochthoner und allochthoner Herkunft (WILCZEK et al. im Druck). So zeigte Leucin-Aminopeptidase im Jahresverlauf einen signifikanten Zusammenhang nur mit hochqualitativem partikulärem organischem Material, welches besonders bei hoher autochthoner Produktion vorlag, wohingegen β-Glucosidase, α-Glucosidase und Exo-1,4-β-Glukanase zusätzlich zur Qualität mit der Quantität des partikulären organischen Materials korreliert waren. Während der Phase hoher autochthoner Produktion (März bis August) stellte das Enzym Leucin-Aminopeptidase besonders hohe Anteile an der Gesamtaktivität. Danach verminderte sich die Qualität des organischen Materials, auch durch höheren Eintrag allochthonen organischen Materials in den Fluss, so dass der Anteil der β-Glucosidase deutlich anstieg. Der Anteil der Aktivität der Phosphatase lag im November und Dezember besonders hoch, verbunden mit hohen Gesamt-Phosphorgehalten. Bei einem Hochwasser im Juli 2001 konnte beobachtet werden, dass die mikrobielle Aktivität kurzfristig auf das veränderte Angebot reagierte, indem etwa die Phosphataseaktivität plötzlich anstieg. Die bakterielle Gemeinschaft der Elbe reagierte somit auf das saisonal unterschiedliche Substratangebot mit variierenden Enzymaktivitätsmustern (WILCZEK et al. im Druck).

### Zusammenhang der bakteriellen Aktivität mit Umweltvariablen

In mehreren Probenahmekampagnen wurde der Zusammenhang zwischen der bakteriellen Aktivität und verschiedenen Umweltvariablen untersucht. Hierbei wurden besonders die potenziellen Nährstoffe und Substrate (organischer Kohlenstoff und Stickstoff, Nitrat, Ammonium) betrachtet sowie solche Variablen, die Indikatoren für die Substratverfügbarkeit oder Substratqualität (z. B. Kohlenstoff-Stickstoff-Verhältnis C/N, Chlorophyll-a) darstellen könnten. Zusätzlich stellen die mobilen Feinpartikel im Interstitial (MFIP) einen Indikator für die besiedelbare Sedimentoberfläche dar.

**Tab. 4-10:** Korrelationen bakterieller Aktivitäten mit Umweltvariablen; Sedimentproben aus der Elbe bei Dresden und bei Coswig, Oktober 2001. Pearson-Korrelationskoeffizienten mit Signifikanzen: *** = $p < 0,001$; ** = $p < 0,01$; * = $p < 0,05$; n. s. = nicht signifikant. MFIP = mobile Feinpartikel im Interstitial; C- bzw. N-MFIP = Kohlenstoff- bzw. Stickstoffgehalt im MFIP; POC = partikulärer organischer Kohlenstoff; PON = partikulärer organischer Stickstoff

| Umweltvariable | n | Bakterielle Produktion | β-Glucosidase-Aktivität | Leucin-Amino-peptidase-Aktivität | Potenzielle Denitrifikationsrate | Potenzielle Nitrifikationsrate |
|---|---|---|---|---|---|---|
| MFIP | 40 | n. s. | n. s. | n. s. | n. s. | 0,47** |
| C-MFIP | 40 | 0,42** | 0,53*** | 0,46** | 0,32* | n. s. |
| N-MFIP | 40 | 0,62*** | 0,66*** | 0,66*** | 0,49** | n. s. |
| C/N-MFIP | 40 | −0,56*** | −0,42** | −0,58*** | −0,43** | n. s. |
| Chlorophyll-a | 28 | 0,72*** | 0,60** | 0,47* | 0,63*** | n. s. |
| POC > 90 µm | 40 | 0,48** | 0,62*** | 0,34* | 0,54*** | n. s. |
| PON > 90 µm | 40 | 0,62*** | 0,69*** | 0,49** | 0,69*** | n. s. |
| Nitrat $NO_3$-N | 30 | 0,49** | 0,46** | 0,64*** | 0,39* | 0,69*** |
| Ammonium $NH_4$-N | 30 | n. s. | n. s. | n. s. | n. s. | −0,61*** |

Bei einer Untersuchung unterschiedlicher Sedimenttypen im Längsverlauf der Elbe korrelierten alle untersuchten heterotrophen mikrobiellen Prozesse sowie die Gesamtbakterienzahl signifikant mit dem Kohlenstoffgehalt im Sediment. Noch stärker waren die Korrelationen mit dem Chlorophyll- und dem Stickstoffgehalt; zusätzlich wurde ein Zusammenhang mit dem C/N-Verhältnis im Sediment gefunden (siehe Tabelle 4-10). Letzteres zeigt, dass außer der Gesamtmenge an organischem Material dessen Qualität eine besondere Rolle für die Substratverfügbarkeit spielt. Durch die mikrobielle Aktivität nimmt während der Diagenese, der biogeochemischen Umwandlung der organischen Sedimente, deren Stickstoffgehalt ab.

Dagegen ist die Nitrifikation als autotropher Prozess von der Qualität und Quantität des organischen Materials unabhängig. Daher wird diese vor allem durch die Verfügbarkeit von Ammonium und Sauerstoff reguliert, wobei die Ammoniumkonzentration durch die Nitrifikation verringert und die Nitratkonzentration erhöht wird. Ein weiterer Faktor ist die besiedelbare Sedimentoberfläche (siehe Tabelle 4-10).

**Ausblick**

In diesem Kapitel wurde der mikrobielle Stoffumsatz in Buhnenfeldsedimenten unter weitgehend aeroben Verhältnissen betrachtet. Dagegen dominieren in Buhnenfeldern mit starker Feinsedimentakkumulation (siehe Kapitel 4.2) vermutlich anaerobe Prozesse wie Methanogenese und Sulfatreduktion. Aufgrund ihrer ungünstigen thermodynamischen Eigenschaften sind diese zwar in der Regel für den Kohlenstoffumsatz von geringerer Bedeutung als aerobe Prozesse. Aufgrund der enormen akkumulierten Feinsedimentmengen in den rund 6.900 Buhnenfeldern der Elbe stellen sie aber möglicherweise eine relevante Größe dar.

In den strömungsberuhigten Buhnenfeldern sedimentiert organisches Material aus dem Pelagial, akkumuliert auf der Sedimentoberfläche und wird dort abgebaut. Dieses frisch akkumulierte Material ist von besonders hoher Nahrungsqualität für Bakterien und fördert daher, wie in enzymatischen Untersuchungen und Korrelationsanalysen gezeigt wurde, die bakterielle Aktivität in einem besonderen Maße. Daher wiesen die Sedimente der untersuchten Buhnenfelder in den obersten Schichten besonders hohe Stoffumsatzraten auf, wahrscheinlich auch bedingt durch höhere Sauerstoffkonzentrationen in den wärmeren Monaten. Die mikrobielle Aktivität war hier höher als in Sedimenten der meisten anderen bislang untersuchten Fließgewässer.

## 5 Prozesse und Biozönosen an der überströmten Flusssohle
*Matthias Brunke und Martin Pusch (Einleitung)*

Natürliche und naturnahe Fließgewässer sind eng mit dem Umland verbunden: Sie bilden Inseln und viele Seitengerinne aus und werden in den Ebenen oft von ausgedehnten Auen begleitet; sie stellen somit Flusslandschaften mit einem durchgehenden „Korridor" dar (WARD et al. 2002). Heute sind die meisten mitteleuropäischen Flüsse durch wasserwirtschaftliche Eingriffe in ihrer Morphologie erheblich verändert. Auch die Elbe besaß ursprünglich ein verzweigtes Gerinne mit zumeist stabilen Inseln und weiten Schwemmebenen, so dass bis in das 17. Jahrhundert das Abtrennen eines einzelnen Laufes kaum möglich war (ROMMEL 2000). Sämtliche Inseln in der Elbe sind heute verschwunden. Durch den Mittelwasserausbau und die Schiffbarmachung wurde die Elbe in einen einsträngigen Flusslauf eingeengt, dessen Morphologie durch etwa 6.900 Buhnen bestimmt wird. Diese sollen einen schiffbaren Wasserstand sichern, indem sich die strömenden Wassermassen bei Niedrigwasser in einem engeren Teil des Laufes bewegen, der auf beiden Seiten jeweils durch die so genannten Streichlinien der Buhnenköpfe begrenzt wird. Dadurch entsteht bei allen Wasserständen unterhalb des Mittelwasserabflusses eine Aufteilung des Laufes in das von der Schifffahrt genutzte Gerinne und die Buhnenfelder zwischen den Buhnen. Morphodynamisch unterscheiden sich diese beiden Flussareale grundsätzlich: In dem schnell durchströmten Schifffahrtsgerinne überwiegt der Sedimenttransport, abschnittsweise findet sogar eine Tiefenerosion statt, während in den langsam durchströmten Buhnenfeldern zumeist eine Stoffablagerung erfolgt.

Der Sedimenttransport der überströmten Sohle im Schifffahrtsgerinne führt dazu, dass die Stromsohle eine abwechslungsreiche Oberfläche aufweist, die sich ständig verändert (siehe Abbildung 5-1). Es entstehen je nach Sedimentnachlieferung und Transportkapazität beispielsweise sehr tiefe Kolke direkt unterhalb von Buhnenköpfen, aber auch Untiefen im Bereich der Plateaus von Unterwasserdünen. Diese morphodynamisch unterschiedlichen Bereiche der überströmten Sohle bilden eine Unterwasserlandschaft mit verschiedenen Umweltbedingungen für die Fauna aus. Allerdings sind hier die Lebensbedingungen für wirbellose Tiere im Allgemeinen sehr widrig, da die Sedimente ständig umgelagert werden und starken hydraulischen Belastungen ausgesetzt sind.

Insbesondere die schnell überströmten und daher ständig umgelagerten Sedimente der Flussmitte sind sehr wasserdurchlässig, so dass der Strom durch sie hindurch mit den benachbarten Wasserkörpern in Verbindung steht. Dort findet zwischen dem Fluss und dem von ihm beeinflussten Sedimentlebensraum unter der Gewässersohle, dem so genannten hyporheischen Interstitial (Hyporheal), ein ständiger vertikaler Wasseraustausch statt, der durch hydrodynamisch verursachte Druckunterschiede bewirkt wird (SCHWOERBEL 1961, BRUNKE und GONSER 1997). Der horizontale Austausch mit dem oberflächennahen Grundwasserlebensraum in den Uferbereichen, dem Parafluvial (BOULTON et al. 1998), folgt hingegen Wasserspiegelgefällen, die hauptsächlich durch Pegelschwankungen des Stroms verursacht werden. Durch diese vertikalen und horizontalen Austauschpfade können die benachbarten Sedimentkörper zu den Stoffumsetzungen im Flussökosystem erheblich beitragen (PUSCH et al. 1998). Entsprechend dem oberirdischen Flusskorridor bilden die flussbegleitenden Sedimentlückenräume daher einen „hyporheischen Flusskorridor" (STANFORD und WARD 1993, BRUNKE und GONSER 1997).

In den folgenden Kapiteln wird der laterale und vertikale Stoffaustausch mit den Flusssedimenten untersucht (siehe Kapitel 5.1), wobei der konkreten Dynamik und Durchströmung einer großen mobilen Unterwasserdüne ein spezielles Kapitel gewidmet ist (siehe Kapitel 5.2). Die Besiedlung mehrerer abgrenzbarer Teillebensräume der Stromsohle durch wirbellose Tiere wird in Kapitel 5.3 vorgestellt und zu den auf diese wirkenden Umweltbedingungen in Beziehung gesetzt. Über die Besiedlung der Stromsohle durch Mikroorganismen, ihre Stoffumsatzleistungen von Kohlenstoff- und Stickstoffverbindungen und den von ihnen geleisteten Rückhalt von organischen Stoffen wird in Kapitel 5.4 berichtet. Aus den Ergebnissen ergibt sich einerseits, dass sich die Gestalt der Flusssohle stark auf die Ausprägung der örtlichen Lebensgemeinschaften und Stoffumsatzleistungen auswirkt, und andererseits, dass die in den Flusssedimenten und dem Parafluvial ablaufenden Stoffumsetzungen die Wasserbeschaffenheit der Elbe deutlich beeinflussen.

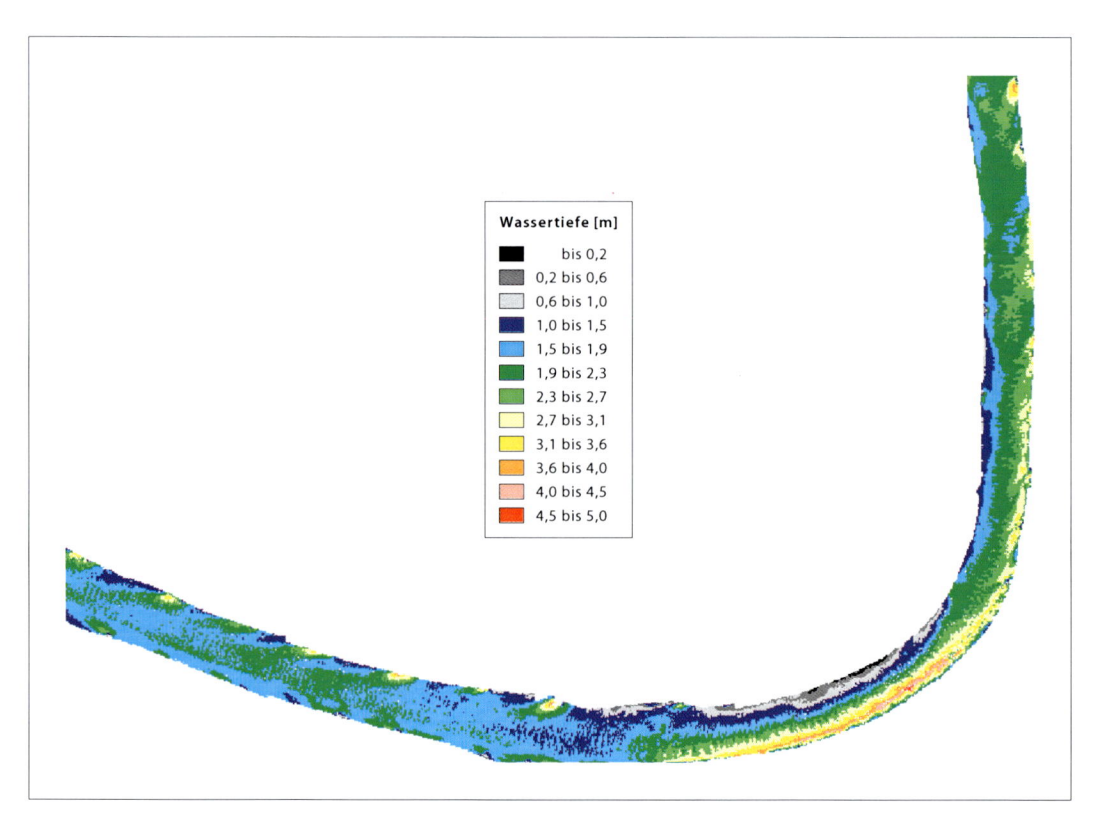

**Abb. 5-1:** Topographie der überströmten Sohle an Elbe-km 230 bis 235; Bezug der Wassertiefen auf den mittleren Niedrigwasserstand (MNW) 1980 bis 1989 (Rohdaten WSA Magdeburg), Fließrichtung nach links

## 5.1 Hydrodynamik und lateraler Stoffaustausch

*Johannes Kranich und Klaus-Peter Lange (Einleitung, Kapitel 5.1.1 und 5.1.2);*
*Helmut Baumert und Simon Levikov (Kapitel 5.1.3)*

Die stofflichen Umsatzprozesse und ökologischen Verhältnisse in der oberen Sedimentschicht der Flusssohle von Fließgewässern werden wesentlich durch die hydrodynamischen Austauschprozesse bestimmt. Der Lebensraum des Sedimentlückensystems, das hyporheische Interstitial (Hyporheal), wird als gesättigte Zone im Porenraum des Sediments unterhalb der Flusssohle und in den Sohlbänken definiert, die mit dem Freiwasser des Flusses in hydrologischem und stofflichem Austausch steht (SCHWOERBEL 1961, WHITE 1993). Die Größenordnung des vertikalen Austausches hängt von der Struktur des Interstitials und den Druckverhältnissen zwischen Grund- und Oberflächenwasser ab. Der vertikale Austausch ist von einem lateralen Wasseraustausch zwischen dem hyporheischen Interstitial und dem Grundwasserkörper der Wasserwechselzone (Parafluvial, BOULTON et al. 1998) und der Aue überlagert.

Mehrere Parameter, die die vertikalen Wasseraustauschprozesse beeinflussen, lassen sich anhand von Differenzdruckmessungen und über die Auswertung der Korngrößenstruktur des Sediments abschätzen. Als weitere Methode wurde die Eigenschaft genutzt, dass durch den vertikalen Wassertransport auch die Wärme des Ursprungswasserkörpers transportiert wird, so dass Phasenverschiebung und Amplitudendämpfung der Temperaturganglinien in verschiedenen Sedimentschichten durch eine kontinuierliche Messung verfolgt und ausgewertet werden können.

Die hier vorgestellten Untersuchungen erfolgten im Bereich der Oberelbe und der Oberen Mittelelbe, schwerpunktmäßig an den auch für chemisch-physikalische Analysen genutzten Probenahmestellen in Dresden-Übigau (Elbe-km 60,5 bis 62,7) und Meißen (Elbe-km 80,4) (LANGE und KRANICH 2003). Die Flussmitte wurde bei Dresden (Elbe-km 62), Coswig (Elbe-km 233) und Magdeburg (Elbe-km 319) mit Hilfe eines Taucherschachtes untersucht (siehe Kapitel 6.2).

### 5.1.1 Methodische Ansätze zur Untersuchung des lateralen Stoffaustausches mit dem Parafluvial

Der Großteil der bisher veröffentlichten Untersuchungen zum Interstitial großer Flüsse bezieht sich – methodisch bedingt – auf den ufernahen Randbereich, da hier der Einbau von Untersuchungseinrichtungen technisch einfacher und ohne Konflikte mit der Schifffahrt möglich ist. Die Beprobung des Interstitialwassers erfolgt oft durch Rammsonden, mit denen aus verschiedenen Horizonten bzw. Tiefen aus dem Interstitial Proben gezogen werden können. Derartige Probenahmeeinrichtungen wurden z. B. an der Lahn eingesetzt (SAENGER 2000). Eine weitere Option besteht in der Verwendung horizontaler Filterrohre. Den Entnahmevorrichtungen ist gemeinsam, dass über einen Filter, der in eine definierte Tiefe des Sediments kurzfristig oder dauerhaft eingebracht wird, die Möglichkeit besteht, Proben abzusaugen, Druckdifferenzen über ein Piezomanometer zu bestimmen oder Tracer (Stoffe zur Bestimmung von Fließwegen und -geschwindigkeiten) zuzugeben und deren Konzentrationsverlauf zu messen. Während vertikal eingebaute Filter punktuelle Tiefenprofile ermöglichen, wobei sie eine sorgfältige Konstruktion zur Verhinderung von vertikalen Kurzschlussströmungen erfordern, liefern horizontal eingebaute Filter mittlere Werte über einen bestimmten Tiefenhorizont.

Um allgemeine Zusammenhänge im ufernahen Interstitial der Elbe zu ermitteln, sollte die Probenahme das vorherrschende kleinräumige Mosaik der Sediment- und Strömungsbedingungen berücksichtigen. In Abwägung der zu erwartenden Vor- und Nachteile der jeweiligen Methoden wurde entschieden, für die Standarduntersuchungen im ufernahen Bereich horizontale Filter in verschiedenen Sedimenttiefen einzusetzen. Die Entnahme der Proben erfolgte durch Abpumpen über verlegte Schläuche. Zur Druckmessung wurde ein Piezomanometer konstruiert, das eine gleichzeitige Messung im Oberflächenwasser, in verschiedenen Interstitialtiefen und in Grundwasserpegeln ermöglichte. Bei der Beprobung des Interstitials in der Flussmitte (Hyporheals) mussten vertikale Filter eingesetzt werden (siehe Kapitel 6.2).

Bereits die ersten Ergebnisse gaben deutliche Hinweise auf die große Bedeutung der Wechselwirkung zwischen Oberflächenwasser und Grundwasser für das ufernahe Interstitial. Zur Analyse des zuströmenden Grundwassers wurden im Uferbereich Grundwasserpegel installiert (siehe Abbildung 5-2). Exfiltrierende Bedingungen wurden bei geringen Schwankungen des Wasserstandes bei niedrigen und mittleren Abflüssen sowie beim Rückgang des Wasserstandes festgestellt. Infiltration trat hingegen für kürzere Zeiträume bei einem Anstieg des Abflusses und Wasserstandes auf; bei geringerem Anstieg drang das Oberflächenwasser nur in die oberste Schicht des Hyporheals bzw. Parafluvials ein.

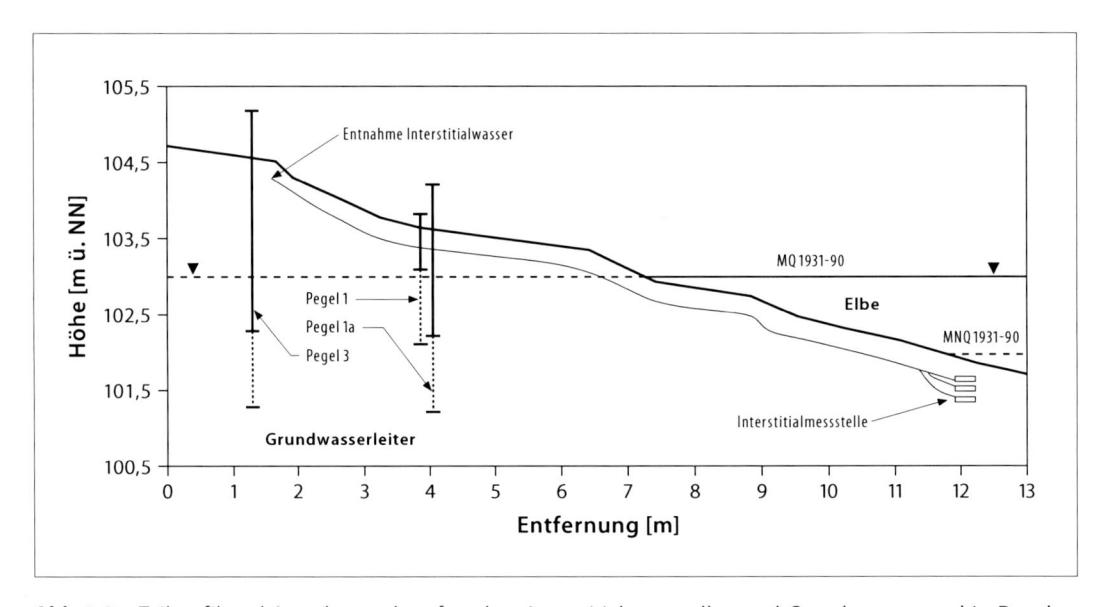

**Abb. 5-2:** Teilprofil und Anordnung der ufernahen Interstitialmessstellen und Grundwasserpegel in Dresden-Übigau (Elbe-km 62,1), rechtes Ufer

Kurzfristige Druckänderungen durch Sunk und Wellenschlag von Schiffen waren bis in die ufernahen Pegel messbar. Obwohl die Schiffsbewegungen auch einen Antrieb für Austauschprozesse darstellen, reichten diese nicht aus, um messbare signifikante Konzentrationsänderungen im Parafluvial hervorzurufen. Die beobachteten Wasserstandsänderungen in Dresden durch die großen Transportschiffe erreichten in Abhängigkeit von der Schiffsgröße und der Antriebsart meist bis zu 20 cm. In Buhnenfeldern wurden extreme Wasserspiegelabsenkungen bis zu 50 cm und eine Verschiebung der Wasserkante bis zu 10 m nachgewiesen (BRUNKE et al. 2002c, siehe Kapitel 7.4).

Neben den Druckmessungen spiegelte der Gradient der Leitfähigkeit (siehe Abbildung 5-2 die hydrodynamische Situation wider, da das Grundwasser in Dresden-Übigau durch eine hohe Leitfähigkeit, die außerdem mit hohen Nitratwerten korrelierte, gekennzeichnet war. Entsprechend der Austauschprozesse und des Stoffumsatzes bei umsatzabhängigen Parametern wie Sauerstoff, Nitrat und Ammonium veränderte sich die Ausprägung des Tiefengradienten.

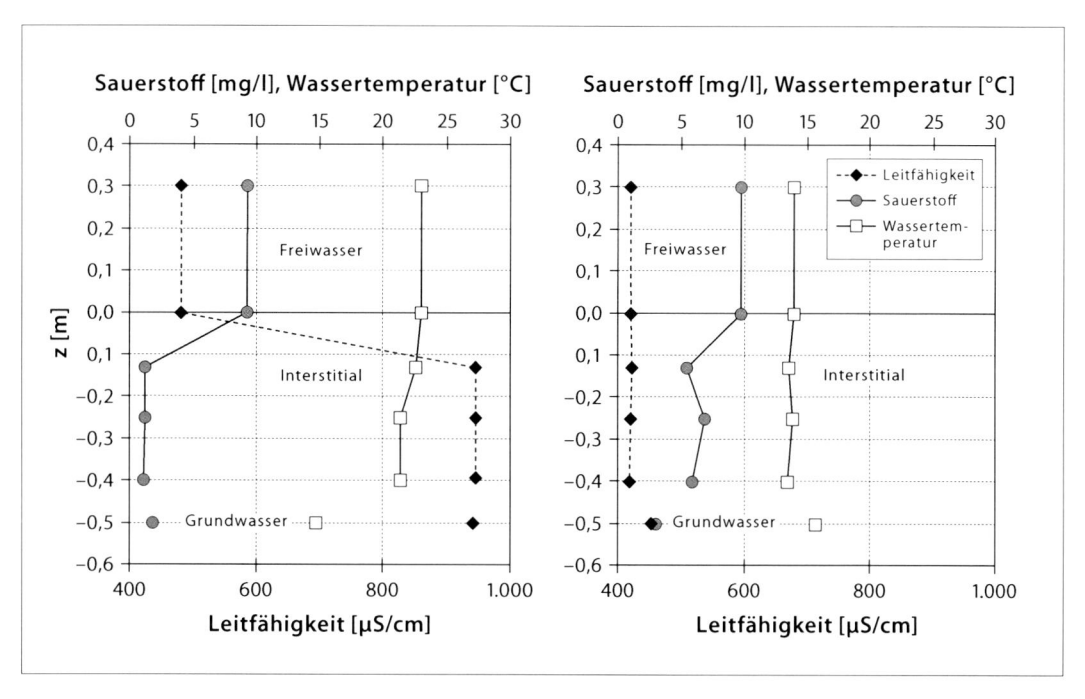

**Abb. 5-3:** Auswirkung von Exfiltration (links, Vertikalprofile am 27.08.2001) und Infiltration (rechts, Vertikalprofile am 12.09.2001) auf Leitfähigkeit, Wassertemperatur und Sauerstoff, bezogen auf die Tiefe (z) im ufernahen Interstitial an der Messstelle Dresden-Übigau

## 5.1.2 Lateraler und vertikaler Stoffaustausch der Elbe

Die Untersuchungen zur Hydrodynamik und zum Stofftransport erfolgten für den Bereich des ufernahen Interstitials (Parafluvial) und für das Interstitial der Flussmitte (Hyporheal). Mit der Erweiterung der Beobachtungen auf die Flussmitte nach vorangegangenen intensiven Analysen des Uferbereiches konnte das Systemverständnis wesentlich verbessert werden. Dazu wurde in Kooperation mit der Bundesanstalt für Gewässerkunde der Taucherschacht des Wasser- und Schifffahrtsamtes Magdeburg eingesetzt, mit dem Untersuchungen direkt am Gewässergrund möglich waren (siehe Kapitel 6.2).

Umfangreiche Analysen der Korngrößenverteilung der Sedimente zeigten die klein- und großräumigen Unterschiede in der Struktur und Verteilung im Elbstrom. Dabei bestätigte sich der Wandel der Sedimentkorngröße im Längsverlauf des Stroms von Dresden über Coswig nach Magdeburg, der von grobkörnigem Sediment mit überwiegend Kies und Steinen bei Dresden bis hin zu sandigem Flussgrund in Magdeburg reichte. Die mittlere Körnung nahm von 13,6 ± 3,16 mm bei Dresden über 3,39 ± 0,86 mm bei Coswig auf 1,09 ± 0,41 mm bei Magdeburg ab, wodurch Wasserbewegungen im Sediment verlangsamt werden. Gleichzeitig verringerte sich die Ungleichförmigkeit U (Quotient der Korngrößen bei 60 und 10 Gew.-% aus der Kornverteilungskurve) von 19,4 ± 5,5 (sehr ungleichförmig) über 7,5 ± 1,7 (ungleichförmig) auf 2,4 ± 1,0 (gleichförmig), wodurch der relative Porenanteil und damit auch die hydraulische Durchlässigkeit erhöht werden.

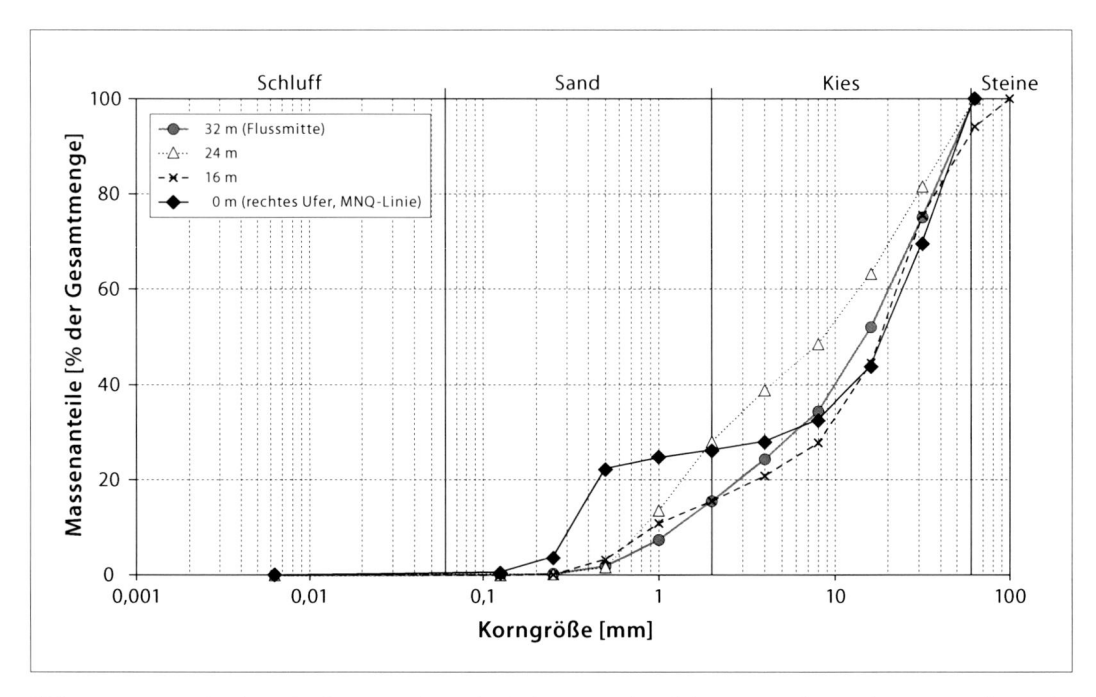

**Abb. 5-4:** Unterschiede in der Querverteilung des Sediments anhand der Korngrößenstruktur vom rechten Ufer bis zur Flussmitte an der Messstelle Dresden-Übigau (Elbe-km 62,4)

Die Querverteilungsmuster des Sediments in der Elbe unterscheiden sich durch den Verlauf des Stromstriches, die Ausprägung von Prallhang und Gleithang sowie den Ausbauzustand (Längswerke, Buhnen) deutlich von der Längsverteilung (HAUNSCHILD 1996). Weiterhin beeinflusst die Ufersicherung durch ein massives Uferpflaster, wie es z.B. in Dresden etwa in Mittelwasserhöhe vorhanden ist, direkt die Austauschprozesse zwischen Grund- und Oberflächenwasser. Auch das Ausbringen von uferstabilisierenden Steinschüttungen kann in Verbindung mit nachfolgenden Feinsedimenteinlagerungen zu einer Verminderung der Austauschprozesse mit negativen Auswirkungen auf die Selbstreinigung im Interstitial führen. So zeigten die Untersuchungen des Uferbereiches in Dresden-Übigau eine z.T. extrem hohe Ungleichverteilung im Mittel von $U = 81$ mit dominierenden Anteilen von Mittel- bis Grobkies und Steinen sowie einer Einlagerung von Fein- bis Mittelsand. Grobsand und Feinkies waren stark unterrepräsentiert, was sich als Stufe in der Korngrößenverteilung verdeutlichte (siehe Abbildung 5-4). Die hohe Ungleichförmigkeit hat ufernah einen niedrigeren Durchlässigkeitsbeiwert ($k_f$-Wert) zur Folge (siehe Tabelle 5-2). Die $k_f$-Werte wurden über den D10-Wert ermittelt, der derjenigen Korngröße entspricht, die als Obergrenze den feinsten Sedimentanteil von 10% des Gesamtsediments enthält (BUSCH und LUCKNER 1974).

Der $k_f$-Wert wirkt sich auf die Abstandsgeschwindigkeit im Interstitial aus. Die Abstandsgeschwindigkeit gibt an, wie schnell das Wasser durch die Poren im Sediment strömt, und ist ein Maß für den advektiven Transport. Sie wird ermittelt aus den gemessenen Druckdifferenzen zwischen verschiedenen Tiefen und Parametern der Korngrößenstruktur und über die Berechnung der Filtergeschwindigkeit nach Darcy unter Einbeziehung der nutzbaren Porosität. Im ufernahen Interstitial in Dresden-Übigau (Elbe-km 62,1), wo größere Druckdifferenzen durch Infiltration und Exfiltration entstehen, lagen – trotz der niedrigen $k_f$-Werte – 65% der gemessenen Abstandsgeschwindigkeiten unter 0,5 m/h sowie rund 80% unter 1 m/h. Die Verteilung wird durch die jeweiligen Abflusshöhen und -änderungen bestimmt.

Der dispersive Transport wurde über die Auswertung umfangreicher Temperaturdaten analysiert. Hierfür wurden Datenlogger im ufernahen Interstitial und im Hyporheal über mehrere Monate in verschiedenen Tiefen installiert. Die Datenlogger zeichneten selbsttätig in 10-Minuten-Intervallen die Temperatur auf. Für die Auswertung wurde die Charakteristik der Amplitudendämpfung und der Phasenverschiebung zwischen den einzelnen Tiefen genutzt (siehe Abbildung 5-5). Im Ergebnis der Berechnungen wurde insbesondere eine deutlich höhere Amplitudendämpfung $p'$ im Uferbereich als in der Flussmitte ermittelt (siehe Tabelle 5-1). Die Phasenverschiebungen $\tau'_\omega$ unterschieden sich weniger zwischen den Beprobungsorten und lagen höher als erwartet, was auf geringe Abstandsgeschwindigkeiten schließen lässt.

**Tab. 5-1:** Transportmodellparameter Amplitudendämpfung $p'(\Delta p/\Delta z)$ und Phasenverschiebung $\tau'_\omega$ ($\Delta\tau_\omega/\Delta z$) für den Zeitraum Juni bis August 2001 der Elbsedimente nach Auswertung der Temperaturganglinien

| Messstelle | | Elbe-km | Amplitudendämpfung $p'(\Delta p/\Delta z)$ [m$^{-1}$] | Phasenverschiebung $\tau'_\omega(\Delta\tau_\omega/\Delta z)$ [h/m] |
|---|---|---|---|---|
| Dresden-Übigau | ufernah | 60,5 … 62,7 (n = 6) | 2,19 ± 0,76 | 22,7 ± 2,7 |
| Meißen | ufernah | 80,4 (n = 1) | 2,33 | 19,4 |
| Dresden-Übigau | Flussbett | 62,1 … 62,3 (n = 8) | 0,66 ± 0,11 | 18,3 ± 1,9 |
| Coswig | Flussbett | 233,2 … 233,4 (n = 5) | 0,53 ± 0,17 | 19,9 ± 6,5 |
| Magdeburg | Flussbett | 318,7 … 319,3 (n = 8) | 0,63 ± 0,22 | 15,6 ± 5,2 |

Unterschiede für den Dispersionskoeffizienten ufernah und im Flussbett bestimmten demnach vor allem die Böschungsneigung und die Amplitudendämpfung. Nach statistischer Auswertung, u.a. mittels Kreuzkorrelation, konnten die Dispersionskoeffizienten nach der folgenden Beziehung (BAUMERT und LEVIKOV, siehe Kapitel 5.1.3) bestimmt werden:

$$D = 1/(2 \cdot p' \cdot \tau'_\omega \cdot \delta^2)$$

$D$    Dispersionskoeffizient [m$^2$/h]
$p'$    Amplitudendämpfung [m$^{-1}$]
$\tau'_\omega$    Phasenverschiebung [h/m]
$\delta$    Böschungsneigung [–]

Für die Entwicklung dieser Gleichung wurden klassisch-lineare Methoden für stochastische Differentialgleichungen (SWESCHNIKOV 1965, SCHLITT 1968, HONERKAMP 1990) auf den fluktuationskontrollierten Stoff- und Wärmetransport angewandt.

Im Ergebnis lagen die Dispersionskoeffizienten ufernah eine Größenordnung über denen im Interstitial der Flussmitte (siehe Tabelle 5-2). Im Längsverlauf der Elbe war lediglich eine geringe Zunahme des Dispersionskoeffizienten der Flussmitte zu beobachten. Für die Flussmitte wurde ursprünglich eine Verminderung des Dispersionskoeffizienten mit Verkleinerung der mittleren Korngröße von Dresden über Coswig bis Magdeburg erwartet. Die Unterschiede zwischen Flussmitte und Uferrand entsprachen den Erwartungen, da der Dispersionskoeffizient allgemein mit abnehmender Porosität, wachsender Korngröße, abnehmendem Rundungsgrad und wachsender Ungleichförmigkeit steigt (KLOTZ 1975). Für das Interstitial des kleineren Flusses Lahn ermittelten BAUMERT et al. (2003) auf der Grundlage von Messungen von SAENGER (2000) einen Dispersionskoeffizienten von $1{,}8 \cdot 10^{-3}$ m$^2$/s, also eine Größenordnung über den Werten des ufernahen Interstitials der Elbe.

**Tab. 5-2:** Durchlässigkeitsbeiwerte ($k_f$-Werte) und Dispersionskoeffizienten (D) von Elbsedimenten

| Messstelle | | Elbe-km | Durchlässigkeitsbeiwert $k_f$-Wert [m/s] | Dispersionskoeffizient $D$ [m²/s] |
|---|---|---|---|---|
| Dresden-Übigau | ufernah | 60,5 … 62,7 | $5{,}9 \cdot 10^{-4}$ | $1{,}1 \cdot 10^{-4}$ |
| Meißen | ufernah | 80,4 | $4{,}0 \cdot 10^{-3}$ | $1{,}1 \cdot 10^{-4}$ |
| Dresden-Übigau | Flussbett | 62,1 … 62,3 | $9{,}0 \cdot 10^{-3}$ | $1{,}2 \cdot 10^{-5}$ |
| Coswig | Flussbett | 233,2 … 233,4 | $7{,}9 \cdot 10^{-3}$ | $1{,}5 \cdot 10^{-5}$ |
| Magdeburg | Flussbett | 318,7 … 319,3 | $3{,}3 \cdot 10^{-3}$ | $2{,}1 \cdot 10^{-5}$ |

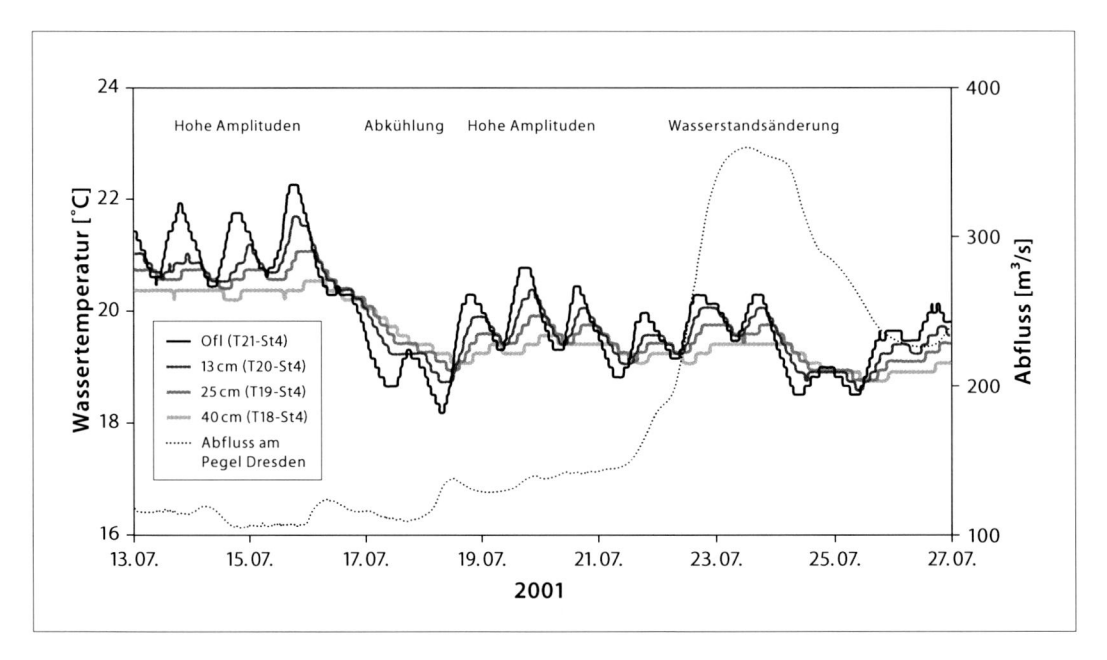

**Abb. 5-5:** Muster der Temperaturgradienten im Oberflächenwasser (Ofl) und in unterschiedlichen Tiefen des ufernahen Interstitials bei Dresden (Elbe-km 62,2) mit den Phasen hoher Tagesamplituden, Abkühlung und Wasserstandsänderung (Abfluss am Pegel Dresden)

Bei den Temperaturganglinien zeigten sich folgende typische Muster: im Sommer bei niedrigerer Wasserführung traten hohe Temperaturamplituden auf, in Phasen der Abkühlung eine Umkehrung des normalerweise mit der Tiefe abnehmenden Gradienten zwischen Oberflächenwasser und Interstitial und bei deutlichen Wasserstandsanstiegen eine Abflachung des Gradienten, die allerdings ufernah deutlicher ausfiel als in der Flussmitte. Diese Muster zeigen wiederum in anschaulicher Weise die erhebliche Bedeutung der Infiltration und Exfiltration für den advektiven Transport, überlagert mit dem dispersiven Transport im ufernahen Bereich (siehe Abbildung 5-5). Bei kleineren Fließgewässern wie der Lahn werden die Stofftransportprozesse im mesoskaligen Bereich durch „Furt (riffle) – Kolk (pool) – Sequenzen" bestimmt (BORCHARDT und FISCHER 2000), die im untersuchten Bereich der Elbe nicht ausgebildet sind. Der vertikale und laterale Wasseraustausch an diesem Strom unterliegen einer anderen Ausprägung durch die Einflussfaktoren als für kleine Fließgewässer beschrieben. Als Antrieb wirken überwiegend advektiv das Gefälle zwischen Grundwasser- und Oberflächenwasserstand, auch mit längerfristigen Änderungen, sowie dispersiv kurzfristige, kleinere Wasserstandsänderungen in Verbindung mit dem Einfluss von Wind- und Wellenbewegungen. Die strukturelle Charakteristik des Sediments begrenzt diese Prozesse im Sinne eines Widerstandes. Der vertikale und laterale Austausch überlagert sich und wird durch die Antriebsprozesse besonders im Uferbereich verstärkt. Die Transportprozesse sind durch die menschlichen Eingriffe in die Uferstruktur und die natürlicherweise ablaufenden Geschiebeumlagerungen vermutlich deutlich verändert. Die gemessenen Vertikalgradienten deuten darauf hin, dass der Wasseraustausch mit dem Interstitial die dortigen Stoffumsetzungen stark beeinflusst (siehe Kapitel 5.4.1).

### 5.1.3 Theorie und numerische Modellierung der Austauschprozesse zwischen Pelagial und Parafluvial sowie Hyporheal

Ziel der nachstehend dargestellten Arbeiten war es, die Rolle der Fließgewässerkompartimente Parafluvial und Hyporheal im Gesamtstoffhaushalt der Elbe abzuschätzen und geeignete Hilfsmittel für ihre Berücksichtigung im Wassergütemodell QSim (KIRCHESCH und SCHÖL 1999; siehe Kapitel 7.1 und 7.2) bereitzustellen. Als Parafluvial wird hierbei der unmittelbar neben dem Fluss in der Aue vorhandene oberflächennahe Grundwasserkörper definiert, der in seitlicher Richtung in engem hydrologischen und stofflichen Austausch mit dem Strom steht. Er grenzt an das unterhalb des Flussbetts gelegene hyporheische Interstitial (Hyporheal), das mit dem Freiwasser des Flusses in vertikalem Austausch steht. Diese beiden Wasserkörper füllen die Lückenräume, das Interstitial, der Sedimente von Aue bzw. Flusssohle aus.

Zur Abschätzung der Austauschprozesse zwischen dem Freiwasser der Elbe und dem Parafluvial bzw. Hyporheal wurden zunächst die treibenden physikalischen Kräfte für die Austauschvorgänge analysiert und anschließend vorhandene Theorien und Ansätze weiterentwickelt, aus denen dann einfache Modelle abgeleitet wurden (siehe auch BAUMERT et al. 2000, 2001, 2003). Hierzu war es notwendig, ein spezielles Parameterschätzungsverfahren neu zu entwickeln und anzuwenden, was unten ebenfalls kurz skizziert wird. Die Richtigkeit dieser Vorgehensweise wurde durch PETERSON und CONELLY (2004) bestätigt.

Als treibende Kräfte von Austauschprozessen zwischen dem Pelagial und Parafluvial der Elbe wurden zunächst die kurzzeitigen Fluktuationen des Elbwasserspiegels identifiziert. Es wurde nachgewiesen, dass unterhalb einer Periodendauer von ca. 1,5 Tagen diese Fluktuationen genähert als „weißes Rauschen" angesehen werden können. Anschließend wurde mit Hilfe eines neu entwickelten, hochauflösenden numerischen Grundwassermodells untersucht, wie solche kurzperiodischen Wasserspiegelvariationen auf den angrenzenden unterirdischen Wasserkörper wirken. Es wurde der Schluss gezogen, dass sich die kurzperiodischen Schwankungen im Sinne eines geohydraulischen Dispersionsprozesses beschreiben lassen. Kleinskalige Temperaturmessungen (an der Elbe und zum Vergleich an der Lahn) wurden hinsichtlich der Gültigkeit dieses neuen Dispersionsansatzes ausgewertet. Dabei erwiesen sich die physikalischen Prozessparameter der geohydraulischen Dispersion in den untersuchten Elbabschnitten als überraschend stabil. Diese Vorstellungen über den Transport wurden dann genutzt, um auf Stoffumsetzungen im unterirdischen Porenwasserkörper zu schließen. Dabei zeigte sich, dass die auf diese Weise abgeschätzten In-situ-Umsatzraten um ca. eine Größenordnung kleiner sind als entsprechende Laborwerte (siehe Kapitel 5.4.1).

## Wasserspiegelschwankungen der Elbe

Um ein erstes Bild der Austauschvorgänge zwischen dem Pelagial der Elbe und dem angrenzenden unterirdischen Wasserkörper zu gewinnen, wurde die zeitliche Variabilität der Wasserspiegellage der Elbe im Raum Dresden-Meißen statistisch untersucht. Dazu wurden vorliegende 15-minütige Pegelaufzeichnungen herangezogen und einer Zeitreihenanalyse unterzogen, um ein Frequenzspektrum der Wasserstandsdynamik der Elbe zu erhalten (siehe Abbildung 5-6). Aus den umfangreichen statistischen Ergebnissen wurde zusammenfassend der Schluss gezogen, dass sich die stärkste Variabilität auf Zeitperioden von 1,5 bis zu 6 Tagen konzentriert und Schwankungen mit Perioden kleiner als 1,5 Tage als „weißes Rauschen" von geringerer Energie interpretiert werden können. Es wurde ferner deutlich, dass sich die Einzelmonate unterschiedlich verhalten, da im Hochsommer tendenziell kürzere Hochwasserwellen und Niedrigwasserperioden auftreten (siehe Tabelle 5-3).

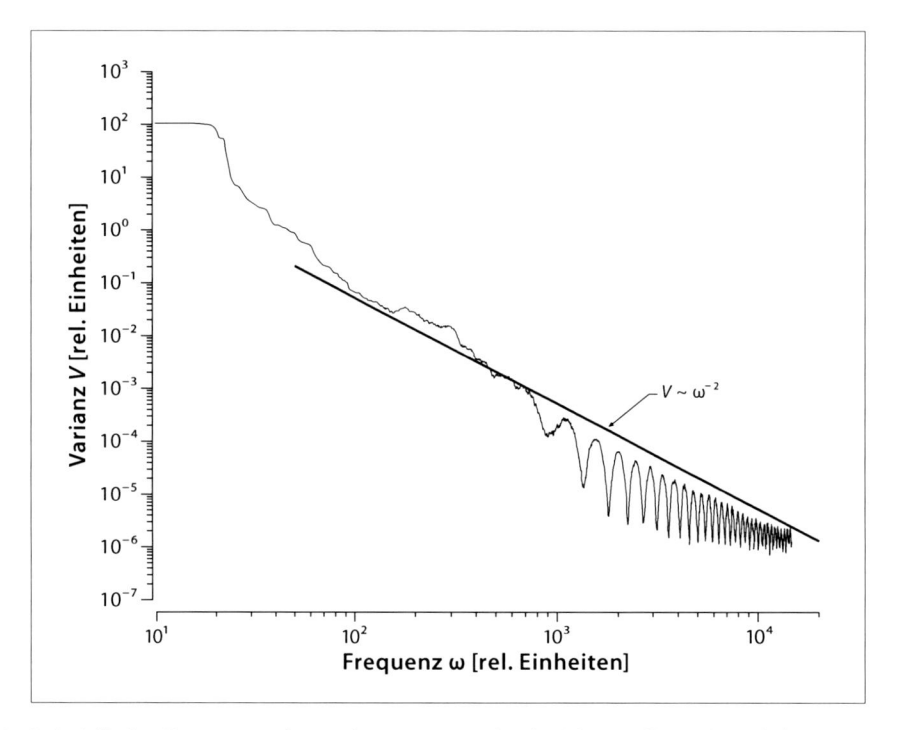

**Abb. 5-6:** Beispielhaftes Frequenzspektrum des Wasserstandes der Oberen Elbe in doppelt-logarithmischer Darstellung für den Zeitraum Januar bis Oktober 2000 auf der Basis von 15-minütigen Messwerten. Nach hohen Frequenzen (geringeren Periodendauern) fällt das Spektrum rasant ab.

**Tab. 5-3:** Länge der Perioden ähnlichen Wasserstandes (Autokorrelationszeit) der Elbe bei Dresden im Jahr 2000

| Monate | Autokorrelationszeit [h] |
|---|---|
| 1, 5, 9, 10 | 75 |
| 2, 3, 6 | 60 |
| 7 | 42 |
| 8 | 36 |
| **Gewichteter Mittelwert:** | **62** |

**Numerische Experimente**

Zum besseren Verständnis der Wirkung kurzperiodischer Wasserspiegelschwankungen auf den anliegenden Grundwasserkörper wurde die Dynamik des Grundwasserspiegels h = h(y,t) zu einem Zeitpunkt t in einem bestimmten Abstand y vom Ufer hochauflösend simuliert. Unter vereinfachenden Annahmen reduziert sich die entsprechende grundwasserdynamische Bewegungsgleichung auf die folgende Relation:

$$\Theta_e \frac{\partial h}{\partial t} - \frac{\partial}{\partial y}\left(k_f \frac{\partial h^2/2}{\partial y}\right) = 0 \qquad \text{(Gleichung 1)}$$

Aus deren Ergebnis kann die horizontale Abstandsgeschwindigkeit des Grundwassers ermittelt werden: $v_y = -(k_f/\Theta_e) \cdot \partial h/\partial y$. Hier ist $k_f$ [m/s] die geohydraulische Leitfähigkeit des porösen Untergrundmaterials und $\Theta_e$ seine entwässerbare Porosität. Dieses Modell wurde auf kurzen Zeitskalen simuliert (siehe Abbildung 5-7).

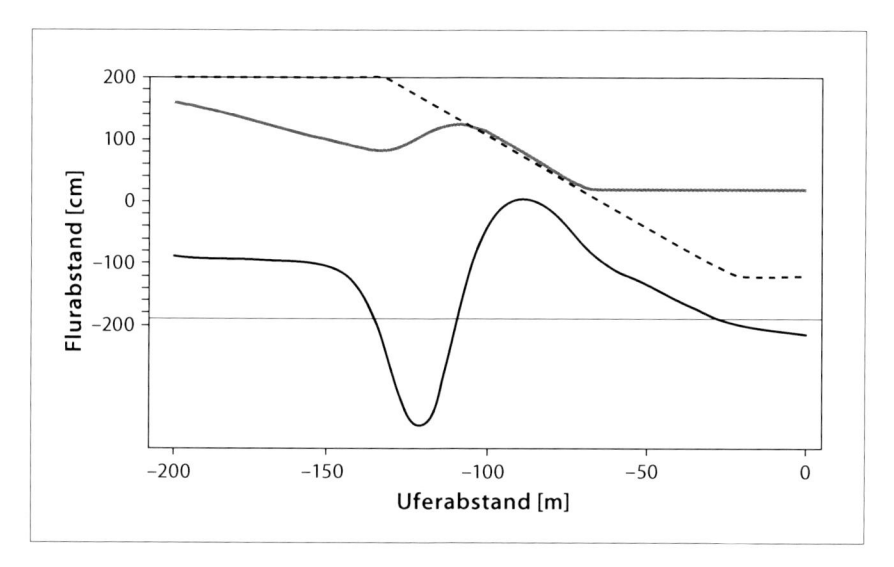

**Abb. 5-7:** Momentaufnahme der dynamischen Entwicklung des Grundwasserspiegels (schwarz) in einem Ufertransekt infolge eines kurzzeitigen Anstiegs des Wasserspiegels in der Elbe mit nachfolgender Absenkung (grau) (bezogen auf Zeitachse, t = 3h nach der Absenkung). Der Fließquerschnitt (gestrichelt) ist der Einfachheit halber trapezförmig idealisiert.

**Entwicklung der Theorie zur geohydraulischen Dispersion**

Die hier angewandten mathematischen Verfahren sind letztlich spezielle Anwendungen klassisch-linearer Methoden für stochastische Differenzialgleichungen (SWESCHNIKOV 1965, SCHLITT 1968, HONERKAMP 1990) auf den speziellen Fall der Differenzialgleichung des fluktuationskontrollierten Stoff- und Wärmetransports im Parafluvial und Hyporheal. Im hier vorliegenden Zusammenhang ist die Anwendung dieser Methoden als neuartig zu bezeichnen, beruht aber auf früheren analogen Anwendungen auf hydrologische Probleme (BAUMERT 1973, 1979, BAUMERT und BRAUN 1976).

## Berücksichtigung der kurzzeitigen Wasserspiegeldynamik

Die einleitend erwähnte Theorie der geohydraulischen Dispersion bedeutet, dass die kurzzeitige Wasserspiegeldynamik im Fluss für die Austauschvorgänge keine explizite Rolle spielt, sondern nur eine implizite oder integrierte, die in einem fluktuationsbedingten Austauschkoeffizienten $D_e$ „verborgen" zusammengefasst werden kann. Der Einfluss der kurzzeitigen Wasserspiegeldynamik wird somit bei der Abschätzung der Konzentrationen $c$ und Abstandsgeschwindigkeiten $v$ durch die Störungsansätze $c(y,t) = \bar{c}(y) + \tilde{c}(t)$ und $v_y(y,t) = \bar{v}_y(y) + \tilde{v}_y(t)$ berücksichtigt. Zu diesen Fluktuationen gehören auch gewöhnliche Oberflächenwellen mit Perioden von wenigen Sekunden. Die Berücksichtigung dieser Störungsansätze in den entsprechenden Grundgleichungen des Stofftransports und eine nachfolgende Mittelung über die Störungen liefert für die mittlere Konzentration $\bar{c}$ im unterirdischen Porenwasserkörper die Bewegungsgleichung:

$$\frac{\partial \bar{c}}{\partial t} + \frac{\partial}{\partial y}\left(\bar{v}_y\,\bar{c} + \overline{\tilde{v}\,\tilde{c}} - D_m \frac{\partial \bar{c}}{\partial y}\right) = \varphi(\bar{c}) + \tfrac{1}{2}\,\overline{\tilde{c}^2}\,\varphi''(\bar{c}) \qquad \text{(Gleichung 2)}$$

Hier ist $\varphi''(\bar{c})$ die zweite Ableitung der kinetischen Stoffumsatzfunktion $\varphi$ nach der betrachteten Konzentration, genommen am Mittelwert. $\overline{\tilde{c}^2}$ ist die Streuung oder Varianz der zeitlichen Konzentrationsfluktuationen. Bei biochemischen Mehrkomponentensystemen ist die Situation noch komplizierter. Der übliche Dispersionsansatz für den Korrelator in Gleichung 2 lautet:

$$\overline{\tilde{v}\,\tilde{c}} = -D_e \frac{\partial \bar{c}}{\partial y} \qquad \text{(Gleichung 3)}$$

Hierbei ist $D_e$ [m²/s] der fluktuationsbedingte Austauschkoeffizient. Setzt man diesen Ansatz in Gleichung 2 ein, so erhält man:

$$\frac{\partial \bar{c}}{\partial t} + \frac{\partial}{\partial y}\left[\bar{v}_y\,\bar{c} - (D_m + D_e)\frac{\partial \bar{c}}{\partial y}\right] = \varphi(\bar{c}) + \tfrac{1}{2}\,\overline{\tilde{c}^2}\,\varphi''(\bar{c}) \qquad \text{(Gleichung 4)}$$

Wie der Vergleich mit Messungen zeigt, gilt generell $D_e \gg D_m$, wobei $D_m$ der molekulare Diffusionskoeffizient im Wasser ist. In nicht zu großen Messtiefen kann man also den molekularen Effekt vernachlässigen.

## Quasi-statische Bilanzen

Unter Annahme quasi-statischer und räumlich homogener Verhältnisse, also gleich bleibender Konzentrationen und Fehlen räumlicher Gradienten, wird Gleichung 4 zu:

$$\varphi(\bar{c}) = \bar{v}_y \frac{\partial \bar{c}}{\partial y} - D_e \frac{\partial^2 \bar{c}}{\partial y^2} - \tfrac{1}{2}\,\overline{\tilde{c}^2}\,\varphi''(\bar{c}) \qquad \text{(Gleichung 5)}$$

Kennt man die Infiltrations- bzw. Exfiltrationsgeschwindigkeit $\bar{v}_y$, den Dispersionskoeffizienten $D_e$ und das Profil $\bar{c}(y)$ aus Messungen, so kann man die Stoffumsatzfunktion $\varphi(\bar{c})$ abschätzen, vorausgesetzt der Term $\overline{\tilde{c}^2}\,\varphi''(\bar{c})$ ist „klein genug". Seine Wirkung wird durch zwei Faktoren gesteuert: einerseits durch die Nichtlinearität, also durch die zweite Ableitung $\varphi''$; andererseits durch die Streuung $\overline{\widetilde{c}^2}$ der Konzentration infolge der Fluktuationen. Beide Größen sind in der Praxis zunächst unbekannt, und ihre Ermittlung aus Messungen würde wegen der notwendig hohen raumzeitlichen Auflösung einen erheblichen messtechnischen Aufwand erfordern.

### Wechselwirkung mit dem Pelagial

Die Koppelung von Gleichung 4 „nach links" mit dem Pelagial und „nach rechts" mit dem Grundwasser kann über Dirichlet'sche Randbedingungen vom Typ $\overline{c}(y=0,t) = c_1(t)$ und $\overline{c}(y=y_\infty,t) = c_\infty(t)$ erfolgen, wobei $c_1(t)$ und $c_\infty(t)$ die Konzentrationsganglinien im Pelagial und im Grundwasser symbolisieren. Betrachtet man nur kleinere Störungen der Konzentrationen $\widetilde{C}$, so gilt bei konservativen Stoffen ($\varphi = 0$) für Hauptstrom ($\widetilde{C}_1$) und Parafluvial ($\widetilde{C}_2$) das folgende massenerhaltende Gleichungssystem:

$$\frac{d\widetilde{C}_1}{dt} = \frac{\partial \widetilde{C}_1}{\partial t} + \frac{Q}{A}\frac{\partial \widetilde{C}_1}{\partial x} - D_e \frac{\partial^2 \widetilde{C}_1}{\partial x^2} = -\frac{\Delta_z}{SB_1}\frac{1}{\tau}\left(p\widetilde{C}_1 - \widetilde{C}_2\right) \quad \text{(Gleichung 6)}$$

$$\frac{d\widetilde{C}_2}{dt} = \frac{1}{\tau}\left(p\widetilde{C}_1 - \widetilde{C}_2\right) \quad \text{(Gleichung 7)}$$

Hier ist $B_1$ die Wasserspiegelbreite, $\Delta_z$ die vertikale Mächtigkeit des biochemisch aktiven Parafluvials und $S$ die Böschungsneigung in einem idealisierten Trapezprofil.

Die Struktur des Systems (Gleichung 6 und 7) ist der Wechselwirkung von Buhnenfeld und Pelagial analog. Man betrachtet das gesamte Parafluvial also als eine einzige Lamelle oder als ein einziges Kompartiment, dessen Parameter jedoch im Längsschnitt der Elbe ebenso wie Wasserspiegelbreite und Wassertiefe variieren dürfen. Der Zusammenhang dieser Blockbeschreibung mit der partiellen Differenzialgleichung (Gleichung 4) kann über die räumlichen Ableitungen $p' = dp/dz$ und $\tau' = d\tau/dz$ hergestellt werden (BAUMERT et al. 2001); denn es gilt folgende Relation:

$$D_e = \tfrac{1}{2}/(p'\tau') \quad \text{(Gleichung 8)}$$

Voraussetzung für dieses Herangehen ist, dass die Parameter $p$ und $\tau$ für verschiedene Messtiefen aus langen und hochauflösenden Zeitreihen bestimmt werden.

Betrachtet man kleinere Störungen im Hyporheal, so gelten bei konservativen Stoffen ($\varphi = 0$) für Hauptstrom ($\widetilde{C}_1$) und Hyporheal ($\widetilde{C}_2$) analog folgende Beziehungen:

$$\frac{d\widetilde{C}_1}{dt} = \frac{\partial \widetilde{C}_1}{\partial t} + \frac{Q}{A}\frac{\partial \widetilde{C}_1}{\partial x} - D_e \frac{\partial^2 \widetilde{C}_1}{\partial x^2} = -\frac{\Delta_z}{h_1}\frac{1}{\tau}\left(p\widetilde{C}_1 - \widetilde{C}_2\right) \quad \text{(Gleichung 9)}$$

$$\frac{d\widetilde{C}_2}{dt} = \frac{1}{\tau}\left(p\widetilde{C}_1 - \widetilde{C}_2\right) \quad \text{(Gleichung 10)}$$

Auch hier ist $\Delta_z$ die Mächtigkeit des Kompartiments in vertikaler Richtung.

**Bestimmung der Austauschkoeffizienten**

Zur Bestimmung der dispersiven Transportparameter $p$, $\tau$ und letztlich $D_e$ in horizontaler (Parafluvial) und vertikaler Richtung (Hyporheal) aus Messungen wurden die Gleichungen 7 und 10 herangezogen. Ihre allgemeine Form lautet:

$$\frac{d\tilde{T}}{dt} = \frac{1}{\tau}\left(p\tilde{T}_0 - \tilde{T}\right) \qquad \text{(Gleichung 11)}$$

Als Tracer wurde die Wassertemperatur $T$ benutzt. Gemessene Temperaturzeitreihen in der Form $T(t) = \overline{T} + \tilde{T}(t)$ wurden zunächst hochpassgefiltert, d.h. kurze Fluktuationen wurden eliminiert. Die mathematische Behandlung von Gleichung 11 im Sinne der stochastischen Dynamik zeigt (z.B. BAUMERT 1973, BAUMERT und BRAUN 1976, BAUMERT 1979), dass $\tau$ aus der Kreuzkorrelationsfunktion zwischen den (hochpassgefilterten) Freiwasser- und Parafluvial- bzw. Hyporhealwerten ermittelt werden kann und der Parameter $p$ aus der Amplitudenübertragungsfunktion.

**Tab. 5-4:** Vergleich typischer Parameter für den Austausch zwischen Pelagial und Parafluvial bzw. Hyporheal für den Elbabschnitt unterhalb Dresdens. Der Austauschkoeffizient (effektiver geohydrodynamischer Dispersionskoeffizient) ist jeweils in lateraler (y-) oder vertikaler (z-) Richtung angegeben. Die Angaben basieren auf Messungen in der Elbe (LANGE und KRANICH 2003) und Lahn (SAENGER 2000) (siehe auch BAUMERT et al. 2001). Die hydrologischen Kennzahlen gelten für den Pegel Dresden.

| Fluss | Wechselwirkung | Austauschkoeffizient [m²/s] | Hydraulische Leitfähigkeit [m/s] | Porosität – | MNQ [m³/s] | MQ [m³/s] | MHQ [m³/s] |
|---|---|---|---|---|---|---|---|
| Elbe | Pelagial ↔ Hyporheal | $D_z \sim O \cdot 10^{-5}$ | $5 \cdot 10^{-5}$ | 0,18 | 106 | 324 | 1.410 |
| Elbe | Pelagial ↔ Parafluvial | $D_y \sim O \cdot 10^{-4}$ | $5 \cdot 10^{-5}$ | 0,18 | 106 | 324 | 1.410 |
| Lahn | Pelagial ↔ Hyporheal | $D_z \sim O \cdot 10^{-3}$ | $5 \cdot 10^{-4}$ | 0,20 | 0,4 | 5,5 | 79 |
| Tiefes Grundwasser | – | $D_z \sim O \cdot 10^{-6}$ | – | – | – | – | – |

Die Anwendung dieses Verfahrens auf die Beobachtungen an der Elbe ergab die in Tabelle 5-4 zusammengestellten Ergebnisse; zum Vergleich wurden entsprechende Ergebnisse von SAENGER (2000) für die Lahn aufgenommen. Einzelheiten zu den Ergebnissen für die Elbe sind dokumentiert in LANGE und KRANICH (2003) (siehe auch Kapitel 6.2), methodische Details und detailliertere Aussagen zu Lahn und Elbe in BAUMERT et al. (2001, 2003).

Die effektiven geohydrodynamischen Dispersionskoeffizienten in vertikaler (Hyporheal) und horizontaler Richtung (Parafluvial) sind im untersuchten Bereich der Elbe offenbar relativ stabile Parameter, die sich mit $O \cdot 10^{-5}$ m²/s (vertikaler Austausch mit dem Hyporheal) und $O \cdot 10^{-4}$ m²/s (horizontaler Austausch mit dem Parafluvial) um rund eine Größenordnung deutlich voneinander unterscheiden (siehe Tabelle 5-4). Die vertikalen Austauschkoeffizienten in Elbe und Lahn unterscheiden sich sogar um zwei Größenordnungen.

Die Unterschiede im lateralen und vertikalen Austausch der Elbe mit den Sedimentlückenräumen lassen sich in erster Linie auf die unterschiedlichen physikalischen Mechanismen zurückführen (siehe auch LANGE und KRANICH 2003). Während der dispersive Austauschprozess zwischen Pelagial und Hyporheal in der Hauptsache durch die sohlnahe Turbulenz sowie durch Druckschwankungen infolge von Oberflächenwellen gesteuert wird, wird der Austausch zwischen Pelagial und Parafluvial hauptsächlich durch die (bereits erwähnten) ständig auftretenden, im Vergleich mit Oberflächenwellen längerperiodischen Wasserspiegelschwankungen gesteuert.

Die starken Unterschiede zwischen Elbe und Lahn in den Austauschkoeffizienten mit dem flussbegleitenden Interstitialwasserkörper können ebenfalls auf die unterschiedlichen Wirkmechanismen zurückgeführt werden. Insbesondere in der Lahn bilden die dort ausgeprägten Abfolgen von Furt- und Kolkstrukturen (pool-riffle-Sequenzen) über das damit verbundene unregelmäßige Wasserspiegelgefälle den Hauptantrieb für den Stoffaustausch, während dieser Mechanismus in der Elbe – aufgrund der weitaus einheitlicheren Wassertiefe – von untergeordneter Bedeutung zu sein scheint. Möglicherweise war dies im unregulierten Flussbett der Elbe bis zum Beginn des 19. Jahrhunderts anders. Die unterschiedliche Korngrößenzusammensetzung der Sedimente ist aus unserer Sicht von geringerer Bedeutung.

**Molekular-diffusiver Transport**

Im tieferen Grundwasser beträgt der molekular-diffusive Austauschkoeffizient nach molekularphysikalischen Betrachtungen und Beobachtungen an einem tiefer liegenden Grundwasserkörper von TANIGUCHI (1993) etwa $D_m \approx 6 \cdot 10^{-7}$ m²/s. Im Vergleich hierzu sind die in Tabelle 5-4 zusammengefassten dispersiven Austauschkoeffizienten für Elbe und Lahn weitaus größer. Man kann schlussfolgern, dass die molekularen Materialeigenschaften der Gesteinsmatrix des Grundwasserleiters und des Wassers für den Stoffaustausch zwischen Pelagial und Parafluvial bzw. Hyporheal eine untergeordnete Rolle spielen. Im Gegensatz zu den tiefen Bereichen des Grundwassers, wo Diffusion dominiert, wird in den oberflächennahen Bereichen des unterirdischen Wasserkörpers der Austausch überwiegend durch Wasserspiegelfluktuationen und durch die sohlnahe Turbulenz bestimmt.

**Schätzung von Stoffumsatzraten**

Mit Hilfe der ermittelten Austauschkoeffizienten und auf der Basis von gemessenen Stoffkonzentrationsgradienten können die Stoffumsatzraten berechnet werden (siehe Kapitel 6.2, siehe auch BAUMERT et al. 2003, LANGE und KRANICH 2003) Die so errechneten Stoffumsatzraten in einer Lamelle des Parafluvials der Elbe im Raum Meißen und Dresden sind deutlich kleiner als die ebenfalls durchgeführten kleinskaligen direkten Messungen der Prozessraten im Labor (siehe Tabelle 5-5, siehe auch Kapitel 5.4.1 und 5.4.2). Dabei ist zu berücksichtigen, dass bei kleinskaligen Messungen die Ergebnisse naturgemäß stärker streuen und teilweise auch andere Austauschprozesse erfassen als bei großskaligen Ansätzen. Der Vergleich beider unterstreicht die große Bedeutung skalenübergreifender Betrachtungsweisen für eine realistische Einschätzung gewässerökologischer Vorgänge.

**Tab. 5-5:** Vergleich von Obergrenzen der für eine Lamelle des Elbsediments ermittelten Stoffumsatzraten, die einerseits auf der Basis der Modellierung von gemessenen Konzentrationsgradienten (siehe Kapitel 6.2), und andererseits durch kleinskalige Prozessmessung im Labor (siehe Kapitel 5.4.1 und 5.4.2) ermittelt wurden (siehe auch LANGE und KRANICH 2003)

| Umsatzrate [g/(m³·d)] | Obergrenze Prozessmessung | Obergrenze Konzentrationsmodellierung | Faktor Prozessmessung/Modellierung |
|---|---|---|---|
| $\Psi O_2$ | < 110 | < 15 | ≈ 7 |
| $\Psi NH_4$ | < 1 | < 0,175 | ≈ 5 |
| $\Psi NO_3$ | < 27 | < 15 | ≈ 2 |

**Ausblick**

Die Arbeiten dienten vorrangig der Abschätzung der Frage, welche Rolle die beiden aus Sedimenten bestehenden Kompartimente des Flussökosystems, Hyporheal und Parafluvial, für die Stoffumsetzungen in der Elbe spielen. Dabei sollten Modellvorstellungen entwickelt werden, wie diese Nebenkompartimente in das pelagisch orientierte Modell QSim integriert werden können. Erst während der Bearbeitung der anstehenden Fragen wurde deutlich, welch große wissenschaftliche Herausforderung dies darstellte, da international nur sehr wenige Untersuchungen zum Stoffumsatz im Parafluvial und Hyporheal von Flüssen durchgeführt wurden. Daher musste methodisches und theoretisches Neuland betreten werden. Aufgrund der Komplexität der Problemstellung blieben folgende Fragen offen, deren Beantwortung einen sehr hohen Messaufwand erfordert hätte:

① Die kinetischen Stoffumsatzfunktionen $\varphi = \varphi(X)$, wie sie üblicherweise in biochemischen Bilanzgleichungen vom Typ $dX/dt = \varphi(X)$ definiert sind, konnten für Hyporheal und Parafluvial noch nicht bestimmt werden.

② Die Infiltrations- und Exfiltrationsgeschwindigkeiten konnten aus gerätetechnischen und Aufwandsgründen nicht in allen Fällen ermittelt werden.

Zu diesem Thema sollte daher in einem zukünftigen Forschungsprojekt nur ein ausgewählter Fließquerschnitt betrachtet, mit extrem hoher Sensorendichte gearbeitet und der Tag-Nacht-Gang der Prozesse aufgelöst werden. Andererseits wurden im Vergleich mit der internationalen Literatur ganz erhebliche Fortschritte erzielt:

- Nach unserer Kenntnis wurden für einen großen Fluss wie die Elbe erstmalig Austauschkoeffizienten zwischen Pelagial und Hyporheal sowie zwischen Pelagial und Parafluvial bestimmt.
- Nach dem Vorbild der Koppelung zwischen Hauptstrom und Buhnenfeldern wurden Modellansätze entwickelt und angewendet, um Hyporheal und Parafluvial (gemeinsam und gegebenenfalls sogar zusammen mit Buhnenfeldern) modelltechnisch als einfache, räumlich homogene Kompartimente zu behandeln und an das Pelagial des Hauptstroms anzukoppeln.
- Basierend auf einer quasi-statischen Näherung konnten stündliche und tägliche Stoffumsatzraten in bis zu drei Lamellen des Hyporheals bzw. des Parafluvials erfolgreich abgeschätzt werden. Sie erwiesen sich um den Faktor 2 bis 7 kleiner als entsprechende kleinskalige Prozessmessungen im Labor.

## 5.2 Sedimentdynamik
*René Schwartz, Matthias Brunke und Helmut Fischer*

Das Flussbett der Mittelelbe besteht größtenteils aus sandig-kiesigen Sedimenten. In Abhängigkeit von der Strömungsgeschwindigkeit des Flusses kommt es zur Umlagerung (Erosion, Transport, Sedimentation) klastischer Sedimente am Gewässergrund. Die Sedimentdynamik führt zur Bildung von Unterwasserdünen (CARLING et al. 2000a, SAUER und SCHMIDT 2001), welche stationär (d. h. über einen längeren Zeitraum lagekonstant) oder mobil sein können. Zwischen dem wassergefüllten Porenraum der Gewässersohle und dem Fluss findet ein intensiver Wasser- und damit einhergehender Stoffaustausch statt (ELLIOTT und BROOKS 1997). Um die Frage nach dem Verhältnis der Umlagerungsgeschwindigkeit der Unterwasserdünen im Vergleich zur Fließgeschwindigkeit im Sandlückensystem der Düne beantworten zu können, wurde eine typische Unterwasserdüne unterhalb von Dömitz (Elbe-km 519), im Bereich der so genannten Restrecke (Elbe-km 508 bis 521), untersucht. Die Abbildung 5-8 zeigt neben den topographischen Verhältnissen und der Lage der angelegten Strömungstiefenprofile (siehe Abbildung 5-9) die resultierenden Hauptströmungsverhältnisse an der ausgewählten Düne.

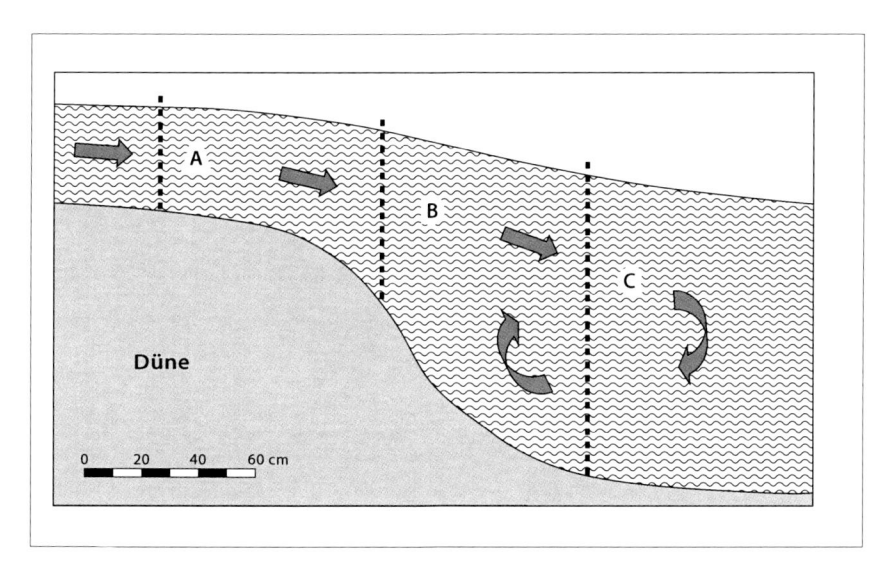

**Abb. 5-8:** Schematische Darstellung der Strömungsverhältnisse an einer Unterwasserdüne in der Mittleren Elbe unterhalb von Dömitz (Elbe-km 519) sowie Lage der Strömungstiefenprofile (Erläuterungen zu den Messpunkten A, B und C siehe Text)

Die untersuchte Düne wies im Sommer 2001 einen lang gestreckten Luv-Bereich von ca. 100 m und eine scharf abgegrenzte Lee-Kante mit einem Höhenversatz von 1,5 m auf. Die Darstellung der Strömungsverhältnisse an den drei Messpunkten (A: vor der Dünenkante, B: direkt an der Dünenkante, C: stromab der Dünenkante) im Bereich der Abbruchkante zeigt, dass die Fließgeschwindigkeit innerhalb des Tiefenprofils vor der Dünenkante am größten war. Direkt über dem Grund traten deutlich niedrigere Fließgeschwindigkeiten auf (minimal 20 cm/s) als an der Gewässeroberfläche (maximal 50 cm/s). Am Punkt B wurde in einer Zone von 0 bis 20 cm und am Punkt C in einer Höhe von 0 bis 40 cm über Grund eine Rückströmung beobachtet, d. h., das Wasser bewegte sich in diesem Bereich „stromauf" (siehe Abbildung 5-9).

Um die Wanderbewegung der Düne dokumentieren zu können, wurde der Verlauf der Abbruchkante zu Versuchsbeginn mittels Markierstäben festgehalten. Für die Bestimmung der Fließgeschwindigkeit im Porensystem wurde in die Düne ca. 2 m stromauf der Abbruchkante in einer Sedimenttiefe von 20 cm ein Farbtracer (500 g Uranin gelöst in 1 l Elbwasser und 1 l Spüllösung) injiziert. Parallel zur Bestimmung der Durchströmungsgeschwindigkeit der Düne wurde zudem der vertikale hydraulische Gradient (VHG) ermittelt sowie die hydraulische Leitfähigkeit mittels der „Falling-Head"- und „Constant-Head"-Methode ermittelt.

Die an der Düne festgestellten vertikalen hydraulischen Gradienten waren insgesamt gering und unterschieden sich lediglich geringfügig an den Messpunkten (A: 0,018 m/m (Mittelwert, n = 9), Schwankungsbereich von 0,012 bis 0,02; B: 0,002 m/m (Mittelwert, n = 9), Schwankungsbereich von −0,004 bis 0,012; C: 0,0 m/m (Mittelwert, n = 9), Schwankungsbereich von −0,004 bis 0,008). Die hydraulische Leitfähigkeit der Dünensedimente lag im Mittel bei $k_f = 2{,}14 \cdot 10^{-3}$ m/s (Schwankungsbereich von 1,8 bis $2{,}4 \cdot 10^{-3}$ m/s, n = 6). Die hohe gesättigte Wasserleitfähigkeit der Dünensedimente ist auf ihre grobe Textur und geringe Lagerungsdichte zurückzuführen. Im Wesentlichen bestand die Düne aus einem Zweikorngemisch von Feinkies (60 bis 82 Masse-%) und Grobsand (17 bis 35 Masse-%).

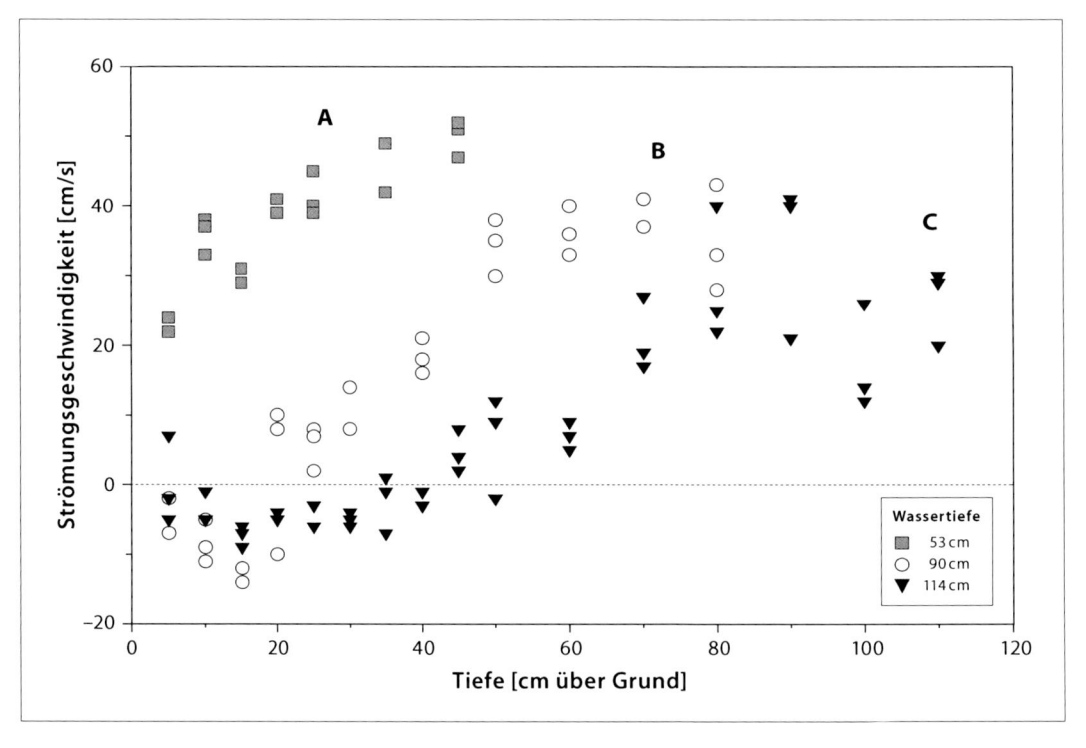

**Abb. 5-9:** Strömungstiefenprofile im Luv- (A), Kanten- (B) und Lee-Bereich (C) einer Unterwasserdüne am Elbekm 519 (Lage der Messpunkte A, B und C siehe Abbildung 5-8)

Die Untersuchungsdauer betrug 10 Tage (06.08 bis 16.08.01). Am Ende des Versuchszeitraumes wurde zunächst der veränderte Verlauf der Dünen-Abbruchkante festgehalten. Im Anschluss daran erfolgte die Beprobung des Interstitialwassers an 20 fächerförmig in Hauptströmungsrichtung befindlichen Standorten. Die Entnahme erfolgte aus einer Sedimenttiefe von 20 cm mit Hilfe von Piezometern. Direkt nach der Probenahme wurde im Feld die Uraninkonzentration photometrisch bestimmt; Referenzwert war die Uraninkonzentration des Elbwassers.

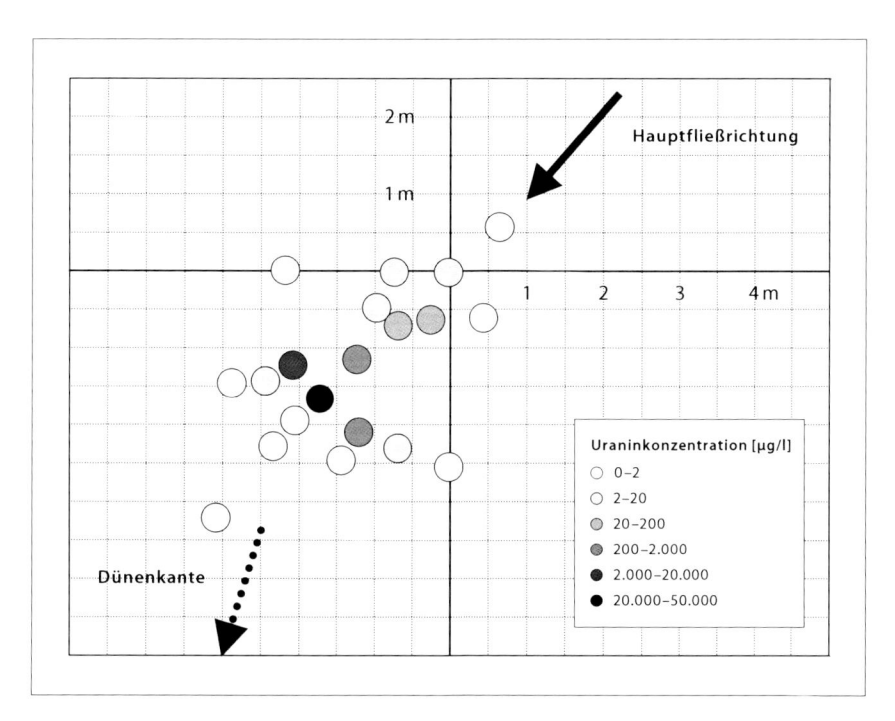

**Abb. 5-10:** Verteilung der Probenahmestellen und Uraninkonzentration 10 Tage nach Tracereingabe

Die Abbildung 5-10 zeigt die Verteilung der Entnahmestellen und deren Tracerkonzentration. Die Ausdehnung (flächenhafte Verteilung) der Tracerwolke war gering. Es fand ein räumlich deutlich begrenzter Wasserfluss im Interstitial statt. Aus dem eindeutig lokalisierten Konzentrationsmaximum (Sickerfront) mit über 20.000 µg/l Uranin in einer Entfernung von 2,4 m vom Eingabepunkt und einer Versuchsdauer von 235,5 Stunden ergibt sich eine mittlere Strömungsgeschwindigkeit von 0,24 m/d. Die Sondierung der Unterwasserdüne am Versuchsende ergab, dass die Dünenspitze im selben Zeitraum um 6,0 m gewandert war, was einer Geschwindigkeit von 0,61 m/d entspricht. Der Festkörper der Düne hat sich demnach etwa 2,5-mal schneller bewegt als das in ihm enthaltene Porenwasser. Dies bedeutet, dass ein an der Lee-Kante eingeschlossener Wasserkörper die Düne bei geringer eigener stromabwärts gerichteter Fließbewegung langsam durchwandert und nach einer bestimmten Zeit an der Luv-Seite wieder ins Elbwasser eintritt. Interessant ist, dass die Ausrichtung von Hauptsickerfront im Interstitialwasser und Dünenspitze am Versuchsende nicht übereinstimmen. Dies ist ein Hinweis darauf, dass im Interstitial andere Strömungsrichtungen vorherrschen können als im Freiwasser, welches die Dünenbewegung initiiert.

## 5.3 Biologische Besiedlung
*Sandra Kröwer (Kapitel 5.3.1); Matthias Brunke (Kapitel 5.3.2)*

### 5.3.1 Protozoen der überströmten Flusssohle

Im Jahr 2001 wurden die im Sediment der Mittelelbe lebenden Wimpertierchen (Ciliaten) im Längsverlauf der Elbe zusammen mit den dort gegebenen abiotischen Lebensbedingungen untersucht. Aufgrund der stromabwärts abnehmenden Strömungsgeschwindigkeit – Dresden 1,6 m/s, Coswig 1,2 m/s, Magdeburg 1,1 m/s, Havelberg 0,9 m/s, Geesthacht 0,7 m/s im Mai 2001 (Daten WSA Dresden, Magdeburg und Lauenburg, siehe auch Abbildung 2-19) – sedimentieren schwere Schwebepartikel in den oberen Bereichen der Mittelelbe aus, während die kleinen Fraktionen mit der fließenden Welle flussabwärts transportiert werden (WALLING 1996). Daher und wegen des fortschreitenden Abriebs der Sedimentkörner besteht entlang der Mittelelbe ein deutlicher Gradient der Sedimentkorngrößen (HAUNSCHILD et al. 1994): in den stromauf gelegenen Bereichen herrschen steinig-kiesige Sedimente vor, dann kiesig-sandige und schließlich sandige, örtlich mit Schluffanteilen in der Unteren Mittelelbe. Während in Dresden (Elbe-km 52), Coswig (Elbe-km 233) und Magdeburg (Elbe-km 317) noch 60 bis 70 % der für die Besiedlung durch Protozoen (einzellige Tiere) relevanten Sedimente eine Größe über 1 mm aufwiesen, betrug der Anteil dieser Korngröße in Havelberg (Elbe-km 420) und Geesthacht (Elbe-km 583) nur 30 % bzw. 10 %. An den beiden letztgenannten Stellen dominierten Mittel- und Feinsande, und in Geesthacht wurde zudem ein Schluffanteil von ca. 10 % festgestellt (siehe Abbildung 5-11). Ziel der Untersuchungen war es, den Einfluss dieser Veränderung der Sedimentqualität, die nicht nur die Korngrößen und deren Sortierungsgrad sondern vermutlich auch den Sauerstoffgehalt und den organischen Gehalt betrifft, auf die Verteilung der benthischen Protozoen im Längsverlauf der Mittelelbe darzustellen.

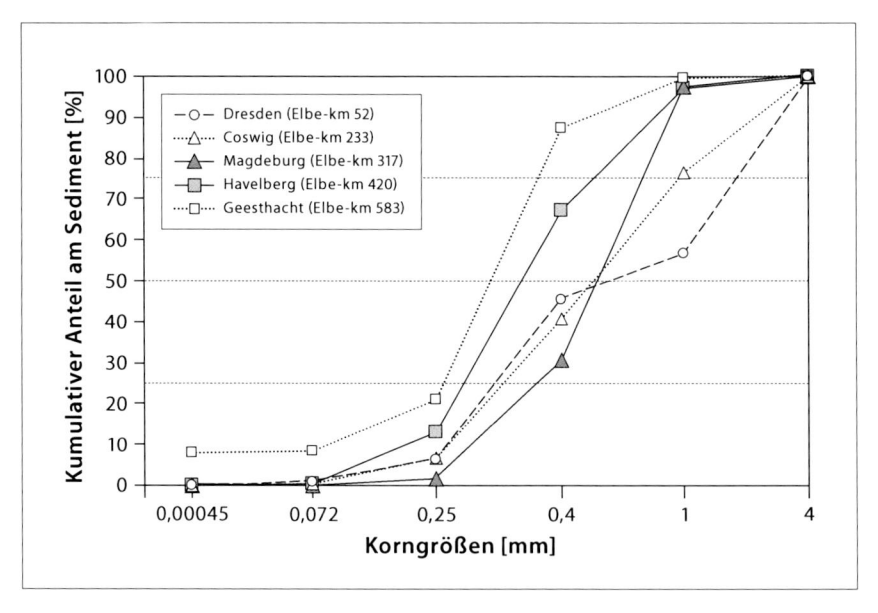

**Abb. 5-11:** Kumulative Verteilung der für die Besiedlung durch Protozoen relevanten Korngrößen des Sediments der Elbe (ohne Grobkies- und Steinfraktion) an 5 Probenahmestellen im Hauptstrom von Dresden (Elbe-km 52) bis Geesthacht (Elbe-km 583)

Bemerkenswert ist, dass die Sedimentkorngrößen und die Körpergrößen der Ciliaten im Längsverlauf der Mittelelbe korrelierten (siehe Abbildung 5-12). Von dem klaren Muster in den Elbabschnitten mit sandigen Sedimenten weicht die Probestelle in Dresden (Elbe-km 52) mit dem dort vorhanden groben, steinigen Sediment ab; hier waren die oberflächennahen Porenräume zwischen den Steinen entweder nicht gefüllt und damit sehr groß, oder es waren feinere Sande eingelagert (FISCHER et al. 2005). Während der Anteil der Ciliaten über 80 µm Körpergröße in Coswig bei 60 % lag, betrug er in Havelberg unter 20 %. In Geesthacht, wo das Lückensystem durch eingelagerten Schluff verengt war, traten lediglich Ciliaten bis zu einer Größe von 50 µm auf. Der Anteil der Ciliaten von über 100 µm Körpergröße war im Sediment der Mittelelbe generell sehr gering. Bei den wenigen gefundenen Individuen dieser Größe handelte es sich ausschließlich um stark kontraktile Arten, die sich durch enge Porenräume hindurchwinden können (FOISSNER et al. 1991, 1995). Somit folgt die Größe der Ciliaten eng der Größe der Porenräume, wie bereits von FENCHEL (1987) berichtet. Außerdem kann angenommen werden, dass ein flussabwärts steigender organischer Gehalt und, damit zusammenhängend, ein sinkender Sauerstoffgehalt für die qualitative und quantitative Verteilung der Protisten eine wichtige Rolle spielt (CARLING et al. 1996).

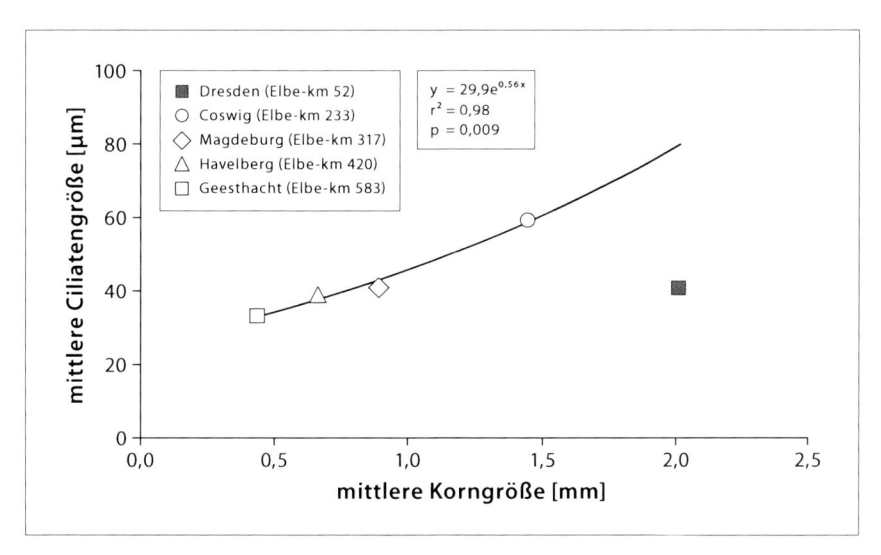

**Abb. 5-12:** Mittlere Ciliatengröße in Abhängigkeit von der mittleren Sedimentkorngröße im Längsverlauf der Mittelelbe. Da die Sedimente in Dresden im Gegensatz zu den anderen Beprobungsstellen eine stark inhomogene Korngrößenverteilung aufweisen, wurden sie nicht in die Regressionsberechnungen aufgenommen.

### Verteilung der Ciliaten-Großgruppen im Längsprofil

Die Gesamtabundanz der systematischen Ciliaten-Großgruppen zeigte im Längsverlauf der Elbe ein charakteristisches Muster (siehe Abbildung 5-13). Die Gesamtabundanzen schwankten zwischen 80 und über 550 Ind./cm$^3$, was vermutlich ebenfalls auf Veränderungen der Lebensbedingungen im Sediment (Korngröße, Sortierungsgrad, Leitfähigkeit, Sauerstoffgehalt; FENCHEL 1987, HAUSMANN und HÜLSMANN 1996) und der Strömungsverhältnisse (STATZNER et al. 1988) zurückzuführen ist.

Drei systematische Gruppen, die Hymenostomata, Cyrtophorida und Peritrichia (Glockentierchen), spielten wegen ihres häufigen und stetigen Auftretens eine wichtige Rolle (siehe Abbildung 5-14). Die Hymenostomata – in der Elbe hauptsächlich mit den Scuticociliaten, z. B. *Sathrophi-*

*lus muscorum*, *Cyclidium glaucoma* und anderen kleinen Arten wie *Colpidium campylum* und *Tetrahymena pyriformis*-Komplex (Birnentierchen) vertreten – kamen an allen Stellen stetig und häufig vor (siehe Abbildung 5-13). Sie tolerieren verschiedene Sedimenttypen und Sortierungsgrade (FOISSNER et al. 1994); somit stellten sie sowohl in feinsandig-schluffigen Bereichen im Hauptstrom (Geesthacht) als auch im Sediment der Buhnenfelder (siehe Kapitel 4.3.4) die häufigste Gruppe dar.

Die Cyrtophorida waren als insgesamt zweithäufigste Gruppe mit den drei stark vertretenen Arten *Thigmogaster pothamophilus*, *Gastronauta clatratus* und *Pseudochilodonopsis fluviatilis* lediglich in Coswig, Magdeburg und Havelberg in hohen Abundanzen zu finden (siehe Abbildung 5-13). Diese Arten ernähren sich ausschließlich von Diatomeen. Sie konnten weder in sehr feinen noch in sehr groben Sedimenten nachgewiesen werden, sondern lediglich in Kies-Sand-Gemischen der Verhältnisse 60:40 bis 40:60. Dies zeigt, dass diese Gruppe sehr vom Sortierungsgrad und somit von der vorherrschenden Sedimentqualität abhängig ist (FENCHEL 1969). Die hohe Abundanz der Cyrtophorida im durch Feinsand dominierten Sediment bei Geesthacht kam allein durch die Art *Chilodonella uncinata* zustande, die sich ausschließlich von Bakterien ernährt.

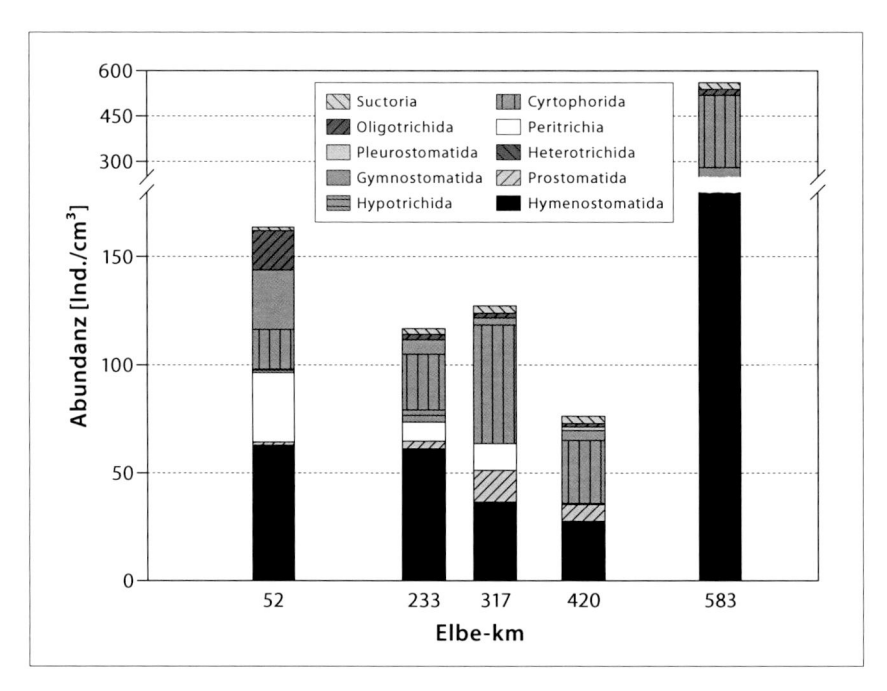

**Abb. 5-13:** Taxonomische Gruppen der Ciliaten der Flussmitte in einer Sedimenttiefe von 3,5 bis 7 cm im Mai 2001. Beprobungsstellen: Dresden (Elbe-km 52), Coswig (Elbe-km 233), Magdeburg (Elbe-km 317), Havelberg (Elbe-km 420), Geesthacht (Elbe-km 583)

Die dritthäufigste Gruppe der Peritrichia (Glockentierchen) lebt sessil; sie war in der Elbe mit mehreren Arten der Gattungen *Vorticella* (*Vorticella aquadulcis*, *Vorticella infusionum*), *Opercularia* und *Epistylis* vertreten. Sie bevorzugen grobes und festes Material, worauf sie sich mit ihrem Stiel festhaften können (FOISSNER et al. 1992). Aus diesem Grund waren sie in Dresden besonders häufig, wo das Sediment durch Steine dominiert wird, die Porenräume mit Sand gefüllt sind und infolge dieser Sedimentstruktur stetige Verhältnisse an der Stromsohle vorherrschen. Dagegen wird das Sediment in Coswig, Magdeburg und Havelberg ständig umgelagert. Peritrichia waren zwar auch an diesen Stellen zu finden, jedoch längst nicht in solch hohen Abundanzen wie in

Dresden. Möglicherweise sind dabei für die Ciliatengruppe der Peritrichia ähnliche Lebensraumfaktoren von Bedeutung wie für benthische Insektenlarven, für die die Stabilität des Sediments und der Geschiebetransport von größerer Bedeutung sind als Korngrößeneffekte allein (MUTZ 1989, CORB et al. 1992). In Bereichen mit hohem Feinsedimentanteil oder in schwach durchströmten Bereichen im Buhnenfeld (siehe Kapitel 4.3.4) waren die peritrichen Ciliaten höchstens an der Oberfläche oder in geringen Sedimenttiefen zu finden. Für diese mittels eines Stiels am Substrat festsitzenden Zellen waren die Sedimentpartikel für die Anheftung offenbar zu klein und instabil oder die Anströmung von Futterpartikeln zu schwach.

Weitere Gruppen, die im Längsprofil deutliche Veränderungen ihrer Häufigkeit zeigten, sind die räuberisch lebenden Suctoria (Sauginfusorien) und Gymnostomatida (siehe Abbildung 5-13). Die Gymnostomatida, ausschließlich Räuber, waren mit den Gattungen *Spathidium* und *Enchelys* in der gesamten Mittelelbe stetig vertreten, allerdings mit sehr geringen Abundanzen. Die hohen Abundanzen in Dresden lagen in dem Massenauftreten einer anderen Art, *Mesodinium pulex*, begründet. Dieser normalerweise planktische Ciliat (FOISSNER et al. 1995) nutzt die strömungsberuhigten, wassergefüllten, großen Zwischenräume zwischen und unter den großen Steinen, wo er offenbar einen für diese Art bisher nicht bekannten Lebensraum gefunden hat. In der freien Wassersäule ist *Mesodinium pulex* hingegen bei Dresden wegen der dort vorherrschenden hohen Strömungsgeschwindigkeit nur in geringen Abundanzen gefunden worden (persönliche Mitteilung U. WÖRNER, Universität Hamburg, und U. RISSE-BUHL, Universität Jena). Eine weitere planktische Art, *Strobilidium humile* aus der Gruppe der Oligotrichida, ist in den wassergefüllten Hohlräumen unter den Steinen ebenfalls hoch abundant. Die in Geesthacht vorkommenden Suctoria (Sauginfusorien) sind typische Bewohner feinsandiger bis schluffiger und durch einen höheren organischen Gehalt gekennzeichneter Bereiche, was auch auf feinkörnige Stellen im Buhnenfeld bei Havelberg zutrifft (siehe Kapitel 4.3.4).

Wie oben bereits beschrieben können Ciliaten durch ihre geringe Größe an das Leben im Sediment angepasst sein. Dies gilt für die meisten der nachgewiesenen Arten der Hymenostomata. Andere Mechanismen sind eine hohe Kontraktionsfähigkeit größerer Organismen und spezielle Anpassungen an das Sediment, wie das Festhalten am Untergrund mit einem Stiel oder das Laufen auf Cilien und die damit verbundene Reduktion der Wimpern auf der Rückenseite (siehe Abbildung 5-14).

Die Hymenostomata dagegen sind am gesamten Zellkörper bewimpert und schwimmen frei im Sedimentlückensystem. Sie waren mit verschiedenen Arten jedoch auch in jedem anderen Teillebensraum der Elbe zu finden, sind somit auch Bewohner des Pelagials und Bestandteil des Planktons. Die Eignung dieser ubiquitär vorkommenden Gruppe für das Leben im hyporheischen Interstitial ergibt sich aus ihrer geringen Körpergröße. Die Hymenostomata waren fast ausschließlich mit Arten vertreten, die kleiner als 40 µm sind (z. B. *Tetrahymena pyriformis*-Komplex, *Colpidium campylum*). Im hyporheischen Interstitial konnten folglich zahlreiche Arten der hymenostomen Scuticociliaten angetroffen werden, z. B. *Platynematum sociale, Sathrophilus muscorum, Cyclidium glaucoma* und *Cinetochilum margaritaceum*.

Die Cyrtophorida, im Sediment der Elbe durch die Arten *Thigmogaster pothamophilus, Gastronauta clatratus, Pseudochilodonopsis fluviatilis* und *Chilodonella uncinata* vertreten, sind durch ihren auf der Bauchseite abgeflachten Körper und ihre lediglich dort vorhandene Bewimperung an das Leben im Sediment angepasst. Sie bewegen sich mit ihren Wimpern auf dem Untergrund fort. Auch die spezielle Mundstruktur, die Mundreuse, spiegelt ihren Lebensraum wider. Die meisten Cyrtophorida sind Weidegänger und schaben mit Hilfe ihrer Mundreuse in das Sediment eingetragene zentrische Diatomeen vom Untergrund ab (FOISSNER et al. 1991). Eine Ausnahme bildet die sich rein von Bakterien ernährende Art *Chilodonella uncinata,* die mit muddigen Bereichen auch einen gänzlich anderen Kleinlebensraum als die anderen Arten bewohnt.

Die Peritrichia (Glockentierchen), die sich mit Hilfe ihres Stiels an den Untergrund festhaften und sich hierdurch vor Abdrift schützen, strudeln mit ihrer peritrichen (um den Mund herum verlaufenden) Ciliatur kleine Organismen, meist Bakterien, ein. Sie sind durch ihre sessilen Lebensweise gut an das Sediment angepasst.

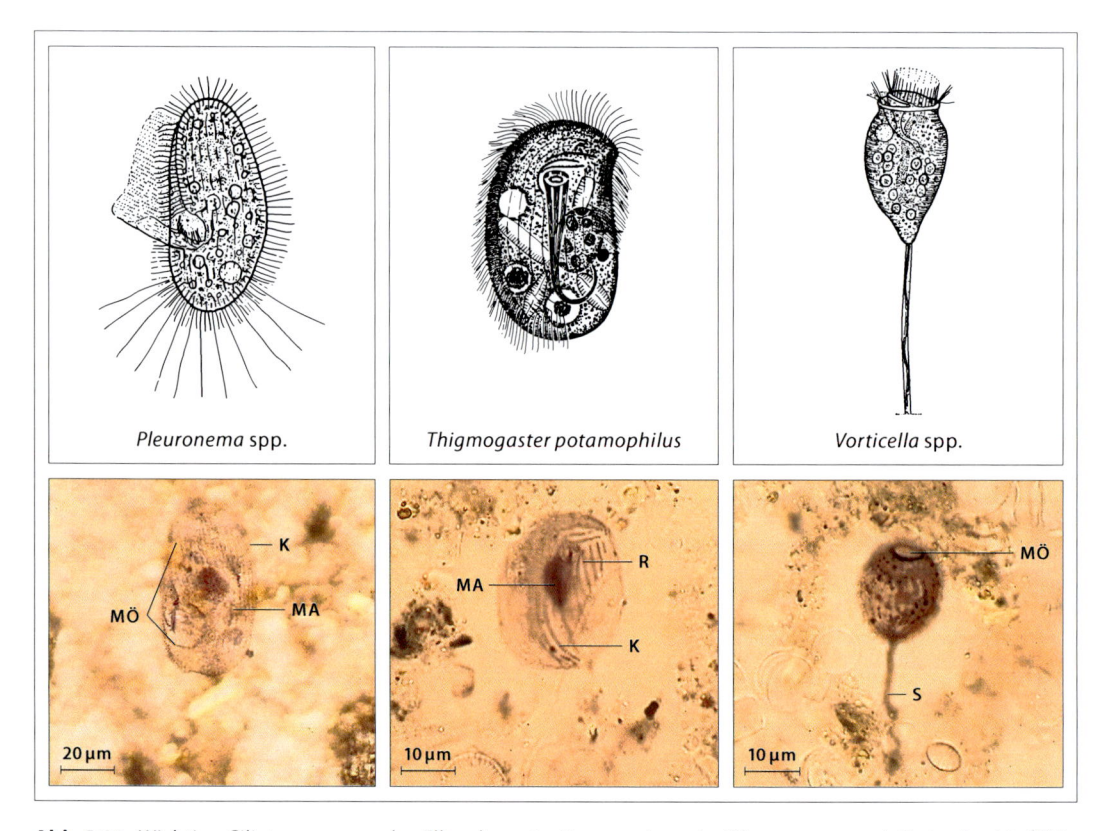

**Abb. 5-14:** Wichtige Ciliatengruppen des Elbsediments: Hymenostomata (*Pleuronema* spp.), Cyrtophorida (*Thigmogaster potamophilus*), Peritrichia (Glockentierchen *Vorticella* spp.). Fotos nach quantitativer Protargolfärbung; K = Kinete (Cilienlängsreihe), MA = Makronukleus, MÖ = Mundöffnung, R = Mundreuse, S = Stiel (Zeichnungen nach FOISSNER et al. 1991, 1992, 1994; Fotos: S. KRÖWER)

### Zusammenhänge mit dem Auftreten anderer Mikroorganismen

Im Juni (bei Mittelwasser) und Oktober 2001 (bei Hochwasser) wurden an drei Beprobungsstellen bei Dresden (Elbe-km 62), Coswig (Elbe-km 233) und Magdeburg (Elbe-km 318) die Gesamtabundanzen der mikrobiellen Großgruppen Ciliaten (Wimpertierchen), Diatomeen (Kieselalgen), Flagellaten (Geißeltierchen) und Bakterien vergleichend in zwei Tiefenhorizonten untersucht (siehe Abbildung 5-15). Alle diese Gruppen sind am Kohlenstofftransfer zu höheren trophischen Ebenen im Rahmen des so genannten „Microbial Loop" (Mikrobiellen Schleife) beteiligt (AZAM et al. 1983, siehe auch Kapitel 3.4).

Nach dem „River Continuum Concept" (VANNOTE et al. 1980) wird die Struktur der Lebensgemeinschaft entlang eines Fließgewässers durch die physikalischen Gradienten (Breite, Tiefe, Fließgeschwindigkeit, Abfluss, Temperatur) im Längsverlauf bestimmt, mit einer vom Oberlauf zum Mittellauf zunehmenden Algenproduktion. Bakterien und Protozoen können aufgrund ihrer kurzen Generationszeiten gut reagieren auf die sich rasch verändernden Umweltbedingungen innerhalb dieser physikalischen und biologischen Gradienten (BERGER et al. 1997).

Die Gesamtabundanzen der Ciliaten und Diatomeen unterschieden sich zwischen Juni und Oktober sehr stark, was vermutlich auf den erhöhten Abfluss und die geringere Temperatur im Oktober zurückzuführen ist. Bei Mittelwasserabfluss entsprach der longitudinale Anstieg der Abundanzen der Ciliaten stromabwärts im oberen Tiefenhorizont (bis 3,5 cm Sedimenttiefe) den Verhältnissen, wie sie für das Pelagial ermittelt wurden (WÖRNER et al. 2002, RISSE 2003). Die Abundanzen stiegen stromabwärts stark an, da in dieser Schicht – vermutlich durch ständige Umlagerungen des Sediments – der Einfluss der freien Wassersäule noch sehr hoch ist.

Im Sediment machten sich ab 3,5 cm Tiefe gegenteilige Effekte bemerkbar (siehe Abbildung 5-15). Da durch die flussabwärts feiner werdenden Korngrößen die Algenabundanzen im Längsverlauf der Mittelelbe flussabwärts durch immer schwächer werdende Lichtverhältnisse reduziert wurden, sank bei mittlerem Abfluss (Dresden 245 m$^3$/s, Coswig (Pegel Lutherstadt Wittenberg) 273 m$^3$/s, Magdeburg 371 m$^3$/s (Monatsmittel für Juni inklusive Probenahmetermin)) auch die Abundanz und der Artenreichtum der Ciliaten. In einem Gebirgsbach waren die Abundanzen der Meiofauna im hyporheischen Interstitial höher als in den Oberflächensedimenten (SCHMID-ARAYA 1994). In der Elbe hingegen scheint es tendenziell keine Unterschiede in der mikrobiellen Besiedlung der beiden untersuchten Tiefenhorizonte zu geben (siehe Abbildung 5-15). Die Verteilung und Abundanz der Ciliaten in der gut durchströmten Stromsohle der Elbe wird stärker durch den longitudinalen Fließverlauf bestimmt. Kurz nach einem Hochwasserereignis im Oktober (Dresden 460 m$^3$/s, Coswig (Pegel Lutherstadt Wittenberg) 424 m$^3$/s, Magdeburg 479 m$^3$/s (Monatsmittel inklusive Probenahmetermin)) wurde dieses longitudinale Verteilungsmuster aufgehoben. Bei den Flagellaten und Bakterien konnten weder bei mittlerem noch bei erhöhtem Abfluss longitudinale Abundanzgradienten festgestellt werden. Die Abundanzen zwischen Mittelwasser- und Hochwassersituation waren nur wenig unterschiedlich (siehe Abbildung 5-15).

Die in Abbildung 5-13 gezeigten Ciliaten-Großgruppen bevorzugen jeweils bestimmte Nahrungsquellen, so dass sich mit den Großgruppen im Längsverlauf auch die bevorzugte Nahrung änderte. Möglicherweise war die Abnahme der Diatomeenkonzentration an den Beprobungsstellen Coswig und Magdeburg (siehe Abbildung 5-15) durch die dort überwiegend vorhandenen Ciliatenarten aus der Gruppe der Cyrtophorida bedingt, die sich ausschließlich von Diatomeen ernähren. Andererseits war die Nahrungsverfügbarkeit von Diatomeen für die Ciliaten offenbar nie limitierend. Trotz der Reduktion der Diatomeen im Oktober war die Abundanz der Cyrtophorida, die sich lediglich von Diatomeen ernähren, höher als die Abundanz der bakterivoren Arten, obwohl die Abundanzen der Bakterien im Oktober gleich hoch oder höher waren als bei Mittelwassersituation im Juni.

Die Veränderung der Sedimentqualität (Korngrößen, Sortierungsgrad, Sauerstoffgehalt und organischer Gehalt) beeinflusst somit in entscheidendem Maße die Verteilung der benthischen Organismen (FENCHEL 1969, GIERE 1993) im Längsverlauf der Mittelelbe. Sowohl die Größe der Ciliaten als auch die Zusammensetzung der Protozoengemeinschaften verändern sich stromabwärts im Zusammenhang mit diesen Faktoren. Neben den abiotischen Parametern werden die Mikrozönosen durch biotische Parameter wie das Vorhandensein bestimmter Nahrung beeinflusst.

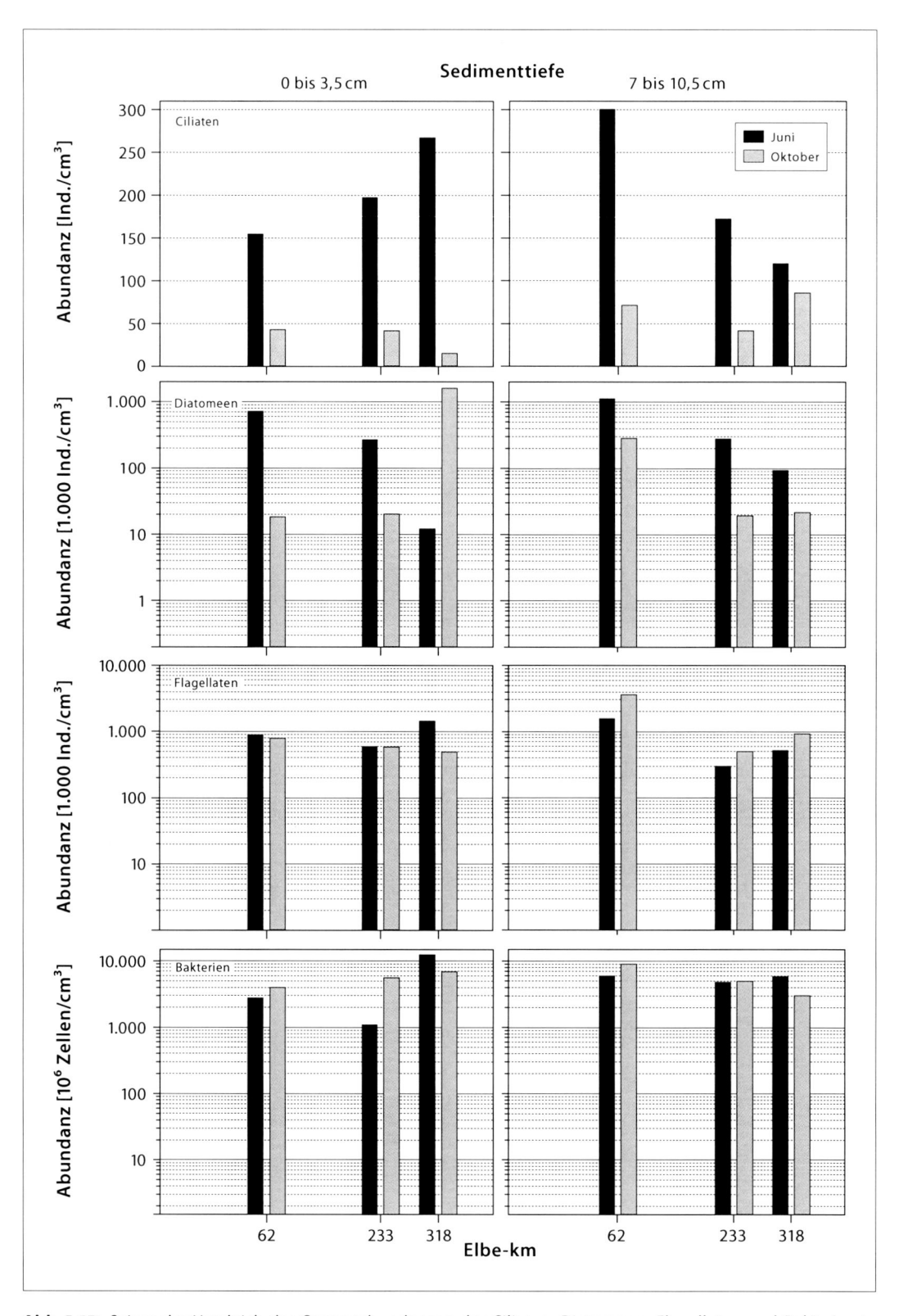

**Abb. 5-15:** Saisonaler Vergleich der Gesamtabundanzen der Ciliaten, Diatomeen, Flagellaten und Bakterien in zwei Tiefenhorizonten an drei Beprobungsstellen bei Dresden (Elbe-km 62), Coswig (Elbe-km 233) und Magdeburg (Elbe-km 318)

### 5.3.2 Meio- und Makrofauna der überströmten Sohle

Der Ausbau der Elbe zur Schifffahrtsstraße sowie der Mittelwasserausbau haben die relativen Anteile der Sohle mit stark überströmten Abschnitten im Verhältnis zu den Ufer- bzw. Flachwasserhabitaten erhöht (siehe Band 4 dieser Reihe: „Lebensräume der Elbe und ihrer Auen", Kapitel 5.1, BRUNKE et al.). Die Uferlebensräume werden heute im Wesentlichen durch die Buhnenfelder repräsentiert. Die überströmten Bereiche lassen sich in verschiedene flussmorphologische Strukturen als Mesohabitate für die Meio- und Makrofauna einteilen (siehe auch Kapitel 4.3.3). Zu diesen zählen im Hauptgerinne die mobilen Dünen (Transportkörper) und flachen Sohlenbereiche mit Rippeln sowie im Übergangsbereich zwischen Buhnenfeld und Hauptgerinne die stationären Dünen (Sandbänke) (siehe Abbildung 4-33). Die Morphodynamik dieser Mesohabitate ist sehr unterschiedlich, folglich unterscheiden sich auch die Umweltbedingungen für die Meio- und Makrofauna erheblich.

**Morphodynamik und Sedimentologie der Mesohabitate**

Die mobilen Dünen formieren sich als Sedimenttransportkörper auf der Sohle und zeichnen sich durch eine hohe Wanderungsgeschwindigkeit in einer Größenordnung von Metern pro Tag aus (BAUER 1996, WANG et al. 2002). Diese mobilen Dünen haben einen steilen Lee-Bereich, dagegen ist der Luv-Bereich sehr ausgedehnt und lässt sich mitunter aufgrund einer geringen Neigung auch als ein Plateau beschreiben. Für eine mobile Düne (Elbe-km 519) wurde eine Sedimentzusammensetzung aus einem Zweikorngemisch von Feinkies und Grobsand festgestellt (BRUNKE 2004b). Die sohlennahen Fließgeschwindigkeiten lagen im Luv bei etwa 23 cm/s und im Lee bei etwa 5 cm/s (siehe Kapitel 5.2).

Die Sohle im Hauptgerinne kann morphologisch auch weniger deutlich differenziert sein und dann – in Abhängigkeit von Laufentwicklung, Gefälle, hydraulischem Radius und Sedimentangebot – mehr oder weniger eben sein. In solchen flachen Sohlbereichen ist der Reibungswiderstand relativ klein und die Sedimenttransportrate erhöht (CARLING 1992). Bei geringeren Sohlschubspannungsgeschwindigkeiten wird sandiges Sediment in Form von Rippeln über festeres, häufig kiesiges Sohlsubstrat transportiert. Die untersuchte Sohle im Hauptgerinne (Elbe-km 233,3) war heterogener als die der mobilen Düne, was durch Anteile von Mittelsand und Mittelkies bedingt war, die für diesen Flussabschnitt charakteristisch sind (siehe Band 4 dieser Reihe: „Lebensräume der Elbe und ihrer Auen", Kapitel 5.1, BRUNKE et al.).

Eine höhere Ortsstabilität weisen Sandbänke im Übergangsbereich zwischen Buhnenfeldern und dem frei strömenden Fluss auf, doch auch diese bewegen sich flussab in einer Größenordnung von Zentimetern pro Tag. Sandbänke setzen sich morphodynamisch aus einem Luvbereich mit überwiegend erosiven Prozessen, einem Plateau mit überwiegend Transportprozessen und einem Leebereich mit Ablagerungsprozessen zusammen. Der Leebereich besteht aus Sandfraktionen, während der Luvbereich auch Feinkieskomponenten enthält. Die Plateaubereiche bestehen aus Feinkies und z.T. auch aus Mittel- und Grobkies. Insgesamt war die Rauheit der untersuchten Sandbank (Elbe-km 232,5) verglichen mit den anderen Mesohabitaten der überströmten Sohle am größten (siehe Band 4 dieser Reihe: „Lebensräume der Elbe und ihrer Auen", Kapitel 5.1). Die Strömungsgeschwindigkeiten (Mittelwerte und Standardabweichungen in cm/s) unterschieden sich zwischen den Bereichen: Luv 43,2 ± 12,3; Plateau 50,7 ± 7,8 und 54,1 ± 11,8; Lee 27,1 ± 19,8).

Sedimentologisch unterscheiden sich die Mesohabitate der überströmten Flusssohle von denen der Buhnenfelder auch durch die deutlich niedrigeren Anteile an Feinsand (200 bis 63 µm) und Schluff (< 63 µm Korndurchmesser) (siehe Abbildung 5-16). Die Gewichtsanteile der Feinsedimente an dem Sohlsediment sind natürlicherweise meist sehr gering, dennoch sind sie aus ökologischer Sicht sehr bedeutsam. Zum einen beeinflusst ihr Vorkommen negativ die Durchlässigkeit des Sediments für Wasser und gelöste Substanzen und den besiedelbaren Porenraum (BRUNKE 1999); zum anderen ist der Gehalt an feinem organischem Material als Nahrungsressource für die Fauna bei höheren Schluffanteilen größer (BRUNKE und GONSER 1999). In den Mesohabitaten der Fahrrinne waren Schluffanteile mittels Siebanalysen nicht nachweisbar; dennoch wurden im Pelagial vorhandene Feinpartikel (1 bis 30 µm) in die Sedimente durch die hydraulische Belastung der überströmten Sohle eingetragen und bald wieder ausgetragen (BRUNKE und BABOROWSKI, unveröffentlichte Daten). Dies betraf alle Bereiche der mehr oder weniger ebenen Sohle sowie den Luvteil der stationären Dünen. Bei den mobilen Dünen werden insbesondere durch die Sedimentbewegung Feinpartikel im Porenwasser eingeschlossen; hier ist der Eintrag im Lee hoch.

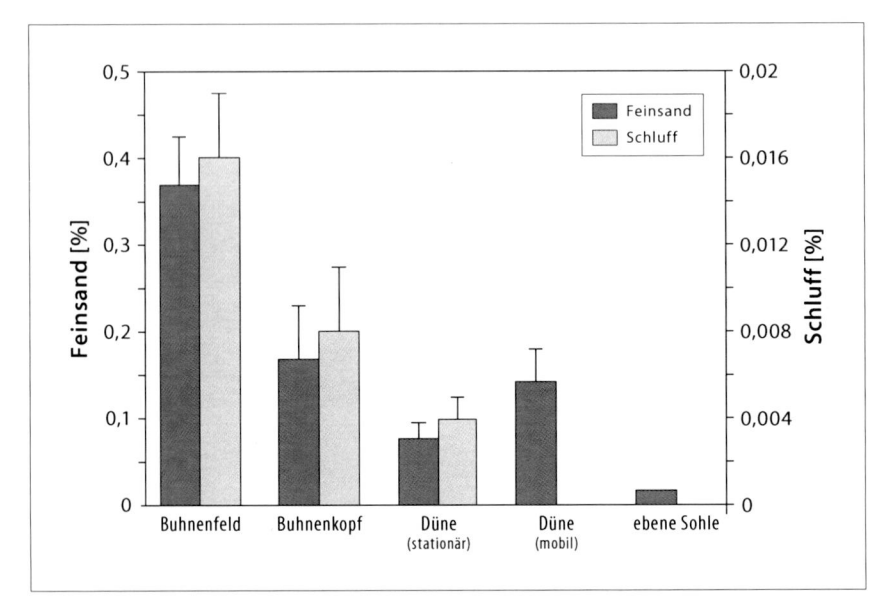

**Abb. 5-16:** Gewichtsanteile der Feinsedimente an der Sedimentzusammensetzung von geomorphologischen Sohlstrukturen der Elbe (Mittelwerte und Standardabweichungen, n = 74); Buhnenfelder, Buhnenköpfe und stationäre Düne an Elbe-km 232,5, ebene Sohle an Elbe-km 233,3 und mobile Düne an Elbe-km 519

### Fauna im Benthal und Hyporheal – Dominanzstruktur

Ganz ähnlich wie im Buhnenfeld (siehe Kapitel 4.3.3) dominierten auch in den Habitaten der überströmten Sohle die Larven der Zuckmücken (Chironomidae) und die Wenigborstigen Würmer (Oligochaeta) (siehe Abbildung 5-17). Ebenso bestanden hier erhebliche Unterschiede zwischen der Besiedlung auf der Sohle (Benthal) und dem Interstitial (Hyporheal).

Die Oligochaeten der Art *Propappus volki* waren fast die einzigen Tiere, die die mobile Düne sowohl im Benthal als auch im Hyporheal besiedelten, und sie dominierten auch die faunistische Besiedlung des Benthals der Fahrrinne Die Zuckmücken waren wie im Buhnenfeld auch in der stationären Düne eudominant und in der Fahrrinne dominant. In der mobilen Düne waren sie mit Anteilen von 5 % ebenso wie Hüpflinge (Cyclopoida) und Wasserflöhe (Cladocera) im Benthal von geringerer Bedeutung (siehe Abbildung 5-17).

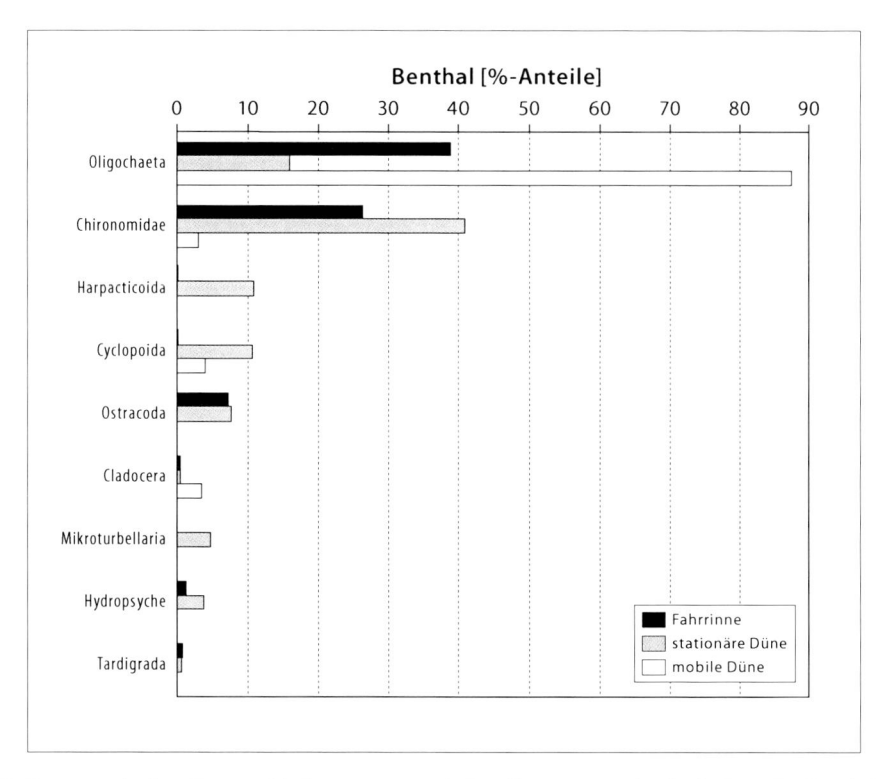

**Abb. 5-17:** Prozentuale Anteile verschiedener taxonomischer Gruppen an der Besiedlung im Benthal der Fahrrinne sowie der stationären und mobilen Düne (geographische Lage wie Abbildung 5-16)

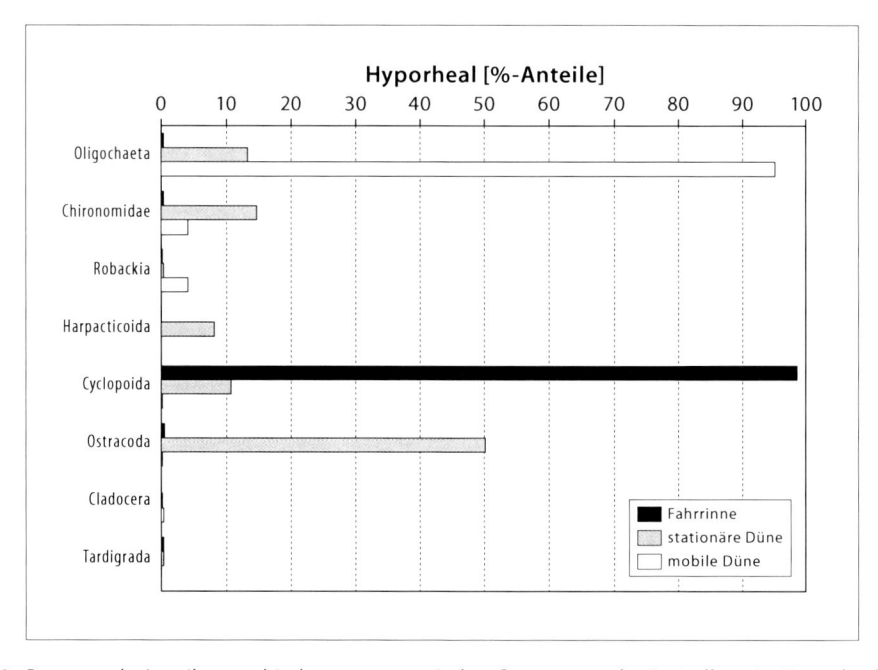

**Abb. 5-18:** Prozentuale Anteile verschiedener taxonomischer Gruppen an der Besiedlung im Hyporheal der Fahrrinne sowie der stationären und mobilen Düne (geographische Lage wie Abbildung 5-16)

Harpacticoida, Hüpferlinge (Cyclopoida) und Muschelkrebse (Ostracoda) trugen in nennenswerten Anteilen zur Besiedlungsdichte im Benthal der stationären Düne bei. Abgesehen von der mobilen Düne waren die Mikrocrustaceen aber die dominierende Gruppe im Hyphoreal. Die Hüpferlinge dominierten zu über 95% das Hyphoreal in der Fahrrinne und die Muschelkrebse mit etwa 50% das Hyphoreal der stationären Düne. Oligochaeta und Chironomidae kamen in etwa gleichen Anteilen im Hyphoreal der stationären Düne vor (siehe Abbildung 5-18).

Die Besiedlungsdichten im Benthal der Fahrrinne waren – verglichen mit den anderen Mesohabitaten – sehr gering (siehe Tabelle 5-6). Die mobile Düne wies noch deutlich höhere Dichten als die stationäre Düne auf, was auf das Massenvorkommen von *Propappus volki* zurückzuführen war. Die Besiedlungsdichte der stationären Düne lag etwa auf dem gleichen Niveau wie im Buhnenfeld. Die Variabilität in der Besiedlungsdichte war – typischerweise für benthische Habitate in Fließgewässern – auch für diese Mesohabitate der Elbe sehr hoch. Der Anteil der Makrofauna >1mm war für alle Habitate gering und betrug zum Vergleich auch im Buhnenfeld nur 11%. Die anderen beiden Größenfraktionen trugen zu etwa gleichen Anteilen zur Besiedlungsdichte der Meio- und Makrofauna bei (siehe Tabelle 5-6). Im Buhnenfeld war dagegen der Anteil der Fraktion 1 bis 0,3mm mit 57% deutlich größer als in den Lebensräumen der überströmten Sohle.

**Tab. 5-6:** Besiedlungsdichten (pro m² Sediment) der Fauna im Benthal der Fahrrinne, der mobilen und stationären Düne sowie die jeweiligen prozentualen Anteile dreier Größenfraktionen. Bei der stationären Düne wurden die Größenfraktionen nicht unterschieden. Anzahl Individuen bzw. Taxazahl pro Probenahme (Oberfläche rund 400 cm², Sedimentvolumen 1.000 cm³); Abd. = Abundanz (erfasste Besiedlungsdichte) (Mittelwerte und Standardabweichungen (SD), n = 32) (geographische Lage wie Abbildung 5-16)

|  | Benthos – Fahrrinne | | | Benthos – mobile Düne | | | Benthos – stationäre Düne | |
|---|---|---|---|---|---|---|---|---|
|  | Mittelwert | SD | Prozent | Mittelwert | SD | Prozent | Mittelwert | SD |
| Gesamtabundanz | 668 | 900 | 100 | 39.218 | 30.333 | 100 | 29.885 | 15.938 |
| Abd. >1 mm | 75 | 60 | 11 | 0 | 0 | 0 | – | – |
| Abd. 1 bis 0,3 mm | 268 | 385 | 40 | 18.180 | 15.183 | 46 | – | – |
| Abd. 0,3 bis 0,09 mm | 325 | 515 | 49 | 21.038 | 16.078 | 54 | – | – |
| Taxazahl/Probe | 3,8 | 1,8 | – | 5,3 | 1,4 | – | 21,3 | 3,9 |

**Struktur der Benthoszönose der stationären Düne**

Angesichts der sedimentologischen Heterogenität der verschiedenen flussmorphologischen Bereiche einer stationären Düne (Luv – oberes Plateau – unteres Plateau – Lee, siehe auch Kapitel 5.4.1) stellt sich die Frage, ob auch die Besiedlung in diesen Bereichen unterschiedlich ist. Ebenso wie bei der Benthoszönose in den Buhnenfeldern lässt sich diese Frage mit Hilfe von multivariaten Verfahren (Ordinationen) beantworten (siehe Kapitel 4.3.3).

Der Artenwechsel zwischen den 12 Messstellen (je drei im Luvteil, oberen Plateauteil, unteren Plateauteil und Leeteil; siehe Abbildungen 5-25 und 5-26) war gering, wie eine Korrespondenzanalyse (DCA) zeigte (BRUNKE 2004b). Dennoch unterschieden sich die vier Mikrohabitate der stationären Düne deutlich in ihrer Besiedlungsstruktur (siehe Abbildung 5-19). Erstaunlicherweise betraf dies insbesondere die beiden Plateaubereiche (negative Werte für das obere Plateau, positive Werte für das untere Plateau entlang Faktor 1). Auch die Abundanzen und Taxazahlen waren beim unteren Plateau niedriger als beim oberen.

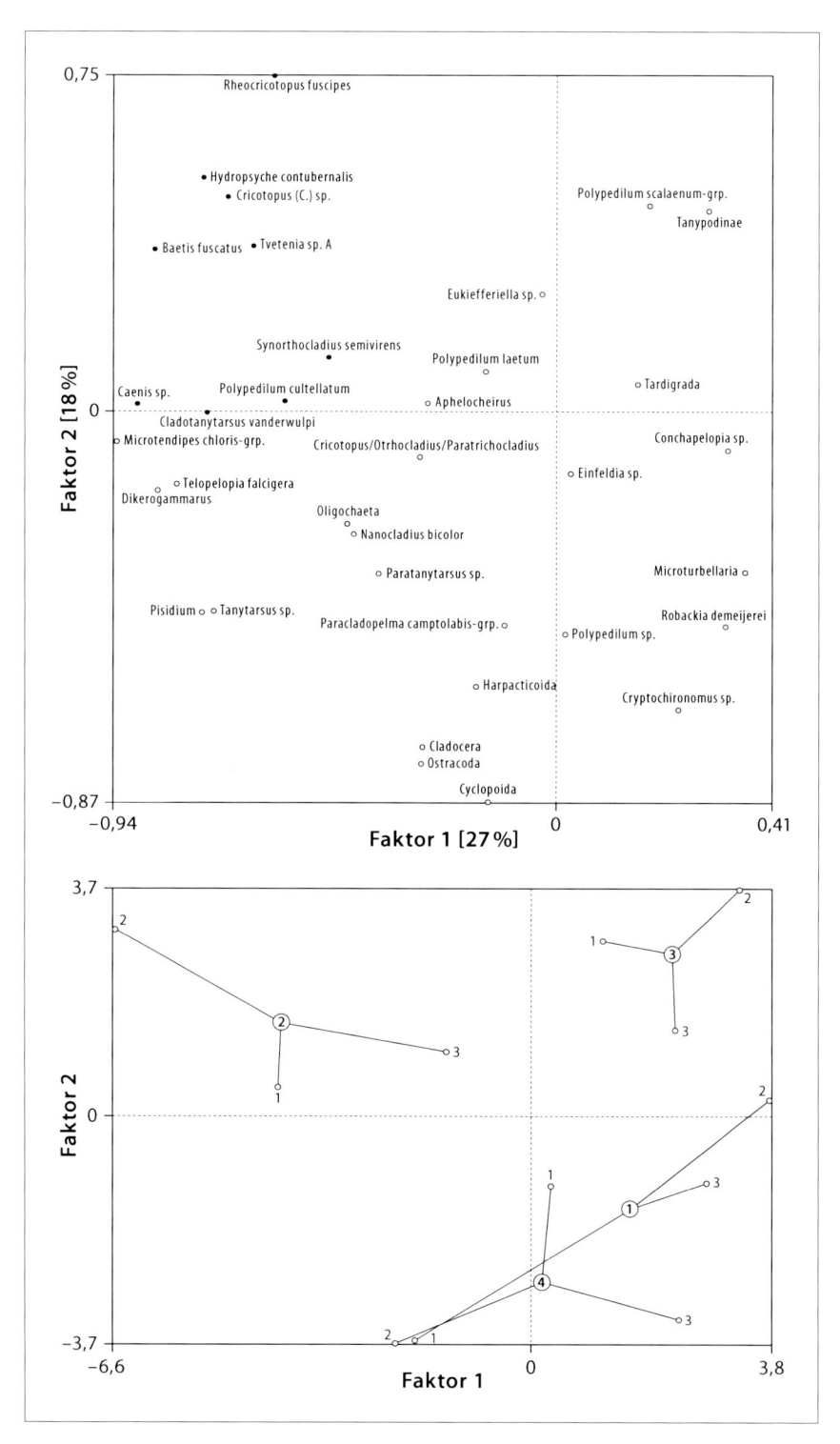

**Abb. 5-19:** Hauptkomponentenanalyse (PCA) mit den Faktoren 1 und 2 (Erläuterung siehe Kapitel 4.3.3) der Meio- und Makrofauna der stationären Düne – Ordinationsabbildung der Taxa (oben): Zahlen in Klammern sind die erklärte Variabilität (Korrelationspfeile zugunsten der Übersichtlichkeit entfernt). Dasselbe Diagramm, aber mit Darstellung der Probenahmestellen (jeweils 3 pro Dünenbereich) gruppiert nach den vier Dünenbereichen (eingekreiste Zahlen) (unten): 1 = Luv; 2 = oberes Plateau; 3 = unteres Plateau; 4 = Lee; Nummern an den einzelnen Stellen = Transektnummer

Prozesse und Biozönosen an der überströmten Flusssohle

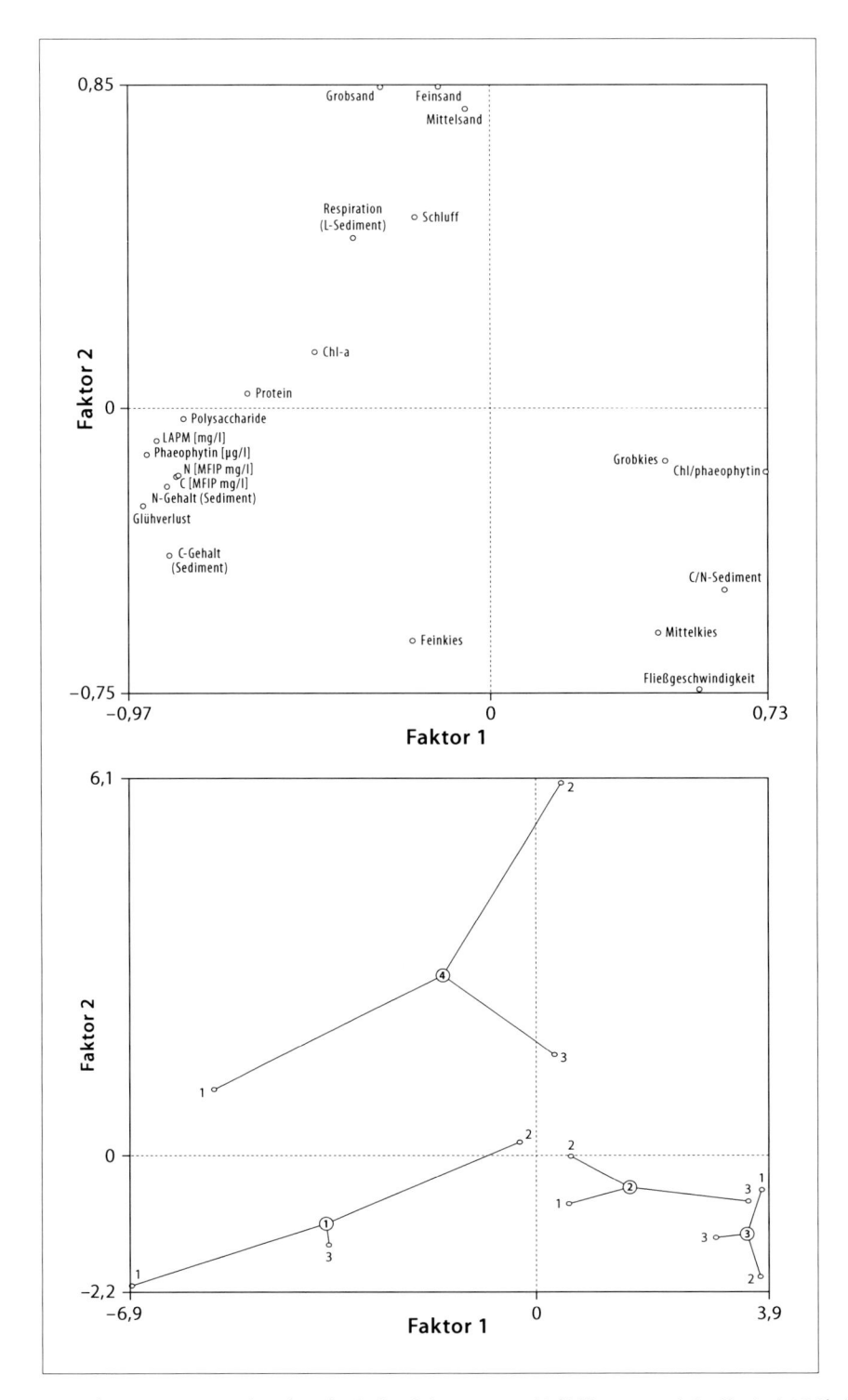

**Abb. 5-20:** Hauptkomponentenanalyse (PCA) mit den Faktoren 1 und 2 (Erläuterung siehe Kapitel 4.3.3) der Meio- und Makrofauna der stationären Düne – Ordinationsabbildung der Umweltvariablen (oben): Die kumulative erklärte Varianz für Faktoren 1 bis 4 beträgt 47, 65, 76 und 84 % (Korrelationspfeile zugunsten der Übersichtlichkeit entfernt). Dasselbe Diagramm, aber mit Darstellung der Probenahmestellen (jeweils 3 pro Dünenbereich) gruppiert nach den vier Dünenbereichen (eingekreiste Zahlen) (unten): 1 = Luv; 2 = oberes Plateau; 3 = unteres Plateau; 4 = Lee; Nummern an den einzelnen Stellen = Transektnummer

Die Zusammensetzung der Fauna am oberen Plateau einerseits und im Luv- und Leebereich andererseits war meist negativ korreliert. Das obere Plateau wies eine charakteristische Besiedlung durch eine ganze Reihe rheophiler Hartsubstratbewohner auf, wie z. B. Larven der Köcherfliege *Hydropsyche contubernalis* (Trichoptera), der Eintagsfliege *Baetis fuscatus* (Ephemeroptera) sowie der Zuckmücke *Rheocricotopus fuscipes* (Chironomidae). Diese Taxa benötigen eine hohe Lagestabilität des Sediments und sind als Filtrierer und Weidegänger nicht auf das in das Sediment eingelagerte organische Material angewiesen. Im Gegensatz hierzu wurde der Luvbereich hauptsächlich von Tieren bewohnt, die an das Leben in mobilen Feinsedimenten angepasst sind und auch in tiefere Sedimentschichten einwandern können.

Ebenso deutlich wie sich die Plateaubereiche untereinander trennten, unterschieden sie sich von den Luv- und Leebereichen der Düne (positive Werte für Plateau, negative Werte für Luv und Lee entlang Faktor 2). Die Besiedlung von Luv und Lee unterschied sich vermutlich aufgrund der dort unterschiedlichen Wirkung von Erosion und Sedimentation. Eine Ausnahme bildete lediglich das erste Transekt im Luvbereich, das eine große Ähnlichkeit mit dem zweiten Transekt im Lee aufwies. Diese beiden Stellen hatten die feinkörnigsten Sedimente und die geringsten Fließgeschwindigkeiten. In ihrer Besiedlung wurden sie durch Mikrocrustaceen (Cyclopoiden, Harpacticoiden, Cladoceren, Ostracoden) dominiert (siehe Abbildung 5-19). Alle diese Taxa sind weitgehend strömungsintolerant und profitierten vermutlich von den Sedimentationsbedingungen in diesen Mikrohabitaten. Eine Mittelstellung nahmen die Leebereiche ein mit Feinsedimenten und geringer Sedimentbewegung. Die anderen Probestellen im Lee und Luv wurden durch Mikroturbellaria und die Zuckmücke *Robackia demeijerei* besiedelt, die hier die Instabilität des Sediments anzeigten. Bemerkenswert war der Fund der Zuckmückenart *Paracladopelma camptolabis* im Leebereich. Diese Zuckmückenlarve bevorzugt oligotrophe und stenotherme Bedingungen und könnte ein Indikator für einen Grundwasserzustrom im Leebereich sein.

Insgesamt betrachtet wies die stationäre Düne als Mesohabitat ganz verschiedene, räumlich klar getrennte Mikrohabitate auf: hydraulisch belastete Zonen mit großer Rauheit und Stabilität, hydraulisch belastete instabile Mikrohabitate und hydraulisch unbelastete Bereiche mit Sedimentablagerung.

Auch die Ordinationen der Umweltvariablen führte zu einer deutlichen Unterscheidung der vier Dünenbereiche (siehe Abbildung 5-20). Das bestätigt die anhand der Fauna gewonnene Aufteilung in Mikrohabitate. Ganz offensichtlich wurde die Korngrößenverteilung, die Verteilung des organischen Materials ebenso wie die Fauna durch die Sedimentbewegung und Hydraulik, die diese morphologischen Strukturen formten, entscheidend beeinflusst. Denn die erosiven Prozesse am Luv, die Transportprozesse am Plateau und die Ablagerung am Lee entstehen durch die Wechselwirkung zwischen Transportvermögen der turbulenten Wasserbewegung und dem Sedimentangebot. Überraschend war allerdings die deutliche Trennung der beiden Plateaubereiche sowohl durch die Fauna als auch den Gehalt an organischem Material. Jedoch verglichen mit Luv und Lee waren die beiden Plateaubereiche hinsichtlich der erhobenen Umweltvariablen weit weniger heterogen. Der untere Plateaubereich war etwas grobkörniger und nährstoffärmer und die Fließgeschwindigkeit war hier leicht höher. Ob das die deutlichen Unterschiede in der Besiedlung erklären kann, ist allerdings fraglich.

Überraschenderweise bestand trotz der Trennung der Mikrohabitate in beiden Ordinationen (siehe Abbildungen 5-19 und 5-20) keine Übereinstimmung zwischen den beiden Ordinationen. Ein „null-model-test" mit 1.000 Monte-Carlo-Permutationen (co-inertia analysis, Doledec und Chessel 1994) zeigte, dass keine signifikante Co-Struktur zwischen beiden Ergebnissen bestand. Dies deutet darauf hin, dass weder die Verteilung und das Angebot des organischen Materials im Sediment noch die Korngrößenverteilung unbedingt maßgeblich für die Dichte und Zusammensetzung der Sedimentfauna in jedem Mikrohabitat der stationären Düne sind. Bei Betrachtung aller Strukturelemente des Flussbetts der Elbe besteht dennoch ein übergeordneter Zusammenhang zwischen der Faunenverteilung und den hydraulisch-sedimentologischen Bedingungen in den Mikrohabitaten (siehe unten).

### Bedeutung der Nahrungsressourcen für Abundanzen

Ebenso wie bei den Buhnenfeldern (siehe Kapitel 4.3.3) bestanden bei der überströmten Flusssohle klare Zusammenhänge zwischen den Nahrungsressourcen und der Gesamtabundanz der Meio- und Makrofauna. Die Gesamtbesiedlungsdichte stieg eindeutig mit dem Angebot an Kohlenstoff als mobile feine Partikel (MFIP) an (r = 0,57, p = 0,002) (siehe Abbildung 5-21 links). Ähnliches galt für den Anteil des Kohlenstoffs an der Trockenmasse der MFIP (C/TM-MFIP). Dieser Zusammenhang war jedoch nicht so deutlich, da die beiden Dünen vergleichsweise homogene Gehalte, die Fahrrinne aber streuende Gehalte aufwiesen (r = 0,37, p = 0,06) (siehe Abbildung 5-21 rechts).

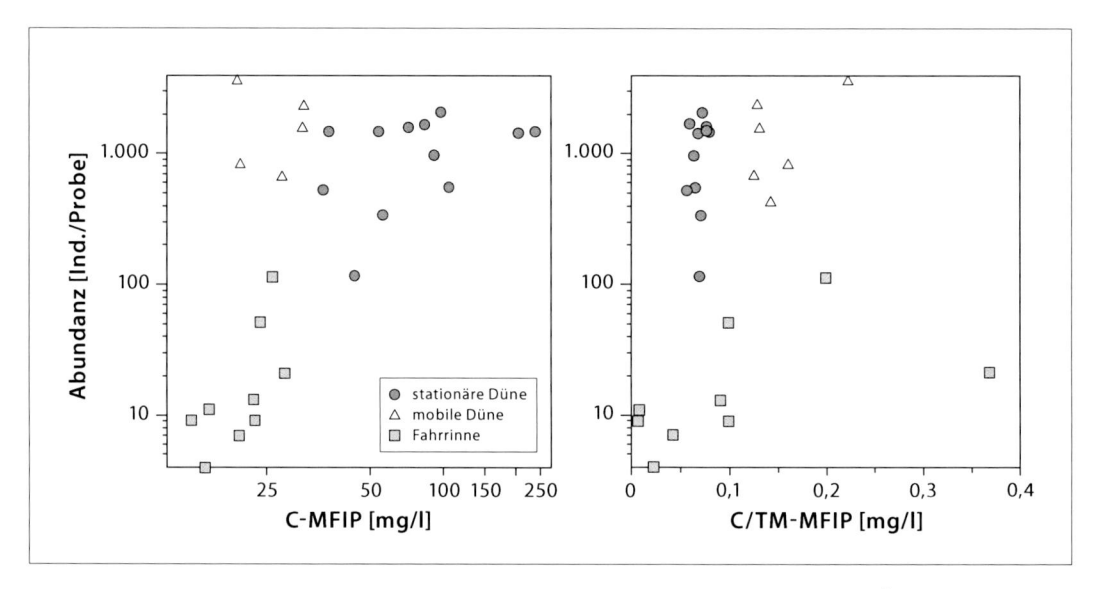

**Abb. 5-21:** Beziehung zwischen den Abundanzen pro Probenahme (Oberfläche rund 400 cm², Sedimentvolumen 1.000 cm³) im Benthal der stationären und mobilen Düne sowie der Fahrrinne und dem Kohlenstoffgehalt von mobilen feinen interstitiellen Partikeln (C-MFIP) (links) bzw. dem Anteil des Kohlenstoffs an der Gesamtmenge (C/TM-MFIP) (rechts)

### Diskussion und Schlussfolgerungen

In vielen Strömen treten mobile Unterwasser-Dünen als flussmorphologische Sohlstrukturen auf (Cant 1978, Jordan und Pryor 1992, Kostaschuk und Villard 1996, Carling et al. 2000b). Die sandig-kiesigen Sedimente bewegen sich in diesen Strömen in Form von Transportkörpern – wie etwa Dünen – mit z.T. hohen Geschwindigkeiten flussab. Die meisten Dünen erreichen dabei Längen zwischen 10 und 200 m, wobei aber auch Großformen entstehen können mit Längen bis zu 1.500 m. Die oben vorgestellten Ergebnisse beruhen auf Untersuchungen einer stationären Düne in einer kleinen Form (Länge rund 20 m) und einer mobilen Düne in einer mittleren Form (Länge rund 100 m).

Erstaunlicherweise ist die Bedeutung solcher Dünen für die Zusammensetzung und Strategien der Meio- und Makrofauna von Flüssen bisher nicht untersucht worden. Bekannt ist, dass Treibsand in Fließgewässern sowohl hinsichtlich Diversität und Abundanzen ungünstige Bedingungen für die Besiedlung durch eine Meio- und Makrofauna aufweist (z. B. BECKETT et al. 1983, BRUNKE et al. 2002b). Die hydro- und morphodynamischen Bedingungen variierten aber aufgrund der Ausbildung von Lee- und Luvbereich sowie des Plateaus innerhalb eines solchen Transportkörpers deutlich, wie sich auch bei den Untersuchungen der stationären und mobilen Düne herausstellte.

Insbesondere bei der stationären Düne unterschieden sich alle untersuchten ökologischen Variablen zwischen Luv-, Lee- und Plateaubereichen (siehe auch Kapitel 5.4). Bei der mobilen Düne waren hingegen die ökologischen Unterschiede zwischen Luv und Lee vergleichsweise gering, was sich möglicherweise auf die geringe Sedimentdiversität in der Unteren Mittelelbe und die hohe Bewegungsgeschwindigkeit zurückführen lässt. Allerdings ist jeweils nur ein Vertreter dieser Dünentypen untersucht worden.

Die mobilen Dünen wie auch die Sohle der Fahrrinne stellen aufgrund der Instabilität der Sedimente sowie der hydraulischen Belastung Extrem-Lebensräume dar. Auch in anderen Flüssen sind solche Bereiche der Flusssohle, die zumeist im Stromstrich liegen, relativ dünn durch wirbellose Tiere besiedelt (PETRAN und KOTHÉ 1978, ANDERSEN und DAY 1983, CARLING et al. 1996, BOURNAUD et al. 1998, FESL 2002). Dennoch können spezialisierte Arten, die sehr unterschiedlichen taxonomischen Gruppen angehören, hier sehr hohe Abundanzen erreichen (SCHÖNBAUER 1999, REMPEL et al. 2000). Zu diesen gehören an der Elbe der Wenigborstige Wurm *Propappus volki* und die Zuckmücke *Robackia demeijerei*. Des Weiteren finden sich beispielsweise in naturnahen Flüssen Osteuropas spezialisierte Eintagsfliegenlarven (GLAZACZOW 1998), die möglicherweise an der Elbe aufgrund der ehemaligen extremen Verschmutzung ausgestorben sind.

Auch in solchen morphodynamisch extremen Lebensräumen ist die Versorgung mit Nahrungsressourcen eine entscheidende Größe für die Besiedlungsdichte. Der hohe Import und Export von partikulärem Material ermöglicht sehr hohe Besiedlungsdichten der Wenigborstigen Würmer (Oligochaeta) in der mobilen Düne und überraschend hohe Besiedlungsdichten von Hüpferlingen (Cyclopidae) in den tieferen, lagestabilen Sedimentschichten, sofern sie noch durchströmt werden. Im Lückenraum der Sedimente (Interstitial) lebende Hüpferlinge sind auf die Besiedlung solcher Areale in Fließgewässern spezialisiert (BRUNKE und GONSER 1999). Ihre hohe Mobilität im Lückensystem ermöglicht es ihnen, bei einer variablen Nährstoffversorgung schnell Sedimentbereiche aufzusuchen, in denen kurzfristig der Nährstoffimport hoch ist, langfristig aber Sauerstoffmangel auftreten kann. Limitierend wirkt sich für die schwimmenden Hüpferlinge allerdings der Porendurchmesser aus, während die Wenigborstigen Würmer sich auch durch schmalere Poren bewegen können. Das Sediment der Fahrrinne, das Anteile von Mittelkies aufweist, wird daher von den sehr mobilen Hüpferlingen, das Sediment der mobilen Düne jedoch von Wenigborstigen Würmern dominiert. Die Sedimentlückenräume einer stationären Düne werden hingegen überwiegend von Muschelkrebsen (Ostracoda) besiedelt. Vermutlich tolerieren die hier gefundenen Muschelkrebsarten die geringen Sauerstoffkonzentrationen am besten, da die Muschelkrebsarten der Sedimentlückenräume über entsprechende physiologische Strategien verfügen (DANIELOPOL 1989). Die Struktur der interstitiellen Fauna der überströmten Sohle wird vermutlich durch die Mobilität, den Bewegungsmodus als auch die Sauerstofftoleranz bestimmt.

Die Mesohabitate der überströmten Sohle bilden in ihrer Gesamtheit eine Vielzahl an Mikrohabitaten. Betrachtet man deren Flächenanteil an der gesamten Sohle, so dominieren allerdings die extremen Habitate, die nur wenigen spezialisierten Formen als Lebensraum dienen. Die benthische Besiedlung dieser Areale ist sehr gering, da die hydraulische Belastung in Verbindung mit instabilen Sedimenten besiedlungsfeindlich ist. Eine hohe hydraulische Belastung verbunden mit stabilen Sedimenten, wie sie lokal an der stationären Düne auftritt, ermöglicht anderen spezialisierten Taxa die Besiedlung, z.B. der Zuckmücke *Rheocricotopus fuscipes*. Die hyporheische Besiedlung insbesondere der Meiofauna ist dichter als im Buhnenfeld, da eine hohe Durchströmung der Sedimente eine Ressourcennachlieferung ermöglicht und geringe Sauerstoffgehalte nicht limitierend wirken. Die Mikrocrustaceen stellen deswegen bedeutende Anteile an der Fauna des Flusses und prägen zusammen mit den Wenigborstigen Würmern und der Zuckmücke *Robackia demeijerei* die Besiedlungsstruktur der Lebensräume der überströmten Sohle.

## 5.4 Mikrobieller Stoffumsatz in der Flusssohle

*Helmut Fischer, Sabine Wilczek und Matthias Brunke (Kapitel 5.4.1);*
*Frank Kloep (Kapitel 5.4.2, 5.4.3)*

### 5.4.1 Kohlenstoffumsatz

In Fließgewässern bilden die Sedimente ein gegenüber der fließenden Welle weitgehend stationäres Kompartiment, in dem partikuläres und gelöstes Material zurückgehalten und intensiv von Mikroorganismen umgesetzt wird. In Sedimentkörpern, die von Grund- oder Flusswasser durchströmt werden, ist der Kontakt zwischen festen Oberflächen und freiem Wasser besonders ausgeprägt. Daher sind die Sedimente und Uferzonen von Fließgewässern potenzielle Brennpunkte dieser Stoffumsetzungen (VERVIER et al. 1992, PUSCH et al. 1998, FINDLAY und SOBCZAK 2000).

Die Intensität aerober heterotropher mikrobieller Aktivität hängt allgemein von der Versorgung mit organischem Material, Nährstoffen und Sauerstoff ab. In Flusssedimenten kann diese Versorgung einerseits durch Sedimentation, andererseits auch durch Strömungsvorgänge im Zusammenspiel mit der morphologischen Struktur der Sedimente gesteuert werden (HENDRICKS 1993, WANNER et al. 2002, MUTZ und ROHDE 2003, WILCZEK et al. 2004). In durch Sedimentation geprägten, langsam durchströmten Gewässerbereichen erfolgt der Stofftransport hauptsächlich über Diffusion. Damit sind tiefere Sedimentschichten von der Versorgung weitgehend abgeschnitten. Dagegen ermöglichen in stärker durchströmten Gewässerbereichen hydrodynamische Prozesse den Transport von gelösten und partikulären Nährstoffen über Distanzen in der Größenordnung von wenigen Dezimetern bis einigen Metern (z. B. BRUNKE und FISCHER 1999, FISCHER et al. 2003).

Die Sedimente der Elbe sind in vielfältiger Weise strukturiert (siehe z. B. Kapitel 4.2, 4.3.3, 5.2 und 5.3). Nachdem in Kapitel 4.4 mikrobielle Stoffumsetzungen in sedimentationsgeprägten Habitaten im Mittelpunkt standen, werden im Folgenden Ergebnisse zur überströmte Flusssohle berichtet und ein Vergleich der beiden unterschiedlichen Lebensräume angestellt. Hierzu wurden in den Jahren 2000 bis 2001 die oben beschriebenen Zusammenhänge in den Sedimenten der Elbe und ihre Rolle für den Stoffumsatz im Fluss untersucht. Es wurden dabei Sedimentproben aus der Flussmitte, aus überströmten Transportkörpern und aus Buhnenfeldern herangezogen. Die aus der Flussmitte der Elbe bei Dresden, Coswig und Magdeburg entnommenen Proben wurden mit Hilfe des Taucherschachtschiffes des Wasser- und Schifffahrtsamtes Magdeburg geborgen (EIDNER und KRANICH 2002) (siehe Kapitel 6.2 und Abbildung 6-8). Im Taucherschacht war es möglich, Porenwasser und Sedimente der Flussmitte bis in 1 m Sedimenttiefe zu beproben. Die verwendeten Methoden zur Bestimmung der Stoffumsatzraten und zur Charakterisierung der Bakteriengemeinschaft sind in Tabelle 4-9 zusammengefasst.

### Vertikalverteilung in Flussmitte und Buhnenfeld

An allen untersuchten Probestellen nahm die mikrobielle Aktivität mit zunehmender Sedimenttiefe signifikant ab (siehe Abbildung 5-22). Allerdings unterschied sich der vertikale Verlauf der Profile zwischen den beprobten Habitaten deutlich. Während die Aktivität in Buhnenfeldern, ausgehend von hohen Werten in der obersten Sedimentschicht, exponentiell abnahm, verlief die Abnahme in der Flussmitte nahezu linear. Besonders deutlich war der Unterschied zwischen den Habitaten in den oberen Sedimentbereichen: In der Flussmitte war die mikrobielle Aktivität in 25 cm Tiefe nur 5 % niedriger als in 5 cm Sedimenttiefe, während im Buhnenfeld die Abnahme in diesem Tiefenbereich 65 % betrug. Ähnliche Tiefenprofile wurden auch für Quantität und Qualität des organischen Materials gefunden, die daher mit der mikrobiellen Aktivität signifikant korrelierten (siehe Tabelle 4-10, ohne Abbildung).

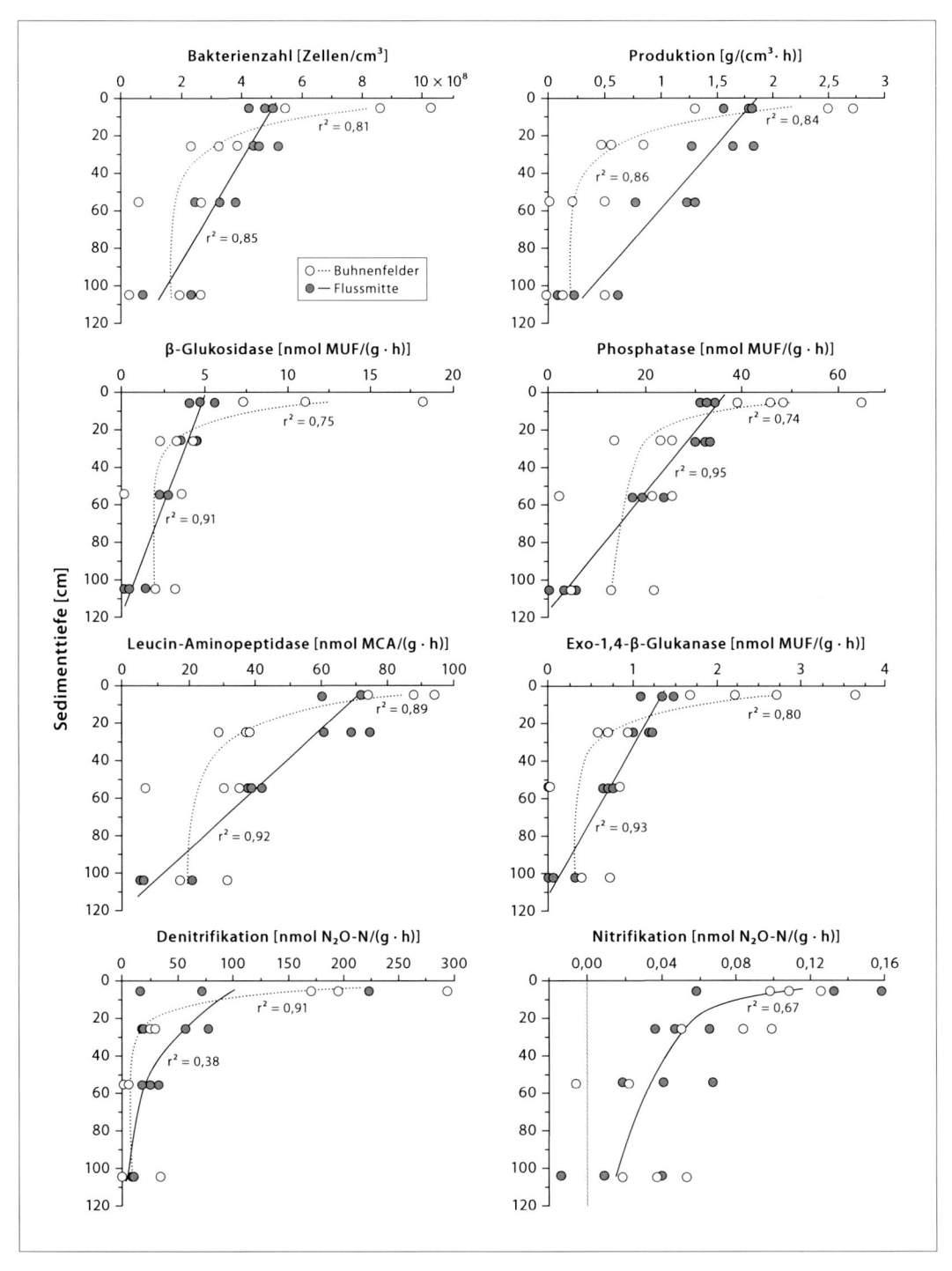

**Abb. 5-22:** Tiefenprofile der bakteriellen Aktivität in Sedimenten der Elbe, Buhnenfelder und Flussmitte bei Coswig (Elbe-km 232,5 bis 233,5), Oktober 2001; MUF = Methylumbelliferyl, MCA = Methylcumarinylamid (Daten aus FISCHER et al. 2005)

Da die Menge und Qualität des im Sediment vorhandenen organischen Materials mit zunehmender Sedimenttiefe abnimmt, kann geschlossen werden, dass das organische Material aus der fließenden Welle in die Sedimente importiert wird. Da diese Zufuhr wiederum die mikrobielle Aktivität steuern kann, wurde der Zusammenhang zwischen der Durchströmungsrate der Sedimente und der mikrobiellen Aktivität in Laborversuchen beispielhaft untersucht. Hierfür wurden Sedimentproben von rund 0,5 l Volumen eingesetzt und die ermittelten Werte später auf die Sedimentoberfläche im Fluss umgerechnet. Es konnte gezeigt werden, dass die Gesamtrespiration im Sediment (SGR) bei geringem Wasseraustausch (10 bis 100 l/(m²·h) linear von der Durchströmungsrate abhängt (siehe Abbildung 5-23 links). Die maximale Respiration von 0,29 g/(m²·h) $O_2$ oder 2,9 mg/(dm³·h) $O_2$ bezogen auf die obersten 10 cm Sediment wurde ab einer Durchströmungsrate von etwa 250 l/(m²·h) erreicht (vgl. Abbildung 4-50). Bei einer geringeren Durchströmungsrate von 90 l/(m²·h), die wie nachfolgend beschrieben aus Feldmessungen abgeleitet wurde, betrug die Respiration 0,23 g/(m²·h) $O_2$ und lag damit bereits nahe dem Maximalwert (siehe Abbildung 5-23, links). Diese Werte können mit Messergebnissen von sandigen Sedimenten aus der Flussmitte der Spree verglichen werden. An der Spree war die maximale Respirationsrate mit mehr als 1 g/(m²·h) $O_2$ deutlich höher als an der Elbe, und es war daher auch eine höhere Durchströmungsrate notwendig, um diese maximale Respirationsrate aufrecht zu erhalten (siehe Abbildung 5-23 rechts).

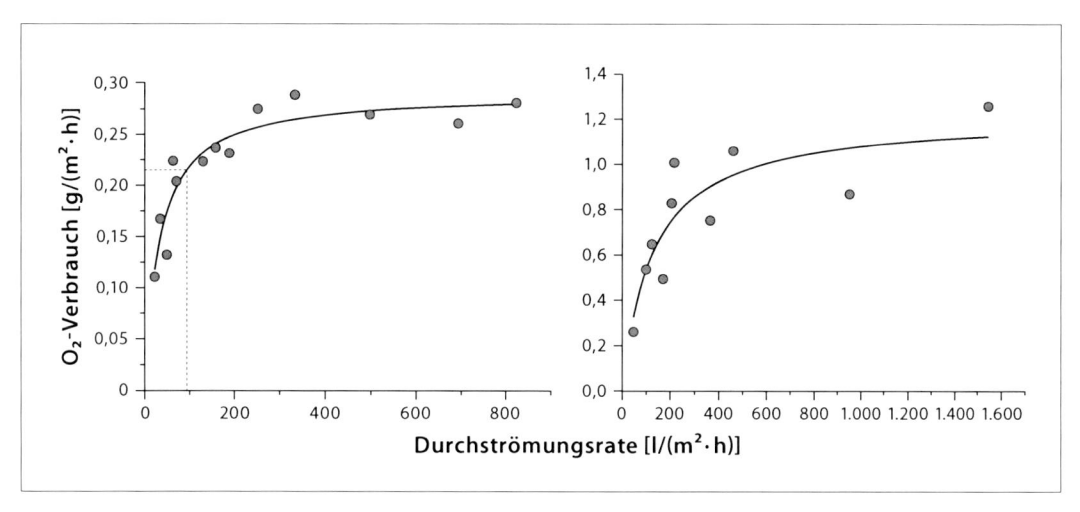

**Abb. 5-23:** Zusammenhang zwischen Durchströmungsrate und Sedimentgesamtrespiration (SGR; gemessen als $O_2$-Verbrauch) aus einer Unterwasserdüne der Elbe bei Hitzacker (Elbe-km 519) (links) und der Spree bei Freienbrink oberhalb Berlins (rechts). Flächenangaben beziehen sich auf die oberen 10 cm Sediment. Die gestrichelten Linien geben die aus Feldmessungen abgeleitete Durchströmungsrate von 90 l/(m²·h) mit der entsprechenden Respirationsrate von 0,23 g/(m²·h) $O_2$ wieder (siehe Text).

Die in Abbildung 5-22 dargestellten Tiefenverteilungen der mikrobiellen Aktivität hängen jedoch nicht ausschließlich mit der Sauerstoffkonzentration im Sediment zusammen. Der Sauerstoffgehalt nahm in der Flussmitte linear ab, und bereits in 40 cm Sedimenttiefe war kein gelöster Sauerstoff mehr vorhanden (siehe Abbildung 5-24). Hingegen wurde auch in den sauerstofffreien tieferen Sedimentbereichen noch eine erhebliche mikrobielle Aktivität festgestellt. Im Buhnenfeld war bereits in 10 cm Sedimenttiefe kein gelöster Sauerstoff mehr nachweisbar. Entsprechend stark war dort – wie oben beschrieben – der Rückgang der bakteriellen Aktivität mit zunehmender Sedimenttiefe ausgeprägt.

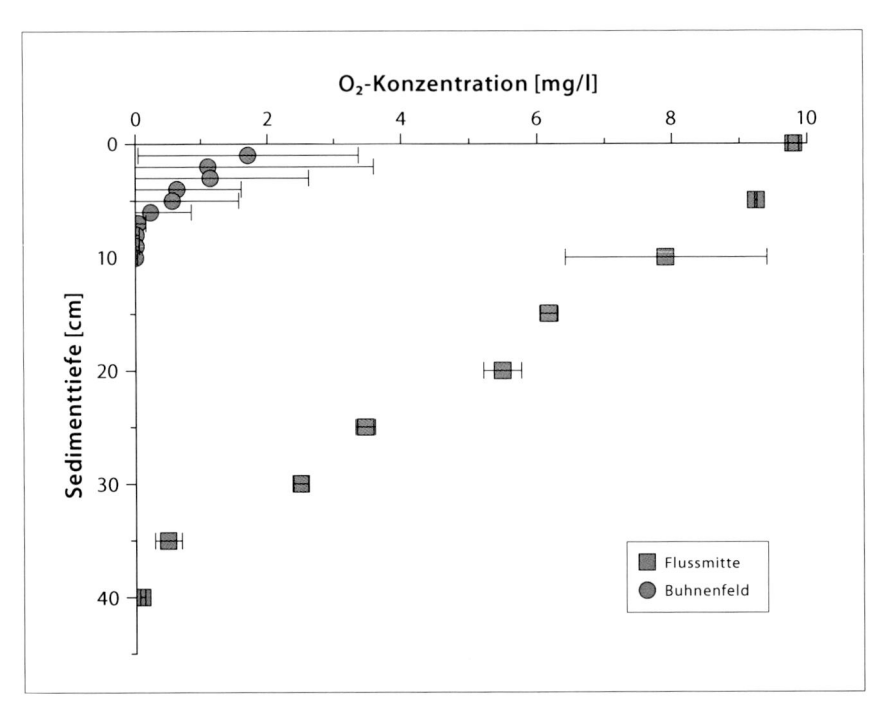

**Abb. 5-24:** Sauerstoffkonzentration (± Standardabweichung) im Interstitial der Sedimente bei Coswig in Flussmitte (Elbe-km 233; Messung 24. 10. 2001, n = 3) und im Buhnenfeld (Elbe-km 232,5; Messung 03. 11. 2003, n = 15) (FISCHER et al. 2005)

Aus den bekannten Respirationsraten im Sediment und den Sauerstoffkonzentrationen im Porenwasser kann man auf die Größenordnung der tatsächlich vorhandenen Durchströmungsraten schließen. Dies sei am Beispiel von Proben aus der Flussmitte bei Coswig erläutert. Die mittlere Respirationsrate betrug hier 0,23 g/(m² · h) $O_2$ in den oberen 10 cm Sediment. Die Sauerstoffkonzentration nahm linear ab, bis in 40 cm Sedimenttiefe kein molekularer Sauerstoff mehr nachweisbar war (siehe Abbildung 5-24). Bei einem Sauerstoffgehalt von 10 mg/l $O_2$ im infiltrierenden Flusswasser ist demnach der komplette Austausch von 23 l Interstitialwasser pro Quadratmeter und Stunde notwendig, um den Sauerstoffverbrauch der oberen 10 cm Sedimentschicht zu gewährleisten. Da molekularer Sauerstoff bis in 40 cm Sedimenttiefe vorhanden war, muss die Wasseraustauschrate etwa 90 l/(m² · h) betragen haben. Dieser Wert liegt im Bereich der in den Laborversuchen verwendeten Durchströmungsraten (siehe Abbildung 5-23). Er zeigt, dass in den Flusssedimenten unter natürlichen Bedingungen vermutlich nicht die maximal mögliche Respirationsrate erreicht wird, diese jedoch nur wenig unterschritten wird. Im Gegensatz zu den Verhältnissen in der Flussmitte war in den Sedimenten der Buhnenfelder der Sauerstoffgehalt gering und bereits in 5 cm Sedimenttiefe nicht mehr im Interstitialwasser messbar. Ausgehend von etwas höheren Respirationsraten in den Buhnenfeldern (0,28 g/(m² · h) $O_2$) und einer Sauerstoffkonzentration von 10 mg/l $O_2$ im Flusswasser kann hier der Austausch nicht mehr als 14 l/(m² · h) betragen haben. Wahrscheinlich ist aber in den Buhnenfeldern die Austauschrate noch deutlich geringer, da bei der kleinräumigen Sauerstoffmessung mit der Interstitialsonde Kurzschlussverbindungen mit dem Oberflächenwasser entstehen können, so dass die Sauerstoffkonzentration möglicherweise noch überschätzt wurde.

## Räumliche Muster in einer Unterwasserdüne

Da sowohl Sauerstoffkonzentration als auch mikrobielle Aktivität mit zunehmender Sedimenttiefe abnehmen, scheinen diese miteinander gekoppelt zu sein. Eine unmittelbare Wirkung auf die mikrobielle Aktivität besitzt jedoch nicht die Sedimenttiefe, sondern die für die Mikroorganismen verfügbare Menge und die biochemische Zusammensetzung des organischen Materials, welche wiederum von den hydrologischen Rahmenbedingungen abhängen. An einer stationären Unterwasserdüne bei Coswig wurden diese Zusammenhänge näher untersucht. Nach ihrer Vermessung wurde diese Düne flächenhaft mit Beprobungseinrichtungen versehen und im August und November 2000 in den Sedimenttiefen 0 bis 5 cm und 20 bis 25 cm untersucht.

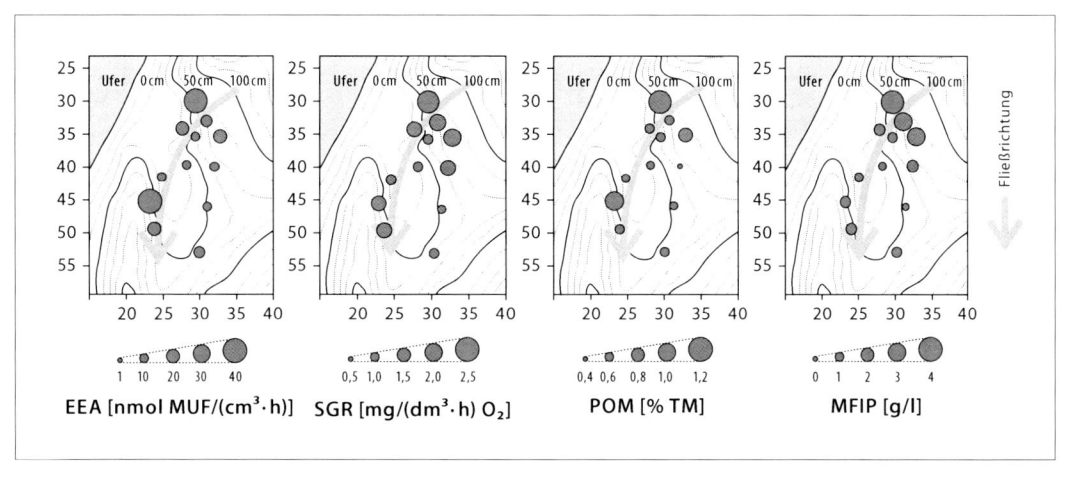

**Abb. 5-25:** Räumliche Verteilung von extrazellulärer Enzymaktivität (EEA) (β-Glucosidase), Sedimentgesamtrespiration (SGR), partikulärem organischem Material (POM) und mobilen interstitiellen Feinpartikeln (MFIP) in einer stationären Unterwasserdüne bei Coswig (Elbe-km 232,5). Mittelwerte zweier Beprobungen am 12. und 13. September 2000 und am 14. November 2000 in jeweils 5 cm Sedimenttiefe; MUF = Methylumbelliferyl

Anhand ihrer hydrodynamischen, sedimentologischen und mikrobiellen Eigenschaften konnte die Düne in drei funktionelle Zonen mit jeweils charakteristischen Eigenschaften aufgeteilt werden (siehe Abbildungen 5-25 und 5-26 sowie Kapitel 5.3.2):

- Luv (Anströmungsbereich) – Wasserinfiltration in das Sediment (negativer vertikaler hydraulischer Gradient), mittlere Sedimentkorngrößen (d 50 = 1,9 mm) mit guter Sortierung (Sortierungskoeffizient $S_o$ (d 60/d 10)$^{-0,5}$ = 0,50), mittlerer bis hoher Gehalt an organischem Material von hoher ernährungsphysiologischer Qualität, hohe mikrobielle Aktivität.
- Plateau – kein vertikaler Wasseraustausch oder leichte Wasserexfiltration, große und schlecht sortierte Sedimentkorngrößen (d 50 = 2,7 mm; $S_o$ = 0,35), niedriger Gehalt an organischem Material, geringe mikrobielle Aktivität.
- Lee (Sedimentationsbereich) – Wasserexfiltration (positiver vertikaler hydraulischer Gradient), feinste Sedimentkorngrößen (d 50 = 1,3 mm) mit guter Sortierung ($S_o$ = 0,51), hoher Gehalt an organischem Material von mittlerer bis hoher Qualität, hohe mikrobielle Aktivität.

Im Längsschnitt der Düne wird dabei die Menge und Zusammensetzung des organischen Materials sowie der Gehalt an feinen anorganischen Partikeln im Interstitial durch die Stärke der Wasserinfiltration bestimmt, was durch die entsprechenden starken negativen Korrelationskoeffizienten des vertikalen hydraulischen Gradienten mit dem partikulären Stickstoff ($r_s$ = −0,70), dem partikulären Kohlenstoff (−0,75) und den für mobile Feinpartikeln (−0,70) nahe gelegt wird (jeweils p < 0,01, n = 12). Dies bedeutet, dass in den Infiltrationsbereichen der Düne (= negativer hydraulischer Gradient) die Substratversorgung für Mikroorganismen besser ist als in den Exfiltrationsbereichen. Somit ergibt sich das Bild einer hierarchischen Kontrolle der mikrobiellen Aktivität im hyporheischen Interstitial (siehe Abbildung 5-26): Sedimentpermeabilität, Sohlmorphologie und Strömungsdynamik bestimmen den vertikalen Wasseraustausch, der wiederum die Versorgung mit organischem Material gewährleistet (siehe BRUNKE und GONSER 1997). Die Qualität, Quantität und Größenfraktion des organischen Materials wiederum bestimmen in unmittelbarer Weise die örtlich an der Düne auftretende mikrobielle Aktivität (FISCHER et al. 2003, WILCZEK et al. 2004).

Demnach erfüllt die Unterwasserdüne vielfältige ökologische Funktionen. Sie stellen sowohl einen mechanischen als auch einen biochemischen Filter für partikuläres organisches Material dar. Die Luv- und Lee-Bereiche der Düne sind die aktivsten Bereiche des mikrobiellen Kohlenstoffmetabolismus im gesamten Flussökosystem und damit für die Selbstreinigung der Elbe von besonderer Bedeutung (WILCZEK 2005).

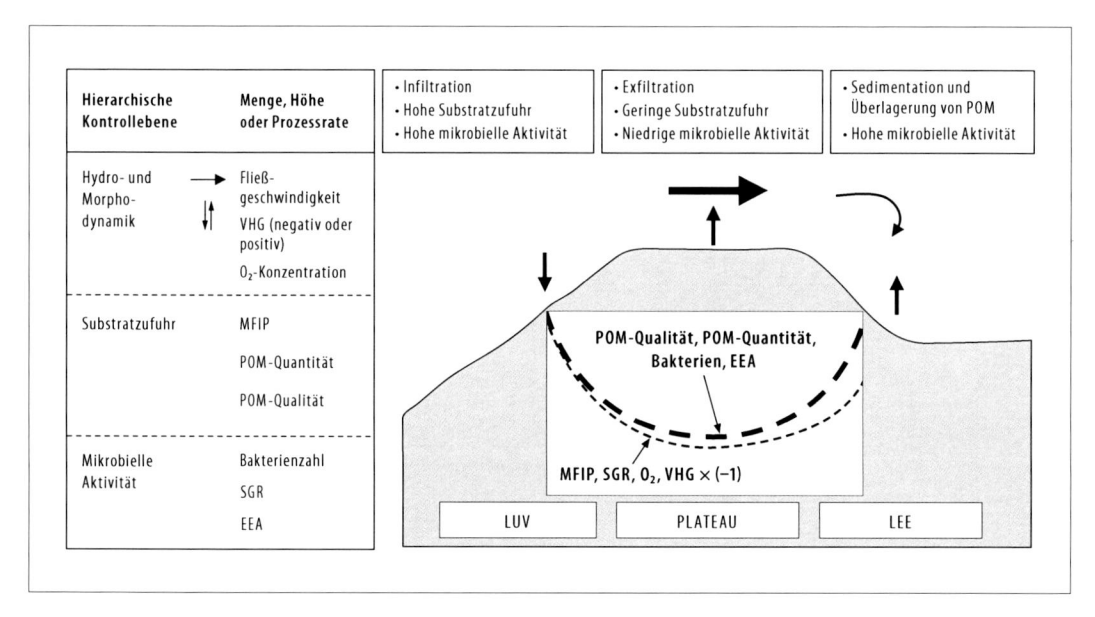

**Abb. 5-26:** Schematische Darstellung räumlicher Muster der Hydrodynamik, Morphodynamik, des Eintrags feiner anorganischer und organischer Partikel sowie mikrobieller Aktivität in einer Unterwasserdüne. Richtung und Höhe der genannten Variablen werden durch Richtung und relative Dicke der Pfeile symbolisiert sowie durch den Verlauf der gestrichelten Linie; EEA = extrazelluläre Enzymaktivität, MFIP = mobile Feinpartikel im Interstitial, POM-Quantität = Menge an partikulärem organischen Material, POM-Qualität = Gehalt an Kohlenhydraten, Proteinen und Phaeopigmenten, SGR = Sedimentgesamtrespiration, VHG = Vertikaler hydraulischer Gradient (WILCZEK et al. 2004)

### Rückhalt von gelöstem organischem Material (DOM)

Die hier beschriebenen hydraulischen Prozesse sind nicht nur für den Rückhalt und die Nutzung von partikulärem organischem Material (POM), sondern auch für die Nutzung gelösten organischen Materials (DOM) von Bedeutung. Die Biofilme der Sedimente haben ein hohes Retentionsvermögen für DOM, welches von Bakterien des Biofilms metabolisiert wird (FIEBIG und LOCK 1991, FISCHER 2003). In Durchflussversuchen wurde daher die Menge des netto im Biofilm zurückgehaltenen gelösten Kohlenstoffs bestimmt, indem der gelöste Gesamtkohlenstoff (DOC) sowie diverse Fraktionen des DOC vor und nach der Durchströmung eines Sedimentkerns gemessen wurden. Die Versuche wurden in mehreren Ansätzen durchgeführt, die sowohl den natürlich vorhandenen DOC als auch Zusätze von Glukose oder Acetat sowie unterschiedliche Durchflussbedingungen einschlossen.

Die Ergebnisse zeigen einen signifikanten Rückhalt von DOC im Abfluss der Sedimentkerne im Vergleich mit deren Zufluss. In den unbehandelten Proben war bei einer Wasseraufenthaltszeit von 11 min (290 l/(m²· h)) die DOC-Konzentration im Abfluss um 0,28 mg/l niedriger als im Zufluss, was einer Retention von rund 5 % des zugeführten DOC entspricht. Bei geringerer Durchströmung (Wasseraufenthaltszeit 27 min, 120 l/(m²· h)) war die Retention mit 0,98 mg/l (12 % des DOC) signifikant höher. Die verschiedenen Fraktionen des DOC wurden dabei unterschiedlich genutzt: Wurde ein leicht abbaubares Substrat zugesetzt, so erhöhte sich die Retention. Durchschnittlich wurde die Konzentration der Glukose im Durchfluss um 0,60 mg/l verringert, das entspricht einer Retention von 13,4 %. Die Konzentration des zugesetzten Acetats wurde um 0,44 mg/l (= 17,4 %) verringert. Dabei war bei diesen leicht abbaubaren Substraten der Effekt der Wasseraufenthaltszeit nicht so klar erkennbar wie beim natürlich vorhandenen DOC.

Bei längeren Wasseraufenthaltszeiten im Sediment können bis zu 50 % des zugeführten DOC zurückgehalten werden (FISCHER 2003). Die hier dargestellte Retention von 5 bis 17 % selbst bei relativ kurzen Aufenthaltszeiten verdeutlicht den Einfluss sedimentgebundener Stoffdynamik für den Kohlenstoffhaushalt von Fließgewässern. Deren Bedeutung wird noch größer durch die Tatsache, dass bei den dargestellten Versuchen (Vergleich der Konzentrationen des Einstroms mit dem Ausstrom) nur der Nettoeffekt der Sedimentdurchströmung erfasst wurde. Gerade die niedermolekularen Substanzen können jedoch auf kurzen Distanzen im Biofilm mehrfach umgesetzt werden (KAPLAN und NEWBOLD 2003); für die Selbstreinigung ist allerdings der Nettoeffekt entscheidend.

### Kohlenstoffrückhalt im Flussökosystem

Die Effektivität des Kohlenstoffrückhalts in den Sedimenten kann abgeschätzt werden, indem die oben dargestellten Umsatzraten für Kohlenstoff mit den entsprechenden Transportraten in der fließenden Welle verknüpft werden. Dabei wird angenommen, dass in der fließenden Welle transportierte Moleküle zeitweise in benthische Biomasse eingebaut oder abiotisch an den Biofilm der Sedimente gebunden werden. Über den Stoffwechsel der Organismen, physikochemische Änderungen in den Milieubedingungen oder über den Abrieb der Biofilme können die partikulär gebundenen Stoffe wieder in die fließende Welle gelangen, bis sie weiter stromab erneut gebunden werden (WANNER und PUSCH 2000). Der in anderen Ökosystemen stattfindende Stoffkreislauf ist demnach in Fließgewässern in Form einer Spirale entlang der Fließstrecke auseinander gezogen (NEWBOLD 1996).

Vergleicht man nun die Transportrate der Substanzen in der fließenden Welle mit den im Sediment gemessenen Umsatzraten, lässt sich die theoretische Länge einer solchen Stoffspirale berechnen. Eine solche Abschätzung sei hier für die Situation im Juni 2000 bei Coswig durchgeführt. Bei einer mittleren Respirationsrate von etwa 2,5 mg/(l · h) $O_2$ werden pro Quadratmeter der Sedimentoberfläche und Tag etwa 24 g Sauerstoff veratmet. Unter Annahme eines respiratorischen Quotienten von 0,85 (BOTT und KAPLAN 1985) lässt sich damit der Kohlenstoffumsatz berechnen. Der veratmete Kohlenstoff $C_r$ ergibt sich aus dem verbrauchten Sauerstoff gemäß:

$$C_r \text{ (in g)} = \text{Respiration (in g } O_2) \times 0{,}375 \times 0{,}85.$$

Mit Hilfe dieser Umrechnungsformel lässt sich bestimmen, dass 7,65 g C pro Quadratmeter und Tag veratmet wurden. Bei einer Wachstumseffizienz der Bakterien von etwa 30 % bei Nutzung von DOC (MEYER et al. 1987) lässt sich daraus eine Aufnahmerate an organischem Kohlenstoff durch Bakterien in Höhe von etwa 11 g/(m²· d) abschätzen. In der fließenden Welle werden rund 7,5 mg/l organischer Kohlenstoff transportiert (Daten der ARGE-Elbe). Bei einem Abfluss von 126 m³/s zum Zeitpunkt der Beprobung ergibt sich daraus eine Kohlenstofffracht von rund 1 kg/s C oder rund 90 t C pro Tag.

Trotz des relativ hohen Kohlenstoffumsatzes in dem Sediment der Elbe (siehe Abbildung 4-51) scheint also die Kohlenstoffretention im Vergleich zum Transport zunächst gering. Die Strecke, die ein Kohlenstoffatom in der Elbe theoretisch zurücklegt, bis es in Biomasse gebunden oder veratmet wird, beträgt bei einer mittleren Flussbreite von 120 m demnach rund 70 km. Anders gesagt, pro Kilometer Lauflänge werden unter den oben genannten Bedingungen 1,4 % des transportierten organischen Kohlenstoffs mikrobiell umgesetzt. Die Umsatzlänge hängt sowohl innerhalb eines Flusses als auch im Vergleich verschiedener Flusssysteme stark vom Abfluss ab, sie wird nämlich bei höherem Abfluss länger. Die Regression von Abfluss gegen Umsatzlänge, berechnet aus den entsprechenden Daten von 26 Fließgewässern (WEBSTER und MEYER 1997), würde für den an der Elbe gemessenen Abfluss eine Umsatzlänge von rund 1.000 km ergeben (siehe Abbildung 7-33). Weil die für die Elbe abgeschätzte Umsatzlänge jedoch deutlich kürzer ist, scheint der Kohlenstoffumsatz hier besonders effizient zu sein. Diese überdurchschnittliche Retentionseffizienz des Elbe-Ökosystems liegt vermutlich weniger in der Flussmorphologie (geringes Gefälle, Sedimenttransportkörper) begründet als in der hohen Trophie mit hoher autochthoner Primärproduktion. Da aufgrund des Algenreichtums ein großer Anteil des transportierten organischen Kohlenstoffs mikrobiell leicht abbaubar ist, sind die Respirationsraten im Sediment für einen Fluss dieser Größe vermutlich überdurchschnittlich hoch. Eine verglichen mit dem Abfluss relativ kurze Umsatzlänge des organischen Kohlenstoffs wurde bereits für die planktonreiche Spree festgestellt (WANNER et al. 2002) und ist möglicherweise eine allgemeine Eigenschaft von Flachlandflüssen.

In ihrer Gesamtschau zeigen die Ergebnisse, dass die Sedimente der Elbe einen wichtigen Reaktionsraum für den heterotrophen Stoffumsatz des Stroms darstellen und somit auch im Hinblick auf dessen Selbstreinigungspotenzial in Bezug auf organische Verschmutzung. Besonders hervorzuheben sind dabei die über hydraulische Austauschprozesse mit der fließenden Welle verbundenen Sedimente in der Flussmitte und in überströmten, sich über den übrigen Flussgrund erhebenden Sedimentkörpern wie Unterwasserdünen und sonstigen Untiefen (siehe auch FISCHER et al. 2003).

### 5.4.2 Stickstoffumsatz

Im Stoffhaushalt der Elbe nehmen die mikrobiellen Biofilme der überströmten Flusssohle und des angrenzenden hyporheischen Interstitials eine bedeutende Rolle ein (siehe Kapitel 5.4.1 und 6.2). Durch die große Aufwuchsfläche und die lange Kontaktzeit des Wassers mit dem Sediment ist das Interstitial in seiner Wirkungsweise mit einem Festbettreaktor vergleichbar (PUSCH et al. 1998). In den obersten Sedimentschichten sind besonders intensive Stoffumsetzungen zu erwarten, da hier aufgrund der ständigen Zufuhr von gelöstem und partikulärem organischem Kohlenstoff sowie von Nährstoffen (Stickstoff- und Phosphorverbindungen) die mikrobielle Aktivität besonders begünstigt wird (DAHM et al. 1998). Eine wesentliche biologische Steuergröße ist hierbei vermutlich der gelöste Sauerstoff, der in jahreszeitlichem (saisonalem) sowie tageszeitlichem (diurnalem) Rhythmus durch die photosynthetische Aktivität der Algen entsteht und der die biochemischen Umsätze im hyporheischen Interstitial beeinflusst (Kaplan und Bott 1989). Insbesondere der Stickstoffumsatz wird durch das Vorhandensein bzw. das Fehlen von gelöstem molekularem Sauerstoff direkt beeinflusst.

An der autotrophen Nitrifikation (der Oxidation von Ammonium zum Nitrat) sind zwei Bakteriengruppen beteiligt, die nicht näher miteinander verwandt sind. Dies sind die Ammoniumoxidierer und die Nitritoxidierer, die folgende Reaktionsschritte durchführen:

$$NH_4^+ + 1,5\,O_2 \rightarrow NO_2^- + H_2O + 2\,H^+ \qquad \text{(Ammoniumoxidierer)}$$

$$NO_2^- + 0,5\,O_2 \rightarrow NO_3^- \qquad \text{(Nitritoxidierer)}$$

$$NH_4^+ + 2\,O_2 \rightarrow NO_3^- + H_2O + 2\,H^+ \qquad \text{(Gesamtreaktion)}$$

Die Nitrifikanten oxidieren über diese Schritte Ammoniumverbindungen unter Sauerstoffverbrauch zu Nitrat. Der Energiegewinn aus der Oxidation ist für die Nitrifikanten jedoch sehr gering, was zu geringen Wachstumsraten der Bakterien führt. Der Sauerstoffbedarf für die Nitrifikation ist mit 4,6 g $O_2$ pro g $NH_4$-N beträchtlich und kann damit die Milieubedingungen im Sediment stark beeinflussen (Triska et al. 1990, Jones et al. 1995).

Während bei der Nitrifikation reduzierte N-Verbindungen oxidiert werden, handelt es sich bei der Denitrifikation um die mikrobielle Nitratreduktion, also die Reduktion des Nitrats zu molekularen Stickstoff unter Energiegewinn:

$$2\,NO_3^- + 2\,H^+ + 10\,[H] \rightarrow N_2 + 6\,H_2O \qquad \text{(Nitratreduzierer)}$$

Da bei der Denitrifikation organischer Kohlenstoff wie bei der Sauerstoffatmung zu $CO_2$ und $H_2O$ abgebaut wird, bezeichnet man diesen Prozess auch als Nitratatmung. Der Energiegewinn bei der Nitratatmung ist allerdings gegenüber der Sauerstoffatmung geringer. Folglich wird von den heterotrophen Mikroorganismen bei Anwesenheit von Sauerstoff (aerobes Milieu) in der Regel die $O_2$-Atmung bevorzugt und nur bei $O_2$-Mangel auf Denitrifikation umgeschaltet. Außer über die Denitrifikation kann Nitrat von anderen Mikroorganismen auch über die Nitratammonifikation reduziert werden, allerdings mit Ammonium als Endprodukt. Die Nitrifikation und Denitrifikation sind ökologisch miteinander gekoppelt und bestimmen die Stickstoffelimination in Gewässern.

Die mikrobielle Denitrifikation beeinflusst den Lebensraum Interstitial auf verschiedene Weise: durch die Verringerung des Gehalts an gelösten und partikelgebundenen organischen Substanzen durch Veratmung (Duff und Triska 1990, Claret et al. 1997), durch die mögliche Kolmation durch gasförmige Endprodukte wie molekularen Stickstoff (Vanek 1997) und durch die Aufrechterhaltung eines erhöhten Redoxpotenzials und damit die Verhinderung von reduzierenden Milieubedingungen im hyporheischen Interstitial (Hamm 1996). Besonders im Hinblick auf die beiden letztgenannten Prozesse bestehen erhebliche Kenntnisdefizite.

Infolge des drastischen Rückgangs der organischen Belastung ab 1990 nach der Schließung von Industrieanlagen und dem Bau von Kläranlagen erhöhte sich der Sauerstoffgehalt der Elbe in starkem Maße (Guhr et al. 2000). Wegen der dadurch verminderten Denitrifikationsprozesse kommt es nur noch zu einem relativ geringen Rückgang der Nitratkonzentration im Flussverlauf (siehe Kapitel 3.2). Die Nitratkonzentration in der Elbe im Untersuchungsgebiet schwankt im Jahresverlauf um 4 mg/l. Die Ammoniumkonzentrationen hingegen sanken durch erhöhte Nitrifikationsaktivität von vormals über 3,5 mg/l (vor 1990) bis auf ca. 0,2 mg/l (GUHR et al. 2000). Die Auswirkungen wechselnder Sauerstoffkonzentrationen im Elbwasser auf die im hyporheischen Interstitial der Elbsedimente ablaufenden Stoffumsetzungen sind nicht bekannt.

Der Verlauf der Sauerstoffkonzentrationen im hyporheischen Interstitial wurde während einer Tag-Nacht-Dauermessung im Sommer an der Probenahmestelle Dresden-Saloppe beobachtet (siehe Abbildung 5-27). Es wurde vermutet, dass infiltrierender Sauerstoff die Stickstoffdynamik im Hyporheal, insbesondere die Nitrifikation und Denitrifikation, sowohl diurnal als auch saisonal beeinflusst. Ein solcher Effekt in Fließgewässersedimentkernen konnte bereits im Labor (CHRISTENSEN et al. 1990) sowie anhand einer Feldstudie in kleinen Bächen (COULING und BOULTON 1993) gezeigt werden. Um diese Fragestellung auch an der Elbe in Felduntersuchungen bearbeiten zu können, wurde das Interstitialwasser von Elbsedimenten tiefenzoniert und mit hoher zeitlichen Auflösung beprobt.

An der Probenahmestelle im Infiltrationsbereich des Wasserwerkes Dresden-Saloppe (Elbe-km 52) wurden entlang eines senkrecht zum Ufer angelegten Transektes drei Tiefenprofile bis in 30 cm Sedimenttiefe untersucht (siehe Abbildung 5-27). Dabei wurden Schläuche (Innendurchmesser 1,6 mm) bis hin zur oberen Uferkante verlegt, so dass bis zu einem Elbe-Durchfluss von ca. 600 m³/s eine ungestörte Probenahme möglich war. Das Interstitialwasser wurde im Jahr 2000 wöchentlich zu zwei unterschiedlichen Tageszeiten (kurz nach der Morgendämmerung, eine Stunde nach Sonnenhöchststand) beprobt, um die erwartete Sauerstofftagesamplitude möglichst an ihren Scheitelpunkten zu erfassen. Folgende Parameter wurden im Interstitialwasser untersucht: Gelöster Sauerstoff ($O_2$), pH-Wert, Leitfähigkeit, Nitrat ($NO_3$-N), Nitrit ($NO_2$-N), Ammonium ($NH_4$-N), Phosphat ($PO_4$-P), gelöster organischer Kohlenstoff (DOC) und die Algenzellzahl (KLOEP 2002).

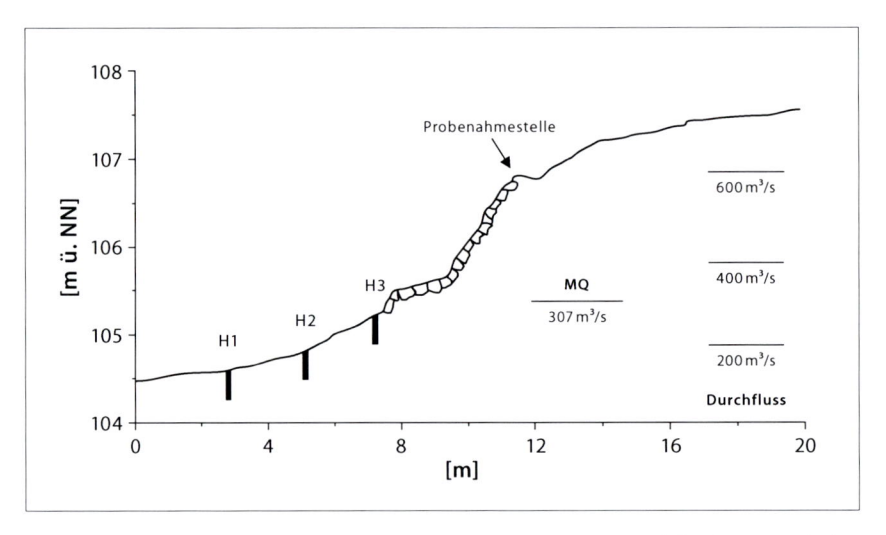

**Abb. 5-27:** Querprofil des Elbufers an der Probenahmestelle Dresden-Saloppe (Elbe-km 52 rechts) mit den Wasserspiegellagen bei unterschiedlichem Elbe-Durchfluss und mit dem Transekt aus drei Tiefenprofilen (H1 bis H3) (Erläuterungen siehe Text)

Der Durchfluss der Elbe schwankte im Untersuchungszeitraum zwischen 102 m³/s im Juni und 1.690 m³/s im März während des durch Schneeschmelze bedingten Frühjahrshochwassers. Von Ende Juni bis Dezember änderte sich der Durchfluss nur wenig (102 bis 237 m³/s). Einige Starkregenereignisse führten zu kurzzeitigen Durchflussspitzen. Die Algenbiomasse im Freiwasser, gemessen als Chlorophyll-a, zeigte einen jahreszeitlichen Trend mit einem Maximum von 61 µg/l im Mai und durchschnittlich 30 µg/l im Sommer (KLOEP 2002). Der gelöste organische Kohlenstoff (DOC) schwankte im Untersuchungszeitraum zwischen 4,1 und 7,8 mg/l; im Hyporheal konnten in den Tiefen 10, 17 und 25 cm nur noch je 0,8, 0,9 bzw. 1,1 mg/l DOC nachgewiesen werden. Es wurde kein statistischer Zusammenhang zwischen DOC und Sauerstoff oder Nitrat festgestellt. In den Wintermonaten war der Sauerstoffgehalt mit Konzentrationen über 4 mg/l im Interstitial durchweg höher als in den durch erhöhte Respiration beeinflussten Sommermonaten, in denen Minimalwerte von weniger als 2 mg/l $O_2$ auftraten (siehe Abbildung 5-28, oben). An vielen Tagen konnte keine tiefenzonierte Abnahme des Sauerstoffgehalts festgestellt werden.

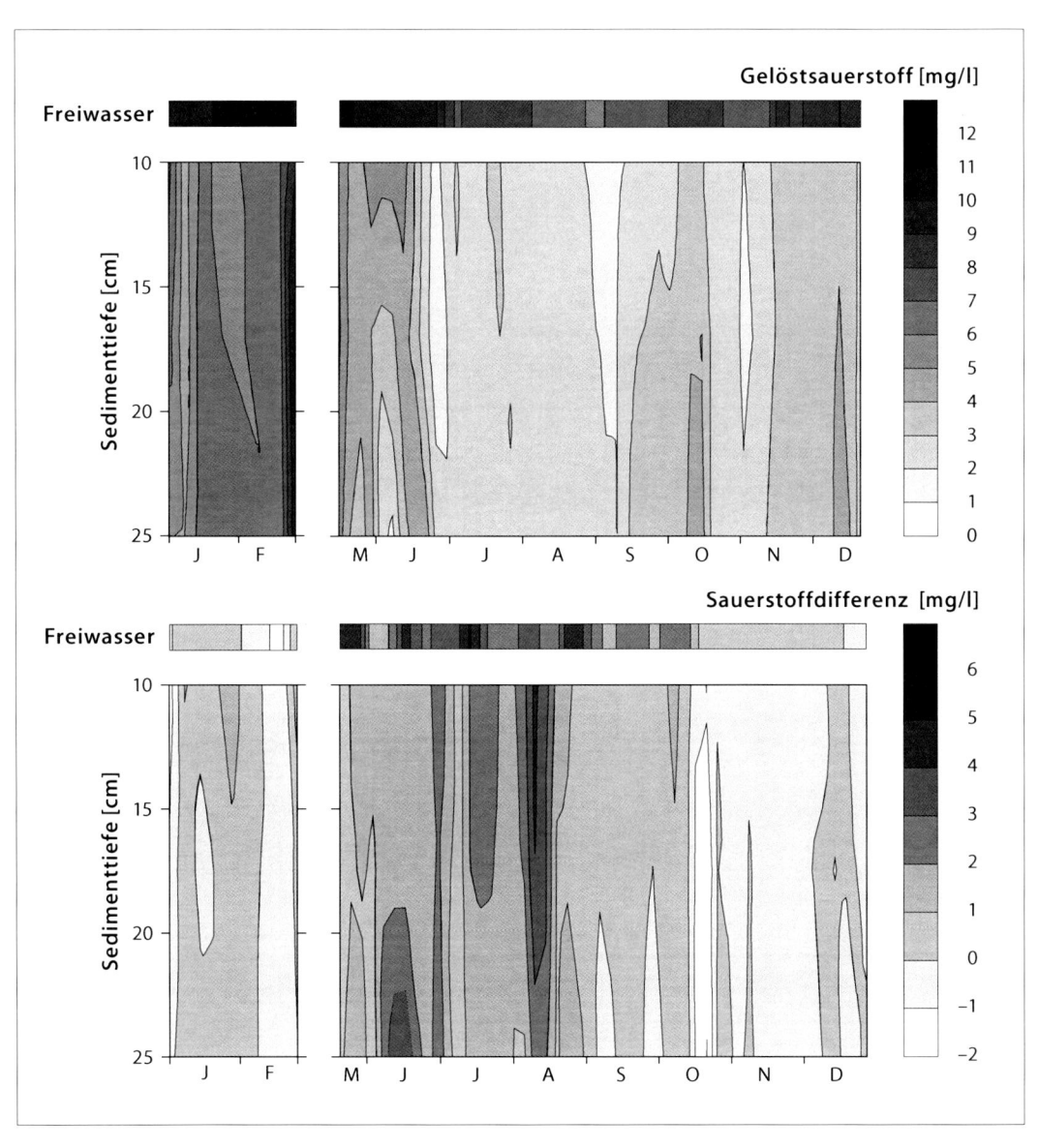

**Abb. 5-28:** Isoplethendarstellungen des jahreszeitlichen Verlaufs der Sauerstoffkonzentration gemessen nach der Morgendämmerung (oben) und der Sauerstoff-Tagesamplituden im Interstitialwasser zwischen 10 und 25 cm Sedimenttiefe (unten), berechnet als Differenzen zwischen den Sauerstoffkonzentrationen gemessen nach Sonnenhöchststand und Morgendämmerung; Messungen im Jahr 2000. Im März und April war eine Probenahme wegen Hochwassers nicht möglich.

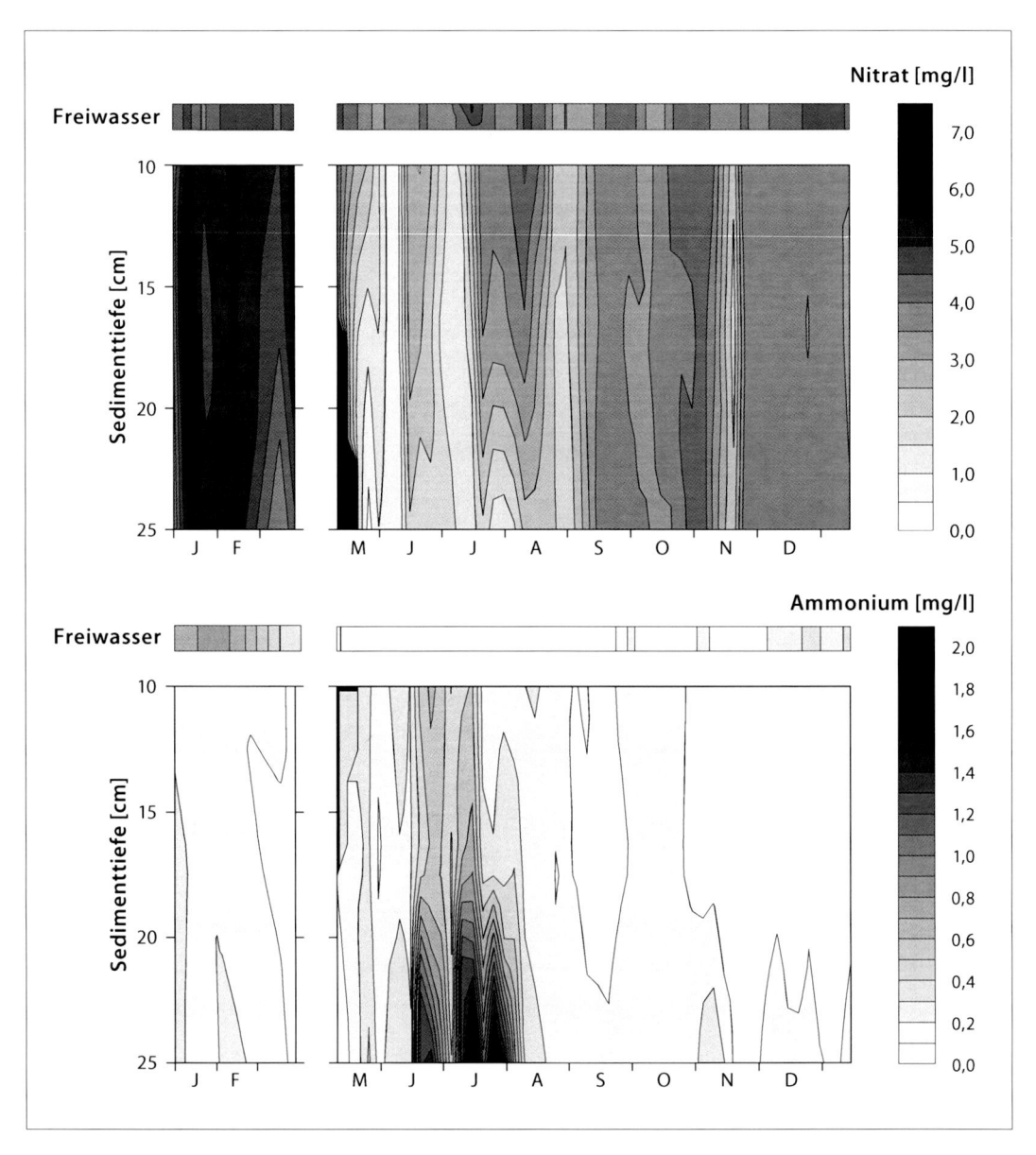

**Abb. 5-29:** Isoplethendarstellungen des jahreszeitlichen Verlaufs der Nitratkonzentration gemessen nach Dämmerung (oben) und der Ammoniumkonzentration gemessen nach Dämmerung im Freiwasser sowie im Interstitialwasser zwischen 10 und 25 cm Sedimenttiefe (unten); Messungen im Jahr 2000. Im März und April war eine Probenahme wegen Hochwassers nicht möglich.

In den Sommermonaten wurden im Freiwasser Sauerstofftagesmaxima bis 16,2 mg/l (180 % Sauerstoffsättigung) gemessen. Dadurch ergaben sich teils starke Sauerstofftagesdifferenzen, d. h. Konzentrationsdifferenzen zwischen den Probenahmen nach dem Sonnenhöchststand und nach der Dämmerung. Im Freiwasser wird diese Sauerstoffdifferenz durch eine Kombination von Photosynthese- und Respirationsprozessen bewirkt, aufgrund derer sich eine ausgeprägte Sauerstoff-Tagesamplitude ausbildet. Im Hyporheal ergibt sich die Konzentrationsdifferenz aus dem Anteil an Sauerstoff, der aus dem Freiwasser infiltriert wird sowie aus Respirationsprozessen im Interstitial (siehe Kapitel 5.4.1). In den Wintermonaten wurde weder im Freiwasser noch im Hyporheal eine deutliche Sauerstoffdifferenz festgestellt (siehe Abbildung 5-28, unten). Die Sommermonate hingegen waren durch recht deutliche Sauerstoff-Tagesamplituden charakterisiert (Freiwasser 0,9 bis 5,5 mg/l, Hyporheal 0,3 bis 3,8 mg/l). Die Tiefenverteilung der Sauerstoffamplituden wies alle drei möglichen Muster auf: (a) ähnlich hohe Sauerstoffdifferenzen in allen Horizonten, (b) tiefenzonierte Abnahme der Sauerstoffdifferenz und (c) in tieferen Sedimentschichten erhöhte Sauerstoffdifferenzen. Vermutlich änderten sich mit den Wasserstandsschwankungen die hydrostatischen und hydrodynamischen Druckverhältnisse am Sediment, wodurch sich die Fließwege in den oberen Schichten veränderten. Eine Bilanzierung des hydraulischen Wasseraustausches zwischen Freiwasser und Hyporhealwasser mit Hilfe der Sauerstoffdifferenzdaten war daher leider nicht möglich.

Die Nitratkonzentration zeigte deutliche saisonale Schwankungen (siehe Abbildung 5-29 oben) mit hohen Frei- und Hyporhealwasserkonzentrationen in den Wintermonaten (Freiwasser 4,0 bis 5,9 mg/l, Hyporheal 4,2 bis 5,0 mg/l) und niedrigeren Konzentrationen in der wärmeren Jahreszeit (Freiwasser 3,9 mg/l, Hyporheal bis 3,0 mg/l). Die Annahme, dass Sauerstoff die tagesperiodische Nitratdynamik beeinflusst, konnte in folgender Form bestätigt werden: Die sommerlichen Nitrattagesdifferenzen im Interstitial waren signifikant positiv mit den $O_2$-Differenzen in den selben Tiefenhorizonten korreliert. Somit wurde nachgewiesen, dass bei niedrigem morgendlichem Sauerstoffgehalt im Interstitialwasser eine signifikant niedrigere Nitratkonzentration auftrat – was durch erhöhte Denitrifikationsaktivität zu erklären ist – als bei hohem Sauerstoffgehalt nach dem Sonnenhöchststand – was auf eine Hemmung der Denitrifikation hinweist. Je größer die Sauerstofftagesdifferenz war, desto größer war auch die Nitrattagesdifferenz, die sich auf maximal 1,26 mg/l belief.

Obwohl Sauerstoff im Interstitial durchgehend nachgewiesen werden konnte, fand offenbar eine mikrobielle Denitrifikation im Interstitial statt. Dies war wohl vor allem in Mikrozonen im Sandlückensystem möglich, in denen Sauerstoffmangelerscheinungen eine Denitrifikation ermöglichen. Vermutlich gab kleinräumig extrem reduktive Bedingungen im Interstitial, da vor allem zur Probenahme nach der Dämmerung oftmals Schwefelwasserstoff geruchlich nachgewiesen werden konnte. Bestätigt wird dies durch den Nachweis von Sulfat reduzierenden Bakterien (siehe Kapitel 5.4.3). Das simultane Ablaufen verschiedener Redoxprozesse – bis hin zur Methanbildung – konnte in einigen Studien festgestellt werden (LUDVIGSEN et al. 1998, BAKER et al. 1999, RULÍK et al. 2000). In den vorliegenden Untersuchungen an der Elbe wurde eine zeitliche Variabilität und Abhängigkeit der Nitratdynamik im hyporheischen Interstitial nachgewiesen, die in kleineren Fließgewässern zu charakteristischen Gradienten in Pool-Riffle-Sequenzen führt (VALETT et al. 1996, TESORIERO et al. 2000).

Die Ammoniumkonzentrationen schwankten im Jahresverlauf im Freiwasser zwischen 0,01 und 0,88 mg/l und waren damit deutlich niedriger als im Hyporheal mit 0,02 bis 1,87 mg/l (siehe Abbildung 5-29 unten). Bei sommerlichen Temperaturen wurden die niedrigsten Konzentrationen nachgewiesen. Die Ammoniumtagesdifferenzen waren mit den Sauerstofftagesdifferenzen in den entsprechenden Sedimenttiefen stark korreliert. Bei einem niedrigen morgendlichen Sauerstoffgehalt im Interstitialwasser wurde eine signifikant höhere Ammoniumkonzentration gemessen – was auf eine Hemmung der Nitrifikation hindeutet – als bei hohem Sauerstoffgehalt nach Sonnenhöchststand, wenn starke Nitrifikationsaktivität herrschte. Je größer also die Sauerstofftagesdifferenz war, desto größer war auch die Ammoniumtagesdifferenz.

Nitrit tritt in mehreren mikrobiellen Stickstoff umsetzenden Prozessen als Zwischenprodukt auf. Erhöhte Nitritkonzentrationen im hyporheischen Interstitial können durch Hemmung der Nitrifikation wegen Sauerstoffmangels (WIESCHE und WETZEL 1998) oder freies Ammonium (SMITH et al. 1997) bewirkt werden. In den Elbsedimenten korrelierte sowohl die absolute Nitritkonzentration als auch die Nitrittagesdifferenz signifikant mit den entsprechenden Sauerstoff- und Nitratwerten. Die höchsten Nitritkonzentrationen wurden nach der Morgendämmerung gemessen, wenn anaerobe Mikrozonen im Interstitial am häufigsten auftraten. Da die Ammoniumkonzentration im Vergleich zur Nitratkonzentration der Elbe sehr gering ist, dürfte eine gehemmte Nitrifikation hier nicht als Erklärung für erhöhte Nitritkonzentrationen in Frage kommen. Vermutlich führt eine dissimilatorische Nitratreduktion vor allem im Sommer zu erhöhten Nitritkonzentrationen. Diese überwiegt bei niedrigen Nitratkonzentrationen gegenüber der Denitrifikation (KELSO et al. 1997).

Neben dem Stickstoff zeigte auch anorganischer Phosphor (gemessen als ortho-Phosphatkonzentration) ein diurnales Verlaufsmuster im hyporheischen Interstitial, das vermutlich mit der Sauerstoffkonzentration gekoppelt war. Je mehr Sauerstoff im Hyporheal gemessen wurde, umso weniger Phosphat konnte festgestellt werden. Die mittleren $PO_4$-P-Konzentrationen im Flusswasser lagen bei 0,11 mg/l. Im hyporheischen Interstitial schwankten die Konzentrationen zwischen 0,07 und 0,40 mg/l. Die Phosphatkonzentration wird unter fluktuierenden Redoxbedingungen sowohl biologisch durch erhöhte Aufnahme und Rücklösung durch Mikroorganismen (GÄCHTER et al. 1988) als auch abiotisch durch physikochemische Immobilisierung und Mobilisierung (Fox 1993) beeinflusst. Verstärkt wird dieser Effekt durch eine mikrobielle Reduktion von $Fe^{2+}$ zu $Fe^{3+}$ unter anaeroben Bedingungen (GÄCHTER et al. 1988).

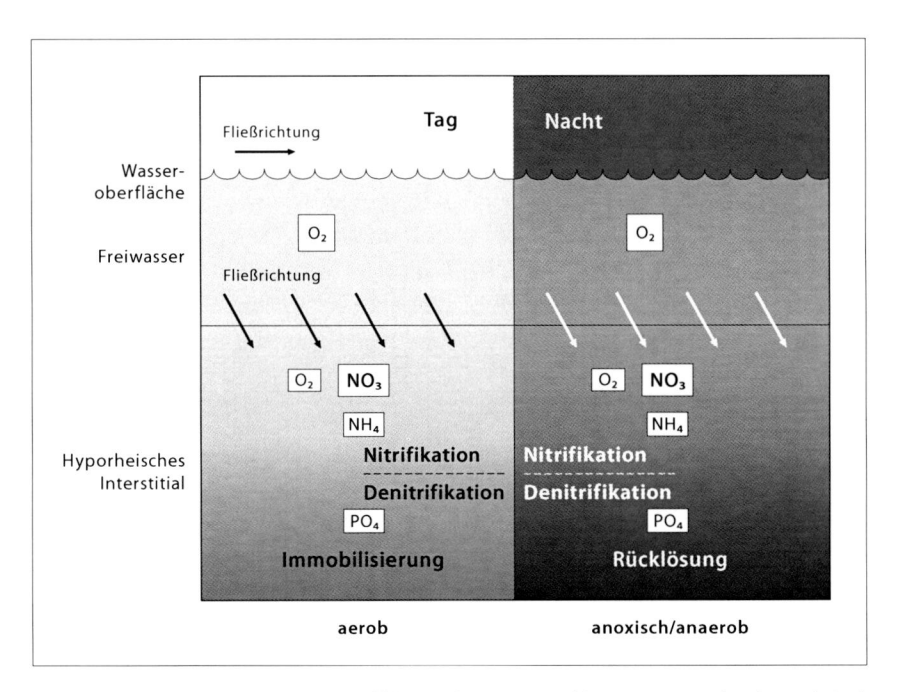

**Abb. 5-30:** Konzeptionelles Modell der Nährstoffdynamik in einer Infiltrationszone des hyporheischen Interstitials der Elbe. Die Größe der Rechtecke zeigt die relativen Konzentrationen von Sauerstoff ($O_2$), Nitrat ($NO_3$-N), Ammonium ($NH_4$-N) und Phosphat ($PO_4$-P) während eines Tag-Nacht-Zyklus. Während des Tages wird bei erhöhtem Sauerstoffgehalt Ammonium durch die mikrobielle Nitrifikation zu Nitrat oxidiert (siehe Text). Gleichzeitig wird die Reduktion von Nitrat zu Stickstoff durch mikrobielle Denitrifikation gehemmt. Nachts überwiegt Sauerstoffzehrung, wodurch die Nitrifikation gehemmt und die Denitrifikation erhöht wird. Entsprechend wird eine tageszeitliche Verschiebung der oxisch/anoxischen Grenzschicht beobachtet. Phosphat wird unter aeroben Bedingungen chemisch und biologisch immobilisiert und unter anaeroben Milieubedingungen ins Interstitialwasser zurückgelöst (siehe KLOEP 2002).

### Schlussfolgerungen

Im hyporheischen Interstitial der Elbe bei Dresden verschiebt die im diurnalen Rhythmus wechselnde Sauerstoffkonzentration unter Infiltrationsbedingungen die Nitrifikations-Denitrifikationsgrenze in entsprechender Weise (siehe Abbildung 5-30). Vermutlich reguliert dieser Rhythmus auch die Ausdehnung anaerober Bereiche innerhalb der oberen Sedimentschicht, wo im Tagesverlauf in Mikrozonen auch anaerobe mikrobielle Prozesse möglich sind. Damit wurde die grundlegende Bedeutung der Sauerstoffkonzentration in den hyporheischen Sedimenten untermauert, die nicht nur die Habitatqualität für die Interstitialfauna bestimmt, sondern auch die Richtung und Intensität der stattfindenden mikrobiellen Stoffumsetzungen lenkt. Veränderungen der Morphologie oder Hydrodynamik der Elbsedimente hätten daher entsprechende Änderungen der darin ablaufenden Stoffumsetzungen zufolge.

### 5.4.3 Struktur der bakteriellen Lebensgemeinschaft

Die Identität von Bakterien in Umweltproben konnte lange Zeit nur unvollständig aufgeklärt werden, da die traditionelle Bestimmung über Kultivierungsverfahren und physiologische Merkmale zu erheblichen qualitativen und quantitativen Fehleinschätzungen führte. Dies änderte sich mit der Einführung molekularbiologischer Methoden zur Verwandtschaftsanalyse im Rahmen des phylogenetischen Systems der Mikroorganismen. Heute wird hierzu üblicherweise die 16S-ribosomale Ribonukleinsäure (16S-rRNA) als phylogenetischer Marker verwendet (Woese 1987). Mittels Sequenzvergleich können 16S-rRNA-gerichtete Oligonukleotide entworfen werden, die spezifisch Bakterien auf unterschiedlichen phylogenetischen Ebenen (Genus, z.B. *Nitrosomonas*; Gruppe, z.B. β-Gruppe der Proteobakterien; Domäne der Eubakterien) identifizieren können. Eine Markierung dieser so genannten Gensonden mit einem Fluoreszenzfarbstoff ermöglicht einen kultivierungsunabhängigen Nachweis der Bakterien in situ (d.h. vor Ort in der untersuchten Probe) mittels der Fluoreszenz-in-situ-Hybridisierung (FISH) und anschließender mikroskopischer Auswertung (siehe Abbildung 5-31). Der Einsatz 16S-rRNA-gerichteter Oligonukleotidsonden liefert somit ein realistisches Bild der Struktur dieser Bakterienpopulationen (Amann et al. 1992).

Mit dem vorhandenen breiten Spektrum an Gensonden ist ein differenzierter Nachweis vieler physiologisch aktiver bzw. wachstumsfähiger Mikroorganismen möglich. Analysen mittels FISH wurden erfolgreich in Trinkwasser (Kalmbach et al. 1997), Abwasser (Kloep et al. 2000), Boden (Assmus et al. 1995), Süßwasser (Glöckner et al. 1996) und marinen Habitaten (Ravenschlag et al. 2000) durchgeführt. Auch bei der Analyse mikrobieller Nahrungsketten kann der Einsatz von Oligonukleotidsonden zu wesentlichen Kenntniserweiterungen verhelfen (Šimek et al. 1997).

In der vorliegenden Arbeit wurden die mikrobiellen Populationen in drei unterschiedlichen Flusshabitaten (Freiwasser, Interstitialwasser, Sediment) an zwei Standorten (Dresden am Elbe-km 62 und Coswig am Elbe-km 233) sowie in einer beweglichen Sanddüne bei Hitzacker (Elbe-km 519) bestimmt (siehe Kapitel 2.4 und 4.4). Vermutet wurde eine quantitativ und qualitativ deutlich unterschiedliche Zusammensetzung der Bakterienpopulation in Abhängigkeit von Standort und Habitattyp.

Es wurden hierzu jeweils ca. 10 cm$^3$ umfassende Sedimentproben genommen, in 3,7 %iger Formaldehydlösung fixiert und bis zur Weiterbearbeitung bei 4 °C gelagert; mit Wasserproben wurde entsprechend verfahren (vgl. Kloep 2002). Die Hybridisierungen wurden nach Manz et al. (1992) durchgeführt, wobei Gensonden zur Detektion von Eubakterien (Sonde EUB338, Amann et al. 1990, sowie zu kombinierende Sonden EUB 338 II und EUB 338 III, Daims et al. 1999), der α-, β- und γ-Gruppen der Proteobakterien (Sonden ALF 1b, BET 42a und GAM 42a, Manz et al. 1992), der Cytophaga-Flavobakterien-Gruppe (Sonde CF 319a, Manz et al. 1994) und der Planktomycetales (Sonde PLA 46, Neef et al. 1998) eingesetzt wurden. Zusätzlich wurden 47 gattungs- und artspezifische Sonden aus allen Großgruppen der Eubakterien auf An- bzw. Abwesenheit eines Hybridisierungssignals getestet (Kloep 2002).

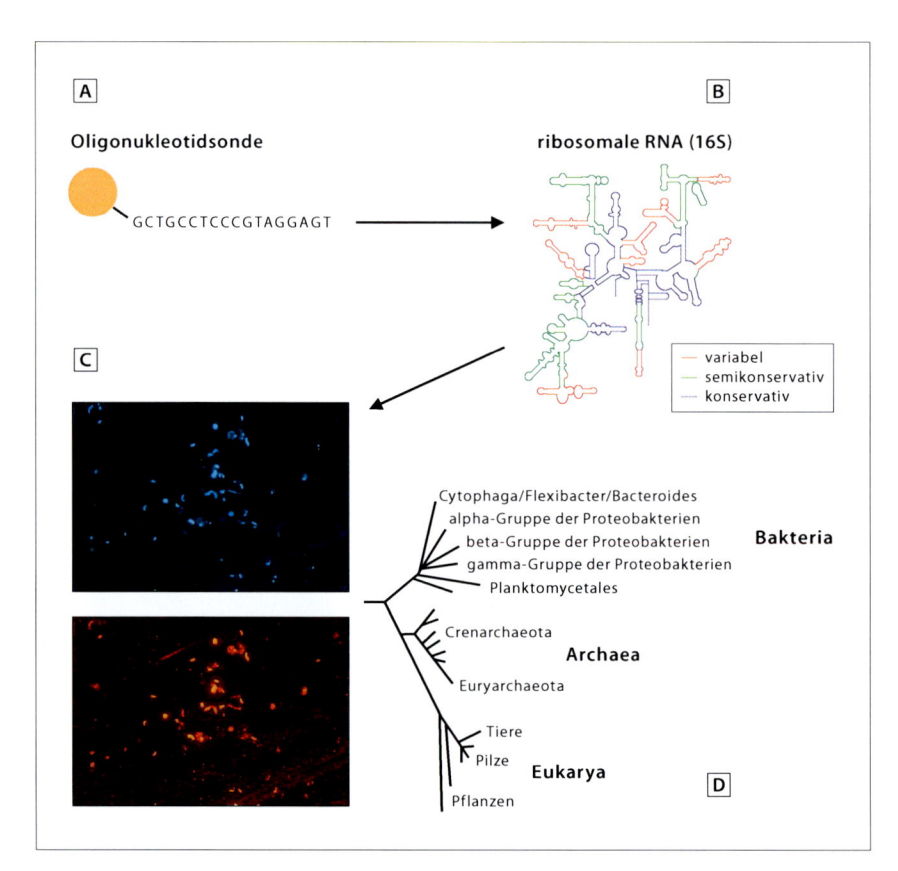

**Abb. 5-31:** Nachweis von Bakterien mittels Fluoreszenz-in-situ-Hybridisierung (FISH) unter Verwendung spezifischer 16S-rRNA-gerichteter Gensonden. (A) Oligonukleotidsonde mit komplementärer Sequenz zur 16S-rRNA, dargestellt mit Fluoreszenzfarbstoff (in der vorliegenden Arbeit Cy3). (B) Sekundärstruktur der kleinen Untereinheit der ribosomalen RNA (16S-rRNA), in der verschieden schnell evolvierende Bereiche farblich differenziert dargestellt sind. (C) Mikroskopisches Bild der In-situ-Hybridisierung von Bakterienzellen; die Zellen wurden simultan mit einem DNA-Farbstoff angefärbt (oben), mit einer spezifischen Oligonukleotidsonde hybridisiert (unten) und dadurch identifiziert. (D) Phylogenetische Hauptentwicklungslinien der Organismen nach vergleichender Analyse der ribosomalen 16S-rRNA.

Generell konnte in allen Proben eine hohe morphologische Vielfalt mit Kokken, Stäbchen, kommaförmigen und filamentösen Bakterien unterschiedlicher Größen festgestellt werden. In den Freiwasserproben konnten mit der Eubakterien-Sonde 63% aller Bakterien in Coswig und 68% in Dresden detektiert werden (siehe Tabelle 5-7). Im Interstitialwasser und in den Sedimentproben war der Anteil der detektierbaren Bakterien signifikant niedriger (43% bzw. 47%). Das Auffinden von Phytoplankton in den Interstitialwasserproben lässt darauf schließen, dass an diesen Probestellen Oberflächenwasser infiltrierte. Die Auswertung der gruppenspezifischen Sonden ergab bezogen auf alle Proben eine leichte Dominanz der β- und γ-Gruppen der Proteobakterien (siehe Tabelle 5-7).

**Tab. 5-7:** Relative Abundanz der bakteriellen phylogenetischen Hauptgruppen in unterschiedlichen Habitaten der Elbe bestimmt mittels Fluoreszenz-in-situ-Hybridisierung (FISH). Die Gesamtzellzahl wurde bestimmt mit dem Fluoreszenzfarbstoff SYTOX Blue (Molecular Probes); Mittelwert und Standardabweichung wurden nach Auszählung von 10 mikroskopischen Feldern errechnet. DD = Dresden, Co = Coswig, Hi = Hitzacker, F = Flusswasser, P = Porenwasser, S = Sediment. EUB 338 – Eubacteria, ALF 1b – α-Gruppe der Proteobakterien, BET 42a – β-Gruppe der Proteobakterien, GAM 42a – γ-Gruppe der Proteobakterien, CF 319a – Cytophaga-Flavobakterien, PLA 46 – Plactomycetales

| Probe | | Probe-nahme-stelle | Sediment-tiefe [cm] | Prozentualer Anteil der mit Gensonden detektierten Zellen an der Gesamtzellzahl (Mittelwert ± Standardabweichung) | | | | | |
|---|---|---|---|---|---|---|---|---|---|
| | | | | EUB 338 | ALF 1b | BET 42a | GAM 42a | CF 319a | PLA 46 |
| DD | F | Flusswasser | – | 68 ± 7 | 10 ± 2 | 14 ± 2 | 14 ± 4 | 16 ± 5 | < 2 |
| DD | P | Flussbett | 20–25 | 35 ± 7 | 9 ± 2 | 9 ± 1 | 7 ± 1 | 5 ± 2 | < 2 |
| DD | P | Ufer | 20–25 | 39 ± 4 | 9 ± 2 | 12 ± 1 | 7 ± 1 | 6 ± 2 | < 2 |
| DD | S | Flussbett | 0–5 | 47 ± 8 | 12 ± 4 | 10 ± 1 | 7 ± 1 | 5 ± 1 | 15 ± 3 |
| DD | S | Ufer | 0–5 | 45 ± 13 | 9 ± 2 | 8 ± 2 | 8 ± 1 | 5 ± 1 | 11 ± 1 |
| Co | F | Flusswasser | – | 63 ± 7 | 10 ± 2 | 13 ± 1 | 12 ± 2 | 12 ± 3 | < 2 |
| Co | P | Flussbett | 20–25 | 53 ± 8 | 5 ± 2 | 13 ± 3 | 13 ± 2 | 7 ± 3 | < 2 |
| Co | P | Buhnenfeld | 20–25 | 48 ± 9 | 8 ± 1 | 10 ± 2 | 10 ± 2 | 4 ± 1 | < 2 |
| Co | S | Flussbett | 0–5 | 52 ± 7 | 8 ± 3 | 11 ± 2 | 10 ± 2 | 6 ± 2 | 13 ± 3 |
| Co | S | Buhnenfeld | 0–5 | 48 ± 9 | 8 ± 2 | 11 ± 1 | 9 ± 2 | 6 ± 2 | 15 ± 5 |
| Hi | S | Flussbett | 0–5 | 51 ± 5 | 15 ± 3 | 13 ± 3 | 15 ± 2 | 15 ± 2 | < 2 |
| Hi | S | Flussbett | 20–25 | 43 ± 5 | 10 ± 2 | 8 ± 2 | 11 ± 2 | 13 ± 3 | < 2 |

Die früher gefundene deutliche Dominanz der β-Gruppe der Proteobakterien an der Elbe (BÖCKELMANN et al. 2000, BRÜMMER et al. 2000) konnte hier nicht bestätigt werden. Auffällig ist jedoch der hohe Anteil (11 bis 16%) an Bakterien in den Sedimentproben beider Standorte Dresden und Coswig, die mit der Planktomycetales-Sonde detektiert wurden. Diese Sonde umfasst die Gattungen *Planctomyces, Pirellula, Gemmata* und *Isosphaera,* die auf den Abbau komplexer Makromoleküle spezialisiert sind. Die hybridisierten Zellen waren kokkenförmig mit einem Durchmesser von über 1 µm. In den Interstitial- und Freiwasserproben lag der Anteil dieser Gruppe mit unter 2% deutlich niedriger. In früheren Studien (BÖCKELMANN et al. 2000, BRÜMMER et al. 2000) konnte ein jahreszeitlicher Trend mit einem Maximum in den Sommermonaten festgestellt werden. Vermutlich übernehmen in dieser Zeit die sedimentassoziierten Planctomycetales eine wichtige Stoffumsatzfunktion im Hyphoreal von Fließgewässern, etwa beim Abbau polymerer Substanzen. Der erhöhte Anteil von Cytophaga-Flavobakterien in den Freiwasserproben (10 bis 16%) verglichen mit den Interstialwasser- und Sedimentproben (<7%) erklärt sich vermutlich durch deren aerobe Lebensweise, da die Bakterienaggregate im Freiwasser sehr gut mit Sauerstoff versorgt sind (GROSSART und PLOUG 2000).

Generell ergab die Auswertung der gruppenspezifischen Sonden ein relativ unscharfes Bild der gesamten Bakterienpopulation, da hier physiologisch sehr unterschiedliche Bakterien gemeinsam erfasst und nicht differenziert werden können. Deswegen wurden auf dieser Ebene keine Unterschiede zwischen den beiden Standorten Dresden und Coswig erkannt. Dies gelang dagegen durch die Auswertung einer großen Auswahl an gattungs- und artspezifischen Sonden. Insgesamt sieben der 47 Sonden zeigten Hybridisierungssignale in allen Proben unabhängig von Habitat oder Standort. Diese Bakterien sind allgemein weit verbreitet, z.B. *Sphaerotilus natans,* ein fäden- und Flocken bildendes Bakterium, das auch als „Abwasserpilz" bekannt ist, oder die Legionellaceae, aquatische Bakterien, zu denen auch der Erreger der Legionärskrankheit gehört. Mit 16 der 47 Sonden konnte in keiner Probe ein Signal detektiert werden. Allerdings kann man damit das Vorkommen dieser Bakterien nicht vollständig ausschließen. Zellen sind mitunter nicht detektierbar, wenn die Zellwand schwer durchlässig ist, wenn die Zelle nur wenige Ribosomen enthält und damit eine geringe physiologische Aktivität aufweist, oder auch wenn die zur eingesetzten Gensonde komplementäre Sequenz variabel ist (LEE und KEMP 1994). Eine Differenzierung erlaubte die Auswertung von 26 Sonden, die Hybridisierungssignale in unterschiedlichen Proben zeigten. So wurden *Planktomyces* sp., *Desulforhopalus vacuolatus* und *Amaricoccus* sp. nur in den Sedimentproben, jedoch nicht in den Frei- und Interstitialwasserproben nachgewiesen. *Nitrosomonas* sp. und *Pirulella* sp. konnten nur in den Sedimenten von Coswig, aber nicht in Dresden detektiert werden. *Nitrospira* sp. und *Aquabacterium* sp. wurden nur im Freiwasser gefunden.

Mit Hilfe einer multidimensionalen statistischen Auswertung (multidimensional scaling) und einer Ähnlichkeitsanalyse (analysis of similarities) aller gattungs- und speziesspezifischen Sonden konnte eine signifikante Differenzierung zwischen den beiden Standorten Dresden und Coswig nachgewiesen werden (KLOEP 2002).

In den beiden untersuchten Sedimenttiefen konnte eine Abnahme des Eubacteria-Anteils (Sonde EUB 338) von durchschnittlich 51,6% in 5 cm Tiefe auf 43,0% in 25 cm Tiefe festgestellt werden. Dies wird erklärt mit einer Abnahme der physiologischen Aktivität der Bakterien mit der Sedimenttiefe, wodurch diese durch die Gensonde schlechter detektierbar wurden. Allerdings lässt die noch recht hohe Aktivität der Gensonde von etwa 40% darauf schließen, dass auch in größeren Tiefen noch aktive Bakterien zu finden sind. Eine durchgehende Abnahme an detektierten Zellen mit der Sedimenttiefe war auch bei allen anderen gruppenspezifischen Sonden zu beobachten (siehe Tabelle 5-8). Auch dies erklärt sich mit der Abnahme der physiologischen Aktivität der Bakterien. Diese Differenzierung der beiden Sedimenttiefen konnte allerdings mit den 47 eingesetzten gattungs- und artspezifischen Sonden nicht beobachtet werden. Die Mehrzahl von 17 bzw. 20 Sonden zeigten entweder jeweils in allen oder in keinen der getesteten Sedimentproben Hybridisierungssignale. Nur 10 Sonden lieferten in den zwei untersuchten Sedimenttiefen unterschiedliche Ergebnisse, die allerdings eher ein zufälliges Bild ergaben. Das Sediment in Hitzacker war vermutlich zu homogen, um mit Hilfe der gattungs- und artspezifischen Sonden eine Differenzierung von Sedimenttiefen zu ermöglichen.

Zusammenfassend kann festgestellt werden, dass mit Hilfe von rRNA-gerichteten Oligonukleotidsonden eine differenzierte Charakterisierung der mikrobiellen Population von Elbhabitaten und Elbstandorten möglich ist. Dabei haben Gensonden, die eine bakterielle Großgruppe indizieren, zwar eine geringere Aussagekraft in der Differenzierung, bieten allerdings einen wertvollen Hinweis auf die mikrobielle Aktivität im untersuchten Lebensraum. Auf der gattungs- und artspezifischen Ebene dagegen erlaubt die FISH-Technik detaillierte vergleichende Aussagen zur taxonomischen Zusammensetzung der bakteriellen Lebensgemeinschaft unterschiedlicher Habitate.

# 6 Wechselwirkungen zwischen den Gewässerkompartimenten

*Michael Böhme (Einleitung)*

Die fließende Welle des Stroms steht mit den randlichen Gewässerbereichen, dem Sediment und dem Grundwasser in mehr oder weniger intensivem Wasseraustausch und kann daher zusammen mit diesen Gewässerkompartimenten als ein Ökosystem aufgefasst werden. Im Einzelnen lassen sich darin folgende Kompartimente unterscheiden (siehe Abbildung 6-1):

① Pelagial – Freiwasser im Hauptstrom des Flusses (siehe Kapitel 3).
② Buhnenfelder – weniger durchströmte Wasserkörper, die mit dem Hauptstrom des Flusses über lateralen Austausch verbunden sind (siehe Kapitel 4). An Stelle der Buhnenfelder befanden sich im ursprünglichen Flussbett der Elbe wesentlich weitläufigere Flachwasserbereiche, Seitenarme, Flutrinnen und Altarme (ROMMEL 2000), deren Wasseraustausch mit dem Hauptstrom stark vom jeweiligen Wasserstand abhing.
③ Benthal – Lebensbereich auf dem Gewässergrund (siehe Kapitel 5), der wegen der unterschiedlich starken Überströmung im Hauptstrom und in den Buhnenfeldern unterschiedlich ausgeprägt ist.
④ Hyporheisches Interstitial (kurz: Hyporheal) – Lebensraum im Lückensystem des Gewässergrunds, der im vertikalen Wasseraustausch mit dem Freiwasser steht und eine Mischungszone von Grund- und Oberflächenwasser darstellt (siehe Kapitel 5.1). Die Durchströmung des hyporheischen Interstitials hängt stark von der Korngrößenverteilung und der Strukturierung des Sediments ab.
⑤ Parafluvial – Lebensraum im Lückensystem der Flusssedimente in der Uferzone und Aue, der infolge von Änderungen des Wasserstandes des Hauptstroms durch einen Wasseraustausch quer zu dessen Fließrichtung mit diesem in Verbindung steht (siehe Kapitel 5.1).

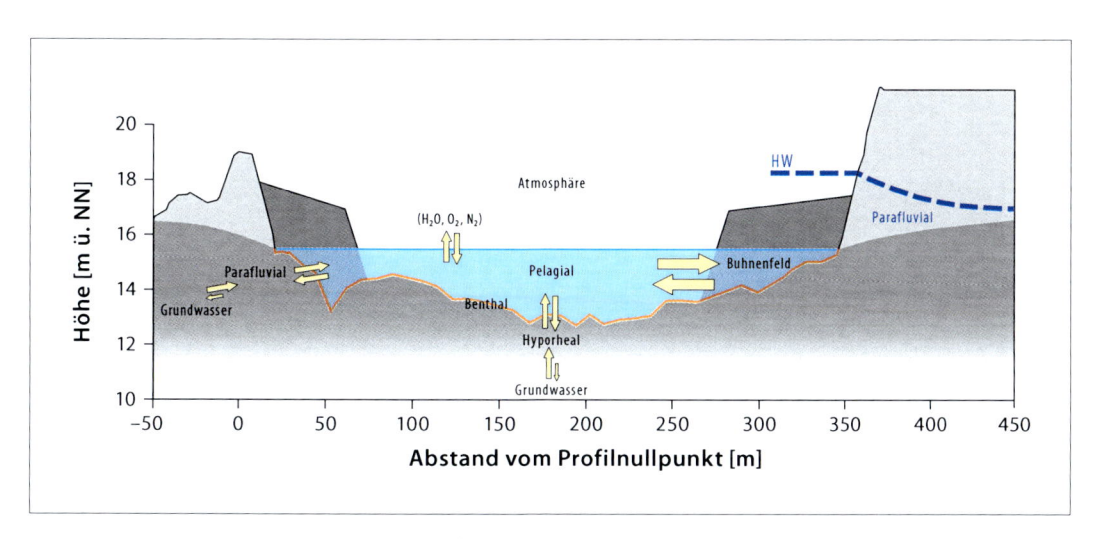

**Abb. 6-1:** Wechselwirkungen zwischen den Ökosystem-Kompartimenten der Elbe; Darstellung eines Querprofils am Elbe-km 473, stark überhöht. Die Dicke der Pfeile verdeutlicht die Größenordnung der Austauschrate. Die Abbildung zeigt die Verhältnisse bei Niedrigwasser, die Ausdehnung des Parafluvials bei Hochwasser (HW) ist rechts angedeutet.

## 6.1 Wechselwirkungen zwischen Hauptstrom und Buhnenfeld
*Michael Böhme*

### 6.1.1 Untersuchungsansatz

Verglichen mit dem Transport in Fließrichtung ist der laterale Wasser- und Stoffaustausch mit den weniger durchströmten Seitenräumen etwa (1 bis) 2 Größenordnungen geringer. In den flachen, langsam durchströmten Randbereichen unterscheiden sich die Bedingungen für gewässerökologische Prozesse deutlich von denen im Hauptstrom. Beispielsweise ist ein größerer Anteil des Wasserkörpers durchlichtet, weshalb bei Lichtlimitation der Algen im Vergleich zum Hauptstrom eine höhere, bei Lichthemmung dagegen eine geringere Netto-Primärproduktion erwartet werden kann. Im Flachwasserbereich können die geringere Fließgeschwindigkeit und Wassertiefe zu einer höheren Sedimentation besonders von aggregatassoziierten Algen führen (WÖRNER et al. 2002). Die Stoffumsätze am Benthal können sich potenziell stärker auf die Wasserqualität auswirken, da das darüber stehende Wasservolumen geringer ist.

Die unterschiedliche Intensität physikalischer und biologischer Prozesse führt zu Gradienten der Wasserqualität im Querschnitt, denen jedoch die ständige Quervermischung zwischen Hauptstrom und Randbereichen entgegenwirkt. Außerdem werden die so entstandenen Quergradienten der Wasserqualität durch große Abwassereinleiter und einmündende Nebenflüsse überlagert, deren Wasser üblicherweise längere Fließstrecken zur vollständigen Einmischung in den Hauptstrom benötigt. Bei Beprobungen nach dem Schema Hauptstrom links, mitte, rechts sowie ein oder zwei Buhnenfelder wurden daher in der Vergangenheit mehrfach Unterschiede von Wassergüteparametern über den Flussquerschnitt festgestellt. Allerdings waren diejenigen Unterschiede zwischen Hauptstrom und Randbereichen, die durch Stoffumsetzungsprozesse unterschiedlicher Intensitäten verursacht werden, nicht sicher feststellbar. Hierfür war die Streuung der Messergebnisse bei den meisten Parametern im Vergleich zu den geringen Änderungen des Parameters im Querschnitt zu groß (BÖHME et al. 2002b).

Um den Einfluss der ufernahen Flachwasserbereiche auf den Stoffhaushalt im Hauptstrom dennoch quantifizieren zu können, wurden im Sommer 2001 mehrere zeitlich, örtlich und analytisch hochaufgelöste Messungen über zwei Flussquerschnitte durchgeführt (BÖHME 2002). Die Profile lagen in der Unteren Mittelelbe oberhalb von Schnackenburg (Elbe-km 473) und bei Lauenburg (Elbe-km 569). Die Gesamtlänge des Flusses ab seiner Quelle beträgt an der Messstelle Schnackenburg (Elbe-km 475), deren Ergebnisse im Folgenden dargestellt werden, 837 km. Der Durchfluss, gemessen am Pegel Neu Darchau, entsprach dort annähernd dem mittleren Niedrigwasser im Juli und betrug im Messzeitraum 389 bis 431 m$^3$/s. Zum Vergleich die durchschnittlichen Durchflussverhältnisse: MNQ = 145 m$^3$/s, MQ = 566 m$^3$/s und MHQ = 1.300 m$^3$/s, bezogen auf das Sommerhalbjahr des hydrologischen Jahres (Mai bis Oktober) und die Jahresreihe 1926 bis 2002.

Auf einer Fließstrecke von 350 km oberhalb der Messstelle Schnackenburg ist die Elbe fast durchgehend mit Buhnen eingeengt und vertieft. Die Buhnen bilden an beiden Ufern eine Kette von Buhnenfeldern, die Flachwasserbereiche mit beschränktem Wasseraustausch mit dem Hauptstrom darstellen (siehe Abbildung 6-1). Ein Teil des Wassers des jeweils oberliegenden Buhnenfeldes fließt dabei nach Passage des Buhnenkopfes in das nächste unterliegende Buhnenfeld, der andere Teil wird in den Hauptstrom eingemischt.

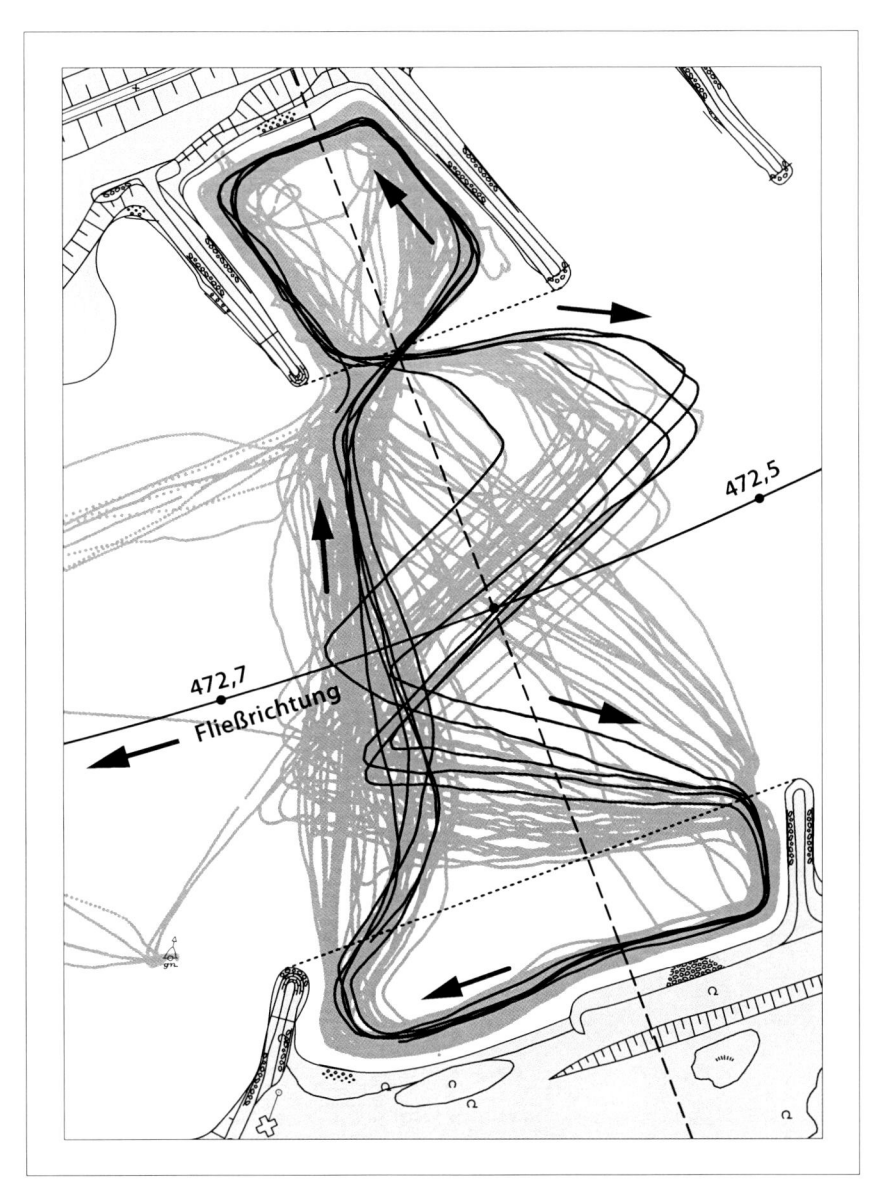

**Abb. 6-2:** Kurse der Bootsbefahrungen oberhalb Schnackenburg; punktiert = Begrenzung der Buhnenfelder, grau = alle Positionswerte 23.–26.07., schwarz = Positionen 26.07. mittags beispielhaft hervorgehoben, gestrichelt = Flusstransekte am Elbe-km 472,6, auf die alle Werte projiziert wurden (Kartengrundlage DBWK 2000 der WSD Ost)

Entlang des gesamten Flusses gibt es einige bedeutende industrielle und kommunale Abwassereinleitungen, wobei das meiste Abwasser in Kläranlagen gereinigt wird. Die letzte große Abwassereinleitung liegt etwa 150 km oberhalb des Messprofils Schnackenburg. Die Konzentrationen von Pflanzennährstoffen sind überall so hoch, dass im Frühjahr und Sommer auf der gesamten Fließstrecke oft ein hohes Phytoplanktonwachstum (siehe Kapitel 3.1) und eine entsprechend hohe Sauerstoffübersättigung zu beobachten sind (siehe Kapitel 3.2).

Die Querverteilung von Wassergüteparametern wird an der Messstelle Schnackenburg von zwei wichtigen Nebenflüssen beeinflusst, der Saale und der Havel. Die Saale mündet 183 km oberhalb von Schnackenburg links in die Elbe und bringt nährstoff- und mineralreiches Wasser mit.

Nur 35 km oberhalb Schnackenburg mündet die Havel rechtsseitig; sie bringt nährstoffreiches, oft auch phytoplanktonreiches Wasser mit. Die Saale trägt etwa 15 %, die Havel etwa 7 % zu dem in Neu Darchau gemessenen Niedrigwasserabfluss bei.

Das Messprinzip bestand darin, verschiedene kontinuierlich messbare Wassergüteparameter gleichzeitig und jeweils mit genauer Position aufzuzeichnen, während mit einem Boot der Fluss überquert wurde. Die Messungen fanden in Schnackenburg an drei Tagen im Juli 2001 jeweils morgens und abends zu den Zeiten der täglichen Minima bzw. Maxima von Sauerstoff ($O_2$) und Wassertemperatur statt. Zu diesen Zeiten sind die Änderungsraten der gemessenen Wassergüteparameter gering. Je eine Messung fand mittags statt. Dabei wurden mit einer Multisonde simultan die Wassergüteparameter Wassertemperatur, Sauerstoffkonzentration, Leitfähigkeit, pH-Wert und Trübung jeweils zwei Mal pro Sekunde aufgezeichnet. Zu ausgewählten Terminen wurde zusätzlich eine Fluoreszenzsonde mit integrierter spektraler Algenklassen-Differenzierung (Fa. bbe Moldaenke, Kiel) eingesetzt, die neben der Gesamtfluoreszenz des Algenchlorophylls auch die Anteile verschiedener Algengruppen berechnete und alle 4 bzw. 6 Sekunden speicherte.

Bei den Messfahrten wurden die Sonden mit einem Schlauchboot in 0,1 bis 0,2 m Tiefe mit relativ konstanter Schleppgeschwindigkeit durch das Wasser gezogen und die Elbe bei jedem Termin fünf bis neun Mal überquert (hin und zurück). Die Buhnenfelder wurden möglichst lange ausgefahren, um vermutete Extremwerte in Sekundärwirbeln erfassen zu können. In der Annahme, dass die steilsten Gradienten in der Übergangszone von Buhne zum Hauptstrom zu finden sind, wurde diese besonders langsam durchquert, indem dieser Bereich in sehr spitzem Winkel zur Hauptfließrichtung befahren wurde. Die Position des Bootes wurde mit einem satellitenbasierten Positionierungssystem (Geotracer-GPS System 2000 L1/L2, RTK-Modus) mit einer Genauigkeit von weniger als 10 cm aufgezeichnet. Zur Darstellung der Verteilung der Wassergüteparameter im Flussquerschnitt wurden die Positionen auf eine Gerade quer zur Stromachse projiziert (siehe Abbildung 6-2).

### 6.1.2  Ergebnisse vom Profil Schnackenburg am Elbe-km 473

Die Wassertemperatur lag in der Strommitte am Morgen 0,1 bis 0,2 °C über, am Mittag und Abend um den gleichen Betrag unter der Temperatur im Buhnenfeld. Die unterschiedliche Tagesdynamik spiegelt die stärkere Auskühlung und Erwärmung der flachen Uferzonen im Tagesrhythmus wider. Innerhalb des Buhnenfeldes waren morgens und abends kaum Unterschiede auszumachen. Mittags dagegen scheinen innerhalb des Buhnenfeldes große Unterschiede zu existieren (siehe Abbildung 6-3). Dabei waren die Tagesschwankungen in den (in Fließrichtung gesehen) links gelegenen Buhnenfeldern höher als rechts.

Beim Sauerstoff ist ein ähnliches Bild zu erkennen (siehe Abbildung 6-4), wobei allerdings die Sauerstoffkonzentration am Morgen in der Flussmitte nicht höher lag als in den Buhnenfeldern (Böhme 2002). Dies deutet auf eine höhere Netto-Primärproduktion in den Buhnenfeldern hin und andererseits auf ähnlich hohe Respirationsraten in beiden Kompartimenten.

Hinsichtlich Leitfähigkeit und Trübung fallen zunächst die Unterschiede zwischen rechts (von Havel beeinflusst) und links (von Saale beeinflusst) ins Auge (siehe Abbildung 6-5). Bei der Leitfähigkeit ist ein stetiger Abfall über den Hauptstrom erkennbar, der die graduelle Einmischung der Zuflüsse deutlich zeigt. Die Werte innerhalb der Buhnenfelder entsprechen denen der äußersten, nahe dem Buhnenkopf entlangfließenden Hauptstromlamelle. Besonders interessant ist die Situation am 26. Juli abends (siehe Abbildung 6-5, unten), als das Wasser stieg, die Leitfähigkeit im Hauptstrom schnell abnahm und in den Buhnenfeldern am rechten Ufer verbliebenes Wasser mit hoher Leitfähigkeit in den Hauptstrom eingemischt wurde. Aus einer solchen Situation kann die Geschwindigkeit des Wasseraustausches für eine Modellierung berechnet werden.

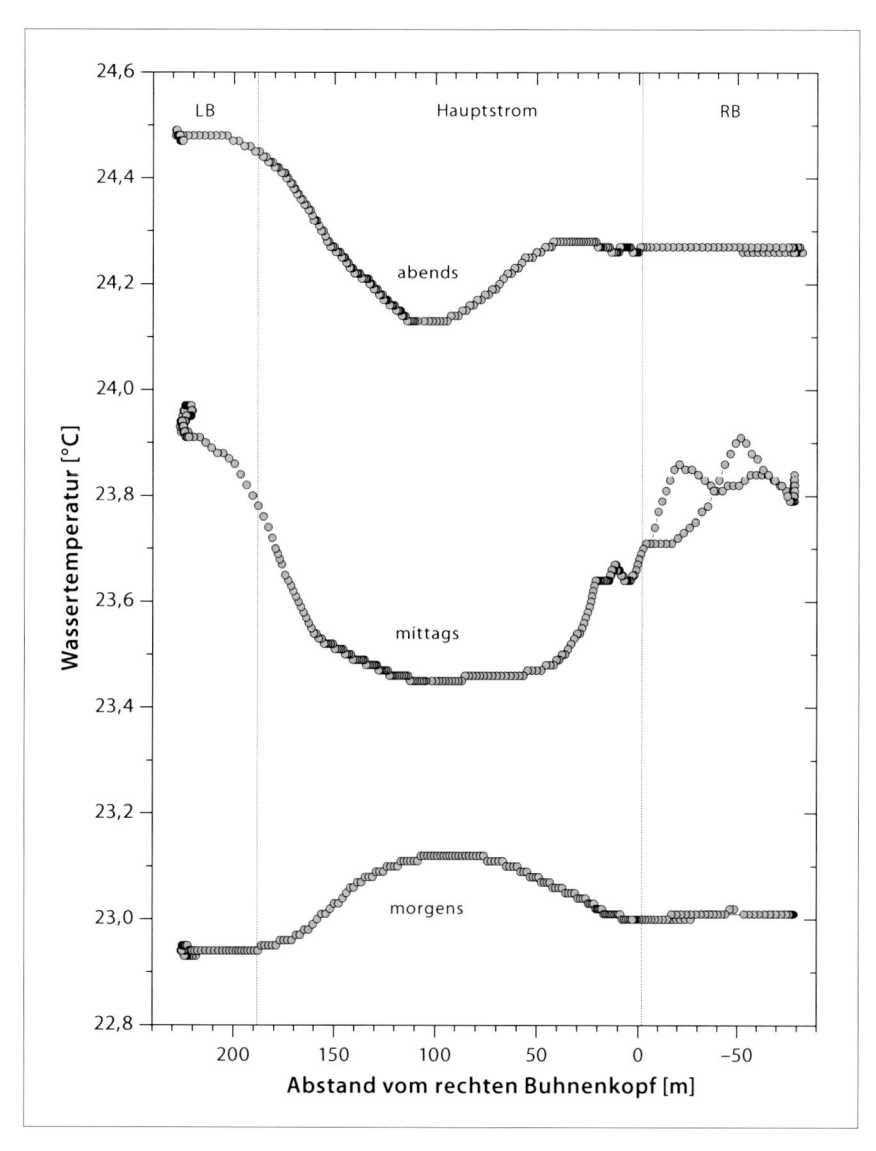

**Abb. 6-3:** Wassertemperatur im Flussquerschnitt bei Schnackenburg am 26.07.2001; LB = linkes Buhnenfeld, RB = rechtes Buhnenfeld

Bei der Trübung (siehe Abbildung 6-6) ist ein Gefälle von links nach rechts auffällig. Außerdem ist innerhalb der Buhnenfelder im Gegensatz zu den anderen Parametern ein Gradient erkennbar. Die Trübung nimmt um rund 20% ab auf der Strecke zwischen Randlamelle des Hauptstroms zum landseitigen Rand des Buhnenfeldes. Teilweise lassen sich auch Unterschiede zwischen den Buhnenfeldern erkennen, die wohl mit der Aufenthaltszeit des Wassers im Buhnenfeld zusammenhängen: je länger die Aufenthaltszeit, desto klarer das Wasser. Dieses Ergebnis stimmt überein mit den Beobachtungen von OCKENFELD und GUHR (2003) an einem Buhnenfeld bei Magdeburg.

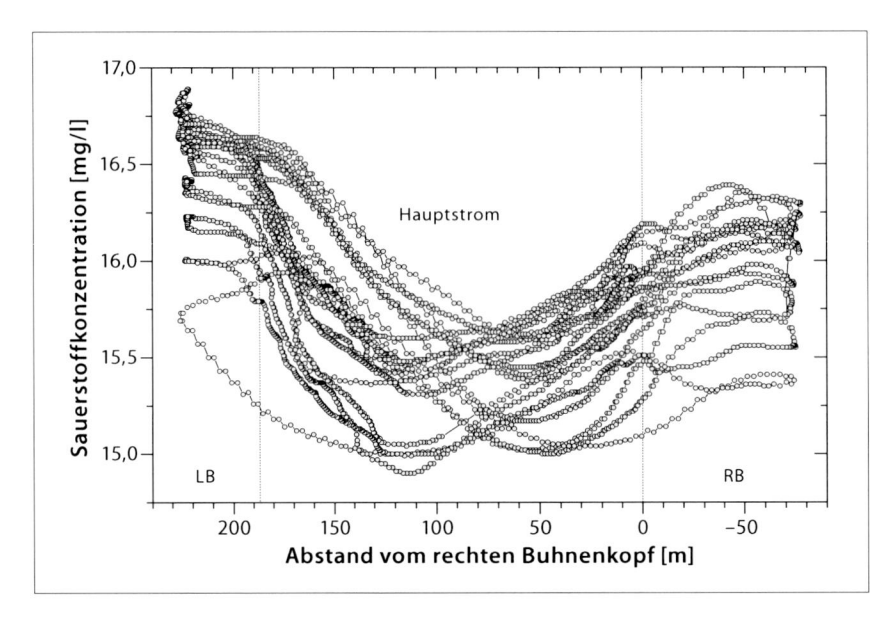

**Abb. 6-4:** Sauerstoffkonzentration im Flussquerschnitt bei Schnackenburg am 24.07.2001 abends; LB = linkes Buhnenfeld, RB = rechtes Buhnenfeld. Unterschiede des Minimums bei Hin- und Rückfahrt beruhen auf der Trägheit der $O_2$-Sonde.

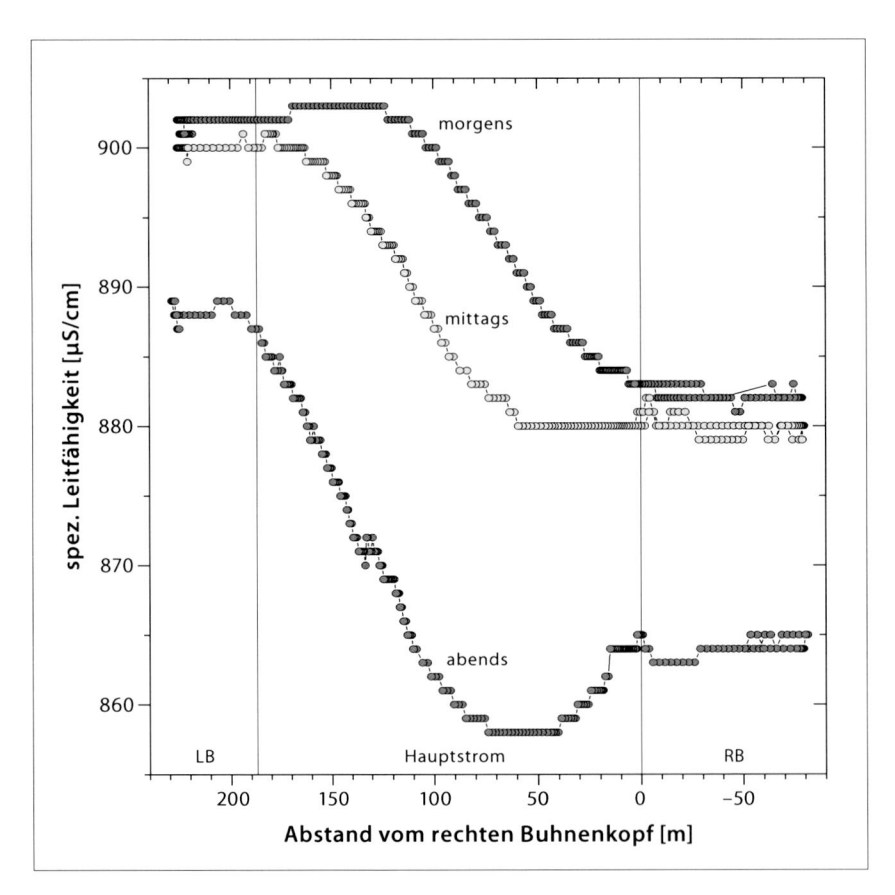

**Abb. 6-5:** Leitfähigkeit im Flussquerschnitt bei Schnackenburg am 26.07.2001; LB = linkes Buhnenfeld, RB = rechtes Buhnenfeld

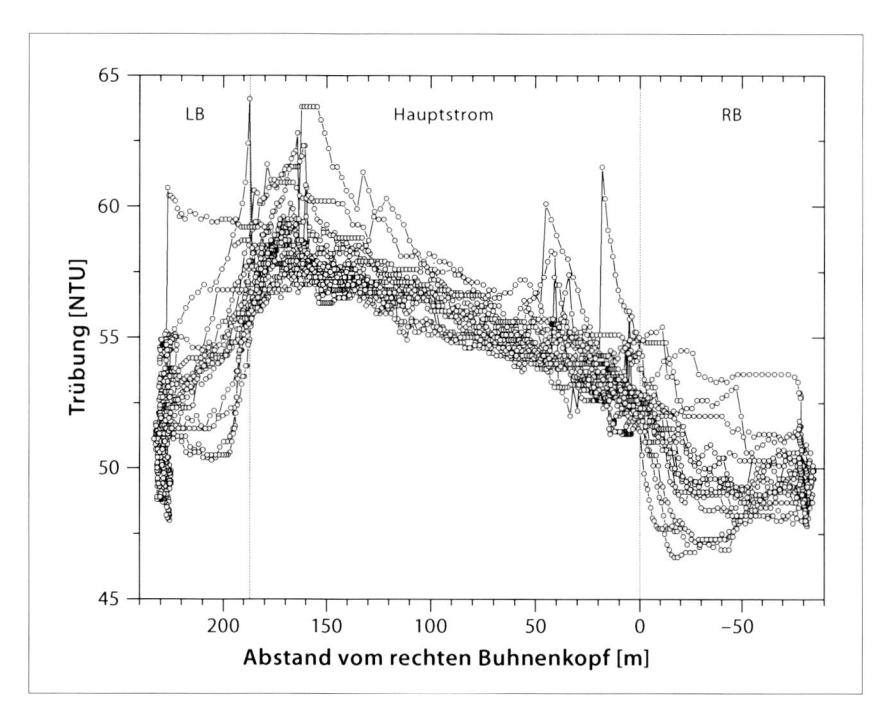

**Abb. 6-6:** Wassertrübung im Flussquerschnitt bei Schnackenburg am 26.07.2001 abends; LB = linkes Buhnenfeld, RB = rechtes Buhnenfeld, NTU = nephelometrische Trübungseinheit. Wegen der relativ hohen Streuung der Einzelwerte wurden alle Messwerte dieser Befahrung dargestellt. An der fehlenden Hysterese ist erkennbar, dass der eingesetzte Trübungssensor keine merkliche Trägheit aufwies.

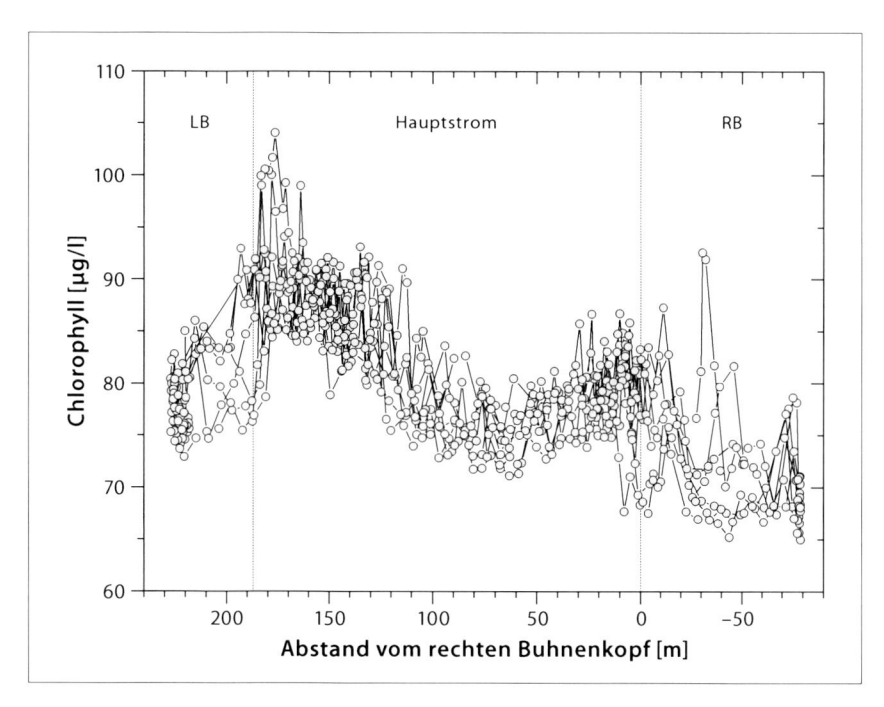

**Abb. 6-7:** Chlorophyll-Fluoreszenz im Flussquerschnitt bei Schnackenburg am 26.07.2001 mittags; LB = linkes Buhnenfeld, RB = rechtes Buhnenfeld. Wegen der relativ hohen Streuung der Einzelwerte wurden alle Messwerte dieser Befahrung dargestellt. An der fehlenden Hysterese ist erkennbar, dass der eingesetzte Fluoreszenzsensor keine merkliche Trägheit aufwies.

Beim Chlorophyll – als Kenngröße für die Algenbiomasse – zeigt sich ebenfalls ein Gefälle von links nach rechts, zudem je ein Maximum auf Höhe der Buhnenköpfe. Innerhalb der Buhnenfelder ist eine Abnahme erkennbar. Zu bestimmten Zeiten ist auch ein Minimum im Hauptstrom erkennbar (siehe Abbildung 6-7).

### 6.1.3 Schlussfolgerungen aus den Flussquerschnitt-Messungen

Die Ergebnisse zeigen, dass Tagesschwankungen der Wassertemperatur, der Sauerstoffkonzentration und des pH-Werts (hier nicht dargestellt) in einem Elbe-Querprofil stark von der Wassertiefe im jeweiligen Teil des Querschnitts abhängen, wobei die Tagesschwankungen in den Randbereichen größer sind als in der Strommitte. Auch beim Vergleich von linkem und rechtem Buhnenfeld werden Unterschiede deutlich, die auf unterschiedliche Tiefenverhältnisse zurückgeführt werden können (hier nicht dargestellt). Unterschiede zwischen Rand und Hauptstrom werden bei den genannten Parametern also vor allem durch die verschiedene Wirkung der Sonneneinstrahlung auf unterschiedlich tiefe Gewässerteile verursacht.

Innerhalb eines Buhnenfeldes sind morgens und abends, also zu den Extremwerten bzw. Kipppunkten des Tagesganges, keine Unterschiede erkennbar (siehe Abbildungen 6-3 und 6-4). Das Buhnenfeld war zu diesen Zeiten weitgehend homogen durchmischt. Dagegen ist bis zur Strommitte ein ausgeprägter Gradient erkennbar. Daraus lässt sich schließen, dass die Intensität der Quervermischung im Buhnenfeld bedeutend höher ist als im Hauptstrom. Grund sind die in den meisten Buhnenfeldern existierenden horizontalen Wirbel. Im Hauptstrom wird überwiegend nur eine einfache turbulente Vermischung wirksam. Die gleichmäßigen Gradienten weisen auf eine über den Querschnitt des Hauptstroms recht einheitliche Quervermischungsrate hin.

Mittags sind auch in den Buhnenfeldern größere Inhomogenitäten erkennbar (siehe Abbildung 6-3). Zu dieser Zeit (mit voller Sonneneinstrahlung) sind die räumlichen Unterschiede der ablaufenden biologischen Prozesse so groß, dass die horizontalen Wirbel nicht mehr zu einer weitgehenden Homogenisierung im Buhnenfeld führen. Außerdem ist dann der Gradient vom Buhnenkopf bis etwa 20 m in den Hauptstrom deutlich steiler als über einen breiten Bereich in der Strommitte. Anhand dieser Situation wird noch einmal deutlich, dass die von der Sonneneinstrahlung abhängigen Prozesse in den ufernahen Flachwasserbereichen zu wesentlich größeren Tag-Nacht-Unterschieden in den gemessenen Parametern führen als im tiefen Hauptstrom.

Die Leitfähigkeit eignet sich als biologisch wenig beeinflusster Parameter besonders gut für die Einschätzung der Intensität des Wasseraustausches zwischen den ufernahen Flachwasserbereichen und dem Hauptstrom. Diese wird sichtbar, wenn im Hauptstrom Wasser mit unterschiedlicher Leitfähigkeit von oberstrom herangetragen wird, welches dann mit dem im Buhnenfeld noch zirkulierenden Wasser im Austausch steht (siehe Abbildung 6-5).

Sauerstoffkonzentration und pH-Wert geben Aufschluss über die Primärproduktions- und Respirationsraten im Fluss, die aus Sauerstoff-Tagesganglinien berechnet werden können (ODUM 1956). Aus den Unterschieden zwischen Buhnenfeld und Hauptstrom können – mit Hilfe der bekannten Flächenverhältnisse – die Anteile beider Teilstrukturen am Gesamtumsatz im Fluss berechnet werden. Im Buhnenfeld sind die Bedingungen für die Primärproduktion bedeutend besser als im Hauptstrom. Das Phytoplankton hält sich dort zumeist in gut durchlichteten Wassertiefen auf und kann mit maximaler Rate produzieren, sofern nicht eine zu hohe Einstrahlung zu einer Lichthemmung führt. Hinzu kommt ein räumlich und zeitlich schwankender Beitrag benthischer Algen zur

Gesamtproduktion. Ein echtes Phytobenthos entwickelt sich auf den Sand- und Schlammoberflächen in den Buhnenfeldern zwar nur bei einer längeren stabilen Lagerung, jedoch kann auch zeitweilig ausgesunkenes, aggregatgebundenes Phytoplankton eine quasi-benthische Primärproduktion erbringen. Im Hauptstrom ist hingegen nur ein kleiner Teil der Wassersäule ausreichend durchlichtet; das Phytoplankton, das mit der turbulenten Strömung gleichmäßig über die Wassertiefe verteilt wird, hält sich hier also zeitlich überwiegend im dunklen Tiefenbereich der Wassersäule auf, in dem keine Photosynthese möglich ist. Entsprechend gering fällt die Erhöhung der $O_2$-Konzentration durch das Hauptstrom-Phytoplankton aus (siehe das $O_2$-Minimum im Hauptstrom in Abbildung 6-4). Eine benthische Primärproduktion ist dort mangels Licht unmöglich. Der Extinktionskoeffizient betrug in Schnackenburg ca. $3,5\,m^{-1}$; die euphotische Zone reichte somit etwa bis in eine Tiefe von 0,9 m. Die Photosynthese ist daher sowohl im Buhnenfeld wie im Hauptstrom auf den oberen Meter der Wassersäule beschränkt. Die flächenspezifische Brutto-Primärproduktion ist im Buhnenfeld und Hauptstrom deshalb ungefähr gleich, wenn man von der geringeren flächenspezifischen Produktion in den extrem flachen Randbereichen des Buhnenfeldes absieht.

Die Respiration findet dagegen in der gesamten Wassersäule mit einer vermutlich gleich hohen volumenspezifischen Intensität statt. Im tiefen Hauptstrom mit einem höheren Volumenanteil in der aphotischen Zone wird also flächenspezifisch deutlich mehr veratmet als im flacheren Buhnenfeld. Daraus resultiert eine im Hauptstrom deutlich geringere Nettoproduktion. Einen gegenläufigen Effekt könnte die benthische Respiration haben. Im Buhnenfeld sammelt sich stellenweise Schlamm mit einem hohen organischen Anteil, wodurch es dort zu hoher Sauerstoffzehrung kommen kann. Andererseits ist der Schlamm nur gering oder gar nicht durchströmt, so dass der Stoffaustausch zwischen Sediment und Freiwasser dort weitgehend über Diffusion erfolgt, wobei z. B. Schlammringelwürmer (Tubifiziden) und Zuckmückenlarven (Chironomiden) für einen zusätzlichen Austausch (Bioturbation) sorgen können. Aufgrund des insgesamt geringen Austausches trägt hier jedoch nur die oberste Sedimentschicht zur aeroben Respiration bei, während in tieferen Schichten anaerobe Prozesse vorherrschen (siehe Kapitel 4.4). Da die Sauerstoffkonzentration im Buhnenfeld auch am frühen Morgen nicht unter die Werte des Hauptstroms fällt, erscheint es zunächst, als ob sich die Respirationsraten in beiden Kompartimenten nicht stark unterschieden. Berücksichtigt man jedoch die größere Wassertiefe des Hauptstroms, lässt sich schließen, dass die flächenspezifische benthische Respirationsrate im Hauptstrom um den Faktor der im Vergleich zum Buhnenfeld größeren Wassertiefe höher liegen sollte. Dies wurde durch Messungen der mikrobiellen Aktivität und von Sauerstoffprofilen im Sediment bestätigt (siehe Kapitel 5.4.1).

Insgesamt zeigen diese Ergebnisse, dass der Hauptstrom aus den Randbereichen quasi „gefüttert" wird mit Sauerstoff, organischer Substanz und Algenbiomasse; allerdings nimmt die Wassertrübung durch Sedimentation in den ufernahen Bereichen der Buhnenfelder in kurzer Zeit stark ab. Die Buhnenkopflamelle des Hauptstroms zeigt zeitweise eine höhere Chlorophyll-Fluoreszenz als die Strommitte und das Buhnenfeld. Die Prozesse, die zur beobachteten Verteilung beitragen, und eine Modifikation bestehender Vorstellungen zur funktionellen Rolle hydrodynamischer Totzonen in Flüssen werden in BÖHME (im Druck) diskutiert.

## 6.2 Wechselwirkungen und Stoffumsatz im Interstitial
*Johannes Kranich und Klaus-Peter Lange*

### 6.2.1 Untersuchung von Prozessen im Interstitial

Der frei fließende Elbstrom und die Interstitialräume seiner Sedimente befinden sich in ständiger hydrodynamischer, biochemischer und ökologischer Wechselwirkung (siehe Abbildung 6-1). Vereinfacht gesehen finden die prägenden Prozesse in der Flussmitte in vertikaler und longitudinaler Richtung statt. Im Interstitial des Uferbereichs, dem Parafluvial, kommt ein lateraler Anteil hinzu (siehe Abbildung 6-1). Grundlage für den Transport und den Stoffhaushalt ist die Hydrodynamik, die über advektive und dispersive Prozesse wirkt. Als advektive Faktoren stehen die Infiltration und Exfiltration über das Parafluvial in und aus dem Grundwasser im Vordergrund, die sich hauptsächlich im ufernahen Bereich auswirken (siehe Kapitel 5.1).

**Abb. 6-8:** Flusssediment der Elbe in Dresden in der Flussmitte (Arbeitsfläche im Taucherschacht) und Taucherschacht beim Einsatz in Dresden (Elbe-km 62) (Fotos: J. Kranich)

Bisher nicht in diesem Ausmaß bekannte seitliche Austauschprozesse zwischen Oberflächen- und Grundwasser über das ufernahe Interstitial (Parafluvial) der Elbe wurden in bestimmten hydrologischen Situationen als dominierende Prozesse erkannt (Kranich und Lange 2002, Eidner und Kranich 2002). Auch im Interstitial der Flussmitte, dem hyporheischen Interstitial, wurden starke Austauschprozesse zwischen Fluss- und Interstitialwasser vermutet, wobei laterale Prozesse im Vergleich zum Uferbereich eine untergeordnete Bedeutung besitzen. Die Untersuchung des Interstitials der Flussmitte einer Bundeswasserstraße wie der Elbe ist jedoch mit einem hohen technischen und organisatorischen Aufwand verbunden. Im Folgenden wird auf eine Messkampagne Bezug genommen, in der zahlreiche physikalische, chemische und biologische Untersuchungen aufeinander abgestimmt durchgeführt wurden (Lange und Kranich 2003, Schöl et al. 2004), wobei mit Hilfe eines Taucherschachts auch Untersuchungen und Probenahmen direkt am Gewässergrund bis zur Flussmitte möglich waren (Eidner und Kranich 2002, siehe Abbildung 6-8). Die Einsätze erfolgten in Dresden (Elbe-km 62,1 bis 62,3), Coswig (Elbe-km 233,2 bis 233,4) und Magdeburg (Elbe-km 318,7 bis 319,3). Dabei wurden in der Regel 9 Messstellen verteilt über je 3 Transekte ausgewählt. Es fanden Messfahrten im Juni sowie im Oktober/November 2001 statt. Dabei konnten selbsttätig messende Temperaturdatenlogger im Flusssediment installiert und bei der zweiten Kampagne wieder geborgen werden. Die Auswertung dieser Daten diente zur Beschreibung der hydrodynamischen Parameter im Hyporheal der Flussmitte im Vergleich zum Parafluvial (siehe Kapitel 5.1). Für physikalisch-chemische Analysen wurde Interstitialwasser über horizontale (ufernah) bzw. vertikale (Flussmitte, Taucherschachteinsatz) Filter gewonnen.

Die folgenden Ergebnisse beziehen sich vorrangig auf die Untersuchungen in Dresden-Übigau (Elbe-km 62,1 bis 62,3). Die physikalisch-chemischen Analysen von Interstitialwasser aus dem Hyporheal mussten sich im Gegensatz zu den ganzjährigen ufernahen Beprobungen als punktuelle Untersuchungen auf die beiden Taucherschachteinsätze beschränken. Eine kontinuierliche Beprobung der Flussmitte durch Verlegung von Schläuchen von der Flussmitte zum Ufer war mit den Erfordernissen der Schifffahrt nicht vereinbar. Der Taucherschacht ermöglichte ein Arbeiten direkt auf dem Gewässergrund bis zu einer Wassertiefe von 3,1 m. Während der Arbeiten mussten die betroffenen Elbabschnitte ganz oder teilweise für den Schiffsverkehr gesperrt werden. Die Arbeiten erfolgten unter Überdruck in dem nach unten offenen Schacht. Für die Beprobung kamen die vertikalen Filterkonstruktionen (siehe Kapitel 5.1) zum Einsatz, die analog zu den Temperaturdatenloggern in definierte Tiefen in den Gewässerboden eingeschlagen wurden.

### 6.2.2 Ergebnisse der Untersuchungen bei Dresden-Übigau (Elbe-km 62,1 bis 62,3)

Verschiedene Umweltvariablen variierten zwischen dem Interstitial des Uferbereichs und der Flussmitte und zeigten damit an, dass sich der vertikale Wasseraustausch im Uferbereich von dem der Flussmitte stark unterscheidet (siehe Abbildung 6-9). So war der Stickstoffhaushalt an der Messstelle Dresden ufernah durch die Exfiltration von nitratreichem Grundwasser geprägt. In der Flussmitte konnte dieser Einfluss nicht mehr nachgewiesen werden. Hier wurde die Denitrifikation von Nitrat, das überwiegend aus dem Pelagial stammt, durch negative Tiefengradienten deutlich (siehe Abbildung 6-9). Dies bestätigten auch die im Hyporheal gefundenen erhöhten Nitritwerte. Allerdings zeigten Untersuchungen zu potenziellen Umsatzraten, dass im Uferbereich eine höhere Denitrifikationsrate zu erwarten ist (siehe Kapitel 5.4.2). Dies steht im Einklang mit den Berechnungen zu Stofftransport und Stoffumsatz anhand der vorliegenden Daten, nach denen im ufernahen Interstitial die verstärkten advektiven Transportprozesse zu einem höheren Stoffaustausch und -umsatz führen. Die trotzdem hohen Nitratwerte in Ufernähe stehen in Verbindung mit dem Zustrom aus dem Grundwasser, das auch durch eine sehr hohe Leitfähigkeit gekennzeichnet ist. Anhand der Isolinien lässt sich das Vordringen des Grundwassers in das Interstitial der Flusssohle beobachten. Zu den einzelnen Prozessen des Stickstoffumsatzes im Interstitial der Elbe wird auf Kapitel 5.4.2 verwiesen.

Die Tiefenprofile der Sauerstoffkonzentrationen zeigen eine Abnahme vom Freiwasser in das Interstitial von etwa 8 mg/l $O_2$ bis nahezu Null in der tiefsten untersuchten Schicht. Die anoxische Zone in der Flussmitte lag darunter ab etwa 50 cm Tiefe, was durch die Ablagerung reduzierter Verbindungen an den langfristig installierten Konstruktionen mit Temperaturdatenloggern bestätigt wurde. Markante Unterschiede zwischen ufernahem Interstitial und Freiwasser bezüglich der $O_2$-Gradienten traten nicht auf, da die Abbauprozesse im gesamten Querschnitt zu einem Sauerstoffverbrauch führten. Das ufernah einströmende Grundwasser in Dresden-Übigau enthielt aber mit 1,6 ± 0,8 mg/l $O_2$ immer noch geringe Sauerstoffwerte, so dass eine stabile anoxische Zone an dieser Messstelle ufernah nicht vorlag.

Ammonium spielt durch die Verbesserung der Abwasserreinigung und den Zusammenbruch der DDR-Industrie nach 1989 in der Elbe nur noch eine geringe Rolle. Insbesondere im Sommer lagen die Konzentrationen im Freiwasser und im Interstitial oft nahe der Nachweisgrenze (Untersuchungszeitraum Herbst 2001 bis Herbst 2002). Im ufernahen Interstitial zeigte der negative Tiefengradient des Ammoniums den Abbau durch Nitrifikation an. Lediglich im Winter traten zum Teil Werte bis 0,5 mg/l $NH_4$-N im Pelagial auf. Beim zweiten Taucherschachteinsatz zeigte sich ein vergleichbares Bild, das bei geringeren Wasserstandsänderungen im Bereich bis MQ ufernah durch Exfiltration aus dem Grundwasser bestimmt wird.

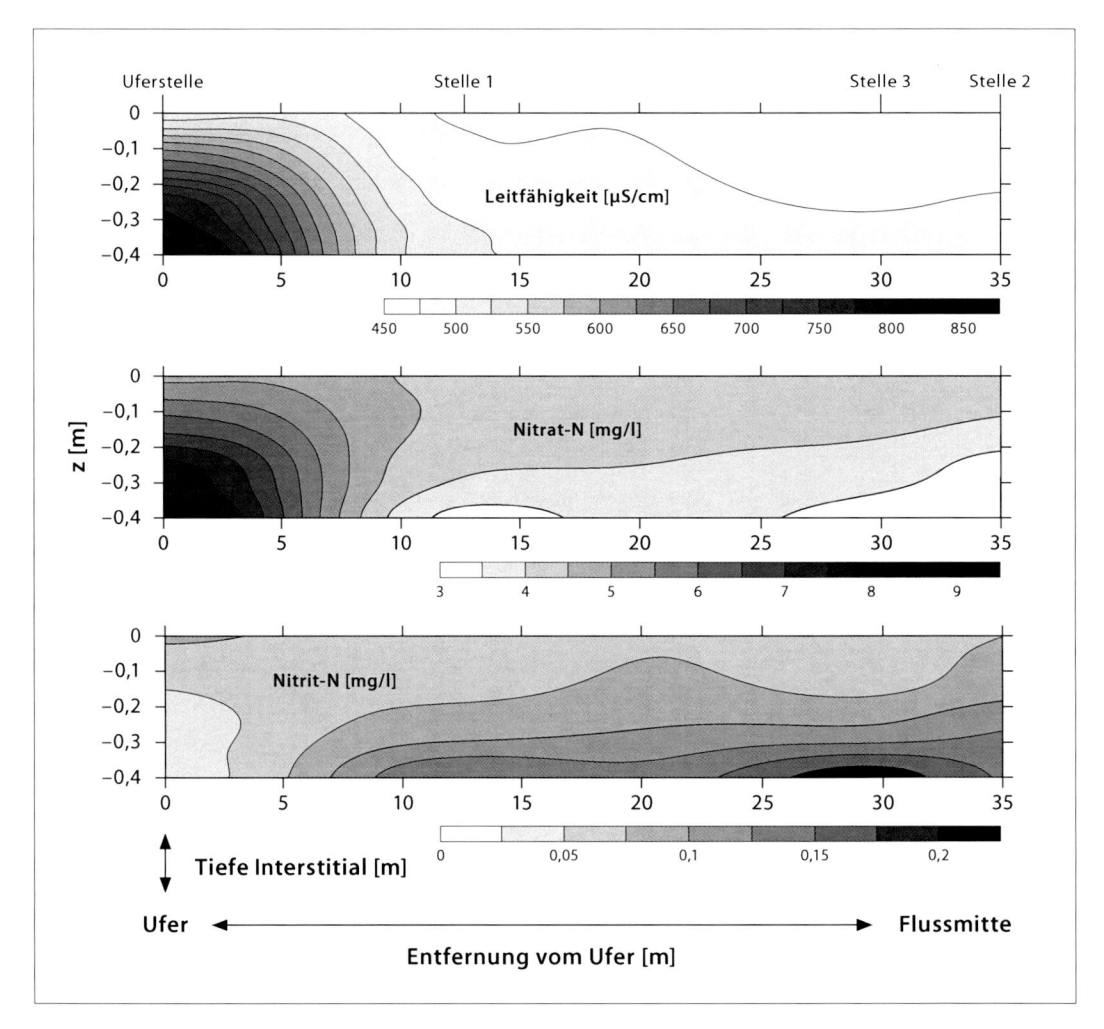

**Abb. 6-9:** Gradienten von Leitfähigkeit, Nitrat-N und Nitrit-N von der Grenze zum Freiwasser bis ins Interstitial (0 bis 40 cm Tiefe) im Querschnitt des Interstitials der Elbe vom rechten Ufer bis zur Flussmitte in Dresden (Taucherschachtaktion 12.06.2001, Elbe-km 62,1, Transekt 1)

Die Temperaturtagesgänge im Pelagial über dem Sediment unterschieden sich ufernah und in der Flussmitte. Die Tagesdynamik erfolgte phasenverschoben ufernah um 1,5 bis 1,7 h früher. Durch das anstehende Grundwasser bildeten sich auch sehr große Differenzen zwischen dem Pelagial und dem ufernahen Interstitial in 40 cm Tiefe von bis zu 8 °C bei Niedrigwasser im Sommer aus. In Coswig und Magdeburg zeigten sich zum Teil kleine, kurzzeitige Schwankungen innerhalb der Tagesdynamik im Freiwasser über der Sohle der Flussmitte. Nach unserem gegenwärtigen

Kenntnisstand könnten diese in Zusammenhang mit wechselnden Strömungen und Wirbeln aus dem Bereich der Buhnenfelder stehen.

Grundlage für die Ermittlung der Stoffumsätze waren die Untersuchungen zum advektiven (Abstandsgeschwindigkeit) und dispersiven Transport (Dispersionskoeffizient) (siehe Kapitel 5.1). Der advektive Transport wurde aus Messungen der Druckdifferenzen zwischen verschiedenen Tiefenstufen unter Einbeziehung des Durchlässigkeitsbeiwertes ($k_f$) berechnet. Die Auswertung der Temperaturtagesgänge diente zur Ermittlung des dispersiven Transportes auf der Grundlage der Berechnung der Amplitudendämpfung und der Phasenverschiebung.

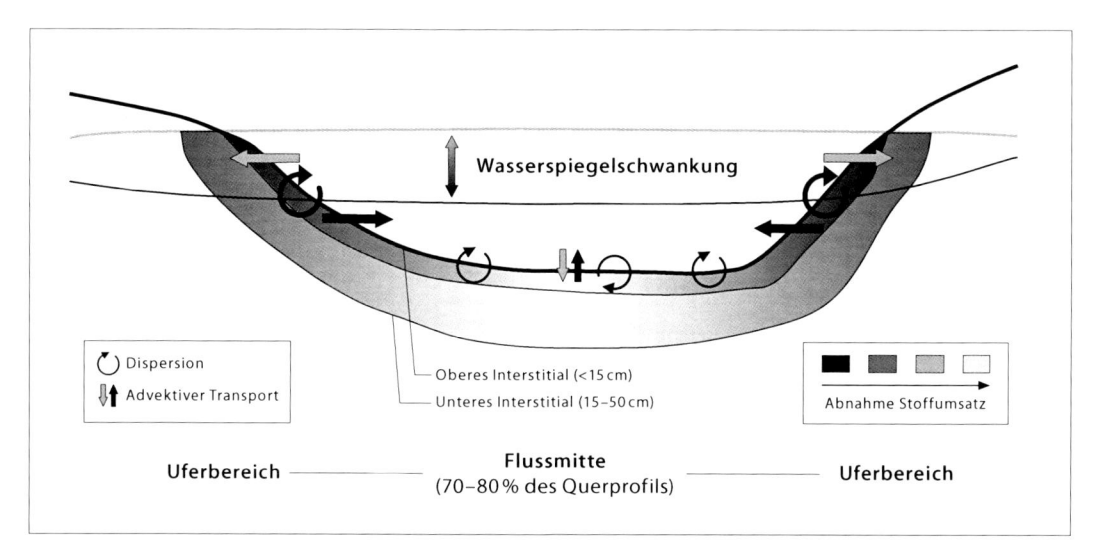

**Abb. 6-10:** Modellvorstellung zum Stoffumsatz (Respiration, Denitrifikation, Nitrifikation) und -transport im Interstitial im Flussquerschnitt an der Oberelbe und der oberen Mittelelbe (ohne Längstransport)

Die Ergebnisse aus den hydrodynamischen und physikalisch-chemischen Untersuchungen mit dem Taucherschacht und der Beprobungen des ufernahen Interstitials ermöglichten die modellhafte Gliederung des Flussquerschnitts in Zusammenhang mit der Bedeutung der Stoffumsatz- und Transportprozesse (siehe Abbildung 6-10). Der Uferbereich wurde von den starken lateralen und vertikalen Transportprozessen geprägt, wogegen in der Flussmitte (Stellen 1 bis 3) der dispersive Austausch in geringerem Ausmaß dominierte. Ufernah dominierte meist die Exfiltration durch das Grundwasser in die Elbe. Der Stoffumsatz ist abhängig von den advektiv einströmenden Stoffen aus dem Grundwasser und der dispersiven Vermischung mit Stoffen aus dem Oberflächenwasser. Grundsätzlich wird dieses Prinzip auch für Stellen mit feineren und homogeneren Sedimenten in Coswig und Magdeburg gelten, allerdings in Abhängigkeit von der Durchlässigkeit des Sediments, den hydraulischen Gradienten zwischen Grund- und Oberflächenwasser sowie der Uferstruktur (Buhnenfelder). Ein advektiver Transport in Längsrichtung, wie er bei kleinen Fließgewässern unter der Gewässersohle im mesoskaligen Bereich bekannt ist, kann in der Elbe aufgrund anderer Strukturen und dem geringen Gefälle nur im größerskaligen Bereich auftreten. Ein zusätzlicher Antrieb für die ufernahen Austauschprozesse sind natürliche Wind- und Wellenbewegungen sowie Sunk und Schwall durch Schiffe (siehe Kapitel 7.4).

Eine zuverlässige Bilanzierung der Umsatzraten für den Sauerstoff- und Stickstoffhaushalt aufgrund der gemessenen Werte ist schwierig, da als Einflussgrößen nur mittelbar bestimmbar sind

- der Dispersionskoeffizient für den Stoffaustausch,
- die Ex- bzw. Infiltrationsgeschwindigkeit und
- die Dynamik der Stoffumsatzprozesse.

Als Periode wesentlicher Stoffumsatzaktivität erwies sich der Zeitraum zwischen Mai/Juni und November/Dezember. Dies ergaben die Jahresgänge von Messungen der Gradienten im ufernahen Interstitial und die daraus folgenden Berechnungen zum Stoffumsatz (siehe Tabelle 6-1). Im Winter wird der Stoffumsatz durch niedrige Temperaturen gebremst. Erst nach dem Rückgang des Wasserstandes nach dem Frühjahrshochwasser in Verbindung mit steigenden Temperaturen erhöhte sich der Stoffumsatz wieder. Die folgenden Ergebnisse wurden mit der von BAUMERT et al. (2003) entwickelten Bilanzmethode (Advektions-Diffusions-Reaktionsgleichungen für Parafluvial und Interstitial) und mit Hilfe des Modells AQUASIM 2.1 (REICHERT et al. 2002) erzielt. AQUASIM diente dabei zur Aufstellung eines Teilmodells für den Stoffaustausch zwischen Freiwasser/Interstitial und Grundwasser auf der Basis der Auswertung und vergleichenden Simulation der Wassertemperaturen in den einzelnen Schichten sowie zur Ableitung und Verifizierung des Dispersionskoeffizienten und der advektiven Geschwindigkeit. Die berechneten Umsatzraten sind das Ergebnis aller Umsatzprozesse und geben dabei sowohl die Abbauprozesse als auch die Bildungsprozesse wieder. Für den Zeitraum Sommer/Herbst ergaben sich die folgenden mittleren Werte zum Stoffumsatz, bezogen auf das Wasser im ufernahen Interstitial (Parafluvial) für Dresden und Meißen:

- typische advektive Geschwindigkeit: (Exfiltration) zwischen 0,1 und 0,2 m/h,
- typischer Dispersionskoeffizient gleich 0,4 m$^2$/h,
- mittlere Respirationsrate zwischen 0,5 und 1,0 g/(m$^3 \cdot$h) O$_2$,
- mittlere Denitrifikationsrate zwischen 0,1 und 0,2 g/(m$^3 \cdot$h) NO$_3$-N,
- mittlere Nitrifikationsrate zwischen 0,01 und 0,02 g/(m$^3 \cdot$h) NH$_4$-N.

Bei Exfiltration werden durch den Stoffumsatz im ufernahen Interstitial vor allem Nährstofffrachten aus dem zuströmenden Grundwasser vermindert. Eine Selbstreinigung bezüglich der Substanzen aus dem Freiwasser beschränkt sich dabei auf die dispersiv eingemischten Stoffe, von denen die abbaubaren organischen Substanzen zur Denitrifikation erforderlich sind (PUSCH et al. 1998). Für die Berechnung der Nährstoffbilanzen wurde ein Porenvolumen von 20 % angenommen. Somit entsprechen diese Werte folgenden Umsatzraten im ufernahen Interstitial, bezogen auf das Sedimentvolumen:

- mittlere Respirationsrate zwischen 0,1 und 0,2 g/(m$^3_{Sed.}\cdot$h) O$_2$,
- mittlere Denitrifikationsrate zwischen 0,02 und 0,05 g/(m$^3_{Sed.}\cdot$h) NO$_3$-N,
- mittlere Nitrifikationsrate zwischen 0,002 und 0,004 g/(m$^3_{Sed.}\cdot$h) NH$_4$-N.

Die ermittelten Stoffumsätze sind erwartungsgemäß deutlich niedriger als potenzielle, im Labor bestimmte Raten. Zu den limitierenden Ursachen zählen die niedrigeren Temperaturen und die begrenzten Substratangebote bzw. ungünstigeren Milieubedingungen. Außerdem können Labormessungen aus technischen Gründen nur mit dem Feinkornanteil der teils sehr heterogenen Flusssedimente durchgeführt werden. Der Vergleich mit unter Laborbedingungen gemessenen potenziellen Umsatzraten (als Obergrenzen) zeigt für die Respiration und die Denitrifikation ein Verhältnis von 1 : 10 bis 1 : 100 (siehe Kapitel 5.1.3). Der größte Anteil des Stoffumsatzes fand gemäß der auf den Messungen beruhenden Berechnungen in der oberen Schicht des Parafluvials (ufernahen Interstitials) statt. Die Nitrifikation war aufgrund der Substratlimitierung durch mittlerweile geringe Ammonium-Konzentrationen im Sommer/Herbst sehr niedrig. Wegen der zahlreichen Einflussfaktoren, insbesondere durch die limitierende Transportdynamik, konnten auch bei höheren Temperaturen z.T. niedrige Umsätze auftreten. Infolge der günstigeren Sedimentstruktur (Durchlässigkeit, Aufwuchsträger) waren die Stoffumsätze in der Uferzone von Meißen höher als in der von Dresden.

### 6.2.3 Bedeutung des Interstitials für den Stoffumsatz und -transport

Die Ergebnisse zeigen, dass es für Bilanzierungen und Modellierungen zum Nährstoffumsatz nicht ausreicht, nur die Vorgänge im Pelagial des Gewässers zu betrachten. Die gesamte Nährstofffracht eines Gewässers setzt sich aus punktuellen und diffusen Einträgen zusammen, die durch im Gewässer stattfindende biologische Abbau- und Bildungsprozesse entscheidend modifiziert wird (siehe Band 1 dieser Reihe: „Wasser- und Nährstoffhaushalt im Elbegebiet …", Kapitel 3.2, BEHRENDT et al.). Bei großen Flüssen wie der Elbe werden punktuell eingetragene Stoffe im Pelagial, in den Sedimenten der Flussmitte und in Abhängigkeit der Querverteilung der Belastung auch im Parafluvial umgesetzt. Diffuse Einträge passieren bei Fließgewässern mit natürlicher, überwiegender Exfiltration von Grundwasser dagegen das Parafluvial, welches dann als Filterzone für eine Reduzierung der Nährstofffracht in Abhängigkeit von der Verfügbarkeit erforderlicher Substanzen sorgt, z. B. durch Einmischung abbaubarer organischer Stoffe aus dem Pelagial (PUSCH et al. 1998).

Bei der Bilanzierung (siehe Tabelle 6-1) des Beitrags des Interstitials zur Reduzierung der Nährstoffbelastung der Elbe mussten die Anteile des Stoffumsatzes im Parafluvial und im Hyporheal berücksichtigt werden. Das Parafluvial ist die interstitielle Hauptumsatzzone mit einem Anteil von 70 bis 80 % bezogen auf den Flussquerschnitt, obwohl z. B. in Dresden nur 20 bis 30 % des Querprofils dem aktiven Uferbereich zuzuordnen sind. Dies lässt sich auf die Kombination der Transportprozesse durch Advektion (z. B. Nitrat aus dem Grundwasser) und Dispersion (Eintrag von organischen Nährstoffen aus dem Oberflächenwasser) mit dem Ergebnis optimaler Bedingungen für die Mikroorganismen zurückführen. Der größte Anteil des interstitiellen Stoffumsatzes wirkt sich durch die Reduzierung der Nährstofffrachten, die aus dem Einzugsgebiet mit dem Grundwasser der gesamten Elbe zuströmen, durch das Parafluvial aus. Mit zunehmender Reinigung der Punktquellen gewinnt dieser Prozess für die Verminderung von Belastungen von Gewässern weiter an Bedeutung. Der aktivste Horizont ist dabei das obere ufernahe Interstitial (<15 cm Sedimenttiefe). Das tiefere, ufernahe Interstitial zeigt noch ein etwas höheres Stoffumsatzpotenzial als das Interstitial der Flussmitte. Um dieses System von Grundwasser – Parafluvial (ufernahes Interstitial) – Hyporheal (Interstitial der Flussmitte) – Pelagial (Freiwasser) im Bereich von Buhnenfeldern zu verstehen, wären weitere Untersuchungen erforderlich, zumal die hydrodynamischen Prozesse im Pelagial der Buhnenfelder andere Muster aufweisen.

Im Sommer/Herbst-Zeitraum wurde die mittlere Denitrifikationsrate im Interstitial der Oberen Elbe mit 25 bis 50 kg/d Nitrat-N und Flusskilometer bilanziert (siehe Tabelle 6-1). Demgegenüber benötigt die interstitielle Respiration zwischen 150 bis 400 kg/d Sauerstoff pro Flusskilometer. Auf den Gesamtflusslauf der Elbe in Deutschland bezogen ist demnach zwischen Mai/Juni und November/Dezember ein Denitrifikationspotenzial von 15 bis 30 t/d Stickstoff im Interstitial zu erwarten. Die Realisierung dieses Denitrifikationspotenzials hängt ab von

- den hydrodynamischen Bedingungen,
- den Temperatur- und Sauerstoffverhältnissen sowie
- dem Angebot an abbaubaren Stoffen, z. B. aus der Primärproduktion im Pelagial.

Die Größenordnung dieses Potenzials zeigt, dass das Interstitial nicht nur ein wichtiges und komplexes biozönotisches Kompartiment ist, sondern dass es auch in Wechselwirkung mit dem Grund- und Flusswasser den Stickstoffhaushalt wesentlich beeinflusst.

Ein Nutzen der Erkenntnisse liegt in der künftigen Erweiterung des Fließgewässergütemodells QSim (siehe Kapitel 7.1 und 7.2) um das Kompartiment Interstitial. Dabei erscheint es als sinnvoll, ufernahes Interstitial und Interstitial der Flussmitte als separate Modellbausteine zu formulieren, um die unterschiedlichen Stofftransport- und Stoffumsatzvorgänge widerzuspiegeln. Das Interstitial der Flussmitte könnte durch ein unter dem Oberflächenwasser liegendes Kompartiment über Austauschprozesse an den Hauptstrom angeschlossen werden in Anlehnung an das Gewässergütemodell RWQM1 (REICHERT et al. 2001). Das zweite, ufernahe Kompartiment müsste lateral an das Oberflächenwasser anschließen, insbesondere unter Widerspiegelung der advektiven Transportprozesse. Während bisher für kleine Flüsse die besondere Bedeutung des Sediments unter Einbeziehung des Interstitials für den Stickstoffhaushalt bekannt war (FISCHER et al. 1998, BORCHARDT und Fischer 2000), konnte mit den vorliegenden Untersuchungen auch für große Flüsse die Relevanz der Stickstoffretention im Interstitial nachgewiesen werden.

**Tab. 6-1:** Bilanz der Umsatzraten im Interstitial pro Flusskilometer in der Oberen Elbe („Sommer" – Mai/Juni bis November/Dezember; „Winter" – Dezember/Januar bis April/Mai)

| Parameter | Einheit | Sommer | Winter | Gesamtjahr |
|---|---|---|---|---|
| Respirationsrate pro Fluss-km | kg/d $O_2$ | 150 ... 400 | 0 ... 130 | 80 ... 250 |
| Denitrifikationsrate pro Fluss-km | kg/d $NO_3$-N | 25 ... 50 | 2 ... 30 | 14 ... 40 |
| Nitrifikationsrate pro Fluss-km | kg/d $NH_4$-N | 2,5 ... 5,5 | 7,5 ... 20 | 5,0 ... 12 |
| Anteil Parafluvial am Umsatz | % | 60 ... 80 | 50 ... 90 | 70 ... 80 |

Die Ergebnisse der Untersuchungen bestätigen die Notwendigkeit zeitlich hochauflösender und komplexer in-situ-Untersuchungen der Stofftransport- und Umsatzvorgänge im Interstitial, um die tatsächliche Stoffumsatzleistung und damit das Selbstreinigungspotenzial zu erfassen (siehe Kapitel 5.4.1 und 7.3). Der erhebliche Einfluss der morphologischen Struktur auf den Stofftransport und -umsatz werfen Fragen zur wasserbaulichen Gestaltung im ufernahen Bereich auf (Querprofil, Uferverbau, Steinschüttungen, Buhnen). Eine Störung der natürlichen Austauschprozesse und Korngrößenverteilung wirkt sich negativ auf den Stoffumsatz im Interstitial und damit auf die Selbstreinigung in Fließgewässern aus.

## 6.3 Vertikale Wechselwirkungen zwischen Pelagial und Sediment im Buhnenfeld
*Ute Wörner und Matthias Brunke*

### 6.3.1 Austauschprozesse in einem Buhnenfeld

Die biologischen Prozesse, die in den beiden Flusskompartimenten des freien Wasserkörpers (Pelagial) und des Sohlsediments (Benthal) ablaufen beeinflussen sich über vertikale Wechselwirkungen gegenseitig (siehe Abbildung 6-1). Aus dem Pelagial sedimentieren Algen und Aggregate, Flocken aus verschiedenen organischen und anorganischen Bestandteilen, die in der Elbe meist kleiner als 1 mm sind. Solche abgelagerten Feinpartikel bilden eine lockere obere Sedimentauflage (auch Präsediment, Fluff oder Mudde genannt), die einen hohen Anteil organischer Substanz aufweist. Wie bereits in den Kapiteln 3.5 und 4.3.5 dargelegt, sind Aggregate reich an Nährstoffen und daher oftmals dicht mit Bakterien und Protozoen (tierischen Einzellern), wie Ciliaten (Wimpertierchen), heterotrophen Flagellaten (Geißeltierchen) und Amöben (Wechseltierchen), besiedelt. Auch an der Oberfläche mancher zentrischer Diatomeen (Kieselalgen) der Mittelelbe konnten mit Stielen festgeheftete heterotrophe Flagellaten beobachtet werden. Aufgrund der mikrobiellen Besiedlung sind Aggregate auch Orte mit einer erhöhten Stoffumsetzungsrate und besitzen daher große Bedeutung für die Stoffflüsse in Fließgewässern (GROSSART und PLOUG 2000, WILCZEK 2005).

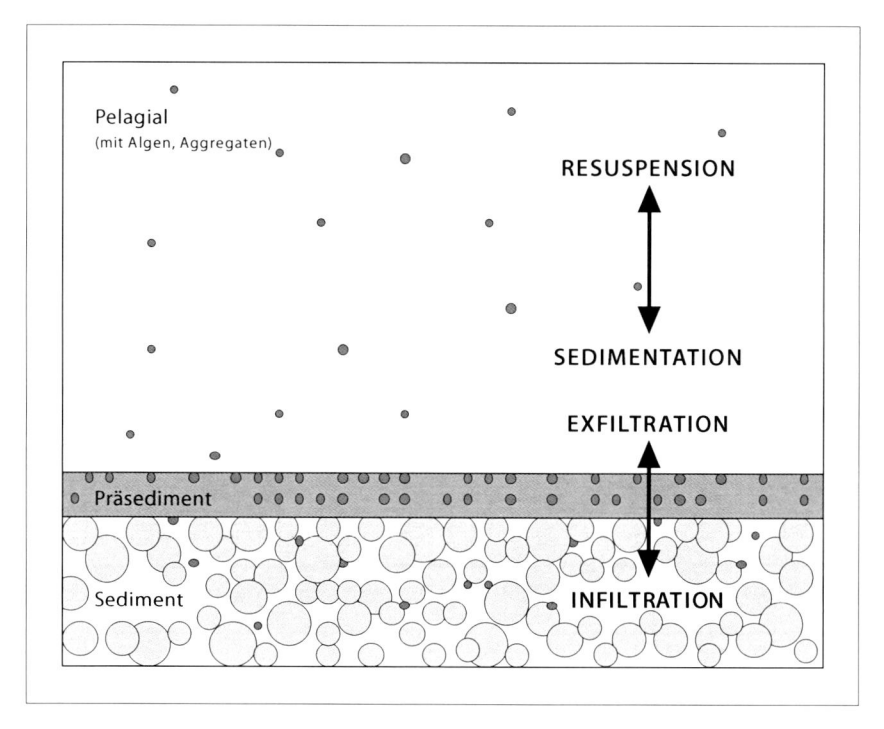

**Abb. 6-11:** Schematische Darstellung der Kompartimente und vertikalen Austauschprozesse in einem Buhnenfeld

In Buhnenfeldern kommt es wegen der im Vergleich zum Hauptstrom geringeren Wassertiefe und Strömung verstärkt zu Ablagerungen organischen Materials, speziell von schnell sedimentierenden Algen und Aggregaten. Damit gelangen auch die assoziierten Bakterien und Protozoen in Kontakt mit dem Sediment bzw. Präsediment. Die Ablagerungen können bei Hochwasser oder durch starke Turbulenzen, die von vorbeifahrenden Schiffen verursacht werden, resuspendiert werden und damit wieder in die Wassersäule gelangen. Derartige Prozesse beeinflussen die Protozoengemeinschaft des Pelagials (GARSTECKI und WICKHAM 2001, SHIMETA et al. 2002).

Partikel aus dem Pelagial können auch in das Sediment eingetragen werden; in welchem Ausmaß dies geschieht, hängt von den Sedimenteigenschaften und den sohlnahen Strömungsbedingungen ab. Wasser aus dem Fluss kann ebenso in das Sediment gelangen (Infiltration) wie umgekehrt Interstitialwasser aus dem Sediment austreten und sich mit dem Flusswasser vermischen kann (Exfiltration). In Abbildung 6-11 sind die wesentlichen Kompartimente und vertikalen Austauschprozesse in einem Buhnenfeld schematisch aufgezeigt. Im Folgenden wird auf die den Austausch bestimmenden Sedimenteigenschaften und auf die Veränderung von Protozoengemeinschaften durch vertikale Beeinflussung eingegangen. Die hierfür ebenfalls bedeutsamen Sedimentationsraten und Sinkgeschwindigkeitsspektren partikulären Materials werden in den Kapiteln 4.1 und 4.2 eingehend erörtert.

### 6.3.2 Vertikale Wechselwirkungen: Aggregatassoziierte Protozoen

Eine gegenseitige Beeinflussung der Prozesse im Benthal (Lebensraum des Sediments) und im Pelagial (Lebensraum des freien Wasserkörpers) wird in der Fachliteratur „benthisch-pelagische Kopplung" genannt. Etliche Untersuchungen zu dieser Thematik wurden bislang im marinen Bereich durchgeführt im Hinblick auf eine Beeinflussung benthischer Organismen durch Ablagerungen organischen Materials aus dem Pelagial (JOSEFSON und CONLEY 1997, PIEPENBURG et al. 1997, PFANNKUCHE 1999). Andererseits ist auch eine Beeinflussung pelagischer Prozesse durch Prozesse oder Organismen des Benthals bekannt wie zum Beispiel Nährstofffreisetzung aus Sedimenten (ALONGI 1995) und eine Besiedlung des Pelagials durch im Sediment ruhende Dauereier verschiedener Zooplankter (MARCUS und BOERO 1998). Aber auch in limnischen Biotopen wurden benthisch-pelagische Austauschprozesse untersucht. Im schwedischen Erken-See korreliert die bakterielle Aktivität im Sediment signifikant mit dem Eintrag von Phytodetritus (GOEDKOOP und JOHNSON 1996). Die Retention von Phytoplankton im Sediment von Tieflandfließgewässern wurde durch SCHMITT (1999) und WANNER (2000) untersucht. In der Spree (WELKER und WALZ 1998, PUSCH et al. 2001) sowie im Rhein (WEITERE und ARNDT 2002) kann die Filtrationsaktivität von Muscheln die Konzentration des Phyto- und Zooplanktons reduzieren.

Wenig ist dagegen bekannt, inwiefern vertikale Austauschprozesse die Protozoengemeinschaften und die von ihnen bedingten Stoffumsätze beeinflussen. GARSTECKI et al. (2000) verglichen pelagische und benthische Protozoengemeinschaften in den Boddengewässern vor der Insel Hiddensee. Sie fanden große Übereinstimmung in der Artenzusammensetzung von Amöben und heterotrophen Flagellaten, geringe taxonomische Überlappung jedoch bei den Ciliaten. Resuspension und Durchmischung kann sich zudem positiv auf das Wachstum auto- und heterotropher Protisten (Einzeller) auswirken (WAINRIGHT 1987, GARSTECKI und WICKHAM 2001). SHIMETA et al. (2002) stellten an der Küste vor Massachusetts verschiedene Grenzwerte der Strömung für die Resuspension von Protisten fest. Eine Beeinflussung von aggregatassoziierten Protozoen durch vertikale Austauschprozesse wurde bislang nicht untersucht. Hierzu sind mindestens zwei Mechanismen denkbar: (1) Durch Sedimentation gelangen Aggregate auf die Oberfläche des Sediments, dabei könnten sie mit benthischen Protozoen „beimpft" werden. (2) Bei Resuspension der Präsedimentschicht gelangt organisches Material mit den assoziierten Organismen in die Wassersäule und beeinflusst damit Anzahl und Besiedlung der Aggregate. Protozoen leben zahlreich in den Sedimenten verschiedener aquatischer Lebensräume wie in Seen (FINLAY et al. 1988), im Meer (DIETRICH und ARNDT 2000) sowie in Tieflandflüssen (GÜCKER und FISCHER 2003). Im Mittellauf der Elbe wurde eine diverse benthische Ciliatenzönose festgestellt (siehe Kapitel 4.3.4 und 5.3.1). Daher ist eine Beeinflussung der pelagischen Protozoengemeinschaft durch benthische Protozoen im Zuge vertikaler Austauschprozesse zu vermuten. Zudem sind viele im Pelagial aggregatassoziierte Protozoen als Besiedler des Benthals beschrieben (CARON 1991a, ZIMMERMANN et al. 1998).

**Experiment zum Einfluss des Sediments auf sedimentierte Aggregate**

Zur Prüfung der Hypothese, dass benthische Protozoen sedimentierte Aggregate besiedeln und damit zu einer Erhöhung der Organismenzahl und einer Veränderung in der Artenzusammensetzung beitragen, wurde im August 2001 ein Laborexperiment durchgeführt. Untersucht wurde jeweils die Zönose von Aggregaten, die auf Sediment, ohne Sediment und in Turbulenz inkubiert wurden: Hierfür wurden die mittels Rollflaschen künstlich in filtriertem Elbwasser hergestellten Aggregate auf Sand-Sedimentkerne aus einem Elbe-Buhnenfeld aufgebracht, von denen die Präsedimentschicht zuvor entfernt worden war. Vergleichend wurden Plexiglaszylinder ohne Sediment mit demselben Volumen aggregathaltigen Elbwassers befüllt. Die Aggregate wurden zwei Mal täglich für 1 min resuspendiert und nach 60 h zur Analyse der Protozoengemeinschaft entnommen. Parallel dazu wurden drei Ansätze der künstlich generierten Aggregate weiterhin in den Rollflaschen inkubiert, um den Einfluss turbulenter Bedingungen ohne Sedimenteinfluss im Vergleich zu den Ruhebedingungen in den Plexiglaszylindern zu untersuchen (siehe Tabelle 6-2).

Die Abundanzen sowohl der heterotrophen Flagellaten als auch der Ciliaten waren nach Versuchsende in den Ansätzen mit Sedimentkern niedriger als in den Ansätzen ohne Sediment ($t$-Test, $p < 0,05$, $n = 3$) (siehe Abbildung 6-12, oben). Die Hypothese, dass aggregatassoziierte Zönosen durch aus dem Sediment einwandernde Protozoen positiv beeinflusst werden, konnte somit nicht bestätigt werden. Es wurde im Gegenteil eine negative Beeinflussung der Aggregatbesiedlung bei einer Inkubation auf Sediment gefunden. Das schlechtere Wachstum der Protozoen auf dem Sediment ist möglicherweise bedingt durch die nur etwa halb so hohen Sauerstoffwerte in diesen Ansätzen. Die Werte für die Organismenabundanzen bei turbulenten Bedingungen lagen geringfügig niedriger als für jene, die ohne Wasserbewegung und ohne Sediment inkubiert wurden; statistisch signifikant waren die Unterschiede hier jedoch nicht.

**Tab. 6-2:** Experiment zu den Auswirkungen von Sediment und Strömung auf aggregatassoziierte Protozoen

| | Zylinder mit Sediment | Zylinder ohne Sediment | Rollflasche ohne Sediment |
|---|---|---|---|
| Skizze Versuchsaufbau | | | |
| Wasserbewegung/Behandlung | Zweimalige Resuspension (je 1 min) der Aggregate täglich | Zweimalige Resuspension (je 1 min) der Aggregate täglich | Konstante Wasserbewegung bei 2,3 Umdrehungen/min |
| $O_2$-Gehalt in mg/l (% Sättigung) im Wasser bei Versuchsende | 5,8 (61) | 10,7 (111) | 10,4 (110) |

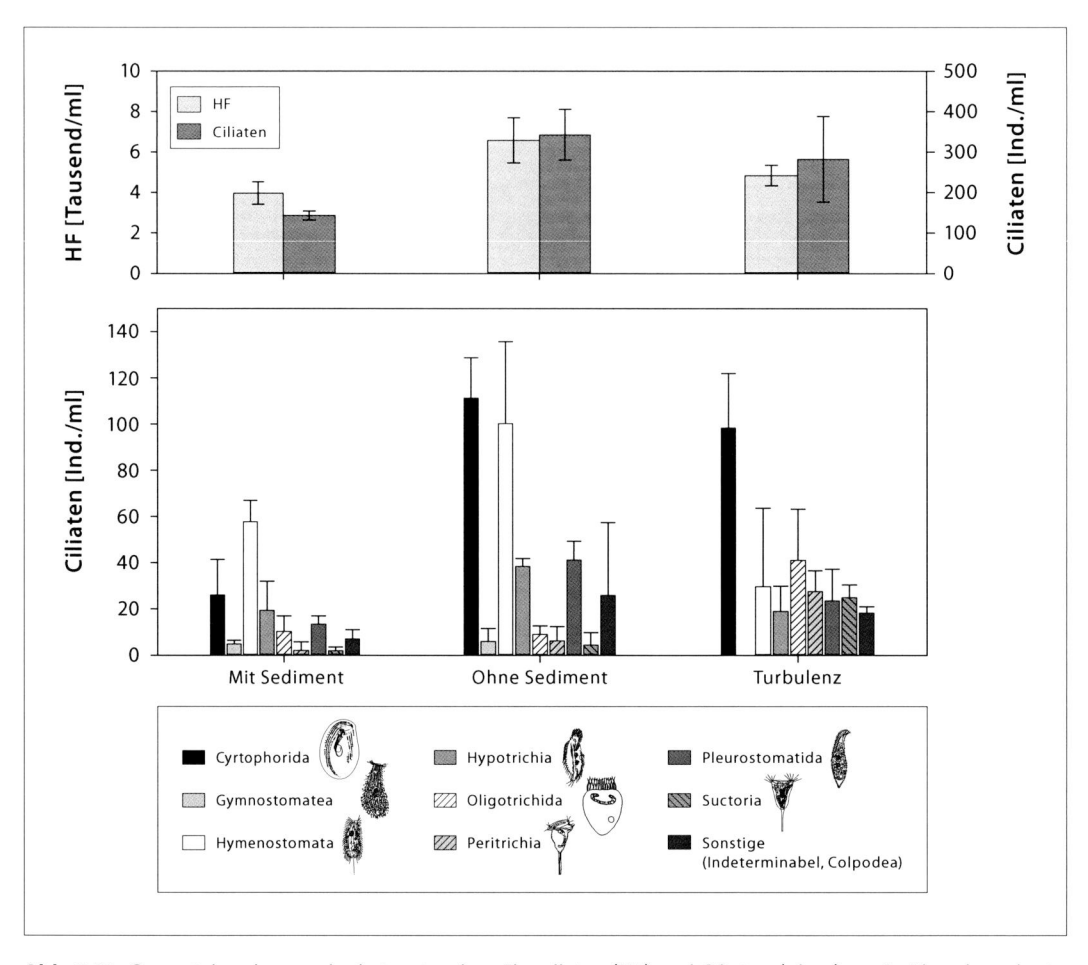

**Abb. 6-12:** Gesamtabundanzen der heterotrophen Flagellaten (HF) und Ciliaten (oben) sowie Abundanz der taxonomischen Gruppen der Ciliaten (unten) nach Versuchsende; Mittelwert ± Standardfehler (n = 3) (Zeichnungen nach FOISSNER et al. 1991)

Bei den taxonomischen Gruppen der Ciliaten (siehe Abbildung 6-12, unten) zeigten die Cyrtophorida und die Pleurostomatida eine signifikant negative Beeinflussung bei Inkubation der Aggregate auf dem Sediment. Denkbar ist ein schlechteres Wachstum aufgrund geringerer Sauerstoffwerte oder aber eine Auswanderung dieser Organismen von den Aggregaten in das Sediment hinein. Die Gruppe der vagilen Hypotrichia bevorzugte signifikant eine Inkubation ohne Wasserbewegung, während die mit einem Stiel an Aggregaten festgehefteten Gruppen der Peritrichia und Suctoria die Inkubation unter Strömung bevorzugten. Auch in der Tideelbe bevorzugten die Suctoria Orte mit starker Strömung (KRIEG und RIEDEL-LORJE 1991). Bei einer Sedimentation von Aggregaten werden die einzelnen assoziierten Ciliatentaxa somit auf unterschiedliche Weise beeinflusst; profitieren dürften die Taxa, die geringe Strömung bevorzugen und zudem niedrige Sauerstoffgehalte des Wassers tolerieren.

### Experiment zum Einfluss der Resuspension von Präsediment auf Aggregate

Ein im gleichen Zeitraum durchgeführtes weiteres Experiment beschäftigte sich mit dem Effekt resuspendierten Präsediments auf die Aggregate des Pelagials. Es wurde vermutet, dass ein Eintrag von partikulärem Material in die Wassersäule sich förderlich auf die Bildung und Besiedlung von Aggregaten in der Wassersäule auswirkt. Zunächst wurden wiederum Aggregate künstlich in Rollflaschen erzeugt und zu einem Teil der Ansätze von drei verschiedenen Stellen im Freiland stammendes Präsediment gegeben. Nach zweistündiger Inkubation wurden die Aggregate über Sedimentation entnommen und deren Trockengewicht sowie die Abundanz der heterotrophen Flagellaten ermittelt.

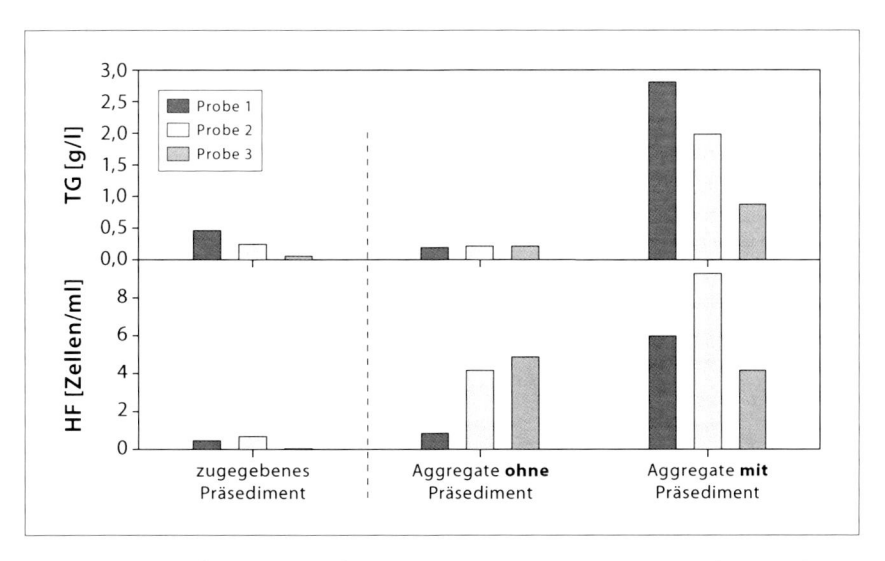

**Abb. 6-13:** Experimentelle Befunde zum Einfluss resuspendierten Präsediments auf die Trockenmasse pelagischer Aggregate und auf die Abundanz der aggregatassoziierten heterotrophen Flagellaten (HF)

Für die Trockengewichte der Aggregate wurden bei Zugabe von Präsediment höhere Werte gemessen (siehe Abbildung 6-13). In allen drei Fällen lagen die Trockengewichtswerte für Aggregate mit Präsediment weitaus höher als durch eine Summierung der zugegebenen Präsedimentmasse und der Aggregate ohne Präsediment erwartet werden konnte. Die Zugabe von Präsediment scheint demnach die Aggregation von Partikeln in der Wassersäule zu beschleunigen. Auch die Abundanz aggregatassoziierter heterotropher Flagellaten war bei Zugabe von Präsediment höher als bei Aggregaten, die ohne Präsediment inkubiert wurden (siehe Abbildung 6-13).

Heterotrophe Flagellaten können wegen ihrer kurzen Generationszeiten rasch auf günstige Umweltbedingungen reagieren. Zudem siedeln sie sehr schnell auf neu entstandenen Aggregaten (Artolozaga et al. 1997). Sie sind daher die ersten Protozoen, die von einer Aggregation von Partikeln in der Wassersäule profitieren.

Die Ergebnisse aus den Experimenten zeigen, dass vertikale Austauschprozesse in Buhnenfeldern für die pelagische aggregatassoziierte Protozoengemeinschaft in der Mittleren Elbe von Bedeutung sind. Vor allem der Eintrag resuspendierten Präsediments in die Wassersäule fördert die Entstehung von Aggregaten und deren Besiedlung mit heterotrophen Flagellaten. Nachfolgend dürften sich auch Ciliaten und Amöben als pelagische Aggregatbesiedler einstellen – eine Sukzession wie sie für Aggregate der Tideelbe (Wörner et al. 2000) und auch für marine Aggregate (Artolozaga et al. 1997) gefunden wurde. Eine vermehrte Aggregation z. B. der zentrischen Diatomeen in der Elbe dürfte beschleunigte Stoffumsetzungsraten im Pelagial zur Folge haben und somit eine erhöhte Selbstreinigung des Flusses. Aggregate sedimentieren jedoch schneller als einzelne Algen, was wiederum die Retention in strömungsberuhigten Bereichen beeinflussen dürfte. Eine Sedimentation der Aggregate auf sandiges Sediment scheint sich nur für wenige der assoziierten heterotrophen Flagellaten und Ciliaten vorteilhaft auszuwirken. Die Ergebnisse aus den Rollflaschen-Ansätzen belegen, dass sich auch im Pelagial – unter turbulenten Bedingungen und ohne direkten Sedimentkontakt – benthische Organismen an Aggregaten entwickeln können.

### 6.3.3   Vertikale Wechselwirkungen: Sedimenteigenschaften

Die vertikalen Wechselwirkungen zwischen dem Flusswasser und dem Interstitialwasser im Sediment sind für viele ökologische Prozesse, beispielsweise hinsichtlich des Stoffhaushaltes, und für die Besiedlung im Sediment bedeutend oder sogar entscheidend (z.B. BRUNKE und GONSER 1997). Über die Infiltration von Flusswasser in die Sedimente werden gelöste Substanzen in das Interstitialwasser transportiert, wo sie dann aufgrund der längeren Aufenthaltszeit mikrobiell transformiert oder abgebaut werden. Über die Exfiltration des Interstitialwassers werden wiederum Stoffe in das Oberflächenwasser eingetragen. Neben den gelösten Substanzen wird auch feines partikuläres Material aus dem Flusswasser, z.B. Algen und Aggregate, in die Sedimente transportiert und dort zurückgehalten und abgebaut.

Der hydrologische Austausch über In- und Exfiltration und der Rückhalt von feinen Partikeln im Sediment (Retention) wird maßgeblich durch die Kornzusammensetzung des Sediments beeinflusst. Für den potenziellen hydrologischen Austausch ist die hydraulische Leitfähigkeit des Sediments (Durchlässigkeitsbeiwert = $k_f$-Wert) die informative Kenngröße. Der $k_f$-Wert beschreibt den Reibungswiderstand eines vom Wasser durchflossenen Sediments. Wegen der Viskositätsänderungen des Wassers ist dieser temperaturabhängig. Der tatsächliche Austausch hängt zudem noch von dem Druckunterschied zwischen dem Oberflächen- und Interstitialwasser ab. Der $k_f$-Wert lässt sich über verschiedene Verfahren näherungsweise abschätzen (z.B. HÖLTING 1992). Die Bestimmung des $k_f$-Wertes aus der Korngrößenzusammensetzung nach BEYER (1964) wurde hier für die Sedimente angewendet (für eine Wassertemperatur von 10 °C). Die Sedimente stammen von Elbe-km 232 bis 233 sowie im Falle der mobilen Düne von Elbe-km 519.

Die Durchlässigkeitsbeiwerte der Sedimente der Mittleren Elbe schwankten zwischen $10^{-3}$ und $10^{-4}$ m/s und sind somit als stark durchlässig zu klassifizieren (HÖLTING 1992). Unter den vorkommenden geomorphologischen Sohlstrukturen zeigte die mobile Düne eine deutlich höhere Leitfähigkeit als die anderen Sohlstrukturen (siehe Abbildung 6-14). Dies ist auf die hohen Anteile an Feinkies und Grobsand und das fast völlige Fehlen feinerer Kornfraktionen zurückzuführen (siehe auch Kapitel 4.3.3). Die meisten Sedimente im Buhnenfeld befanden sich in einem engen Bereich von etwa $5 \cdot 10^{-4}$ m/s; einige wenige Proben hatten jedoch deutlich höhere bzw. niedrigere Durchlässigkeitsbeiwerte (siehe Abbildung 6-14).

Die Retention von feinen Partikeln wird von den Filtereigenschaften des Sediments bestimmt. Der effektive Porendurchmesser ist eine wichtige Kenngröße eines mechanischen Filters, aus der man, mit Kenntnis der Partikelgrößen, entnehmen kann, ob Partikel nicht in das Filter eindringen können, ob sie im Filter zurückgehalten werden oder ob sie das Filter passieren (SHERARD et al. 1984). Der effektive Porendurchmesser (EPD) wird beschrieben durch EPD = 0,2 · d15. Bei d15 handelt es sich um die Korngröße (mm) einer Sedimentprobe, bei der 15 % der Sedimentkörner dieser Probe einen kleineren Durchmesser haben; d15 kann aus der Summenkurve einer Korngößenanalyse entnommen werden. Die Filtereigenschaften eines Sediments ergeben sich aus folgendem Verhältnis: d15 Partikel < EPD < d85 Partikel. Folglich gilt: (1) Für einen Rückhalt von Feinpartikeln muss der effektive Porendurchmesser des Filters kleiner als d85 der Partikel sein, andernfalls passieren die Partikel das Filter. (2) Für einen Rückhalt innerhalb des Filters muss der effektive Porendurchmesser größer als d15 der Partikel sein, andernfalls können die Partikel nicht in das Filter eindringen und akkumulieren auf der Oberfläche. Diese rein mechanische Filtration von Partikeln in Sedimenten gilt nur für Durchmesser > 30 µm. Bei Partikelgrößen zwischen 3 und 30 µm wirken mechanische und physikochemische Eigenschaften, bei Größen von 1 µm und kleiner nur noch die physikochemischen Oberflächeneigenschaften (HERZIG et al. 1970).

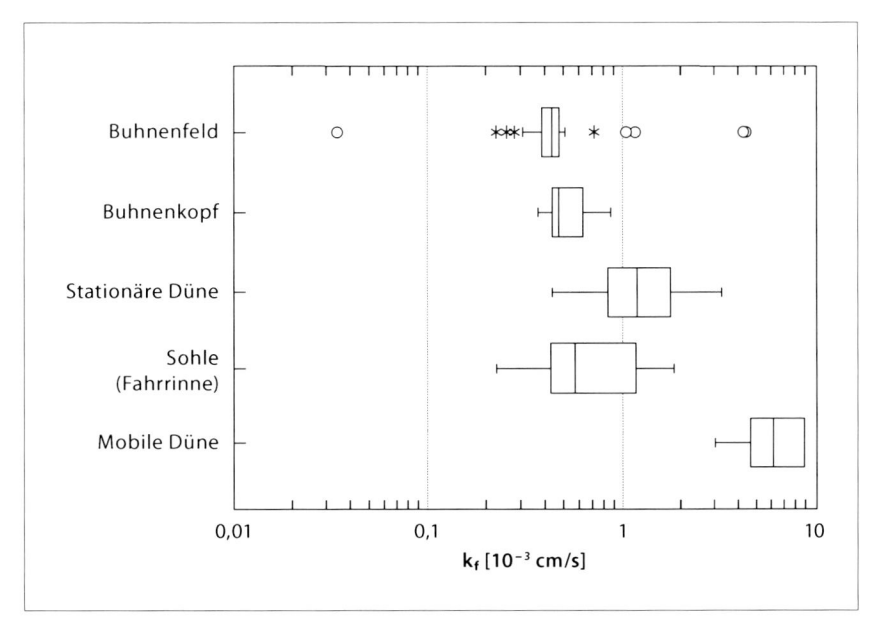

**Abb. 6-14:** Hydraulische Leitfähigkeit ($k_f$-Wert) der Sedimente in verschiedenen geomorphologischen Strukturen der Elbe bei Coswig (n = 73)

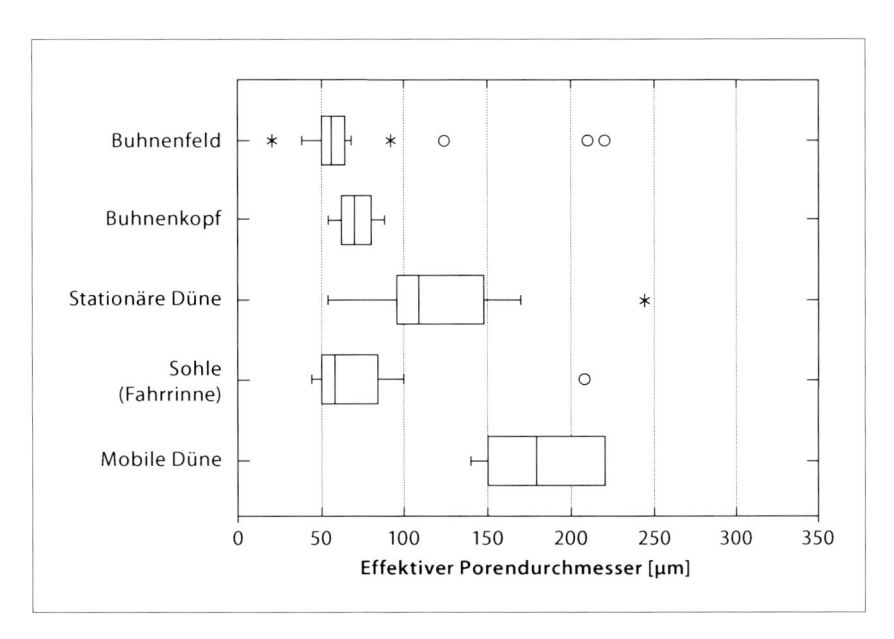

**Abb. 6-15:** Effektiver Porendurchmesser der Sedimente in verschiedenen geomorphologischen Strukturen der Elbe bei Coswig (n = 73)

Die effektiven Porendurchmesser der Elbsedimente schwanken etwa um einen Faktor 10 und liegen zwischen 20 und 220 µm (siehe Abbildung 6-15). Die Uferhabitate (Buhnenfeld und Buhnenkopf) wie auch die Sohle in der Fahrrinne weisen die geringsten Porendurchmesser auf. Die Sedimente der stationären Düne haben größere Porendurchmesser, allerdings ist die Schwankungsbreite hoch. Die Feinkiese und Grobsande der mobilen Düne haben den größten Porendurchmesser.

Die Ergebnisse zeigen, dass die Sedimente der Mittelelbe bei Coswig nicht kolmatiert sind und daher den Austausch zwischen Flusswasser und Interstitialwasser sowie den Import und die Retention von flussbürtigen Feinpartikeln nicht behindern. Kolmatierte Sedimente hingegen zeichnen sich durch eine sehr geringe Porosität und hydraulische Leitfähigkeit sowie eine konsolidierte erosionsresistente obere Sedimentlage aus (BRUNKE 1999).

# 7 Auswirkungen von strukturellen Veränderungen und Störungen

## 7.1 Integrierte Modellierung der Wasserbeschaffenheit mit QSim

*Andreas Schöl, Regina Eidner, Michael Böhme und Volker Kirchesch*

Der Beitrag von Stillwasserzonen an den Stoffumsetzungen in einem Fluss kann mit Hilfe von Felduntersuchungen sowie von Modellentwicklungen und -anwendungen näher charakterisiert werden. So untersuchten SCHÖL et al. (2004) die Bedeutung der Buhnenfelder für die Nährstoffeliminierung in der Elbe und implementierten für eine quantitative Analyse der Ergebnisse eine Stillwasserzonenerweiterung in das Gewässergütemodell QSim.

### 7.1.1 Beschreibung des Gewässergütemodells QSim

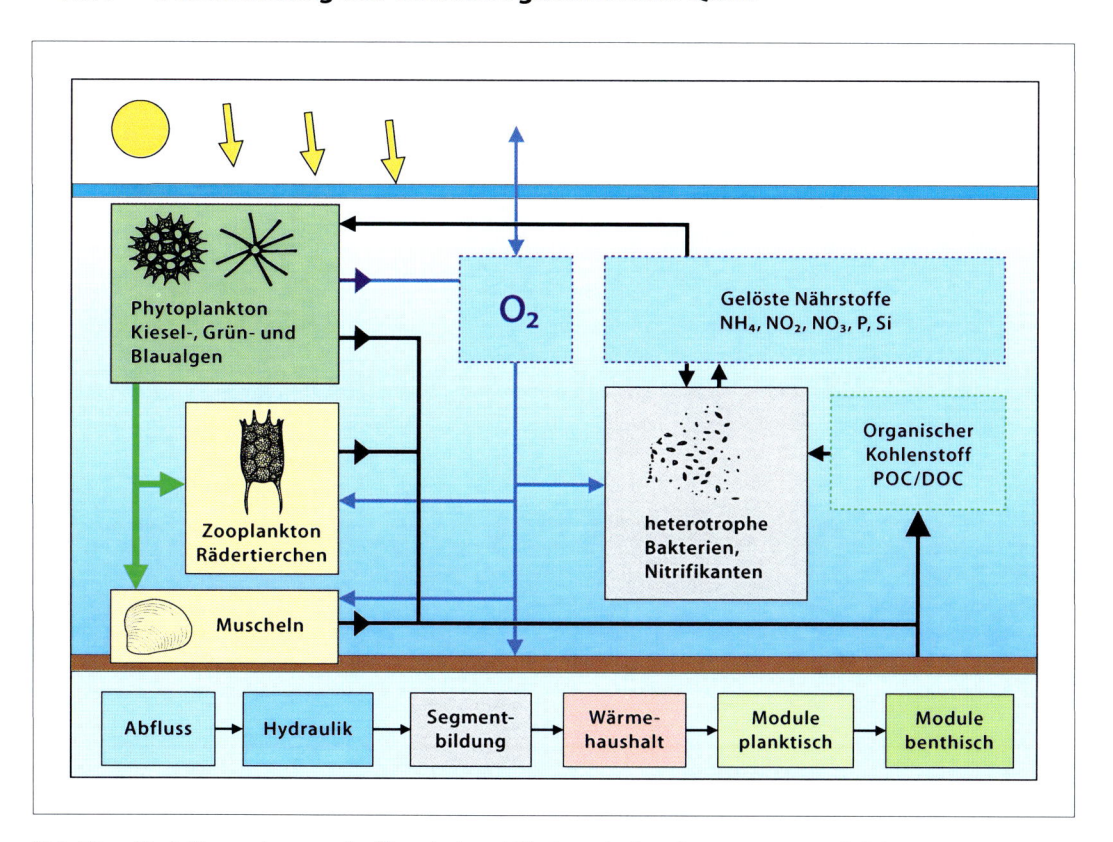

**Abb. 7-1:** Modellbausteine zum Stoffhaushalt und Plankton in dem Gewässergütemodell QSim

Das an der Bundesanstalt für Gewässerkunde (BfG) entwickelte Gewässergütemodell QSim beschreibt in mathematischer Weise die komplexen physikalischen, chemischen und biologischen Vorgänge in Fließgewässern. Ein wesentliches Merkmal ist die Verknüpfung von hydraulischen mit ökologischen Modellbausteinen. In diesen zentralen Bestandteilen des Modells werden die wichtigsten biologischen Prozesse des Sauerstoff- und Nährstoffhaushaltes, die Algen- und Zooplanktonentwicklung sowie Vorgänge am Gewässerbett berechnet (siehe Abbildung 7-1). Das Modell eignet sich zur Berechnung von einfachen Flusssträngen bis hin zu vernetzten Gewässersystemen mit Fließumkehr. Eines der Hauptergebnisse stellt die Simulation von Jahresgängen des Sauerstoffgehaltes und anderer Parameter der Wasserbeschaffenheit sowie biologischer Größen, etwa der Algenbiomasse, entlang eines Flusslaufes dar. Das Modell QSim wird vor allem dazu eingesetzt, die Auswirkungen wasserbaulicher Maßnahmen auf die Wasserbeschaffenheit von Bundeswasserstraßen vorherzusagen und zu beurteilen. Darüber hinaus werden mit Hilfe von QSim Fragestellungen aus der Wasserwirtschaft und dem Flussgebietsmanagement bearbeitet (SCHÖL et al. 1999). Die QSim-Version 9.2 ist das Resultat von 20 Jahren kontinuierlicher Entwicklungsarbeit und Erfahrungen aus einer Vielzahl von Anwendungen für verschiedene Fließgewässersysteme in Deutschland (KIRCHESCH et al. 1999).

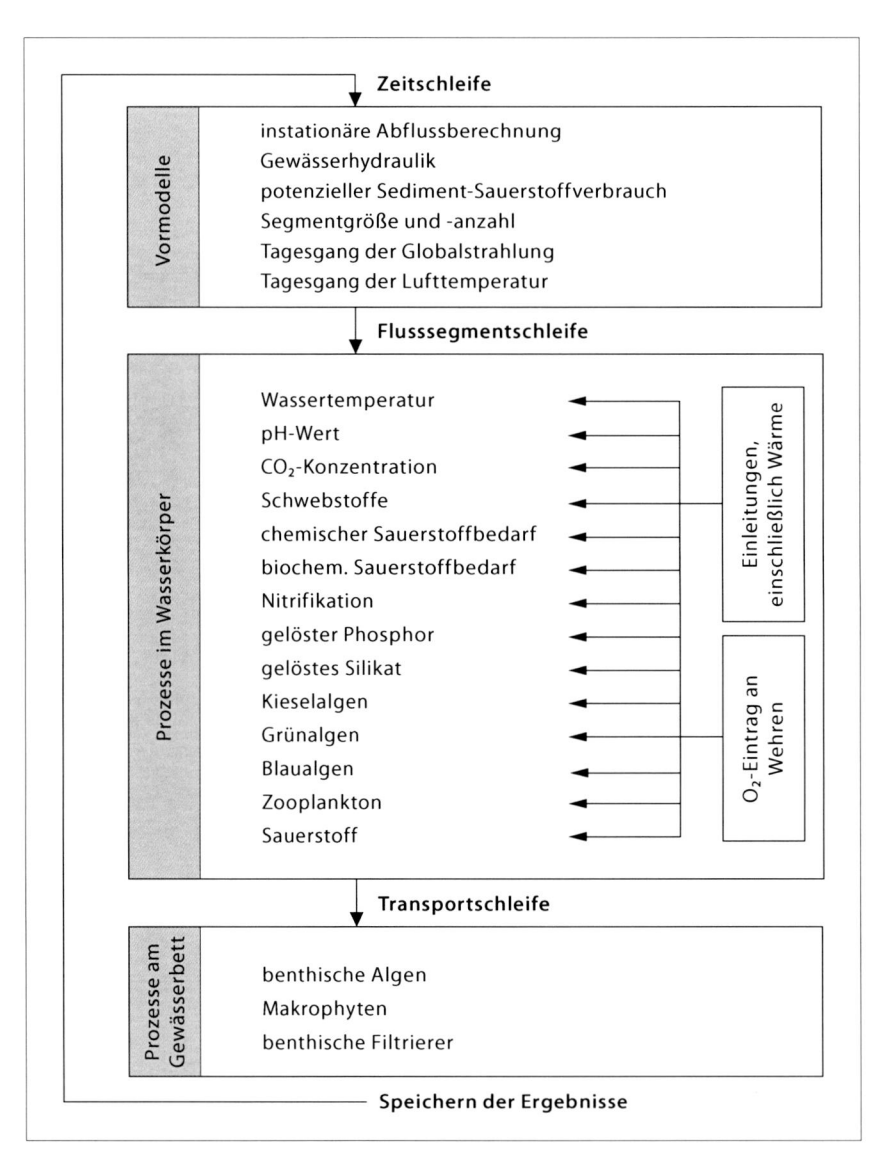

**Abb. 7-2:** Strukturschema des Gewässergütemodells QSim (Version 9.2)

Die im Modell betrachteten Zustandsgrößen, auch morphologische und hydraulische Größen, werden als gleichverteilt (eindimensional) über den gesamten Gewässerquerschnitt betrachtet. Das Modell ist modular aufgebaut, d. h., für jeden Prozess existiert eine eigene Subroutine (siehe Abbildung 7-2). Das Gütemodell ist in FORTRAN 77® geschrieben und unter allen WINDOWS®-Betriebssystemen lauffähig.

Im Modell kann der Abfluss unter Lösung der Saint-Venant-Gleichungen wahlweise stationär oder instationär gerechnet werden. Basis einer jeden Modellierung ist die Berechnung der Abflüsse und der hydraulischen Größen im System, ausgehend von Querprofildaten, Sohlrauheiten sowie den eingegebenen Abflusswerten am Start der modellierten Flussstrecke – dem oberen Modellrand – und von den einmündenden Nebenflüssen, Kanälen, Kläranlagen und Kraftwerken (KIRCHESCH und SCHÖL 1999). Danach wird das zu simulierende Gebiet mittels eines Berechnungsgitters diskretisiert. Die Maschenweite ergibt sich dabei aus dem Produkt der vorgegebenen Berechnungszeitschrittweite (meist 1 Stunde) und der Fließgeschwindigkeit im Hauptstrom. Jedem Gitterpunkt müssen nun hydraulische Größen wie Tiefe und Fließgeschwindigkeit zugeordnet werden. Hydraulische Informationen liegen aber nur an den Querprofilen vor. Je nachdem wie eng das Raster der Querprofile und die Maschenweite des Berechnungsgitters sind, sind die hydraulischen Größen an den einzelnen Punkten des Berechnungsgitters mehr oder minder stark gemittelt.

Das Modell berechnet nun die Prozesse an jedem Gitterpunkt im vorgegebenen Berechnungszeittakt stromabwärts. Als antreibende Kräfte für die ökologischen Modellbausteine wirken die Abflussdaten an den Modellrändern und die meteorologischen Daten für das Modellgebiet. Alle von der Sonneneinstrahlung abhängigen Prozesse wie Temperaturentwicklung und Algenwachstum werden – bezogen auf den Tagesgang – dynamisch modelliert, indem entsprechend der Berechnungszeitschrittweite jeweils ein Strahlungswert ermittelt wird (KIRCHESCH und SCHÖL 1999).

An Einmündungsstellen wird eine sofortige und vollständige Einmischung angenommen. Diffuse Einleitungen direkt in den Hauptstrom sind nicht berücksichtigt; diffuse Einträge aus dem Einzugsgebiet werden über die einleitenden Nebenflüsse berücksichtigt.

Das Modell ist praxisbezogen, d. h., es werden – soweit wie möglich – Eingabeparameter verwendet (siehe Tabelle 7-1), die bei der routinemäßigen chemisch-biologischen Gewässerüberwachung von Fließgewässern erfasst werden.

**Tab. 7-1:** Prozesse und Eingabegrößen in QSim

| Prozesse | Eingabegrößen |
|---|---|
| Abflusssimulation | **morphologische und hydrologische:** Flussgeometrie, Abfluss |
| Sedimentation | |
| Wärmehaushalt | **meteorologische:** Globalstrahlung, Lufttemperatur, Bedeckungsgrad und Wolkentyp, Luftfeuchtigkeit, Windgeschwindigkeit |
| Unterwasserlichtklima | |
| Kalkkohlensäure-Gleichgewicht | |
| Sauerstoff- und Nährstoffhaushalt | **physikalische und chemische:** Wassertemperatur, Sauerstoff, chemischer Sauerstoffbedarf, Nitrat, Ammonium, ortho-Phosphat, Silikat, pH-Wert, Alkalinität, Schwebstoff |
| Bakterienwachstum | |
| Nitrifikation | |
| Algenwachstum | **biologische:** biochemischer Sauerstoffbedarf (kohlenstoffbürtiger Anteil, C-BSB und Nitrifikationssauerstoffbedarf, N-BSB), planktische Algenbiomasse (Chlorophyll-a) und Anteil von Kiesel-, Grün- und Blaualgen, Zooplankton (Flagellaten-, Rotatoriendichte), benthische Algen, Makrophyten, benthische Filtrierer (Besiedlungsdichte *Dreissena polymorpha*) |
| Makrophytenwachstum | |
| Zooplanktonwachstum | |
| Wachstum benthischer Filtrierer | |

Das Gewässergütemodell QSim ist deterministisch, d.h., die einzelnen auf den Stoffhaushalt eines Gewässers wirkenden Prozesse werden funktional in Form von Differenzial- und algebraischen Gleichungen ohne den Einfluss des Zufalls beschrieben. Die Identifizierung und Parametrisierung der Funktionen basiert auf naturwissenschaftlich anerkannten Größen und Zusammenhängen; sind diese nicht ausreichend genau bekannt, werden empirische Formeln benutzt. Nachfolgend sind die grundlegenden Gleichungen zur Berechnung der Phytoplanktonbiomasse (Gleichung 1 und 2) sowie deren Parametrisierung (siehe Tabelle 7-2) aufgeführt.

**Phytoplankton**

Die Entwicklung der Algenbiomasse wird separat für die 3 Algengruppen Grünalgen (Chlorophyceae), Kieselalgen (Bacillariophyceae) sowie Blaualgen (Cyanophyceae) berechnet:

$$\frac{dALGC}{dt} = \left(\mu \cdot \frac{z_{pro}}{H} - resp - mort\right) \cdot ALGC - Graz_{ROT} - Graz_{DR} - Sed \qquad \text{(Gleichung 1)}$$

ALGC = Algenbiomasse [mg/l C]
$\mu$ = tatsächliche Wachstumsrate der Algengruppe [d$^{-1}$]
resp = Grundatmungsrate [d$^{-1}$]
mort = Sterberate [d$^{-1}$]
Graz$_{ROT}$ = Grazingrate des Zooplanktons, hier der Rotatorien [mg/(l·d) C]
Graz$_{DR}$ = Grazingrate der benthischen Filtrierer [mg/(l·d) C]
   (in der Modellanwendung „Mittelelbe" nicht berücksichtigt)
Sed = Sedimentationsrate [mg/(l·d) C]
$z_{pro}$ = Tiefe der produktiven Schicht [m]
H = mittlere Wassertiefe [m]

Wobei die tatsächliche Wachstumsrate abhängig ist von:

$$\mu = \mu_{max} \cdot f(N) \cdot f(T) \cdot f(L) \qquad \text{(Gleichung 2)}$$

$\mu_{max}$ = Maximale Wachstumsrate der Algengruppe [d$^{-1}$]
f(N) = Nährstoffabhängigkeit [–]
f(T) = Temperaturabhängigkeit [–]
f(L) = Lichtabhängigkeit [–]

Wichtige Parameter und deren Belegungen sind in der Tabelle 7-2 aufgeführt. Eine weitergehende Beschreibung der verwendeten Modellgleichungen und Belegungen findet sich in Schöl et al. (2002).

**Tab. 7-2:** Parameterliste und Angaben zu deren Belegung

| Symbol | Parameter | Dimension | Blaualgen | Kieselalgen | Grünalgen |
|---|---|---|---|---|---|
| $\mu_{max}$ | Maximale Wachstumsrate | d$^{-1}$ | 1,4 | 1,8 | 2,0 |
| $I_{opt}$ | Lichtsättigungswert | µE/(m$^2$·s) | 50 | 86 | 211 |
| $I_{p,lim}$ | Lichtlimitierungswert | µE/(m$^2$·s) | 5 | 7 | 20 |
| $K_N$ | Halbsättigungswert für Stickstoff | mg/l N | 0,02 | 0,03 | 0,03 |

| Symbol | Parameter | Dimension | Blaualgen | Kieselalgen | Grünalgen |
|---|---|---|---|---|---|
| $K_P$ | Halbsättigungswert für Phosphor | mg/l P | 0,002 | 0,002 | 0,002 |
| $K_{Si}$ | Halbsättigungswert für Silizium | mg/l Si | – | 0,07 | – |
| $T_{opt}$ | Temperaturoptimum | °C | 26 | 20 | 27 |
| $T_{lim}$ | Letaltemperatur | °C | 35 | 31 | 45 |
| $Q_{10}$ | $Q_{10}$-Wert | – | 1,85 | 1,85 | 1,85 |
| $mort_b$ | Physiologische Mortalitätsrate | $d^{-1}$ | 0,02 | 0,015 | 0,015 |
| $mort_{max}$ | Maximale Mortalitätsrate bei Nährstoffmangel | $d^{-1}$ | 0,38 | 0,38 | 0,38 |
| $resp_d$ | Grundatmungsrate | $d^{-1}$ | 0,085 | 0,085 | 0,085 |

Fortsetzung von Tab. 7-2

### 7.1.2 Stillwasserzonen-Erweiterung in QSim

Die Buhnen der Mittelelbe bewirken eine Quergliederung des Flusses in einen Hauptstrom und eine seitlich angeschlossene Kette von Buhnenfeldern, deren Wasserkörper bei geringen und mittleren Abflüssen wesentlich geringere Fließgeschwindigkeiten aufweisen und somit hier als Stillwasserzonen bezeichnet werden.

**Abb. 7-3:** Luftbildaufnahme der Mittelelbe mit schematischer Angabe der Berechnungsgitter im Modell QSim, Einteilung in Hauptstrom und Buhnenfeld sowie Kennzeichnung des lateralen Stoffaustausches und longitudinalen Stofftransportes (Foto: A. PRANGE, GKSS)

Die typische Morphologie der Mittelelbe mit Hauptstrom und Buhnenfeldern (siehe Abbildung 7-3) kann auch in einem eindimensionalen Modell wie QSim systemgerecht abgebildet werden. Das um den Stillwasserzonenteil der Buhnen erweiterte QSim verwendet zwei miteinander korrespondierende Querprofildatensätze: zum einen Querprofile ohne Buhnen und damit ohne Stillwasserzonen bzw. Buhnenfelder, zum anderen Querprofile mit eingearbeiteten Buhnenschatten (siehe Abbildung 7-4) (EIDNER et al. 2001). Die hydraulischen Berechnungen werden zunächst mit dem Querprofildatensatz „mit Buhnenschatten" durchgeführt, da als vereinfachende Annahme davon ausgegangen wird, dass zumindest bis zu Mittelwasserbedingungen nur der Hauptstrom, also die durchflossene Fläche zwischen den Buhnen, abflusswirksam für die Mittelelbe ist. Die in den Modellläufen auf der Basis der Querprofile „mit Buhnenschatten" ermittelten Wasserspiegellagen werden als Eingangsbedingung für die anschließenden Modellläufe mit dem Querprofildatensatz „ohne Buhnenschatten" gesetzt. In diesen Modellläufen wird daraus die durchflossene Fläche des gesamten Profils errechnet. Aus der Differenz der beiden in den parallelen Modellläufen ermittelten Wasserspiegelbreiten und durchflossenen Flächen werden die effektiven Querschnittsflächen der Buhnenfelder, deren Breiten und deren mittlere Wassertiefen errechnet.

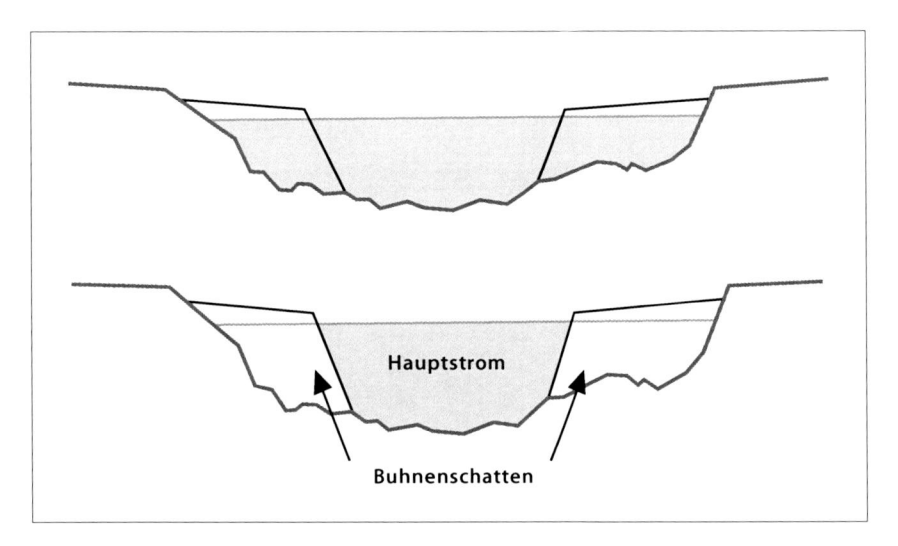

**Abb. 7-4:** Oben: Querprofile ohne Buhnenschatten – abflusswirksam ist die gesamte Querschnittsfläche einschließlich der Buhnenfelder. Unten: Querprofile mit Buhnenschatten – abflusswirksam ist die durch Buhnenschatten reduzierte Querschnittsfläche.

Auf diese Weise können im Modell QSim nun für jede Abflusssituation bis zum mittleren Abfluss (MQ) der Wasserkörper des Hauptstroms und des Buhnenfeldes bezüglich mittlerer Wassertiefe und durchflossener Fläche beschrieben werden. Für Abflüsse größer als MQ treten keine Differenzen der Wasserspiegelbreiten zwischen den Modellläufen mit und ohne Buhnenschatten mehr auf, somit ist auch keine Berechnung der Wassertiefen der Buhnenfelder möglich. Daher wird auf die bei MQ ermittelten Wassertiefen zurückgegriffen und diese Werte in den Modellierungen der Abflüsse größer MQ verwendet.

Die Diskretisierung des Simulationsgebietes liefert im Falle der Buhnenfelderweiterung zwei Gitter mit gleicher Maschenweite für den Hauptstrom und die angeschlossenen Buhnenfelder (siehe Abbildung 7-3). Der laterale Stoffaustausch zwischen Buhnenfeld und Hauptstrom wird wie folgt beschrieben (Gleichung 3 bis 5):

Änderung der Stoffkonzentration im Hauptstrom ($C_H$)

$$C_H = C_H + \tau_1^* \cdot (C_B - C_H) \cdot \Delta t \qquad \text{(Gleichung 3)}$$

Änderung der Stoffkonzentration im Buhnenfeld ($C_B$)

$$C_B = C_B + \tau_2^* \cdot (C_H - C_B) \cdot \Delta t \qquad \text{(Gleichung 4)}$$

$\Delta t$ = Berechnungszeitschrittweite [h]
$\tau_1^*, \tau_2^*$ = Austauschraten [h$^{-1}$]

$$\tau_1^* = \frac{F_B}{F_H} \cdot \frac{1}{\tau_2} \quad \text{und} \quad \tau_2^* = \frac{1}{\tau_2} \quad \text{bei} \quad \tau_1^*; \tau_2^* \leq \frac{1}{2 \cdot \Delta t} \qquad \text{(Gleichung 5)}$$

$F_B$ = Querschnittsfläche des Buhnenfeldes [m²]
$F_H$ = Querschnittsfläche im Hauptstrom [m²]
$\tau_2$ = Austauschzeit [h]

wobei nach BAUMERT et al. (2001) gilt:

$$\tau_2 = \frac{\tau_2^0}{1 + Q/q_2} \quad \text{mit} \quad q_2 \approx 400 \, \text{m}^3/\text{s} \qquad \text{(Gleichung 6)}$$

$\tau_2^0$ = maximale Austauschzeit bei $Q = 0$ [h]
$Q$ = Abfluss [m³/s]

Wesentlich für das Gelingen der Modellierungen des Stoffhaushaltes ist somit eine genaue Bestimmung der lateralen Austauschrate zwischen Buhnenfeld und Hauptstrom (siehe Abbildung 7-3) bzw. der Aufenthaltszeiten des Wassers in den Buhnenfeldern. Bei alleiniger Verwendung hydraulischer Berechnungen wird eine zu kurze Verweilzeit in den Buhnenfeldern abgeschätzt, u. a. weil das gesamte Volumen im Querschnitt als austauschbar angesehen wird. Daher wurden Austauschzeiten verwendet, die von BAUMERT et al. 2001 (siehe Kapitel 4.1.3) anhand von Ergebnissen aus Tracerversuchen und mittels virtueller, numerischer Teilchensimulation bestimmt worden waren und in eine Formel zur Abhängigkeit der Austauschzeit vom Abfluss (Gleichung 6) abgeleitet werden konnten. Diese Formel wurde in das Modell QSim eingefügt.

**Tab. 7-3:** Kenngrößen und optimierte Parameter zur Beschreibung des Buhnenfeldeinflusses in fünf unterschiedlich strukturierten Elbabschnitten. $D_x$ = longitudinaler Dispersionskoeffizient; $F_2/F_1$ = Quotient Fläche$_{Buhnenfeld}$ / Fläche$_{Hauptstrom}$

| Anfang Elbe-km | Ende Elbe-km | $D_x$ [m²/s] | $F_2/F_1$ | $\tau_2^0$ [h] | $\tau_2$ [h] |
|---:|---:|---:|---:|---:|---:|
| 1,9 | 130 | 149 | 0,05 | 4,5 | 3,3 |
| 130 | 250 | 51 | 0,30 | 1,5 | 1,1 |
| 250 | 295 | 89 | 0,23 | 2,0 | 1,4 |
| 295 | 500 | 127 | 0,23 | 5,0 | 3,0 |
| 500 | 585 | 128 | 0,21 | 8,0 | 4,2 |

Um Austauschzeiten für die gesamte Mittelelbe zu erhalten, wurden abschnittsweise die maximalen Austauschzeiten mit Daten aus dem Elbe-Tracerexperiment vom Februar 1997 (EIDNER et al. 1999) bestimmt und an einem weiteren Tracerexperiment 1999 validiert. Die Ergebnisse sind in Abbildung 7-5 und in Tabelle 7-3 dargestellt.

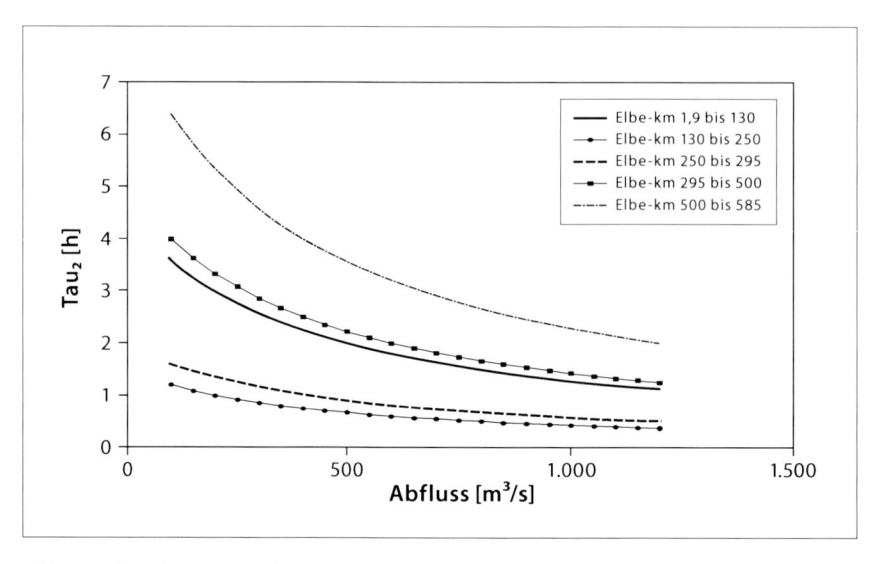

**Abb. 7-5:** Abhängigkeit der Austauschzeit Tau$_2$ ($\tau_2$) vom Abfluss für fünf Elbabschnitte

Aus der beschriebenen Modellerweiterung ist ersichtlich, dass die Buhnenfelder als Stillwasserzonen betrachtet werden und nicht hydraulisch an den Hauptstrom angeschlossen sind. Daher kann im Modell keine mittlere Fließgeschwindigkeit in den Buhnenfeldern errechnet werden. Sie muss abgeschätzt werden, da dieser Parameter bei wichtigen Prozessen, etwa dem Stoffaustausch zur Atmosphäre und zur Gewässersohle, benötigt wird. Als Wert für die Modellanwendung „Mittelelbe" wird eine Fließgeschwindigkeit von 0,1 m/s gesetzt. Untersuchungen in Buhnenfeldern ergaben mittlere Werte in diesem Bereich (siehe Kapitel 4.2).

### 7.1.3 Modellanwendung auf die Mittelelbe

**Modellgebiet**

Das Modellgebiet reicht von der deutsch-tschechischen Grenze (Elbe-km 0) oberhalb Schmilka bis zum Wehr Geesthacht (Elbe-km 586) und umfasst damit den unteren Abschnitt der Oberelbe und die gesamte Mittelelbe (siehe Abbildung 2-1). Die Nebenflüsse bilden die seitlichen Ränder des Modells, wobei neben den vier größten Nebenflüssen – Schwarze Elster, Mulde, Saale und Havel – 32 weitere kleinere Nebenflüsse berücksichtigt werden.

**Morphologie**

Die Abbildung der Morphologie der Mittelelbe im Modell beruht auf 1.260 Querprofilen, die im Abstand von 50 bis 1.000 m – u. a. von den Wasser- und Schifffahrtsämtern Dresden, Magdeburg und Lauenburg – vermessen wurden, sowie einem abgeleiteten hypothetischen Querprofildatensatz „mit Buhnenschatten" (siehe Kapitel 7.1.2), bei dem die Buhnen den Hauptstrom begrenzen.

**Meteorologische Randbedingungen**

Folgende Parameter werden als Tageswerte der Wetterstation Magdeburg (Deutscher Wetterdienst) eingegeben: Tagessumme der Globalstrahlung (J/cm$^2$), minimale und maximale Lufttemperatur (°C), mittlere relative Luftfeuchtigkeit (%), mittlere Windgeschwindigkeit (m/s), mittlere Wolkenbedeckung und Wolkentyp.

**Abflüsse an den Modellrändern**

Als Eingabewerte werden am oberen Modellrand Tagesmittelwerte des Abflusses für den Bezugspegel Schöna (Elbe-km 2) sowie an den seitlichen Modellrändern die täglichen Abflusswerte der im Modell berücksichtigten 36 Nebenflüsse verwendet; die größten Nebenflüsse sind mit ihren mittleren Abflüssen in Tabelle 7-4 aufgelistet. Von den 32 kleineren Nebenflüssen wiesen 10 Flüsse im Jahr 1998 MQ-Werte zwischen 1 bis 10 m$^3$/s und 22 einen MQ-Wert kleiner als 1 m$^3$/s auf.

**Tab. 7-4:** Die größten Nebenflüsse der Mittelelbe (DEUTSCHES GEWÄSSERKUNDLICHES JAHRBUCH 1998)

| Nebenfluss | Einmündung (Elbe-km) | Bezugspegel – km oberhalb Einmündung | | Wassergüte-Messstation – km oberhalb Einmündung | | MQ 1998 [m$^3$/s] |
|---|---|---|---|---|---|---|
| Schwarze Elster | 198,5 | Löben | – 21,6 km | Gorsdorf | – 3,8 km | 16,5 |
| Mulde | 259,6 | Bad Düben | – 68,1 km | Dessau | – 7,6 km | 64,2 |
| Saale | 290,8 | Calbe-Grizehne | – 63,6 km | Rosenburg | – 4,5 km | 115,0 |
| Havel | 438,0 | Havelberg-Stadt | – 3,2 km | Toppel | – 7,0 km | 115,0 |

**Eingabewerte zur Wasserbeschaffenheit**

Als Eingabewerte werden am oberen Modellrand die Daten der Messstation Schmilka (Elbe-km 4) und für die 4 größten Nebenflüsse (siehe Tabelle 7-4) die 14-tägigen bzw. monatlichen Messungen des Elbe-Monitoringprogramms verwendet (ARGE-ELBE 1999). Aus den vorhandenen Messdaten wurden mittels linearer Interpolation die für die Modellierung benötigten Tageswerte erzeugt. Die Messdaten für das Jahr 1998 an den weiteren Messstationen der Mittelelbe – Dommitzsch, Magdeburg, Cumlosen und Schnackenburg – wurden zur Validierung der Modellergebnisse genutzt. Die Modellentwicklung erfolgte wie im Kapitel 7.1.1 ausgeführt und somit unabhängig von den Messdaten des Jahres 1998.

Zooplanktondaten standen für das Jahr 1998 nicht zur Verfügung. Die benötigten Individuendichten der Rädertiere am oberen Modellrand wurden aus den Chlorophyll-a-Werten der Messstation Schmilka abgeschätzt (siehe Abbildung 7-6). Bei insgesamt fünf Messungen im Zeitraum April bis Oktober 1999 sowie im Juni 2000 wurden bei Dresden Rotatoriendichten zwischen 50 und 1.000 Ind./l gezählt (siehe Kapitel 3.3). Aus den geschätzten Eingabewerten und in Abhängigkeit der Gleichungen für das Rotatorienwachstum (SCHÖL et al. 2002) mit der in Tabelle 7-2 genannten Parameterbelegung errechnet das Modell Rotatoriendichten für die gesamte Mittelelbe. Auf die Ergebnisse wird im Kapitel 7.2.1 eingegangen.

Zudem sind im Modell die wichtigsten punktuellen Belastungsquellen, die direkt in die Elbe einleiten, erfasst. Dieser Datensatz umfasst die 18 größeren Kläranlagen an der Elbe sowie die 32 kleineren Nebenflüsse. Die Angaben zu den Kläranlagen, ihre genaue Lage, die Abflussmengen und Tagesdurchschnittswerte der Belastung basieren auf Angaben der Betreibergesellschaften. Für die kleineren Nebenflüsse der Elbe wurden Gewässerüberwachungswerte der Bundesländer Sachsen, Sachsen-Anhalt, Brandenburg, Mecklenburg-Vorpommern und Niedersachsen genutzt, bei fehlenden Daten wurde dieselbe Wasserbeschaffenheit wie für die Elbe oberhalb der Einmündung des Nebenflusses angenommen.

In der für die Mittelelbe weiterentwickelten Version von QSim werden der Hauptstrom und die Buhnenfelder auf der Grundlage zweier miteinander korrespondierender Querprofildatensätze abgebildet. Für beide Kompartimente werden in Abhängigkeit der so ermittelten Randbedingungen die Stoffumsetzungsprozesse berechnet und daraus, gekoppelt an eine vom Abfluss abhängige Stoffaustauschrate, die Stoffkonzentration in Hauptstrom und Buhnenfeldern ermittelt. Basierend auf den Modellergebnissen kann der Stoffhaushalt der Mittelelbe mit ihren Buhnenfeldern quantitativ analysiert werden. Die Validierung und Anwendung des Modells ist im nachfolgenden Kapitel 7.2 beschrieben.

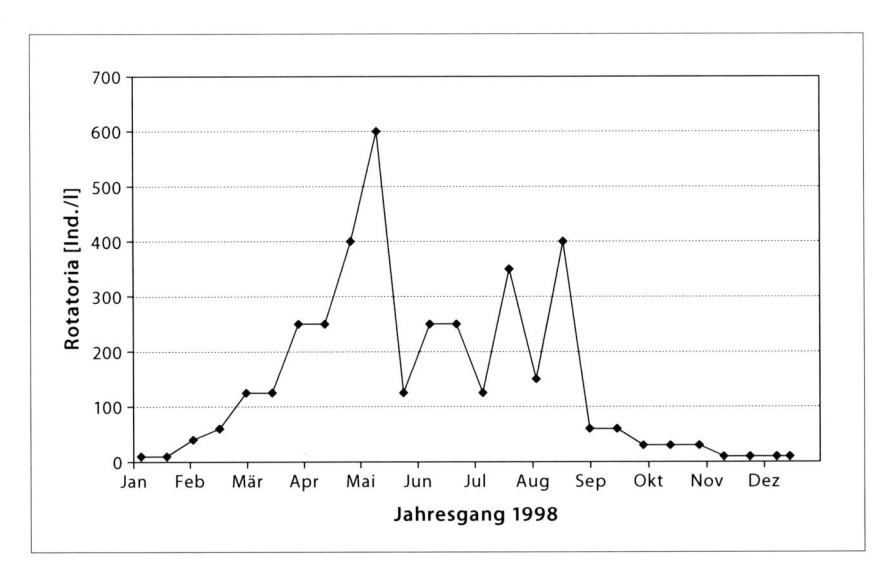

**Abb. 7-6:** Geschätzte Individuendichte der Rädertiere (Rotatorien) am oberen Modellrand bei Schmilka (Elbe-km 4)

## 7.2 Einfluss der Buhnenfelder auf die Wasserbeschaffenheit der Mitteleren Elbe
*Andreas Schöl, Regina Eidner, Michael Böhme und Volker Kirchesch*

Grundlage für eine modellgestützte Systemanalyse ist die Modellvalidierung. So wird in SCHÖL et al. (2004) für die Modellanwendung „Mittelelbe" eine Validierung für den Jahresgang 1998 (siehe Kapitel 7.2.1) und für das Längsprofil anhand des Jahres 2000 (Messergebnisse siehe Kapitel 3.2) gegeben.

Im Modell wird die morphologische Struktur entsprechend der Berechnungsschrittweite über Elbabschnitte bzw. einige Buhnenfelder gemittelt beschrieben (siehe Kapitel 7.1.1), so dass eine explizite Zuordnung von Modellergebnissen zu einem Ort und damit auch zu einem bestimmten Buhnenfeld kaum möglich ist. Messergebnisse hingegen sind immer einem bestimmten Ort zugeordnet. Dieser Unterschied muss beim Vergleich von räumlich hoch aufgelösten Messwerten mit Modellergebnissen berücksichtigt werden. Dennoch ist eine Plausibilisierung der Modellierungen mit Messergebnissen spezieller Untersuchungen möglich, insbesondere mit solchen, die die Unterschiede zwischen dem Hauptstrom und einem oder mehreren Buhnenfeldern erfassen.

Im ersten Teil dieses Kapitels wird die Modellvalidierung für das Jahr 1998 beschrieben, im zweiten Teil anhand der Modellergebnisse die Bedeutung der Buhnenfelder für die Wasserbeschaffenheit der Mittelelbe analysiert. Im dritten Teil werden Simulationen dargestellt, bei denen die Austauschzeiten zwischen den Buhnenfeldern und dem Hauptstrom variiert werden. Die jeweiligen Austauschzeiten lassen sich im übertragenen Sinne mit den verschiedenen Bauformen von Buhnen gleichsetzen, so dass hiermit der Einfluss des Anbindungsgrades von Buhnenfeldern an den Hauptstrom auf den Stoffhaushalt analysiert werden kann. Da Algen wesentlich den Stoffhaushalt der Mittelelbe steuern, liegt ein Schwerpunkt auf der Analyse der Phytoplanktonentwicklung sowohl im Längsverlauf der Elbe als auch im Vergleich von Hauptstrom mit Buhnenfeldern.

### 7.2.1 Modellvalidierung für das Jahr 1998

Zur Validierung der Modellergebnisse für den Jahresgang 1998 wurden überwiegend die Überwachungswerte der Wassergüte-Messstationen Dommitzsch (Elbe-km 173), Magdeburg (Elbe-km 318) und Schnackenburg (Elbe-km 475) herangezogen. Für diese Messstellen liegen 14-tägige bzw. monatliche Messungen der wichtigsten Wasserbeschaffenheitsparameter vor (ARGE-ELBE 1999).

**Wassertemperatur**

Die Wassertemperaturen von 1998 zeigen einen deutlichen Jahresgang mit Werten unter 5 °C in den Wintermonaten Januar, November und Dezember und Werten über 20 °C in den Monaten Juni bis August. Die modellierten Tagesmittelwerte und die aus kontinuierlichen Messungen bei Cumlosen (Elbe-km 470) bestimmten Tagesmittel (siehe Abbildung 7-7) weisen eine weitestgehende Übereinstimmung auf. Bezogen auf das Jahr 1998 lagen die mittleren gemessenen Tagesschwankungen mit 0,69 °C (Standardabweichung ± 0,35 °C) etwas unter den modellierten Schwankungen von 0,85 °C (± 0,60 °C). Generell steht der Wasserkörper der Mittelelbe aufgrund der hohen Fließgeschwindigkeiten und Turbulenzen in starkem Austausch mit der Atmosphäre. Damit ist auch der Wärmehaushalt des Wasserkörpers stark an die umgebende Atmosphäre gekoppelt, d. h., die Wassertemperatur gleicht sich relativ schnell an die herrschenden Lufttemperaturen an.

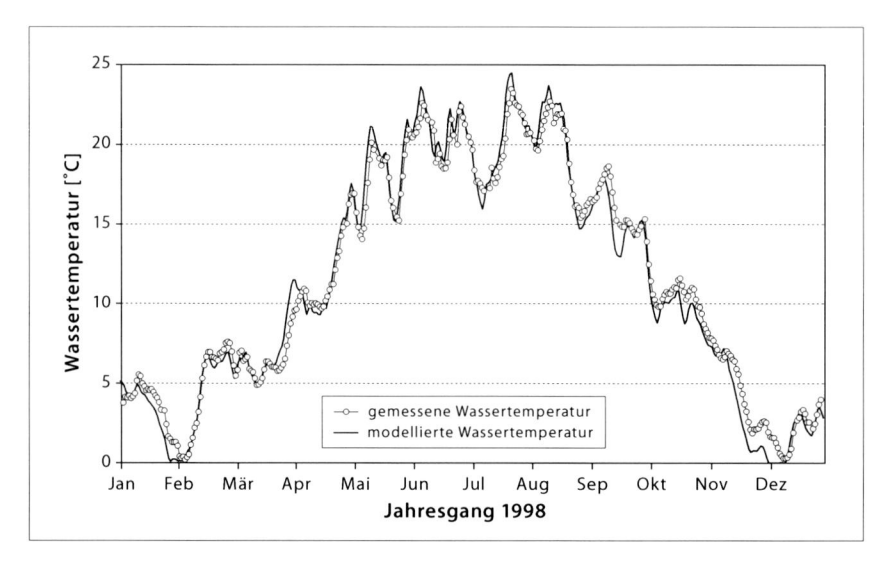

**Abb. 7-7:** Aus kontinuierlichen Messungen bestimmte Tagesmittelwerte der Wassertemperatur an der Station Cumlosen (Elbe-km 470) im Jahr 1998 und vergleichend dazu die modellierten Tagesmittelwerte der Wassertemperatur

**Phytoplankton**

Die räumliche und zeitliche Entwicklung der modellierten Chlorophyll-a-Gehalte im Jahr 1998 sowie die Modellvalidierung an verschiedenen Stationen im Längsprofil sind in Abbildung 7-8 dargestellt. Die Messungen zeigen folgende saisonale Entwicklung des Chlorophyll-a (Chl-a): Die eingipflige Kurve bei Schmilka (Elbe-km 4) entwickelte sich zu einer zweigipfligen Kurve bei Elbe-km 172, und weiter stromab bei Schnackenburg (Elbe-km 475) erreichten die Chl-a-Werte ein ausgedehntes Plateau über den gesamten Sommer von Anfang Mai bis Ende August.

Die Modellierung bildet diese Entwicklung mit guter Näherung nach, sowohl der Kurvenverlauf als auch die Höhe der Chl-a-Werte werden getroffen. Eine Abweichung besteht darin, dass in den Messungen schon bei Dommitzsch (Elbe-km 173) eine Chl-a-Spitze im Spätsommer auftrat, während die Modellergebnisse erst unterhalb der Saaleeinmündung (Elbe-km 291) diese zweite Spätsommer-Spitze aufweisen. Abbildung 7-9 gibt einen Vergleich der bei Cumlosen (Elbe-km 470) kontinuierlich gemessenen Chlorophyll-Fluoreszenz mit den modellierten Chl-a-Tagesmittelwerten. Deutlich zu erkennen ist der über lange Zeit parallele Verlauf der Kurven, und besonders genau beschreibt die Modellierung den starken Einbruch des Chl-a-Frühjahrsmaximums um den 20. 05. 1998 (siehe unten), das so genannte „Klarwasserstadium" (siehe auch Kapitel 3.1.2).

Während der Vegetationsperiode von April bis Mitte August hatten die Nebenflüsse eine verdünnende Wirkung auf die Chl-a-Gehalte in der Elbe (gut an den vertikalen Einschnitten in der Isoplethendarstellung zu erkennen, siehe Abbildung 7-8, links). Besonders im Mai und Juni verdünnten Mulde, Saale und Havel die Chl-a-Gehalte der Elbe jeweils um 12 bis 14 %. Eine Erhöhung der Algengehalte war nur im Spätsommer festzustellen, und zwar ab Mitte August durch die Mulde und im September durch Mulde, Saale und Havel. Bei den Modellrechnungen trägt der Eintrag an Algen durch die Nebenflüsse entscheidend zur Entstehung der „Spätsommer-Spitze" bei.

Generell lässt sich festhalten, dass das Phytoplankton in der Elbe im Sommer während des Transportes stromab aufgrund der günstigen Entwicklungsmöglichkeiten, wie der guten Durchlichtung und der hohen Wassertemperaturen, stark anwächst (SCHÖL et al. 2003). Die autochthone Algenzunahme wurde 1998 durch den verdünnenden Einfluss der Nebenflüsse leicht gemindert.

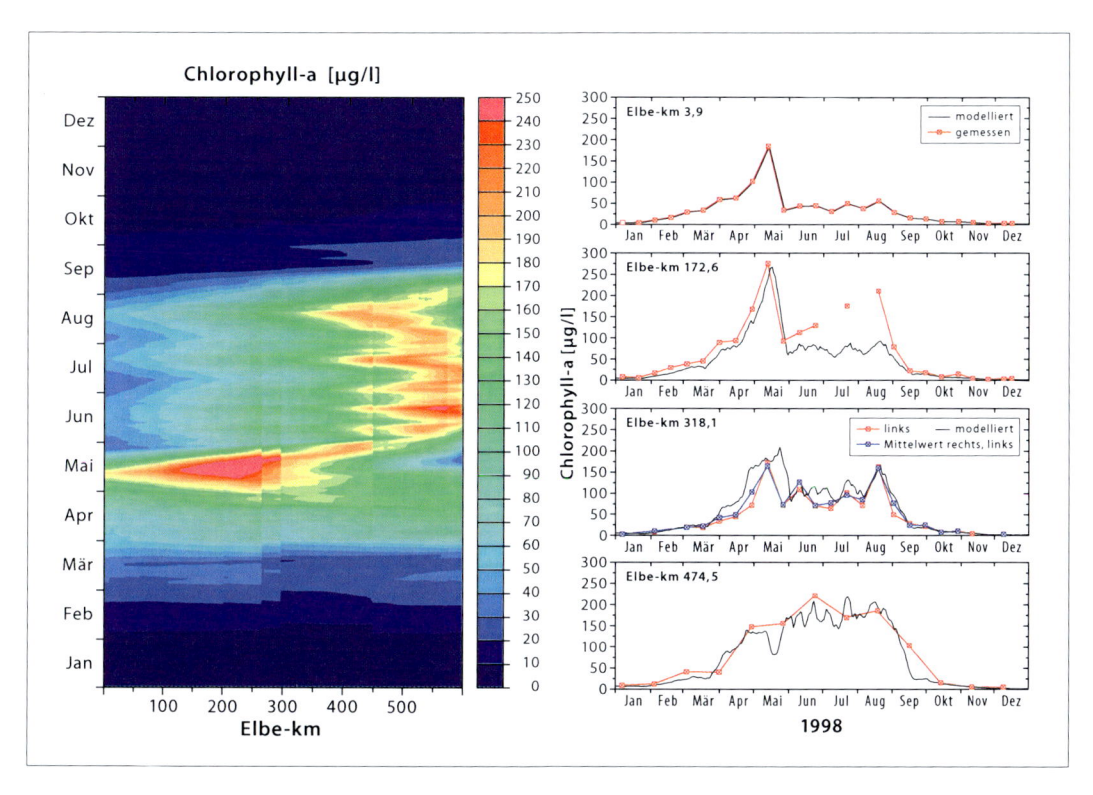

**Abb. 7-8:** Modellierte Chlorophyll-a-Gehalte in der Elbe im Jahr 1998 (links) und Validierung der Chlorophyll-a-Gehalte an 4 Stationen mit 14-tägigen Messdaten (rechts)

Die Modellergebnisse zeigen eine Limitierung des Algenwachstums durch Nährstoffe für bestimmte Elbabschnitte und Zeiten: Für Phosphor (P) wird im Modell ein sehr geringer Halbsättigungswert von 2 µg/l P verwendet. Dieser geringe Wert ist darauf zurückzuführen, dass das Algenwachstum in der QSim-Version 9.2 einstufig berechnet wird, d.h., eine Entkopplung von Phosphoraufnahme (diese weist einen Halbsättigungswert im Bereich von 20 bis 30 µg/l P auf) und Algenwachstum ist nicht berücksichtigt. Im Modell besitzen die Algen somit anders als in der Realität kein Phosphorspeicherungsvermögen, was aber durch den geringen Halbsättigungswert kompensiert wird. Bei den Modellierungen tritt somit erst bei ortho-Phosphatgehalten unter 10 µg/l P eine deutliche Limitierung des Algenwachstums auf. Solche niedrigen Gehalte treten im April und Mai unterhalb der Einmündung der Schwarzen Elster (Elbe-km 199) auf und fast während des gesamten Sommers im unteren Abschnitt der Mittelelbe, im Spätsommer bereits unterhalb der Havelmündung (Elbe-km 438) (siehe Abbildung 7-15, links). Zu diesen Zeiten wird das Algenwachstum um bis zu 35 % durch Phosphormangel reduziert.

Das Wachstum der Kieselalgen wird zudem durch das für diese Algengruppe notwendige Silizium (Si) begrenzt, wobei im Modell ein Halbsättigungswert von 70 µg/l Si angenommen wird. Zur Zeit der Algen-Frühjahrsspitze tritt eine Reduzierung der Wachstumsrate um bis zu 30 % bei Si-Gehalten unter 200 µg/l (siehe Abbildung 7-16, links) in der gesamten Mittelelbe unterhalb des

Elbe-km 150 auf. Weniger stark limitierend (ca. 20 %) und auch erst unterhalb der Havelmündung wirkt das Silizium während der Spätsommer-Spitze der Algen.

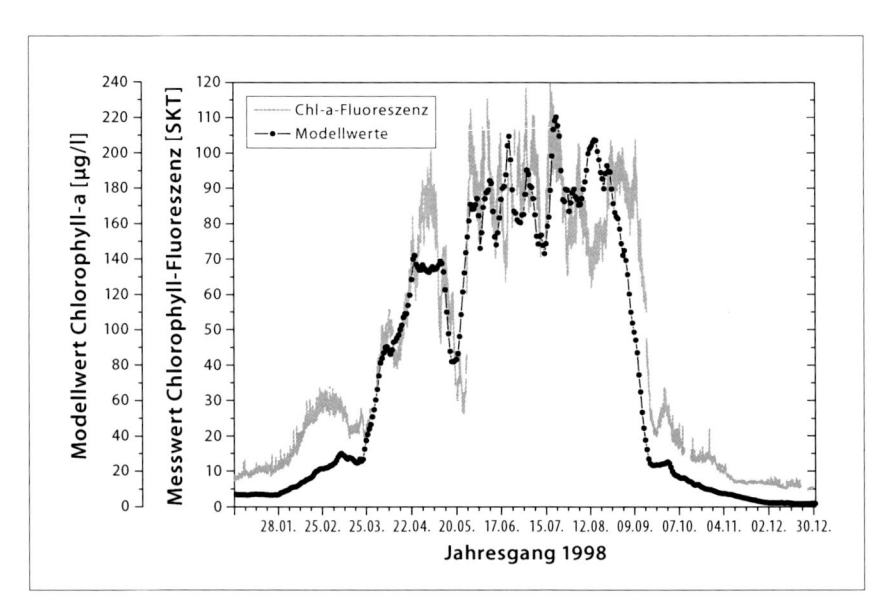

**Abb. 7-9:** Vergleich der kontinuierlich gemessenen Chlorophyll-Fluoreszenzwerte (in Skalenteilen, SKT) mit den modellierten Tagesmittelwerten (in µg/l) bei Cumlosen (Elbe-km 470) im Jahr 1998

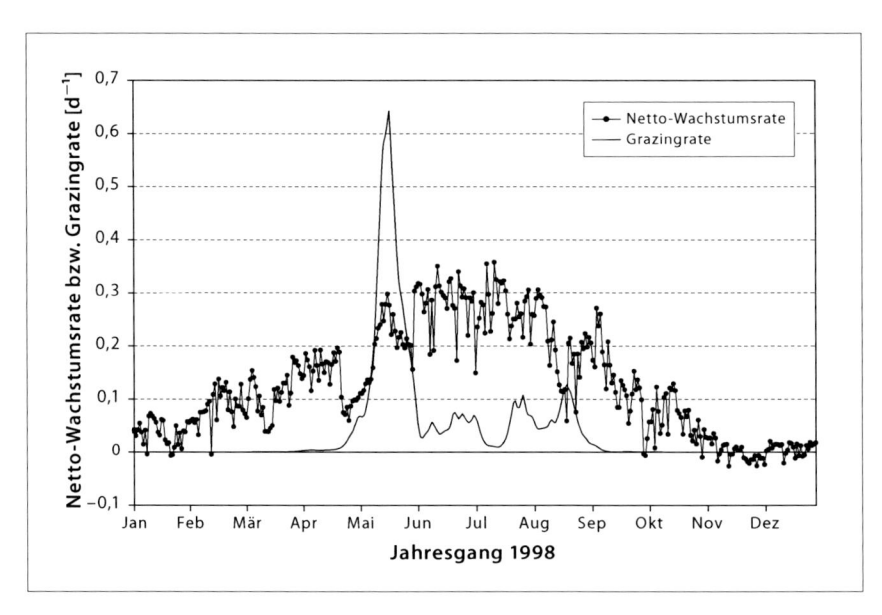

**Abb. 7-10:** Modellierte Netto-Wachstumsrate der Algen und Grazingrate durch die Rotatorien im Jahr 1998 am Elbe-km 470. Kurz nach den Spitzen der Algendichte im Frühjahr und Spätsommer übersteigt die Fraßrate (Grazingrate) des Zooplanktons die Netto-Wachstumsrate der Algen, so dass die Algendichte abnimmt, wobei Rotatoriendichten von 11.000 Ind./l im Frühjahr und 2.000 Ind./l im Spätsommer modelliert wurden. Entsprechend hohe Rotatoriendichten (3.000 bis 12.000 Ind./l) wurden bei Messungen im Juni und August 1999 sowie im Juli 2000 für den Elbe-km 583 gezählt (siehe Kapitel 3.3).

Ein weiterer wichtiger Prozess, der die Algenbiomasse in der Mittelelbe beeinflusst, ist der Fraß (grazing) durch das Zooplankton (HOLST et al. 2002, siehe Kapitel 3.3 und 4.3.2). Basierend auf den geschätzten Eingabewerten für die Individuendichten der Rädertiere (Rotatorien; siehe Abbildung 7-6) ergeben die Modellergebnisse, dass der Wegfraß der Algen durch Rotatorien zu bestimmten Zeiten im Jahr 1998 die Netto-Wachstumsrate der Algen übersteigt und als Folge die Algenbiomasse (Chl-a) abnimmt. Der hohe Fraßdruck der Rotatorien bewirkte den starken Rückgang der Chl-a-Werte um den 20.05.1998 (siehe Abbildung 7-9) und erklärt damit das so genannte „Klarwasserstadium" der Mittelelbe zu dieser Zeit.

### Sauerstoff

Die Elbe wies bei den Messungen im Jahr 1998 durchweg hohe Sauerstoffgehalte von über 7 mg/l $O_2$ auf (siehe Abbildung 7-11, rechts). Nur bei Schmilka (oberer Modellrand) wurde mit 5,6 mg/l $O_2$ am 10.06.1998 ein geringerer Sauerstoffgehalt gemessen. Im Längsverlauf nahmen sowohl bei den Messungen als auch bei den Modellergebnissen die $O_2$-Gehalte generell zu (siehe Abbildung 7-11, links), wobei allerdings das Modell für den unteren Elbabschnitt nahe dem Wehr Geesthacht (Elbe-km 586) im Mai und August einen Rückgang der Sauerstoffgehalte unter 7 mg/l errechnet.

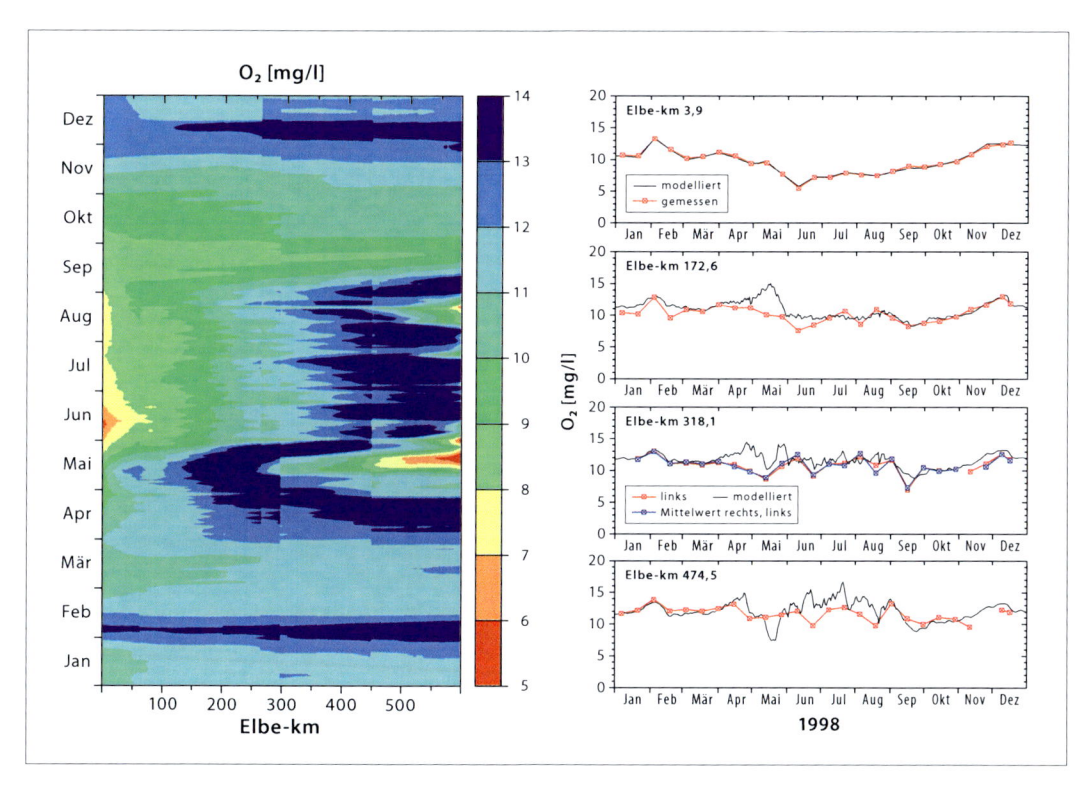

**Abb. 7-11:** Modellierte Sauerstoffgehalte in der Elbe im Jahr 1998 (links) und Validierung der Sauerstoffgehalte an 4 Stationen mit 14-tägigen Messdaten (rechts)

Abbildung 7-12 zeigt den Jahresverlauf der Sauerstoffsättigung (Tagesmittelwerte) bei Dommitzsch und Schnackenburg. An beiden Stationen wurden von Anfang April bis Mitte September 1998 deutliche Sauerstoffübersättigungen gemessen, wobei sowohl das Übersättigungsniveau als auch die Maxima der Übersättigungen in Schnackenburg höher ausfielen als in Dommitzsch.

Innerhalb dieses Zeitraumes wurde in Dommitzsch die 100%-Sättigungsgrenze an über 20 Tagen unterschritten, während dies in Schnackenburg nur an 5 Terminen der Fall war. Die Modellierungen bilden denselben saisonalen Verlauf der Sauerstoffsättigungswerte wie die Messungen ab, wenn auch mit einer deutlich geringeren Dynamik. Die stärksten Untersättigungen (bis zu einer $O_2$-Sättigung von 70%) traten in der kalten, algenarmen Jahreszeit auf. Das zu dieser Zeit in der Elbe vorhandene organische Material sowie Ammonium bildeten die Substrate für den mikrobiellen Sauerstoffverbrauch, ohne dass ein Ausgleich der Verbräuche über den biogenen Sauerstoffeintrag durch Algen erfolgte. Diese Aussagen treffen nur bedingt für den obersten Abschnitt (bei Schmilka) und den untersten Abschnitt (bei Geesthacht) zu. Hier traten, wie schon für die Sauerstoffgehalte erwähnt, deutliche Sauerstoffuntersättigungen auch im Sommer auf: Schmilka 65% (Messung am 10.06.98 und Modellierung) und Geesthacht knapp unter 50% (Messung am 21.05. und 22.08.1998 und Modellierung).

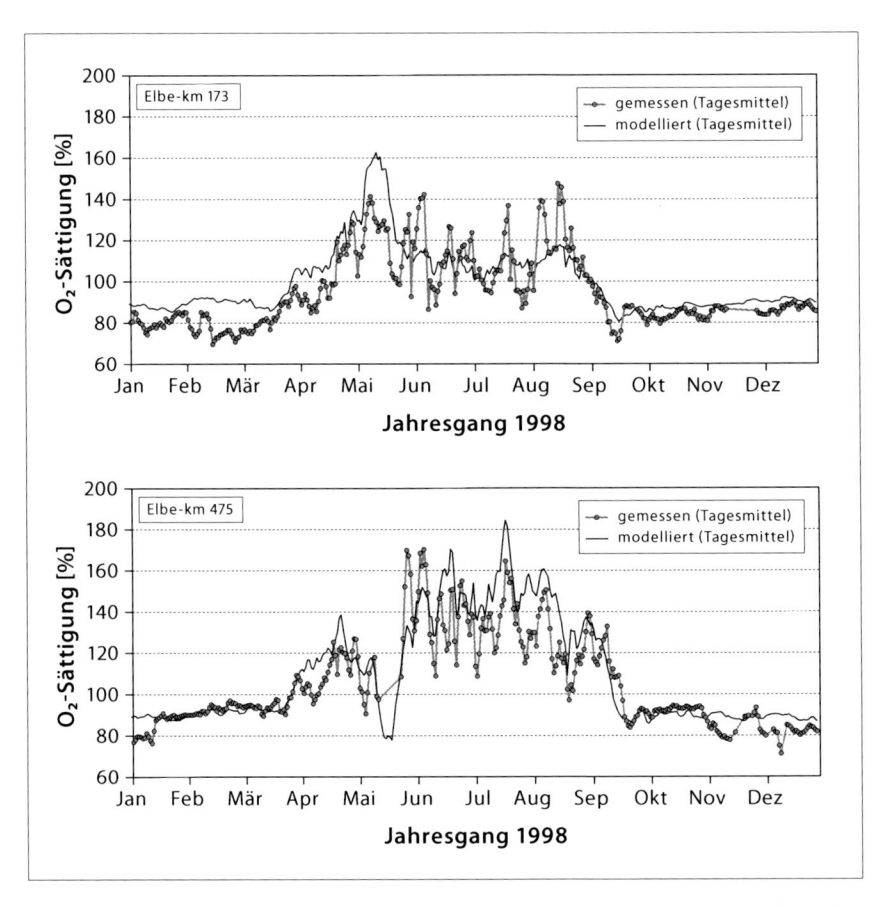

**Abb. 7-12:** Modellierte und gemessene Sauerstoffsättigungen in der Elbe bei Dommitzsch (Elbe-km 173) (oben) und Schnackenburg (Elbe-km 475) (unten) im Jahr 1998

### Stickstoff: Ammonium

Die gemessenen und modellierten Ammoniumgehalte zeigten einen deutlichen Jahresgang mit höheren Gehalten von über 0,3 mg/l $NH_4$-N in den Monaten Dezember und Januar bis März, also den Zeiten mit niedrigen Wassertemperaturen (siehe Abbildung 7-13). In der Vegetationsperiode mit höheren Wassertemperaturen, also intensiverer Nitrifikationsaktivität und höherem Algenwachstum und damit verstärkter Ammoniumaufnahme durch die Algen, lagen die NH$_4$-N-Gehalte in der Elbe über lange Zeit unterhalb 0,2 mg/l (April bis November), in Schnackenburg sogar unterhalb von 0,1 mg/l.

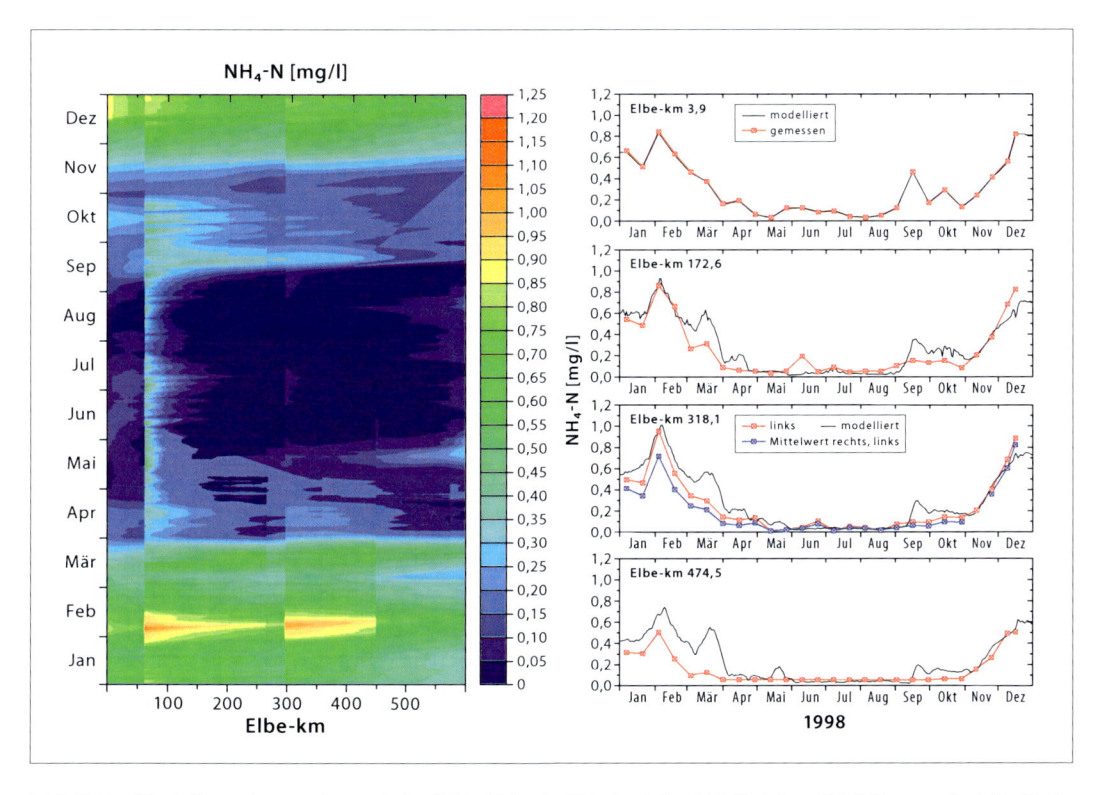

**Abb. 7-13:** Modellierte Ammoniumgehalte (NH$_4$-N) in der Elbe im Jahr 1998 (links) und Validierung der NH$_4$-N-Gehalte an 4 Stationen mit 14-tägigen Messdaten (rechts)

Mit dem Modell errechnete NH$_4$-N-Aufnahmeraten durch das Phytoplankton und NH$_4$-N-Oxidationsraten der Nitrifikanten zeigen, dass zu Zeiten hoher Algengehalte (Mai bis September) der Einfluss der Algen auf den Ammoniumgehalt deutlich wichtiger ist als die Nitrifikation. Die Rate der Ammoniumaufnahme durch Algen ist dann ca. 4-fach höher als der Ammoniumverbrauch durch nitrifizierende Bakterien. Ursache für die auftretende geringe Nitrifikationsaktivität, die zu ca. 90 % von sessilen Nitrifikanten erbracht wird, ist die geringe Ammoniumkonzentration. Diese liegt mit weniger als 0,1 mg/l NH$_4$-N weit unter dem im Modell für Nitrifikanten verwendeten Halbsättigungswert von 0,5 mg/l NH$_4$-N, was somit eine starke Substratlimitierung der Umsatzrate bewirkt.

Aus Abbildung 7-13 ist – besonders deutlich im Februar – der Eintrag von Ammonium in die Elbe aus dem Raum Dresden (Kläranlage Dresden, Elbe-km 62,8) und der Saale (Elbe-km 290) ersichtlich. Ein Anstieg der Ammoniumkonzentration war für das Jahr 1998 unterhalb Dresdens immer, unterhalb der Saale nur in der kalten Jahreszeit von Oktober bis März zu erkennen.

### Stickstoff: Nitrat

Die Nitratgehalte (siehe Abbildung 7-14) zeigten im oberen Elbabschnitt von Schmilka (Elbe-km 4) bis Dommitzsch (Elbe-km 173) nur geringe jahreszeitliche Schwankungen. Bei Dommitzsch betrug das gemessene Jahresmittel 4,4 mg/l NO$_3$-N und die Schwankungsbreite 3,1 bis 5,4 mg/l

NO$_3$-N, wobei die geringeren Konzentrationen im Sommer und die höheren im Winterhalbjahr beobachtet wurden. Stromab nahm die mittlere Nitratkonzentration ab, die Schwankungsbreite der Werte jedoch zu: Bei Magdeburg (Elbe-km 318) lag das Mittel bei 3,7 mg/l NO$_3$-N, und der Wertebereich reichte von 1,2 bis 6,0 mg/l NO$_3$-N, während bei Schnackenburg (Elbe-km 475) das Mittel 4,1 mg/l NO$_3$-N und die Schwankungsbreite 2,1 bis 5,8 mg/l NO$_3$-N betrugen.

Für den oberen Abschnitt stimmen die Modellergebnisse mit den Messwerten gut überein (siehe Abbildung 7-14, rechts). Bei Magdeburg wird das sommerliche Minimum der Nitratgehalte vom Modell nicht nachgebildet. Hierfür könnten im Modell nicht berücksichtigte Denitrifikationsverluste oder eine im Modell unterschätzte Nitrataufnahme durch Algen verantwortlich sein. Bei Schnackenburg gibt es für den Sommer wieder eine gute Übereinstimmung, aber der Winter und das Frühjahr weisen im Modell zu geringe Nitratgehalte auf. Hierfür könnten zu dieser Jahreszeit direkt in den Hauptstrom erfolgende diffuse Einträge verantwortlich sein.

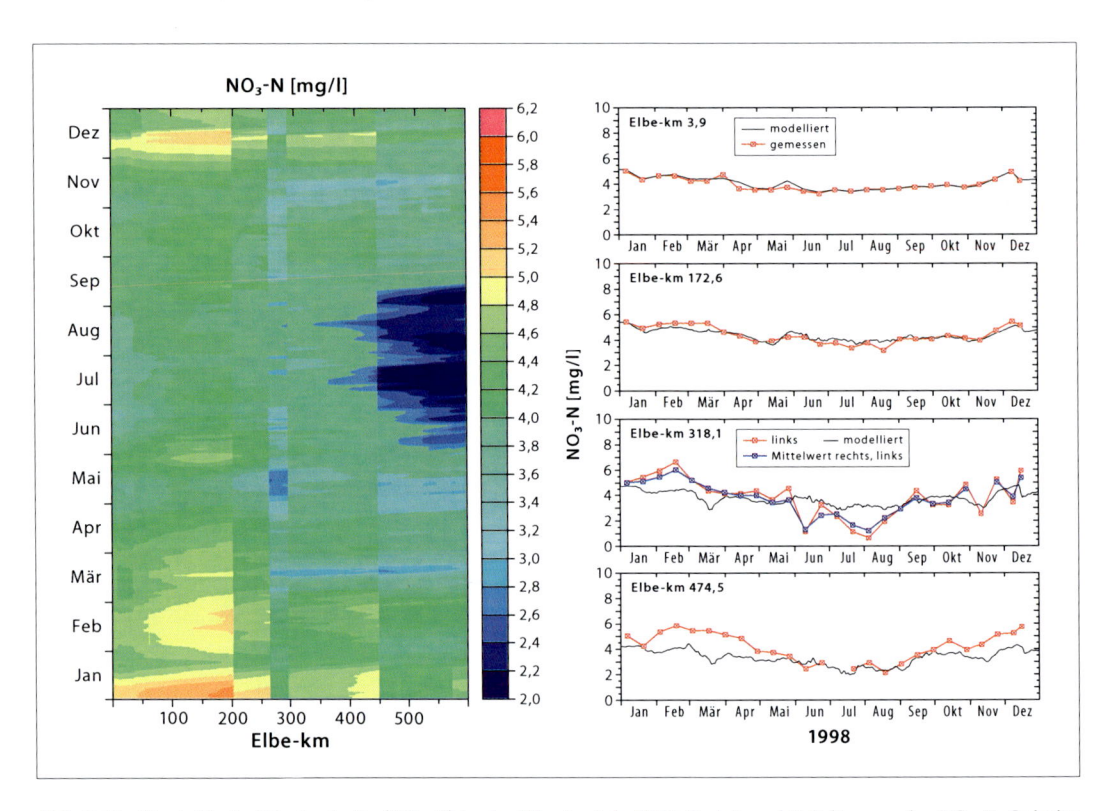

**Abb. 7-14:** Modellierte Nitratgehalte (NO$_3$-N) in der Elbe im Jahr 1998 (links) und Validierung der NO$_3$-N-Gehalte an 4 Stationen mit 14-tägigen Messdaten (rechts)

Die gemessenen Gesamt-N-Gehalte zeigten nur geringe Schwankungen im Jahresgang. Im Längsverlauf nahm der über das Jahr 1998 gemittelte Gesamt-N-Gehalt von Schmilka (Elbe-km 4) bis Dommitzsch (Elbe-km 173) von 5,6 auf 6,4 mg/l N leicht zu, um dann wieder bis Magdeburg (Elbe-km 318) leicht auf 6,1 mg/l N und anschließend bis Schnackenburg (Elbe-km 475) deutlicher auf 5,1 mg/l N zu sinken. Nennenswerte Abweichungen von Messwerten und Modellergebnissen treten nur bei Schnackenburg auf. Hier errechnet das Modell für die Vegetationsperiode (01.04. bis 30.09.1998) einen höheren mittleren Gesamt-N-Gehalt von 5,1 mg/l N im Vergleich zu dem aus den Messungen bestimmten Mittelwert von 4,6 mg/l N. Im Modell sind die im Sommer berechneten Gesamt-N-Verluste durch die Sedimentation der Algenbiomasse in den Buhnenfeldern bedingt (siehe Kapitel 7.2.2).

**Phosphor**

Das gelöste ortho-Phosphat (o-PO$_4$) steht den Algen unmittelbar als Nährstoff zur Verfügung. Weitere Fraktionen sind der gelöste Gesamt-Phosphor und der Gesamt-Phosphor inklusive der partikulären P-Verbindungen. Partikuläre und gelöste Fraktionen stehen über Ad- und Desorptionsprozesse im Austausch.

Die modellierte Verteilung des ortho-Phosphats (siehe Abbildung 7-15, links) zeigt die höchsten Konzentrationen von über 0,3 mg bzw. 300 µg/l o-PO$_4$-P im Juni im oberen Abschnitt von Schmilka (Elbe-km 4) bis zur Einmündung der Schwarzen Elster (Elbe-km 199). Die hohen Messwerte bei Schmilka (siehe Abbildung 7-15, rechts) weisen auf die starke Belastung der Mittelelbe durch Einträge aus der mittleren Oberelbe hin. Extrem geringe Gehalte von unter 20 µg/l o-PO$_4$-P treten im Modell von Ende April bis Mitte Mai in der gesamten Mittelelbe unterhalb der Schwarzen-Elster-Mündung auf. Für den unteren Elbabschnitt (ab ca. Elbe-km 500) werden diese sehr geringen Konzentrationen für den gesamten Sommer errechnet.

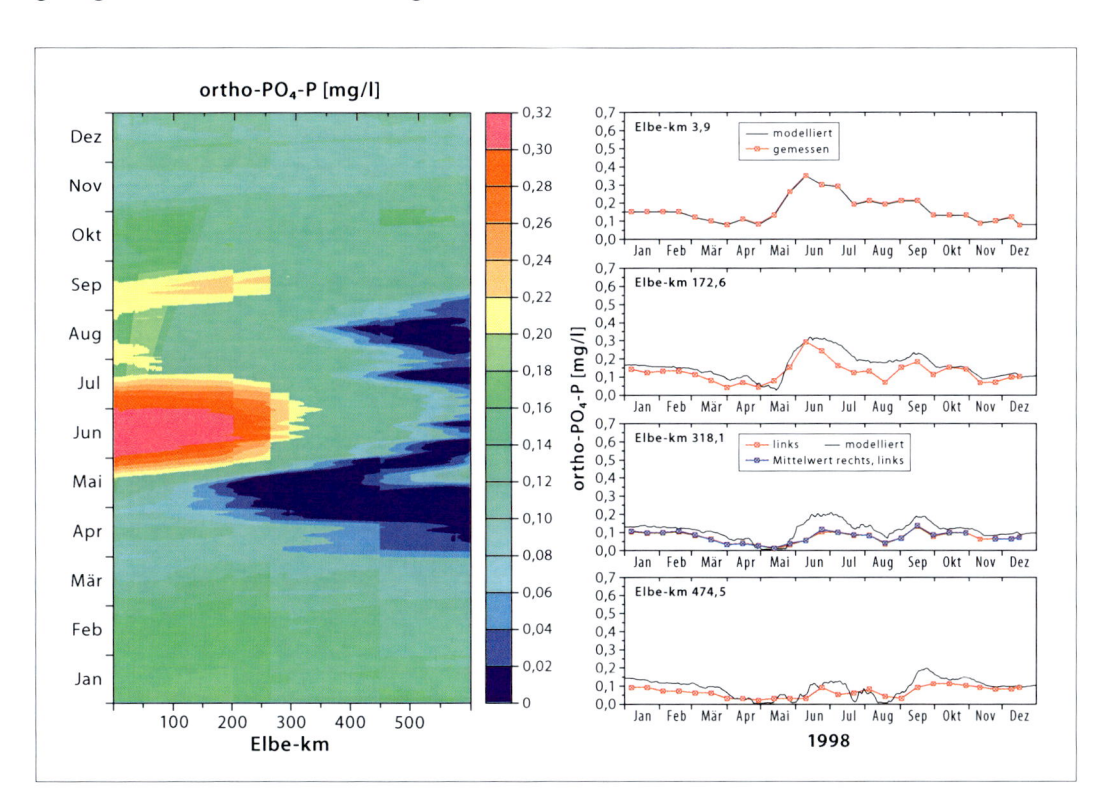

**Abb. 7-15:** Modellierte ortho-Phosphat-Gehalte (o-PO$_4$-P) in der Elbe im Jahr 1998 und Validierung der o-PO$_4$-P-Gehalte an 4 Stationen mit 14-tägigen Messdaten

Die Messwerte wiesen ebenfalls im April und Mai sowie Anfang September an den Stationen Magdeburg (Elbe-km 318) und Schnackenburg (Elbe-km 475) geringe Gehalte von weniger als 30 µg/l o-PO$_4$-P auf. Die mittleren gemessenen Konzentrationen lagen von April bis August in Schmilka bei 200 µg/l o-PO$_4$-P, in Dommitzsch (Elbe-km 173) bei 125 µg/l o-PO$_4$-P, in Magdeburg bei 55 μg/l o-PO₄-P und in Schnackenburg nur noch bei 45 μg/l o-PO₄-P (siehe Abbildung 7-15, rechts). Der Rückgang der ortho-Phosphat-Gehalte ist durch das starke Algenwachstum in der Elbe zu erklären, wodurch dieses in partikuläre Form überführt wird. Die Modellierungen geben sehr gut sowohl die räumliche als auch zeitliche Entwicklung der Gesamt-P-Gehalte wieder.

Die Konzentration an Gesamt-Phosphor nahm 1998 im Längsverlauf der Elbe leicht ab. Die gemessenen bzw. die modellierten Jahresmittelwerte 1998 lagen bei Schmilka (Elbe-km 4) und Dommitzsch (Elbe-km 173) jeweils bei 0,3 mg/l P und bei Magdeburg (Elbe-km 318) bei 0,27 bzw. 0,26 mg/l P und Schnackenburg (Elbe-km 475) jeweils bei 0,25 mg/l P. Im Jahresgang traten im Sommer aufgrund geringerer Abflüsse höhere Werte als im abflussreicheren Winterhalbjahr auf. Im Modell sind die im Sommer berechneten Gesamt-P-Verluste durch die Sedimentation der Algenbiomasse in den Buhnenfeldern bedingt (siehe Kapitel 7.2.2).

**Silizium**

Silizium (Si) ist der Hauptbestandteil der Schale der Kieselalgen. Die Aufnahme von gelöstem Silikat ist daher bei Kieselalgen zur Zellteilung unerlässlich. Das gelöste Silikat zeigte in der Elbe einen deutlichen Jahresgang mit ausgeprägten Minima der Si-Konzentrationen im April und Mai sowie im August und September zu Zeiten hoher Algendichten in der Elbe (siehe Abbildung 7-16). Die zeitliche Ausdehnung dieser Minima nahm stromab zu und führte dazu, dass bei Schnackenburg (Elbe-km 475) im gesamten Zeitraum von Mai bis August 1998 nur noch an zwei Terminen Konzentrationen über 0,5 mg/l Si festgestellt wurden.

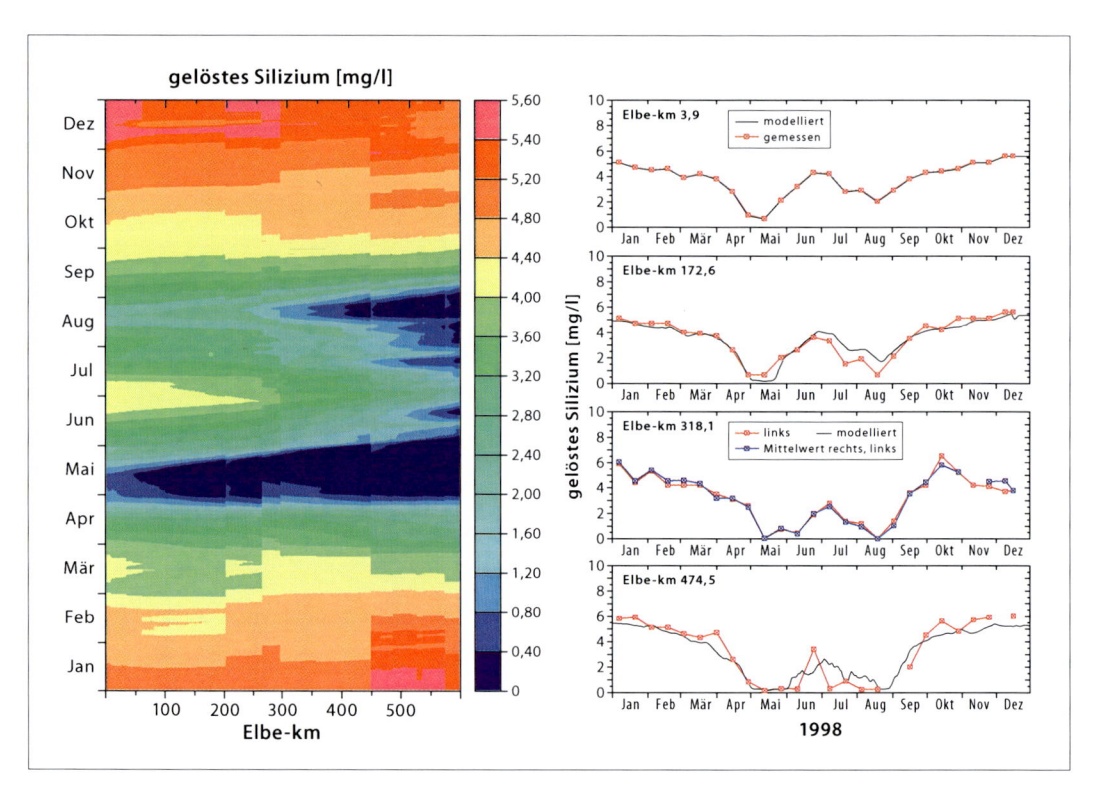

**Abb. 7-16:** Modellierte gelöste Siliziumgehalte (Si) in der Elbe im Jahr 1998 und Validierung der gelösten Si-Gehalte an 4 Stationen mit 14-tägigen Messdaten

## 7.2.2 Einfluss der Buhnenfelder auf den Stoffhaushalt und das Plankton in der Mittelelbe

Mit Hilfe der Modellergebnisse für den Jahresgang 1998 wurde der Einfluss der Buhnenfelder auf den Hauptstrom und damit auf die Stoffumsetzungsprozesse der Mittelelbe analysiert. In den Kompartimenten Hauptstrom und Buhnenfelder laufen am Stoffumsatz beteiligte Prozesse mit zum Teil unterschiedlicher Intensität ab, wodurch Stoffkonzentrationsunterschiede zwischen den beiden Kompartimenten entstehen. Zwei wichtige Einflussfaktoren, die sich direkt aus den morphologischen Unterschieden zwischen Hauptstrom und Buhnenfeld ergeben, sind die mittlere Fließgeschwindigkeit (siehe Abbildung 7-17) und die mittlere Wassertiefe (siehe Abbildung 7-18). Diese Faktoren wirken direkt über den Austausch mit der Atmosphäre auf die Wassertemperatur und den Sauerstoff ein sowie indirekt über die Lichtbedingungen auf die Algen und deren Wachstum. Die Fließgeschwindigkeiten steuern zudem die Sedimentationsrate von Schwebstoffen und planktischen Algen. Abgeleitet von diesen Zusammenhängen können sich auch Unterschiede im Nährstoffgehalt zwischen Hauptstrom und Buhnenfeldern ausbilden.

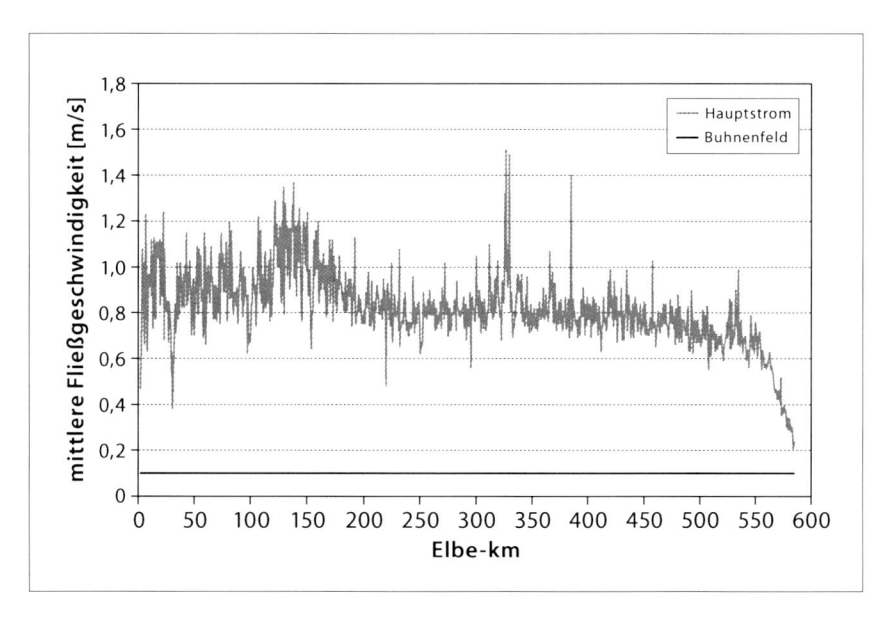

**Abb. 7-17:** Mit QSim modellierte mittlere Fließgeschwindigkeit in Hauptstrom und Buhnenfeldern in der Elbe am 01.07.1998 bei einem Abfluss von 154 m³/s am oberen Modellrand (Elbe-km 0)

**Tab. 7-5:** Modellierte mittlere Wassertiefen und Fließgeschwindigkeiten in Hauptstrom und Buhnenfeldern für Mittleren Abfluss (MQ = 285 m³/s) und Mittleren Niedrigwasserabfluss (MNQ = 109 m³/s) am Pegel Dresden im Jahr 1998. Die mittleren Fließgeschwindigkeiten im Buhnenfeld sind Modellannahmen (siehe Kapitel 7.1.2).

| Elbabschnitt Elbe-km 126 bis 586 | Mittlere Wassertiefe [m] | | Mittlere Fließgeschwindigkeit [m/s] | |
|---|---|---|---|---|
| | MQ | MNQ | MQ | MNQ |
| Hauptstrom | 2,76 | 1,87 | 0,94 | 0,70 |
| Buhnenfeld | 2,55 | 1,19 | 0,10 | 0,10 |

Die prozessbedingten Stoffkonzentrationsunterschiede werden durch den Stoffaustausch zwischen Hauptstrom und Buhnenfeld tendenziell angeglichen. Aufgrund der hohen Austauschraten führt dieser Konzentrationsausgleich in der Mittelelbe dazu, dass sich für viele Gewässergüteparameter keine großen Konzentrationsunterschiede zwischen Buhnenfeldern und Hauptstrom ausbilden können. Die berechneten Konzentrationsunterschiede werden durch die Ergebnisse einer Elbe-Längsbereisung und die hoch aufgelösten Messungen in bestimmten Elbe-Querschnitten (siehe Kapitel 3.2) bestätigt.

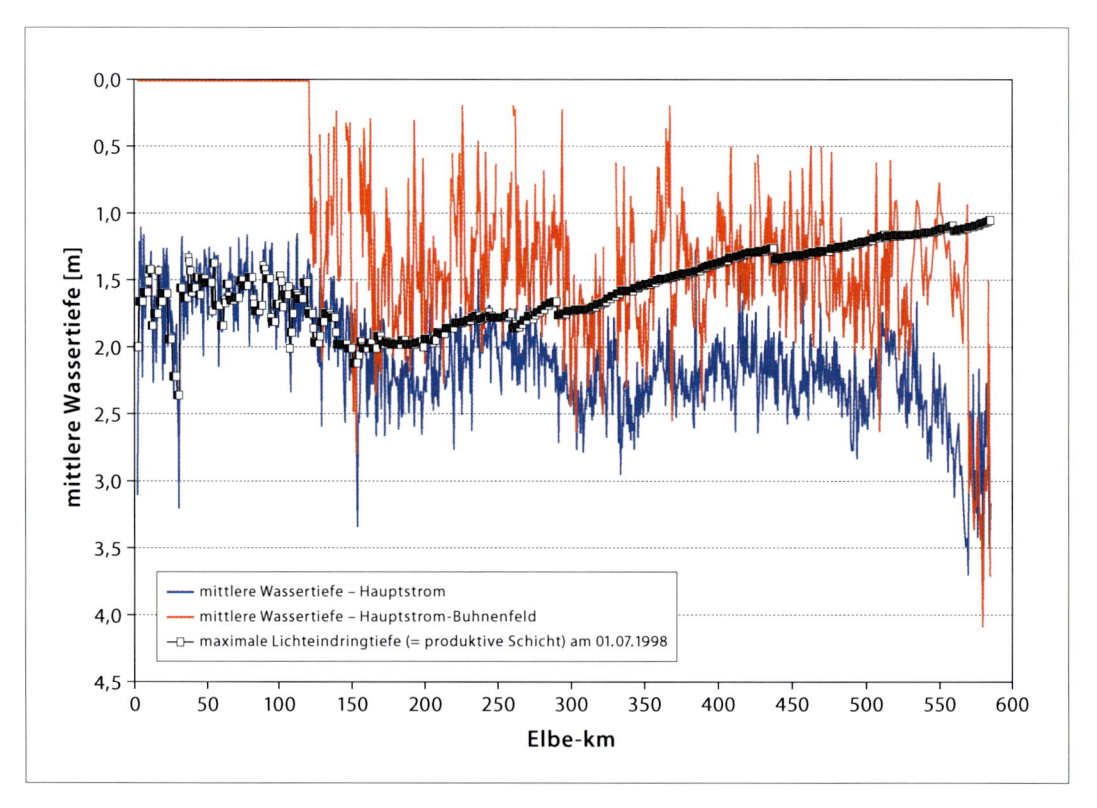

**Abb. 7-18:** Mittlere Wassertiefen in Hauptstrom und Buhnenfeldern in der Elbe am 01.07.1998 bei einem Abfluss von 154 m³/s am oberen Modellrand (Elbe-km 0). Als maximale Lichteindringtiefe wird vom Modell die Wassertiefe ausgegeben, in der eine Lichtintensität von 25 µE/(m²·s) erreicht wird. Der Bereich über der schwarzen Kurve entspricht der produktiven Schicht des Wasserkörpers.

**Phytoplankton**

Einer der wichtigsten Faktoren für die Produktion von Algenbiomasse in Flüssen ist das Licht. Wenn der Wasserkörper flach ist, kann er durch das über die Oberfläche einfallende Licht voll durchlichtet werden, so dass alle im Wasserkörper schwebenden Algen belichtet werden und Biomasse sowie Sauerstoff produzieren. Die Verhältnisse von Wassertiefe zur Lichteindringtiefe sind für den Hauptstrom und die Buhnenfelder unterschiedlich (siehe Abbildung 7-18). Ersichtlich wird, dass in den Buhnenfeldern die maximale Lichteindringtiefe meist größer ist als die Wassertiefe und somit der Wasserkörper im Laufe eines Tages voll durchlichtet wird. Im Hauptstrom ist dies hingegen nur selten der Fall; hier sind die Wassertiefen überwiegend größer als die maximale Lichteindringtiefe. Das Wachstum der Algen ist daher im Hauptstrom deutlich stärker lichtlimitiert als in den Buhnenfeldern.

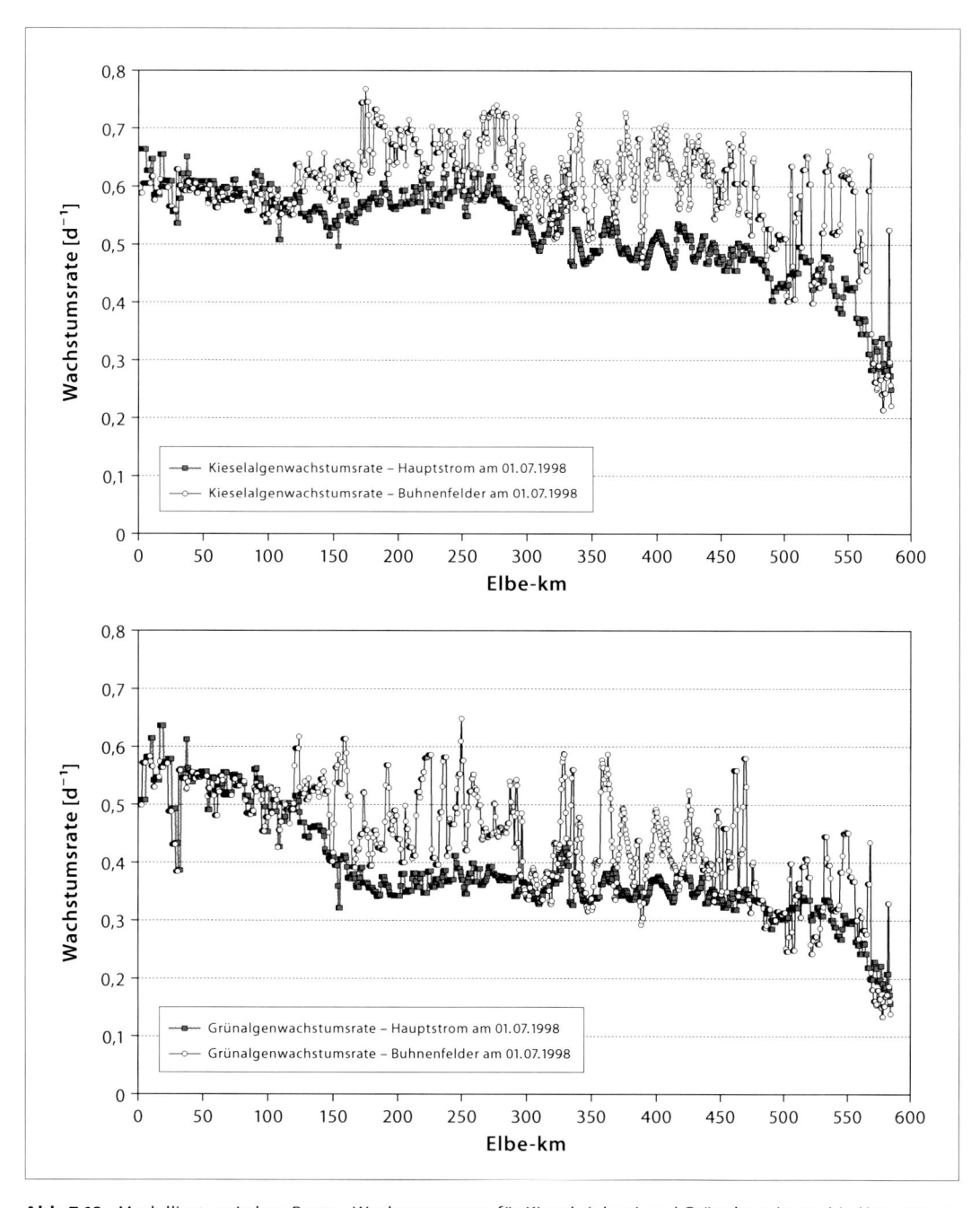

**Abb. 7-19:** Modellierte mittlere Brutto-Wachstumsraten für Kiesel- (oben) und Grünalgen (unten) in Hauptstrom und Buhnenfeldern in der Elbe am 01.07.1998

Infolge der unterschiedlichen Unterwasserlichtklimata ist die Bruttoproduktion der Algen in den Buhnenfeldern größer als im Hauptstrom. Abbildung 7-19 zeigt die im Modell berechneten Brutto-Wachstumsraten der Kieselalgen bzw. Grünalgen, d. h., interne (Respiration und physiologische Mortalität) und externe (Sedimentation und Wegfraß) Verluste sind nicht berücksichtigt. Für die Modellierung der Verhältnisse am 01.07.1998 wird für die Kieselalgen im Hauptstrom von Elbe-km 125 bis 568 eine mittlere Brutto-Wachstumsrate von 0,50 d$^{-1}$ und für die Buhnenfelder auf dieser Strecke ein Mittel von 0,60 d$^{-1}$ berechnet. Für die Grünalgen betragen die mittleren Raten im Hauptstrom 0,35 d$^{-1}$ und in den Buhnenfeldern 0,42 d$^{-1}$. Damit wird für beide Algenklassen in den Buhnenfeldern gegenüber dem Hauptstrom eine um ca. 20 % höhere Brutto-Wachstumsrate errechnet.

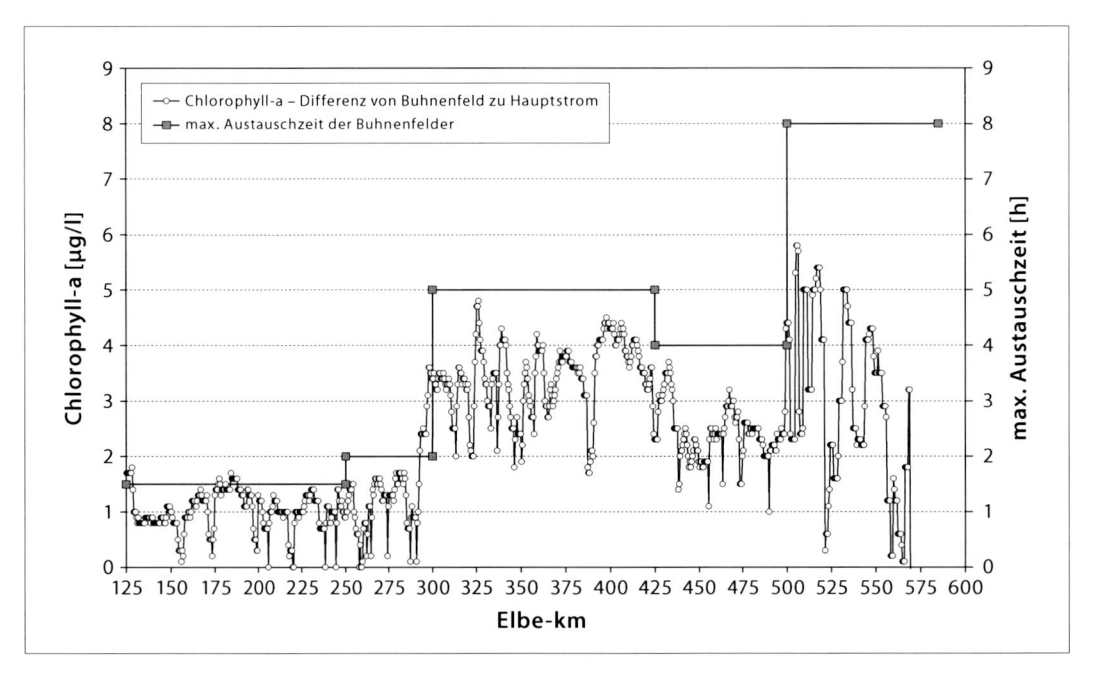

**Abb. 7-20:** Modellierte Differenzen des Chlorophyll-a-Gehaltes von Buhnenfeldern zu Hauptstrom in der Elbe am 01.07.1998 sowie maximale Austauschzeiten von Buhnenfeld zu Hauptstrom

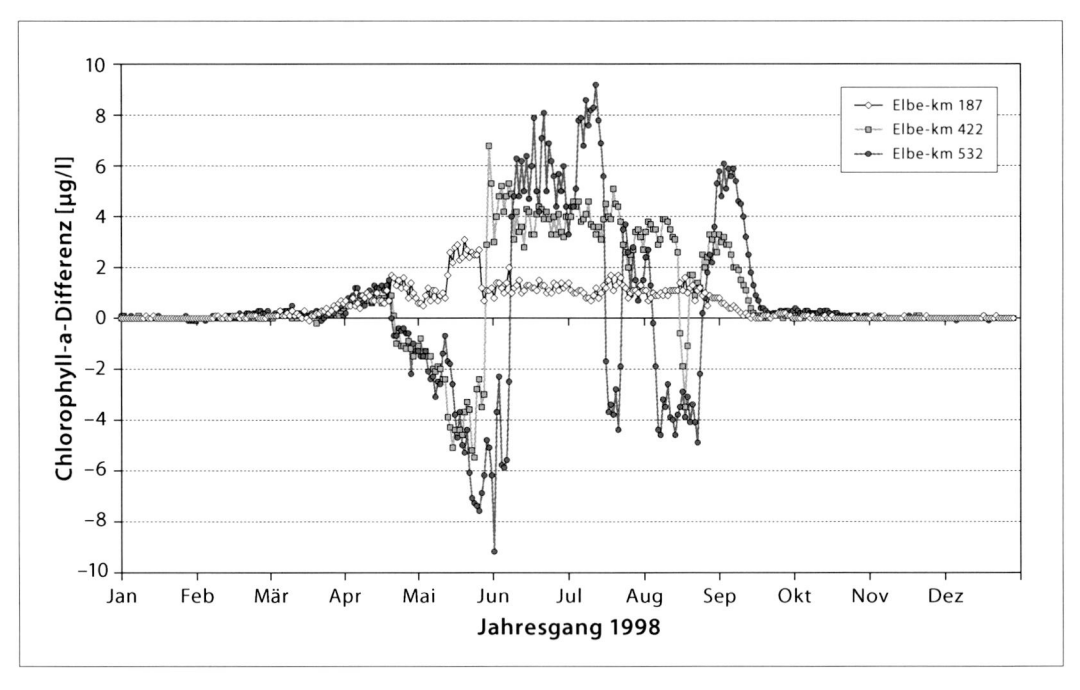

**Abb. 7-21:** Modellierte Differenzen des Chlorophyll-a-Gehaltes von Buhnenfeldern zu Hauptstrom am Elbe-km 188, 422 und 533 im Jahr 1998

Zieht man nun von der Brutto-Wachstumsrate die internen Respirations- und Mortalitätsverluste sowie die externen Verluste durch Sedimentation und Wegfraß ab, so ergibt sich die tatsächliche Wachstumsrate. Insbesondere die nur in den Buhnenfeldern wirkende Sedimentation und der dort zeitweise wesentlich stärkere Wegfraß der Algen durch das Zooplankton führen dazu, dass die tatsächlichen Wachstumsraten geringere Unterschiede zwischen Buhnenfeld und Hauptstrom als die Brutto-Wachstumsraten aufweisen. Die über den Längsschnitt am 01.07.1998 gemittelten tatsächlichen Wachstumsraten sind in den Buhnenfeldern (0,278 d$^{-1}$) noch um ca. 14% höher als im Hauptstrom (0,243 d$^{-1}$). Entsprechend den Wachstumsraten wird in den Buhnenfeldern eine leicht höhere Algenbiomasse als im Hauptstrom berechnet. Lässt man auf diese Algenkonzentrationen den lateralen Austausch mit dem Hauptstrom wirken, so erhält man die zu beobachtende Verteilung der Algenbiomasse (als Chl-a) zwischen Hauptstrom und Buhnenfeldern, wie sie in Abbildung 7-20 dargestellt ist. Im Mittel (Elbe-km 126 bis 586) ergeben sich dann für den 01.07.1998 nur noch um 1,7% höhere Chl-a-Gehalte in den Buhnenfeldern (127,8 µg/l) als im Hauptstrom (129,9 µg/l).

**Tab. 7-6:** Saisonal gemittelte Modellwerte der Wachstumsraten (d$^{-1}$) der Algen und des Chlorophyll-a-Gehaltes (µg/l) im Hauptstrom und Buhnenfeld am Elbe-km 188, 422 und 533

| | | Kompartiment | Vegetationsperiode 01.04.–30.09.1998 | Frühjahr 01.04.–05.06.1998 | Sommer 06.06.–30.09.1998 |
|---|---|---|---|---|---|
| Elbe-km 188 | Brutto-Wachstumsrate | Hauptstrom | 0,346 | 0,319 | 0,361 |
| | | Buhnenfelder | 0,388 | 0,334 | 0,418 |
| | Tatsächliche Wachstumsrate | Hauptstrom | 0,221 | 0,226 | 0,245 |
| | | Buhnenfelder | 0,229 | 0,239 | 0,298 |
| | Chlorophyll-a-Gehalt | Hauptstrom | 92,7 | 140,1 | 66,0 |
| | | Buhnenfelder | 93,8 | 141,4 | 66,9 |
| Elbe-km 422 | Brutto-Wachstumsrate | Hauptstrom | 0,330 | 0,269 | 0,364 |
| | | Buhnenfelder | 0,370 | 0,290 | 0,414 |
| | Tatsächliche Wachstumsrate | Hauptstrom | 0,155 | 0,045 | 0,217 |
| | | Buhnenfelder | 0,149 | 0,023 | 0,220 |
| | Chlorophyll-a-Gehalt | Hauptstrom | 136,6 | 134,9 | 137,5 |
| | | Buhnenfelder | 138,0 | 134,0 | 140,3 |
| Elbe-km 533 | Brutto-Wachstumsrate | Hauptstrom | 0,286 | 0,255 | 0,304 |
| | | Buhnenfelder | 0,351 | 0,301 | 0,379 |
| | Tatsächliche Wachstumsrate | Hauptstrom | 0,061 | -0,025 | 0,182 |
| | | Buhnenfelder | 0,070 | -0,032 | 0,248 |
| | Chlorophyll-a-Gehalt | Hauptstrom | 142,2 | 110,0 | 160,4 |
| | | Buhnenfelder | 142,8 | 108,1 | 162,4 |

Vergleicht man nun über das Jahr 1998 die Wachstumsraten und die Chlorophyll-a-Gehalte in Hauptstrom und Buhnenfeldern entlang der Elbe an verschiedenen Orten (siehe Abbildung 7-20), welche durch unterschiedliche Austauschraten von Hauptstrom zu Buhnenfeld charakterisiert sind, so zeigen sich deutliche saisonale Muster (siehe Abbildung 7-21). Dabei treten die größten Differenzen der Tagesmittel für das Chl-a an der Buhnenstrecke mit den höchsten Austauschzeiten am Elbe-km 533 auf (siehe Tabelle 7-3). Die maximalen Differenzen nehmen dann – wie auch die Austauschzeiten – von Elbe-km 422 zu 188 ab. Über den Sommer 1998 (06.06. bis 30.09.)

gemittelt (siehe Tabelle 7-6), errechnet das Modell in allen drei betrachteten Buhnenfeldern höhere tatsächliche Wachstumsraten und auch nach Berücksichtigung des lateralen Austausches höhere Chl-a-Werte als im Hauptstrom. In den Buhnenfeldern am Elbe-km 188 und 533 gilt dieser Zusammenhang auch bezogen auf die gesamte Vegetationsperiode (01.04. bis 30.09.). Umgekehrt führen am Elbe-km 422 und 533 im Frühjahr (01.04. bis 05.06.) stärker negative tatsächliche Wachstumsraten (d.h. Algenverluste) in den Buhnenfeldern als im Hauptstrom auch zu negativen Chl-a-Differenzen von Buhnenfeld zu Hauptstrom. Zu diesen Zeiten wirken auf die Algen in den Buhnenfeldern zusätzlich zu den Sedimentationsverlusten auch hohe Verluste durch den starken Wegfraß durch das Zooplankton ein. Der zu diesen Zeiten höhere Fraßdruck kann durch die im Vergleich zum Hauptstrom höheren Zooplanktondichten in den Buhnenfeldern erklärt werden. Grund hierfür sind die höheren Aufenthaltszeiten und die zeitweise besseren Nahrungsbedingungen in den Buhnenfeldern. Aus den Ausführungen wird ersichtlich, dass insbesondere im Sommer ein Eintrag von Algen aus den Buhnenfeldern in den Hauptstrom der Mittelelbe erfolgt.

**Sauerstoff**

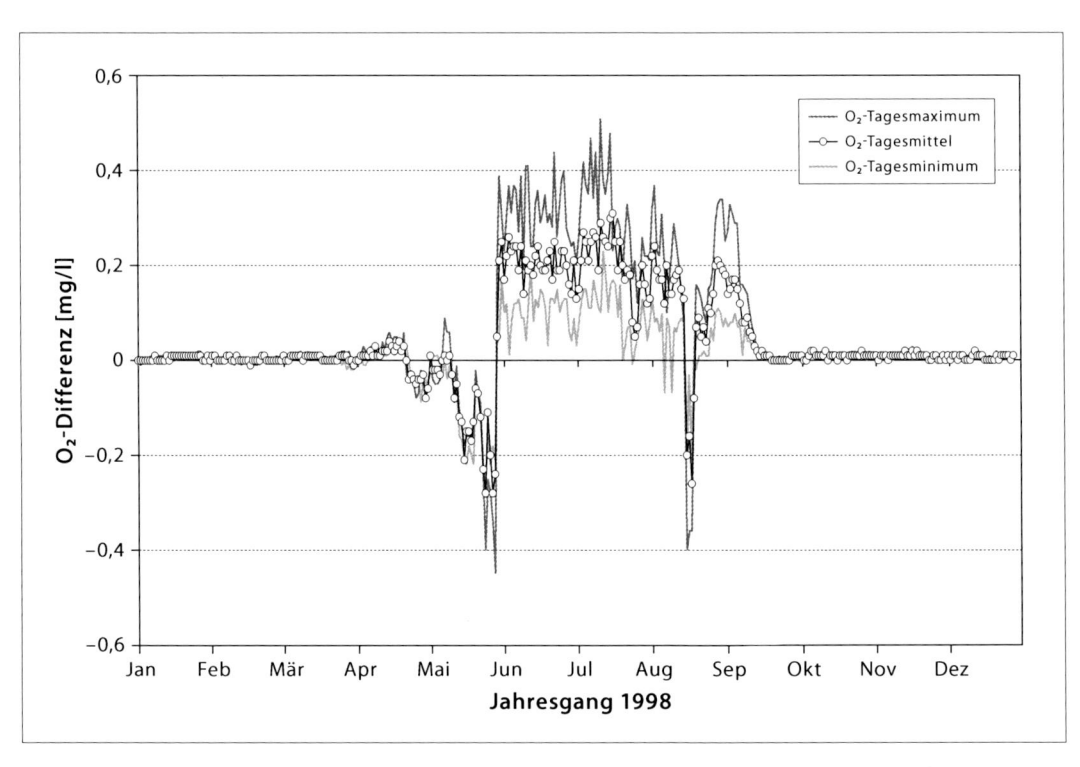

**Abb. 7-22:** Modellierte Differenzen des Sauerstoffgehaltes von Buhnenfeldern zu Hauptstrom am Elbe-km 422 im Jahr 1998

Der Sauerstoffgehalt in der Elbe wird durch den Austausch mit der Atmosphäre und in der Vegetationsperiode besonders stark durch den biogenen Sauerstoffeintrag des Phytoplanktons geprägt. Für beide Prozesse bestehen Unterschiede zwischen Hauptstrom und Buhnenfeldern. Der Austausch mit der Atmosphäre, der zu Zeiten von Sauerstoffuntersättigungen einen Eintrag aus der Atmosphäre und zu Zeiten von Sauerstoffübersättigungen – wie sie im Sommerhalbjahr in der Mittelelbe vorherrschen – einen Austrag bedeutet, ist von der Fließgeschwindigkeit abhängig. Die höheren Fließgeschwindigkeiten im Hauptstrom bewirken damit einen stärkeren Einbzw. Austrag von Sauerstoff im Vergleich zu den Buhnenfeldern. Zusammen mit dem höheren biogenen Sauerstoffeintrag durch das etwas dichtere Phytoplankton können als Folge höhere Sauerstoffgehalte im Buhnenfeld aufgebaut werden (siehe Abbildung 7-22).

Die im Modell berechneten Unterschiede für die Sauerstoffkonzentration betragen am Flussquerschnitt bei Elbe-km 432 über den Sommerzeitraum vom 06.06. bis 30.09.1998 gemittelt nur wenige Zehntel Milligramm: Für die Tagesmaxima, -mittel und -minima 0,22, 0,14 und 0,07 mg/l $O_2$, bei absoluten Sauerstoffgehalten im Hauptstrom für die Tagesmaxima von 14,20 mg/l $O_2$, für die Tagesmittel von 12,73 mg/l $O_2$ und für die Tagesminima von 11,35 mg/l $O_2$.

**Nährstoffe**

Der Ammoniumgehalt in der Elbe wird einerseits durch die Einträge, anderseits durch Nitrifikation und Aufnahme durch Algen bestimmt. Die Modellergebnisse zeigen, dass die Buhnenfelder während der kühleren Jahreszeit als Senke für das Ammonium wirken. Nur in der Zeit von Juni bis September mit hohen Algenbiomassen werden in den Elbabschnitten mit vergleichsweise hohen Austauschzeiten höhere Gehalte in den Buhnenfeldern als im Hauptstrom berechnet: im Mittel höher am Elbe-km 422 um 0,8 µg/l $NH_4$-N und am Elbe-km 533 um 1,8 µg/l $NH_4$-N. Die mittlere $NH_4$-N-Konzentration im Hauptstrom beträgt für den Sommerzeitraum 53 µg/l. Grund für die höheren $NH_4$-N-Gehalte ist die Nachlieferung des Ammoniums aus der in den Buhnenfeldern abgestorbenen Algenbiomasse. Beim mikrobiellen Abbau des im Pelagial verbleibenden Detritus wird im Modell der N-Anteil wieder als Ammonium freigesetzt. Somit sind zu Zeiten hoher Algenbiomassen die Buhnenfelder Quellen für das Ammonium. Die Ausbildung größerer Unterschiede wird über das gesamte Jahr meistens durch den starken Austausch zwischen Buhnenfeld und Hauptstrom verhindert.

In der kalten Jahreszeit mit höheren Nitrifikationsaktivitäten in den Buhnenfeldern sind diese Nitrat-Quellen. In den Monaten Juni bis September überwiegt aber in den unteren Elbabschnitten, Elbe-km 422 und 533, die Nitrat-Aufnahme durch Algen, und die Buhnenfelder fungieren als Nitrat-Senken. Dann beträgt die mittlere Differenz zwischen Hauptstrom und Buhnenfeld am Elbe-km 422 bzw. 533 rund 5 bzw. 10 µg/l $NO_3$-N.

Die Konzentrationen des gelösten ortho-Phosphats werden stark durch das Algenwachstum und die daran gekoppelte P-Aufnahme der Algen bestimmt. Dementsprechend sind die Buhnenfelder in den Zeiten mit starkem Algenwachstum von Juni bis September Senken für den gelösten Phosphor. Über den Sommer gemittelt treten am Elbe-km 422 Differenzen von 3 µg/l o-$PO_4$-P und am Elbe-km 533 von 4 µg/l o-$PO_4$-P auf; bei mittleren o-$PO_4$-P-Gehalten im Sommer von 61 µg/l im Hauptstrom.

Durch die Aufnahme von gelösten Nährstoffen durch die Algen gelangen Stickstoff- und Phosphor-Atome in den partikulären Nährstoffpool. Entsprechend den stöchiometrischen Anteilen der Algenbiomasse sind die partikulären N- und P-Anteile im Modell mit 8 % bzw. 1 % festgesetzt, während die Anteile im Detritus variieren. Sedimentieren die Algen in den Buhnenfeldern, wird – über den Umweg durch die Algenbiomasse – ein Teil der transportierten Nährstofffracht dem Pelagial entzogen. Das Modell errechnet, dass in der Vegetationsperiode 01.04. bis 30.9.1998 auf der gesamten Buhnenstrecke insgesamt 272 t Stickstoff und 34 t Phosphor sedimentieren. Für den gleichen Zeitraum wurde am Elbe-km 533 die Stickstoff- und Phosphorfracht berechnet; von dieser werden etwa 1 % der Stickstoff- und fast 2 % der Phosphorfracht in den Sedimenten der Buhnenfelder deponiert.

### 7.2.3 Simulationen zum Einfluss verschiedener Bauformen von Buhnenfeldern

Mit Hilfe von Simulationen wurde der Einfluss der Austauschzeiten zwischen Buhnenfeld und Hauptstrom auf die Zustandsgrößen Wassertemperatur, Chlorophyll-a, Sauerstoff, ortho-Phosphat und Zooplankton untersucht. Dazu wurden bei ansonsten identischen Randbedingungen folgende Simulationen berechnet und verglichen:

- die bisher betrachtete Simulation des Ist-Zustandes, als „Simulation 1998" bezeichnet, mit maximalen Austauschzeiten zwischen 1,5 bis 8 h (siehe Tabelle 7-3),
- die Variante „Simulation Null" mit sehr geringen Austauschzeiten (0,1 h) über die gesamte Buhnenstrecke,
- die Variante „Simulation 10-fach" mit großen Austauschzeiten, nämlich 10-fach höheren als im Ist-Zustand, also zwischen 15 bis 80 h.

Die Simulationsergebnisse für den typischen Hochsommertag 01.07.1998 zeigen, dass die über den Längsschnitt gemittelten Chl-a-Gehalte sowohl im Hauptstrom als auch in den Buhnenfeldern mit höheren Austauschzeiten zunehmen, und es treten im Mittel bei der „Simulation 10-fach" auch die größten Differenzen (im Mittel 16,8 µg/l Chl-a) zwischen Buhnenfeld und Hauptstrom auf (siehe Abbildung 7-23, links).

Neben den höheren Chl-a-Mittelwerten ist auch das auftretende Chl-a-Maximum bei der „Simulation 10-fach" deutlich höher und zudem gegenüber den anderen Simulationen stromaufwärts verschoben. Weiterhin ist zu erkennen, dass der Rückgang der Algengehalte im untersten Abschnitt der Elbe bei der „Simulation 10-fach" deutlich stärker und vergleichsweise früher, d. h. bei den Buhnenfeldern bereits ab ca. Elbe-km 425 und im Hauptstrom ab ca. Elbe-km 475, eintritt. Die Entwicklung der Sauerstoffgehalte im Längsschnitt (siehe Abbildung 7-23, rechts) weist dieselben Charakteristika auf wie der Chl-a-Kurvenverlauf.

Der ortho-Phosphatgehalt (siehe Abbildung 7-24, links) zeigt eine zum Chl-a-Gehalt gegenläufige Entwicklung bei den drei Simulationen, d. h., die geringsten mittleren ortho-P-Gehalte treten bei der „Simulation 10-fach" zusammen mit den höchsten Chl-a-Gehalten auf. Deutlich wird auch, dass mit zunehmenden Aufenthaltszeiten in den Buhnenfeldern diese geringere ortho-P-Gehalte und gleichzeitig größere Differenzen zwischen Buhnenfeld und Hauptstrom aufweisen und damit stärker als Senken für den gelösten Phosphor fungieren.

Das Zooplankton, genauer die Rädertiere (Rotatoria) (siehe Abbildung 7-24, rechts), wird am stärksten durch die unterschiedlichen Aufenthaltszeiten beeinflusst. Hier kommt es fast zu einer Verdoppelung der über den Längsverlauf der Elbe gemittelten Rotatoriendichten im Hauptstrom von „Simulation Null" zu „Simulation 10-fach" (569 zu 1.023 Ind./l). Auch zwischen Buhnenfeld und Hauptstrom treten in der „Simulation 10-fach" Differenzen der Rotatoriendichten mit dem Faktor 2 auf (1.023 zu 2.034 Ind./l). Im höchsten Glied der planktischen Nahrungskette, das im Modell durch die Rotatorien repräsentiert wird, zeigen sich somit die Effekte der langen Aufenthaltszeiten am stärksten. Da Zooplankter sich deutlich langsamer vermehren als Phytoplankter, wird die Rotatorienentwicklung in der Elbe im Ist-Zustand stark durch die Begrenzung der Aufenthaltszeiten des Wassers im Flusssystem limitiert. Geringer Austausch mit dem Hauptstrom fördert über hohe Algengehalte die Nahrungsversorgung und die Aufenthaltszeit der Zooplankter in den Buhnenfeldern und mindert die Verluste (den Austrag) an den Hauptstrom.

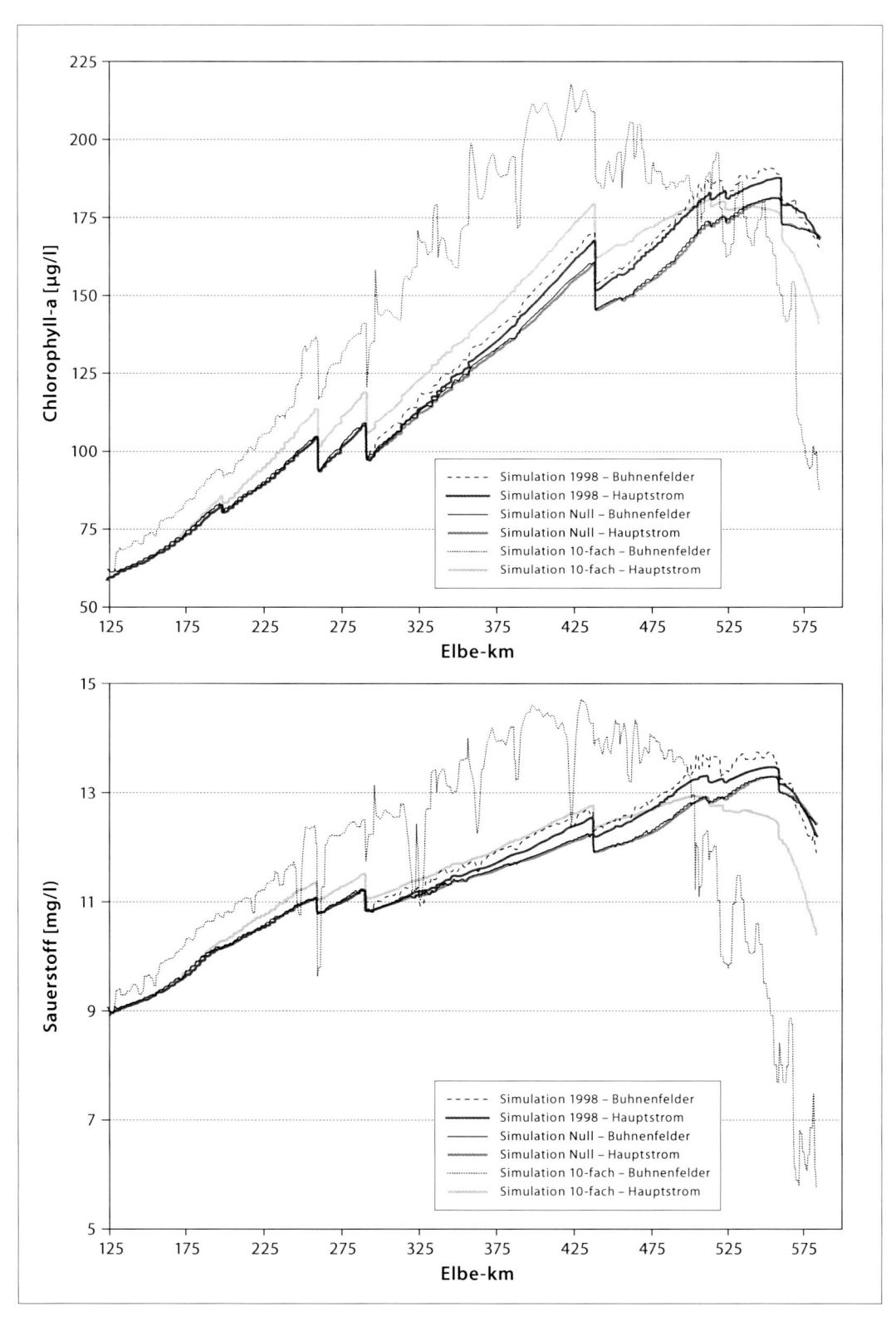

**Abb. 7-23:** Simulierte Chlorophyll-a-Gehalte (oben) und Sauerstoffgehalte (unten) in Hauptstrom und Buhnenfeldern im Elbe-Längsschnitt (01.07.1998) bei unterschiedlichen Austauschzeiten zwischen Hauptstrom und Buhnenfeldern

Auswirkungen von strukturellen Veränderungen und Störungen

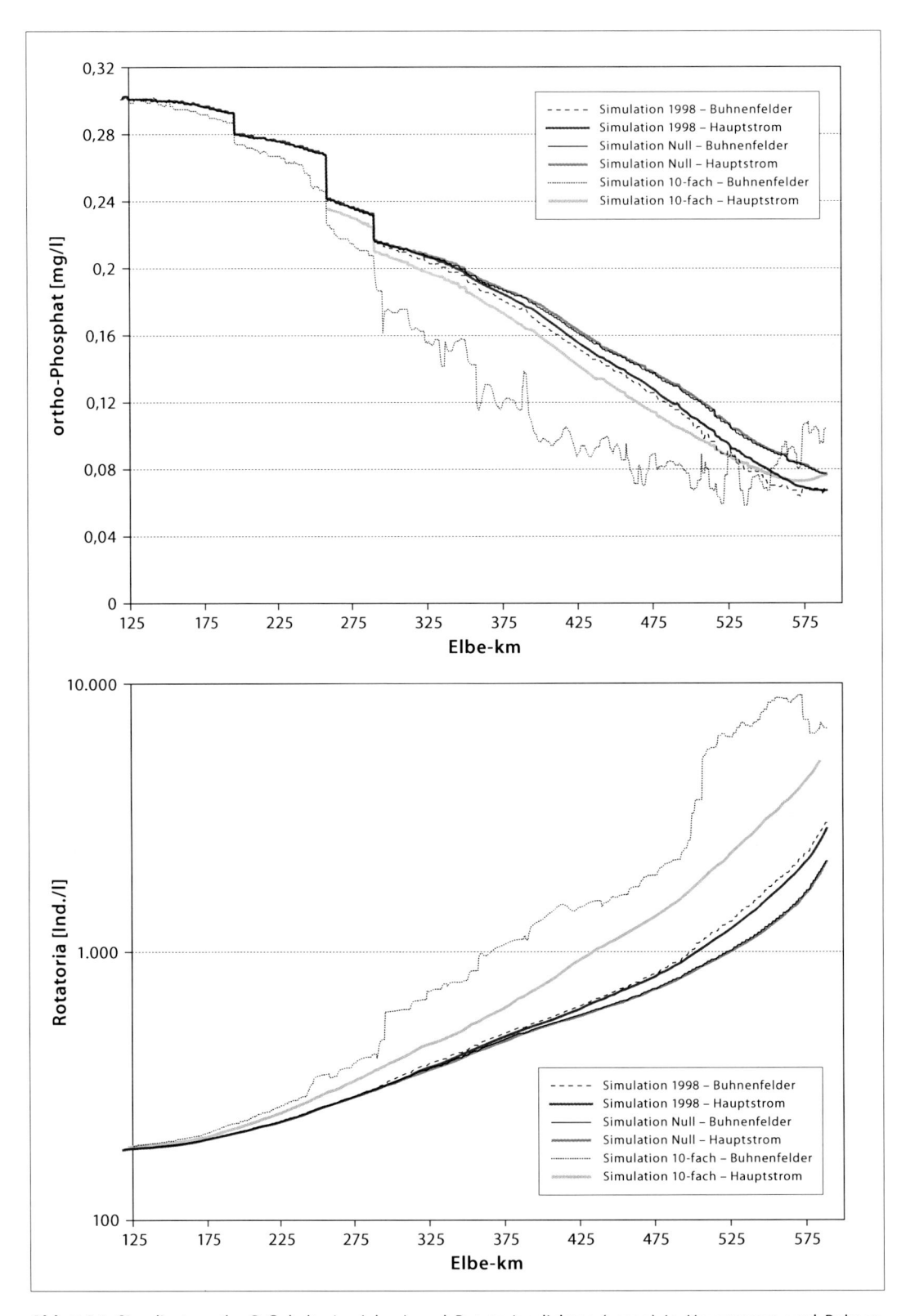

**Abb. 7-24:** Simulierte ortho-P-Gehalte im (oben) und Rotatoriendichten (unten) in Hauptstrom und Buhnenfeldern im Elbe-Längsschnitt (01.07.1998) bei unterschiedlichen Austauschzeiten zwischen Hauptstrom und Buhnenfeldern

Für die Zustandsgrößen Chlorophyll-a, Sauerstoff und Rotatorien sind folglich mit Zunahme der Austauschzeiten, also von „Simulation Null" über „Simulation 1998" zu „Simulation 10-fach", höhere Gehalte bzw. Dichten, bezogen auf die Vegetationsperiode 1998, festzustellen sowie größer werdende Differenzen von Hauptstrom zu Buhnenfeld. Für das ortho-Phosphat tritt – aufgrund der Aufnahme durch das Phytoplankton – eine umgekehrte Reihung, bezogen auf die Gehalte, auf. Diese eindeutige Abhängigkeit der Stoffkonzentrationen bzw. Individuendichten, die sich in den Vegetationsmittelwerten widerspiegelt, gilt nur bei den Rotatorien auch für jeden einzelnen Tagesmittelwert. Für die anderen Zustandsgrößen können an einzelnen Tagen andere Reihenfolgen auftreten. In diesen Zeiten sind die räumliche Verschiebung der höchsten Algenbiomassen stromaufwärts (wie oben für die Längsschnittdaten beschrieben) und die hohen Rotatoriendichten am Elbe-km 474 dafür verantwortlich, dass längere Austauschzeiten nicht auch höhere Chl-a-Gehalte in den Buhnenfeldern bewirken.

In Abbildung 7-25 werden die unterschiedlichen Austauschzeiten mit den Konzentrationsänderungen der Zustandsgrößen im Hauptstrom und in den Buhnenfeldern in Beziehung gesetzt. Nach Normierung zeigen die Parameter Chlorophyll-a und Sauerstoff nur leichte Zunahmen der Konzentrationen in Hauptstrom und Buhnenfeldern sowie gleichzeitig leicht zunehmende Differenzen zwischen den beiden Kompartimenten. Das ortho-Phosphat zeigt hingegen deutlich abnehmende Konzentrationen und die Rotatoriendichte deutlich zunehmende Konzentrationen. Bei diesen Größen kommt es mit Zunahme der Austauschzeiten zu einer stärkeren „Aufweitung" der Unterschiede zwischen Hauptstrom und Buhnenfeldern.

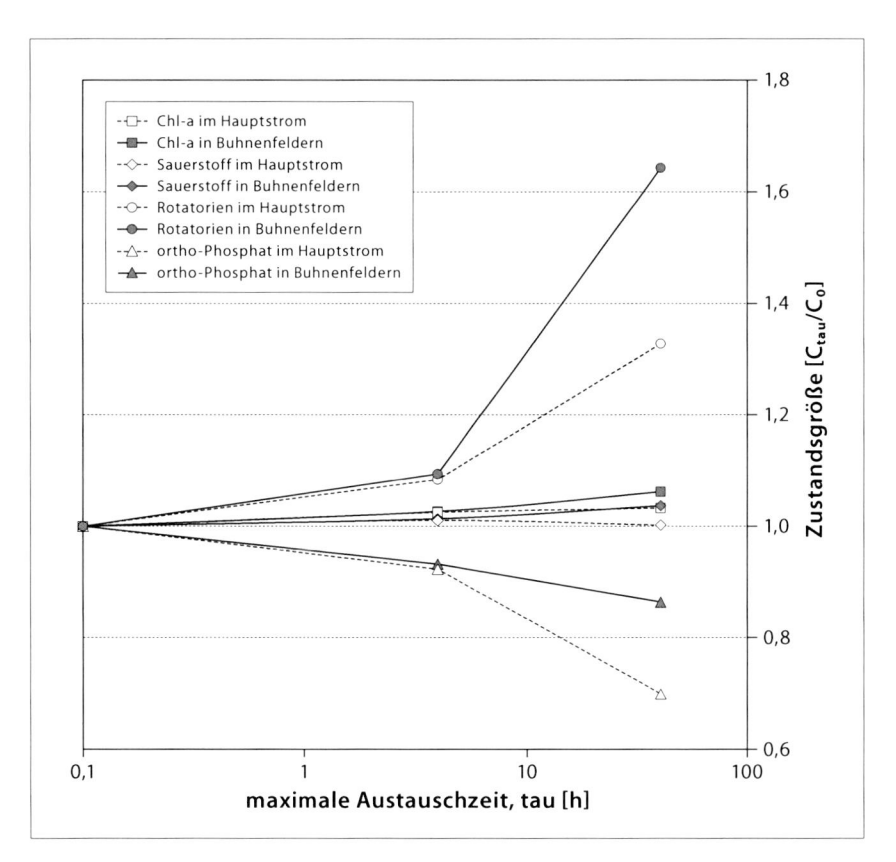

**Abb. 7-25:** Normierte Änderung der Zustandsgrößen Chlorophyll-a, Sauerstoff, ortho-Phosphat und Rotatorien bei unterschiedlichen Austauschzeiten zwischen Hauptstrom und Buhnenfeldern

## 7.3 Auswirkungen von wasserbaulichen Veränderungen

*Helmut Fischer und Martin Pusch (Kapitel 7.3.1); Xavier-François Garcia, Mario Brauns und Martin Pusch (Kapitel 7.3.2); Matthias Brunke, Eva Grafahrend-Belau und Martin Pusch (Kapitel 7.3.3)*

### 7.3.1 Auswirkungen wasserbaulicher Eingriffe auf das Zoobenthos und die mikrobiellen Stoffumsetzungen

**Bedeutung der Uferbereiche für die Elbfauna**

Obwohl die Buhnenfelder am Gewässerquerschnitt der Elbe nur einen kleinen Anteil haben, ist ihre Bedeutung für die Lebensraumqualität der Elbe ungleich höher. Die Stromsohle der Elbe ist im Zentrum durch ständigen Sandtransport gekennzeichnet, so dass dort nur wenige spezialisierte Arten benthischer Wirbelloser in geringer Dichte siedeln (Schöll und Balzer 1998, Haybach et al. 2005, siehe Kapitel 5.3.2), wie etwa der Wenigborstige Wurm *Propappus volki* und die Zuckmücke *Robackia demeijerei*. An den Seiten des Hauptstroms können jedoch bereits wirbellose Tiere, die kleiner als 1 mm sind (Meiofauna), in einer Dichte von mehreren Zehntausend Individuen pro Quadratmeter auftreten, wie etwa Wenigborstige Würmer (Oligochaeta) und Hüpferlinge (Cyclopidae) (siehe Kapitel 5.3.2). Auch in den strömungsberuhigten Buhnenfeldern wird die Zusammensetzung des Zoobenthos von der Strömung, der Sedimentzusammensetzung und durch die Nahrungsverfügbarkeit bestimmt (siehe Kapitel 4.3.2, Dirksen 2003, Gück 2003). Alle diese Faktoren werden durch den Buhnenbau in starkem Maße beeinflusst. Ein direkter Nachweis der Wirkung der Buhnen ist jedoch nicht möglich, da es entlang des Stroms keinen Uferbereich gibt, der sich nur durch fehlenden Uferverbau von den Regelbuhnenfeldern unterscheidet. Zudem werden alle Uferbereiche zusätzlich durch den Wellenschlag der Schiffe überprägt (siehe Kapitel 7.4), was eine eindeutige Analyse der Lebensraumfaktoren erschwert. Allerdings geben Untersuchungen an alternativen Bauformen (siehe unten, Kapitel 7.3.2 und Dirksen 2003) bereits deutliche Hinweise auf die Wirkungen des Uferverbaus.

**Abb. 7-26:** Buhnenfeld bei Elbe-km 418 bis 420 (Juni 2002) mit kleiner Sandbank, auf der sich Wat- und Wasservögel niedergelassen haben. Der auf Vorrat abgesetzte Haufen mit Wasserbausteinen ist zum Aufbau einer neuen Buhne auf der rechten Seite bestimmt, wodurch die Struktur der Lebensräume tendenziell vereinheitlicht wird (Foto: X.-F. Garcia).

Eine ebenso große Bedeutung besitzen die Buhnenfelder für die Fischfauna der Elbe (FREDRICH 2002, SCHOLTEN et al. 2003). Auch ausgesprochene Flussfische wie Rapfen halten sich zumeist in einem bestimmten „heimatlichen" Buhnenfeld auf, einschließlich der hinter den Buhnenköpfen ausgewaschenen Kolke. Aufgrund der Vereinheitlichung der Ufer der Elbe mussten entsprechend untersuchte Rapfen-Exemplare im Fluss etwa 30 km weit wandern, bis sie einen geeigneten Überwinterungseinstand fanden (FREDRICH 2003). Diese Tiere reagieren daher bereits auf kleinere Unregelmäßigkeiten des Uferverbaus mit erhöhter Siedlungsdichte. Ähnliches gilt für die an der Elbe vorkommenden Wat- und Wasservögel (siehe Abbildung 7-26).

**Auswirkungen des Buhnenbaus auf das Zoobenthos**

Die Ufer der Elbe wurden in den 1930er-Jahren im Zuge des Mittelwasserausbaus zumeist mit Buhnen verbaut. Kürzere Abschnitte, insbesondere an den Prallufern der Flusskrümmungen, wurden stärker befestigt. Hierzu wurden teils hakenförmige Buhnen gebaut (siehe Abbildung 4-1), deren stromparallele Abschnitte oft verbunden wurden, so dass Parallelwerke entstanden, die auf der Rückseite häufig verfüllt wurden. Die als gepflasterte oder geschüttete Steinriegel ausgeführten Ausbaumaßnahmen führten zu einer künstlichen Überprägung und Monotonisierung der Ufer (siehe Abbildung 7-27 links), die in den Buhnenfeldern durch starke Sedimentationsprozesse geprägt werden (CARLING et al. 1996; siehe Kapitel 4.2). Infolge jahrzehntelanger geringer Unterhaltung wurden die Buhnen bis 1990 teilweise beschädigt oder gar zerstört, so dass im Uferbereich örtlich wieder eine deutliche Sedimentdynamik auftrat. Insgesamt waren 1.068 Buhnen und 53 km Deck- und Parallelwerk geschädigt (UBA 2005). Bei Buhnendurchrissen entwickelten sich ufernahe Sekundärgerinne, die zwei oder mehrere Buhnenfelder verbinden (siehe Abbildung 7-28). Da heute die beschädigten Buhnen nach und nach instand gesetzt werden, wird auch die damalige Monotonie der Uferstruktur wiederhergestellt. Dazu kommt, dass die Lebensraumqualität der Buhnenfelder durch die Wellenwirkung vorbeifahrender Schiffe erheblich entwertet wird (siehe Kapitel 7.4).

**Abb. 7-27:** Monotoner Verbau des Elbufers durch Buhnenfelder bei Wittenberge (links) (Foto: R. SCHWARTZ). Versuchsweise erstellte Absenkungsbuhnen (Mai 2003) mit dem beabsichtigten ufernahen Nebengerinne (rechts) (Foto: X.-F. GARCIA)

Es werden daher Möglichkeiten gesucht, die Funktionen des Uferverbaus, d. h. Uferschutz und Strömungskonzentration, ökologisch zu optimieren. Hierzu wurden im Rahmen eines Pilotprojekts der Bundesanstalt für Gewässerkunde (BfG) und der Bundesanstalt für Wasserbau (BAW) bei Schönberg (Elbe-km 439 bis 446) einige zerstörte Buhnen in Form so genannter Knick- und Ab-

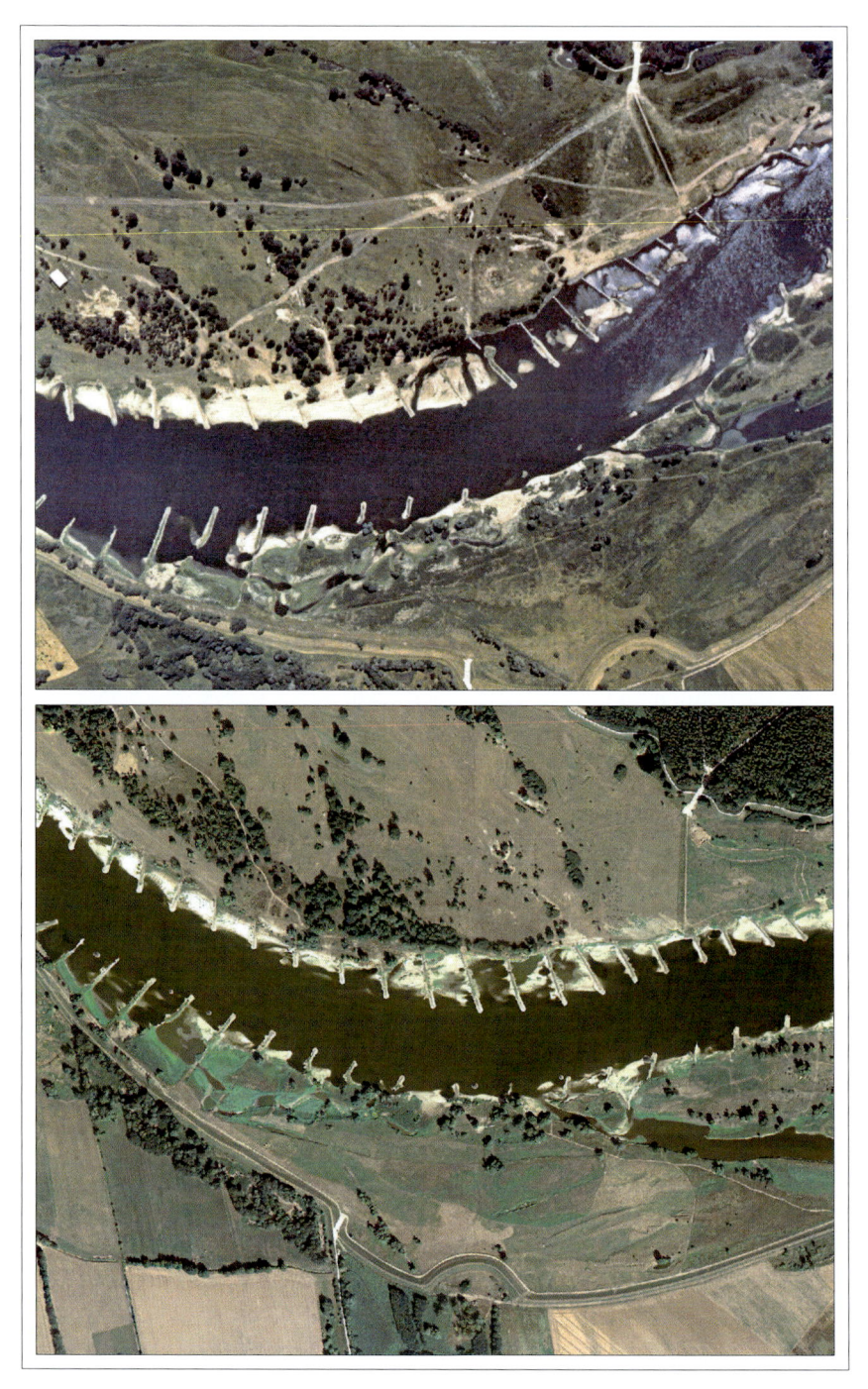

**Abb. 7-28:** Luftbild des Elbabschnittes von Elbe-km 418 bis 420 im Jahr 1992 (oben). Fließrichtung von rechts nach links. Am oberen (rechten) Ufer sind rechts durchgerissene Buhnen zu erkennen, die provisorisch mit Sandsackbarrieren geschlossen wurden. In den Buhnenfeldern hatte sich ein Nebengerinne entwickelt. Am unteren (linken) Ufer im Bereich eines Nebenarms sind einige stark zerstörte Buhnen sowie die halbkreisförmige Reparaturstelle eines früheren Deichbruchs erkennbar. Luftbild des selben Elbabschnittes im Jahr 2003 (unten). Die durchgerissenen Buhnen auf der rechten Elbseite sind repariert. Einige von ihnen sind mit Absenkungen versehen, so dass weiterhin Sekundärgerinne entstehen können, allerdings schwächer ausgeprägt. Auf der linken Seite befinden sich noch einige durchbrochene Buhnen, sowie in den Buhnenfeldern Steinhaufen für die Reparatur der Buhnen (Fotos: BfG).

senkungsbuhnen instand gesetzt (ANLAUF 2002). Knickbuhnen sind uferseits um 18° gegenüber einer Stromtransekten stromauf geneigt (wie die Regelbuhnen) und knicken mit ihrem stromwärtigen Teil um 36° in Strömungsrichtung ab (siehe Abbildung 7-29). Die Absenkungsbuhnen weisen im mittleren Drittel Absenkungen von 12 bis 36 m Breite auf (BAW 2004) und simulieren damit Buhnendurchrisse (siehe Abbildung 7-27, rechts). Beide Buhnenformen bewirken, dass bei Überströmung der Buhnen die Strömung im Mittelteil der Buhne konzentriert wird, so dass das Buhnenfeld dort dynamisiert wird und auch deutlichere Gradienten der Wassertiefe, Korngrößenzusammensetzung und Strömungsgeschwindigkeit entstehen. Dieses Pilotprojekt wird wissenschaftlich intensiv begleitet.

**Abb. 7-29:** Luftbild der versuchsweise erstellten Knickbuhnen am Elbe-km 440 und 441 (August 2003); Fließrichtung von rechts nach links (Foto: BfG)

Sowohl unbeabsichtigte Buhnendurchrisse als auch bautechnisch realisierte Absenkungen im Mittelbereich von Buhnen führen zu einer messbar größeren Lebensraumvielfalt im Vergleich zur Regelbuhne. So stellt sich beispielsweise eine engere Verzahnung zwischen Land und Wasser ein, zudem scheinen die Muddeablagerungen flächen- und volumenmäßig geringer auszufallen (WIRTZ 2004); damit steht hier ein höherer Anteil hochwertiger, flusstypischer Lebensräume zur Verfügung, die beispielsweise durch die für Tieflandflüsse charakteristischen Kennarten Asiatische Keiljungfer *(Gomphus flavipes)* und Kleine Faltenerbsenmuschel *(Pisidium henslowanum)* besiedelt werden können (KLEINWÄCHTER et al. 2005). Insbesondere die Libellenfamilie der Flussjungfern (Gomphidae) stellt mit ihren spezialisierten Lebensraumansprüchen wichtige Indikatorarten für die Qualität der Naturausstattung (MÜLLER 1999). Sandig-kiesige Bereiche in Buhnenfeldern können für diese Arten wichtige Ersatzlebensräume an Stelle von teilweise verloren gegangenen Lebensräumen natürlicher Flussufer bilden. Die bei den Durchrissen als Inseln zurückbleibenden Buhnenköpfe übernehmen Funktionen der nicht mehr existierenden Elbinseln, zum Beispiel als Brutplätze für Flussseeschwalben, die hier vor Landraubtieren wie Fuchs und Marderhund geschützt sind. Insgesamt bleibt jedoch festzuhalten, dass die Lebensraumvielfalt der heutigen Elbe gegenüber dem früheren, durch Inseln und zahlreiche Fließwege strukturierten Fluss erheblich reduziert ist (siehe Band 4 dieser Reihe: „Lebensräume der Elbe und ihrer Auen", Kapitel 5.1, BRUNKE et al.).

Im Sinne der Lebensraumvielfalt ist es daher wünschenswert, Regelbuhnen in ökologisch optimierte Buhnentypen wie Knick- und Absenkbuhnen umzubauen sowie von einer Instandsetzung verfallender Buhnenbauwerke abzusehen, solange nicht erhebliche Nachteile für die Schifffahrt entstehen. Hier besteht allerdings ein Zielkonflikt, da im Falle der Absenkungsbuhnen eine durchgehende Nebenströmung – und damit deutliche hydrodynamische und ökologische Wirkungen – vermutlich erst bei einem Durchfluss im Nebengerinne in einer Größenordnung von 20 m³/s entstehen (DIRKSEN 2003, BAW 2004, KARG 2005). Andererseits werden Nebengerinne mit mehr als etwa 5 m³/s (bei einem Mittelwasserabfluss von mehr als 500 m³/s) von der Wasser- und Schifffahrtsverwaltung nicht toleriert, da Nachteile für die Schifffahrt befürchtet werden. Infolge der etwas geringeren Strömungsgeschwindigkeiten im Hauptstrom im Bereich eines Nebengerinnes wird eine Sohlaufhöhung erwartet; allerdings erhöht sich dort wegen der geringeren Strömung auch der Wasserspiegel im Zentimeterbereich (KARG 2005).

### „Hot Spots" biologischer Stoffumsetzungen an der Stromsohle

Biologische Umsetzungen des Stickstoffs und Kohlenstoffs führen zu einer Speicherung dieser Stoffe in Biomasse, oder zu ihrer Eliminierung aus dem Gewässer durch Atmungsprozesse. Stoffumsetzungen tragen somit überwiegend das so genannte Selbstreinigungspotenzial der Elbe. Diese Prozesse sind daher von erheblichem Interesse, zumal sie nicht nur den Nährstoffhaushalt des betrachteten Flussabschnitts selbst beeinflussen sondern auch die unterliegenden Flussabschnitte, das Ästuar (Mündungsbereich) und die Küstengewässer.

Die Intensität und der Gesamtumfang der Stoffumsetzungsprozesse werden durch die Flussmorphologie und durch damit zusammenhängende Austauschprozesse zwischen den verschiedenen Wasserkörpern des Flussökosystems beeinflusst. Quantitativ sind diese Wechselwirkungen bislang in größeren Flachlandflüssen auch im internationalen Kontext nahezu unbekannt und werden in diesem Buch erstmals präsentiert.

Im Laufe der Untersuchungen kristallisierten sich in mehreren Kompartimenten der Elbe Schwerpunkte – „Hot Spots" – der Stoffumsetzungen heraus. Dies sind zum einen Exfiltrationszonen von nährstoffreichem, oberflächennahem Grundwasser aus der Aue in die Elbe (siehe Kapitel 5.4.2 und 6.2). Hier kommen oxidativ wirkende gelöste Stoffe wie Nitrat sowie mineralische Nährstoffe mit dem Oberflächenwasser zusammen, welches reich an leicht abbaubarem organischem Material ist. Dadurch wird das Nitrat in diesen Bereichen unter Mineralisierung des organischen Materials aus der fließenden Welle zu Stickstoff denitrifiziert und freigesetzt (PUSCH et al. 1998). Ein anderer typischer „Hot Spot" der Stoffumsetzungen findet sich an naturnahen gewässermorphologischen Strukturen wie Unterwasserdünen (siehe Abbildung 7-30 und Kapitel 5.4). Hier ist es das Zusammentreffen der auf Sedimentkörnern im Biofilm gebundenen Mikroorganismen mit den heran transportierten organischen und anorganischen Nährstoffen, das eine besonders hohe Stoffumsatzrate bewirkt. Im Anströmbereich (Luv) der Dünen finden sich Bedingungen vergleichbar denen in einem Festbettreaktor, in welchem die Mikroorganismen ständig mit Nährstoffen, Sauerstoff und organischem Material versorgt werden. Daher wurde an einer stationären Düne (Elbe-km 232,5) die höchsten Stoffumsatzraten im Luvbereich gefunden (WILCZEK et al. 2004). Auch in permanent durchströmten oder umgelagerten Sedimenten in der Flussmitte finden sich diese für den Stoffumsatz förderlichen Bedingungen, obwohl hier kaum organisches Material akkumulieren kann (siehe Kapitel 5.4, FISCHER et al. 2005).

**Abb. 7-30:** Luftbild des Elbabschnittes bei Elbe-km 518 bis 520 (südlich von Hitzacker) bei Niedrigwasser mit großen Transportkörpern (Sandbänken und -dünen) (Foto: BfG, August 2003)

### Ansatz zur Bewertung der mikrobiellen Stoffumsetzungen in der Elbe

Die beschriebenen Lebensräume in der Flussmitte sind sehr schwer zugänglich, und die hier vorgestellten Stoffumsatzmessungen sind in diesem Umfang die weltweit ersten, die in solchen Lebensräumen vorgenommen wurden. Entsprechend konnten nicht alle Fragen abschließend beantwortet werden. Aufgrund der Ausdehnung des untersuchten Flussökosystems ergeben sich Probleme der Verallgemeinerung von Befunden sowie bei der skalenübergreifenden Abschätzung der ablaufenden Prozesse. So konnten beispielsweise die Sedimenttransportkörper in der Flussmitte nur beispielhaft beprobt werden. Eine Extrapolation auf den gesamten Flusslauf und über einen Jahreslauf wird zwar angestrebt, ist jedoch mit den vorliegenden Daten noch nicht möglich. Erste Abschätzungen zum Kohlenstoffumsatz über eine längere Fließstrecke wurden in den Kapiteln 4.4, 5.1, 5.4.1 und 6.2 vorgenommen. Hierbei wurden Diskrepanzen zwischen den Stoffumsatzmodellierungen aus gemessenen Nährstoffkonzentrationen im Sediment und Labormessungen zum heterotrophen Stoffumsatz festgestellt (siehe Tabelle 5-5). Die Unterschiede beruhen einerseits auf verschiedenen methodischen Ansätzen und andererseits auf der Tatsache, dass die Ergebnisse kleinräumiger Messungen infolge der strukturellen Heterogenitäten stärker variieren als großskalige Berechnungen oder Modellierungen. Diese wiederum gründen auf lokal gemessene Umsatzkoeffizienten, deren räumliche und zeitliche Extrapolierung Unsicherheiten hervorruft.

Aus den gemessenen und den modellierten Kohlenstoffumsatzraten wurden theoretische Umsatzlängen des organischen Kohlenstoffs im Fluss berechnet. Als Umsatzlänge wird hierbei die durchschnittliche Strecke bezeichnet, die ein Kohlenstoffatom in der Elbe zurücklegt, bis es in Biomasse gebunden oder veratmet wird. Die aus Respirationsmessungen ermittelten Daten (siehe Kapitel 5.4.1) sowie die aus Sauerstoffkonzentrationen im Interstitial ermittelten Werte (siehe Kapitel 6.2 und Tabelle 6-1) wurden in solche Umsatzlängen umgerechnet und in Abbildung 7-31 integriert. Es zeigte sich, dass der Kohlenstoffumsatz in der Elbe im Vergleich zu zahlreichen anderen Fließgewässern hoch ist und damit die Umsatzlängen relativ kurz sind.

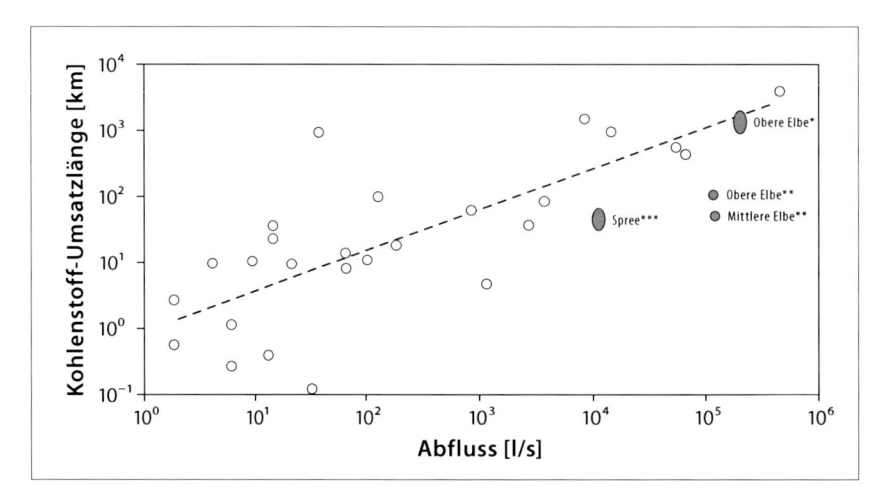

**Abb. 7-31:** Zusammenhang zwischen Abfluss und Kohlenstoff-Umsatzlängen in 26 Fließgewässern (Daten aus WEBSTER und MEYER 1997) sowie in Spree und Elbe (Obere Elbe bei Elbe-km 62, Mittlere Elbe bei Elbe-km 233). * = Sommer, mittlerer Sommerabfluss (ca. 250 m$^3$/s), Kohlenstoffumsatz modelliert (siehe Kapitel 5.1); ** = Sommer, niedriger Abfluss (ca. 130 m$^3$/s), Kohlenstoffumsatz im Labor gemessen (siehe Kapitel 5.4.1); *** = Situation in 2 Abschnitten der Unteren Spree (Müggelspree und Krumme Spree; Daten für die Spree aus FISCHER et al. 2002, WANNER et al. 2002)

Es ist bekannt, dass der Stoffumsatz in Fließgewässern zu einem erheblichen Anteil im Sediment stattfindet (FISCHER und PUSCH 2001). Eine hohe morphologische Vielfalt, hydraulische Retentionszonen im Uferbereich sowie ein guter hydrologischer Austausch zwischen Sediment und Freiwasser fördern diese Prozesse (PUSCH et al. 1998). In kleinen Fließgewässern wurden beispielsweise deutliche Zusammenhänge zwischen der Bachmorphologie und dem Stoffrückhalt und -umsatz gefunden (GÜCKER und BÖECHAT 2004). Hierüber ist aus großen Flüssen jedoch wenig bekannt, da es kaum Vergleichsmöglichkeiten innerhalb ähnlicher Naturräume gibt und insbesondere für Tieflandflüsse der naturnahe Zustand in Mitteleuropa nahezu fehlt. An einem mit der Elbe vergleichbaren Flussabschnitt des Mississippi wurden Altarme und andere Auengewässer als besonders wirksames Gewässerkompartiment für den Stickstoffumsatz erkannt. Dort wird aufgrund erhöhter Gehalte an organischem Material insbesondere die Denitrifikation gefördert (RICHARDSON et al. 2004). Solche Nebengewässer sind jedoch nur noch in geringem Maße an der Elbe vorhanden. Um einen wirksamen Effekt für die Nährstoffelimination zu erlangen, müssten sie zudem in engem hydraulischen Austausch mit dem Hauptfluss stehen, was in schiffbaren Flüssen meist nicht mehr der Fall ist.

Der Stickstoffrückhalt durch Denitrifikation kann für die Elbe aufgrund von Bilanzmodellierungen (mit Hilfe des Flussgebietsmodells MONERIS) sowie durch Modellierung der Stoffumsätze im Interstitial mit etwa 10 t NO$_3$-N pro Stromkilometer und Jahr abgeschätzt werden (persönliche Mitteilung H. BEHRENDT, IGB; siehe Tabelle 6-1). Dieser an sich beeindruckende Wert ist allerdings, verglichen mit der in der Elbe transportierten hohen Fracht von größenordnungsmäßig 100.000 t Stickstoff (siehe Band 1 dieser Reihe: „Wasser- und Nährstoffhaushalt im Elbegebiet ...", Kapitel 5.3), relativ gering. Man kann dies so deuten, dass das Flussökosystem der Elbe, obwohl organische Substrate zur Denitrifikation ebenfalls reichlich vorhanden sind, offenbar mit der „Selbstreinigung" hinsichtlich der hohen Stickstoffbelastung überfordert ist. Die Frage, wie stark die Retentionsleistung in Flüssen durch wasserbauliche Eingriffe in die Flussmorphologie beeinflusst wird, ist noch Gegenstand aktueller Forschungen. Die Stickstoffbilanz der Elbe wird jedoch noch dadurch erheblich verbessert, dass die Nebenflüsse und -bäche der Elbe mit ihrer insgesamt größeren Fließlänge ein Mehrfaches der Retentionsleistung der Elbe erbringen (persönliche Mitteilung H. BEHRENDT, IGB; ALEXANDER et al. 2000).

### Auswirkungen morphologischer Veränderungen auf den Stoffhaushalt

Veränderungen der Gewässermorphologie wirken sich in vielfacher, zum Teil gegenläufiger Weise auf den Stoffhaushalt aus. Eine Verringerung der Profiltiefe, z.B. durch Sandablagerungen nach Entfernung der Uferbefestigungen, bewirkt primär ein verstärktes Wachstum der Planktonalgen, da sich bei geringerer Tiefe die Lichtverhältnisse für die Algen verbessern (siehe Kapitel 6.1). Der erhöhten Nettowachstumsrate können aber Verluste durch erhöhte Turbulenz und durch verstärkten Kontakt der Algen mit dem Sediment gegenüberstehen. Dort können kleine Schwebeteilchen (wie Algen) im Bereich von Sohlunebenheiten (wie Transportkörpern) in das Sediment eingeschwemmt werden (WILCZEK et al. 2004). Sie unterliegen dann dem mikrobiellen Abbau, was dort eine verstärkte Respirationsaktivität bewirkt, also erhöhte Sauerstoffzehrung. Dies wäre unproblematisch, da in dem flacheren Gewässer (bei gleich bleibenden sonstigen Bedingungen) der physikalische Sauerstoffeintrag aus der Atmosphäre erhöht ist. Annahmen über eine zukünftige Entwicklung bei wasserbaulichen Veränderungen sind zudem von einer Vielzahl von Randbedingungen wie Klimafaktoren oder Nährstoffeintrag abhängig. Gewässergütemodelle wie QSim (siehe Kapitel 7.1) können die Prognose erleichtern und dadurch eine Entscheidungshilfe geben (KIRCHESCH et al. 2005).

Die Buhnenfelder der Elbe wirken als effektive Sedimentationsräume für die von der Elbe transportierte hohe Fracht an Schwebstoffen. Es wurde ein durchschnittlicher Schwebstoffeintrag in einem Buhnenfeld von 170 kg/d bestimmt, der im Sommer auf 684 kg/d ansteigen kann. In allen Buhnenfeldern werden größenordnungsmäßig 10 % der Schwebstofffracht der Elbe zurückgehalten (SCHWARTZ und KOZERSKI 2003a,b, SCHWARTZ et al. 2004). Dabei ist zu berücksichtigen, dass diese Sedimente bei Hochwässern teilweise wieder ausgeschwemmt werden und daher ein erhebliches Gefahrenpotenzial für die Wasserqualität der Elbe darstellen (SCHWARTZ und KOZERSKI 2005).

Ebenfalls gering sind die Änderungen der Stoffkonzentrationen im Hauptstrom, die vom Gewässergütemodell QSim auf die in den Buhnenfeldern ablaufenden Prozesse zurückgeführt werden (siehe Kapitel 7.2). Gemäß dieser Modellierungsergebnisse ergeben sich beispielsweise leicht erhöhte Chlorophyllkonzentrationen, da die Buhnenfelder aufgrund ihrer besseren Wachstumsbedingungen für Planktonalgen den Hauptstrom animpfen (siehe Abbildung 7-23) (SCHIEMER et al. 2001). Gleichzeitig wächst in den Buhnenfeldern aber auch das Zooplankton etwas schneller, durch dessen Fraßleistung die Algenkonzentration reduziert wird, so dass der Gesamteffekt relativ gering ist (siehe Kapitel 7-2). Das Algenwachstum führt zu einem deutlichen Rückgang gelöster Nährstoffe (siehe Abbildung 7-25) und in geringerem Maße auch zu einem Rückgang des Gesamtnährstoffgehaltes durch Retention und Abbau der Algen am Sediment. Bei der durchgängigen Verwendung der neuartigen Buhnentypen „Knickbuhne" und „Absenkungsbuhne" würden die Austauschraten des Buhnenfeldwassers mit dem Flusswasser gegenüber den Verhältnissen bei Regelbuhnen erhöht werden (WIRTZ 2004). Somit würden die ohnehin geringen Unterschiede in den Stoffkonzentrationen zwischen Buhnenfeldern und Hauptstrom nivelliert werden (siehe Abbildung 7-23 bis 7-25). Negative Auswirkungen auf die Wasserqualität der Elbe wären daher keinesfalls zu erwarten.

Es ist aber dabei zu berücksichtigen, dass die heutigen Buhnenfeld-Ablagerungen hohe Schadstoffmengen enthalten, die bei Eingriffen in die Buhnenfelder direkt oder indirekt mobilisiert werden können (SCHWARTZ und KOZERSKI 2005).

Die Frage nach dem Einfluss des Uferverbaus durch Buhnen auf den Stoffumsatz stellt sich noch in einem anderen Licht dar, wenn man den jetzigen morphologischen Zustand der Elbe mit demjenigen vor dem Buhnenbau vergleicht, als das Mittelwasserbett mindestens doppelt so breit und dafür weniger tief war. In einem solchen Gewässerbett stehen, wie oben beschrieben, das Flusswasser und die Flusssedimente in noch engerem Kontakt (so genannte benthisch-pelagische Kopplung); hierdurch wird sowohl das Potenzial der Primärproduktion als auch das Potenzial zum Rückhalt von Stoffen deutlich erhöht. Bei Hochwasser finden in den überschwemmten Auen weitere bilanzmäßig erhebliche Retentions- und Stoffumsatzprozesse statt. Während der durchschnittlich wenigen Wochen pro Jahr, in denen die der Elbe zugängliche Aue überschwemmt wird, werden dort über die Hälfte der im gesamten Jahresverlauf in der Elbe zurückgehaltenen Schwebstoffe abgelagert (SCHWARTZ et al. 2004). Auch in diesem Zusammenhang ist es daher bedauerlich, dass 86 % der ehemaligen Aue der Elbe abgedämmt sind (SCHWARTZ et al. 2004).

### 7.3.2 Makrozoobenthos-Besiedlung in unterschiedlichen Buhnenfeldtypen

**Untersuchungsansatz**

Die Ufer der Elbe sind seit dem Mittelwasserausbau in den 1930er-Jahren vor allem durch rund 6.900 Buhnen befestigt. Die zwischen ihnen liegenden Buhnenfelder stellen dabei jeweils Uferabschnitte dar, deren natürliche Dynamik durch den Buhnenbau deutlich verringert und in den ablaufenden Prozessen verändert wurde. Die Buhnenfelder werden zusätzlich durch Wellenschlag beeinträchtigt, den vorbeifahrende Schiffe verursachen (siehe Kapitel 7.4). Im Gegensatz zu den Regel-Buhnenfeldern zeigen Uferabschnitte mit zerstörten Buhnen (siehe Abbildung 7-32) eine weit größere Vielfalt an Kleinlebensräumen und dies nicht nur für wirbellose Tiere. Es ist daher zu überlegen, ob die wasserbaulichen Funktionen von Buhnen nicht durch bauliche Alternativen abgelöst werden sollten, die eine größere Vielfalt an Kleinlebensräumen bieten (ANLAUF 2002).

**Abb. 7-32:** Von Weiden bewachsene und landseitig durchgerissene Buhne (links) (Elbe-km 425, April 2003). Durchgerissene Buhne (rechts) (Elbe-km 424 rechtes Ufer, Juni 2003), deren Reste links und rechts von Weiden bewachsen sind. Ein Kolk stromab des Buhnendurchrisses bildet bei Niedrigwasser einen Tümpel (Fotos: X.-F. GARCIA).

Eine hierfür im Grundsatz geeignete Bauform ist das „Offene Parallelwerk", ein längs des Stroms aus Wasserbausteinen geschütteter Damm. Das Parallelwerk weist Öffnungen am oberen und unteren Ende auf, so dass die Buhnenfelder auf seiner Rückseite bei hohen Wasserständen durchströmt werden und deren Wasserstand demjenigen der Elbe folgt (bis hin zur Austrocknung). Ein solches Parallelwerk mit 800 m Länge wurde im Jahr 2000 bei dem Dorf Gallin (stromauf von Wittenberg, Elbe-km 204 rechts) errichtet. Es schließt dabei Überreste von Buhnen ein, die durch Militärübungen der Roten Armee weitgehend zerstört sind (siehe Abbildungen 7-33 und 7-34). Da das Parallelwerk einen Schutz gegen den Wellenschlag vorbei fahrender Schiffe bietet und außerdem bei höheren Wasserständen ein ufernahes Nebengerinne entsteht, besteht dort ein Potenzial zur Entstehung wertvoller Lebensräume für Zoobenthos.

**Abb. 7-33:** Luftbild eines Parallelwerks, erkennbar als grün bewachsene geschwungene Linie am oberen Ufer; Fließrichtung von rechts nach links. Die Einströmöffnung befindet sich am rechten Ende des Parallelwerks, die zwei Ausströmöffnungen im linken Bereich (August 2003). (Foto: BfG)

Vor diesem Hintergrund wurde im Zeitraum 2003 bis 2004 die Makrozoobenthos-Besiedlung im Bereich des Parallelwerks verglichen mit derjenigen im Bereich von durchgerissenen Buhnen sowie mit derjenigen in Standardbuhnenfeldern (GARCIA et al. 2005). Es wurden hierzu in der Unteren Mittelelbe drei Referenzbuhnenfelder zwischen Buhnen in Standardform (Elbe-km 424 rechts bei Havelberg) sowie benachbarte Buhnenfelder untersucht, die von durchgerissenen Buhnen begrenzt wurden (Elbe-km 425 rechts, siehe Abbildung 7-32). In gleicher Weise wurden in der Oberen Mittelelbe die Restbuhnenfelder hinter dem Parallelwerk bei Gallin (Elbe-km 204 rechts) mit benachbarten Standardbuhnenfeldern (Elbe-km 207 rechts) verglichen, die als Referenz dienten. Die erheblichen jahreszeitlichen Schwankungen des Wasserstands führten dazu, dass die Buhnenfelder jahreszeitliche Phasen mit weitgehender Wasserbedeckung und solche mit weitgehendem Trockenfallen zeigten. Bei Trockenfallen der Buhnenfelder fand sich Makrozoobenthos manchmal noch in isolierten, wassergefüllten Kolktümpeln. Die sich in diesen ephemeren Gewässern einstellende Fauna wurde zusätzlich mit derjenigen von angrenzenden Auengewässern (Elbe-km 447 links und 459 links) verglichen (GARCIA et al. 2005).

Die saisonale Dynamik der Abundanz und Biomasse des Makrozoobenthos wurde durch replizierte und quantitative bzw. semi-quantitative Beprobungen im Mai, Juni, August und Oktober 2003 sowie im April 2004 erfasst. Es wurden dabei sieben Substrattypen (Steine, Kies, Sand, Schlamm, Wurzeln, Makrophyten, Totholz), sofern vorhanden, getrennt besammelt, und dies in bis zu drei Strömungsklassen (0 bis 0,2, 0,2 bis 0,6 und >0,6 m/s). Insgesamt wurden in 274 Proben 381.449 Individuen gesammelt. Die faunistischen Ergebnisse wurden für die hier dargestellten Auswertungen um Taxa, die nur an einer Probestelle gefunden wurden, und um die nicht näher bestimmten Wenigborstigen Würmer (Oligochaeta) und Zuckmücken (Chironomidae) bereinigt sowie für die Ordinationsstatistik standardisiert. Es wurde die nicht- und multimetrische Skalierungsanalyse (NMDS) verwendet, die auch nichtlineare Beziehungen zwischen Variablen erlaubt (CLARKE 1993). Für die einzelnen Verbauungstypen charakteristische Arten wurden erkannt, indem die Beiträge aller Arten zum Gesamtunterschied jeweils zweier Probestellen analysiert wurden (Statistiksoftware PRIMER, SIMPER-Routine; CLARKE und GORLEY 2001).

**Abb. 7-34:** Parallelwerk bei Gallin (stromauf von Lutherstadt Wittenberg am Elbe-km 204 rechtes Ufer, Juni 2003) in Blickrichtung stromabwärts. Im Vordergrund ist die Einstromöffnung aus dem Hauptstrom (links) zu sehen. Die Verengung der Wasserfläche im Mittelgrund ist durch die Überreste einer zerstörten Buhne verursacht (Foto: X.-F. GARCIA).

### Vergleich der Buhnenfeldtypen

Das NMDS-Ordinationsdiagramm der Zoobenthos-Proben (siehe Abbildung 7-35) zeigt in horizontaler Richtung eine klare Gliederung in die wasserbedeckte Phase der Buhnenfelder (links), die trockengefallene Phase der Buhnenfelder (Mitte) und die Auengewässer (rechts). Diese Sequenz bildet einen Gradienten der Verknüpfung mit dem Hauptstrom ab. Probestellen, die an verschiedenen Elbabschnitten liegen, sind vertikal getrennt. Interessanterweise unterscheiden sich während der Wasserphase die Zoobenthosgemeinschaften des Parallelwerks nicht von denjenigen der zugehörigen Referenz-Standdardbuhnenfelder, und auch bei den durchgerissenen Buhnen ist entsprechend kein großer Unterschied erkennbar. Allerdings wurden bei den durchgerissenen Buhnen pro Fläche viel mehr Arten gefunden, die nur dort vorkamen, im Vergleich zu den zugehörigen Referenz-Standdardbuhnenfeldern (0,78 gegenüber 0,03 Arten/m$^2$), was auf die reiche Tierwelt der dort auftretenden Kolktümpel zurückzuführen war. Das Parallelwerk zeigte hier einen wesentlich geringeren Unterschied zu den Standardbuhnen (0,48 gegenüber 0,35 Arten/m$^2$).

Für die Kolktümpel bei den durchgerissenen Buhnen wurden mit der Statistik 7 kennzeichnende Arten identifiziert, darunter die spezialisierten (stenöken) Arten *Cloeon dipterum* (Eintagsfliege), *Sigara striata* und *S. lateralis* (Wasserwanzen), die in Makrophytenbeständen und Wurzelfächern leben, sowie *Caenis pseudorivulorum* (Eintagsfliege) als typische potamobionte Art, die sich auch nach einer Isolierung des Kolkes vom Hauptstrom weiterentwickeln konnte (siehe Tabelle 7-7). Im Gegensatz dazu wiesen die benachbarten Standardbuhnen gemäß der SIMPER-Routine nur eine charakteristische Art auf, nämlich den eingewanderten Süßwasser-Röhrenkrebs *Chelicorophium curvispinum*. Für die Kolktümpel hinter dem Parallelwerk wurden nur 3 Taxa als charakteristisch identifiziert, während es in den benachbarten Standardbuhnen 7 Taxa waren, darunter die zwei Neozoen Großer Höckerflohkrebs (*Dikerogammarus tigrinus*) und Donau-Assel (*Jaera istri*). Insgesamt lag der Neozoen-Anteil in den Kolktümpeln bei den Buhnen-Bauvarianten niedriger als während der wasserbedeckten Phase, in der sich die Besiedlung der Buhnenfelder zwischen den Bauvarianten nicht von derjenigen zwischen den Standardbuhnen unterschied.

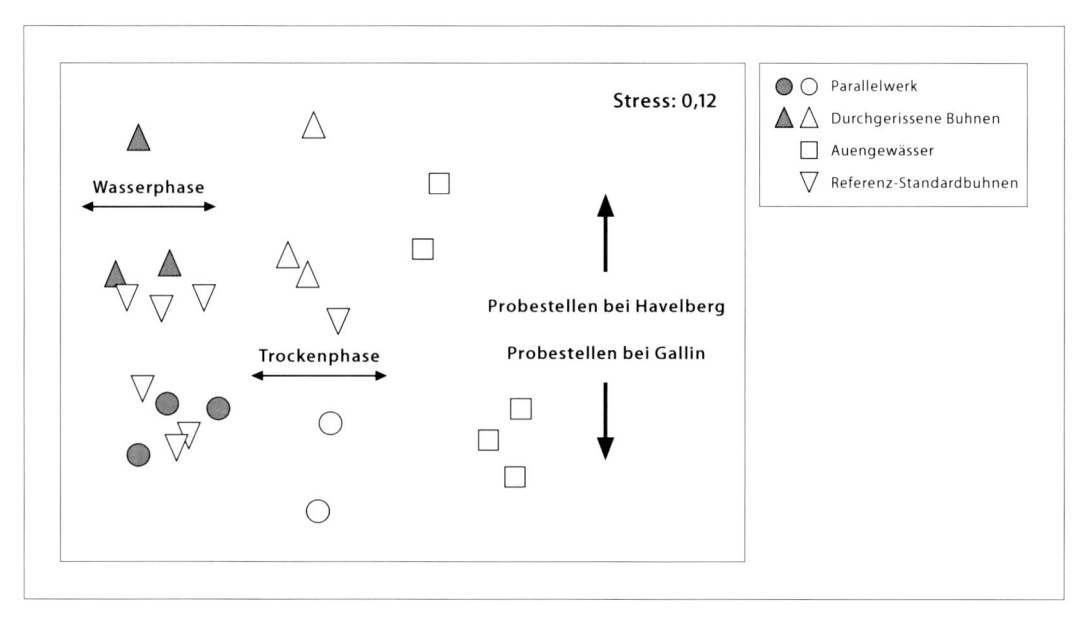

**Abb. 7-35:** Ordinationsdiagramm der Makrozoobenthos-Abundanzen in den Buhnenfeldern anhand einer NMDS-Analyse; leere Symbole = Trockenphase, gefüllte Symbole = Wasserphase der Buhnenfelder

Die Artendiversität (Log-Serie α-Diversitätsindex nach Fisher et al. 1943) war an der Probestelle der Unteren Mittelelbe bei Havelberg deutlich geringer als in der Oberen Mittelelbe bei Gallin (siehe Abbildung 7-36, oben), was den Befunden anderer Elbuntersuchungen entspricht (Schöll und Balzer 1998). Bei den durchgerissenen Buhnen stellen allerdings die Kolktümpel Zentren der Artendiversität dar, die wesentlich zur dortigen Gesamtdiversität beitragen, die fast doppelt so hoch liegt wie in den benachbarten Standardbuhnen. Während der wasserbedeckten Phase waren die Buhnenfelder hinter dem Parallelwerk etwas diverser besiedelt als in der trockengefallenen Phase, jedoch blieb die Gesamtdiversität etwas unter derjenigen in den benachbarten Standardbuhnen. Die Biomasse war in den Kolktümpeln weit höher als während der wasserbedeckten Phase (siehe Abbildung 7-36, unten). In den Buhnenfeldern bei den durchgerissenen Buhnen war die Biomasse in der wasserbedeckten Phase etwas geringer als in den Standardbuhnenfeldern, während sie hinter dem Parallelwerk immer höher war als im benachbarten Standardbuhnenfeld.

**Tab. 7-7:** Charakteristische Arten (identifiziert durch die SIMPER-Routine) und ihre Anteile an der Gesamtbesiedlungsdichte des Makrozoobenthos in den verschiedenen Buhnenfeldtypen während einer Niedrigwasserphase (trockengefallene Buhnenfelder); unterstrichen = eingewanderte Arten

| Buhnenfeldtyp | Art | Anteil |
|---|---|---|
| Kolktümpel – Durchgerissene Buhnen | Gammarus tigrinus | 14,1 % |
| | Cloeon dipterum | 10,8 % |
| | Sigara striata | 8,4 % |
| | Sigara lateralis | 4,3 % |
| | Caenis pseudorivulorum | 2,7 % |
| | Physella acuta | 2,2 % |
| | Helophorus sp. | 1,8 % |
| Kolktümpel – Parallelwerk | Ceratopogonidae | 20,5 % |
| | Physella acuta | 19,0 % |
| | Cloeon dipterum | 13,6 % |
| Referenz-Standardbuhnen für die durchgerissenen Buhnen | Chelicorophium curvispinum | 21,0 % |
| Referenz-Standardbuhnen für das Parallelwerk | Dikerogammarus villosus | 32,9 % |
| | Helobdella stagnalis | 13,7 % |
| | Jaera istri | 4,2 % |
| | Micronecta minutissima | 2,5 % |
| | Hydropsyche contubernalis | 2,8 % |
| | Procloeon bifidum | 2,1 % |
| | Baetis fuscatus | 1,4 % |

## Schlussfolgerungen

Im Gegensatz zu den benachbarten Standardbuhnen waren in den Buhnenfeldern zwischen den durchgerissenen Buhnen und hinter dem Parallelwerk während der Niedrigwasserphase Kolktümpel ausgebildet, die dicht besiedelt waren. Die Kolktümpel bei den durchgerissenen Buhnen waren ebenfalls besonders artenreich besiedelt, insbesondere durch Wasserkäferarten. Die weniger reichhaltige Besiedlung in den Kolktümpeln hinter dem Parallelwerk kann auf das geringe Alter des Parallelwerks, das andere Durchflussregime oder auf ein unterschiedliches Kolonisierungspotenzial zurückzuführen sein. Dabei ist möglicherweise von Bedeutung, dass die Buhnenfelder hinter dem Parallelwerk aufgrund der wasserbaulichen Gestaltung bereits im Frühjahr vom Hauptstrom abgetrennt wurden. Wie das Luftbild zeigt, ist der Einstrombereich relativ klein und durch eine Buhne geschützt (siehe Abbildung 7-33). Bei einer besseren Anbindung an den Hauptstrom würde das Sediment hinter dem Parallelwerk stärker umgelagert und sortiert, was möglicherweise zu einer reichhaltigeren Besiedlung führen würde. Die Ergebnisse deuten auch darauf hin, dass dynamische benthische Lebensräume der Elbe weniger durch Neozoen besiedelt werden. Weitere Verbesserungen wären zu erwarten, wenn Totholz mit seinen Funktionen als Hartsubstrat und Lebensraum-Strukturierer am Elbufer toleriert würde (siehe Kapitel 7.3.3).

Insgesamt wurde deutlich, dass die Besiedlung der Uferzonen der Elbe durch benthische wirbellose Tiere durch Umgestaltung des Uferverbaus hinsichtlich der Diversität, Biomasse und des

Neozoen-Anteils deutlich verbessert werden kann. Im Umkehrschluss kann gefolgert werden, dass die stromtypischen Zoobenthosgemeinschaften der Elbe durch den herkömmlichen Uferverbau deutlich beeinträchtigt wurden. Ebenso wie an den experimentellen Absenkungsbuhnen (siehe Kapitel 7.3.1, Dirksen 2003) erscheint es bei ökologischen Optimierungsansätzen jedoch erforderlich, dass durch entsprechend großzügige wasserbauliche Dimensionierung der Durchflussöffnungen die ufernahen Nebenströmungen eine ausreichende Durchflussmenge aufweisen. Unter dieser Voraussetzung können im Uferbereich dynamische und – falls geschützt durch ein Parallelwerk – auch vor dem Wellenschlag vorbeifahrender Schiffe geschützte Lebensräume für das Zoobenthos der Elbe entstehen. Eine ökologische Optimierung des Uferverbaus scheint daher ohne große Einbußen für die Schifffahrt möglich.

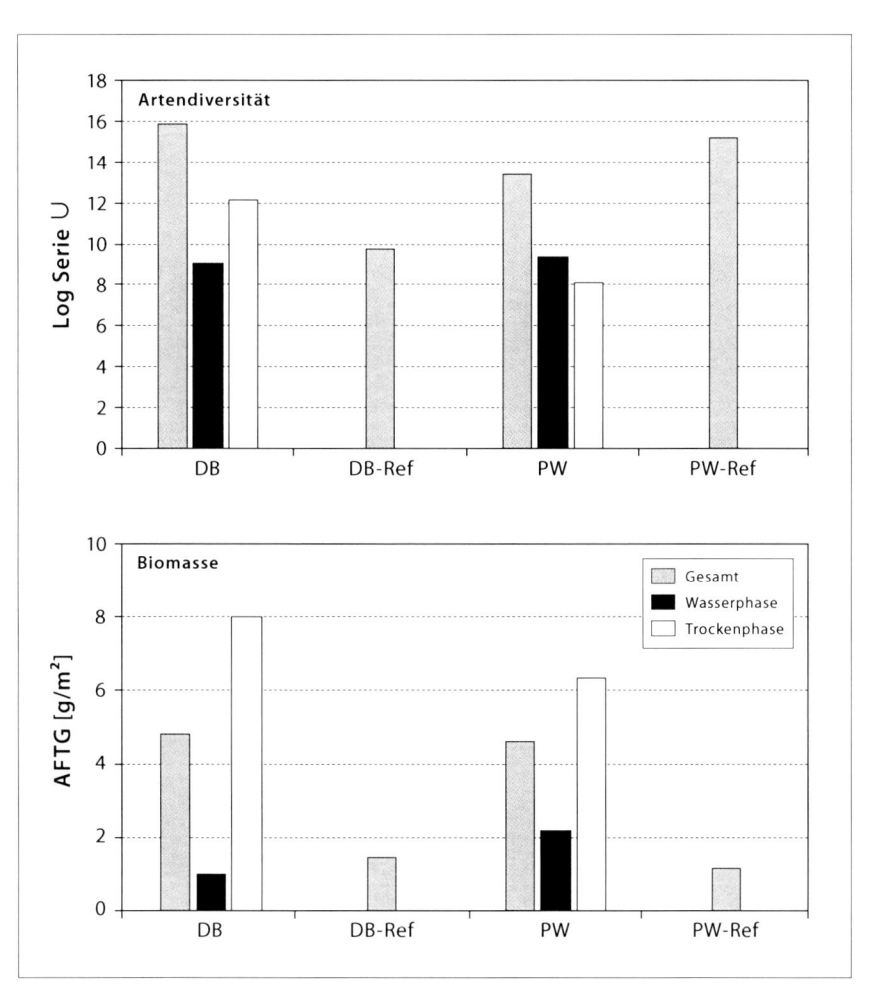

**Abb. 7-36:** Artendiversität (oben) und Biomasse (unten) des Makrozoobenthos in den verschiedenen Buhnenfeldtypen. Bei den Buhnenfeldern bei den durchgerissenen Buhnen und dem Parallelwerk zusätzlich für die wasserbedeckte Phase (Wasserphase) und trockengefallene Phase (Kolktümpel) getrennt dargestellt. DB = durchgerissene Buhnen, DB-Ref = Referenz-Standardbuhnen für die durchgerissenen Buhnen, PW = Parallelwerk, PW-Ref = Referenz-Standardbuhnen für das Parallelwerk; AFTG = aschfreies Trockengewicht (Gramm pro Quadratmeter Sedimentoberfläche)

## 7.3.3 Bedeutung von Totholz für das Makrozoobenthos

### Bedeutung von Totholz in Flachlandflüssen

An den Ufern der Elbe ist wie in anderen mitteleuropäischen Flüssen derzeit nur wenig Totholz anzutreffen (siehe Abbildung 7-37) (HERING et al. 2000). Dies war vor dem Ausbau der Elbe anders. Infolge der Laufverlagerungen des Flusses wurden fortlaufend Ufer und Inseln erodiert, die mit Gebüsch oder ausgewachsenen Bäumen der Arten der Weichholzaue (Weidenarten, Erlen, Schwarzpappel) bestanden waren (siehe Abbildungen 7-38). An den Erosionsufern, von denen bei Winterhochwasser bis zu mehrere Meter wegerodiert wurden, fielen dabei regelmäßig starke Bäume auch der Hartholzaue (Eschen, Ulmen, Stieleichen) einschließlich ihrer Wurzelteller in den Strom. Bei Eisgang wurde an den Außenufern der Flussmäander die Rinde von Uferbäumen abgeschert, so dass diese abstarben und bei einem der folgenden Hochwässer mitgeschwemmt wurden. Die mitgeschwemmten großen Baumstämme blieben mit ihrem Wurzelteller in flachen Fließabschnitten am Gewässergrund hängen. Äste verhakten sich bei Hochwasser mit flachgedrückten Strauchweiden oder sammelten sich in Totwasserzonen. Wo ein Baum oder Ast festsaß, blieben andere hängen, kleinere Zweige verfingen sich in dem komplexen Totholzhaufen, so dass sich über die Jahre an entsprechenden Stellen meterhohe und viele Meter lange und tiefe Totholzansammlungen bildeten (HARMON 1986, MASER und SEDELL 1994, PUSCH et al. 1999). Da sie vor allem bei Hochwasser gebildet wurden, erstreckten sie sich einerseits bis in die entsprechende Höhenlage, wurden durch ihr Eigengewicht bei fallendem Wasserstand jedoch auch unter das Niedrigwasserniveau gedrückt.

**Abb. 7-37:** Nahezu von Totholz freier Elbstrand bei Elbe-km 425, Juni 2003 (Foto: X.-F. GARCIA)

Entsprechend diesen Verhältnissen findet man noch heute in Kiesgruben, die in den Auen großer Flüsse angelegt werden, regelmäßig Jahrhunderte bis Jahrtausende alte, mächtige Eichenstämme, die in die Flusssedimente eingeschwemmt wurden (BECKER 1993). Entsprechendes wurde von der Oder aus neuerer Zeit berichtet: Zu Anfang des 19. Jahrhunderts lag die Oder „wie mit Eichen bepflastert voll", und, wie es heißt, lagen „alte Hölzer … in Nestern kreuz und quer". Im Zuge der Schiffbarmachung wurden beispielsweise in Breslau im Jahre 1790 „336 Eichen, 1204 Stöcke und 509 abgeschnittene Pfähle" aus der Oder geräumt (HERRMANN 1930). Heute wird die Elbe wie die anderen Bundeswasserstraßen und viele andere Flüsse von größerem Totholz beräumt (HERING et. al. 2000), da größere Äste und Baumstämme als Risiken für die Schifffahrt gesehen werden. An Stauhaltungen wird das angetriebene Schwemmgut regelmäßig herausgenommen (PUSCH 1998, TOCKNER und LANGHANS 2003), so dass die Elbe aus ihrem oberen Einzugsgebiet kein Totholz mehr bezieht. Außerdem werden Bäume von den Buhnen und dem Deichfuß entfernt, damit diese Bauwerke durch das Wurzelwerk nicht gefährdet werden.

**Abb. 7-38:** Kleiner Fallbaum am Elbe-km 425 – in der Elbe ein seltenes Bild, Mai 2003 (links). Solche Fallbäume bilden nicht nur wichtige Kleinlebensräume für Wirbellose, sondern auch wichtige Unterstände für Fische fast aller in der Elbe vorkommenden Arten, insbesondere auch Döbel und Alande (persönliche Mitteilung F. FREDRICH). Dicht am Ufer stehendes Weidengebüsch (rechts), das auch noch bei Niedrigwasser teilweise mit seinem Wurzelwerk und Totholz Lebensraum für wasserlebende Wirbellose und auch Jungfische bietet – eine Seltenheit an den Elbeufern (am Elbe-km 425) (Fotos: X.-F. GARCIA).

Andererseits hat Totholz – und daneben auch die sich ins Wasser erstreckenden Wurzelfächer von am Ufer stehenden Weiden und Erlen – vor allem in Flachlandflüssen eine besondere ökologische Bedeutung. Es bildet dort das einzige natürliche harte Siedlungssubstrat für wirbellose Tiere, so dass Hartsubstrat besiedelnde Arten unmittelbar auf die Präsenz von Totholz angewiesen sind (DUDLEY und ANDERSON 1982, HAX und GOLLADAY 1997, PUSCH et al. 1999, HOFFMANN und HERING 2000, GREGORY et al. 2003). Künstliche Steinschüttungen zum Uferschutz bzw. Buhnen bieten zwar dafür teilweise Ersatz als ebenfalls lagestabiles Substrat, jedoch verfügt es über eine andere Oberflächenstruktur und dient auch Neozoen-Arten als ein geeignetes Siedlungssubstrat, die zumeist konkurrenzstärker als einheimischen Arten sind (HAAS et al. 2001). Auch Fische, speziell Jungfische, suchen sehr gerne dreidimensional komplexe Totholzablagerungen als Unterstand auf, wo sie Strömungsschatten und Schutz vor Fressfeinden finden (SCHOLTEN 2002, GREGORY et al. 2003, PETER 2003). Darüber hinaus erhöht die Präsenz von Totholz im Fluss den Rückhalt transportierter Stoffe und verursacht zudem aufgrund seines Strömungswiderstands Veränderungen der umgebenden Strömungs- und Sedimentverhältnisse, wodurch auch in der Umgebung die Habitatvielfalt deutlich erhöht wird (SPEAKER et al. 1984, SMOCK et. al. 1989, LEMLY und HILDEBRAND 2000).

## Untersuchungsansatz

Es ist schwierig, die Funktionen von Totholz für das Zoobenthos in der Elbe festzustellen, da hier kaum Totholz vorkommt und somit vermutlich auch die darauf vorzugsweise lebenden Zoobenthosarten relativ selten sind. Es wurde daher in den hier berichteten Untersuchungen (GRAFAHREND-BELAU 2003) nicht nur im Fluss gefundene Totholzstücke untersucht, sondern es wurde Totholz auch experimentell ausgebracht. Hierzu wurde im Bereich des Biosphärenreservates „Flusslandschaft Mittlere Elbe" stromauf von Coswig bei Fluss-km 232,5 nahe des Buhnenkopfes auf einer Fläche von ca. 3 m² abgelagertes Totholz untersucht. Außerdem wurden Expositionskörbe aus Maschendraht (40 × 15 × 10 cm) mit 12 Weidenästen (*Salix* sp.) gleichen Zersetzungsgrades aus dem terrestrischen Uferbereich bestückt, die vor der Exposition zwei Wochen gewässert wurden (FELD 1998). Zum Vergleich wurden daneben mit U-förmigen Eternitplatten bestückte Stein-Expositionskörbe ausgebracht, die durch eine dem Totholz ähnliche Oberflächenstruktur und Lagestabilität charakterisiert waren und ebenso jeweils eine besiedelbare Oberfläche von etwa 4.800 cm² aufwiesen. Nach achtwöchiger Besiedlungszeit im Fluss wurden die Expositionskörbe mit Hilfe eines Keschers (Öffnung: 40 × 50 cm, Maschenweite 250 µm) geborgen, der auch für die Beprobung der natürlichen Totholzbestände und Steine eingesetzt wurde.

Um die Besiedlung auf Totholz in der Elbe vergleichend bewerten zu können, wurde auch die Fauna auf dem übrigen Gewässergrund (Kies, Sand) mit Hilfe eines Stechrohrs auf insgesamt einer Fläche in der Größe der Grundfläche der Substratkörbe beprobt (509 cm²). Zusätzlich wurde die Totholzfauna in einem benachbarten, ausreichend Totholz führenden Nebenfluss, der Mulde, vergleichend untersucht. Die Mulde ist ein kiesgeprägter Tieflandfluss und wurde zum einen etwa 1 km oberhalb der Mündung in die Elbe (nördlich der Stadt Dessau) beprobt, wo das Totholzvorkommen auf kleinere und mittlere Totholzansammlungen in lenitischen Uferbereichen beschränkt war. Zum anderen wurde die Mulde etwa 14 km flussaufwärts von Dessau beprobt (in der Nähe der Stadt Raguhn), wo Totholz in Form von ins Wasser gestürzten Bäumen und ufernahen Totholzansammlungen unterschiedlicher Größe vorkam. Es sollte mit dieser Kombination von Feldaufsammlungen und Experimenten geprüft werden, ob sich die Totholz besiedelnde Wirbellosenfauna von der Besiedlungsgemeinschaft anderer Sohlsubstrate (Steine, Kies, Sand) unterscheidet, und ob sich die Totholz besiedelnde Fauna zwischen Gewässerabschnitten der Elbe, also einem von Holz frei gehaltenem Fluss, und der Mulde, einem Fluss mit naturnahem Totholzbestand, unterscheidet.

## Besiedlung verschiedener Siedlungssubstrate

In der Elbe wurden insgesamt 92 Taxa nachgewiesen, wobei die höchste Taxazahl aller Substrate auf dem natürlichen Totholz verzeichnet wurde (46 Taxa) und die bei weitem niedrigste auf Sand (siehe Abbildung 7-39). Die Kies- und Sandflächen waren dabei signifikant artenärmer besiedelt als Totholz und Steine (einfaktorielle ANOVA, Tukey, $p < 0{,}001$). Das Artenspektrum der in der Mulde bei Dessau nachgewiesenen Wirbellosen umfasste 81 Taxa. Die meisten (50 Taxa bzw. 62 %) wurden auf den Holzexponaten nachgewiesen. Die Steinexponate und die natürlichen Hartsubstrate waren gleichermaßen artenreich besiedelt (Steinexponate: 40 Taxa, natürliches Totholz: 43 Taxa; Steinschüttung: 39 Taxa). Sandflächen wiesen mit nur 13 Taxa eine signifikant geringere Diversität (Diversitätsindex α, KREBS 1989) als die Kies- und Hartsubstratflächen, auf (H-Test, U-Test, $p < 0{,}001$). Die Mulde bei Raguhn war mit 95 Taxa reicher besiedelt. Davon wurden 71 % auf den Totholzexponaten (natürliches Totholz: 69,5 %) und 62 Taxa (65 %) auf den Steinexponaten nachgewiesen: Die Sohlsubstrate Kies und Sand wiesen mit 44 bzw. 21 Taxa deutlich geringere Taxazahlen auf.

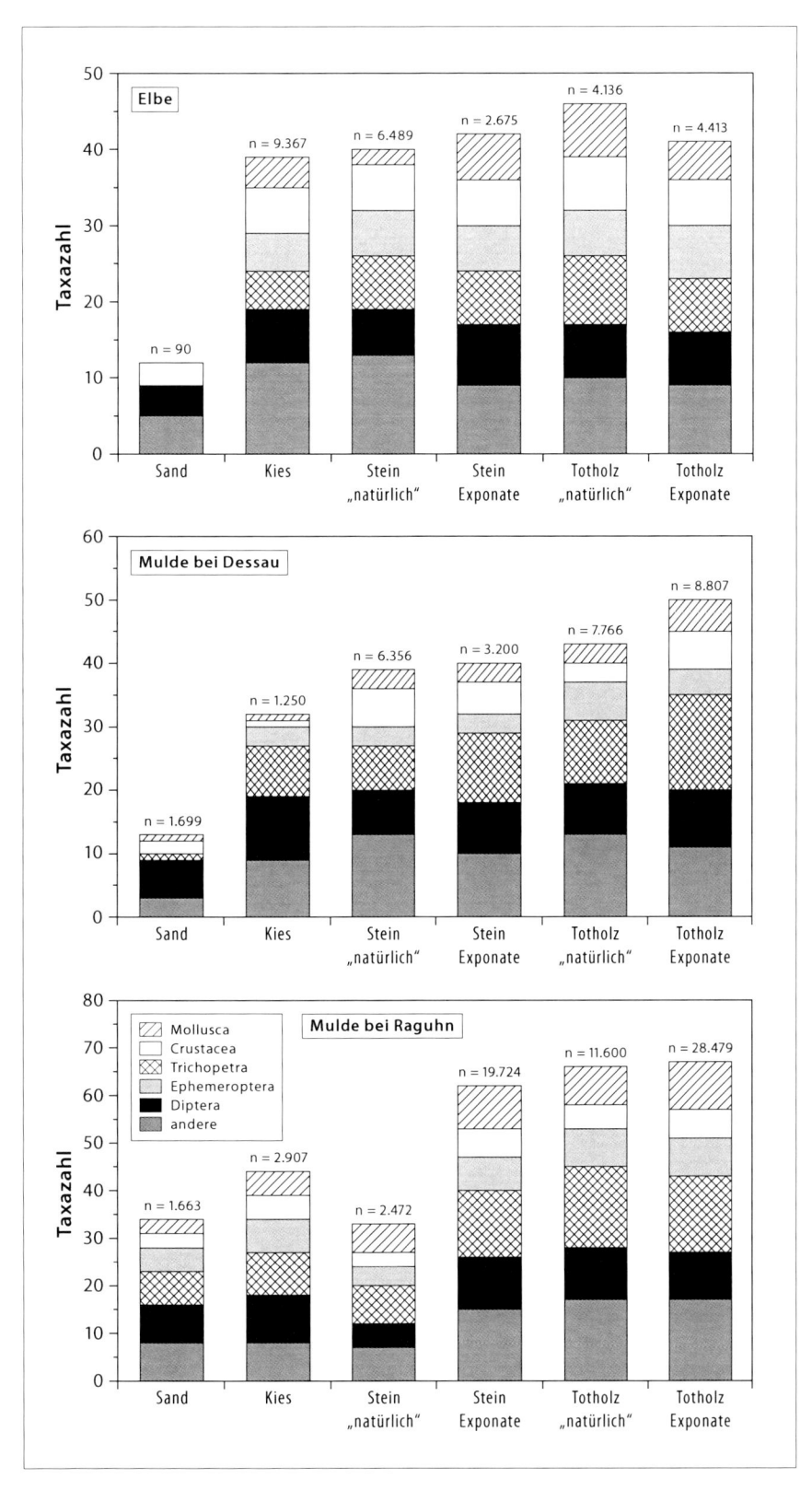

**Abb. 7-39:** Anzahl der Taxa, die an den einzelnen Standorten auf den untersuchten natürlichen und exponierten Siedlungssubstraten nachgewiesen wurden (n = Individuenanzahl).

In der Elbe waren die Holzexponate (3.126 Individuen/m²) im Mittel etwa doppelt so dicht besiedelt wie die Steinexponate (1.873 Ind./m²). Die Besiedlungsgemeinschaft der Holzexponate wurde von Wenigborstigen Würmern (Oligochaeten; 25,9%), Zuckmückenlarven (Chironomiden; 24,4%), der Köcherfliege *Hydropsyche* sp. (12,8%) und der Eintagsfliege *Heptagenia* sp. (15,3%) dominiert. Die Steinexponate wiesen eine ähnliche Dominanzstruktur auf, was sich in einem hohen Ähnlichkeitsindex nach WAINSTEIN ($K_W$: 59,3) widerspiegelt. Detritusfresser (55%), Weidegänger (16%) und Räuber (11%) dominierten die Ernährungstypen der Totholzzönose. Allerdings unterschied sich die Ernährungstypenverteilung der anderen Substrate nicht signifikant davon.

In der Mulde bei Dessau waren die Holzexponate signifikant (t-Test, p < 0,05) individuen- und artenreicher besiedelt als die Steinexponate. Die Besiedlungsgemeinschaft der Holzexponate wurde hier von Köcherfliegen (Trichopteren; Holz: 38%), Zuckmückenlarven (Chironomiden; 28%), Muschelkrebsen (Ostracoden; 9%) und Wenigborstigen Würmern (Oligochaeten; 8%) dominiert. Dabei unterschieden sich auch hier Totholz- und Steinexponate hinsichtlich der Dominanzstruktur mit Ausnahme weniger Arten nicht signifikant. Die Totholzzönose wurde hier von Detritusfressern (33%), Räubern (21%), passiven Filtrierer (19%) und Weidegängern (15%) dominiert. Mit *Lype reducta* und *L. phaeopa* konnten 2 holzfressende Köcherfliegenarten nachgewiesen werden.

In der Mulde bei Raguhn wurden die höchsten Abundanz- und Taxazahlen gefunden, wobei wie bei Dessau die Holzexponate deutlich dichter und artenreicher besiedelt waren als die Steinexponate. Ebenso wie dort bildeten auch bei Raguhn die Köcherfliegen (Trichopteren) die individuen- und artenreichste Gruppe der beiden Hartsubstratzönosen (Holz: 16, Stein: 14 Arten). Insgesamt waren die Zuckmücken (Chironomiden), Köcherfliegen (Trichopteren) und Eintagsfliegen (Ephemeropteren) deutlich stärker auf Totholz vertreten. Die Ephemeropteren-Gattung *Heptagenia*, die Trichopteren-Gattungen *Ceraclea* und *Lype* sowie die Wasserassel *Asellus aquaticus* (Crustacea) wiesen auf den Holzexponaten signifikant höhere Dominanzwerte auf (t-Test, p < 0,05). Hingegen waren Wasserschnecken (Mollusca) und Strudelwürmer (Turbellarien) auf Stein deutlich stärker vertreten.

Unter den das Totholz besiedelnden Wirbellosenarten sind über ein Fünftel in der bundesdeutschen sowie der sachsen-anhaltinischen Roten Liste (RL) eingestuft (Elbe: 24%, an beiden Mulde-Stellen 22%). So wurde die vom Aussterben bedrohte Grünen Flussjungfer *Ophiogomphus cecilia* (Odonata) an allen Standorten stetig auf Totholz nachgewiesen (siehe auch FELD und PUSCH 1998). Weitere als „vom Aussterben bedroht" eingestufte Arten waren die Eintagsfliegen *Heptagenia sulphurea* (an allen 3 Probestellen) und *Heptagenia 119% coerulans* (Elbe). Erwähnenswert ist, dass mit *Heptagenia coerulans*, *Oligoneuriella rhenana* (RL BRD: 2) und *Potamathus luteus* (RL BRD: 3) drei potamophile Eintagsfliegen auf den Totholzbeständen der Elbe nachgewiesen werden konnten, die erst seit etwa 2000 den Tieflandstrom wiederbesiedelt haben (SCHÖLL 1998, MÜLLER et. al. 1999, HOHMANN 2000). Aus der Ordnung der Köcherfliegen konnten mit *Brachycentrus subnubilus* (RL BRD: 3), *Ceraclea nigronervosa* (RL BRD: 3) und *Oecetis testacea* (RL BRD: 3) drei als „gefährdet" eingestufte Arten auf Totholz nachgewiesen werden. Die genannten Arten nutzen Totholz überwiegend als Siedlungssubstrat.

### Vergleich der Wirbellosenbesiedlung auf Totholz in Elbe und Mulde

Kombiniert man die Ergebnisse von natürlichem und exponiertem Totholz, so wurden in der Elbe auf Totholz insgesamt 75 Taxa nachgewiesen und in der Mulde bei Dessau 70 Taxa. In der Mulde bei Raguhn wurden mit 80 Taxa eine im Vergleich zu beiden anderen Stellen signifikant diversere und dichtere Besiedlung festgestellt (einfaktorielle ANOVA; Tukey: p < 0,05 bzw. p < 0,001).

Dabei wiesen die Insektenordnungen der Köcherfliegen (Trichoptera), Fliegen und Mücken (Diptera), Käfer (Coleoptera) und Libellen (Odonata) in der Mulde insgesamt deutlich höhere Artenzahlen auf. Nur die Krebse (Makrocrustaceen) waren in der Elbe artenreicher vertreten.

Mehrere der gefundenen Arten zeigen eine deutliche Präferenz für Totholz als Siedlungssubstrat, so in der Elbe die Gemeine Schnauzenschnecke (*Bithynia tentaculata*, Gastropoda) und die Grüne Flussjungfer (*Ophiogomphus cecilia*, Odonata) sowie die fünf Totholz liebenden (xylophilen) Köcherfliegenarten *Anabolia furcata*, *A. nervosa*, *Halesus radiatus*, *H. digitatus*, *Brachycentrus subnubilus* (alle Trichoptera). In der Mulde bei Dessau präferierten folgende Arten Totholz: *Lype reducta*, *L. phaeopa*, *Brachycentrus subnubilus*, *Hydroptila* sp. (alle Trichoptera), *Bithynia tentaculata*, *Ophiogomphus cecilia* und die Wasserassel *Asellus aquaticus* (Crustacea), und in Mulde bei Raguhn *Lype reducta*, *L. phaeopa*, *Anabolia furcata*, *Halesus digitatus*, *Brachycentrus subnubilus* (alle Trichoptera), *Bithynia tentaculata*, die Spitze Blasenschnecke (*Physella acuta*) und *Asellus aquaticus*. Die überwiegende Mehrheit dieser Arten wird als eng mit Totholz assoziiert und als wahrscheinlich bzw. fakultativ Totholz fressend (xylophag) eingestuft. Mit *Lype reducta* und *Lype phaeopa* konnten in der Mulde zwei obligat xylophage Arten nachgewiesen werden. Hervorzuheben ist, dass auch die räuberischen Larven von *O. cecilia* häufiger in Totholzablagerungen als im anorganischen Substrat vorkamen.

Die Besiedlung der einzelnen Substrate konnte dabei durch Indikatororganismen (berechnet mit dem INDVAL Index) charakterisiert werden (DUFRÊNE und LEGENDRE 1997). Kennzeichnend für die stark umströmten lagestabilen Hartsubstrate der Elbe waren strömungsliebende Arten, wie *Hydropsyche bulgaromanorum*, eine typische rheophile Köcherfliegenart des Potamals. Die Totholzhabitate der Elbe wurden durch die von HOFFMANN und HERING (2000) als wahrscheinlich bzw. fakultativ xylophag eingestufte Köcherfliege *Halesus radiatus* und die Schnecke *Bithynia tentaculata* charakterisiert. In der Mulde bei Dessau wurde die strömungsexponierte Lage der Hartsubstrate ebenfalls durch *Hydropsyche bulgaromanorum* angezeigt. Die Charakterisierung der beiden Sedimenthabitate durch die Zuckmücke *Robackia* sp. weist darauf hin, dass dort die Kies- und Sandhabitate sehr beweglich sind. Die obligat xylophagen Köcherfliegenarten *L. reducta* und *L. phaeopa* waren typische Indikatorarten für Totholzhabitate. In der Mulde bei Raguhn, der Probestelle mit der geringsten Strömungsgeschwindigkeit, waren die Besiedlungsgemeinschaften von limno- bis limnorheopilen Arten, wie der Köcherfliege *Mystazides azureus* oder den individuen- und artenreichen Schnecken geprägt. Kennzeichnend für die Totholzhabitate waren als Totholz bewohnend (xylobiont) oder Totholz bevorzugend (xylophile) bekannte Arten wie beispielsweise *Lype* spp., *Anabolia furcata* und *Physella acuta*.

**Schlussfolgerungen**

Die Ergebnisse zeigen, dass den lagestabilen Hartsubstraten eine besondere Bedeutung für das Makrozoobenthos sandgeprägter Tieflandflüsse zukommt, wie dies in den wenigen vergleichbaren Studien ebenfalls dargestellt wurde (WALLACE und BENKE 1984, FELD und PUSCH 1998, BRUNKE et al. 2002b).

Dabei zeigten sich zwischen den organischen und anorganischen Hartsubstraten hinsichtlich der Besiedlungsdichte, Biomasse, Artenvielfalt und der Substratpräferenz Unterschiede. An allen Standorten war Totholz durchgehend individuen- und artenreicher besiedelt als Steinsubstrat (FELD und PUSCH 1998). Mehrere Arten ließen eine deutliche Totholzpräferenz erkennen. Dies ist wohl mit der raueren Oberflächenstruktur, der damit verbundenen besseren Fängigkeit für treibendes organisches Material (Retentionsfähigkeit), und durch sein Potenzial als Nahrungsquelle zu erklären, wobei der Biofilm wohl für die Nahrungsqualität von Weidegängern, Zerkleinerern und Detritusfressern entscheidend ist. Die raue, oft zerfasernde oder Risse bildende Holzoberfläche eignet sich für mehrere Köcherfliegenarten zur Fixierung ihrer Netze (u. a. Hydropsychidae, Polycentropodidae) und Köcher (u. a. Brachycentridae, Leptoceridae), während Kriebelmücken (Simuliiden) und koloniebildende Moostierchen (Bryozoa) und Schwämme (Porifera) zur Anheftung in geeigneter Weise umströmte Kleinstlebensräume finden. Die auf dem Totholz gefundene hohe Dichte an Eigelegen (FELD 1998).und Junglarven von Insekten sowie Puppenköchern von Köcherfliegenarten (u. a. der Gattungen *Oecetis, Ceraclea, Hydropsyche, Hydroptila, Mystazides, Brachycentrus*) zeigt, dass Totholz im Lebenszyklus dieser Arten eine zentrale Rolle spielt (PUSCH et al. 1999, HOFFMANN und HERING 2000).

Allerdings unterschieden die meisten Taxa, darunter sehr individuenreiche, offenbar nicht zwischen den beiden Hartsubstraten. Dies weist darauf hin, dass viele der gefundenen Totholzbesiedler nur fakultative Nutzer dieses Substrats sind.

Die auf Totholz lebenden Wirbellosengemeinschaften waren in der Elbe signifikant arten- und individuenärmer als in der Mulde. Diese Unterschiede können zum Teil auf unterschiedliche hydromorphologische Bedingungen der Probenahmestandorte zurückgeführt werden. Der Einfluss der gewässerinternen Totholzausstattung zeigte sich daran, dass Totholz fressende (xylophage) Arten ausschließlich in Gewässerabschnitten mit naturnahem Totholzbestand in der Mulde angetroffen wurden. Die in der Elbe gefundenen Totholzbesiedler waren dagegen alle nicht obligatorisch auf Totholz angewiesen, so dass sie bei einer verringerten Verfügbarkeit von Totholzstrukturen auch auf andere Substrate ausweichen können. Vermutlich erschwert die geringe Dichte an Totholz in der Elbe die Besiedlung durch darauf spezialisiert (xylobionte) Tierarten, so dass darin eine Auswirkung der Totholzräumung gesehen werden kann. Angesichts der heute stark verbesserten Wasserqualität der Elbe, die bis Ende der 1990er-Jahre die Wirbellosen-Besiedlung beeinträchtigte (PETERMEIER et al. 1994, DREYER 1996), rücken strukturelle Defizite heute in den Vordergrund (Brunke et al. 2005). Da eine zeitgemäße Gewässerunterhaltung zum Ziel haben muss, ein naturnahes Erscheinungsbild und die ökologischen Funktionen der Gewässer zu entwickeln, um die Qualitätsziele der EG-Wasserrahmenrichtlinie zu erreichen, müssen Wege gefunden werden, Totholz in der Elbe zu belassen und möglicherweise unter kontrollierten Bedingungen lokal einzubringen und gegebenenfalls zu bewirtschaften, wie es auch an anderen Gewässern ökologisch richtungsweisend ist (BEZZOLA und LANGE 2003, GREGORY et al. 2003, KAIL 2004). Lokale Gewässerbereiche mit einer intakten Struktur aus Totholz und anderen Substraten können großräumig die Funktion von Trittsteinbiotopen erfüllen und so auch in genutzten und insgesamt erheblich veränderten Flüssen die Populationen von seltenen flusstypischen Arten stabilisieren, die erst den guten ökologischen Zustand anzeigen.

## 7.4 Auswirkungen der Schifffahrt
*Matthias Brunke und Helmut Guhr*

Viele Flüsse Mitteleuropas werden als Wasserstraße genutzt und sind durch den Ausbau hinsichtlich ihrer Ökologie in mannigfacher Weise beeinträchtigt. Ein bislang kaum beachteter Effekt sind die schnellen Wasserstandsänderungen und erhöhten Fließgeschwindigkeiten im Litoral während der Passage von Schiffen (BHOWMIK und MAZUMDER 1990, OEBIUS 2000, BRUNKE et al. 2002). Jedes fahrende Schiff verursacht verschiedenartige Strömungen, die auf unterschiedliche Wellensysteme zurückgehen: durch das Antriebssystem verursachte Strömungen, das transversale Wellensystem und die Bugwelle; die beiden letzten überlagern sich in ihren Effekten (siehe Abbildung 7-40). Durch den Formwiderstand entsteht am Bug des fahrenden Schiffes ein Druckpotenzial des angestauten Wasserkörpers. Das erzeugte Gefälle bewirkt eine schnelle Umströmung des Schiffskörpers. Dabei entsteht ein Absinken des Wasserspiegels um das Schiff (Sunk), wobei die höchste Wasserspiegeldifferenz zusammen mit der höchsten Strömungsgeschwindigkeit auftritt. Bei geringem Uferabstand des Schiffes pflanzen sich diese Wellensysteme bis an die Ufer fort (siehe Abbildungen 7-40).

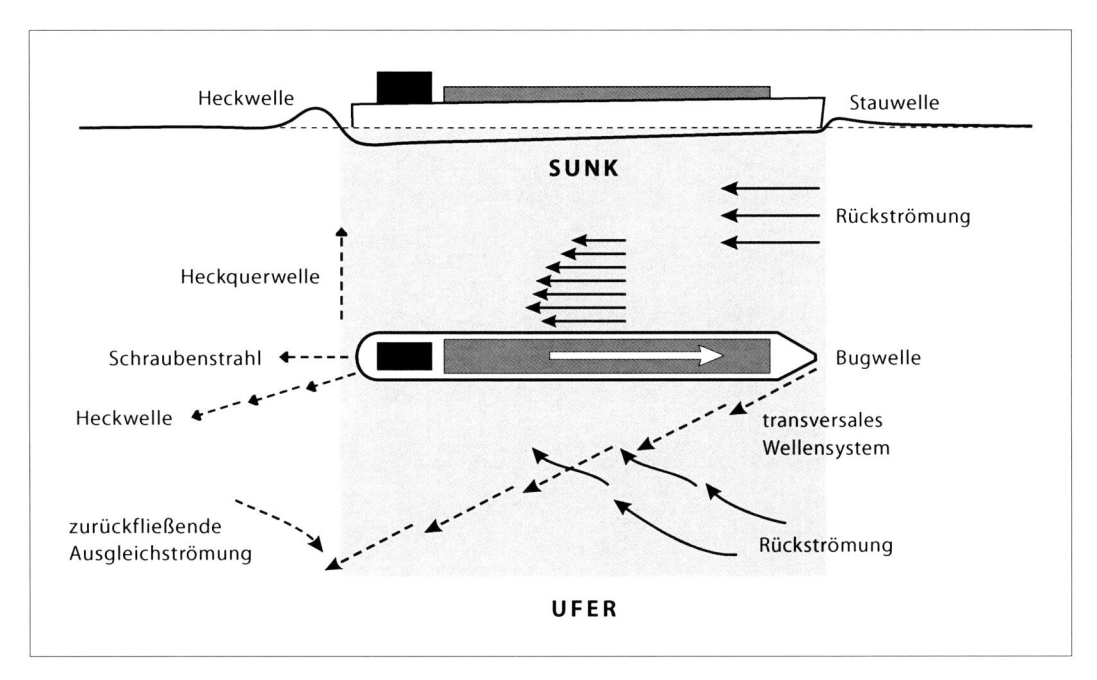

**Abb. 7-40:** Schematische Darstellung der von einem fahrenden Schiff ausgelösten Wellensysteme

Der durch die Schifffahrt verursachte Sunk und Schwall (zurückfließende Ausgleichsströmung) stellt ein unnatürliches Störungsregime dar, bei dem feines organisches Material, Tiere und auch Sande von der Sohloberfläche gerissen werden und abdriften. Dieses Störungsregime hat einen erheblichen Einfluss auf die ökologischen Bedingungen und die Besiedlung der Flachwasserhabitate.

## 7.4.1 Wasserspiegelschwankungen und Wirkungen der hydraulischen Kräfte

Bei hydraulischen Messungen an der Mittleren Elbe (Elbe-km 233) traten während der Schiffspassagen Wasserstandsänderungen im Uferbereich der Buhnenfelder auf, bei denen das Wasser während des Sunks aus dem Buhnenfeld herausgezogen wurde (siehe Abbildungen 7-41 und 7-42); dabei fielen weite Areale trocken. Im Maximum sank der Wasserspiegel um 0,5 m und die Wasserkante zog sich um 10 m zurück. Während des Sunks wurde die Fließgeschwindigkeit in den Buhnenfeldern innerhalb einer Minute von −20 cm/s auf −60 cm/s deutlich erhöht. Infolge der zurückfließenden Ausgleichströmung strömten die Wellen unmittelbar anschließend in die Buhnenfelder. Das erzeugte eine sofortige Richtungsumkehr der Strömung, wobei sich die Geschwindigkeit von −60 auf +60 cm/s änderte (siehe Abbildungen 7-41 und 7-42). Diese Strömungsbedingungen dauerten etwa 10 s an; danach bestand die Tendenz zu einer Überlagerung der verschiedenen Wellensysteme, so dass zwar noch eine hohe Strömung vorlag, aber eine mittlere, gerichtete Fließgeschwindigkeit nicht messbar war.

**Abb. 7-41:** Wellenwirkung eines vorbeifahrenden Schiffs in einem Buhnenfeld. oben: Leersaugen des Buhnenfelds (Sunk). unten: Schwall mit gebrochender Welle bei der Wiederfüllung des Buhnenfelds; beachte Person auf der Buhne als Größenvergleich. Passagierschiff „Victor Hugo"; Länge 82,5 m, Breite 9,5 m, Tiefgang 1,0 m. (Fotos: H. Fischer).

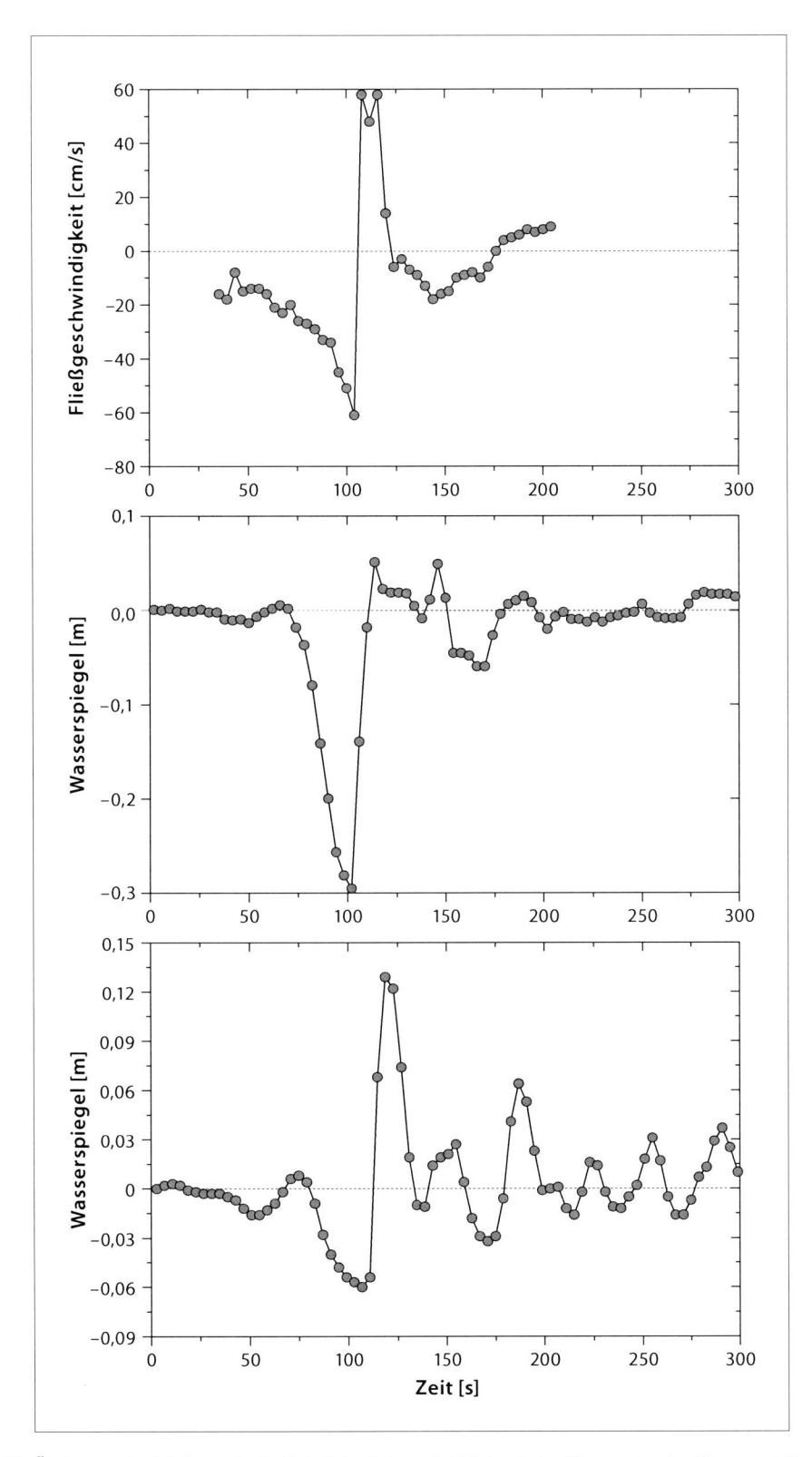

**Abb. 7-42:** Änderung der Fließgeschwindigkeit im Buhnenfeld (oben), des Wasserstandes 18 m vom Ufer entfernt (mitte) und direkt an der Uferlinie in 10 cm Sedimenttiefe (unten) während der Talfahrt eines großen Passagierschiffes am Elbe-km 233

Diese Perioden aus Sunk und Wellen gehen einher mit extremen Turbulenzintensitäten und -schwankungen (ENGELHARDT et al. 2001). Es treten Schubspannungsgeschwindigkeiten zwischen 5 und 75 cm/s auf. Die hohen Reibungskräfte induzieren eine Resuspension von Sanden und abgelagertem organischem Material sowie von Tieren. Die gemessenen Sohlschubspannungen lagen weit über den bekannten Toleranzen von Makroinvertebraten (z. B. STATZNER und BORCHARDT 1994).

### Einfluss auf physikochemische Bedingungen im Buhnenfeld und im Interstitial

Der Wasseraustausch zwischen Buhnenfeldern und Fahrrinne findet einerseits kontinuierlich statt, wobei die Ausrichtung der Buhnen zur Fließrichtung in der Fahrrinne (inklinant, rechtwinklig, deklinant) die allgemeinen Strömungsverhältnisse bestimmt (HÜTTE 2000). Andererseits treten auch zyklische Austauschereignisse auf, die durch die Scherzone („Wirbel") unterhalb der Buhnenköpfe im Übergangsbereich von Flussschlauch und Buhnenfeld verursacht werden (WIRTZ 2004). Die Ausrichtung der Scherzone in Richtung des Buhnenfeldes bzw. des Flussschlauches verändert sich periodisch und hängt vom variierenden Volumen des Wasserkörpers im Buhnenfeld ab, was mit wechselnden Wasserständen im Zentimeterbereich einhergeht. Diese Austauschereignisse weisen in Wechselwirkung mit der Hydromorphologie von Buhnenfeldern, deren Fassungsvermögen sowie der Strömungsgeschwindigkeit im Flussschlauch verschiedene Perioden auf. Die gemessenen Wasserstände im untersuchten Buhnenfeld am Elbe-km 233 zeigten, dass ein zyklischer Austausch etwa alle fünf Minuten stattfand. Ebenfalls schwankten in diesem Rhythmus der Sauerstoffgehalt und die Wassertemperatur im Buhnenfeld (siehe Abbildung 7-43 oben).

Bei Passagen größerer Schiffe werden durch den Sunk große Volumina aus einem Buhnenfeld herausgezogen und darauf folgend wieder mit der Ausgleichströmung eingespült. WIRTZ (2004) berechnete dabei Reduzierungen der Wasservolumina in Buhnenfeldern je nach Abflussstand und Morphologie zwischen 17 und 35 %. In dem untersuchten Buhnenfeld am Elbe-km 233 wurden die physikochemischen Bedingungen durch Sunk und Schwall nicht nachweisbar verändert, obwohl der Austausch zwischen Buhnenfeld und Fahrrinne pulsartig erhöht wurde. Auch der zyklische Austausch zwischen Fahrrinne und Buhnenfeld (siehe Abbildung 7-43 oben) wurde durch Sunk und Schwall nicht beeinträchtigt; die Strömungsverhältnisse im Buhnenfeld wurden durch Schiffe nur für einige Minuten verändert.

Allerdings wurde ein Austausch zwischen dem Lückenwasser der Sohle im Buhnenfeld durch den schiffsinduzierten Sunk und Schwall bewirkt. Als Folge des absinkenden Druckes der geringer werdenden Wassersäule und dem folgenden starkem Druckanstieg gelangte Oberflächenwasser in das Interstitial (5 bis 10 cm Sedimenttiefe). Dabei wurde der Sauerstoffgehalt, das Redoxpotenzial und der pH-Wert im Interstitial erhöht und die elektrische Leitfähigkeit verringert. Die pulsartigen Austauschprozesse verändern auch die Lückenwassertemperatur, insofern Temperaturunterschiede zwischen Oberflächen- und Lückenwassser bestehen (tages- und jahreszeitabhängig). (siehe Abbildung 7-43 unten). Die Veränderungen der physikochemischen Bedingungen dauerten jedoch nur etwa 15 Minuten.

### Einfluss auf die Korngrößenzusammensetzung im Buhnenfeld

Die benthische Sedimentzusammensetzung der Sohle im Buhnenfeld unterscheidet sich deutlich je nach Exposition durch den Wellenschlag. Der Anteil an Schluff, Feinsand und Mittelsand ist in den exponierten Flachwasserhabitaten signifikant geringer als in den anderen Zonen. Die durch den Wellenschlag verursachten hohen Turbulenzen führen zu einem selektiven Abschwemmen dieser Sedimentkomponenten.

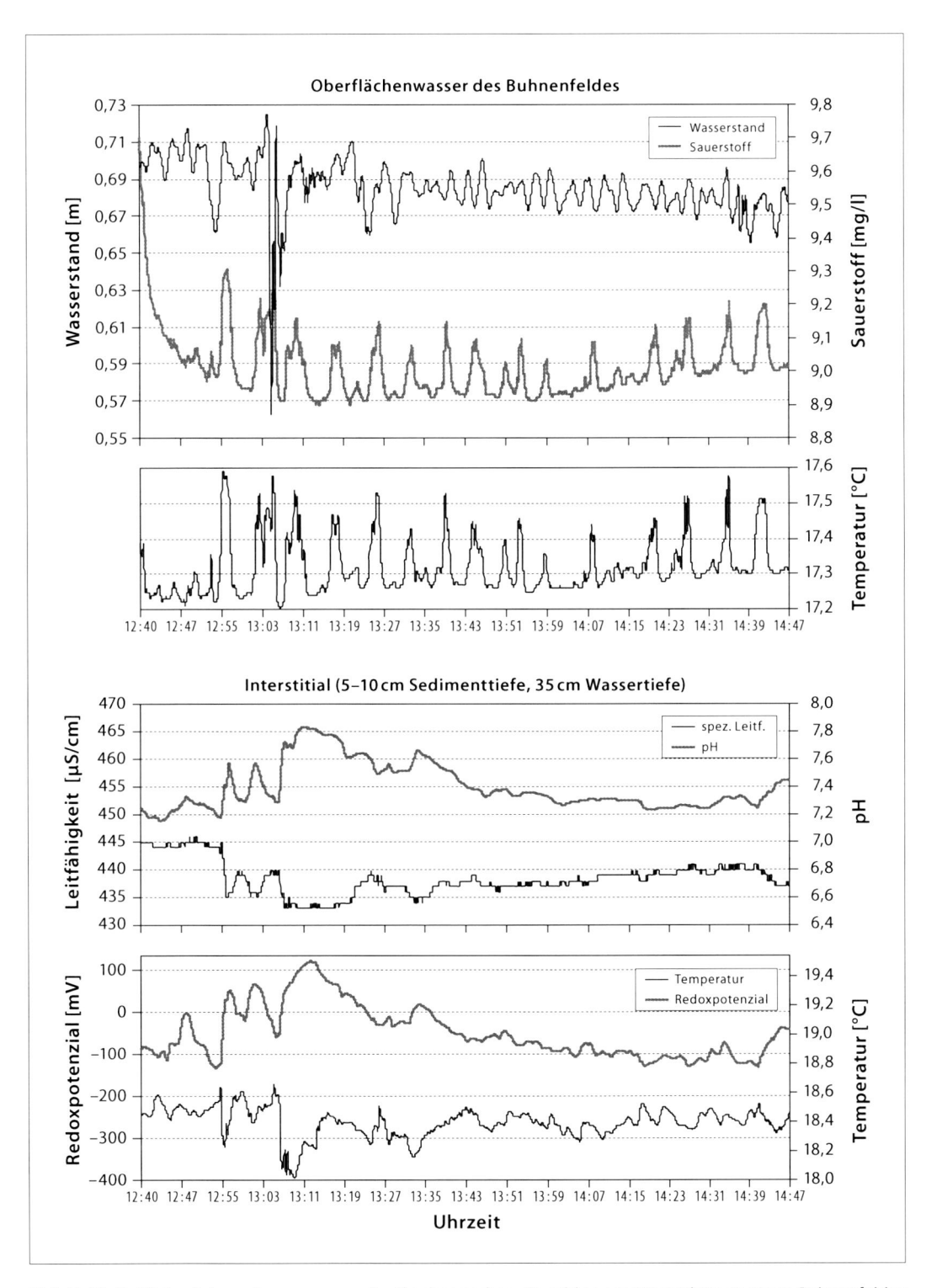

**Abb. 7-43:** Zeitliche Schwankungen von physikochemischen Variablen im Wasserkörper eines Buhnenfeldes (Elbe-km 233) während einer Schiffspassage um 13 Uhr am 06.09.2001 (Frachtschiff, Bergfahrer). Im Oberflächenwasser des Buhnenfeldes (oben): Schwankungen des Wasserstandes und des Gehaltes des gelösten Sauerstoffs sowie der Temperatur. Im Interstitialwasser des Buhnenfeldes (unten): Schwankungen der spezifischen Leitfähigkeit und des pH-Wertes sowie der Temperatur und des Redoxpotenzials

**Resuspension von Sedimenten aus den Buhnenfeldern**

Durch die bei Sunk und Wellenschlag auftretenden hydraulischen Kräfte werden Sohlsedimente resuspendiert. Die organische Sedimentfraktion kann in Suspension bleiben und wird dann teilweise weiter flussab transportiert. Anorganisches Sediment wird bei Wellenschlag sowohl kleinräumig innerhalb eines Buhnenfeldes umverteilt als auch in Buhnenfelder hinein- und herausgeschwemmt (SPOTT und GUHR 1996). Hierzu wurden Driftuntersuchungen im Buhnenfeld durchgeführt sowie Daten von einer schwimmenden, automatischen Messstation (Elbe-km 318) erhoben, die etwa 35 m in den Fluss an einer buhnenfreien Stelle linksseitig hineinragte. Mit einem Online-Gerät ließ sich die Trübung (Streulichtmessung an den Schwebstoffteilchen) alle 10 s ablesen. Zwischen Trübung (auf den Formazinstandard bezogen) und Schwebstoffgehalt besteht in der Elbe bei Magdeburg ein linearer Zusammenhang (n = 112; y = 2,81 + 0,51 x; r = 0,89).

Das Ausmaß der Schwebstoffremobilisierung hängt von der hydrologischen Vorgeschichte ab, d. h., welche Schwebstoffmengen sich in den Stillwasserräumen absetzen konnten bzw. bereits remobilisiert wurden. Mit Trübungsmessungen in der Messstation wurden die Auswirkungen der Schifffahrt im Hauptstrom erfasst (siehe Abbildung 7-44). Die Durchflusskurve zeigte nach dem Frühjahrshochwasser 2000, bei dem auch remobilisierbare Ablagerungen aus den Nebenflüssen in die Elbe verfrachtet wurden und dort teilweise sedimentierten, eine gleichbleibende Wasserführung bei knapp über MNQ bis zum Jahresende. Die Schwebstoffgehalte nahmen ab Juni ab; ebenso das durch die Schifffahrt verursachte Trübungsmaximum, da sich der Nachschub an remobilisierbarem Sediment in den Stillwasserbereichen (z. B. Sedimentation abgestorbener Biomasse) stetig verringerte. Die niedrigen Durchflüsse hielten bis zum 05.03.2001 an: MQ wurde bis zu diesem Termin nur kurzzeitig überschritten, die Buhnen aber nicht überspült. Dem zweiten Messtermin am 08.10.2001 war 3 Wochen zuvor ein Wasserstandsanstieg vorangegangen, der zu einer teilweisen Überspülung der Buhnenrücken führte. In beiden Fällen dürften die Durchflusserhöhungen zu einer Erosion remobilisierbarer Sedimente und damit zu einem „Leerräumen" der Stillwasserbereiche beigetragen haben.

Während die mit einer Schiffsschraube angetriebenen Schubverbände meist wenig Einfluss auf die Trübung im Hauptstrom hatten, lösten Passagen von Schiffen mit Strahlantrieb, z. B. des Fahrgastschiffes „Dresden", beachtliche Ausschläge aus mit einer Dauer von 10 min bei länger andauernden Niedrigwasserperioden. Vor 1990 wirkte sich eine Schiffspassage bis zu 2 h auf den Schwebstoffgehalt aus (SPOTT und GUHR 1996), da in den Stillwasserbereichen stärkere Ablagerungen aus dem Abbau der organischen Substanz (Belebtschlammflocken) vorhanden waren.

Es wurden charakteristische Trübungsverteilungsmuster festgestellt, die zu verschiedenen Terminen Ähnlichkeiten aufwiesen. Das hing offenbar mit der Richtungsänderung der Schifffahrtsrinne stromauf zusammen: An der Messstation mit feststehender Entnahmepumpe wurde Wasser mit unterschiedlichem Schwebstoffgehalt angesaugt, je nachdem, wo im Flussquerschnitt und in welcher Stärke ein Schiff Sediment aus den Buhnenfeldern aufwirbelte.

Diese Untersuchungen zeigen, dass die Schifffahrt einen beträchtlichen Beitrag zur Verfrachtung von remobilisierbarem Sediment flussabwärts leisten kann. Die aufgewirbelten Schwebstoffe setzen sich nach einer Schiffspassage in den unterhalb gelegenen Stillwasserbereichen in Abhängigkeit vom Durchfluss wieder ab, um vom folgenden Schiff weiter verfrachtet zu werden. Auf die Stärke dieses Verlagerungsprozesses wirken auch – in diesen Untersuchungen nicht näher quantifizierte – Faktoren ein wie Abstand des Schiffes vom Buhnenfeld, Geschwindigkeit des Schiffes, Beladungstiefe und die Lage des Stillwasserbereiches zur Fahrrinne.

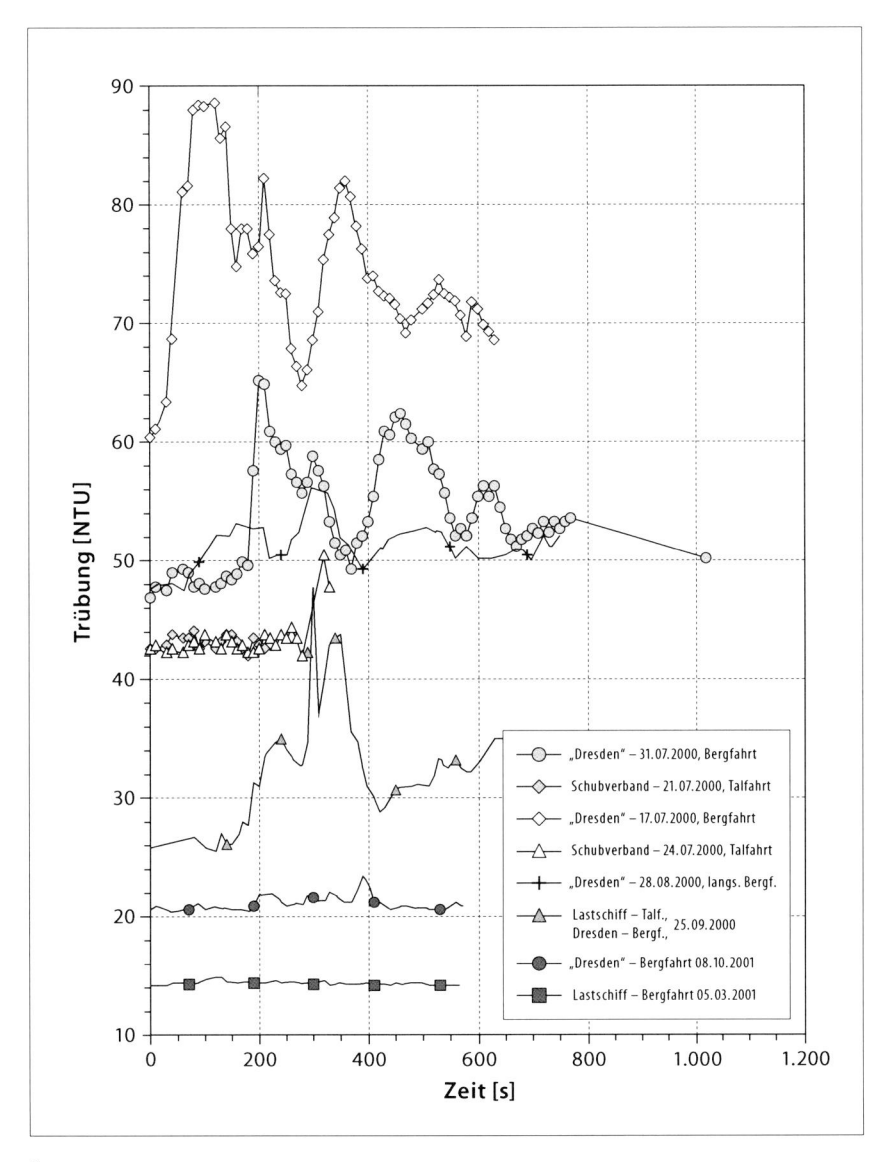

**Abb. 7-44:** Änderungen der Trübung bei Schiffsdurchfahrten im Hauptstrom (Elbe-km 318, links); NTU = nephelometrische Trübungseinheit

## 7.4.2 Verteilung des Benthos im exponierten Buhnenfeld und Drift der Fauna

Die durch die Schifffahrt verursachten hydraulischen Belastungen können sowohl direkte als auch indirekte Wirkungen auf die faunistische Besiedlung ausüben. Zum einen ist anzunehmen, dass Makroinvertebraten, die auf der Sohloberfläche leben, durch die hydraulischen Kräfte direkt geschädigt werden können. Auch werden Organismen direkt von der Sohle abgerissen und verdriftet. Die in der obersten Sedimentschicht lebende Fauna kann außerdem durch die ausgelösten Sedimentumlagerungen (Erosion von Sanden und Resuspension von abgelagertem Feinmaterial) in die Drift gelangen. Beide Mechanismen führen zu Neuverteilungen der Fauna im Buhnenfeld, sofern die Organismen noch innerhalb des Buhnenfeldes wieder aus der Drift entweichen können oder in ein unterhalb gelegenes Buhnenfeld eingeschwemmt werden. Die Taxa, die aus dem Buhnenfeld herausgeschwemmt werden und im Hauptstrom verbleiben, finden auf der Gerinnesohle vermutlich keine Refugien, da hier die hydraulischen Belastungen zu groß sind und das Sediment zu instabil ist.

Insektenarten – abgesehen von den Chironomiden – und Makrocrustaceen konnten hauptsächlich nur an dem grobkörnigen Blockwurf des Buhnenkopfes sowie an punktuellen Totholzablagerungen im Buhnenfeld gefunden werden. Diese Befunde legen nahe, dass auf Substraten lebende Makroinvertebraten keine Litoralareale besiedeln können, an denen ein raues hydraulisches Regime herrscht und die zugleich nur geringe Korngrößen mit wenig variabler Textur aufweisen. Die kurzfristig extremen hydraulischen Bedingungen stellen ein unnatürliches Störungsregime dar, dass sich bei Mangel an Refugien limitierend auf eine potenzielle Fauna auswirkt.

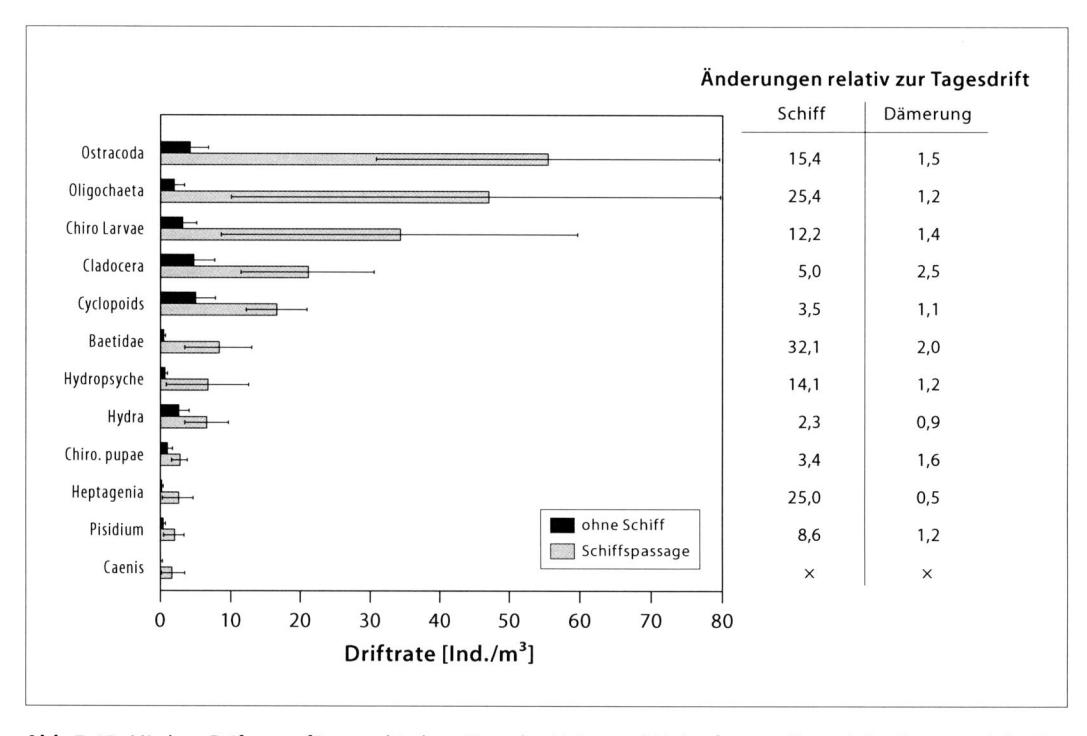

| | Änderungen relativ zur Tagesdrift | |
| --- | --- | --- |
| | Schiff | Dämerung |
| Ostracoda | 15,4 | 1,5 |
| Oligochaeta | 25,4 | 1,2 |
| Chiro Larvae | 12,2 | 1,4 |
| Cladocera | 5,0 | 2,5 |
| Cyclopoids | 3,5 | 1,1 |
| Baetidae | 32,1 | 2,0 |
| Hydropsyche | 14,1 | 1,2 |
| Hydra | 2,3 | 0,9 |
| Chiro. pupae | 3,4 | 1,6 |
| Heptagenia | 25,0 | 0,5 |
| Pisidium | 8,6 | 1,2 |
| Caenis | × | × |

**Abb. 7-45:** Mittlere Driftraten für verschiedene Taxa der Meio- und Makrofauna während des Tages und der Vorbeifahrt eines großen, strahlangetriebenen Passagierschiffs („Dresden", Länge 97,8 m, Breite 11,1 m, Tiefgang 0,97 m, Verdrängung 1.038 m$^3$) sowie Faktoren für die Erhöhung der Driftraten während einer Schiffspassage bzw. der Morgen- und Abenddämmerung (05.–06.09.2000)

Die Unterschiede in der Besiedlung von drei ungleich exponierten Buhnenfeldzonen waren signifikant (p = 0,006, Between-Class-Hauptkomponentenanalyse, 1.000 Monte-Carlo-Simulationen), wobei die erklärte Variabilität rund 9% betrug. Die Gesamtbesiedlungsdichte sowie die Besiedlungsdichten einiger Taxa, die ihren Verbreitungsschwerpunkt im Buhnenfeld hatten, waren in der exponierten Uferzone signifikant geringer (Kruskal-Wallis-Test), z. B. bei den Erbsenmuscheln *Pisidium* spp., den Zuckmücken (Chironomidae) *Polypedilum laetum*, *Orthocladius* sp. und *Prodiamesa olivacea* sowie bei der Köcherfliege *Hydropsyche contubernalis*. Die Dichten folgender Taxa waren ebenfalls niedriger (knapp nicht signifikant): der Bärtierchen (Tardigrada), Muschelkrebse (Ostracoda), Wasserflöhe (Cladocera), Eintagsfliegen *Caenis* sp., Eintagsfliegenlarven (Ephemeroptera Larvulae) und der Flussnapfschnecke *Ancylus fluviatilis*. Ein indirekter Effekt des Wellenschlags auf die Faunenverteilung könnte auch die Beeinflussung der Korngrößenzusammensetzung sein. Neben diesem Störungsregime sind die von der Schifffahrt unabhängigen, natürlichen sohlennahen Strömungsbedingungen – die Korngrößenverteilung und das Angebot an Nahrungsressourcen – für die Zusammensetzung und Verteilung der Meio- und Makrofauna entscheidend (siehe Kapitel 4.3.3).

Zur Abschätzung des Einflusses der Schifffahrt wurden die Driftdichten und die Resuspension von Sedimenten synchron an Einström- und Ausströmbereichen von Buhnenfeldern mit je drei Driftfallen im Tagesverlauf erhoben. Eine Einbeziehung der Invertebratendrift in die Interpretation der Ergebnisse der räumlichen Faunenverteilung weist auf dynamische Umverteilungen hin. Die Driftrate war teilweise bei Durchfahrt einzelner Schiffe extrem erhöht, z. B. bei Oligochaeten (Wenigborster; Gruppe der Ringelwürmer) um den Faktor 25 relativ zur mittleren Tagesdrift (siehe Abbildung 7-45). Allerdings führte nicht jedes passierende Schiff zur einer Erhöhung der Drift; die Wirkung der langsam fahrenden Frachtschiffe war nur gering oder führte zur keiner signifikanten Erhöhung. Offenbar müssen hydrodynamische Schwellenwerte überschritten werden, um eine Resuspension der Fauna zu bewirken. Signifikante Unterschiede zwischen dem Import und Export von Invertebraten in das untersuchte Buhnenfeld konnten nicht festgestellt werden.

**Diskussion und Schlussfolgerungen**

Eine Quantifizierung der Effekte von Sunk und Wellenschlag auf die ökologischen Bedingungen und die Fauna ist schwierig. An der Elbe fehlen Vergleichsstandorte, die sich durch ähnliche Umweltbedingungen auszeichnen, aber nicht von Schiffen befahren werden. Das Ausmaß des Sunks und Wellenschlags ist von vielen Größen abhängig: u. a. der Relativgeschwindigkeit zur allgemeinen Strömung, der Fahrtrichtung, dem Passierabstand zum Ufer, der Länge sowie der Verdrängung des Schiffes und dem Wasserstand des Flusses. Die Beziehungen zwischen der Geomorphologie der Buhnenfelder und der Exposition der Fauna zu Sunk und Wellenschlag bedürfen noch weiterer ökologischer und hydrologischer Untersuchungen.

Die Schifffahrt trägt in Abhängigkeit obiger Einflussgrößen zu einer flussabwärts gerichteten Verfrachtung remobilisierter Sedimente und benthischer Organismen bei. Das pulsartige hydraulische Störungsregime, verursacht durch die Schifffahrt, hat sicherlich eine limitierende Wirkung auf die aktuelle Besiedlung in der Elbe und wahrscheinlich auch auf das Wiederbesiedlungspotenzial nach Ende der extremen Verschmutzung des Flusses. Folgen sind der Ausschluss größerer Taxa der Makrofauna und geringe Besiedlungsdichten an wellenschlagexponierten Orten. Dieser Effekt wird verstärkt durch einen Mangel an Refugien vor hydraulischen Belastungen sowie durch Sedimentumlagerungen, z. B. von lagestabilem grobem Totholz. Die Auswirkungen auf die Besiedlung sind taxonspezifisch und können im Jahreszyklus variieren. An der steinig-kiesigen Sohle der Donau wurden solche Auswirkungen ebenfalls nachgewiesen (SCHÖNBAUER 1999).

Neben dem Wellenschlag am Ufer übt der Schraubenstrahl auch in der Fahrrinne ein Störungsregime aus. Die Besiedlungsdichten von Invertebraten sind insbesondere in der Fahrrinne sehr gering. Die Auswirkungen auf die Fischfauna betreffen insbesondere die Mortalität der Jungfische (HOLLAND 1986, ZAUNER und SCHIEMER 1994, ARLINGHAUS et al. 2002, Scholten 2002, WOLTER und ARLINGHAUS 2003) durch direkte hydraulische Beanspruchungen, das Stranden von juvenilen Fischen (eigene Beobachtungen sowie HOLLAND 1987, ADAMS et al. 1999), aber auch durch von der Antriebsschraube direkt verursachte Verletzungen (eigene Beobachtungen sowie MILLER und PAYNE 1991, KILLGORE et al. 2001). Nach der Vorbeifahrt von Schiffen wurden an der Elbe bis zu 100 tote und gestrandete Jungfische pro 200 m Ufer gezählt (persönliche Mitteilung M. SCHOLTEN, FGG Weser).

Die Litoralareale, die vom Schiffsverkehr und der von ihm erzeugten Hydrodynamik negativ beeinflusst werden, nehmen an einem Flachlandfluss wie der Elbe große Flächen ein. Resuspensionen von Feinsedimenten verändern das Lichtklima und beeinflussen hierdurch die davon abhängenden biologischen Prozesse und die Entwicklung von Makrophyten (BROOKES und HANBURY 1990). Eine ökologische Fließgewässerbewertung, die auch auf Flüsse mit Schiffsverkehr anwendbar ist, wird die Rolle von Sunk und Wellenschlag als anthropogene Faktoren einbeziehen müssen.

## 7.5 Synthese der Auswirkungen
*Martin Pusch, Helmut Fischer und René Schwartz*

**Charakteristika des Flussökosystems**

Die Auswirkungen struktureller Veränderungen und anderer anthropogener Störungen des Flussökosystems der Elbe sind wie folgt zusammenzufassen: Die Stoffdynamik der Elbe ist vor allem durch die hohe Konzentration an Pflanzennährstoffen im Elbewasser gekennzeichnet, die zusammen mit der relativ geringen Wassertiefe bei starker Lichteinstrahlung im Frühjahr und Sommer eine intensive Primärproduktion begünstigt. Die Habitatstruktur wird in ihrem Tieflandabschnitt von regelmäßig auftretenden Hochwässern und ständigem Sandtransport geprägt, was trotz des Uferverbaus und des Ausbaus zur Schifffahrtstraße zu einer im Vergleich mit anderen regulierten mitteleuropäischen Flüssen noch als relativ vielfältig empfundenen Sohlen- und Uferstruktur führt (siehe Abbildungen 7-46 und 7-47).

**Abb. 7-46:** Dynamischer Uferbereich der Elbe im Bereich von mehreren stark zerstörten Buhnen am Elbe-km 420 (Juli 2003). Die Buhnen wurden zunächst behelfsmäßig durch Sandsackbarrieren wiederhergestellt, inzwischen wurden Haufen von Wasserbausteinen für eine Wiederherstellung der Buhnen bereitgestellt (Foto: X.-F. GARCIA).

Infolge der hydromorphologischen Dynamik wird eine Kolmation der Sedimente verhindert und ein enger, durch hydrostatische und hydrodynamische Druckunterschiede gesteuerter Austausch zwischen Flusswasser und dem Interstitialwasser in den Sedimenten der Uferbereiche (Parafluvial) und der Flusssohle (hyporheisches Interstitial) ermöglicht. Diese Kopplung zwischen Sedimenten und Freiwasser begünstigt den Rückhalt transportierter gelöster und partikulärer Stoffe sowie deren mikrobielle Umsetzung in den Sedimenten, wodurch die Selbstreinigungsleistung des Stroms gestärkt wird (siehe Kapitel 3, 4, 5, 6, 7.1–7.3). Der Uferbereich ist nicht nur bei Wasserstandsschwankungen, bei denen es zu großräumigen Infiltrations- oder Exfiltrationsprozessen kommt (siehe Kapitel 6.2), sondern auch durch die anthropogen bedingte Funktion der Buhnenfelder als Uferflächen mit überwiegender Sedimentation (siehe Kapitel 4.2) mit den Stoffumsetzungen im Hauptstrom verknüpft. Im Pelagial der Elbe findet somit eine sehr hohe autotrophe Biomasseproduktion statt, während die Sohlenstrukturen der Flussmitte überwiegend den heterotrophen Stoffumsatz im Flussökosystem tragen. Die Sedimentstrukturen im Uferbereich wirken hingegen als Sedimentationsflächen und stellen Lebensräume für flusstypische Arten von Wirbellosen, Fischen und Vögeln dar. Die Sedimente der Uferbereiche wirken zudem als natürliche Filter, indem ein Teil der diffus infiltrierenden Nährstoffe bereits hier umgesetzt und zurückgehalten wird (Dahm et al. 1998, Pusch et al. 1998, siehe Kapitel 5.4.2, 6.2).

Die für den Rückhalt und mikrobiellen Abbau organischer Substanz in der Elbe bedeutenden Sedimenttransportkörper (siehe Abb. 5-1, 7-30) treten in mehreren Größenordnungen auf, die sich als mobile Sandbänke (Länge: bis zu 150 m, Höhe: 0,4–1,0 m), Unterwasserdünen (Länge: bis zu 80 m, Höhe: 0,4 m) und Rippeln (Höhe: 0,15 m) bezeichnen lassen (Nestmann und Büchele 2002). Mit abnehmendem Durchfluss werden die Transportkörper kürzer und flacher. Die Transportkörper bewegen sich mit einer Geschwindigkeit von 5–9 m/d, die kleinen schneller als die großen. Komplementär zu den Transportkörperstrukturen entwickeln sich Kolke verschiedener Größenordnungen, die sich als Vertiefung zwischen zwei Dünen, als regelmäßig auftretender Buhnenkopfkolk, als Kolk im Uferbereich stromab von Strömungshindernissen wie Buhnen, Bäumen oder Totholz, oder als großräumiger Kolk an den Prallufern von Flussschlingen entwickeln.

**Abb. 7-47:** Uferabschnitte der Elbe mit aktiver Sedimentdynamik; Gleitufer der Elbe mit kleiner Kiesbank im Bereich von mehreren stark zerstörten Buhnen bei Elbe-km 425 (links) (Mai 2003); Buhnenfeld bei Elbe-km 426 R mit wenig bewachsenen und nicht durch Sedimentation von Schwebstoffen kolmatierten Ufersedimenten (rechts) (Mai 2003; Fotos: X.-F. Garcia)

### Eingriffe des Menschen

Dieses Wirkungsgefüge des Flusssystems wird durch den Menschen gleichzeitig an mehreren zentralen Stellen verändert. Während einige wenige anthropogene Eingriffe „nur" direkte oder gar geringe Wirkungen haben, ergeben sich daraus eine Vielzahl indirekter Wirkungen (siehe Tabelle 7-8, Kausch 1996). Die anthropogenen Einwirkungen betreffen die Hydrodynamik, die Gerinnemorphologie, den Nähr- und Schadstoffgehalt sowie die Häufigkeit von Störungen (siehe Tabelle 7-8; Scholten et al. 2005; siehe Band 4 dieser Reihe: „Lebensräume der Elbe und ihrer Auen"). Infolge der langen Wasseraufenthaltszeit in den Stauhaltungen an der Oberen Elbe und Moldau kann sich dort Plankton entwickeln und wird von dort in die unterliegenden Abschnitte der Elbe eingeschwemmt. Dadurch wird die Elbe in wesentlich stärkerem Maße mit Planktonorganismen angeimpft, da Phytoplankton natürlicherweise wahrscheinlich nur in geringerem Umfang aus angeschlossenen Nebengewässern in die Elbe eingetragen werden würde. Da das Phytoplankton schneller wächst als Zooplankton, bewirkt dies zusammen mit den Einträgen an Pflanzennährstoffen die regelmäßig auftretenden sommerlichen Massenentwicklungen von Algen in weiten Abschnitten der Mittelelbe, mit Sauerstoffsättigungen bis maximal 250% (siehe Kapitel 3.1). Diese Algenbiomasse wirkt als „Sekundärverschmutzung", da sie spätestens in der Tideelbe unter hohem Sauerstoffverbrauch abgebaut wird, was dort in den Sommermonaten zu starken Sauerstoffdefiziten bis in den fischtoxischen Bereich unterhalb von 3 mg/l $O_2$ führt. Der Eintrag von Pflanzennährstoffen sowie von organischen Stoffen durch Großkläranlagen wie z.B. in Dresden ist jedoch aufgrund verbesserter Reinigungsverfahren heute erfreulicherweise nur noch gering. Allerdings bleiben Kläranlagen bis zur Einführung einer Membranfiltrationstechnik starke Emittenten von organischen Spurenstoffen, Bakterien und Viren. Diese Einträge stehen, zusammen mit den großen Stoffmengen aus Regenüberläufen der Kanalisationssysteme, einer Nutzung der betroffenen Elbabschnitte als Badegewässer entgegen.

Nachdem die Bedeutung der direkten Schadstoffeinleitungen für die chemische Qualität der Elbe vor allem in den 1990er-Jahren wesentlich zurückgegangen ist, stellen nunmehr die diffusen Quellen (Erosion von Bergbauhalden, Remobilisierung von Altsedimenten) die größte Schadstoffbelastungsquelle für den Fluss dar. Beispielsweise führte das Extremhochwasser der Elbe vom August 2002 dazu, dass große Mengen stark nähr- und schadstoffbeladener Lockersedimente aus Buhnenfeldern der Mittelelbe freigesetzt wurden (Böhme et al. 2005, siehe Abbildung 7-48).

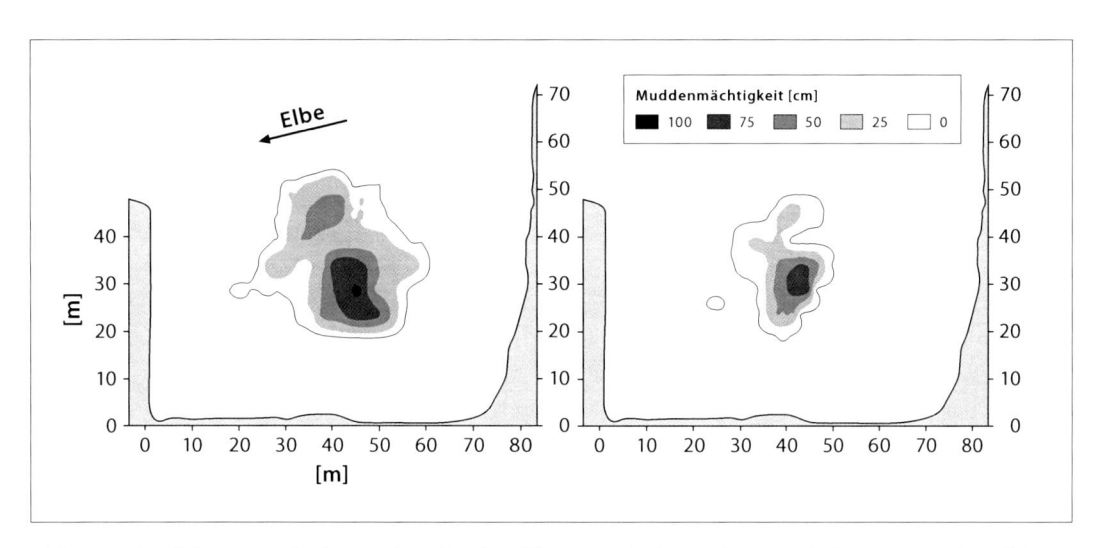

**Abb. 7-48:** Ausdehnung und Volumen des schwebstoffbürtigen Sedimentdepots im linksseitigen Buhnenfeld am Elbe-km 420,9 im Juli 2002 (links, siehe auch Kapitel 4.2) und seine Veränderung durch Erosion während des Extremhochwassers 2002. Das Muddevolumen ging dabei von 337 m³ um 200 m³ auf 131 m³ zurück. In dem freigesetzten Volumen waren u. a. 15,2 t $C_{org.}$, 1,3 t N, 0,8 t P, 0,7 t S, 330 kg Zn, 38 kg Cu, 36 kg Pb, 34 kg Cr und 16 kg Ni enthalten, was die große Bedeutung der Buhnenfelder als temporäre Stoffquelle verdeutlicht (Schwartz und Kozerski 2005).

Im 19. Jahrhundert wurde die Tauchtiefe für die Elbe-Schifffahrt sukzessive erhöht, indem der Strom begradigt und Buhnen und Längsbauwerke gebaut wurden. Der damals realisierte Ausbauzustand ist im wesentlichen noch in der so genannten „Reststrecke" Elbe-km 508–521 vorhanden, in welcher die Streichlinien in einem Abstand von 250 m belassen wurden (sonst 210 m) und daher die mittlere Fließgeschwindigkeit noch heute um etwa 0,15 m/s unter der benachbarter Elbabschnitte liegt (NESTMANN und BÜCHELE 2002). Um auch noch bei Niedrigwasser den Wasserabfluss zu konzentrieren, wurden in den 1930er-Jahren die Buhnen entlang engerer Streichlinien gebaut. Dadurch wurde der Strom auf weniger als die Hälfte der ursprünglichen Breite eingeengt (z. B. zwischen 1724 und 1990 von 423 m auf etwa 200 m Breite zwischen den Streichlinien im Abschnitt Elbe-km 477–485), seine mittlere Fließgeschwindigkeit von etwa 0,4 m/s auf 0,7 m/s erhöht (beides nach NESTMANN und BÜCHELE 2002) und dadurch Tiefenerosion eingeleitet, die abschnittsweise bis heute anhält. Gleichzeitig wurde der Geschiebeeintrag aus dem oberen Einzugsgebiet durch den Bau von Stauhaltungen unterbunden, ebenso wie der Eintrag durch Seitenerosion durch den Bau von Längswerken an den Prallhängen.

Die kombinierte Wirkung dieser Maßnahmen führte in den so genannten Erosionsstrecken weit über das Ziel der Fahrrinnenvertiefung hinaus. Der Wasserspiegel fiel allein gegenüber dem Ausbauzustand des Jahres 1888 im Abschnitt Elbe-km 150–180 und bei Elbe-km 335 um jeweils 1,60 m, sowie stromab von Elbe-km 435 um 0,20–0,90 m. In den letzten 40 Jahren fiel der Wasserspiegel im Abschnitt Elbe-km 160-220 um etwa 0,60 m, aktuell um bis zu 2 cm/a (FAULHABER und ALEXY 2005, SCHOLTEN et al. 2005). Mit der Wasserspiegelabsenkung im Fluss erhöhte sich in diesen Bereichen auch der mittlere Grundwasserflurabstand in den angrenzenden Auenbereichen. Dort, wo die Eintiefung des Flusses aktuell weiter fortschreitet, wird ihr seit dem Jahr 1996 durch Geschiebezugabe mit einem Kies-Sand-Gemisch bis 32 mm Korngröße begegnet. Viele dieser morphologischen Veränderungen haben einschneidende Wirkungen auf die charakteristischen Organismen und Prozesse im Flussökosystem der Elbe (siehe Tabelle 7-8). Die Eintiefung des Stroms führte zu einer allgemeinen Entkopplung des Freiwassers von den Sedimenten, und damit zu einer Verringerung der Selbstreinigungskapazität (siehe Kapitel 5.1.2, 5.4.1 und 6.2).

Vom Uferverbau direkt sind auch die durch Tiere am dichtesten besiedelten Uferlebensräume betroffen, da diese in strömungsberuhigte Buhnenfelder (siehe Abbildung 7-47 rechts) umgewandelt wurden. Aktive Erosionsufer mit Steilwänden, freigelegten Wurzelfächern von Bäumen und Fallbäumen sowie große, ufernahe Kolke, die sich bei Niedrigwasser zu kurzlebigen, aber faunistisch wertvollen Standgewässer verwandeln (siehe Abbildung 7-49), kommen so gut wie nicht mehr vor. Die im Bereich zerstörter Buhnen vielfach noch festgestellte Dynamik und Habitatvielfalt wird durch die fortschreitende Instandsetzung der Buhnen (siehe Abbildung 7-46) deutlich eingeschränkt. Statt natürlich vorkommender Totholzansammlungen, die regelmäßig geräumt werden, bieten die Steine von Buhnen und Längswerken unnatürliche Siedlungshartsubstrate, welche allerdings von eingeschleppten bzw. neu eingewanderten Tierarten (Neozoen) vielfach am dichtesten besiedelt werden (siehe Kapitel 7.3.2 und 7.3.3).

Im Hauptstrom werden zur Erhaltung der Regeltauchtiefe Sandbänke abgebaggert und Kolke verfüllt. Kolke stellen in der Elbe andererseits verhältnismäßig seltene, aber stark frequentierte Einstände der meisten typischen Flussfischarten dar, wie etwa auch für Rapfen und Aland. Insbesondere im Winterhalbjahr und von großen Exemplaren werden ausgedehnte und tiefe Kolke benötigt (persönliche Mitteilung F. FREDRICH; siehe Band 4 dieser Reihe: „Lebensräume der Elbe und ihrer Auen", Kapitel 5.1, BRUNKE et al.). Die in Kapitel 7.4 dokumentierten starken direkten Auswirkungen der Schifffahrt auf die Uferlebensgemeinschaften von Wirbellosen und auf Jungfische sind vorher kaum untersucht worden.

**Tab. 7-8:** Auswirkungen wichtiger Eingriffe des Menschen auf Stoffdynamik und Habitatstruktur im Flussökosystem der Elbe (ohne Spurenstoffeinträge, Fischerei, Auswirkungen in der Aue u. a.). Die wasserbaulichen Maßnahmen (Bau und Unterhaltung von Buhnen und Längswerken) dienen größtenteils der Erleichterung der Schifffahrt. *gemäß NESTMANN und BÜCHELE (2002), **Eisvogel, Uferschwalbe, Solitärbienen, ***zusammengefasst von KAUSCH (1996).

| Eingriff | Veränderung der Umweltbedingungen | Auswirkungen auf Organismen und Prozesse im Flussökosystem |
|---|---|---|
| Bau von Staustufen | Pufferung des Abflussregimes | Verringerung der Durchflussdynamik |
| | Erhöhung der Wasseraufenthaltszeit | Starker Eintrag von Planktonorganismen |
| | Unterbrechung des Längskontinuums | Behinderung von Fischwanderungen und des Geschiebetriebs |
| Einleitung von Abwässern (zumeist geklärt) und diffuse Nährstoffeinträge aus der Landwirtschaft | Eintrag von organischen Stoffen | Verschlechterung der Sauerstoffverhältnisse im Sediment durch den dortigen Stoffabbau |
| | Eintrag der Pflanzennährstoffe Stickstoff und Phosphor | Starke Erhöhung des Phytoplanktongehalts („Sekundärverschmutzung"), dadurch zunächst starke Sauerstoffübersättigung, beim Abbau starke Sauerstoffzehrung |
| Flussbegradigung | Erhöhung des Gefälles, der Fließgeschwindigkeit und der Tiefenerosion | Verlust an Habitatfläche und -vielfalt, besonders an dynamischen Habitaten, Verringerung der Grundwasserstände |
| Buhnen und Längswerke (Bau und Unterhaltung in der Standardform mit durchgehenden Buhnen auf Mittelwasserniveau) | Einengung des Stroms mit nachfolgender Tiefenerosion | Erhöht Sedimenttransport, führt zu kürzeren und höheren Transportkörpern * |
| | | Wasserstandsverfall führt zur Abkopplung von Altarmen vom Hauptstrom für Fische |
| | | Starke Verkleinerung der Siedlungsflächen des Zoobenthos, da dieses weitgehend im Uferbereich lebt; dadurch starke Verringerung des Aufkommens an Fischnährtieren |
| | Verkleinerung der Spiegelbreite durch voranschreitende Verlandung der Buhnenfelder | Fehlender seitlicher Sedimenteintrag trägt zur Tiefenerosion bei |
| | Unterbindung von Flussdynamik im Uferbereich | Keine steilen Erosionsufer mit überhängenden und fallenden Bäumen, den flusstypischen Habitaten für höhlenbrütende Arten **, Jungfische und xylobionte Wirbellose |
| | Morphologische Uniformierung des Uferbereichs | Fehlen von ufernahen Nebengerinnen mit kleinräumiger Sedimentdynamik und Tiefenvarianz, dadurch teilweise Entwertung der Uferhabitate für Wirbellose und Jungfische |
| | Einbringung großer Mengen von (Schlacke-) Steinen | Unnatürliches Siedlungssubstrat mit Dominanz von Neozoen; evtl. Schwermetallfreisetzung |
| | Erhöhung der Wasseraufenthaltszeit im Uferbereich | Geringe Erhöhung des Planktongehalts der Elbe um weniger als 5 %, dadurch leichter Rückgang der Nährstoffkonzentration im Hauptstrom. Sedimentation und zum Teil dauerhafte Ablagerung von Schwebstoffen sowie daran gebundenen Schadstoffen |
| Regelquerschnitt der Stromsohle (und seine Unterhaltung) | Abtrag von Untiefen (Transportkörpern) | Verringerung der benthisch-pelagischen Kopplung, Reduzierung der Selbstreinigungsprozesse |
| | Verfüllung von Kolken und Entfernung von Totholz | Beseitigung von Fischunterständen, damit Verringerung der Bestände und Artenvielfalt von Fischen *** und Zoobenthos |
| Schifffahrt (insbesondere Großschifffahrt) | Bei Schiffsdurchfahrt plötzliche hohe Sohlschubspannungen in Buhnenfeldern (unnatürliches Störungsregime) | Remobilisierung und Verfrachtung von Sediment, Trübung des Flusswassers |
| | | Schädigung und Verdriftung von Zoobenthos, Stranden von Jungfischen |

**Abb. 7-49:** Kolk in einem Buhnenfeld mit hoher Sedimentdynamik (bei Elbe-km 425 R) bei Niedrigwasser (Juni 2003; Foto: X.-F. Garcia).

Zusammenfassend ist festzustellen, dass die Elbe zwischen Ústí n. L. und Geesthacht zwar nicht staureguliert wurde und so ihren Stromcharakter bewahrt hat, wie auch die nahezu gleich langen, aber nicht der Schifffahrt dienenden Sandbettflüsse Loire (Garcia und Pusch 2002) und Weichsel (Kajak 1992), so dass sich dem oberflächlichen Betrachter vielfach ein idyllischer Eindruck vermittelt. Genauere Bestandsaufnahmen weisen jedoch auf erhebliche, anthropogen bedingte Veränderungen des flusstypischen Stoffhaushalts und der Habitatausstattung hin, die außer durch Nährstoffeinträge zu einem erheblichen Teil direkt oder indirekt durch die Nutzung als Schifffahrtsstraße verursacht werden.

## 7.6 Szenarien und Entscheidungshilfen
*Martin Pusch*

**Absehbare Veränderungen der Nutzungen der Elbe**

Die zukünftige Entwicklung des Stoffhaushalts und der Habitatstruktur der Elbe hängt eng mit der weiteren Entwicklung der Nutzungen zusammen, da diese die Art der wasserwirtschaftlichen Bewirtschaftung bestimmen. Darüber hinaus sind einige wichtige natürliche und sozioökonomische Rahmenbedingungen von Bedeutung, die sich möglicherweise verschieben. Diese Veränderungen werden im Folgenden vorgestellt, daraus Szenarien für die Bewirtschaftung der Elbe und ihre ökologischen Auswirkungen abgeleitet, und Handlungsoptionen zur Verbesserung des ökologischen Zustands der Elbe dargestellt.

Die für die Elbe-Schifffahrt kritische sommerliche Niedrigwasserführung der Elbe wurde seit den 1960er-Jahren durch den Bau von Stauhaltungen an der Oberen Elbe deutlich abgepuffert (FAULHABER 2000). Über die längerfristige Entwicklung der Wasserführung der Elbe gibt es nur unpräzise Vorstellungen, zumal die regionalen Auswirkungen des globalen Klimawandels bislang nur relativ unsicher vorherzusagen sind. Für Teile des Elbe-Einzugsgebiets mit kontinental geprägtem Klima wird nach heutigem Stand eine Verringerung der Sommerniederschläge erwartet. Andererseits werden häufiger Extremniederschläge und allgemein höhere Niederschläge an den Westseiten der Mittelgebirge erwartet (GERSTENGARBE et al. 2003, HATTERMANN et al. 2005). Die zukünftige Entwicklung des Gebietsabflusses der Elbe ist daher noch nicht sicher zu prognostizieren. Die hydrologischen Extremereignisse des Jahres 2002 (Hochwasser) und 2003 (Niedrigwasser) sind jedoch möglicherweise bereits Anzeichen einer Veränderung des Abflussregimes. Eine solche Entwicklung hätte unmittelbare Auswirkungen auf die Nutzung der Elbe als Schifffahrtsweg, da die Wassertiefe der Schifffahrtsfahrrinne im Flussabschnitt Saalemündung–Magdeburg die angesetzte Minimaltiefe von 1,60 m bereits im Zeitraum 1989–2004 an durchschnittlich 105 Tagen im Jahr unterschritt (Daten des WASSER- UND SCHIFFFAHRTSAMTS MAGDEBURG). Als Folge der klimatischen und auch sozioökonomischen Änderungen ist außerdem eine Verringerung der Nährstoffeinträge aus der Landwirtschaft zu erwarten (siehe Band 1 dieser Reihe: „Wasser- und Nährstoffhaushalt im Elbegebiet ...").

Die Tiefenerosion in den Erosionsstrecken der Elbe (siehe Kapitel 7.5) ist in diesem Ausmaß nach der Begradigung und dem Ausbau des Flussbetts entstanden und hält hier, mit dem Eintritt des Stroms in den Lockergesteinsbereich, seit länger als einem Jahrhundert an. Dabei wird ein ungünstiger selbstverstärkender Effekt wirksam, da in der Erosionsstrecke Elbe-km 130–210 (etwa von Mühlberg bis Lutherstadt Wittenberg) die vor vielen Jahrzehnten gebauten Buhnen nun infolge des Wasserspiegelverfalls um bis zu 1,10 m zu hoch liegen, und auch die weitgehend zusedimentierten Buhnenfelder selbst bei Hochwasser nur noch wenig abflusswirksam sind (FAULHABER 2000, FAULHABER und ALEXY 2005). *„So sind in Strecken mit starker Sohlenerosion die ursprünglich als Mittelwasserbauwerke gebauten Buhnen aktuell noch bei Durchflüssen bis zum doppelten MQ regelungswirksam. Dies führt zu einer weiteren Verstärkung der Sohlenbelastung und fortschreitender Erosion"* (FAULHABER 2000). Dieser wasserbaulichen Fehlentwicklung soll durch die geplante jährliche Zugabe von 50.000–80.000 t Geschiebe entgegengewirkt werden (WASSER- UND SCHIFFFAHRTSDIREKTION OST et al. 2001). Da bislang aus politischen, hydrologischen und logistischen Gründen die angestrebte Zugabemenge nicht erreicht wurde (SCHOLTEN et al. 2005) und aktuelle Messungen auf ein Fortschreiten der Erosionstendenz bis zur Saalemündung (Elbe-km 291) hindeuten, bleibt offen, ob dieses Vorhaben eine ausreichende Wirksamkeit entfalten wird. Aufgrund der Größe und Dynamik des Problems sind daher ergänzende Maßnahmen zur Verringerung der Fließgeschwindigkeit bei Hochwasser und zur Aktivierung des natürlichen Geschiebeeintrags erforderlich, die Bestandteile eines übergreifenden Bewirtschaftungskonzepts bilden sollten (FAULHABER 2000).

Die für die Elbeschifffahrt nutzbaren Tauchtiefen wurden seit dem 19. Jahrhundert schrittweise erhöht, so durch den Mittelwasserausbau gegen Ende des 19. Jahrhunderts um 0,5 m (FAULHABER 2000). Damit scheint das unter den hydrologischen und morphologischen Bedingungen der Elbe Mögliche erreicht, denn gegenüber dem gegenwärtigen Zustand sind „mit strombaulichen Maßnahmen allein [...] – mit vertretbarem (Unterhaltungs-)Aufwand – keine größeren Tiefengewinne erzielbar, ..." (FAULHABER 2000). Das aktuelle Unterhaltungsziel der Wasser- und Schifffahrtsverwaltung besteht darin, für die Schifffahrt zwischen Geesthacht und Dresden entsprechend dem Status quo vor dem Augusthochwasser 2002 eine durchgängige Fahrrinnentiefe von 1,60 m und zwischen Dresden und Schöna von 1,50 m unter dem GlW 89* (definierter Gleichwertiger Wasserstand von 1989, entspricht Durchflussmengen von 128 m$^3$/s am Pegel Dresden und 289 m$^3$/s am Pegel Neu Darchau) zu gewährleisten. Die Fahrrinnenbreite beträgt grundsätzlich oberhalb Dresden 40 m und unterhalb Dresden 50 m, wobei heute auf etwa der Hälfte der Strecke bis Magdeburg Einschränkungen auf 40 m bestehen (einschiffiger Richtungsverkehr), und im Bereich der Magdeburger Stadtstrecke 35 m (BUNDESMINISTERIUM FÜR VERKEHR 2005). Diese Fahrrinnentiefe könnte, wie vor dem Baustopp im Jahr 2002 geplant, nur mit den im Bundesverkehrswegeplan von 1992 vorgesehenen erheblichen Investitionen an 345 Tagen im Jahr auf der Sollbreite von 50 m (unterhalb Dresden) erreicht werden (siehe Abbildung 7-50 links).

**Abb. 7-50:** Neue Buhnenschüttung aus Schlacke-Wasserbausteinen (links) bei Sandau (Elbe-km 422) (Foto: R. SCHWARTZ, September 1998); Güterschiff mit Massenguttransport (rechts) auf der Elbe am Elbe-km 204 (Foto: X.-F. GARCIA, Juli 2003)

Die zukünftige Habitatstruktur der Elbe wird auch stark durch die Unterhaltungs- und Ausbauintensität beeinflusst, und diese wiederum durch die prognostizierten Verkehrsdichten der Elbeschifffahrt. Die aktuelle Situation und Entwicklung der Güterschifffahrt auf der Elbe wurde in Studien des INSTITUTS FÜR ÖKOLOGISCHE WIRTSCHAFTSFORSCHUNG (2001), von PLANCO (2003) und des UMWELTBUNDESAMTS (2005) analysiert. Demnach hat das von Schiffen auf der Elbe (in Magdeburg) transportierte Güteraufkommen (siehe Abbildung 7-50 rechts) seit fast einem Jahrhundert stark abgenommen, von 18 Mio. t/a im Jahr 1913 über 9,5 Mio. t/a im Jahr 1989 auf 0,84 Mio. t/a im Jahr 2004 (Zahlen des WASSER- UND SCHIFFFAHRTSAMTS MAGDEBURG), obwohl die Befahrbarkeit in diesem

Zeitraum verbessert wurde (1930er- und 1990er-Jahre). Der grenzüberschreitende Verkehr mit Tschechien hat sich in der Zeit 1997–2003 fast halbiert, während das Verkehrsaufkommen in Geesthacht stabil war (Zahlen der WASSER- UND SCHIFFFAHRTSVERWALTUNG OST). Der Effekt der Bereitstellung einer durchgehenden minimalen Wassertiefe von 1,60 m auf die zukünftige Entwicklung der Elbeschifffahrt ist somit umstritten. Für das verschiedentlich geforderte, an die Verhältnisse der Elbe angepasste, flach gehende Güterschiff mit größerer Ladekapazität besteht bisher keine Nachfrage. Andererseits ist ein starker Aufschwung der Containertransporte und der Personenschifffahrt zu verzeichnen. Ebenfalls gewachsen ist der Verkehr auf dem Elbe-Seitenkanal (um 60 % in den letzten zehn Jahren). Der Elbe-Seitenkanal ermöglicht zusammen mit dem Mittellandkanal die Umfahrung der fahrtechnisch schwierigen Elbstrecke zwischen Lauenburg und Magdeburg und verkürzt die Entfernung zwischen diesen Orten um 33 km. Obwohl im aktuellen Bundesverkehrswegeplan von 2003 keine Ausbaumaßnahmen der Elbe vorgesehen sind, ist es nicht auszuschließen, dass Ausbaumaßnahmen oder Unterhaltungsmaßnahmen mit ausbaugleichen Wirkungen in Zukunft wieder aufgenommen werden.

Die Notwendigkeit der Berücksichtigung ökologischer Gesichtspunkte bei der Bewirtschaftung der Elbe spiegelt sich auch in der Tatsache, dass sich an der Elbe, an der der größte zusammenhängende Auenwaldkomplex Mitteleuropas liegt, folgende Schutzgebiete verschiedener Kategorien aufreihen (UBA 2005):

- 222 Naturschutzgebiete
- 32 Natura-2000-Gebiete der EU (FFH-Gebiete)
- 10 Europäische Vogelschutzgebiete
- Nationalpark Sächsische Schweiz
- UNESCO-Biosphärenreservat Flusslandschaft Elbe, 400 Elbe-km
- UNESCO-Welterbe Elbtal bei Dresden, 22 Elbe-km
- UNESCO-Welterbe Dessau-Wörlitz, 45 Elbe-km

Diese Schutzgebiete bergen erhebliche Potenziale für die Tourismusentwicklung (IÖW 2001; siehe Abbildung 7-51) die bisher nur teilweise genutzt werden.

**Abb. 7-51:** Gewitterstimmung an der Elbe bei Magdeburg (Foto: U. RISSE-BUHL)

**Abb. 7-52:** Elbaue bei Rühstädt (im Hintergrund; Elbe-km 434) bei mittlerem Hochwasser (März 1999), bei dem Gabelungen der Fließwege erkennbar sind, die den ehemaligen Flussgabelungen ähneln. Die Höhe von Hochwasserständen kann durch Deichrückverlegung sowohl beim Auflaufen des Hochwassers als auch an seinem Scheitel um entscheidende Dezimeter gesenkt werden (Foto: R. Schwartz).

Die Berücksichtigung ökologischer Gesichtspunkte bei der Bewirtschaftung der Elbe ist durch begrenzte Zuständigkeiten der befassten Behörden erschwert und erfolgte bisher aus Sicht des Natur- und Gewässerschutzes in unbefriedigender Weise. Die Wasser- und Schifffahrtsverwaltung (WSV) hat die Belange der Wasserwirtschaft und Landeskultur bei der Verwaltung der Bundeswasserstraßen im Einvernehmen mit den Ländern zu wahren. Werden wasserwirtschaftliche oder landeskulturelle Belange berührt, kann daher die WSV auch Unterhaltungsmaßnahmen nur mit Zustimmung der jeweiligen Landesbehörde durchführen (BMVBW 2005). Dies gilt insbesondere für Maßnahmen, die Auswirkungen auf die Gewässergüte und die Wassermenge haben. Da die Kompetenz des Bundes verfassungsrechtlich begrenzt ist, deckt die hoheitliche Aufgabe der Gewässerunterhaltung bei Binnenwasserstraßen nur ab, was der Erhaltung des Gewässers als funktionierendem Verkehrsweg dient (BMVBW 2005). Dies greift jedoch im Hinblick auf die tatsächlichen naturschutzfachlichen und gewässerökologischen Erfordernisse wesentlich zu kurz. Es fehlt an einer systematischen Entwicklung einer Maßnahmenplanung nicht nur mit Vertretern von Umweltbehörden auf Länder- und Bundesebene, sondern auch mit fachkompetenten Umweltverbänden und Vertretern der angrenzenden Schutzgebiete. Dies wird jedoch – unter Einbeziehung aller interessierten gesellschaftlichen Gruppen – im Rahmen der Umsetzung der EG-Wasserrahmenrichtlinie (EG-WRRL 2000) zur Erreichung des „guten ökologischen Zustands" bzw. „guten ökologischen Potenzials" in den kommenden Jahren notwendig. Auch im 5-Punkte-Plan der Bundesregierung nach dem „Jahrhunderthochwasser" vom August 2002 (Bundesregierung 2002) wurde für die Elbe *„ein integriertes Gesamtkonzept unter Einbeziehung aller Belange"* gefordert, insbesondere auch zum vorbeugenden Hochwasserschutz (siehe Abbildung 7-52). Im Zuge dieses Handlungsdrucks haben sich das Bundesministerium für Verkehr, Bau- und Wohnungswesen (BMVBW) und das Bundesministerium für Umwelt (BMU) auf gemeinsame Grundsätze für ein Fachkonzept zur Unterhaltung der Elbe geeinigt (BMVBW 2005). Dieses enthält – entsprechend des übergreifenden Charakters des Papiers – nur wenige konkrete Zugeständnisse des Wasserbaus zugunsten ökologischer Erfordernisse, und insbesondere keine konkreten Zielstellungen zur ökologischen Verbesserung der Uferstruktur der Elbe. Nachdem es in den 1990er-Jahren im Winter wieder zu einer geschlossenen Eisdecke und Eisversatz (bei Hitzacker) kam, wird von der Wasser- und Schifffahrtverwaltung andererseits eine durchgehende Befahrbarkeit der Elbe mit 1,60 m Wassertiefe auf voller Breite auch deswegen gefordert, damit Eisbrecher von unterstrom jederzeit Zugang zu Eisversetzungen haben, die schnelle Erhöhungen des Wasserstands verursachen können.

**Szenarien**

Der gesellschaftliche Konflikt um die Art der weiteren Bewirtschaftung und Entwicklung der Elbe hält in der heutigen Form bereits seit 1990 an (DEUTSCHER RAT FÜR LANDESPFLEGE 1994, DÖRFLER 1995, 2003, JÄHRLING 1995, KAUSCH 1995, UMWELTBUNDESAMT 2002, SCHOLTEN et al. 2005). Solche Interessenskonflikte sind bei Veränderungen der Bewirtschaftung von Flüssen nicht selten (POFF et al. 2003, HOSTMANN 2005). Sie waren an der Elbe vielfach durch geringe Kommunikationsbereitschaft mit der jeweils anderen Seite gekennzeichnet, die nur selten durchbrochen wurde (MICHAEL OTTO STIFTUNG FÜR UMWELTSCHUTZ 1994, 1995). In Bezug auf den Elbabschnitt zwischen Magdeburg und Geesthacht wurde in der gemeinsamen „Elbe-Erklärung" des Bundesministeriums für Verkehr und von Umweltverbänden im Jahr 1996 die Führung des Schiffsverkehrs über den Mittellandkanal und Elbe-Seitenkanal empfohlen. Es wurde seither versucht, die konkurrierenden Entwicklungsziele mittels Monetarisierung der Naturwerte (HAMPICKE 1999, DEHNHARDT und MEYERHOFF 2003, SCHOLTEN et al. 2005) vergleichbar darzustellen. Darüber hinaus wird angestrebt, mit Hilfe von Entscheidungsunterstützungssystemen (Decision Support Systems, DSS) Abwägungen und Entscheidungen zu erleichtern, wobei durch den partizipativen Ansatz alle Interessengruppen einbezogen sind (KOFALK et al. 2005). Das System zielt darauf ab, auf der Basis erarbeiteter Ergebnisse und existierender Modelle Aktualität und Übertragbarkeit der Schlussfolgerungen zu gewährleisten, Kommunikation unter den Interessengruppen zu fördern, Entscheidungen zu unterstützen und durch diese Vorgehensweise Transparenz und Akzeptanz herzustellen.

Zukünftige mögliche Wege der Bewirtschaftung der Elbe und ihre ökologischen Folgen lassen sich in Form von Szenarien zusammenfassen (siehe Tabelle 7-9; verändert nach UMWELTBUNDESAMT 2005). Es wird dabei davon ausgegangen, dass der früher verfolgte Bau von Staustufen im frei fließenden Teil der deutschen Elbe nicht mehr zur Diskussion steht. In allen Szenarien ist die Fortführung der Geschiebezugabe in der Erosionsstrecke enthalten, da Maßnahmen gegen die Tiefenerosion unabdingbar sind. Das touristische Entwicklungspotenzial der Elbe verringert sich von Szenario 1 zu Szenario 4 (in der Tabelle nicht dargestellt), zumal die Fahrgastschiffe eine geringere minimale Wassertiefe als die Güterschiffe benötigen (siehe Abbildung 7-41). In allen Szenarien werden Veränderungen des Durchflussregimes aufgrund des Klimawandels wirksam, wobei die voraussichtlich damit verbundene Reduzierung der Nährstofffracht zumeist noch nicht zur Nährstofflimitation für Phytoplankton führen wird (H. BEHRENDT, persönl. Mitteilung, siehe auch Band 1 dieser Reihe: „Wasser- und Nährstoffhaushalt im Elbegebiet ..."). Dennoch ist abschnittsweise mit einer Verbesserung der Wachstumsbedingungen für Phytoplankton zu rechnen, da sich durch den sommerlichen Abflussrückgang die durchschnittliche Wassertiefe verringert, dadurch die Durchlichtung des Wasserkörpers verbessert (siehe Kapitel 6.1), und die Wassertemperatur etwas erhöht. Außerdem ist infolge des Klimawandels mit einem (weiteren) Absinken des sommerlichen Grundwasserspiegels in den Auen zu rechnen. Der in Tabelle 7-9 für die einzelnen Szenarien auf-

**Tab. 7-9:** Szenarien zur weiteren Entwicklung der Schifffahrtsnutzung, der wasserbaulichen Maßnahmen und zu den erwarteten ökologischen Folgen. Die Folgen für die Stoffdynamik sind nur im Text dargestellt. BVWP = Bundesverkehrswegeplan, GlW = Gleichwertiger Wasserstand, 1 = damit verbundene Beeinträchtigung der Uferhabitate durch schifffahrtsbedingte Wellenbelastung, 2 = einschließlich Unterhaltungsmaßnahmen mit ausbaugleicher Wirkung, 3 = durch Ausbau und Unterhaltung, 4 = ohne Vorland direkt am Ufer liegende Deiche, 5 = siehe Erläuterung im Text.

| Szenario | Nutzung als Bundeswasserstraße [1] | Fahrrinnentiefe in Bezug auf GlW 89* | Ausbaumaßnahmen [2] | Unterhaltungsmaßnahmen | Ökologische Verbesserungsmaßnahmen [3] | Folgen für die Habitatstruktur | Ökologischer Zustand gemäß EG-WRRL [5] |
|---|---|---|---|---|---|---|---|
| 1 Geringe bis keine Unterhaltung, ökologischer Umbau | Nicht auf der Strecke Magdeburg – Geesthacht, sonst teilweise Befahrung ohne Begegnungsverkehr | < 1,60 m bei variierender Fahrrinnenbreite | Wie bei 2, Deichrückverlegungen an Gefahrstellen für Eisversatz | Abwehr von Gefahren für Schardeiche [4], Pflanzung von Eichenbeständen an den Deichfuß zur Abwehr von Eisschurf | Deichrückverlegungen, Rückbau von Buhnen, Aktivierung von Nebengerinnen und Flutrinnen besonders in der Erosionsstrecke | An vielen Uferstrecken und Nebengewässern und einigen Abschnitten der Stromsohle gute Habitatstruktur | Guter ökologischer Zustand der meisten Abschnitte |
| 2 Erhalt des Status quo 2002 mit ökologischer Optimierung | Gesamte Elbe, teilweise Befahrung ohne Begegnungsverkehr | 1,60 m bei variierender Fahrrinnenbreite (35–50 m) | Implementierung des Fahrrinnen-Navigationssystems ARGO mit regelmäßiger Aktualisierung | Durchführung von Unterhaltungsmaßnahmen nach Nachweis der Notwendigkeit zum Erhalt der Fahrrinnentiefe (siehe links) und der Umweltverträglichkeit | Ökologische Optimierung von Buhnen, Deichrückverlegung, Anbindung von Altwässern | Wie bei 3, aber örtlich mäßige bis gute Habitatqualität | Mäßiger bis unbefriedigender, örtlich guter ökologischer Zustand |
| 3 Vollständige Umsetzung des Unterhaltungsbedarfs aus DDR-Zeit | Gesamte Elbe, wenige Abschnitte ohne Begegnungsverkehr | 1,60 m bei 50 m Fahrrinnenbreite, wenige Abschnitte schmaler | Komplette Wiederherstellung aller geschädigten Buhnen und Längsbauwerke | Instandsetzung aller Bauwerke unabhängig von ihrer hydromorphologischen Wirksamkeit zur Wiederherstellung des planfestgestellten Zustands von 1936, ohne Ausbauvorhaben | – | Ständig mobile Hauptstromsedimente, wenig Kolke und Totholz sowie schlammige Buhnenfelder mit geringem Bestand und geringer Vielfalt an flusstypischem Zoobenthos und Fischen | Unbefriedigender, abschnittsweise mäßiger ökologischer Zustand |
| 4 Umsetzung der Ausbaumaßnahmen aus BVWP 1992 | Gesamte Elbe | 1,60 m bei 50 m Fahrrinnenbreite | Durchgehender Ausbau bzw. Instandsetzung der Regelbauwerke an der Elbe gemäß des Planfeststellungsbeschlusses von 1936 mit Umsetzung von 3 Ausbauvorhaben [5] | – | – | Durch Monotonisierung schlechte Habitatqualität, Verlust an Arten, verstärkte Tiefenerosion | Unbefriedigender ökologischer Zustand |

geführte, sich voraussichtlich einstellende ökologischen Zustand gemäß der EG-Wasserrahmenrichtlinie (EG-WRRL) bezieht sich zunächst auf die benthische wirbellose Fauna und die Morphologie, ähnliche Unterschiede sind jedoch auch hinsichtlich von Makrophyten, Phytoplankton und der Fischfauna wahrscheinlich.

In **Szenario 1 „Geringe bis keine Unterhaltung, ökologischer Umbau"** werden die wasserbauliche Unterhaltung sowie die Schifffahrt auf dem Elbabschnitt zwischen Magdeburg und Geesthacht weitgehend eingestellt und der Schiffsverkehr über den Mittellandkanal und Elbe-Seitenkanal geleitet. Oberhalb von Magdeburg finden Unterhaltungsmaßnahmen (einschließlich der Beräumung von Totholz) nur zur Bauwerkssicherung in geringem Umfang statt, die Geschiebezugabe wird allerdings fortgeführt. Das wasserbauliche Management des Abschnitts unterhalb von Magdeburg orientiert sich an dem der nicht schiffbaren Sandflüsse Loire und Weichsel, die ein ähnliches Abflussregime wie die Elbe aufweisen. Im Bereich der Erosionsstrecke (zwischen Riesa und der Saalemündung) wird ein übergreifendes Bewirtschaftungskonzept zur Bekämpfung der Tiefenerosion erarbeitet. Dieses sieht nicht nur die einstweilige Fortsetzung der aufwändigen künstlichen Geschiebezugabe vor, sondern auch die Verbreiterung des Hochwasserquerschnitts u. a. durch Aktivieren von Flutrinnen sowie den höhen- und längenmäßigen Rückbau der Buhnen, um Geschiebe freizusetzen. Ziel ist der eigendynamische Ausgleich der Tiefenerosion. Da die Wassertiefe in diesem Bereich deutlich größer ist als weiter unterhalb (FAULHABER 2000), bleibt zumindest eine einschiffige Befahrbarkeit insbesondere für tschechische Schiffe erhalten. Entlang der gesamten Elbe werden Buhnen in Absenkungsbuhnen umgebaut, um die Uferzonen zu dynamisieren.

Infolge der verringerten durchschnittlichen Wassertiefe werden transportierte partikuläre und gelöste Substanzen (einschließlich Planktonalgen) in den Sedimenten des Hauptstroms effizienter zurückgehalten (siehe Kapitel 7.3.1), so dass sich die Selbstreinigungskapazität erhöht und der Schwebstoffgehalt der Elbe verringert. Aufgrund des geringen Planktongehalts treten geringere Schwankungen des Sauerstoffgehalts auf und die Wasserqualität wird verbessert. Die Buhnenfelder sind durch geringere Sedimentation und (bei Beschädigung oder Umbau der Buhnen) durch stärkere Dynamik gekennzeichnet, so dass die dort vorhandenen Schadstoffdepots (siehe Kapitel 4.2) tendenziell abgebaut werden und wertvolle dynamische Uferlebensräume entstehen. Wirbellose Tiere und Fische erreichen deutlich eine höhere Biomasse und Diversität. Im Abschnitt unterhalb von Magdeburg werden die Störungen der Uferlebensgemeinschaften durch den Wellenschlag von Großschiffen (siehe Kapitel 7.4) sowie durch die Totholzberäumung stark verringert. Da die Sohle des Hauptstroms einer geringeren Sohlschubspannung ausgesetzt ist und Kolke nicht verfüllt werden, wird die Lebensraumqualität auch dort erheblich verbessert, so dass im gesamten Gewässerbett flusstypische Wirbellosen- und Fischarten größere Populationen aufbauen können. Dadurch kann voraussichtlich in den meisten Elbabschnitten mittelfristig ein guter ökologischer Zustand gemäß EG-Wasserrahmenrichtlinie erreicht werden.

In **Szenario 2 „Erhalt des Status quo 2002 mit ökologischer Optimierung"** wird die derzeitige Unterhaltungspraxis fortgeschrieben. Allerdings werden die Unterhaltungsmaßnahmen in engerer Abstimmung mit den Umwelt- und Naturschutzbehörden der Länder auf Umweltverträglichkeit gemäß der EG-Wasserrahmenrichtlinie und Fauna-Flora-Habitatrichtlinie geprüft und gegebenenfalls modifiziert. Buhnen werden nur dort instand gesetzt, wo dies einen nachweisbaren erheblichen Effekt auf die Schiffbarkeit hat. Eine abschnittsweise Fahrrinnenbreite von weniger als 50 m wird toleriert. Das Fahrrinnen-Navigationssystem ARGO wird an der Elbe implementiert und mit regelmäßig gepeilten Fahrrinnendaten aktualisiert. Sukzessiver Buhnenumbau in ökologisch optimierte Buhnenformen zur Annäherung an die Ziele der EG-WRRL und FFH-RL als Knickbuhne, Absenkbuhne oder als hinterströmtes Parallelwerk mit Durchflusswerten des Nebengerinnes in der Größenordnung von 20 m³/s bei Mittelwasser, die die Ausbildung einer uferparallelen Strömung mit örtlichen Sedimentumlagerungen gewährleisten (siehe auch Kapitel 7.3.1).

Dadurch wird ein Teil der Buhnenfelder teilweise durchströmt, so dass dort die Verlandung gestoppt bzw. rückgängig gemacht wird und kaum Muddeablagerungen vorhanden sind. Es entstehen wertvolle, vom Wellenschlag der Schiffe teilweise geschütze Kleinlebensräume für die flusstypische Wirbellosen- und Fischfauna (siehe Abbildung 7-53; SCHROPP 1995, SCHROPP und BAKKER 1998, SIMONS und BOETERS 1998). Die sonstige Stoffdynamik ändert sich gegenüber dem jetzigen Zustand kaum. Unvermeidbare starke Eingriffe werden durch weitere ökologische Verbesserungsmaßnahmen ausgeglichen, wie Absenkung von Buhnenscheiteln auf bzw. unter Mittelwasserniveau, Totholzbewirtschaftung (siehe auch Kapitel 7.3.3), Anbindung von Altwässern und Deichrückverlegung. In diesem Szenario werden abschnittweise deutliche Verbesserungen des ökologischen Zustands der Elbe erreicht, so dass insgesamt in Abhängigkeit von der bestehenden Ausbauintensität ein mäßiger bis unbefriedigender, nach ökologischen Optimierungsmaßnahmen örtlich ein guter ökologischen Zustand erreicht wird.

**Abb. 7-53:** Nebengewässer, die mit dem Hauptstrom verbunden und doch vor schifffahrtsbedingter Wellenwirkung geschützt sind, wie hier bei Hochwasser in der Nähe von Havelberg entstanden, können einen wertvollen Lebensraum für Wirbellose und Jungfische bieten (Foto: U. RISSE-BUHL).

In **Szenario 3 „Vollständige Umsetzung des Unterhaltungsbedarfs aus DDR-Zeit"** werden mit dem im Bundesverkehrswegeplan von 1992 ehemals vorgesehenen Aufwand alle geschädigten Buhnen und Längsbauwerke ungeachtet ihrer hydromorphologischen Wirksamkeit komplett wiederhergestellt, um den bereits früher realisierten planfestgestellten Zustand von 1936 wiederherzustellen. Allerdings werden die geplanten drei Ausbauvorhaben Streichlinienkorrektur bei Coswig (Elbe-km 233–236), Vertiefung der Stadtstrecke Magdeburg (Dom-, Strombrücken, Herrenkrugfelsen) und Streichlinienverengung (Ausbau) in der Reststrecke unterhalb Dömitz bis Hitzacker (Elbe-km 508–521) nicht durchgeführt. Eine Abstimmung der Baumaßnahmen mit den Umwelt- und Naturschutzbehörden der Länder findet nur auf Basis der Einvernehmensregelung statt.

Die Sedimente des Hauptstroms werden durch die Baumaßnahmen stärker mobilisiert und dadurch ihre Lebensraumqualität verschlechtert und abschnittsweise die Tiefenerosion erhöht, wodurch im Zusammenwirken mit dem Klimawandel die Grundwasserstände in den Auen weiter sinken. Der Strom wird dadurch noch stärker als heute von seinen Nebengewässern isoliert und die Verbindungen sind für Fische noch weniger durchwanderbar. Die Buhnenfelder werden morphologisch monotonisiert, zeigen eindeutige Verlandungstendenz, die Muddeablagerungen werden anhaltend vergrößert, durch die fehlende Dynamik im Uferbereich gehen wertvolle Sukzessionshabitate verloren (JÄHRLING 1995). Infolge der klimabedingten Veränderungen der Wassertiefe, der Aufenthaltszeit und der Temperatur entwickelt sich das Phytoplankton möglicherweise noch stärker als heute, mit entsprechend noch größeren Schwankungen des Sauerstoffgehalts, wobei sich allerdings auch die Zonen der Nährstofflimitation und der Kontrolle durch Zooplankton vergrößern (siehe Kapitel 3.1). Insgesamt erreicht die Elbe voraussichtlich nur einen unbefriedigenden, abschnittsweise noch einen mäßigen ökologischer Zustand gemäß der EG-Wasserrahmenrichtlinie.

Das **Szenario 4 „Umsetzung der Ausbaumaßnahmen aus BVWP 1992"** entspricht in seinen ökologischen Auswirkungen Szenario 3, jedoch wird der ökologische Zustand in den drei oben genannten Ausbaustrecken, insbesondere in der „Reststrecke", deutlich verschlechtert, verbunden mit verstärkter Sedimentation und Schadstoffakkumulation in den Buhnenfeldern und verringerter Selbstreinigungskapazität. Dieses Szenario würde ebenso wie das vorige eine Veränderung der im Zeitraum 2002–2005 vom Bundesministerium für Verkehr, Bau- und Wohnungswesen (BMVBW) vertretenen Position erfordern.

### Maßnahmenvorschläge

In den Szenarien 1 und 2 kann der ökologische Zustand der Elbe durch wasserbauliche Optimierungs-, Verbesserungs- und Ausgleichsmaßnahmen sowie andere technische Maßnahmen teilweise erheblich verbessert werden (siehe Tabelle 7-10). Im Rahmen der Umsetzung der EG-Wasserrahmenrichtlinie müssen Einzelmaßnahmen in einem Maßnahmenplan so gebündelt werden, dass der Zielzustand des guten ökologischen Zustands erreicht werden kann. Einige der Handlungsoptionen können nur in koordinierter Zusammenarbeit von mehreren beteiligten Bundes- und Länderbehörden umgesetzt werden, wie etwa im Rahmen der Flussgebietsgemeinschaft Elbe zur Umsetzung der EG-Wasserrahmenrichtlinie, wobei erfahrungsgemäß eine frühzeitige Abstimmung mit fachkompetenten Umweltverbänden die Geschwindigkeit und Sicherheit der Zielerreichung erhöht. Die Auswahl und Umsetzung von umfangreicheren ökologischen Verbesserungsmaßnahmen sollte dabei der bewährten Abfolge „Bewertung in Bezug auf den Referenzzustand – Darstellung der ökologischen Defizite – Einbeziehung von Nutzungsansprüchen – Ausarbeitung eines abgestimmten Entwicklungsziels – Darstellung der Handlungsoptionen" folgen (DVWK 1996, PUSCH und GARCIA 2002).

Zentrale Voraussetzungen zur ökologischen Verbesserung der Habitatbedingungen der Elbe sind:

- ▶ Stopp bzw. Umkehrung der Tiefenerosion durch Aufweitung des Abflussquerschnitts,
- ▶ die Dynamisierung der Uferzonen,
- ▶ die Verbindung der Elbe mit ihren Nebengewässern,
- ▶ Deichrückverlegungen.

Dabei bewirken die ersten beiden Forderungen tendenziell eine Verschlechterung der Schiffbarkeit, so dass hier ein Kompromiss gefunden werden muss.

Um das Ziel einer guten stofflichen Qualität gemäß EG-WRRL zu erreichen, muss hinsichtlich der in den Buhnenfeldern in großen Mengen abgelagerten, stark schadstoffhaltigen Sedimente (siehe Kapitel 4.2) ein einzugsgebietsbezogenes Managementkonzept entwickelt und umgesetzt werden. Wegen der hochwasserbedingten Remobilisierung von hochbelasteten Altsedimenten aus den Staustufenhaltungen in der Tschechischen Republik, den Buhnenfeldern der Mittelelbe, aber auch der Erosion von Bergbauhalden im Erzgebirge sowie Einträgen der hoch belasteten Bäche Bilina (Tschechien) und Spittelwasser (Sachsen-Anhalt) bedarf es einer länderübergreifenden Herangehensweise entweder zur dauerhaften Festlegung dieser Sedimente oder zur kontrollierten Entnahme und Deponierung.

**Tab. 7-10:** Maßnahmenvorschläge zur Verbesserung des ökologischen Zustands der Elbe, vor allem hinsichtlich der benthischen wirbellosen Fauna und der Morphologie

| Wasserbauliche Maßnahmen | Technische Maßnahmen zur Verbesserung der Vereinbarkeit von Schifffahrt und Habitatqualität |
|---|---|
| Instandsetzung von Buhnen und Verfüllung von Kolken nur bei nachgewiesener erheblicher Beeinträchtigung der Schifffahrt bzw. notwendiger Uferbefestigungen; Tolerierung, und gegebenenfalls Sicherung von Totholz | Häufigeres Peilen dynamischer Abschnitte der Fahrrinne und Markierung von Untiefen; Implementierung des Fahrrinnen-Navigationssystems ARGO; Management von abschnittsweiser einschiffiger Befahrbarkeit |
| Ökologische Optimierung von Buhnen (Knickbuhne, Sequenzen von Absenkbuhnen, Parallelwerk u. a.), damit Ermöglichung von Sekundärgerinnen mit durchgehendem und bettbildendem Durchfluss (20 m$^3$/s) bei Mittelwasser | Verlängerung des Schiffshebewerks in Lüneburg, damit Großmotorgüterschiffe passieren können, um die Längenbeschränkung des Elbe-Seitenkanals zu beseitigen und die untere Mittelelbe von der Schifffahrt freizustellen |
| Wiederanschluss von Altarmen und Flutrinnen an den Hauptstrom zur Verknüpfung der Lebensräume von Strom und Aue | Vor Unterhaltungsmaßnahmen enge Abstimmung mit zuständigen Länderbehörden und Prüfung auf Verträglichkeit mit der EG-Wasserrahmenrichtlinie und FFH-Richtlinie |
| Deichrückverlegung zur Auenrenaturierung und Vorsorge gegen Hochwasser und Eisversatz | Keine künstlichen Sedimentumlagerungen in Buhnenfeldern wegen Schadstoffmobilisierung und Entwicklung eines Schadstoff-Managementkonzepts |
| *Erosionsstrecke:* <br> Von Bund und Ländern zu erarbeitendes übergreifendes Bewirtschaftungskonzept zur Bekämpfung der Tiefenerosion: Geschiebezugabe, Verkürzen und Tieferlegen von Buhnen, Zulassen einer kontrollierten Seitenerosion, Aktivieren von Flutrinnen | *Bei geringer wasserbaulicher Unterhaltungsintensität der unteren Mittelelbe notwendige Maßnahmen zur Abwendung von Eisversatz:* <br> Deichrückverlegungen zur Beseitigung von Engstellen in der Deichführung; Anpflanzung von mehrreihigen Eichenbeständen an der Wasserseite von Schardeichen als Schutz vor Eisschurf, Einsatz flach gehender Eisbrecher |

## 8 Zusammenfassung und Ausblick
*Martin Pusch und Helmut Fischer*

**Zusammenfassung der Ergebnisse**

Die Stoffdynamik der Elbe wird vor allem durch hohe Konzentrationen an Pflanzennährstoffen im Flusswasser geprägt, die zusammen mit der relativ geringen Wassertiefe bei starker Lichteinstrahlung im Frühjahr und Sommer eine intensive Primärproduktion begünstigen. Die vorhandene hydrodynamische Kopplung zwischen den Gewässerkompartimenten Sediment und Freiwasser unterstützt den Rückhalt und mikrobiellen Umsatz transportierter gelöster und partikulärer Stoffe in den Sedimenten. Wasserwirtschaftliche Unterhaltungs- und Ausbaumaßnahmen führen an der Elbe durch Reduzierung des Auftretens naturnaher flussmorphologischer Strukturelemente, wie etwa von Sandbänken und durchströmten Buhnenfeldern, zur teilweisen Entkopplung zwischen den Kompartimenten. Dadurch wird die Habitatvielfalt und damit auch die biologische Diversität verringert sowie das Selbstreinigungsvermögen des Stroms beeinträchtigt.

Das Phytoplankton der Elbe entspricht in seiner Artenzusammensetzung dem anderer großer Flüsse Mitteleuropas. Seit den 1990er-Jahren findet es hinsichtlich der Animpfungsreservoire in Tschechien, der Nährstoffsituation, des Lichtklimas und der Aufenthaltszeit (über 10 Tage von Ústí nad Labem bis Geesthacht) so gute Wachstumsbedingungen wie in kaum einem anderen frei fließenden Fluss in Mitteleuropa. Die Nettoprimärproduktion des Phytoplanktons ist auf der Flussstrecke von etwa Torgau bis Schnackenburg positiv (bis 6 mg/(l·d) $O_2$), stromauf und stromab davon negativ. Der Gehalt an gelösten Nährstoffen (Nitrat und Phosphat) geht entlang der Fließstrecke stromab der Saalemündung erheblich zurück, vermutlich aufgrund von Nährstoffassimilation durch Phytoplankton und von mikrobiellen Stoffumsetzungen am Sediment. Stromab etwa von Havelberg kommt es während hochsommerlicher Niedrigwasserperioden bereits selten zur Nährstofflimitation des Phytoplanktonwachstums. Die Elbe ist jedoch hinsichtlich ihrer Trophie auf der Basis ihres Phosphatgehalts im deutschen Abschnitt als hoch eutroph zu klassifizieren, was sich unter anderem in anhaltenden erheblichen Sauerstoffübersättigungen in der Unteren Mittelelbe äußert.

Beim Zooplankton sind die bei Havelberg beobachteten Abundanzmaxima der Rädertiere (Rotatorien) von 5.000 bis über 18.000 Ind./l – verglichen mit anderen großen Flüssen – außergewöhnlich hoch. Im Längsverlauf ist das Zooplankton oberhalb von Havelberg unbedeutend, während sich unterhalb davon im Sommer sowohl Rotatorien als auch Crustaceen (Kleinkrebse) stark vermehren, wozu vermutlich auch die zunehmende Gewässerbreite in diesem Abschnitt beiträgt. Dadurch kann dort das Zooplankton zeitweise durch Fraß die Phytoplanktonentwicklung mit beeinflussen.

Aus mehreren Komponenten zusammengesetzte Schwebeteilchen (Aggregate) ab 25 μm Größe erreichten im Sommer eine maximale Konzentration von 2000 Aggregaten/ml, wobei die höchsten Konzentrationen im mittleren Teil des deutschen Elbabschnitts auftraten. Die Aggregate erreichten überwiegend eine Größe von 50–200 μm. In und auf den Aggregaten lebten, bezogen auf das gesamte Freiwasser, 14–56% der heterotrophen Flagellaten (Geißeltierchen) und 7–61% der Ciliaten (Wimpertierchen) sowie 1–16% der Bakterien, die 21–52% der Enzymaktivität leisteten.

Bakterien erreichen im Elbewasser Dichten von 4 bis maximal 12 Mio. Zellen/ml, im Winter meist zwischen 4 und 6 Mio. Zellen/ml. Die Individuendichten von Bakterien, Protozoen und auch Algen liegen in der Elbe deutlich höher als im Rhein. Diese sind vermutlich auf die höheren Nährstoffkonzentrationen der Elbe, ihre längere Fließzeit, geringere Tiefe und das geringere Vorkommen benthischer Filtrierer zurückzuführen. Bakterien und auch heterotrophe Flagellaten zeigten während der Sommermonate einen deutlichen Anstieg in ihrer Abundanz vom Oberlauf zum unteren Mittellauf.

Die Buhnenfelder stellen strukturell vereinheitlichte, flache Naturufer dar, in denen die Flussdynamik stark reduziert ist und deren Habitatqualität zusätzlich durch den von Schiffen verursachten Wellenschlag beeinträchtigt wird. Dadurch ist die Zoobenthos-Besiedlung der Buhnenfelder relativ artenarm. Bei einer Schiffspassage wird die auf bodennahe Wirbellose und Fische wirkende Scherspannung plötzlich um den Faktor 3 bis 5 erhöht, der Wasserspiegel senkt sich um bis zu 30 cm ab und weite Bereiche eines Buhnenfeldes können kurzzeitig trocken fallen. Bei solchen Ereignissen wird die Abdrift des Zoobenthos aus dem Buhnenfeld deutlich erhöht, und sedimentierte Partikel werden teilweise resuspendiert. Zwischen den Schiffspassagen wirken die Buhnenfelder als hydrodynamische Totzonen mit einer ausgeprägten Wirbelstruktur. Das Elbewasser wird in einem typischen Buhnenfeld in Abhängigkeit vom Wasserstand und der Größe des Buhnenfelds etwa eine halbe bis einige Stunden lang zurückgehalten, wobei durchschnittlich 32 g (Trockenmasse) Schwebstoffe pro Quadratmeter und Tag sedimentieren, und gleichzeitig kleine Schwebstoffpartikel durch Planktonwachstum entstehen.

Buhnenfelder sind daher durch deutlich überwiegende Sedimentationsprozesse gekennzeichnet, so dass ihre Funktion im Stoffhaushalt derjenigen von ehemals vorhandenen Ausbuchtungen und Flutrinnen der Elbe ähnelt. Dadurch weist das Elbewasser in den Buhnenfeldern weniger Schwebstoffe als der Hauptstrom auf, während die Algenkonzentration sich kaum unterscheidet. Gleichzeitig liegt die Nettoprimärproduktion in den Buhnenfeldern deutlich höher, so dass sie den Hauptstrom mit Algenbiomasse anreichern und zur Sauerstoffübersättigung beitragen. Da die im Hauptstrom abfließende Wassermenge gegenüber der in Buhnenfeldern zurückgehaltenen Wassermenge jedoch sehr groß ist, verändern die darin ablaufenden Stoffumsetzungen, insbesondere die Algenproduktion, gemäß des Wassergüte-Simulationsmodells QSim der BfG die Wasserinhaltsstoffe im Hauptstrom nur um weniger als 5%.

Infolge der langjährig anhaltenden Sedimentation, die an einem Beispiel-Buhnenfeld im Mittel mit 151 kg/d bestimmt wurde, haben sich in den Ablagerungen große Schadstoffdepots entwickelt, die in dem Beispiel-Buhnenfeld mit 28 t organischer Kohlenstoff, 2,4 t Stickstoff, 1,1 t Phosphor, 1,0 t Schwefel sowie 52 kg Blei, 64 kg Kupfer und 460 kg Zink innerhalb von ca. 300 m$^3$ Mudde abgeschätzt wurden. Diese stellen eine erhebliche potenzielle Gefahr für das Flussökosystem und seine Nutzung dar.

Aus der Schwebstofffracht der Elbe werden innerhalb eines Kilometers Fließstrecke im Winter netto durchschnittlich 2,5 t pro Tag zurückgehalten, vermutlich überwiegend in Buhnenfeldern. Daneben wirken die Aue (bei Hochwasser) und die überströmte Flusssohle als wichtige Senken für die Stofffracht. Auf der Flusssohle der Mittelelbe wurde unter den Messbedingungen pro Flusskilometer ein mikrobieller Stoffumsatz von jeweils 1,4 % des transportierten organischen Kohlenstoffs abgeschätzt. Die Sediment-Gesamtrespiration betrug in Oberflächensedimenten der Buhnenfelder sowie der Flussmitte bei Coswig im Mittel 1,8 mg/(dm$^3$·h) O$_2$. Da der hydraulische Austausch zwischen Sediment und Freiwasser in der Flussmitte höher ist als in Buhnenfeldern, erstreckt sich der aerobe Sedimentbereich in der Flussmitte bis in 40 cm Sedimenttiefe. Aus diesem

Grund finden hier deutlich höhere flächenspezifische Stoffumsätze als im Buhnenfeld statt. Eine besondere Bedeutung haben dabei Sedimenttransportkörper (Unterwasserdünen), in deren Luv- und Leeseiten Stoffumsetzungen in deutlich höherer Intensität stattfinden als in den nur oberflächlich aktiven Sedimenten der Buhnenfelder. Die Zusammensetzung der von den Mikroorganismen beim Stoffabbau verwendeten extrazellulären Enzyme verändert sich dabei zusammen mit den im Fluss dominierenden Stoffgruppen in einem charakteristischen jahreszeitlichen Muster.

Für den Stickstoffumsatz konnte für eine Infiltrationszone in das hyporheische Interstitial ein konzeptionelles Modell erstellt werden, das auch die starke tages- und jahresperiodische Dynamik beschreibt. Der Stickstoffrückhalt durch Denitrifikation kann für die Elbe (einschließlich ihrer Uferzonen) mit etwa 10–20 t $NO_3$-N pro Stromkilometer und Jahr abgeschätzt werden. Insgesamt konnten mehrere Schwerpunkte – „Hot Spots" – der Stoffumsetzungen in der Elbe erkannt werden, nämlich die Exfiltrationszonen von nährstoffreichem, oberflächennahem Grundwasser aus der Aue in die Elbe, naturnahe gewässermorphologische Strukturen wie Unterwasserdünen sowie permanent durchströmte oder umgelagerte Sedimenten in der Flussmitte.

Der laterale und vertikale Stoffaustausch der Elbe zwischen Pelagial und Parafluvial bzw. Hyporheal sowie die dabei ablaufenden Stoffumsetzungen wurden numerisch modelliert. Hierzu wurden unter anderem Ganglinien vertikaler Temperaturgradienten in den Sedimenten der Flusssohle gemessen, und mit Hilfe der ermittelten Austauschkoeffizienten auf der Basis von gemessenen Stoffkonzentrationsgradienten die Stoffumsatzraten im Hyporheal sowie in einer Lamelle des Parafluvials der Elbe im Raum Meißen und Dresden berechnet. Durch diese vertikalen und horizontalen Austauschpfade können die benachbarten Sedimentkörper erheblich zu den Stoffumsetzungen im Flussökosystem beitragen.

Die Verteilung und Diversität des Zoobenthos einschließlich der Protozoen wird grundsätzlich von hydromorphologischen Einflussgrößen bestimmt, während die Siedlungsdichte von der Nahrungsverfügbarkeit abhängt. Die in der Elbe anzutreffenden flussmorphologischen Strukturen sind daher als relativ einheitliche mesoskalige Lebensräume (Mesohabitate) aufzufassen, deren Zoobenthosbesiedlung sich jeweils deutlich voneinander unterscheidet (siehe auch Band 4 dieser Reihe: „Lebensräume der Elbe und ihrer Auen"). Die benthische Besiedlung der zentralen, stark überströmten Flusssohle ist dabei aufgrund der hohen hydraulischen Belastung in Verbindung mit der Instabilität der Sedimente sehr gering. Dadurch kommt den Uferbereichen, ebenso wie bei den Fischen, eine zentrale Bedeutung für die Habitatqualität des gesamten Flussökosystems zu. Die Diversität und Biomasse des Zoobenthos der Uferbereiche sind wesentlich höher, wenn die Uferbereiche infolge von Buhnendurchrissen Nebengerinne aufweisen, wobei die entstehenden ufernahen Kolke und auch Totholzansammlungen besonders dicht und artenreich besiedelt werden.

Mit diesen Untersuchungen konnte die biologische Besiedlung und ökologische Funktion der in einem Flussquerschnitt der Elbe anzutreffenden Strukturen charakterisiert werden, so dass Prognosen über ökologische Veränderungen durch Ausbaumaßnahmen ermöglicht wurden. Veränderungen der Gewässermorphologie wirken sich auf den Stoffhaushalt in vielfacher, zum Teil gegenläufiger Weise aus, können aufgrund der erhaltenen Ergebnisse jedoch bewertet werden. Es werden daher mögliche Szenarien zur zukünftigen Entwicklung der Elbe skizziert und Maßnahmenvorschläge zur Verbesserung des ökologischen Zustands der Elbe dargestellt. Die wichtigsten Elemente sind dabei der Stopp bzw. die Umkehrung der Tiefenerosion in den Erosionsstrecken durch Aufweitung des Abflussquerschnitts, die Dynamisierung der Uferzonen, die Verbindung der Elbe mit ihren Nebengewässern sowie Deichrückverlegungen.

Entsprechend den Forschungszielen des BMBF-Projekts „Elbe-Ökologie" enthalten die Ergebnisse des vorliegenden Projekts somit vielfältige Informationen zum Zusammenhang zwischen flussmorphologischen Strukturen und Hydrodynamik einerseits und Wasseraufenthaltszeiten, vertikalem und lateralem Stoffaustausch, Schwebstoffdynamik, mikrobieller Aktivität der Elbesedimente, Stoffumsetzungen organischer Substanzen und faunistischer Besiedlung andererseits. Durch die Ergebnisse werden damit befasste Institutionen in die Lage versetzt, die hydrologischen und ökologischen Auswirkungen von Unterhaltungs- und Ausbaumaßnahmen sowie der Schifffahrt auf der Elbe wesentlich sicherer als bisher abzuschätzen.

**Innovative Forschungsansätze**

Der Forschungsverbund *„Strukturgebundene Stoffdynamik und Bioindikation in der Elbe"* war weltweit eines der ersten Forschungsvorhaben, in denen ein nicht staugeregelter Strom unter Beteiligung mehrere biologischer Disziplinen sowie hydrodynamisch und modellhaft wissenschaftlich koordiniert untersucht wurde. Dabei stellte die Untersuchung eines dynamischen Systems wie der Elbe die Forscher immer wieder vor methodische, fachliche und organisatorische Herausforderungen. Vielfach mussten neue Methoden entwickelt werden, um die komplexen hydrodynamischen, biogeochemischen und biologischen Prozesse in situ (im Fluss selbst; siehe Abbildungen 8-1 und 8-2) zu messen oder unter kontrollierten und trotzdem realistischen Bedingungen im Labor zu simulieren. Hierfür wurden bewährte Methoden an die Bedingungen eines großen Fließgewässers angepasst sowie völlig neue Arbeitsweisen entwickelt.

Um die gesteckten Ziele zu erreichen, spannte sich ein methodischer Bogen von molekularbiologischen Techniken zur Strukturaufklärung der mikrobiellen Lebensgemeinschaft bis hin zur Messung und Modellierung komplexer Strömungsmuster in Buhnenfeldern. Rückgrat eines Teils der Untersuchungen war der Einsatz des Taucherschachtes des Wasser- und Schifffahrtsamts Magdeburg (EIDNER und KRANICH 2003). Mit diesem zum Zeitpunkt der Nutzung schon über 100 Jahre alten Gerät war es möglich, auf dem Gewässergrund „trockenen Fußes" nahezu ungestörte Proben zu entnehmen (siehe Abbildung 8-1). Er wurde außerdem dazu genutzt, Temperaturmess- und -aufzeichnungsgeräte im Gewässergrund zu verankern und dort nach viermonatiger Messdauer wieder zu bergen. Folgende innovative Forschungsansätze sind hervorzuheben.

- Darstellung der Längsverteilung und jahreszeitlichen Dynamik der pelagischen Lebensgemeinschaften eines frei fließenden Flusses, zum Teil basierend auf räumlich und zeitlich hoch aufgelösten fließzeitkonformen Beprobungen entlang von 600 km Fließstrecke (siehe Kapitel 3, 7.2).
- Darstellung jahreszeitlicher Muster des mikrobiellen Abbaus organischer Substanzen im Freiwasser und im Sediment (siehe Kapitel 5.4).
- Abgestimmte multidisziplinäre, habitatspezifische Untersuchung und fachliche Verknüpfung von Hydrodynamik, Sedimenteigenschaften, Sedimentmobilität, Stofftransport und -umsetzungen sowie der biologischen Besiedlung, z. B. in Buhnenfeldern oder einer Unterwasserdüne (siehe Kapitel 4, 5.3.2, 5.4.1).
- Weitgehend störungsfreie biologische Beprobung und Temperaturganglinienmessung in den Sedimenten der überströmten Flusssohle des Hauptstroms mit wiederholtem Zugang durch Nutzung eines Taucherschachts der Wasser- und Schifffahrtsverwaltung (siehe Kapitel 5).
- Erstmalige Darstellung der spezifischen Besiedlung der flussmorphologischen Strukturen in einem Sandfluss durch benthische und interstitielle Wirbellose, einschließlich von Tot-

holz und ufernahen Kolktümpeln, sowie der Auswirkungen von schiffsbedingtem Wellenschlag auf das Zoobenthos (siehe Kapitel 4.3.2, 5.3.2, 7.3, 7.4).
- Modellierung des Stoffaustauschs zwischen Hauptstrom und Buhnenfeldern, sowie zwischen Flusswasser und Parafluvial (siehe Kapitel 6.2, 7.1, 7.2).

Auf der Grundlage dieser Ergebnisse gelang es, aus der Synthese der unterschiedlichen Disziplinen neue Erkenntnisse für das gesamte Flussökosystem zu gewinnen. Die Forschungsergebnisse wurden außer im vorliegenden Buch in einer Vielzahl von Publikationen zugänglich gemacht (siehe das vor dem Literaturverzeichnis eingestellte Projekt-Publikationsverzeichnis). Vertiefende Darstellungen mehrerer Projektthemen sind in PUSCH et al. (2004) zusammengefasst.

**Abb. 8-1:** Installation von Temperaturloggern in der überströmten Flusssohle zur Abschätzung des vertikalen Wasseraustauschs, Aufnahmen aus dem abgesenkten Taucherschacht. Oben links: Einbringen einer Kette von Datenloggern mittels eines Schlagrohres in das kiesig-steinige Elbesediment bei Dresden (Foto: R. EIDNER). Oben rechts: Zur Erleichterung des Wiederfindens wurden die Datenlogger mit einem Schwimmkörper markiert, der getrennt von den Datenloggern an einem eingeschlagenen Stahlprofil verankert wurde. Unten links: Fertige Installation im sandigen Sediment bei Magdeburg. Unten rechts: Temperaturloggerkette mit Datenloggern in 13, 15 und 40 cm Tiefe nach viermonatiger Exposition und Entnahme. Die Rostbildung verdeutlicht die Anwesenheit von Sauerstoff bis in über 40 cm Sedimenttiefe in der Flussmitte der Elbe (siehe Abbildung 5-24; Fotos: J. KRANICH)

### Beiträge zum internationalen Forschungsstand der Flussökologie

Die oben zusammengefassten Ergebnisse sind hinsichtlich ihres ganzheitlichen Untersuchungsansatzes an einem großen Flussökosystem von weltweiter Bedeutung für den Kenntnisstand der Fließgewässerökologie. Andere Studien von vergleichbarer fachlicher Breite sind selten und kaum zusammenfassend publiziert worden (siehe z. B. die Fachaufsätze RESH et al. 1994, MEYER et al. 1997, BENKE 1998, TOCKNER et al. 1999). Insbesondere wurden Stoffumsetzungen im hyporheischen Interstitial und im Parafluvial frei fließender Flüsse bisher kaum untersucht (z. B. RUTHERFORD et al. 1995). Daher können die an der Elbe erarbeiteten Ergebnisse leider auch kaum mit denjenigen anderer Sandflüsse verglichen werden, wie etwa Loire, Weichsel oder auch Mississippi. Auf nationaler Ebene liegt für die Spree eine umfassende limnologische Monographie vor (KÖHLER et al. 2002). Hinsichtlich dieser Aspekte nimmt die Elbe-Forschung somit eine wissenschaftliche Vorreiterrolle ein.

Die internationale Forschung zur Ökologie von Fließgewässern wird zur Zeit durch mehrere Konzepte geleitet, um das Systemverständnis zu verbessern sowie die häufig an einzelnen Gewässern gewonnenen Erkenntnisse zu generalisieren und an anderen Systemen überprüfbar zu machen. Einige der Konzepte können anhand der an der Elbe erzielten Ergebnisse überprüft bzw. vertieft werden. Sie werden in Band 4 dieser Reihe („Lebensräume der Elbe und ihrer Auen", Kapitel 3, HILDEBRANDT et al.) ausführlicher beschrieben und sollen hier nur kurz vorgestellt werden.

Einen starken Einfluss auf die Fließgewässerforschung hatte über Jahrzehnte das *River Continuum Concept (RCC)* (VANNOTE et al. 1980), auch durch den Widerspruch, den es hervorrief. Anhand der Ernährungsweisen benthischer Lebensgemeinschaften und der Ökosystemfunktionen Produktion und Respiration beschreibt dieses Modell die typische Längsentwicklung in Fließgewässern. Die Elbe passt sich in diese Vorstellung ein, in dem sie, deutlich extremer als durch das RCC vorhergesagt, in ihrem Tieflandabschnitt eine hohe autochthone Primärproduktion aufweist (siehe Kapitel 3.1, 3.2). Allerdings sind die im RCC vorhergesagten filtrierenden Organismen, welche die hohe Planktonfracht nutzen könnten, in der Elbe nur schwach vertreten. Dies beruht wohl zum einen auf der Instabilität der Sedimente in der Flussmitte, die vermutlich durch den Flussverbau künstlich erhöht wurde, zum anderen auf der nach der starken Verschmutzung der Elbe bis 1990 möglicherweise noch nicht vollständig erfolgten Wiederbesiedlung z. B. durch Großmuscheln.

Detaillierter als das RCC beschäftigt sich das *Riverine Productivity Model* (THORP und DELONG 2002) mit der Primärproduktion und den trophischen Verhältnissen in Tieflandflüssen, die häufig, wie die Elbe, in ihrer Morphologie beeinträchtigt und zumindest teilweise von ihrer Aue abgetrennt sind. Das Konzept beschreibt für diese Flüsse einen hohen Anteil des Phytoplanktons, also autochthon erzeugter Biomasse, an der Nahrungsbasis für heterotrophe Mikro- und Makroorganismen. An der Elbe werden diese Zusammenhänge bestätigt, wobei hier durch den anthropogen erhöhten Nährstoffgehalt das Phytoplanktonwachstum zusätzlich gefördert wird. Wie in den in diesem Band beschriebenen Untersuchungen der Enzymaktivitäten (siehe Kapitel 5.4.1) gezeigt wurde, wird diese autochthon erzeugte Biomasse intensiv von Mikroorganismen im Sediment genutzt. Damit konnte das *Riverine Productivity Model* um die Funktion der Sedimente als Ort der Speicherung und des Abbaus autochthon erzeugter Biomasse erweitert werden, sowie auch um die jahreszeitliche Veränderung ihrer Verfügbarkeit.

Um sich eine Vorstellung von der Effizienz des Stoffumsatzes in Fließgewässern zu machen, wurde das sogenannte *Nutrient Spiralling Concept* entwickelt (zusammengefasst in NEWBOLD 1996). Da gleichzeitig mit dem Stoffumsatz immer ein Transport stattfindet, werden in Fließgewässern aus Stoffkreisläufen Spiralen. Eine theoretische Stoffumsatzlänge (Spiralenlänge, Umsatzeffizienz) kann aus dem Verhältnis von Stoffumsatz zu -transport berechnet werden. Hierzu liegen zahlreiche Daten aus Bächen vor, jedoch nicht aus großen Tieflandflüssen. Daher konnte die Rolle großer Flüsse im Stoffhaushalt bislang kaum abgeschätzt werden. An der Elbe scheinen zumindest im Sommer die Umsatzraten von Kohlenstoff und Stickstoff hoch zu sein, so dass auf der Fließstrecke ein erheblicher Anteil dieser Stoffe zurückgehalten wird (siehe Kapitel 5.4, 7.3.1). Ein großer Teil des Stoffumsatzes ist an morphologische Strukturen gebunden, die somit eine bedeutende Rolle bei der „Selbstreinigung" spielen.

**Abb. 8-2:** Tracerversuch im Sediment der Elbe bei Hitzacker, Elbe-km 517 (links). Mittels Injektion eines fluoreszierenden Tracers und regelmäßiger Beprobung des Sedimentporenwassers wurde der advektive Transport im Interstitial gemessen (siehe Kapitel 5.2). Beprobung (rechts) der Interstitialfauna und mobiler feiner interstitieller Partikel (MFIP) in einem der untersuchten Buhnenfelder bei Coswig (siehe Kapitel 4.3.2; Fotos: H. FISCHER)

Außer durch diesen biologischen Rückhalt zeichnen sich Fließgewässer auch durch eine gewisse hydraulische Retentionsfähigkeit aus. Dieser Begriff bezeichnet den Anteil am Abfluss, der zumindest temporär im Gewässersystem zurückgehalten wird, z. B. in Altarmen oder in der Elbe in Buhnenfeldern. Die Summe dieser sogenannten „Totzonen" ist ein bestimmender Faktor für das Wachstumspotenzial der Algen (REYNOLDS 2000). Dies konnte in den Studien an der Elbe bestätigt werden (siehe Kapitel 4) und wurde ausgenutzt, um mit Hilfe der Austauschraten zwischen Buhnenfeldern und Hauptstrom die Rolle der Buhnenfelder für das Wachstum des Phytoplanktons in der Elbe abzuschätzen.

Auf organismischer Ebene wird in diesem Band besonders die Bedeutung der Habitatstruktur für die benthische Lebensgemeinschaft betont. Die Organismen haben sich im Laufe der Evolution an bestimmte physische Vorgaben („templates" oder „templet") angepasst, die ihnen ihr jeweiliger Lebensraum aufzwingt (*Habitat Templet;* SOUTHWOOD 1988). Die Eigenschaften dieses Lebensraums können entlang von zwei Achsen dargestellt werden, welche die Störungsfrequenz (künstliche oder natürliche) und die allgemeine „Rauheit" („harshness") des Lebensraums kennzeichnen. Die so entstehende Schablone begrenzt die spezifischen Eigenschaften und Strategien, mit welchen die Organismen im betreffenden Habitat ihr Überleben sichern können. Dieses Konzept wurde an der Elbe zum Verständnis der Habitateigenschaften angewendet (siehe Kapitel 4.3.2, 5.3.2).

**Abb. 8-3:** Elbaue bei Boizenburg bei Mittelwasser (Elbe-km 558). Blick vom Geesthang bei Boizenburg in die als Mähweide genutzte niedersächsische Elbaue mit Altarm, Sandstrand und Weidenaufwuchs auf den Buhnen. Mangels Vergleichsuntersuchungen ist unklar, in welcher Weise die an der Elbe vorhandenen Habitatstrukturen und Stoffumsetzungen vom Referenzzustand abweichen (Foto: R. Schwartz, September 2000).

### Forschungsbedarf

Trotz des guten Forschungsstands bleiben gerade wegen der schlechten Vergleichsmöglichkeiten zu den an der Elbe erarbeiteten Forschungsergebnissen einige zentrale Fragen unklar. Da die Elbe durchgehend wasserbaulich verändert ist und zum größten Teil auch als Schifffahrtsstraße genutzt wird, konnten keine Referenzuntersuchungen von Zustandsgrößen des Flussökosystems durchgeführt werden, wie sie sich ohne die Wirkung dieser Stressoren einstellen würden. Dies betrifft zunächst Fragen der Gerinnemorphologie, wie die Instabilität bzw. Stabilität der Sedimente und insbesondere Transportkörper, das Auftreten von Kolken, sowie der Ufermorphologie (siehe Abbildung 8-3), insbesondere deren Beeinflussung durch Totholz, und das Vorkommen höherer Wasserpflanzen, die an der Elbe heute weitgehend fehlen. Außerdem gibt es entsprechend auch über die Besiedlung dieser flussmorphologischen Strukturelemente im Referenzzustand durch Wirbellose und Fische heute nur unklare Vorstellungen, zumal die Uferbereiche heute überall dem Wellenschlag durch die Schifffahrt ausgesetzt sind. Ebenso kann bislang oft nur qualitativ angegeben werden, wie der Stoffhaushalt durch wasserbauliche Maßnahmen verändert wird, da Feldmessungen beispielsweise zum Zusammenwirken von besserer Durchlichtung der Wassersäule und stärkerem Partikelrückhalt an der Gewässersohle bei geringerer Gewässertiefe weltweit nicht existieren. In Bezug auf den Stoffhaushalt ist außerdem eine Synthese der auf unterschiedlichen Skalen gemessenen Umsatzgrößen im Hyporheal und Parafluvial anzustreben. Dies betrifft die hier dargestellten lokal gemessenen (oder modellierten) Stoffumsätze sowie Bilanzierungen der Einträge aus dem Einzugsgebiet und der Nährstoffretention im Gewässer. Zur Darstellung der in Kapitel 7.6 enthaltenen Bewertungen und Maßnahmenvorschläge wurden daher allgemeine Kenntnisse über Fließgewässer mit den an der Elbe erhobenen Ergebnissen verknüpft, um zu meist qualitativ gesicherten Aussagen zu kommen. Eine „Eichung" der Ergebnisse an Referenzzuständen würde mit Hilfe der erhobenen Daten jedoch genauere und strenger quantitative Bewertungen und Vorhersagen ermöglichen.

## Publikationen aus dem Projektverbund

Die innerhalb des Projektverbunds „Strukturgebundene Stoffdynamik und Bioindikation in der Elbe" erarbeiteten Forschungsergebnisse sind in den hier aufgeführten Veröffentlichungen dargestellt (* = wissenschaftliche Zeitschriften mit Gutachtersystem).

### 1999
FISCHER, P., EIDNER, R., MÜLLER, D. (1999) Gütemodellrechnung zum Sauerstoffhaushalt der tschechischen und der deutschen Elbe mit Hilfe der Programms QSim – 8. Magdeburger Gewässerschutzseminar, Gewässerschutz im Einzugsgebiet der Elbe, Stuttgart. 195–196.

### 2000
HOLST, H., ZIMMERMANN, H., KAUSCH, H., STEENBUCK, M. (2000) Räumliche Verteilung planktischer Rotatorien im Potamal der Elbe. Deutsche Gesellschaft für Limnologie, Tagungsbericht 1999 (Rostock), 806–810.

WÖRNER, U., ZIMMERMANN-TIMM, H., KAUSCH, H. (2000) Struktur, Abundanz und mikrobielle Besiedlung von Aggregaten im Verlauf der Elbe – ein Frühsommeraspekt. Deutsche Gesellschaft für Limnologie, Tagungsbericht 1999 (Rostock), 801–805.

### 2001
KLOEP, F., RÖSKE, I. (2001) Saisonale und diurnale Stickstoffdynamik im hyporheischen Interstitial der Oberen Elbe bei Dresden. Deutsche Gesellschaft für Limnologie, Tagungsbericht 2000 (Magdeburg), 113–117.

KOZERSKI, H.-P., KUHN, T., TOTSCHE, O. (2001) In-situ Messungen der Sedimentationsraten partikulären Materials in Buhnenfeldern der Elbe. Deutsche Gesellschaft für Limnologie, Tagungsbericht 2000 (Magdeburg), 121–126.

WÖRNER, U., ZIMMERMANN-TIMM, KAUSCH, H. (2001) Aggregatassoziiert oder im freien Wasser suspendiert – mikrobielle Lebensgemeinschaften im Mittel- und Oberlauf der Elbe. Deutsche Gesellschaft für Limnologie, Tagungsbericht 2000 (Magdeburg), 131–134.

### 2002
BÖHME, M., EIDNER, R., OCKENFELD, K., GUHR, H. (2002) Ergebnisse der fließzeitkonformen Elbe-Längsschnittbereisung 26.06.–07.07.2000, Primärdaten. Bundesanstalt für Gewässerkunde, BfG-Bericht 1309, Koblenz Berlin.

BÖHME, M., GERHARDT, V., HEIDER, S. (2002) Messung von Respiration und Parametern der Photosynthese-Licht-Beziehung von Phytoplankton der Elbe. Deutsche Gesellschaft für Limnologie, Tagungsbericht 2001 (Kiel), 435–438.

*BRUNKE, M., SUKHODOLOV, A., FISCHER, H., WILCZEK, S., ENGELHARDT, C., PUSCH, M. (2002) Benthic and hyporheic habitats of a large lowland river (Elbe, Germany): influence of river engineering. Verhandlungen der internationalen Vereinigung für theoretische und angewandte Limnologie 28, 153–156.

Brunke, M., Fischer, H., Wilczek, S., Pusch, M. (2002) Ökologische Bewertung der aquatischen Lebensräume wirbelloser Tiere in der Elbe: natürliche und anthropogene Faktoren. In: Geller, W., Puncochár, P., Guhr, H., Tümpling von, W., Medek, J., Smrt'ak, J., Feldmann, H., Uhlmann, O. (Hrsg) Die Elbe – neue Horizonte des Flussgebietsmanagements. 10. Magdeburger Gewässerschutzseminar. Teubner Verlag, Stuttgart, 259–262.

Brunke, M., Sukhodolov, A., Engelhardt, C. (2002) Sunk und Wellenschlag durch Schiffe in Wasserstraßen: Hydraulische Kräfte und Litoralfauna. Deutsche Gesellschaft für Limnologie Tagungsbericht 2001 (Kiel), 412–416.

Eidner, R., Kirchesch, V., Guhr, H., Böhme, M., Müller, D. (2002) Untersuchungen zum Stoffumsatz in Buhnenfeldern der Elbe. Deutsche Gesellschaft für Limnologie, Tagungsbericht 2001 (Kiel), 423–428.

Eidner, R., Kranich, J. (2002) Einsatz des Taucherschachtes zur Untersuchung des Interstitials der Elbe. In: Geller, W., Puncochár, P., Guhr, H., Tümpling von, W., Medek, J., Smrt'ak, J., Feldmann, H., Uhlmann, O. (Hrsg) Die Elbe – neue Horizonte des Flussgebietsmanagements. 10. Magdeburger Gewässerschutzseminar. Teubner Verlag, Stuttgart, 220–222.

Engelhardt, C., Brunke, M., Arlinghaus, R., Sukhodolov, A. (2002) Der Einfluss des Schiffsverkehrs auf die hydraulischen Verhältnisse in ufernahen Habitaten von Wasserstrassen. In: Geller, W., Puncochár, P., Guhr, H., Tümpling von, W., Medek, J., Smrt'ak, J., Feldmann, H., Uhlmann, O. (Hrsg) Die Elbe – neue Horizonte des Flussgebietsmanagements. 10. Magdeburger Gewässerschutzseminar. Teubner Verlag, Stuttgart, 301–302.

Garcia, X.-F., Pusch, M. (2002) Ökologische Auswirkungen unterschiedlicher Verbauungsweisen an Elbe, Loire und Garonne im Vergleich. In: Geller, W., Puncochár, P., Guhr, H., Tümpling von, W., Medek, J., Smrt'ak, J., Feldmann, H., Uhlmann, O. (Hrsg) Die Elbe – neue Horizonte des Flussgebietsmanagements. 10. Magdeburger Gewässerschutzseminar. Teubner Verlag, Stuttgart, 305–306.

*Holst, H., Zimmermann-Timm, H., Kausch, H. (2002) Longitudinal and Transverse Distribution of Plankton Rotifers in the Potamal of the River Elbe (Germany) during late Summer. International Review of Hydrobiology 87, 267–280.

Kloep, F., Röske, I. (2002) Transport von Algen im hyporheischen Interstitial der Elbe. Deutsche Gesellschaft für Limnologie, Tagungsbericht 2001 (Kiel), 503–507.

Kozerski, H.-P., Schwartz, R. (2002) Tracerversuche in Buhnenfeldern – Auswertung einer numerischen Simulation zur Optimierung von Feldversuchen. In: Mazijk van, A., Weitbrecht, V. (Hrsg) Neue Erkenntnisse über physikalische und ökologische Prozesse an Buhnenfeldern. Internationaler Workshop der TU Delft (NL). Universität Karlsruhe, 31–40.

Kozerski, H.-P., Schwartz, R. (2002) Tracer experiments in groyne fields: The development of an efficient method and first measurements in the River Elbe. Leibniz-Institut für Gewässerökologie und Binnenfischerei, Berlin, Berichte des IGB 14, 54–65.

Kranich, J., Lange, K.-P. (2002) Das Interstitial der Elbe – Verbindung zwischen Grund- und Oberflächenwasser. Deutsche Gesellschaft für Limnologie, Tagungsbericht 2001 (Kiel), 498–502.

Pusch, M., Garcia, X.-F. (2002) Handlungsoptionen zur Verbesserung des ökologischen Zustandes der Elbe. In: Geller, W., Puncochár, P., Guhr, H., Tümpling von, W., Medek, J., Smrt'ak, J., Feldmann, H., Uhlmann, O. (Hrsg) Die Elbe – neue Horizonte des Flussgebietsmanagements. 10. Magdeburger Gewässerschutzseminar. Teubner Verlag, Stuttgart, 115–116.

Schwartz, R., Kozerski, H.-P. (2002) Die Buhnenfelder der Elbe – Nähr- und Schadstoffsenke oder -quelle? In: Geller, W., Puncochár, P., Guhr, H., Tümpling von, W., Medek, J., Smrt'ak, J., Feldmann, H., Uhlmann, O. (Hrsg) Die Elbe – neue Horizonte des Flussgebietsmanagements. 10. Magdeburger Gewässerschutzseminar. Teubner Verlag, Stuttgart, 191–194.

Schwartz, R., Kozerski, H.-P. (2002) Die Buhnenfelder der unteren Mittelelbe – Geschichte, Bedeutung, Zukunft. Deutsche Gesellschaft für Limnologie, Tagungsbericht 2001 (Kiel), 417–422.

Schwartz, R., Nebelsiek, A. (2002) Die Elbaue – eine durch Menschenhand geprägte Naturlandschaft. BUND-Fachtagung ‚Neue Entwicklungen in der Elblandschaft', Zentrum für Auenökologie und Umweltbildung, Lenzen (Brandenburg), 1–17.

*Sukhodolov, A., Uijttewaal, W. S. J., Engelhardt, C. (2002) On the correspondence between morphological and hydrodynamical patterns of groyne fields. Earth Surface Processes and Landforms 27, 289–305.

*Wörner, U., Zimmermann-Timm, H., Kausch, H. (2002) Aggregate-associated bacteria and heterotrophic flagellates in the River Elbe – their relative significance along the longitudinal profile according to different points of reference. International Review of Hydrobiology 87, 255–266.

*Zimmermann-Timm, H. (2002) Characteristics, dynamics and importance of aggregates in rivers – an invited review. International Review of Hydrobiology 87, 197–240.

## 2003

Eidner, R., Kranich, J. (2003) Taucherschachteinsatz am Elbegrund zur Aufklärung ökologischer Wirkungszusammenhänge im Interstitial. Hydrologie und Wasserbewirtschaftung 47, 21–26.

*Fischer, H., Sukhodolov, A., Wilczek, S., Engelhardt, C. (2003) Effects of flow dynamics and sediment movement on microbial activity in a lowland river. River Research and Applications 19, 473–482.

Kröwer, S., Zimmermann-Timm, H. (2003) Räumliche Verteilung der Ciliaten im Benthal der mittleren Elbe – ein Frühjahrsaspekt. Deutsche Gesellschaft für Limnologie, Tagungsbericht 2002 (Braunschweig), 443–448.

*Krüger, F., Schwartz, R., Stachel, B. (2003) Quecksilbergehalte in Sedimenten und Aueböden der Elbe und deren Beurteilung unter besonderer Berücksichtigung des Sommerhochwassers 2002. Vom Wasser 101, 213–218.

Schwartz, R., Kozerski, H.-P. (2003) Die Bedeutung von Buhnenfeldern für die Retentionsleistung der Elbe. Deutsche Gesellschaft für Limnologie, Tagungsbericht 2002 (Braunschweig), 460–465.

Schwartz, R., Krüger, F., Kozerski, H.-P., Gröngröft, A., Miehlich, G. (2003) Schwebstoffrückhalt der unteren Mittelelbe in Fluss und Aue. Mitteilungen der Deutschen Bodenkundlichen Gesellschaft 102-I, 25–26.

*Schwartz, R., Kozerski, H.-P. (2003) Entry and deposits of suspended particulate matter in groyne fields in the Middle Elbe and its ecological relevance. Acta hydrochimica et hydrobiologica 31, 391–399.

## 2004

*Engelhardt, C., Krüger, A., Sukhodolov, A., Nicklisch, A. (2004) A study of phytoplankton spatial distributions, flow structure and characteristics of mixing in a river reach with groynes. Journal of Plankton Research 26, 1351–1366.

*Förstner, U., Heisem, S., Schwartz, R., Westrich, B., Ahlf, W. (2004) Historical contaminated sediments and soils at the river basin scale – examples from the Elbe River catchment area. Journal of Soils and Sediments 4, 247–260.

*Kloep, F., Röske, I. (2004) Transport behaviour of green algae and algal sized microspheres in hyporheic zone sediment columns of the river Elbe (Germany). International Review of Hydrobiology 89, 88–101.

Kozerski, H.-P., Hintze, T. Schwartz, R. (2004) Tracer experiments in the groyne fields of the River Elbe (Germany). In: Jirka, G. H.; Uijttewaal, W. (Hrsg) Shallow Flows. A. A. Balkema Publication, 485–490.

Pusch, M., Wilczek, S., Schwartz, R., Kozerski, H.-P., Fischer, H., Brunke, M., Engelhardt, C., Sukhodolov, A. (2004) Die Elbe – gewässerökologische Bedeutung von Flussbettstrukturen. Leibniz-Institut für Gewässerökologie und Binnenfischerei, Berlin, Berichte des IGB 19.

*Darin enthaltene Aufsätze, die nicht identisch sind mit anderen Projektpublikationen:*

Engelhardt, C. (2004) Untersuchungen zur Hydro- und Morphodynamik einzelner Buhnenfelder. In: Pusch, M., Wilczek, S., Schwartz, R., Kozerski, H.-P., Engelhardt, C., Fischer, H., Brunke, M., Sukhodolov, A. (Hrsg) Die Elbe – Gewässerökologische Bedeutung von Flussbettstrukturen. Leibniz-Institut für Gewässerökologie und Binnenfischerei, Berlin, Berichte des IGB 19, 21–29.

Kozerski, H.-P., Schwartz, R. (2004) Tracerversuche in Buhnenfeldern – Auswertung einer numerischen Simulation zur Optimierung von Feldversuchen. In: Pusch, M., Wilczek, S., Schwartz, R., Kozerski, H.-P., Engelhardt, C., Fischer, H., Brunke, M., Sukhodolov, A. (Hrsg) Die Elbe – Gewässerökologische Bedeutung von Flussbettstrukturen. Leibniz-Institut für Gewässerökologie und Binnenfischerei, Berlin, Berichte des IGB 19, 72–83.

Schwartz, R., Kozerski, H.-P., Schulz, M. (2004) Partikuläre Stoffdynamik und Bioindikation in der Elbe. In: Pusch, M., Wilczek, S., Schwartz, R., Kozerski, H.-P., Engelhardt, C., Fischer, H., Brunke, M., Sukhodolov, A. (Hrsg) Die Elbe – Gewässerökologische Bedeutung von Flussbettstrukturen. Leibniz-Institut für Gewässerökologie und Binnenfischerei, Berlin, Berichte des IGB 19, 85–126.

Fischer, H., Wilczek, S. (2004) Einführung – Strukturgebundene mikrobielle Dekomposition. In: Pusch, M., Wilczek, S., Schwartz, R., Kozerski, H.-P., Engelhardt, C., Fischer, H., Brunke, M., Sukhodolov, A. (Hrsg) Die Elbe – Gewässerökologische Bedeutung von Flussbettstrukturen. Leibniz-Institut für Gewässerökologie und Binnenfischerei, Berlin, Berichte des IGB 19, 129–132.

Wilczek, S., Fischer, H., Pusch, M. (2004) Seasonal pattern of extracellular enzyme activities in sediments of groyne fields in the River Elbe, Germany. In: Pusch, M., Wilczek, S., Schwartz, R., Kozerski, H.-P., Engelhardt, C., Fischer, H., Brunke, M., Sukhodolov, A. (Hrsg) Die Elbe – Gewässerökologische Bedeutung von Flussbettstrukturen. Leibniz-Institut für Gewässerökologie und Binnenfischerei, Berlin, Berichte des IGB 19, 133–161.

Wilczek, S., Fischer, H., Brunke, M., Pusch, M. (2004) Mikrobielle Aktivität im Uferbereich, der überströmten Flusssohle und einer Unterwasserdüne. In: Pusch, M., Wilczek, S., Schwartz, R., Kozerski, H.-P., Engelhardt, C., Fischer, H., Brunke, M., Sukhodolov, A. (Hrsg) Die Elbe – Gewässerökologische Bedeutung von Flussbettstrukturen. Leibniz-Institut für Gewässerökologie und Binnenfischerei, Berlin, Berichte des IGB 19, 162–169.

Brunke, M. (2004) Besiedlung von Buhnenfeldern durch wirbellose Meio- und Makrofauna. In: Pusch, M., Wilczek, S., Schwartz, R., Kozerski, H.-P., Engelhardt, C., Fischer, H., Brunke, M., Sukhodolov, A. (Hrsg) Die Elbe – Gewässerökologische Bedeutung von Flussbettstrukturen. Leibniz-Institut für Gewässerökologie und Binnenfischerei, Berlin, Berichte des IGB 19, 171–196.

Brunke, M. (2004) Besiedlung der Flusssohle durch wirbellose Meio- und Makrofauna. In: Pusch, M., Wilczek, S., Schwartz, R., Kozerski, H.-P., Engelhardt, C., Fischer, H., Brunke, M., Sukhodolov, A. (Hrsg) Die Elbe – Gewässerökologische Bedeutung von Flussbettstrukturen. Leibniz-Institut für Gewässerökologie und Binnenfischerei, Berlin, Berichte des IGB 19, 197–209.

SCHÖL, A., EIDNER, R., BÖHME, M., KIRCHESCH, V., WÖRNER, U., MÜLLER, D. (2004) Bedeutung der Stillwasserzonen für die Nährstoffeliminierung in der Elbe – BfG-Abschlussbericht. In: Bedeutung der Stillwasserzonen und des Interstitials für die Nährstoffeliminierung in der Elbe. Abschlussbericht des BMBF-Forschungsvorhabens, FKZ 0339603. BfG (Bundesanstalt für Gewässerkunde), Koblenz Berlin. http://elise.bafg.de/?6967.

SCHWARTZ, R., KOZERSKI, H.-P. (2004) Bestimmung des Gefahrenpotenzials feinkörniger Buhnenfeldsedimente für die Wasser- und Schwebstoffqualität der Elbe sowie den Stoffeintrag in Auen. In: GELLER, W., OCKENFELD, K., BOEHME, M., KNOECHEL, A. (Hrsg) Schadstoffbelastung nach dem Elbe-Hochwasser 2002, Magdeburg, 258–274.

SCHWARTZ, R., KRÜGER, F., KOZERSKI, H.-P. (2004) Bilanzierung des Schwebstoffrückhalts der unteren Mittelelbe in Fluss und Aue. Deutsche Gesellschaft für Limnologie, Tagungsbericht 2003 (Köln), Berlin, 239–244.

*STACHEL, B., GÖTZ, R., HERRMANN, T., KRÜGER, F., KNOTH, W., PÄPKE, O., RAUHUT, U., REINCKE, H., SCHWARTZ, R., STEEG, E., UHLIG, S. (2004) The Elbe flood in August 2002 – occurrence of polychlorinated dibenzo-p-dioxins, polychlorinated dibenzofurans (PCDD/F) and dioxin-like PCB in suspended particulate matter (SPM), sediment and fish. Water Science and Technology 50, 309–316.

STEPHAN, S., SCHWARTZ, R. (2004) Biologie und Verbreitung von Großbranchiopoden (Anostraca & Notostraca, Crustacea) in den Rühstädter Elbtalauen. Untere Havel – Naturkundliche Berichte aus Altmark und Prignitz, 14. Stendal, 17–25.

STEPHAN, S., SCHWARTZ, R. (2004) Biologie, Verbreitung und Schutz von Großbranchiopoden (Crustacea, Branchiopoda) in den Auen der Unteren Mittelelbe. Deutsche Gesellschaft für Limnologie, Tagungsbericht 2003 (Köln), Berlin, 233–238.

*SUKHODOLOV, A., ENGELHARDT, C. KRÜGER, A., BUNGARTZ, H. (2004) Case study: turbulent flow and sediment distributions in a groyne field. Journal of Hydraulic Engineering 130, 1–9.

WILCZEK, S., FISCHER, H., BRUNKE, M., PUSCH, M. (2004) Mikrobielle Aktivität in flussmorphologischen Strukturen der Elbe. Deutsche Gesellschaft für Limnologie, Tagungsbericht 2003 (Köln), 552–557.

*WILCZEK, S., FISCHER, H., BRUNKE, M., PUSCH, M. (2004) Microbial activity within a subaqueous dune in the River Elbe, Germany. Aquatic Microbial Ecology 36, 83–97.

## 2005

BRUNKE, M., SCHOLTEN, M., HOLST, H., KRÖWER, S., WÖRNER, U., ZIMMERMANN-TIMM, H. (2005) Stromelbe. In: SCHOLZ, M., STAB, S., DZIOCK, F., HENLE, K. (Hrsg) Lebensräume der Elbe und ihrer Auen. Konzepte für die nachhaltige Entwicklung einer Flusslandschaft Bd. 4. Weißensee Verlag, Berlin, 103–138.

*FISCHER, H., KLOEP, F., WILCZEK, S., PUSCH, M. T. (2005) A river's liver – microbial processes within the hyporheic zone of a large lowland river. Biogeochemistry 76, 349–371.

GARCIA, X. F., BRAUNS, M., PUSCH, M. (2005) Ecological effects of different groyne construction types on the Elbe, East Germany. Deutsche Gesellschaft für Limnologie, Tagungsbericht 2004 (Potsdam), 297–301.

HILDEBRANDT, J., DZIOCK, F., BÖHMER, H. J., BRUNKE, M., FOECKLER, F., SCHOLTEN, M., SCHOLZ, M., HENLE, K. (2005) Ökologische Konzepte und Theorien zu Fluss- und Auenlebensräumen. In: SCHOLZ, M., STAB, S., DZIOCK, F., HENLE, K. (Hrsg) Lebensräume der Elbe und ihrer Auen. Konzepte für die nachhaltige Entwicklung einer Flusslandschaft Bd. 4. Weißensee Verlag, Berlin, 49–66.

KIRCHESCH, V., BÖHME, M., EIDNER, R., SCHÖL, A. (2005) Einfluss der Buhnenfelder auf den Stoffhaushalt der Mittelelbe – Betrachtungen mit dem Gewässergütemodell QSim. Deutsche Gesellschaft für Limnologie, Tagungsbericht 2004 (Potsdam), 302–306.

KOZERSKI, H.-P., HINTZE, T., SCHWARTZ, R. (2005) Tracerversuche in Flüssen zur Bestimmung von Aufenthaltszeiten und anderen ökologisch relevanten Größen. Deutsche Gesellschaft für Limnologie, Tagungsbericht 2004 (Potsdam), 517–521.

SCHOLZ, M., SCHWARTZ, R., WEBER, M. (2005) Flusslandschaft Elbe – Entwicklung und heutiger Zustand. In: SCHOLZ, M., STAB, S., DZIOCK, F., HENLE, K. (Hrsg) Lebensräume der Elbe und ihrer Auen. Konzepte für die nachhaltige Entwicklung einer Flusslandschaft, Bd. 4. Weißensee Verlag, Berlin, 5–48.

SCHWARTZ, R., KOZERSKI, H.-P. (2005) Geochemische Charakterisierung feinkörniger Buhnenfeldsedimente der Mittelelbe und deren Erosionsstabilität. Deutsche Gesellschaft für Limnologie, Tagungsbericht 2004 (Potsdam), 307–313.

WILCZEK, S., FISCHER, H., BRUNKE, M., PUSCH, M. (2005) Microbial activity within a subaquenous dune in a large lowland river (River Elbe, Germany). Leibniz-Institut für Gewässerökologie und Binnenfischerei, Berlin, Jahresforschungsbericht 2004, Berichte des IGB 22, 67–78.

**2006 und im Druck**

GRAFAHREND, E., BRUNKE, M. (i. Dr.) Die Besiedlung von Totholz und anderen Sohlsubstraten der unteren Mulde und mittleren Elbe durch aquatisch lebende Wirbellose. Naturschutz im Land Sachsen-Anhalt.

*KLOEP, F., MANZ, W., RÖSKE, I. (i. Dr.) Multivariate analysis of microbial communities in the River Elbe (Germany) on different phylogenetic and spatial levels of resolution. FEMS Microbiology Ecology.

*KOZERSKI, H.-P., SCHWARTZ, R., HINTZE, T. (i. Dr.) Tracer measurements in groyne fields for the quantification of mean hydraulic residence times and of the exchange with the stream. Acta hydrochimica et hydrobiologica.

PUSCH, M., FISCHER, H. (Hrsg) (2006) Stoffdynamik und Habitatstruktur in der Elbe. Konzepte zur nachhaltigen Nutzung einer Flusslandschaft Bd. 5. Weißensee Verlag, Berlin.

*WILCZEK, S., FISCHER, H., PUSCH, M. T. (i. Dr.) Regulation and seasonal dynamics of extracellular enzyme activities in nearshore sediments of the large lowland River Elbe, Germany. Microbial Ecology.

# Literaturverzeichnis

ADAMS, S. R., KEEVIN, T. M., KILLGORE, K. J., HOOVER, J. J. (1999) Stranding potential of young fishes subjected to simulated vessel-induced drawdown. Transactions of the American Fisheries Society 128, 1230–1234.

ALEXANDER, R. B., SMITH, R. A., SCHWARZ, G. E. (2000) Effect of stream channel size on the delivery of nitrogen to the Gulf of Mexico. Nature 403, 758–761.

ALLDREDGE, A. L., SILVER, M. W. (1988) Characteristics, dynamics and significance of marine snow. Progress in Oceanography 20, 41–82.

ALONGI, D. M. (1991) Flagellates of benthic communities: Characteristics and methods of study. In: PATTERSON, D. J. (Hrsg) The biology of free-living heterotrophic flagellates. Clarendon Press, Oxford.

ALONGI, D. M. (1995) Decomposition and recycling of organic matter in muds of the Gulf of Papua, northern Coral Sea. Continental Shelf Research 15, 1319–1337.

AMANN, R. I., BINDER, B. J., OLSON, R. J., CHISHOLM, S. W., DEVEREUX, R., STAHL, D. A. (1990) Combination of 16S rRNA-targeted oligonucleotide probes with flow cytometry for analyzing mixed microbial populations. Applied and Environmental Microbiology 56, 1919–1925.

ANDERSEN, T., DAY, D. M. (1986) Predictive quality of macroinvertebrate habitat associations in lower navigation pools of the Mississippi River. Hydrobiologia 136, 101–112.

ANLAUF, A., HENTSCHEL, B. (2002) Untersuchungen zur Wirkung verschiedener Buhnenformen auf die Lebensräume in Buhnenfeldern der Elbe. In: GELLER, W., PUNCOCHÁR, P., GUHR, H., TÜMPLING, VON, W., MEDEK, J., SMRT'AK, J., FELDMANN, H., UHLMANN, O. (Hrsg) Die Elbe, neue Horizonte des Flussgebietmanagements – 10 Magdeburger Gewässerschutzseminar, 199–202.

ARGE-ELBE (ARBEITSGEMEINSCHAFT ZUR REINHALTUNG DER ELBE) (1990) Wassergütedaten der Elbe – Zahlentafel 1989. Wassergütestelle Elbe, Hamburg.

ARGE-ELBE (ARBEITSGEMEINSCHAFT FÜR DIE REINHALTUNG DER ELBE) (1999) Wassergütedaten der Elbe – Zahlentafel 1998. Wassergütestelle Elbe, Hamburg.

ARGE-ELBE (ARBEITSGEMEINSCHAFT FÜR DIE REINHALTUNG DER ELBE) (2000a) Stoffkonzentrationen in mittels Hubschrauber entnommenen Elbewasserproben (1979 bis 1998). Wassergütestelle Elbe, Hamburg. http://www.arge-elbe.de/wge/Download/Berichte/00Hubschr.pdf.

ARGE-ELBE (ARBEITSGEMEINSCHAFT FÜR DIE REINHALTUNG DER ELBE) (2000b) Wassergütedaten der Elbe – Zahlentafel 1999. Wassergütestelle Elbe, Hamburg.

ARGE-ELBE (ARBEITSGEMEINSCHAFT FÜR DIE REINHALTUNG DER ELBE) (2001) Wassergütedaten der Elbe – Zahlentafel 2000. Wassergütestelle Elbe, Hamburg.

ARGE-ELBE (ARBEITSGEMEINSCHAFT FÜR DIE REINHALTUNG DER ELBE) (2004) Sauerstoffhaushalt der Tideelbe. Wassergütestelle Elbe, Hamburg.
http://www.arge-elbe.de/wge/Download/Texte/O2HaushTide.pdf.

ARLINGHAUS, R., ENGELHARDT, C., SUKHODOLOV, A., WOLTER, C. (2002) Fish recruitment in a canal with intensive navigation: implications for ecosystem and inland fisheries management. Journal of Fish Biology 61, 1386–1402.

ARNDT, H., MATHES, J. (1991) Large heterotrophic flagellates form a significant part of protozooplankton biomass in lakes and rivers. Ophelia 33, 225–234.

ARTOLOZAGA, I., SANTAMARIA, E., LOPEZ AYO, B., IRRIBERRI, J. (1997) Succession of bacterivorous protists on laboratory-made marine snow. Journal of Plankton Research 19, 1429–1440.

ASSMUS, B., HUTZLER, P., KIRCHHOF, G., AMANN, R., LAWRENCE, J. R., HARTMANN, A. (1995) In situ localization of Azospirillum brasilense in the rhizosphere of wheat with fluorescently labeled, rRNA-targeted oligonucleotide probes and scanning confocal laser microscopy. Applied and Environmental Microbiology 61, 1013–1019.

AZAM, F., FENCHEL, T., FIELD, J. G., GRAY, J. S., MAYER-REIL, L. A., THINGSTAD, F. (1983) The ecological role of water-column microbes in the sea. Marine Ecology Progress Series 10, 257–263.

BACH, M., FREDE, H.-G., SCHWEIKART, U., HUBER, A. (1999) Regional differenzierte Bilanzierung der Stickstoff- und Phosphorüberschüsse in den Gemeinden/Kreisen in Deutschland. In: BEHRENDT, H., HUBER, P., KORNMILCH, M. P., OPITZ, D., SCHMOLL, O., SCHOLZ, G., UEBE, R. Nährstoffbilanzierung der Flußgebiete Deutschlands. Umweltbundesamt, UBA-Texte 5/99.

BAKER, M. E., DAHM, C. N., VALETT, H. M. (1999) Acetate retention and metabolism in the hyporheic zone of a mountain stream. Limnology & Oceanography 44, 1530–1539.

BALDOCK, B. M., SLEIGH, M. A. (1988) The ecology of benthic protozoa in rivers: Seasonal variation in numerical abundance in fine sediments. Archiv für Hydrobiologie 111, 409–421.

BAMBERG, G., BAUR, F. (2002) Statistik. Oldenbourg Verlag, München.

BASU, B. K., KALFF, J., PINEL-ALLOUL, B. (2000) Midsummer plankton development along a large temperate river: the St. Lawrence River. Canadian Journal of Fisheries and Aquatic Sciences 57 Supplement 1, 7–15.

BASU, B. K., PICK, F. R. (1996) Factors regulating phytoplankton and zooplankton biomass in temperate rivers. Limnology and Oceanography 41, 1572–1577.

BAUER, S. (1996) Numerische Untersuchungen von Gewässerregelungsmaßnahmen an einem Elbeabschnitt. Diplomarbeit, Universität-Gesamthochschule Paderborn.

BAUMERT, H. (1973) Über systemtheoretische Modelle für Wassergüteprobleme in Fließgewässern. Acta Hydrophysica XVII, 5–25.

BAUMERT, H. (1979) Systemtheorie des longitudinalen Stofftransports im Fließgewässer, Modellgerinne und Rührkesselreaktor. Acta Hydrophysica XXIV, 241–276.

BAUMERT, H., BRAUN, P. (1976) Zur Anwendung systemtheoretischer Methoden in der Wassergütewirtschaft. Acta Hydrophysica XXI, 137–181.

BAUMERT, H., DUWE, K., LEVIKOV, F., PIERI, C., GOLDMANN, D. (2003) Hyporheisches Interstitial, Parafluvial und Zusammenfassung der Ergebnisse – Teilprojekt: Modelluntersuchungen zur Hydrodynamik und Biophysik des Interstitials und der seitlichen Totzonen des Elbestroms. In: Bedeutung der Stillwasserzonen und des Interstitials für die Nährstoffeliminierung in der Elbe. Abschlussbericht des BMBF-Forschungsvorhabens, FKZ 0339603. Hydromod GbR, Wedel (Holstein). http://elise.bafg.de/?345.

BAUMERT, H., DUWE, K., PIERI, C. (2000) Arbeitsbericht I: Modelluntersuchungen zur Hydrodynamik der seitlichen Totzonen – Teilprojekt: Modelluntersuchungen zur Hydrodynamik und Biophysik des Interstitials und der seitlichen Totzonen des Elbestroms. In: Bedeutung der Stillwasserzonen und des Interstitials für die Nährstoffeliminierung in der Elbe. Zwischenberichte des BMBF-Forschungsvorhabens, FKZ 0339603. Hydromod GbR, Wedel (Holstein). http://elise.bafg.de/?345.

BAUMERT, H., DUWE, K., LEVIKOV, S., LEVIKOV, F., PIERI, C. (2001) Arbeitsbericht II: Ergebnisse zur Dynamik der Totzonen/Buhnenfelder und des Interstitials/Parafluvials der Elbe – Teilprojekt: Modelluntersuchungen zur Hydrodynamik und Biophysik des Interstitials und der seitlichen Totzonen des Elbestroms. In: Bedeutung der Stillwasserzonen und des Interstitials für die Nährstoffeliminierung in der Elbe. Zwischenberichte des BMBF-Forschungsvorhabens, FKZ 0339603. BfG (Bundesanstalt für Gewässerkunde), Koblenz Berlin. http://elise.bafg.de/?345.

BAW (BUNDESANSTALT FÜR WASSERBAU) (2004) Tätigkeitsbericht, Karlsruhe.

BECKER, B. (1993) An 11,000-year German oak and pine dendrochronology for radiocarbon calibration. Radiocarbon 35, 201–214.

BECKETT, D. C., BINGHAM, C. R., SANDERS, L. G. (1983) Benthic macroinvertebrates of selected habitats of the Lower Mississippi River. Journal of Freshwater Ecology 2, 247–261.

BEHRENDT, H., HUBER, P., KORNMILCH, M. P., OPITZ, D., SCHMOLL, O., SCHOLZ, G., UEBE, R. (1999) Nährstoffbilanzierung der Flußgebiete Deutschlands. Umweltbundesamt, UBA-Texte 5/99.

BELSER, L. W., MAYS, E. L. (1980) Specific inhibition of nitrite oxidation by chlorate and its use in assessing nitrification in soil and sediments. Applied and Environmental Microbiology 39, 505–510.

BENKE, A. C. (1998) Production dynamics of riverine chironomids: extremely high biomass turnover rates of primary consumers. Ecology 79, 899–910.

BERECZKY, M. C., NOSEK, J. N. (1994) Composition and feeding spectrum of protozoa in the River Danube, with particular reference to planktonic Ciliata. Limnologica 24, 23–28.

BERGEMANN, M., BLÖCKER, G., HARMS, H., KERNER, M., NEHLS, R., PETERSEN, W., SCHRÖDER, F. (1996) Der Sauerstoffhaushalt der Tideelbe. Die Küste 58, 1–65.

BERGER, B., HOCH, B., KAVKA, G., HERNDL, G. (1996) Bacterial colonization of suspended solids in the River Danube. Aquatic Microbial Ecology 10, 37–44.

BERGER, H., FOISSNER, W., KOHMANN, F. (1997) Bestimmung und Ökologie der Mikrosaprobien nach DIN 38410. Gustav Fischer, Stuttgart Jena Lübeck Ulm.

BERGFELD, T. (2002) Dynamics of microbial food web components in three large rivers (Rhine, Mosel and Saar) with the main focus on heterotrophic flagellates. Dissertation, Universität zu Köln.

BERNINGER, U.-G., EPSTEIN, S. S. (1995) Vertical distribution of benthic ciliates in response to the oxygen concentration in an intertidal North Sea sediment. Aquatic Microbial Ecology 9, 229–236.

BEYER, W. (1964) Zur Bestimmung der Wasserdurchlässigkeit von Kiesen und Sanden aus der Kornverteilungskurve. Wasserwirtschaft Wassertechnik WWT 14, 165–168.

BEZZOLA, G. R., LANGE, D. (2003) Umgang mit Schwemmholz im Wasserbau. Wasser Energie Luft 95, 360–363.

BFG (BUNDESANSTALT FÜR GEWÄSSERKUNDE) (1993) Untersuchung der Kornzusammensetzung der Elbesedimente an Sand- und Kiesbänken sowie Buhnenfeldern zwischen Strom-Kilometer 8,2 und 449,5. Jahresplan Nr. 1497, Koblenz Berlin.

BFG (BUNDESANSTALT FÜR GEWÄSSERKUNDE) (1994) Kornzusammensetzung der Elbsohle von der tschechisch-deutschen Grenze bis zur Staustufe Geesthacht. BfG-Bericht 0834, Koblenz Berlin.

BHOWMIK, N. G., MAZUMDER, B. S. (1990) Physical forces by barge-tow traffic within a navigable waterway. In: CHANG, H. H., HILL, J. C. (Hrsg) Hydraulic Engineering – Proceedings Volume 1, 1990 National Conference of the Hydraulics Division of the American Society of Civil Engineers (San Diego, California). 604–609.

BIDDANDA, B. A. (1988) Microbial aggregation and degradation of phytoplankton-derived detritus in seawater – I. Microbial succession – II. Microbial metabolism. Marine Ecology Progress Series 42, 79–95.

BMBF (BUNDESMINISTERIUM FÜR BILDUNG, WISSENSCHAFT, FORSCHUNG UND TECHNOLOGIE) (1995) Forschungskonzeption „Ökologische Forschung in der Stromlandschaft Elbe (Elbe-Ökologie)". Bundesministerium für Bildung, Wissenschaft, Forschung und Technologie. Bonn, August 1995.

BMVBW (BUNDESMINISTERIUM FÜR VERKEHR, BAU- UND WOHNUNGSWESEN) (2005) Grundsätze für das Fachkonzept der Unterhaltung der Elbe zwischen Tschechien und Geesthacht mit Erläuterungen. Erstellt in Abstimmung mit dem Bundesministerium für Umwelt, Naturschutz und Reaktorsicherheit.

BÖCKELMANN, U., MANZ, W., NEU, T. R., SZEWZYK, U. (2000) Characterization of the microbial community of lotic organic aggregates ('River snow') in the Elbe River of Germany by cultivation and molecular methods. FEMS Microbiology Ecology 33, 157–170.

BÖHME, M. (2002a) Verteilung ausgewählter Parameter im Flussquerschnitt. In: MAZIJK VAN, A., WEITBRECHT, V. (Hrsg) Neue Erkenntnisse über physikalische und ökologische Prozesse an Buhnenfeldern – Tagungsband Internationaler Workshop der Technischen Universität Delft und der Universität Karlsruhe am 22./23.10.2001 (Magdeburg). 51–54.

BÖHME, M. (2002b) Verteilung ausgewählter Parameter im Flußquerschnitt. In: Bedeutung der Stillwasserzonen und des Interstitials für die Nährstoffeliminierung in der Elbe. Daten für das BMBF-Forschungsvorhaben, FKZ 0339603. Bundesanstalt für Gewässerkunde, BfG-Bericht 1309, Koblenz Berlin. http://elise.bafg.de/?3788.

BÖHME, M. (i. Dr.) Distribution of water parameters in two cross-sections of River Elbe measured with high local, temporal and analytic resolution.

BÖHME, M., EIDNER, R., OCKENFELD, K., GUHR, H. (2002) Ergebnisse der fließzeitkonformen Elbe-Längsschnittbereisung 26.06.–07.07.2000. In: Bedeutung der Stillwasserzonen und des Interstitials für die Nährstoffeliminierung in der Elbe. Daten für das BMBF-Forschungsvorhaben, FKZ 0339603. Bundesanstalt für Gewässerkunde, BfG-Bericht 1309, Koblenz Berlin. http://elise.bafg.de/?3928.

BÖHME, M., KRÜGER, F., OCKENFELD, K., GELLER, W. (2005) Schadstoffbelastung nach dem Elbe-Hochwasser 2002. UFZ-Umweltforschungszentrum Leipzig-Halle. http://www.ufz.de/data/HWBroschuere2637.pdf.

BORCHARDT, D., FISCHER, J. (2000) Three-dimensional patterns and processes in the River Lahn (Germany) variability of abiotic and biotic conditions. Verhandlungen Internationale Vereinigung für Limnologie 27, 393–397.

BOTT, T. L., KAPLAN, L. A. (1985) Bacterial biomass, metabolic state, and activity in stream sediments: relations to environmental variables and multiple assay comparisons. Applied and Environmental Microbiology 50, 508–522.

BOULTON, J. A., FINDLAY, S., MARMONIER, P., STANLEY, E. H., VALETT, H. M. (1998) The functional significance of the hyporheic zone in streams and rivers. Annual Review of Ecology and Systematics 29, 59–81.

BOURNAUD, M., TACHET, H., BERLY, A., CELLOT, B. (1998) Importance of microhabitat characteristics in the macrobenthos microdistribution of a large river reach. Annales de Limnologie 34, 83–98.

BRANDT, S. (2003) Ermittlung des pelagischen Phytoplankton-Wachstums unter Berücksichtigung des Zooplankton-Fraßes eines mitteldeutschen Fließgewässers (Elbe). Diplomarbeit, Institut für Zoologie, Martin-Luther-Universität Halle-Wittenberg.

BRETSCHKO, G. (1999) The lotic fauna in water-logged sediments beyond the waterline in the canalized Danube. Archiv für Hydrobiologie Supplementband 115, Large Rivers vol 11, 413–421.

BRINCKMANN, M., HOLZ, K. P. (1990) Three-dimensional modeling of recirculation behind a groyne. In: Proceedings ASCE National Conference on Hydraulic Engineering, San Diego, 1091–1096.

BROOKES, A., HANBURY, R. G. (1990) Environmental impacts on navigable river and canal systems: a review of the british experience. PIANC Bulletin SI 4, 91–103.

BRÜMMER, I. H. M., FEHR, W., WAGNER-DÖBLER, I. (2000) Biofilm community structure in polluted rivers: Abundance of dominant phylogenetic groups over a complete annual cycle. Applied and Environmental Microbiology 66, 3078–3082.

BRUNKE, M. (1999) Colmation and depth filtration within streambeds: retention of particles in hyporheic interstices. International Review of Hydrobiology 84, 99–117.

Brunke, M. (2004a) Besiedlung von Buhnenfeldern durch wirbellose Meio- und Makrofauna. In: Pusch, M., Wilczek, S., Schwartz, R., Kozerski, H. P., Fischer, H., Brunke, M., Engelhardt, C., Sukhodolov, A., Schulz, M. (Hrsg) Die Elbe – Gewässerökologische Bedeutung von Flussbettstrukturen. Leibniz-Institut für Gewässerökologie und Binnenfischerei, IGB-Bericht 19/2004, 171–196.

Brunke, M. (2004b) Besiedlung der Flusssohle durch wirbellose Meio- und Makrofauna. In: Pusch, M., Wilczek, S., Schwartz, R., Kozerski, H. P., Fischer, H., Brunke, M., Engelhardt, C., Sukhodolov, A., Schulz, M. (Hrsg) Die Elbe – Gewässerökologische Bedeutung von Flussbettstrukturen. Leibniz-Institut für Gewässerökologie und Binnenfischerei, Berlin, Berichte des IGB 19, 197–210.

Brunke, M., Fischer, H. (1999) Hyporheic bacteria – relations to environmental gradients and invertebrates in the hyporheic interstices of a prealpine stream (Töss, Switzerland). Archiv für Hydrobiologie 146, 189–217.

Brunke, M., Fischer, H., Wilczeck, S., Pusch, M. (2002a) Ökologische Bewertung der aquatischen Lebensräume wirbelloser Tiere in der Elbe: Natürliche und anthropogene Faktoren. In: Geller, W., Punčochář, P., Guhr, H., Tümpling von, W., Medek, J., Smrťak, J., Feldmann, H., Uhlmann, O. (Hrsg) Die Elbe – neue Horizonte des Flussgebietsmanagements – 10. Magdeburger Gewässerschutzseminar. Teubner, Stuttgart Leipzig Wiesbaden, 259–262.

Brunke, M., Gonser, T. (1997) The ecological significance of exchange processes between rivers and groundwater. Freshwater Biology 37, 1–33.

Brunke, M., Gonser, T. (1999) Hyporheic invertebrates – the clinal nature of interstitial communities structured by hydrological exchange and environmental gradients. Journal of the North American Benthological Society 18, 344–362.

Brunke, M., Hoffmann, A., Pusch, P. (2002b) Associations between invertebrate assemblages and mesohabitats in a lowland river (Spree, Germany) – A chance for predictions? Archiv für Hydrobiologie 154, 239–259.

Brunke, M., Scholten, M., Holst, H., Kröwer, S., Wörner, U., Zimmermann-Timm, H. (2005) Stromelbe. In: Scholz, M., Stab, S., Dziock, F., Henle, K., (Hrsg) (2005) Lebensräume der Elbe und ihrer Auen. – Konzepte für die nachhaltige Entwicklung einer Flusslandschaft, Bd. 4. Weißensee Verlag Berlin, 103–138.

Brunke, M., Sukhodolov, A., Engelhardt, C. (2002c) Sunk und Wellenschlag durch Schiffe in Wasserstraßen: Hydraulische Kräfte und Litoralfauna. Deutsche Gesellschaft für Limnologie, Tagungsbericht 2001 (Kiel), 412–416.

Brunke, M., Sukhodolov, A., Fischer, H., Wilczek, S., Engelhardt, C., Pusch, M. (2002d) Benthic and hyporheic habitats of a large lowland river (Elbe, Germany), influence of river engineering. Verhandlungen der Internationalen Vereinigung für theoretischen und angewandte Limnologie 28, 153–156.

Brunotte, E., Gebhardt, H., Meurer, M., Meusburger, P., Nipper, J. (2002) Lexikon der Geographie. Spektrum Akademischer Verlag, Heidelberg Berlin.

Büchele, B., Träbing, K., Nestmann, F. (2002) Quantifizierung von Gewässerbett- und Strömungsparametern der Elbe vor 1800 im Hinblick auf die Beschreibung naturnaher hydraulisch-morphologischer Zustände. In: Nestmann, F., Büchele, B. (Hrsg) Morphodynamik der Elbe. Abschlussbericht des BMBF-Forschungsvorhabens, FKZ 0339566. Universität Karlsruhe, Institut für Wasserwirtschaft und Kulturtechnik, 45–63. http://elise.bafg.de/?3804.

Bundesregierung (2002) 5-Punkte-Programm der Bundesregierung – Arbeitsschritte zur Verbesserung des vorbeugenden Hochwasserschutzes, 16.09.2002.

Busch, K.-F., Luckner, L. (1974) Geohydraulik. Enke, Stuttgart.

CANT, D. J. (1978) Bedforms and bar types in the South Saskatchewan River. Journal of Sedimentology and Petrology 48, 1321–1330.

CARLING, P. (1992) In-stream, hydraulics and sediment transport. In: CALOW, P., PETTS, G. E. (Hrsg) The Rivers Handbook I. Blackwell, Oxford, 101–125.

CARLING, P. A., KOHMANN, F., GÖLZ, E. (1996) River hydraulics, sediment transport and training works: their ecological relevance to European rivers. Archiv für Hydrobiologie Supplementband 113, Large Rivers, vol 10, 129–146.

CARLING, P. A., GÖLZ, E., ORR, H. G., RADECKI-PAWLIK, A. (2000a) The morphodynamics of fluvial sand dunes in the River Rhine, near Mainz, Germany – I. Sedimentology and morphology. Sedimentology 47, 227–252.

CARLING, P. A., WILLIAMS, J. J., GÖLZ, E., KELSEY, A. D. (2000b) The morphodynamics of fluvial sand dunes in the River Rine, near Mainz, Germany – II. Hydrodynamics and sediment transport. Sedimentology, 47, 253–78.

CARLOUGH, L. A. (1989) Fluctuations in the community composition of water-column protozoa in two southeastern blackwater rivers (Georgia, USA). Hydrobiologia 185, 55–62.

CARON, D. A. (1991a) Evolving roles of protozoa in aquatic nutrient cycles. In: REID, P. C., TURLEY, C. M., BURKILL, P. H. (Hrsg) Protozoa and their role in marine processes. Nato Asi Series G Ecological Sciences, vol 25, 387–416.

CARON, D. A. (1991b) Heterotrophic flagellates associated with sedimenting detritus. In: PATTERSON, D. J. (Hrsg) The biology of free-living heterotrophic flagellates. Clarendon Press, Oxford.

CHRISTENSEN, P. B., NIELSEN, L. P., SORENSEN, J., REVSBECH, N. P. (1990) Denitrification in nitrate-rich streams: Diurnal and seasonal variation related to benthic oxygen metabolism. Limnology and& Oceanography 35, 640–651.

CHROST, R. J. (1991) Environmental control of the synthesis and activity of aquatic microbial ectoenzymes. In: CHROST, R. J. (Hrsg) Microbial enzymes in aquatic environments. Springer, New York, 42–50.

CLARET, C., MARMONIER, P., BOISSIER, J.-M., FONTVIEILLE, D., BLANCS, P. (1997) Nutrient transfer between interstitial water and river water: influence of gravel bar heterogeneity. Freshwater Biology 37, 657–670.

CLARKE, K. R. (1993) Non-parametric multivariate analysis of changes in community structure. Australian Journal of Ecology 18, 117–143.

CLARKE, K. R., GORLEY, R. N. (2001) PRIMER v5: User Manual/Tutorial, PRIMER-E Ltd, Plymouth Marine Laboratory, United Kingdom.

CLEVEN, E.-J. (2004) Seasonal and spatial distribution of ciliates in the sandy hyporheic zone of a lowland stream. European Journal of Protistology 40, 71–84.

CORB, D. G., GALLOWAY, T. D., FLANNAGAN, J. F. (1992) Effects of discharge and substrate stability on density and species composition of stream insects. Canadian Journal of Fisheries and Aquatic Sciences 49, 1788–1795.

COULING, M. P., BOULTON, A. J. (1993) Aspects of the hyporheic zone below the terminus of a south Australian arid-zone stream. Australian Journal of Marine and Freshwater Research 44, 411–426.

CRAFT, J. A., STANFORD, J. A., PUSCH, M. (2002) Microbial respiration within a floodplain aquifer of a large gravel-bed river. Freshwater Biology 47, 251–261.

CZIHAK, G., LANGER, H., ZIEGLER, H. (1981) Biologie – Ein Lehrbuch. Springer, Berlin Heidelberg New York.

DAHM, C. N., GRIMM, N. B., MARMONIER, P., VALETT, H. M., VERVIER, P. (1998) Nutrient dynamics at the interface between surface waters and groundwaters. Freshwater Biology 40, 427–451.

DAIMS, H., BRÜHL, A., AMANN, R., SCHLEIFER, K.-H., WAGNER, M. (1999) The domain-specific probe EUB338 is insufficient for the detection of all bacteria: development and evaluation of a more comprehensive probe set. Systematic and Applied Microbiology 22, 434–444.

DANIELOPOL, D. D. (1989) Groundwater fauna associated with riverine aquifers. Journal of the North American Benthological Society 8, 18–35.

DEHNHARDT, A., MEYERHOFF, J. (Hrsg) (2003) Nachhaltige Entwicklung der Stromlandschaft Elbe Nutzen und Kosten der Wiedergewinnung und Renaturierung von Überschwemmungsauen. Vauk, Kiel.

DESERTOVÁ, B. (2002) Zeitlich-räumliche Änderungen des Phytoplanktons in der Elbe. In: GELLER, W., PUNČOCHÁŘ, P., GUHR, H., TÜMPLING VON, W., MEDEK, J., SMRT'AK, J., FELDMANN, H., UHLMANN, O. (Hrsg) Die Elbe – neue Horizonte des Flussgebietsmanagements – 10. Magdeburger Gewässerschutzseminar. Teubner, Stuttgart Leipzig Wiesbaden, 251–254.

DESERTOVÁ, B., BLAŽKOVA, Š. (2000) Nutrient levels and eutrophication on the catchment area of the Czech Elbe. Wasser Berlin, 7–20.

DESERTOVÁ, B., PRANGE, A., PUNČOCHÁŘ, P. (1996) Chlorophyll a concentrations along the River Elbe. Archiv für Hydrobiologie Supplementband 113 (1–4), 203–210.

DEUTSCHER RAT FÜR LANDESPFLEGE (1994) Konflikte beim Ausbau von Elbe, Saale und Havel. Schriftenreihe des Deutschen Rates für Landespflege 64.

DEUTSCHES GEWÄSSERKUNDLICHES JAHRBUCH (1998) Elbegebiet – Teil 3, Untere Elbe ab der Havelmündung. Hamburg.

DEUTSCHES NATIONALKOMITEE FÜR DAS INTERNATIONALE HYDROLOGISCHE PROGRAMM (IHP) DER UNESCO UND DAS OPERATIONELLE HYDROLOGISCHE PROGRAMM (OHP) DER WMO (Hrsg) (1998) International Glossary of Hydrology. Koblenz.

DIEHL, J. M., KOHR, H.-U. (1999) Deskriptive Statistik. Eschborn, Frankfurt.

DIETRICH, D., ARNDT, H. (2000) Biomass partitioning of benthic microbes in a Baltic inlet: relationships between bacteria, algae, heterotrophic flagellates and ciliates. Marine Biology 136, 309–322.

DIN 38412–16 (DEUTSCHES INSTITUT FÜR NORMUNG e.V.) (1985) Deutsche Einheitsverfahren zur Wasser, Abwasser- und Schlammuntersuchung – Testverfahren mit Wasserorganismen (Gruppe L) – Bestimmung des Chlorophyll-a-Gehaltes von Oberflächenwasser (L 16). Beuth-Verlag, Berlin.

DIN 4044 (DEUTSCHES INSTITUT FÜR NORMUNG e.V.) (1980) Hydromechanik im Wasserbau. Beuth Verlag, Berlin.

DIN 4047 Teil 1–10 (DEUTSCHES INSTITUT FÜR NORMUNG e.V.) (1993) Landwirtschaftlicher Wasserbau. Beuth Verlag, Berlin.

DIN 4049 Teil 1–3 (DEUTSCHES INSTITUT FÜR NORMUNG e.V.) (1992) Hydrologie. Beuth Verlag, Berlin.

DIN 4054 (DEUTSCHES INSTITUT FÜR NORMUNG e.V.) (1977) Verkehrswasserbau. Beuth Verlag, Berlin.

DIRKSEN, M. T. (2003) Modellierung des organismischen Response in Buhnenfeldern der mittleren Elbe – Determinierende Umweltfaktoren des Makrozoobenthos der Elbe. Dissertation Universität Marburg, Fachbereich Biologie/Zoologie.

DIRKSEN, M. T., GLÜCK, E., THIEL, C., ASSMUTH, T., BOHLE, H. W. (2002) Auswirkungen von Buhnen auf semiterrestrische Flächen – Teilprojekt Biologie. Abschlussbericht des BMBF-Forschungsvorhabens, FKZ 0339590. Philipps-Universität Marburg. http://elise.bafg.de/?3996.

DOLÉDEC, S., CHESSEL, D. (1994) Co-inertia analysis: an alternative method for studying species-environment relationships. Freshwater Biology 31, 277–294.

DÖRFLER, E. P. (1995) Binnenschiffsverkehr und Wasserstraßenausbau. In: LOZÁN, J. L., KAUSCH, H. (1995) Warnsignale aus Flüssen und Ästuaren – Wissenschaftliche Fakten. Parey, Berlin, 182–188.

DÖRFLER, E. P. (2003) Wunder der Elbe. Stekovics, Halle.

DREYER, U. (1996) Potentiale und Strategien der Wiederbesiedlung am Beispiel des Makrozoobenthons in der mittleren Elbe. Dissertation, Umweltforschungszentrum Leipzig-Halle, UFZ-Bericht 3/1996.

DUDLEY, T., ANDERSON, N. H. (1982) A survey of invertebrates associated with wood debris in aquatic habitats. Melanderia 39, 1–21.

DUFF, J. H., TRISKA, F. J. (1990) Denitrification in sediments from the hyporheic zone adjacent to a small forested stream. Canadian Journal of Fish and Aquatic Science 47, 1140–1147.

DUFRÊNE, M., LEGENDRE, P. (1997) Species assemblages and indicator species: the need for a flexible asymmetrical approach. Ecological Monographs 67, 345–366.

DUWE, K. C. (1988) Modellierung der Brackwasserdynamik eines Tideästuars am Beispiel der Unterelbe. Dissertation, Universität Hamburg.

DUWE, K. C., PFEIFFER, K. D. (1988) Three-dimensional modelling of transport processes and its implications for water quality management. In: SCHREFLER, B. A., ZIENKIEWICZ, O. C. (Hrsg) Computer Modelling in Ocean Engineering. A. A. Balkema, Rotterdam, 319–425.

DVWK (DEUTSCHER VERBAND FÜR WASSERWIRTSCHAFT UND KULTURBAU2 (1996) Fluss und Landschaft – ökologische Entwicklungskonzepte. Ergebnisse des Verbundvorhabens „Modellhafte Erarbeitung ökologisch begründeter Sanierungskonzepte für Fließgewässer". Deutscher Verband für Wasserwirtschaft und Kulturbau, Bonn, Wirtschafts- und Verlagsgesellschaft Gas und Wasser.

EHLERS, J. (1994) Allgemeine und historische Quartärgeologie. Enke Verlag, Stuttgart.

EIDNER, R. (1998) Simulation des 1. Tracerversuchs Elbe mit dem ATV-Gewässergütemodell. Bundesanstalt für Gewässerkunde, BfG-Bericht 1132, Koblenz.

EIDNER, R., HANISCH, H.-H., HILDEN, M., SPECHT, F.-J., ILSE, J. (1999) Simulation der Tracerversuche an der Elbe. In: GELLER, W., PUNČOCHÁŘ, P., BORNHÖFT, D., BOUČEK, J., FELDMANN, H., GUHR, H., MOHAUPT, V., SIMON, M., SMRT'AK, J., SPOUSTOVA, J., UHLMANN, O. (Hrsg) Gewässerschutz im Einzugsgebiet der Elbe – 8. Magdeburger Gewässerschutzseminar. Teubner, Stuttgart, 107–108.

EIDNER, R., KIRCHESCH, V., GUHR, H., BÖHME, M., MÜLLER, D. (2001) Untersuchungen zum Stoffumsatz in Buhnenfeldern der Elbe. Deutsche Gesellschaft für Limnologie, Tagungsbericht 2001 (Kiel), 423–428.

EIDNER, R., KRANICH, J. (2002) Taucherschachteinsatz am Elbegrund zur Aufklärung ökologischer Wirkungszusammenhänge im Interstitial. Hydrologie und Wasserbewirtschaftung 47, 21–26.

EILERS, P. H. C., PEETERS, J. C. H. (1988) A model for the relationship between light intensity and the rate of photosynthesis in phytoplankton. Ecological Modelling 42, 199–215.

EISMA, D. (1986) Flocculation and de-flocculation of suspended matter in estuaries. Netherlands Journal of Sea Research 20, 183–199.

EISMA, D. (1993) Suspended matter in the aquatic environment. Springer, Berlin Heidelberg.

ELLIOTT, A. H., BROOKS, N. H. (1997) Transfer of nonsorbing solutes to a streambed with bed forms: theory. Water Resources Research 33, 123–136.

ENGELHARDT, C., BRUNKE, M., SUKHODOLOV, A. (2001) Effect of navigation on bed shear stresses, sediment entrainment, and aquatic organisms in groyne fields. Proceedings of the 3rd International Symposium on Environmental Hydraulics, Tempe (Arizona, USA), 34.

ENGELHARDT, C., KRÜGER, A., SUKHODOLOV, A., NICKLISCH, A. (2004) A study of phytoplankton spatial distributions, flow structure and characteristics of mixing in a river reach with groynes. Journal of Plankton Research 26, 1351–1366.

EU-WRRL (2000) à EG-WRRL Richtlinie 2000/60/EG des Europäischen Parlaments und des Rates zur Schaffung eines Ordnungsrahmens für Maßnahmen der Gemeinschaft im Bereich der Wasserpolitik. Amtsblatt der Europäischen Gemeinschaften (L327/1), 23. Oktober 2000.

FAIST, H., TRABANDT, W. (1996) Stromregelungen und Ausbau der Elbe. Wasserwirtschaft Wassertechnik, 22–27.

FAST, T. (1993) Zur Dynamik von Biomasse und Primärproduktion des Phytoplanktons im Elbe-Ästuar. Dissertation, Universität Hamburg.

FAULHABER, P. (1998) Entwicklung der Wasserspiegel- und Sohlenhöhen in der deutschen Binnenelbe innerhalb der letzten 100 Jahre – Einhundert Jahre ‚Elbestromwerk'. In: GELLER, W., PUNČOCHÁŘ, P., BORNHÖFT, D., BOUČEK, J., FELDMANN, H., GUHR, H., MOHAUPT, V., SIMON, M., SMRŤAK, J., SPOUSTOVA, J., UHLMANN, O. (Hrsg) Gewässerschutz im Einzugsgebiet der Elbe. 8. Magdeburger Gewässerschutzseminar, Teubner, Stuttgart, 217–220.

FAULHABER, P. (2000) Veränderungen hydraulisch-morphologischer Parameter der Elbe. Mitteilungsblatt der Bundesanstalt für Wasserbau 82, 97–117.

FAULHABER, P., ALEXY, M. (2005) Artificial bed load supply at the River Elbe – investigation and realization. In: BUIJSE, A. D. et al. (Hrsg) Rehabilitating large regulated rivers. Large Rivers vol 15, Archiv für Hydrobiologie Supplement 155, 539–547.

FELD, C. K. (1998) Die Rolle des Totholzes für die Besiedlung der Spree durch Makroinvertebraten. Diplomarbeit, Universität Marburg.

FELD, C. K., PUSCH, M. (1998) Die Bedeutung von Totholzstrukturen für die Makroinvertebraten-Taxocoenose in einem Flachlandfluß des Norddeutschen Tieflandes. Verhandlungen Westdeutscher Entomologentag 1998, 165–172.

FENCHEL, T. (1969) The ecology of marine microbenthos IV. Structure and function of the benthic ecosystem, its chemical and physical factors and the microfauna communities with special reference to the ciliated protozoa. Ophelia 6, 1–182.

FENCHEL, T. (1987) Ecology of protozoa: The biology of free-living phagotrophic protists. Science Tech Publishers, Madison (Wisconsin), 32–52.

FESL, C. (2002) Biodiversity and resource use of larval chironomids in relation to environmental factors in a large river. Freshwater Biology 47, 1065–1087.

FESL, C., HUMPESCH, U. H., ASCHAUER, A. (1999) The relationship between structure and biodiversity of the free-flowing section of the Danube in Austria – east of Vienna. Archiv für Hydrobiologie Supplementband 115, Large Rivers, vol 11, 349–374.

FIEBIG, D. M., LOCK, M. A. (1991) Immobilization of dissolved organic matter from groundwater discharging through the stream bed. Freshwater Biology 26, 45–55.

FINDLAY, S., SINSABAUGH, R. L. (2002) Response of hyporheic biofilm metabolism and community structure to nitrogen amendments. Aquatic Microbial Ecology 33, 127–136.

FINDLAY, S., SOBCZAK, W. V. (2000) Microbial communities in hyporheic sediments. In: JONES, J. B., MULHOLLAND, P. J. (Hrsg) Streams and ground waters. Academic Press, 287–306.

FINLEY, B. J., CLARKE, K. J., COWLING, A. J., HINDLE, R. M., ROGERSON, A., BERNINGER, U. G. (1988) On the abundance and distribution of protozoa and their food in a productive freshwater pond. European Journal of Protistology 23, 205–217.

FISCHER, H. (2003) The role of biofilms in the uptake and transformation of dissolved organic matter. In: FINDLAY, S. E. G., SINSABAUGH, R. L. (Hrsg) Aquatic ecosystems: interactivity of dissolved organic matter. Academic Press, San Diego, 285–313.

FISCHER, H., KLOEP, F., WILCZEK, S., PUSCH, M. T. (2005) A river's liver – microbial processes within the hyporheic zone of a large lowland river. Biogeochemistry 76, 349–371.

FISCHER, H., PUSCH, M. (1999) Use of the [$^{14}$C] leucine incorporation technique to measure bacterial production in river sediments and the epiphyton. Applied and Environmental Microbiology 65, 4411–4418.

FISCHER, H., PUSCH, M. (2001) Comparison of bacterial production in sediments, epiphyton, and the pelagic zone of a lowland river. Freshwater Biology 46, 1335–1348.

FISCHER, H., SUKHODOLOV, A., WILCZEK, S., ENGELHARDT, C. (2003) Effects of flow dynamics and sediment movement on microbial activity in a lowland river. River Research and Applications 19, 473–482.

FISCHER, H., WANNER, S. C., PUSCH, M. (2002) Bacterial abundance and production in river sediments as related to the biochemical composition of particulate organic matter (POM). Biogeochemistry 61, 37–55.

FISCHER, J., HELLWIG, C., BORCHARDT, D. (1998) Räumliche und zeitliche Variablität im Stoffhaushalt des Interstitials der Lahn. Deutsche Gesellschaft für Limnologie, Tagungsbericht 1997 (Frankfurt/M.), 619–623.

FISHER, R. A., CORBET, A. S., WILLIAMS, C. B. (1943) The relation between the number of species and the number of individuals in a random sample of an animal population. Journal of Animal Ecology 12, 42–58.

FOISSNER, W., BLATTERER, H., BERGER, H., KOHMANN, F. (1991) Taxonomische und ökologische Revision der Ciliaten des Saprobiensystems – Bd I: Cyrtophorida, Oligotrichida, Hypotrichia, Colpodea. Informationsberichte des Bayerischen Landesamtes für Wasserwirtschaft 1/91, 1–478.

FOISSNER, W., BERGER, H., KOHMANN, F. (1992) Taxonomische und ökologische Revision der Ciliaten des Saprobiensystems – Bd II: Peritrichia, Heterotrichia, Odontostomatida. Informationsberichte des Bayerischen Landesamtes für Wasserwirtschaft 5/92, 1–502.

FOISSNER, W., BERGER, H., KOHMANN, F. (1994) Taxonomische und ökologische Revision der Ciliaten des Saprobiensystems – Bd III: Hymenostomata, Prostomatida, Nassulida. Informationsberichte des Bayerischen Landesamtes für Wasserwirtschaft 1/94, 1–548.

FOISSNER, W., BERGER, H., BLATTERER, H., KOHMANN, F. (1995) Taxonomische und ökologische Revision der Ciliaten des Saprobiensystems – Bd IV: Gymnostomatea, Loxodes, Suctoria. Informationsberichte des Bayerischen Landesamtes für Wasserwirtschaft 1/95, 1–540.

FOX, L. E. (1993) The chemistry of aquatic phosphate: inorganic processes in rivers. Hydrobiologia 253, 1–16.

FRANQUET, E. (1999) Chironomid assemblage of a Lower-Rhone dike field. relationships between substratum and biodiversity. Hydrobiologia 397, 121–131.

FREDRICH, F. (2002) Telemetrische Untersuchungen über Wanderungen und Habitatwahl von rapfen (Aspius aspius L.) in der Elbe. Auenreport 7/8, Biosphärenreservat Flusslandschaft Elbe, 94–110.

FREDRICH, F. (2003) Long-term investigations of migratory behaviour of asp (Aspius aspius L.) in the middle part of River Elbe, Germany. Journal of Applied Ichthyology 19, 294–302.

FRICKE, D. (1992) Ökologische Aufwertung von Buhnenfeldern und Vorlandgewässern an der Elbe. Informationsbroschüre des Staatlichen Amtes für Wasser und Abfall Lüneburg.

GÄCHTER, R., MEYER, J. S. (1993) The role of microorganisms in mobilization and fixation of phosphorus in sediments. Hydrobiologia 253, 103–121.

GARCIA, X.-F., BRAUNS, M., PUSCH, M. (2005) Ecological effects of different shore protection types on the River Elbe, East Germany: Deutschen Gesellschaft für Limnologie, Tagungsbericht 2004 (Potsdam), 297–301

GARCIA, X.-F., LAVILLE, H. (2000) First inventory and faunistic particularities of the chironomid population from a 6th order section of the sandy River Loire (France). Archiv für Hydrobiologie 147, 465–484.

GARCIA, X.-F., PUSCH, M. (2002) Ökologische Auswirkungen unterschiedlicher Verbauungsweisen an Elbe, Loire und Garonne im Vergleich. In: GELLER, W., PUNCOCHÁR, P., GUHR, H., TÜMPLING VON., W., MEDEK, J., SMRT'AK, J., FELDMANN, H., UHLMANN, O. (Hrsg) Die Elbe – neue Horizonte des Flussgebietsmanagements. 10. Magdeburger Gewässerschutzseminar. Teubner Verlag, Stuttgart, 305–306.

GARSTECKI, T., VERHOEVEN, R., WICKHAM, S. A., ARNDT, H. (2000) Benthic-pelagic coupling: a comparison of the community structure of benthic and planktonic heterotrophic protists in shallow inlets of the southern Baltic. Freshwater Biology 45, 147–167.

GARSTECKI, T., WICKHAM, S. A. (2001) Effects of resuspension and mixing on population dynamics and trophic interactions in a model benthic microbial food web. Aquatic Microbial Ecology 25, 281–292.

GELLER, W., OCKENFELD, K., BÖHME, M., KNÖCHEL, A. (2004) Schadstoffbelastung nach dem Elbe-Hochwasser 2002. In: Schadstoffuntersuchungen nach dem Hochwasser vom August 2002 – Ermittlung der Gefährdungspotentiale an Elbe und Mulde. Abschlußbericht des BMBF-ad-hoc-Vorhabens, FKZ PTJ 0330492.

GERSTENGARBE, F.- W., BADECK, F., HATTERMANN, F., KRYSANOVA, V., LAHMER, W., LASCH, P., STOCK, M., SUCKOW, F., WECHSUNG, F., WERNER, P. C. (2003) Studie zur klimatischen Entwicklung im Land Brandenburg bis 2055 und deren Auswirkungen auf den Wasserhaushalt, die Forst- und Landwirtschaft sowie die Ableitung erster Perspektiven. PIK-Report 83, Potsdam.

GIERE, O. (1993) Meiobenthology. The microscopic fauna in aquatic sediments. Springer, Berlin Heidelberg New York.

GLAZACZOW, A. (1998) Mayflies inhabiting the sandy bottom in the rivers Bug and Narew (north east Poland). In: BRETSCHKO, G., HELESIC, J. (Hrsg) Advances in River Bottom Ecology. Backhuys, Leiden, 171–174.

GLÖCKNER, F. O., AMANN, R., ALFREIDER, A., PERNTHALER, J., PSENNER, R., TREBESIUS, K. H., SCHLEIFER, K.-H. (1996) An in situ hybridization protocol for detection and identification of planktonic bacteria. Systematic and Applied Microbiology 19, 403–406.

GOEDKOOP, W., JOHNSON, R. K. (1996) Pelagic-benthic coupling: Profundal benthic community response to spring diatom deposition in mesotrophic Lake Erken. Limnology and Oceanography 41, 636–647.

GOHLISCH, G., NAUMANN, S., RÖTHKE-HABECK, P. (2005) Bedeutung der Elbe als europäische Wasserstraße. UBA (UMWELTBUNDESAMT) (Hrsg) Studie des Fachgebiets Fachgebiet I 3.1.

GOSSELAIN, V., DESCY, J.-P., EVERBECQ, E. (1994) The phytoplankton community of the River Meuse, Belgium – seasonal dynamics (year 1992) and the possible incidence of zooplankton grazing. Hydrobiologia 289, 179–191.

GRAFAHREND-BELAU, E. (2003) Experimentelle Untersuchungen zur Besiedlung von Totholz in zwei Flachlandflüssen (Elbe, Mulde) der Norddeutschen Tiefebene. Diplomarbeit, Freie Universität Berlin.

GREGORY, S., BOYER, K., GURNELL, A. (Hrsg) (2003) The ecology and management of wood in world rivers. American Fisheries Society, Symposium 37, Bethesda Maryland.

GRILL, G. (1994) Meyers Neues Lexikon in 10 Bänden. Meyers Lexikonverlag, Mannheim Leipzig Wien Zürich.

GROSSART, H. P., SIMON, M. (1993) Limnetic macroscopic organic aggregates (lake snow): occurence, characteristics, and microbial dynamics in Lake Constance. Limnology and Oceanography 38, 532–546.

GROSSART, H. P., SIMON, M. (1998) Bacterial colonization and microbial decomposition of limnetic organic aggregates (lake snow). Aquatic Microbial Ecology 15, 127–140.

GROSSART, H.-P., PLOUG, H. (2000) Bacterial productions and growth efficiencies: Direct measurements on riverine aggregates. Limnology and Oceanography 45, 436–445.

GÜCK, E. (2003) Einfluss von Umweltfaktoren auf die Verteilung der Chironomiden (Insecta, Diptera) in Buhnenfeldern der Elbe. Dissertation Universität Marburg, Fachbereich Biologie/Zoologie.

GÜCKER, B., BOËCHAT, I. G. (2004) Stream morphology controls ammonium retention in tropical headwaters. Ecology 85, 2818–2827.

GÜCKER, B., FISCHER, H. (2003) Flagellates and ciliates in sediments of a lowland river: relationships with environmental gradients and bacteria. Aquatic Microbial Ecology 31, 67–76.

GÜDE, H. (1996) Wechselbeziehungen Bakterien – Protozoen: Ein Beitrag zur ökosystemaren Betrachtungsweise der biologischen Abwasserreinigung. In: LEMMER, H., GRIEBE, T., FLEMMING, H. C. (Hrsg) Ökologie der Abwasserorganismen. Fischer, Jena, 13–24.

GUHR, H. (2002a) Entwicklungen der Fließgewässerbeschaffenheit in den neuen Bundesländern seit 1990 Elbe-Einzugsgebiet. Arbeiten des Deutschen Fischereiverbandes, H 77, 1–20.

GUHR, H. (2002b) Stoffdynamik in Buhnenfeldern der Elbe – erste Ergebnisse. In: MAZIJK VAN, A., WEITBRECHT, V. (Hrsg) Neue Erkenntnisse über physikalische und ökologische Prozesse an Buhnenfeldern – Tagungsband Internationaler Workshop der Technischen Universität Delft und der Universität Karlsruhe am 22./23. 10. 2001 (Magdeburg). 9–15.

GUHR, H., DESERTOVÁ, B., SPOTT, D., BORMKI, G., KARRASCH, B., BABOROWSKI, M. (1998) Nährstoffangebot und Chlorophyll-a-Entwicklung in der Elbe. Vom Wasser 91, 195–205.

GUHR, H., KARRASCH, B., SPOTT, D. (2000) Shifts in the processes of oxygen and nutrient balances in the River Elbe since the transformation of the economic structure. Acta Hydrochimica and Hydrobiologica 28, 155–161.

GUHR, H., SPOTT, D., BORMKI, G., BABOROWSKI, M., KARRASCH, B. (2003) The Effects of Nutrient Concentrations in the River Elbe. Acta Hydrochimica et Hydrobiologica 31, 282–296.

HAAS, G., BRUNKE, M., STREIT, B. (2002) Fast turnover in dominance of exotic species in the Rhine River determines biodiversity and ecosystem functions: an affair between amphipods and mussels. In: LEPPÄKOSKI, E., GOLLASCH, S., OLENIN, S. (Hrsg) Invasive Aquatic Species of Europe – Distribution, Impacts and Management. Kluwer, Dordrecht, 426–432.

HAMM, A. (1996) Wie und woher kommen die Nährstoffe in die Flüsse? In: LOZÁN, J. L., KAUSCH, H. (Hrsg) Warnsignale aus Flüssen und Ästuaren, Parey Buchverlag, Berlin.

HAMPICKE, U. (1999) Möglichkeiten und Grenzen der Monetarisierung der Natur. In: Bundesanstalt für Gewässerkunde (Hrsg) Umwelt-/Sozioökonomie im Forschungsprogramm Elbe-Ökologie. Bundesanstalt für Gewässerkunde, Mitteilung Nr. 2, 22–32.

HANISCH, H., SPECHT, F.-J., EIDNER, R., GRIGO, J., LIPPERT, D. (1997) 1. Tracerversuch Elbe – Erfahrungsbericht. Bundesanstalt für Gewässerkunde, BfG-Bericht 1088, Koblenz.

HANNAPPEL, S., PIEPHO, B. (1996) Cluster analysis of environmental data which is not interval scaled but categorical – Evaluation of aerial photographs of groynefields for the determination of representative sampling sites. Chemosphere 33, 335–342.

HARMON, M. E., FRANKLIN, J. F., SWANSON, F. J., SOLLINS, P., GREGORY, S. V., LATTIN, J. D., ANDERSON, N. H., CLINE, S. P., AUMAN, N. G., SEDELL, J. R., LIENKAEMPER, G. W., CROMACK, K., CUMMINS, K. W. (1986) Ecology of Coarse Woody Debris in Temperate Ecosystems. Advances in Ecological Research 15, 133–302.

Hattermann, F. F., Krysanova, V., Wechsung, F. (2005) Folgen von Klimawandel und Landnutzungänderungen für den Landschaftswasserhaushalt und die landwirtschaftlichen Erträge im Gebiet der deutschen Elbe. In: Wechsung, F., Becker, A., Gräfe, P. (Hrsg) Integrierte Analyse der Auswirkungen des globalen Wandels auf Wasser, Umwelt und Gesellschaft im Elbegebiet. Potsdam Institut für Klimafolgenforschung, PIK-Report No. 95, 138–147.

Haunschild, A. (1996) Zur Sohlstruktur des Elbestromes. In: Prange, A., Wilken, R. D., Tümpling von, W., Spoustova, J., Puncochar, P., Lencova, E. (Hrsg) Ökosystem Elbe – Zustand, Entwicklung und Nutzung – 7. Magdeburger Gewässerschutzseminar. Tagungsband, 65–70.

Haunschild, A., Schlicht, R., Schmegg, J., Schmidt, A. (1994) Kornzusammensetzung der Elbsohle von der tschechisch-deutschen Grenze bis zur Staustufe Geesthacht. Bundesanstalt für Gewässerkunde, BfG-Bericht 0834, Koblenz Berlin.

Hausmann, K. (1985) Protozoologie. Thieme, Stuttgart New York.

Hausmann, K., Hülsmann, N. (1996) Protozoology. Thieme, Stuttgart.

Hax, C. L., Golladay, S. W. (1997) Flow disturbance of macroinvertebrates inhabiting sediments and woody debris in a prairie stream. American Midland Naturalist 139, 210–223.

Haybach, A., König, B., Koop, J. H. E. (2005) Funktionelle Aspekte der Makrozoobenthosbesiedlung des Medials großer Flüsse. Deutsche Gesellschaft für Limnologie, Tagungsbericht 2004 (Potsdam), 351–355.

Heinrichfreise, A. (1996) Uferwälder und Wasserhaushalt der Mittelelbe in Gefahr. Natur und Landschaft 71, 246–248.

Heissenberger, A., Leppard, G. G., Herndl, G. L. (1996) Ultrastructure of marine snow – II. Microbiological considerations. Marine Ecology Progress Series 135, 299–308.

Helms, M., Ihringer, J., Nestmann, F. (2002) Analyse und Simulation des Abflussprozesses der Elbe. Nestmann, F., Büchele, B. (Hrsg) (2002) Morphodynamik der Elbe. Abschlussbericht des BMBF-Forschungsvorhabens, FKZ 0339566. Universität Karlsruhe, Institut für Wasserwirtschaft und Kulturtechnik. http://elise.bafg.de/?3804.

Hendricks, S. P. (1993) Microbial ecology of the hyporheic zone: a perspective integrating hydrology and biology. Journal of the North American Benthological Society 12, 70–78.

Henrichfreise, A. (1996) Uferwälder und Wasserhaushalt der Mittelelbe in Gefahr. Natur und Landschaft, 6, 246–248.

Hentschel, B., Anlauf, A. (2002) Ökologische Optimierung von Buhnen in der Elbe. In: Mazijk van, A., Weitbrecht, V. (Hrsg) Neue Erkenntnisse über physikalische und ökologische Prozesse an Buhnenfeldern – Tagungsband Internationaler Workshop der Technischen Universität Delft und der Universität Karlsruhe am 22./23. 10. 2001 (Magdeburg). 121–133.

Hering, D., Kail, J., Eckert, S., Gerhard, M., Meyer, E. I., Mutz, M., Reich, M., Weiss, I. (2000) Coarse woody debris quantity and distribution in Central European streams. Internationale Revue der gesamten Hydrobiologie 85, 5–23.

Herrmann, K. (1930) Die Entwicklung der Oder vom Natur- zum Kulturstrom. In: Jahrbuch der Gewässerkunde Norddeutschlands – Besondere Mitteilungen 6, 1–75.

Herzig, J. P., Leclerc, D. M., Le Goff, P. (1970) Flow of suspension through porous media – application to deep filtration. Industrial and Engineering Chemistry 62, 9–35.

Hildebrandt, J., Dziock, F., Böhmer, H. J., Brunke, M., Foeckler, F., Scholten, M., Scholz, M., Henle, K. (2005) Ökologische Konzepte und Theorien zu Fluss- und Auenlebensräumen. In: Scholz, M., Stab, S., Dziock, F., Henle, K. (Hrsg) Lebensräume der Elbe und ihrer Auen. Konzepte für die nachhaltige Entwicklung einer Flusslandschaft, Bd. 4. Weißensee Verlag Berlin, 49–66.

HINKEL, J. (1999) Die Ermittlung vegetationsfreier Flächen entlang der Buhnen aus Luftbildern und ihre Korrelation mit der Flußgeomorphologie und dem Uferverbau. Diplomarbeit, Universität Karlsruhe.

HOFFMANN, A., HERING, D. (2000) Wood-associated macroinvertebrate fauna in central European streams. Internationale Revue der gesamten Hydrobiologie 85, 25–48.

HOHMANN, M. (2000) Wiederfund von Potamanthus luteus (Ephemeroptera: Potamanthidae) in der Elbe, Sachsen-Anhalt. Entomologische Mitteilungen Sachsen-Anhalt 8, 66.

HOLLAND, L. E. (1986) Effects of barge traffic on distribution and survival of ichthyoplankton and small fishes in the Upper Mississippi River. Transactions of the American Fisheries Society 115, 162–165.

HOLLAND, L. E. (1987) Effects of brief navigation-related dewaterings on fish eggs and larvae. North American Journal of Fisheries Management 7, 145–147.

HOLST, H. (1996) Untersuchungen zur Ökologie der Rotatorien auf den Schwebstoffflocken und im Freiwasser der Elbe während des Frühjahrs. Diplomarbeit, Georg-August-Universität Göttingen.

HOLST, H., ZIMMERMANN, H., KAUSCH, H., KOSTE, W. (1998) Temporal and spatial dynamics of planktonic rotifers in the Elbe Estuary during spring. Estuarine, Coastal and Shelf Science 47, 261–274.

HOLST, H., ZIMMERMANN-TIMM, H., KAUSCH, H. (2002) Longitudinal and Transverse Distribution of Plankton Rotifers in the Potamal of the River Elbe (Germany) during late Summer. International Review of Hydrobiology 87, 267–280.

HÖLTING, E. (1989) Hydrogeologie. Enke, Stuttgart.

HONDZO, M., LYNN, D. (1999) Quantified small-scale turbulence inhibits the growth of a green alga. Freshwater Biology 41, 51–61.

HONERKAMP, J. (1990) Stochastische Dynamische Systeme. VCH, Weinheim.

HOSTMANN, M., TRUFFER, B., REICHERT, P., BORSUK, M. (2005) Stakeholder values in decision support of river rehabilitation. In: BUIJSE, A. D. et al. (Hrsg) Rehabilitating large regulated rivers. Large Rivers vol 15, Archiv für Hydrobiologie Supplement 155, 491–505.

HÜTTE, M. (2000) Ökologie und Wasserbau – Ökologische Grundlagen von Gewässerverbauung und Wasserkraftnutzung. Parey, Berlin.

HYPR, D., HALIROVA, J., BERANKOVA, D. (2002) Belastung der Schwebstoffe und Sedimente im tschechischen Abschnitt des Elbe-Einzugsgebiets in den Jahren 1999–2001. In: GELLER, W., PUNČOCHÁŘ, P., GUHR, H., TÜMPLING VON, W., MEDEK, J., SMRT'AK, J., FELDMANN, H., UHLMANN, O. (Hrsg) Die Elbe – neue Horizonte des Flussgebietsmanagements – 10. Magdeburger Gewässerschutzseminar. Teubner, Stuttgart Leipzig Wiesbaden, 179–182.

IETSWAART, T., BREEBAART, B., ZANTEN VAN, B., BIJKERK, R. (1999) Plankton dynamics in the river Rhine during downstream transport as influenced by biotic interactions and hydrological conditions. Hydrobiologia 410, 1–10.

IKSE (INTERNATIONALE KOMMISION ZUM SCHUTZ DER ELBE) (1992) Gewässergütebericht Elbe 1990/1991. Eigenverlag, Magdeburg.

IKSE (INTERNATIONALE KOMMISION ZUM SCHUTZ DER ELBE) (2000) Gewässergütebericht Elbe 1999 mit Zahlentafeln. Eigenverlag, Magdeburg.

IKSE (INTERNATIONALE KOMMISION ZUM SCHUTZ DER ELBE) (2001) Zahlentafeln der physikalischen, chemischen und biologischen Parameter des Internationalen Messprogramms der IKSE. Eigenverlag, Magdeburg.

IKSE (INTERNATIONALE KOMMISSION ZUM SCHUTZ DER ELBE) (1995a) Aktionsprogramm Elbe. Eigenverlag, Magdeburg.

IKSE (INTERNATIONALE KOMMISSION ZUM SCHUTZ DER ELBE) (1995b) Die Elbe – Erhaltenswertes Kleinod in Europa. Eigenverlag, Magdeburg.

IKSE (INTERNATIONALE KOMMISSION ZUM SCHUTZ DER ELBE) (1995c) Die Elbe und ihr Einzugsgebiet. Magdeburg.

IKSE (INTERNATIONALE KOMMISSION ZUM SCHUTZ DER ELBE) (2001) Bestandsaufnahme des vorhandenen Hochwasserschutzniveaus im Einzugsgebiet der Elbe. Eigenverlag, Magdeburg.

IKSE (INTERNATIONALE KOMMISSION ZUM SCHUTZ DER ELBE) (2004) Dokumentation des Hochwassers vom August 2002 im Einzugsgebiet der Elbe. Eigenverlag, Magdeburg.

INGENDAHL, D. (1999) Der Reproduktionserfolg von Meerforelle (Salmo trutta L.) und Lachs (Salmo salar L.) in Korrelation zu den Milieubedingungen des hyporheischen Interstitials. Dissertation, Universität zu Köln.

INGENDAHL, D., HASEBORG TER, E., MEIER, M., MOST VAN DER, O., STEELE, H., WERNER, D. (2002) Linking hyporheic community respiration and inorganic nitrogen transformations in the River Lahn (Germany). Archiv für Hydrobiologie 155, 99–120.

IÖW (INSTITUT FÜR ÖKOLOGISCHE WIRTSCHAFTSFORSCHUNG) (Hrsg) (2001) Ökonomisch-ökologische Bewertung der Strombaumaßnahmen an der Elbe. Berlin.

JACK, J. D., WICKHAM, S. A., TOALSON, S., GILBERT, J. J. (1993) The effect of clays on a freshwater community: An enclosure experiment. Archiv für Hydrobiologie 127, 257–270.

JACKSON, G. A. (1990) A model of the formation of marine algal flocs by physical coagulation processes. Deep-sea Research 37, 1197–1211.

JÄHRLING, K.-H. (1995) Die flussmorphologischen Veränderungen an der Mittleren Elbe im Regierungsbezirk Magdeburg seit dem Jahr 1989 aus der Sicht der Ökologie. Staatliches Amt für Umweltschutz, Magdeburg.

JÄHRLING, K.-H. (1996) Ein Beitrag zum Einsatz künstlicher Wasserbausteine bei der Gewässerunterhaltung aus Sicht der Ökologie. Informationsbroschüre des staatlichen Amtes für Umweltschutz, Magdeburg.

JAX, K., VARESCHI, E., ZAUKE, G.-P. (1993) Entwicklung eines theoretischen Konzepts zur Ökosystemforschung Wattenmeer. Umweltbundesamt, UBA-Texte 47/93, 1–138.

JONES, J. B. (1995) Factors controlling hyporheic respiration in a desert stream. Freshwater Biology 34, 91–99.

JONES, J. B., FISHER, S. G., GRIMM, N. B. (1995) Nitrification in the hyporheic zone of a desert stream ecosystem. Journal of North American Benthology Society 14, 249–258.

JONGMAN, R. H. G., TER BRAAK, C. J. F., TONGEREN VAN, O. F. R. (1995) Data Analysis in Community and Landscape Ecology. Cambridge University Press, Cambridge.

JORDAN, D. W., PRYOR, W. A. (1992) Hierarchical levels of heterogeneity in a Mississippi River meander belt and application to reservoir systems. The American Association of Petrolium Geologist Bulletin 76, 1601–1624.

JOSEFSON, A. B., CONLEY, D. J. (1997) Benthic response to a pelagic front. Marine Ecology Progress Series 147, 49–62.

JUNK, W., BAYLEY, P. B., SPARKS, R. E. (1989) The Flood Pulse Concept in River-Floodplain Systems. Canadian Special Publication of Fisheries and Aquatic Sciences 106, 110–127.

JÜRGENS, K., ARNDT, H., ZIMMERMANN, H. (1997) Impact of metazoan and protozoan grazers on bacterial biomass distribution in microcosm experiments. Aquatic Microbial Ecology 12, 131–138.

JÜRGING, P., PATT, H. (Hrsg) (2005) Fließgewässer- und Auenentwicklung – Grundlagen und Erfahrungen. Springer-Verlag, Berlin Heidelberg New York.

KAIL, J. (2004) Geomorphic Effects of Large Wood in Streams and Rivers and Its Use in Stream Restoration: A Central European Perspective. Dissertation, Universität Duisburg-Essen.

KAJAK, Z. (1992) The River Vistula and its Floodplain Valley (Poland): its ecology and importance for conservation. In: BOON, P. J., CALOW, P., PETTS, G. E. (Hrsg) River conservation and management. Wiley, Chichester, 35–49.

KALINOVA, M. (2002) Entwicklung der DDT-Belastung der Elbe. In: GELLER, W., PUNČOCHÁŘ, P., GUHR, H., TÜMPLING VON, W., MEDEK, J., SMRT'AK, J., FELDMANN, H., UHLMANN, O. (Hrsg) Die Elbe – neue Horizonte des Flussgebietsmanagements – 10. Magdeburger Gewässerschutzseminar. Teubner, Stuttgart Leipzig Wiesbaden, 97–98.

KALMBACH, S., MANZ, W., SZEWZYK, U. (1997) Dynamics of biofilm formation in drinking water: phylogenetic affiliation and metabolic potential of single cells assessed by formazan reduction and in situ hybridization. FEMS Microbiology Ecology 22, 265–280.

KAPLAN, L. A., NEWBOLD, J. D. (2003) The role of monomers in stream ecosystem metabolism. In: FINDLAY, S. E. G., SINSABAUGH, R. L. (Hrsg) Interactivity of dissolved organic matter. Academic Press, 97–119.

KAPLAN, L. A., BOTT, T. L. (1989) Diel fluctuations in bacterial activity on streambed substrata during vernal algal blooms: effects of temperature, water chemistry, and habitat. Limnology and Oceanography 34, 718–733.

KARG, N. (2005) Untersuchungen zur Hydraulik durchrissener Buhnen – Schadensbild und ökologischer Nutzen, FH Karlsruhe, Diplomarbeit, Bundesanstalt für Wasserbau Karlsruhe.

KARLSON, P. (1984) Kurzes Lehrbuch der Biochemie für Mediziner und Naturwissenschaftler. Thieme, Stuttgart New York.

KARNER, M., HERNDL, G. J. (1992) Extracellular enzymatic activity and secondary production in free living and marine snow associated bacteria. Marine Biology 113, 341–347.

KARRASCH, B., MEHRENS, M., LINK, U., HERZOG, M. (2003) Schadstoffbelastung und Selbstreinigungsvermögen der Elbe. In: GELLER, W., OCKENFELD, K., BÖHME, M., KNÖCHEL, A. (Hrsg) Schadstoffbelastung nach dem Elbe-Hochwasser 2002 – Endbericht des Ad-hoc-Projekts „Schadstoffuntersuchungen nach dem Hochwasser vom August 2002 – Ermittlung der Gefährdungspotentiale an Elbe und Mulde". UFZ (Umweltforschungszentrum Leipzig-Halle), Magdeburg, 389–402. http://www.ufz.de/hochwasser/bericht/e/HWEndTP9.pdf.

KARRASCH, B., MEHRENS, M., ROSENLÖCHER, Y., PETERS, K. (2001) The Dynamics of Phytoplankton, Bacteria and Heterotrophic Flagellates at two Banks near Magdeburg in the River Elbe (Germany). Limnologica 31, 93–107.

KAUSCH, H. (1996) Die Elbe – ein immer wieder veränderter Fluss. In: LOZAN, J. L., KAUSCH, H. (Hrsg) Warnsignale aus Flüssen und Ästuaren, Parey Buchverlag Berlin, 43–52.

KELSO, B. H. L., SMITH, R. V., LAUGHLIN, R. J., LENNOX, S. D. (1997) Dissimilatory nitrate reduction in anaerobic sediments leading to river nitrite accumulation. Applied and Environmental Microbiology 63, 4679–4685.

KERNER, M., KAPPENBERG, J., BROCKMANN, U., EDELKRAUT, F. (1995) A case study on the oxygen budget in the freshwater part of the Elbe estuary – 1. The effect of changes in physico-chemical conditions on the oxygen consumption. Archiv für Hydrobiologie Supplementband 110, 1–25.

KIES, L., FAST, T., WOLFSTEIN, K., HOBERG, M. (1996) On the role of algae and their exopolymers in the formation of suspended particulate matter in the Elbe estuary (Germany). Archiv für Hydrobiologie Special issue: Advances in Limnology 47, 93–103.

KILLGORE, K. J., MAYNORD, S. T., CHAN, M. D., MORGAN, R. P. (2001) Evaluation of propeller-induced mortality on early life stages of selected fish species. North American Journal of Fisheries Management 21, 947–955.

KIM, H. W., JOO, G. J. (2000) The longitudinal distribution and community dynamics of zooplankton in a regulated large river: a case study of the Nakdong River (Korea). Hydrobiologia 438, 171–184.

KIØRBOE, T., HANSEN, J. L. S. (1993) Phytoplankton aggregate formation: observations of patterns and mechanisms of cell sticking and the significance of exopolymeric material. Journal of Plankton Research 15, 993–1018.

KIRBY, J. T. (1986) Rational approximation in the parabolic equation method for water waves. Coastal Engineering 10, 355–378.

KIRCHESCH, V., BERGFELD, T., MÜLLER, D. (2005, i. Dr.) Auswirkungen der Stauregelung auf den Stoffhaushalt und die Trophie von Flüssen. In: MÜLLER, D., SCHÖL, A., BERGFELD, T., STRUNCK, Y. (Hrsg) Staugeregelte Flüsse in Deutschland. Wasserwirtschaftliche und ökologische Zusammenhänge. Limnologie aktuell 12. E. Schweizerbart'sche Verlagsbuchhandlung.

KIRCHESCH, V., EIDNER, R., MÜLLER, D. (1999) Gewässergütemodellierung in der Bundesanstalt für Gewässerkunde. In: Mathematische Modelle in der Gewässerkunde – Stand und Perspektiven, Beiträge zum Kolloquium am 15./16.11.1998 in Koblenz. Bundesanstalt für Gewässerkunde, BfG-Mitteilungen 19, 105–114.

KIRCHESCH, V., SCHÖL, A. (1999) Das Gewässergütemodell QSim – Ein Instrument zur Simulation und Prognose des Stoffhaushalts und der Planktondynamik von Fließgewässern. Hydrologie und Wasserbewirtschaftung 43, 302–309.

KIRK, K. L. (1991) Inorganic particles alter competition in grazing plankton: the role of selective feeding. Ecology 71, 1741–1755.

KIRK, K. L., GILBERT, J. J. (1990) Suspended clay and the population dynamics of planktonic rotifers and cladocerans. Ecology 7, 1741–1755.

KLAPPER, H. (1961) Biologisches Gütebild der Elbe zwischen Schmilka und Boizenburg. Internationale Revue der gesamten Hydrobiologie 46, 51–64.

KLEINWÄCHTER, M., EGGERS, T. O., HENNING, M., ANLAUF, A., HENTSCHEL, B., LARINK, O. (2005) Distribution patterns of terrestrial and aquatic invertebrates influenced by different groyne forms along the River Elbe (Germany). Archiv für Hydrobiologie Supplement 155, Large Rivers 15, 319–338.

KLEINWÄCHTER, M., EGGERS, T. O., ANLAUF, A. (2003) Makrozoobenthos und Laufkäfer (Coleoptera, Carabidae) als Indikatoren für verschiedene Buhnentypen der mittleren Elbe. Deutsche Gesellschaft für Limnologie, Tagungsbericht 2002 (Braunschweig), 466–471.

KLOEP, F. (2002) Processes and community structure in microbial biofilms of the River Elbe: relation to nutrient dynamics and particulate organic matter. Dissertation Technische Universität Dresden.

KLOEP, F., RÖSKE, I., NEU, T. R. (2000) Performance and microbial structure of a nitrifying fluidized-bed reactor. Water Research 34, 311–319.

KLOTZ, D. (1975) Hydraulische Eigenschaften handelsüblicher Filterrohre. Zeitschrift der Deutschen Geologischen Gesellschaft 124, 523–533.

KOFALK, S., BOER, S., KOK DE, J.-L., MATTHIES, M., HAHN, B. (2005) Ein Decision Support System für das Flusseinzugsgebietsmanagement der Elbe. In: FELD, C. K., RÖDIGER, S., SOMMERHÄUSER, M., FRIEDRICH, G. (Hrsg) Typologie, Bewertung und Management von Oberflächengewässern. Limnologie aktuell 11, Schweizerbart'sche Verlagsbuchhandlung, Stuttgart, 236–243.

KÖHLER, J., GELBRECHT, J., PUSCH, M. (Hrsg) (2002) Die Spree – Zustand, Probleme, Entwicklungsmöglichkeiten. Limnologie Aktuell 10, Schweizerbart, Stuttgart.

KOLKWITZ, R., EHRLICH, F. (1907) Chemisch-biologische Untersuchungen der Elbe und der Saale. Mitteilung aus der Königlichen Prüfungsanstalt für Wasserversorgung und Abwasserbeseitigung 9, 1–110.

KÖNIGLICHE ELBSTROMBAUVERWALTUNG (1898) Der Elbstrom, sein Stromgebiet und seine wichtigsten Nebenflüsse. Band I – Das Stromgebiet und die Gewässer, Band II – Beschreibung der einzelnen Flußgebiete, Band III – Strom- und Flußbeschreibungen der Elbe und ihrer wichtigsten Nebenflüsse, Berlin.

KÖNIGLICHE ELBSTROMBAUVERWALTUNG (1911) Die Gefahren und die Bekämpfung des Hochwassers und des Eisganges auf der Elbe unter besonderer Berücksichtigung des Winters 1908/09. Reimer, Berlin.

KOROM, S. F. (1992) Natural denitrification in the saturated zone – a review. Water Resources Research 28, 1657–1668.

KOSTASCHUK, R., VILLARD, P. (1996) Flow and sediment transport over large subaqueous dunes: Fraser River, Canada. Sedimentology 43, 849–863.

KOSTE, W. (1978) Rotatoria – Die Rädertiere Mitteleuropas – Begründet von Max Voigt. Bd. I und II, Bornträger, Berlin Stuttgart.

KOZERSKI, H. P., SCHWARTZ, R. (2004) Tracerversuche in Buhnenfeldern – Auswertung einer numerischen Simulation zur Optimierung von Feldversuchen. Leibniz-Institut für Gewässerökologie und Binnenfischerei, Berlin, Berichte des IGB 19, 72–83.

KOZERSKI, H.-P., KUHN, T., TOTSCHE, O. (2001) In-situ Messungen der Sedimentationsraten partikulären Materials in Buhnenfeldern der Elbe Deutsche Gesellschaft für Limnologie, Tagungsbericht 2001 (Kiel), 121–126.

KOZERSKI, H.-P., LEUSCHNER, K. (1999) Plate Sediment Traps for slowly moving waters. Water Research 33, 2913–2922.

KRANICH, J., LANGE, K.-P. (2002) Das Interstitial der Elbe – Verbindung zwischen Grund- und Oberflächenwasser. Deutsche Gesellschaft für Limnologie, Tagungsbericht 2001 (Kiel). Tutzing, 498–502.

KREBS, C. J. (1989) Ecological Methodology. Harper and Row, New York.

KRIEG, H. J., RIEDEL-LORJE, J. C. (1991) Randbedingungen beim Einsatz von Aufwuchs-Untersuchungen zur Gewässergütebewertung. Wasser Abwasser 132, 20–24.

KRIENITZ, L. (1990) Coccale Grünalgen der mittleren Elbe. Limnologica 21, 165–231.

KRÜGER, F., PRANGE, A. (1999) Ermittlung geogener Hintergrundwerte an der Mittelelbe und deren Anwendung in der Beurteilung von Unterwassersedimenten. Hamburger Bodenkundliche Arbeiten 44, 39–51.

LAIR, N., JACQUET, V., REYES-MARCHANT, P. (1999) Factors related to autotrophic potamoplankton, heterotrophic protists and micrometazoan abundance, at two sites in a lowland temperate river during low water flow. Hydrobiologia 394, 13–28.

LAIR, N., REYES-MARCHANT, P. (1997) The potamoplankton of the Middle Loire and the role of the 'moving littoral' in downstream transfer of algae and rotifers. Hydrobiologia 356, 33–52.

LAMPERT, W., SOMMER, U. (1999) Limnoökologie. Thieme, Stuttgart.

LANGE, K.-P., KRANICH, J. (2003) Teilprojekt: Untersuchung und Bilanzierung des Nährstofftransportes und -umsatzes im Interstitial der Elbe. In: Bedeutung der Stillwasserzonen und des Interstitials für die Nährstoffeliminierung in der Elbe. Abschlussbericht des BMBF-Forschungsvorhabens, FKZ 0339603. Ecosystem Saxonia GmbH, Dresden. http://elise.bafg.de/?7149.

LANGENDOEN, E. J., KRANENBURG, C., BOOIJ, R. (1994) Flow patterns and exchange of matter in tidal harbours. Journal of Hydraulic Research 32, 259–269.

LAWA (LÄNDERARBEITSGEMEINSCHAFT WASSER) (1999) Gewässergüteatlas der Bundesrepublik Deutschland: Fließgewässer – Karten der Wasserbeschaffenheit 1987–1996. Berlin.

LAYBOURN-PARRY, J. (1994) Seasonal successions of protozooplankton in freshwater ecosystems of different latitudes. Marine Microbial Food Webs 8, 145–162

LEE, S., KEMP, P. F. (1994) Single-cell RNA content of natural marine planktonic bacteria measured by hybridization with multible 16S rRNA-targeted fluorescent probes. Limnology & Oceanography 39, 869–879.

LEMLY, A. D., HILDERBRAND, R. H. (2000) Influence of large woody debris on stream insect communities and benthic detritus. Hydrobiologia 421, 179–185.

LESER, H., HAAS, H.-D., MOISMANN, T., PAESLER, R. (1993a) Wörterbuch der allgemeinen Geographie. Deutscher Taschenbuch Verlag, München und Westermann Schulbuchverlag, Braunschweig.

LESER, H., STREIT, B., HAAS, H.-D., HUBER-FRÖLI, J., MOSIMANN, T., PAESLER, R. (1993b) Diercke-Wörterbuch Ökologie und Umwelt. Taschenbuch-Verlag, München.

LICHTFUSS, R., BRÜMMER, G. (1978) Röntgenfluoreszenzanalyse von umweltrelevanten Spurenmetallen in Sedimenten und Böden. Chemical Geology 21, 51–61.

LOCK, M. A. (1993) Attached microbial communities in rivers. In: FORD, T. E. (Hrsg) Aquatic Microbiology. Blackwell Scientific Publications, 113–138.

LUDVIGSEN, L., ALBRECHTSEN, H.-J., HERON, G., BJERG, P. L., CHRISTENSEN., T. H. (1998) Anaerobic microbial redox processes in a landfill leachate contaminated aquifer (Grindsted, Denmark). Journal of Contaminant Hydrology 33, 273–291.

LUNAU, M. (2001) Untersuchungen zur räumlichen Verteilung und zur Nahrungsökologie der Crustacea im Potamal der Mittelelbe. Diplomarbeit, Universität Hamburg.

MANZ, W., AMANN, R. I., LUDWIG, W., WAGNER, M., SCHLEIFER, K.-H. (1992) Phylogenetic oligodeoxynucleotide probes for the major subclasses of proteobacteria: problems and solutions. Systematic and Applied Microbiology 15, 593–600.

MANZ, W., WAGNER, M., AMANN, R. I., SCHLEIFER, K.-H. (1994) In situ characterization of the microbial consortia in two wastewater treatment plants. Water Research 28, 1715–1723.

MARCUS, N. H., BOERO, F. (1998) The importance of benthic-pelagic coupling and the forgotten role of life cycles in coastal aquatic systems. Limnology and Oceanography 43, 763–768.

MARTINEK, P., VERNER, ST., KRAL, ST. (2002) Belastung von Fließgewässersedimenten mit Schwermetallen und spezifischen organischen Stoffen. In: GELLER, W., PUNČOCHÁŘ, P., GUHR, H., TÜMPLING VON, W., MEDEK, J., SMRT'AK, J., FELDMANN, H., UHLMANN, O. (Hrsg) Die Elbe – neue Horizonte des Flussgebietsmanagements – 10. Magdeburger Gewässerschutzseminar. Teubner, Stuttgart Leipzig Wiesbaden, 103–104.

MARXSEN, J., TIPPMANN, P., HEININGER, P., PREUSS, G., REMDE, A. (1998) Enzymaktivität. In: Vereinigung für Allgemeine und Angewandte Mikrobiologie (VAAM) (Hrsg) Mikrobiologische Charakterisierung aquatischer Sedimente: Methodensammlung. Oldenbourg Verlag, München, 87–114.

MASER, C., SEDELL, J. R. (1994) From the forest to the sea – The ecology of wood in streams, rivers, estuaries, and oceans. St. Lucie Press, Delray Beach.

MATTHESS, G. (1990) Lehrbuch der Hydrogeologie, Band 2, Die Beschaffenheit des Grundwassers. Borntraeger, Berlin Stuttgart.

MATTHESS, G., UBELL, K. (1983) Lehrbuch der Hydrogeologie, Band 1, Allgemeine Hydrogeologie – Grundwasserhaushalt. Borntraeger, Berlin Stuttgart.

MAUCH, E. (1992) Ein Verfahren zur gesamtökologischen Bewertung der Gewässer. In: FRIEDRICH, G., LACOMBE, J. (Hrsg) Ökologische Bewertung von Fließgewässern. Limnologie aktuell, Bd. 3, Fischer, Stuttgart New York, 205–218.

MAYERLE, R., TORO, F. M., WANG, S. S. Y. (1995) Verification of a three-dimensional numerical model simulation of the flow in the vicinity of spur dikes. Journal of Hydraulic Research 33, 243–255.

McCAVE, I. N. (1984) Size spectra and aggregation of suspended particles in the deep ocean. Deep Sea Research 31, 329–352.

McLACHLAN, A. J., BRENNAN, A., WOTTON, R. S. (1978) Particle size and chironomid (Diptera) food in an upland river. Oikos 31, 247–252.

MEISTER, A. (1994) Untersuchungen zum Plankton der Elbe und ihrer größeren Nebenflüsse. Limnologica 24, 153–214.

MEYER, J. L., BENKE, A. C., EDWARDS, R. T., WALLACE, J. B. (1997) Organic matter dynamics in the Ogeechee River, a blackwater river in Georgia, USA. Journal of the North American Benthological Society 16, 82–87.

MEYER, J. L., EDWARDS, R. T., RILEY, R. (1987) Bacterial growth on dissolved organic carbon from a blackwater river. Microbial Ecology 13, 13–29.

MICHAEL OTTO STIFTUNG FÜR UMWELTSCHUTZ (Hrsg) (1994) Das 1. Elbe-Colloquium. Edition Arcum.

MICHAEL OTTO STIFTUNG FÜR UMWELTSCHUTZ (Hrsg) (1995) Das 2. Elbe-Colloquium. Edition Arcum.

MILLER, A. C., PAYNE, B. S. (1991) An investigation of methods to measure and predict biological and physical effects of commercial navigation traffic. Miscellaneous paper EL-91-12, US Army Engineer Waterways Experiments Station, Vicksburg (Mississippi, USA).

MILLIMAN, J. D., MEADE, R. H. (1983) World-wide delivery of river sediment to the oceans. Journal of Geology 91, 1–21.

MIQUELIS, A., ROUGIER, C., POURRIOT, R. (1998) Impact of turbulence and turbidity on the grazing rate of the rotifer Brachionus calyciflorus (Pallas). Hydrobiologia 386, 203–211.

MONIN, A. S., YAGLOM, A. M. (1971) Statistical fluid mechanics – vol 1: Mechanics of turbulence. MIT Press, Cambridge (Massachusetts).

MÜLLER, A. (1988) Das Quartär im mittleren Elbegebiet zwischen Riesa und Dessau. Dissertation, Martin-Luther-Universität Halle-Wittenberg.

MÜLLER, H., SCHÖNE, A., PINTO-COELHO, R. M., SCHWEIZER, A., WEISSE, T. (1991) Seasonal succession of ciliates in Lake Constance. Microbial Ecology 21, 119–138.

MÜLLER, J. (1999) Zur Naturschutz-Bedeutung der Elbe und ihrer Retentionsflächen auf der Grundlage stenöker lebensraumtypischer Libellenarten (Insecta, Odonata). Abhandlungen und Berichte für Naturkunde, Magdeburg 21, 3–24.

MÜLLER, R., SCHMIDT, E., ANLAUF, A. (1999) Wiederfunde von Heptagenia coerulans (Insecta: Ephemeroptera) in der Elbe bei Coswig (Sachsen-Anhalt). Lauterbornia 37, 213–214.

MÜLLER, U. (1984) Das Phytoplankton der Elbe – I. Jahresgang der Bacillariophyceae im Süßwasserbereich bei Pevestorf. Archiv für Hydrobiologie Supplementband 61, 587–603.

MUTZ, M. (1989) Muster von Substraten, sohlnaher Strömung und Makrozoobenthos auf der Gewässersohle eines Mittelgebirgsbaches. Dissertation, Albert-Ludwigs-Universität Freiburg.

MUTZ, M., ROHDE, A. (2003) Processes of surface-subsurface water exchange in a low energy sand-bed stream. International Review of Hydrobiology 88, 290–303.

NAEGELI, M. W. (1995) POM-dynamics and community respiration in the sediments of a flood-prone prealpine river (Necker, Switzerland). Archiv für Hydrobiologie 133, 339–347.

NESTMANN, F., BÜCHELE, B. (Hrsg) (2002) Morphodynamik der Elbe. Abschlussbericht des BMBF-Forschungsvorhabens, FKZ 0339566. Universität Karlsruhe, Institut für Wasserwirtschaft und Kulturtechnik. http://elise.bafg.de/?3804.

NEU, T. R. (2000) In situ cell and glycoconjugate distribution in river snow studied by confocal laser scanning microscopy. Aquatic Microbial Ecology 21, 85–95.

NEWBOLD, J. D. (1996) Cycles and spirals of nutrients. In: PETTS, G., CALOW, P. (Hrsg) River flows and channel forms. Blackwell, 130–159.

NEWSON, M. D., NEWSON, C. (2000) Geomorphology, ecology and river channel habitat, mesoscale approaches to basin-scale challenges. Progress in Physical Geography 24, 195–217.

NEZU, I., NAKAGAWA, H. (1993) Turbulence in open-channel flows. A. A. Balkema, Rotterdam.

NICKLISCH, A., WOITKE, P. (1999) Pigment content of selected planktonic algae in response to simulated natural light fluctuations and a short photoperiod. International Review of Hydrobiology 84, 479–495.

NIKORA, V. I., GORING, D. (1998) ADV measurements of turbulence: can we improve their interpretation? Journal of Hydraulic Engineering 124, 630–634.

OCKENFELD, K. (2002) Primärproduktion in Hauptstrom und Buhnenfeldern der Elbe: ein Vergleich. Deutsche Gesellschaft für Limnologie, Tagungsbericht 2001 (Kiel), 429–434.

OCKENFELD, K., GUHR, H. (2003) Groyne fields – sink and source functions of 'flow-reduced zones' for water content in the River Elbe (Germany). Water Science & Technology 48, 17–24.

ODUM, H. T. (1956) Primary Production in Flowing Waters. Limnology and Oceanography 1 (2), 102–117.

OEBIUS, H. (2000) Charakterisierung der Einflussgrößen Schiffsumströmung und Propellerstrahl auf die Wasserstraßen. Mitteilungsblatt der Bundesanstalt für Wasserbau 82, 7–22.

OTTE-WITTE, K., ADAM, K., RATHKE, K., MEON, G. (2002) Hydraulisch-morphologische Charakteristika entlang der Elbe. In: NESTMANN, F., BÜCHELE, B. (Hrsg) (2002) Morphodynamik der Elbe. Abschlussbericht des BMBF-Forschungsvorhabens, FKZ 0339566. Universität Karlsruhe, Institut für Wasserwirtschaft und Kulturtechnik. http://elise.bafg.de/?3804.

OUILLON, S., DARTUS, D. (1997) Three-dimensional computation of flow around groyne Journal of Hydraulic Engineering 123, 962–970.

PADISÁK, J., ADRIAN, R. (1999) Biovolumen. In: TÜMPLING VON, W., FRIEDRICH, G. (Hrsg) Methoden der Biologischen Wasseruntersuchung 2: Biologische Gewässeruntersuchung. Fischer, Jena, 334–368.

PASSOW, U., ALLDREDGE, A. L. (1994) Distribution, size and bacterial colonization of transparent exopolymer particles (TEP) in the ocean. Marine Ecology Progress Series 113, 185–198.

PETER, A. (2003) Fische lieben Totholz. Wasser Energie Luft 95, 358–359.

PETERMEIER, A., SCHÖLL, F. (1996) Das hyphoreische Interstitial der Elbe – Methodenrecherche. Bundesanstalt für Gewässerkunde (BfG), Koblenz.

PETERMEIER, A., SCHÖLL, F., TITTIZER, T. (1994) Historische Entwicklung der aquatischen Lebensgemeinschaft (Zoobenthos und Fische) im deutschen Abschnitt der Elbe. Gutachten im Auftrag des Bundesministeriums für Umwelt, Naturschutz und Reaktorsicherheit. Bundesanstalt für Gewässerkunde, Koblenz.

PETERMEIER, A., SCHÖLL, F., TITTIZER, T. (1996) Die ökologische und biologische Entwicklung der deutschen Elbe. Lauterbornia 24, 1–95.

PETERSON, R. E., CONNELLY, M. P. (2004) Water movement in the zone of interaction between groundwater and the Columbia River, Hanford Site, Washington. Journal of Hydraulic Research 42 Extra Issue, 53–58.

PETRAN, M., KOTHÉ, P. (1978) Influence of bedload transport on the macrobenthos of running waters. Verhandlungen der Internationalen Vereinigung der Limnologie 20, 1867–1872.

PFANNKUCHE, O., BOETIUS, A., LOCHTE, K., LUNDGREEN, U., THIEL, H. (1999) Responses of deep-sea benthos to sedimentation patterns in the North-East Atlantic in 1992. Deep Sea Research Part 1, Oceanographic Research Papers 46, 573–596.

PICKETT, S. T. A., WHITE, P. S. (1985) The ecology of natural disturbance and patch dynamics. Academic Press, San Diego.

PIEPENBURG, D., AMBROSE JR., W. G., BRANDT, A., RENAUD, P. E., AHRENS, M. J., JENSEN, P. (1997) Benthic community patterns reflect water column processes in the Northeast Water Polynya (Greenland). Journal of Marine Systems 10, 467–482.

PINDER, L. C. V. (1986) Biology of freshwater chironomidae. Annual Review Entomology, 311–323.

PLANCO (2003) Potenziale und Zukunft der deutschen Binnenschifffahrt – Erläuterungsbericht, Forschungsprojekt 30.0324/2002 im Auftrag des Bundesministerium für Verkehr, Bau- und Wohnungswesen.

POFF, N. L., ALLAN, J. D., PALMER, M. A., HART, D. D., RICHTER, B. D., ARTHINGTON, A. H., ROGERS, K. H., MEYER, J. L., STANFORD, J. A. (2003) River flows and water wars: emerging science for environmental decision making. Frontiers in Ecology 1, 298–306.

PORTER, K. G., FEIG, Y. S. (1980) The use of DAPI for identifying and counting aquatic microflora. Limnology and Oceanography 25, 943–948.

PRAST, M., ARNDT, H., SCHÖL, A. (2003) Untersuchungen zum planktischen Nahrungsnetz in Rhein und Mosel mittels Videomikroskopie. Hydrologie und Wasserbewirtschaftung 3, 102–107.

PROCHNOW, D., BUNGARTZ, H., ENGELHARDT, C. (1996) On the settling velocity distribution of suspended sediments in the Spree River. Archiv für Hydrobiologie Special Issue: Advances in Limnology 47, 469–473.

PROFT, G. (1998) Kohlenstoffumsatz durch Respiration in der Ilm. Acta Hydrochimica et Hydrobiologica 26, 355–361.

PRZEDWOJSKI, B. (1995) Bed topography and local scour in rivers with banks protected by groynes. Journal of Hydraulic Research 33, 257–273.

PUDELKO, A., PUFFAHRT, O. (1981) Hannover und Preußen betrieben gemeinsam den Ausbau der Elbe zu einer neuzeitlichen Wasserstraße. Jahresheft des Heimatkundlichen Arbeitskreises Lüchow-Dannenberg, 8, 169–181.

PUSCH, M. (1998) Die Bedeutung natürlichen Geschwemmsels für die Ökologie von Flüssen und Bächen. In: Schweizerischer Wasserwirtschaftsverband und Wasserwirtschaftsverband Baden-Württemberg (Hrsg) Entsorgung von Geschwemmsel – Technik – Kosten – Zukunft. Verbandsschrift 58, 23–33.

PUSCH, M., FELD, C., HOFFMANN, A. (1999) Schwemmgut – kostenträchtiger Müll oder wertvolles Element von Flußökosystemen? Wasserwirtschaft 89, 280–284.

PUSCH, M., FIEBIG, D., BRETTAR, I., EISENMANN, H., ELLIS, B. K., KAPLAN, L. A., LOCK, M. A., NAEGELI, M. W., TRAUNSPURGER, W. (1998) The role of micro-organisms in the ecological connectivity of running waters. Freshwater Biology 40, 453–495.

PUSCH, M., GARCIA, X.-F. (2002) Handlungsoptionen zur Verbesserung des ökologischen Zustands der Elbe. In: GELLER, W., PUNCOCHÁR, P., GUHR, H., TÜMPLING VON, W., MEDEK, J., SMRT'AK, J., FELDMANN, H., UHLMANN, O. (Hrsg) Die Elbe – neue Horizonte des Flussgebietsmanagements. 10. Magdeburger Gewässerschutzseminar. Teubner, Stuttgart, 115–116.

PUSCH, M., SCHWOERBEL, J. (1994) Community respiration in hyporheic sediments of a mountain stream (Steina, Black Forest). Archiv für Hydrobiologie 130, 35–52.

PUSCH, M., WILCZEK, S., SCHWARTZ, R., KOZERSKI, H.-P., FISCHER, H., BRUNKE, M., ENGELHARDT, C., SUKHODOLOV, A. (2004) Die Elbe – gewässerökologische Bedeutung von Flussbettstrukturen. Leibniz-Institut für Gewässerökologie und Binnenfischerei, Berlin, Berichte des IGB 19.

RAVENSCHLAG, K., SAHM, K., KNOBLAUCH, C., JORGENSEN, B. B., AMANN, R. (2000) Community structure, cellular rRNA content, and activity of sulfate-reducing bacteria in marine arctic sediments. Applied and Environmental Microbiology 66, 3592–3602.

Reckendorfer, W., Keckeis, H., Winkler, G., Schiemer, F. (1999) Zooplankton abundance in the River Danube, Austria: The significance of inshore retention. Freshwater Biology 41, 583–591.

Reichert, P., Borchardt, D., Henze, M., Rauch, W., Shanahan, P., Somlyody, L., Vanrolleghem, P. (2001) River Water Quality Model no. 1 (RWQM 1) II. Biochemical process equations. Water Science and Technology 43, 11–30.

Reichert, P., Ruchti, J., Simon, W. (2002) AQUASIM – Computer Program for the Identification and Simulation of Aquatic Systems Version 2.1d. Eidgenössische Anstalt für Wasserversorgung, Abwasserreinigung und Gewässerschutz, Dübendorf (Schweiz).

Reincke, H. (2002) Entwicklung der Gewässergüte und Ökologie in der Elbe – Sorgen von Morgen In: Geller, W., Punčochář, P., Guhr, H., Tümpling von, W., Medek, J., Smrt'ak, J., Feldmann, H., Uhlmann, O. (Hrsg) Die Elbe – neue Horizonte des Flussgebietsmanagements – 10. Magdeburger Gewässerschutzseminar. Teubner, Stuttgart Leipzig Wiesbaden, 388–389.

Reincke, H., Pagenkopf, W. G. (2001) Analyse der Nährstoffkonzentrationen, -frachten und -einträge im Elbeeinzugsgebiet. ARGE-Elbe (Arbeitsgemeinschaft für die Reinhaltung der Elbe) (Hrsg), Wassergütestelle Elbe, Hamburg.

Rempel, L. L., Richardson, J. S., Healey, M. C. (2000) Macroinvertebrate community structure along gradients of hydraulic and sedimentary conditions in a large gravel-bed river. Freshwater Biology 45, 57–73.

Resh, V. H., Hildrew, A. G., Statzner, B., Townsend, C. R. (1994) Theoretical habitat templets, species traits, and species richness: a synthesis of long-term ecological research on the Upper Rhone River in the context of concurrently developed ecological theory. Freshwater Biology 31, 539–554.

Reynolds, C. S. (2000) Hydroecology of river plankton: the role of variability in channel flow. Hydrological Processes 14, 3119–3132.

Reynolds, C. S., Descy, J. P. (1996) The production, biomass and structure of phytoplankton in large rivers. Archiv für Hydrobiologie Supplementband 113, Large rivers, vol 10, 187–198.

Reynolds, C. S., Glaister, M. S. (1993) Spatial and temporal changes in phytoplankton abundance in the upper and middle reaches of the River Servan. Archiv für Hydrobiologie Supplementband 101, 1–22.

Rheinheimer, G. (1977) Mikrobiologische Untersuchungen in Flüssen – II: Die Bakterienbiomasse in einigen norddeutschen Flüssen. Archiv für Hydrobiologie 81, 259–267.

Rheinheimer, G. (1991) Mikrobiologie der Gewässer. Gustav Fischer, Jena.

Richardson, W. B., Strauss, E. A., Bartsch, L. A., Monroe, E. M., Cavanaugh, J. C., Vingum, L., Soballe, D. M. (2004) Denitrification in the Upper Mississippi River: rates, controls, and contribution to nitrate flux. Canadian Journal for Fisheries and Aquatic Sciences 61, 1102–1112.

Ringelband, U. (i. Dr., 2005) Umweltverträglichkeit von Schlackensteinen im Wasserbau: Aufwuchs, Bioakkumulation und Ökotoxikologie, Literaturstudie. Bundesanstalt für Gewässerkunde, Koblenz.

Risse, U. (2003) Longitudinal distribution of pelagic ciliates in the River Elbe considering turbulence as a stress factor. Diplomarbeit, Friedrich-Schiller-Universität Jena.

Rogerson, A., Laybourn-Parry, J. (1992) Aggregate dwelling protozooplankton communities in estuaries. Archiv für Hydrobiologie 125, 411–422.

Rohde, H. (1998) Das Elbegebiet. In: Eckoldt, M. (Hrsg) Flüsse und Kanäle – Die Geschichte der deutschen Wasserstraßen, DSV Hamburg, 173–245.

Rommel, J. (1998) Geologie des Elbtales nördlich von Magdeburg (Teil I und II). Diplomarbeit, Universität Karlsruhe.

Rommel, J. (2000) Studie zur Laufentwicklung der deutschen Elbe bis Geesthacht seit ca. 1600. Bundesanstalt für Gewässerkunde, Koblenz Berlin. http://elise.bafg.de/?3408.

Rulík, M., Cap, L., Hlavácová, E. (2000) Methane in the hyporheic zone of a small lowland stream (Sitka, Czech Republic). Limnologica 30, 359–366.

Ruse, L. P. (1994) Chironomid microdistribution in gravel of an English chalk river. Freshwater Biology 32, 533–551.

Rutherford, J. C., Boyle, J. D., Elliott, A. H., Hatherell, T. W. J., Chiu, T. W. (1995) Modeling benthic oxygen-uptake by pumping. Journal of Environmental Engineering-ASCE 121, 84–95.

Ruttner-Kollisko, A. (1977) Suggestion for biomass calculation of planktonic rotifers. Archiv für Hydrobiologie Supplementband 8, 71–76.

Sachs, L. (1997) Angewandte Statistik. Springer, Berlin.

Saenger, N. (2000) Identifikation von Austauschprozessen zwischen Fließgewässer und hyporheischer Zone. Mitteilungen des Instituts für Wasserbau und Wasserwirtschaft der Technischen Universität Darmstadt 115/2000.

Saucke, U., Brauns, J. (2002) Stromtalgeschichte und Flussgeologie im deutschen Elbegebiet. In: Nestmann, F., Büchele, B. (Hrsg) (2002) Morphodynamik der Elbe. Abschlussbericht des BMBF-Forschungsvorhabens, FKZ 0339566. Universität Karlsruhe, Institut für Wasserwirtschaft und Kulturtechnik. http://elise.bafg.de/?3804.

Sauer, W., Schmidt, A. (2001) Die Bedeutung suspendierten Sandes für die Sohlhöhenentwicklung der Elbe. Wasserwirtschaft 91, 443–449.

Sauermost, R., Freudig, D., (1999–2004) Lexikon der Biologie: in fünfzehn Bänden. Spektrum, Heidelberg.

Schäfer, M. (1997) Biogeographie der Binnengewässer. BG Teubner, Stuttgart.

Schäfer, M. (2003) Wörterbuch der Ökologie. Spektrum. Akademie Verlag, Heidelberg.

Schäfer, M., Tischler, W. (1983) Ökologie. Wörterbücher der Biologie. Gustav Fischer, Stuttgart.

Scherf, G. (1997) Wörterbuch Biologie. Deutscher Taschenbuch Verlag, München.

Scherwass, A. (2001) Seasonal dynamics and mechanisms of control of ciliated potamoplankton in the River Rhine. Dissertation, Universität zu Köln.

Scherwass, A., Wickham, S. A., Arndt, H. (2002) Determination of the abundance of ciliates in highly turbid waters – an improved method tested for the River Rhine. Archiv für Hydrobiologie 156, 135–141.

Schiemer, F., Keckeis, H., Reckendorfer, W., Winkler, G. (2001) The „inshore retention concept" and its significance for large rivers. Archiv für Hydrobiologie Supplement 135, Large Rivers 12, 509–516.

Schlitt, H. (1968) Stochastische Vorgänge in linearen und nichtlinearen Regelkreisen. Vieweg, Braunschweig.

Schmid-Araya, J. M. (1994) Temporal and spatial distribution of benthic microfauna in sediments of a gravel streambed. Limnology and Oceanography 39, 1813–1821.

Schmitt, M. (1999) Partikuläres organisches Material (POM) in einem seenbürtigen Flachlandfließgewässer – Eintrags- und Retentionsdynamik unter besonderer Berücksichtigung des Phytoplanktons. Dissertation, Brandenburgische Technische Universität Cottbus.

Schöl, A., Eidner, R., Böhme, M., Kirchesch, V., Wörner, U., Müller, D. (2004) Modellierung des Stoffhaushaltes und des Planktons der Mittelelbe mit dem Gewässergütemodell QSim. In: Bedeutung der Stillwasserzonen und des Interstitials für die Nährstoffeliminierung in der Elbe. Abschlussbericht des BMBF-Forschungsvorhabens, FKZ 0339603. BfG (Bundesanstalt für Gewässerkunde), BfG-Bericht 1406, Koblenz Berlin, 92–138. http://elise.bafg.de/?6967.

Schöl, A., Kirchesch, V., Bergfeld, T., Müller, D. (1999) Model-based analysis of oxygen budget and biological processes in the regulated rivers Moselle and Saar: Modelling the influence of benthic filter feeders on phytoplankton. In: Garnier, J., Mouchel, J.-M. (Hrsg) Man and River Systems. Hydrobiologia 410, 185–194.

Schöl, A., Kirchesch, V., Bergfeld, T., Schöll, F., Borcherding, J., Müller, D. (2002) Modelling the chlorophyll a content of the River Rhine – Interaction between riverine algal production and population biomass of grazers, rotifers and zebra mussel, Dreissena polymorpha. International Review of Hydrobiology 87, 295–317.

Schöl, A., Kirchesch, V., Böhme, M., Müller, D. (2003) Modelling the phytoplankton development in rivers – applications of QSim on the large rivers Rhein, Elbe, Saale, Mosel, Saar. In: IGB (Leibniz-Institut für Gewässerökologie und Binnenfischerei) (Hrsg) Workshop „Phytoplankton in European rivers". Berlin, CD-ROM.

Schöll, F. (1998a) Bemerkenswerte Makrozoobethosfunde in der Elbe: Erstnachweis von Corbicula fluminea (O. F. Müller 1774) bei Krümmel sowie Massenvorkomen von Oligoneuriella rhenana (Imhof 1852) in der Oberelbe. Lauterbornia 33, 23–24.

Schöll, F., Balzer, I. (1998b) Das Makrozoobenthos der deutschen Elbe 1992–1997. Lauterbornia 32, 113–129.

Scholten, M. (2002a) Das Jungfischaufkommen in Uferstrukturen des Hauptstroms der mittleren Elbe – zeitliche und räumliche Dynamik. Zeitschrift für Fischkunde Supplementband 1, 59–77.

Scholten, M. (2002b) Schiffahrtsbedingte Habitatwechsel von Jungfischen. In: Nellen, W., Kausch, H., Thiel, R., Ginter, R. (Hrsg) Ökologische Zusammenhänge zwischen Fischgemeinschafts- und Lebensraumstrukturen der Elbe. Abschlussbericht des BMBF-Forschungsvorhabens, FKZ 0339578. Universität Hamburg, Zentrum für Meeres- und Klimaforschung, Institut für Hydrobiologie und Fischereiwissenschaft, 195–205. http://elise.bafg.de/?4022.

Scholten, M., Anlauf, A., Büchele, B., Faulhaber, P., Henle, K., Kofalk, S., Leyer, I., Meyerhoff, J., Purps, J., Rast, G., Scholz, M. (2005) The Elbe River in Germany – present state, conflicting goals, and perspectives of rehabilitation. In: Buijse, A. D. et al. (Hrsg) Rehabilitating large regulated rivers. Archiv für Hydrobiologie Supplement 155, Large Rivers vol 15, 579–602.

Scholten, M., Wirtz, C., Fladung, E., Thiel, R. (2003) The modular habitat model (MHM) for the ide, Leuciscus idus (L.) – a new method to predict the suitability of inshore habitats for fish. Journal of Applied Ichthyology 19, 315–329.

Schönbauer, B. (1999) Spatio-temporal patterns of macrobenthic invertebrates in a free-flowing section of the River Danube in Austria. Archiv für Hydrobiologie Supplementband 115, Large Rivers vol 11, 375–397.

Schönborn, W. (1992) Fließgewässerbiologie. Gustav Fischer, Jena.

Schönwiese, C. D. (2000) Praktische Statistik. Gebrüder Borntraeger, Berlin Stuttgart.

Schropp, M. H. I. (1995) Principles of designing secondary channels along the River Rhine for the benefit of ecological restoration. Water, Science and Technology 31, 379–382.

Schropp, M. H. I., Bakker, C. (1998) Secondary channels as a basis for the ecological rehabilitation of Dutch rivers. Aquatic Conservation Marine and Freshwater Ecosystems 8, 53–58.

Schwartz, R., Nebelsiek, A., Gröngröft, A. (1999) Das Nähr- und Schadstoffdargebot der Elbe im Wasserkörper sowie in frischen schwebstoffbürtigen Sedimenten am Meßort Schnackenburg in den Jahren 1984–1997. Hamburger Bodenkundliche Arbeiten 44, 65–83.

Schwartz, R. (2001) Die Böden der Elbaue bei Lenzen und ihre möglichen Veränderungen nach Rückdeichung. Hamburger Bodenkundliche Arbeiten 48.

SCHWARTZ, R., GRÖNGRÖFT, A., MIEHLICH, G. (2001) Teilprojekt: Wasser- und Stoffhaushalt der Böden. In: Möglichkeiten und Grenzen der Auenwaldentwicklung und Auenregeneration am Beispiel von Naturschutzprojekten an der Unteren Mittelelbe (Brandenburg). Abschlussbericht des BMBF-Forschungsvorhabens, FKZ 0339571. Universität Hamburg, Institut für Bodenkunde. http://elise.bafg.de/?3819.

SCHWARTZ, R., KOZERSKI, H. P (2005) Geochemische Charakterisierung feinkörniger Buhnenfeldsedimente der Mittelelbe und deren Erosionsstabilität. Deutsche Gesellschaft für Limnologie, Tagungsbericht 2004 (Potsdam), 307–313.

SCHWARTZ, R., KOZERSKI, H. P. (2003a) Die Bedeutung von Buhnenfeldern für die Retentionsleistung der Elbe. Deutsche Gesellschaft für Limnologie, Tagungsbericht 2002 (Braunschweig), 460–465.

SCHWARTZ, R., KOZERSKI, H. P. (2003b) Entry and deposits of suspended particulate matter in groyne fields in the Middle Elbe and its ecological relevance. Acta hydrochimica et hydrobiologica 31 (4–5), 391–399.

SCHWARTZ, R., KOZERSKI, H.-P. (2002) Die Buhnenfelder der unteren Mittelelbe – Geschichte, Bedeutung, Zukunft. Deutsche Gesellschaft für Limnologie, Tagungsbericht 2001 (Kiel), 417–422.

SCHWARTZ, R., KRÜGER, F., KOZERSKI, H. P. (2004) Bilanzierung des Schwebstoffrückhalts der unteren Mittelelbe in Fluss und Aue. Deutsche Gesellschaft für Limnologie, Tagungsbericht 2003 (Köln), 239–244.

SCHWARTZ, R., NEBELSIEK, A. (2002) Die Elbaue – eine durch Menschenhand geprägte Naturlandschaft. BUND Fachtagung „Neue Entwicklungen in der Elblandschaft", Lenzen, 26.–28. 04. 2002, 1–17. http://elise.bafg.de/servlet/is/4108/BUND-Entwicklung-Elbaue-Schwartz-R-2002.pdf.

SCHWOERBEL, J. (1961) Über die Lebensbedingungen und die Besiedlung des hyporheischen Lebensraums. Archiv für Hydrobiologie Supplementband 25, 182–214.

SCHWOERBEL, J. (1987, 1999) Einführung in die Limnologie. Fischer, Stuttgart.

SCHWOERBEL, J. (1994) Trophische Interaktionen in Fließgewässern. Limnologica 24, 185–194.

SEITZINGER, S. P., NIELSEN, L. P., CAFFREY, J., CHRISTENSEN, P. B. (1993) Denitrification measurements in aquatic sediments: a comparison of three methods. Biogeochemistry 23, 147–167.

SHERAD, J. L., DUNNINGHAM, L. P., TALBOUT, J. R. (1984) Basic properties of sand and gravel filters. Journal of Geotechnical Engineering 110, 684–700.

SHIMETA, J., AMOS, C. L., BEAULIEU, S. E., ASHIRU, O. M. (2002) Sequential resuspension of protists by accelerating tidal flow: Implications for community structure in the benthic boundary layer. Limnology and Oceanography 47, 1152–1164.

SIEBURTH, J. M. (1979) Sea microbes. Oxford University Press, New York.

ŠIMEK, K., VRBA, J., PERNTHALER, J., POSCH, T., HARTMAN, P., NEDOMA, J., PSENNER, R. (1997) Morphological and genotypic shifts in an experimental bacterial community influenced by protists of contrasting feeding modes. Applied and Environmental Microbiology 63, 587–595.

SIMON, M. (2001) 10 Jahre erfolgreiche Arbeit an der Elbe. Wasser und Abfall 9, 10–15.

SIMON, M., GROSSART, H.-P., SCHWEITZER, B., PLOUG, H. (2002) Review: Microbial ecology of organic aggregates in aquatic ecosystems. Aquatic Microbial Ecology 28, 175–211.

SIMONS, J., BOETERS, R. (1998) A systematic approach to ecologically sound river bank management. In: DE WAAL, L., LARGE, A. R. G., WADE, P. M. (Hrsg) Rehabilitation of rivers – principles and implementation. Wiley, New York, 57–85.

SIMPSON, K. W., FAGNANI, J. P., BODE, R. W., DENICOLA, D. M., ABELE, L. E. (1986) Organism-substrate relationship in the main channel of the Lower Hudson River. Journal of the North American Benthological Society 5, 41–57.

SKIBBE, O. (1994) An improved quantitative protargol stain for ciliates and other planktonic protists. Archiv für Hydrobilogie Supplementband 130, 339–347.

Smith, R. V., Burns, L. C., Doyle, R. M., Lennox, S. D., Kelso, B. H. L., Foy, R. H., Stevens, R. J. (1997) Free ammonia inhibition of nitrification in river sediments leading to nitrite accumulation. Journal of Environmental Quality 26, 1049–1055.

Smock, L. A., Metzler, G. M., Gladden, J. E. (1989) Role of debris dams in the structure and functioning of low-gradient headwater streams. Ecology 70, 764–775.

Sommer, U., Gliwicz, Z. M., Lampert, W., Duncan, A. (1986) The PEG-model of seasonal succession of planktonic events in fresh waters. Archiv für Hydrobiologie 106, 433–471.

Southwood, T. R. E. (1988) Tactics, strategies and templets. Oikos 52, 3–18.

Spaink, P. A., Ietswaart, T., Roijackers, R. (1998) Plankton dynamics in a dead arm of the River Waal: a comparison with the main channel. Journal of Plankton Research 20, 1997–2007.

Speaker, R., Moore, K., Gregory, S. (1984) Analysis of the process of retention of organic matter in stream ecosystems: Verhandlungen der internationalen Vereinigung für Limnologie 22, 1836–841.

Spott, D. (1995) Zur Entwicklung der Wasserbeschaffenheit in der mittleren Elbe. Wasserwirtschaft-Wassertechnik (WWT) 7/95, 14–21.

Spott, D., Guhr, H. (1996) The dynamics of suspended solids in the tidally unaffected area of the river Elbe as a function of flow and shipping. Archiv für Hydrobiologie Special issue: Advances in Limnology 47, 127–133.

Stanford, J. A., Ward, J. V. (1993) An ecosystem perspective of alluvial rivers: connectivity and the hyporheic corridor. Journal of the North American Benthological Society 12, 48–60.

Statzner, B., Gore, J. A., Resh, V. H. (1988) Hydraulic stream ecology: observed patterns and potential application. Journal of the North American Benthological Society 7, 307–360.

Storey, R. G., Fulthorpe, R. R., Williams, D. D. (1999) Perspectives and predictions on the microbial ecology of the hyporheic zone. Freshwater Biology 41, 119–130.

Strahler, A. N. (1957) Quantitative analysis of watershed geomorphology. American Geophysical Union Transactions 38, 913–920.

Streit, B., Kentner, E. (1992) Umwelt-Lexikon, Herder, Freiburg im Breisgau.

Sukhodolov, A., Engelhardt, C., Krüger, A., Bungartz, H. (2004) Case Study: Turbulent Flow and Sediment Distributions in a Groyne Field. Journal of Hydraulic Engineering 130, 1–9.

Sukhodolov, A., Thiele, M., Bungartz, H. (1998) Turbulence structure in a river reach with sand bed. Water Resources Research 34, 1317–1334.

Sukhodolov, A., Uijttewaal, W. S. J., Engelhardt, C. (2002) On the correspondence between morphological and hydrodynamical patterns of groyne fields. Earth Surface Processes and Landforms 27, 289–305.

Suzuki, N., Kato, K. (1953) Studies on suspended materials: Marine snow in the sea – 1. Sources of marine snow. Bulletin Faculty of Fisheries Hokkaido University 4, 132–135.

Sweschnikow, A. A. (1965) Untersuchungsmethoden der Theorie der Zufallsfunktionen mit praktischen Anwendungen. Teubner, Leipzig.

Tacke, D. (1988) Qualmwasser in der Gartower Elbmarsch-Landkreis Lüchow-Dannenberg – eine geomorphologisch-bodenkundliche Untersuchung über den Einfluß von Elbehochwasserlagen auf den Bodenwasserhaushalt und die Nutzungsmöglichkeiten eines eingedeichten Flußauengebietes. Geographisches Institut, Universität Hannover.

Taniguchi, M. (1993) Evaluation of vertical groundwater fluxes and thermal properties of aquifers based on transient temperature-depth profiles. Water Resources Research 29, 2021–2026.

Tavares-Cromar, A. F., Williams, D. D. (1997) Dietary overlap and coexistence of chironomid larvae in a detritus-based stream. Hydrobiologia 354, 67–81.

TEFS, C., ZIMMERMANN-TIMM, H. (2002) Algen der Elbe in ungahnten Tiefen. Vergleichende Untersuchungen zur Verteilung der Algen im Längsverlauf und im Sediment der Elbe. Deutsche Gesellschaft Limnologie, Tagungsbericht 2002 (Braunschweig), 439–442.

TER BRAAK, C. J. F., ŠMILAUER, P. (1998) CANOCO reference manual and user's guide to CANOCO for Windows – Software for canonical community ordination (version 4). Wageningen.

TER BRAAK, C. J. F., ŠMILAUER, P. (2002) CANOCO reference manual. Microcomputer Power, Ithaca New York.

TESORIERO, A. J., LIEBSCHER, H., COX, S. E. (2000) Mechanism and rate of denitrification in an agricultural watershed: Electron and mass balance along groundwater flow paths. Water Resources Research 36, 1545–1559.

THIELCKE, G. (1999) Lebendige Elbe – Living Elbe – Žyvoucí Labe. Stadler, Konstanz.

THOMSON, J. R., TAYLOR, M. P., FRYIRS, K. A., BRIERLEY, G. J. (2001) A geomorphological framework for river characterization and habitat assessment. Aquatic Conservation: Marine and Freshwater Ecosystems 11, 373–389.

THORP, J. H., BLACK, A. R., HAAG, K. H. (1994) Zooplankton Assemblages in the Ohio River: Seasonal, Tributary and Navigation Dam Effects. Canadian Journal of Fish and Aquatic Science 51, 1634–1643.

THORP, J. H., DELONG, M. D. (2002) Dominance of autochthonous autotrophic carbon in food webs of heterotrophic rivers. Oikos 96, 543–550.

TIPPING, E., WOOF, C., CLARKE, K. (1993) Deposition and Resuspension of fine particles in a riverrine 'Dead-Zone'. Hydrological Processes 7, 263–277.

TITTIZER, T. (1997) Vergleichende Untersuchungen zur Besiedlung von Schlackensteinen durch wirbellose Tiere. Schriftenreihe der Forschungsgemeinschaft Eisenhüttenschlacken e.V. 4, 89–122.

TITTIZER, T., KREBS, F. (Hrsg) (1996) Ökosystemforschung: Der Rhein und seine Auen – eine Bilanz. Springer-Verlag, Berlin Heidelberg.

TITTIZER, T., SCHLEUTER, A. (1989) Über die Auswirkung wasserbaulicher Maßnahmen auf die biologischen Verhältnisse in den Bundeswasserstraßen. Deutsche Gewässerkundliche Mitteilungen 33, 91–97.

TOCKNER, K., LANGHANS, S. (2003) Die ökologische Bedeutung des Schwemmgutes. Wasser Energie Luft 95, 353–354.

TOCKNER, K., PENNETZDORFER, D., REINER, N., SCHIEMER, F., WARD, J. V. (1999) Hydrological connectivity and the exchange of organic matter and nutrients in a dynamic river-floodplain system (Danube, Austria). Freshwater Biology 41, 521–535.

TRISKA, F. J., DUFF, J. H., AVANZINO, R. J. (1990) Influence of exchange flow between the channel and hyporheic zone on nitrate production in a small mountain stream. Canadian Journal of Fisheries and Aquatic Sciences 47, 2099–2111.

TÜMPLING VON, W., FRIEDRICH, G. (Hrsg) Methoden der Biologischen Wasseruntersuchung 2 – Biologische Gewässeruntersuchung. G. Fischer, Stuttgart New York.

UHLMANN, D., HORN, W. (2001) Hydrobiologie der Binnengewässer. Ulmer, Stuttgart.

UIJTTEWAAL, W. S. J., LEHMANN, D., MAZIJK VAN, A. (2001) Exchange processes between a river and its groyne fields: Model experiments. Journal of Hydraulic Engineering-ASCE 127, 928–936.

UBA (Umweltbundesamt) (2002) Umweltorientierte Bewertung von Bundeswasserstrassenplanungen mit den Teilberichten (A) Ergänzende Methodenvorschläge für die Bewertung von Vorhaben des Wasserstrassenausbaues im Rahmen der Überarbeitung der Bundesverkehrswegeplanung 2002 (B) Beispielhafter Vergleich der ökonomischen und ökologischen Wirkungen verschiedener Ausbauszenarien fuer die Elbe (C) Ökologische Wirkungsanalysen im Zusammenhang mit Bundeswasserstrassenplanungen (D) Schifffahrt auf deutschen Binnenwasserstrassen – Stand, Verkehrsbedeutung, Entwicklungsbedarf, Entwicklungspotenziale. Umweltbundesamt, UBA-Texte 02/02.

UBA (Umweltbundesamt) (Hrsg) (2005) Bedeutung der Elbe als europäische Wasserstraße. Studie, Berlin.

Valentine, E. M., Wood, I. R. (1977) Longitudinal dispersion with dead zones. Journal of the Hydraulic Division 103, 975–990.

Valett, H. M., Morrice, J. A., Dahm, C. N. (1996) Parent lithology, surface-groundwater exchange, and nitrate retention in headwater streams. Limnology & Oceanography 41, 333–345.

Vanek, V. (1997) Heterogeneity of groundwater-surface ecotones. In: Gibert, J., Mathieu, J., Fournier, F. (Hrsg) Groundwater/Surface Water Ecotones: Biological and Hydrological Interactions and Management Options. 3-9. International Hydrology Series, University Press, Cambridge.

Vannote, R. L., Minshall, G. W., Cummins, J. R., Sedell, J. R., Cushing, C. E. (1980) The river continuum concept. Canadian Journal of Fisheries and Aquatic Sciences 37, 130–177.

Verity, P. G. (1991) Measurement and simulation of prey uptake by marine planktonic ciliates fed plastidic and aplastidic nanoplankton. Limnology and Oceanography 36, 729–750.

Vervier, P., Gibert, J., Marmonier, P., Dole-Olivier, M.-J. (1992) A perspective on the permeability of the surface freshwater-groundwater ecotone. Journal of the North American Benthological Society 11, 93–102.

Vierlingh, A. (1576) Tractaet van Dyckagie. Hullu de, J., Verhoeven, A. G. (Hrsg) (1920) Reprint. Rijks geschiedkundige Publication, Nr. 20, 's-Gravenhage, M. Nijhoff.

Viroux, L. (1997) Zooplankton development in two large lowland rivers, the Moselle (France) and the Meuse (Belgium), in 1993. Journal of Plankton Research 19, 1743–1762.

Viroux, L. (1999) Zooplankton distribution in flowing waters and its implications for sampling case studies in the River Meuse (Belgium) and the River Moselle (France, Luxembourg). Journal of Plankton Research 21, 1231–1248.

Viroux, L. (2002) Seasonal and longitudinal aspects of microcrustacean (Cladocera, Copepoda) dynamics in a lowland river. Journal of Plankton Research 24, 281–292.

Vos, J. H. (2001) Feeding of detritivores in freshwater sediments. Dissertation, University of Amsterdam.

Wainright, S. C. (1987) Stimulation of heterotrophic microplankton production by resuspended marine sediments. Science 238, 1710–1712.

Wallace, J. B., Benke, A. C. (1984) Quantification of wood habitat in subtropical coastal plain streams. Canadian Journal of Fisheries and Aquatic Sciences 41, 1643–1652.

Walling, D. E. (1996) Suspended sediment transport by rivers: a geomorphological and hydrological perspective. Archiv für Hydrobiologie Special Issue: Advances in Limnology 47, 1–27.

Wang, Y., Büchele, B., Nestmann, F. (2002) Wirkung instationären Abflussverhaltens und von Buhnen auf den Dünentransport in der Elbe (in wasserbaulichen Laborversuchen). In: Nestmann, F., Büchele, B. (Hrsg) Morphodynamik der Elbe. Abschlussbericht des BMBF-Forschungsvorhabens, FKZ 0339566. Universität Karlsruhe, Institut für Wasserwirtschaft und Kulturtechnik, 279–339. http://elise.bafg.de/?3804.

WANNER, S. C. (2000) Transport, retention, and turnover of particulate organic matter (POM) in the lowland river Spree (Germany). Dissertation, Universität Potsdam.

WANNER, S. C., OCKENFELD, K., BRUNKE, M., FISCHER, H., PUSCH, M. (2002) Influence of flow regulation on the distribution and turnover of benthic organic matter in the lowland River Spree (Germany). River Research and Applications 18, 107–122.

WANNER, S. C., PUSCH, M. (2000) Use of fluorescently labelled Lycopodium spores as a tracer for suspended particles in a lowland river. Journal of the North American Benthological Society 19, 648–658.

WARD, A., WILLIAMS, D. D. (1986) Longitudinal zonation and food of larval chironomods (Insecta: Diptera) along the course of a river in temperate Canada. Holarctic Ecology 9, 48–57.

WARD, J. V., STANFORD, J. A. (1983) The serial discontinuity concept of lotic ecosystems. In: FONTAINE, T. D., BARTELL, S. M. (Hrsg) Dynamics of lotic ecosystems. Ann Arbor Science, Ann Arbor (Michigan USA), 29–42.

WARD, J. V., TOCKNER, K., ARSCOTT, D. B., CLARET, C. (2002) Riverine landscape diversity. Freshwater Biology 47, 517–540.

WASSER- UND SCHIFFFAHRTSDIREKTION OST, WASSER- UND SCHIFFFAHRTSAMT DRESDEN, BUNDESANSTALT FÜR GEWÄSSERKUNDE, BUNDESANSTALT FÜR WASSERBAU (2001) Erosionsstrecke der Elbe – Ergebnisse der Naturversuche zur Geschiebezugabe 1996–1999. Berlin Dresden Koblenz Karlsruhe.

WEBSTER, J. R., MEYER, J. L. (1997) Organic matter budgets for streams: a synthesis. Journal of the North American Benthological Society 16, 141–161.

WEHNER, R., GERING, W. (1990) Zoologie. Thieme, Stuttgart New York.

WEITERE, M., ARNDT, H. (2002) Topdown effects on pelagic heterotrophic nanoflagellates (HNF) in a large river (River Rhine): do losses to the benthos play a role? Freshwater Biology 47, 1437–1450.

WELKER, M., WALZ, N. (1998) Can mussels control the plankton of rivers? – A planktological approach applying a Lagrangian sampling strategy. Limnology and Oceanography 43, 753–762.

WELKER, M., WALZ, N. (1999) Plankton dynamics in a river-lake system – on continuity and discontinuity. Hydrobiologia 408/409, 233–239.

WERNER, P., KÖHLER, J. (2005) Seasonal dynamics of benthic and planktonic algae in a nutrient-rich lowland river (Spree, Germany). International Review of Hydrobiology 90, 1–20.

WESTRICH, B. (1977) Massenaustausch in Strömungen mit Totwasserzonen unter stationären Fließbedingungen. Technical Report SFB 80/ET 80, Institut für Hydromechanik, Universität Karlsruhe.

WHITE, D. S. (1993) Perspectives on defining an delineating hyporheic zones. Journal of the North American Benthological Society 12, 61–69.

WIESCHE VON DER, M., WETZEL, A. (1998) Temporal and spatial dynamics of nitrite accumulation in the River Lahn. Water Research 32, 1653–1661.

WILCZEK, S. (2005) Spatial and seasonal distribution of extracellular enzyme activities in the River Elbe and their regulations by environmental variables. Dissertation, Universität Potsdam.

WILCZEK, S., FISCHER, H., BRUNKE, M., PUSCH, M. T. (2004) Microbial activity within a subaqueous dune in a large lowland river (River Elbe, Germany). Aquatic Microbial Ecology 36, 83–97.

WILCZEK, S., FISCHER, H., PUSCH, M. T. (i. Dr.) Regulation and seasonal dynamics of extracellular enzyme activities in the sediments of a large lowland river. Microbial Ecology.

WILSON, J. B. (1999) Guilds, functional types and ecological groups. Oikos 86, 507–522.

WIRTZ, C. (2004) Hydromorphologische und morphodynamische Analyse von Buhnenfeldern der unteren Mittelelbe im Hinblick auf eine ökologische Gewässerunterhaltung. Dissertation, FU Berlin. http://www.diss.fu-berlin.de/2004/254/index.html.

WIRTZ, C., ERGENZINGER, P. (2002) Die untere Mittelelbe: hydromorphologische Charakterisierung von ausgesuchten Uferbereichen und Nebengewässern. Zeitschrift für Fischkunde Supplementband 1, 13–40.

WOESE, C. (1987) Bacterial Evolution. Microbiology Revue 51, 221–271.

WOLDSTEDT, P. (1956) Die Geschichte des Flußnetzes in Norddeutschland und angrenzenden Gebieten. Eiszeitalter und Gegenwart 7, 5–12.

WOLF, L., SCHUBERT, G. (1992) Die spättertiären bis elstereiszeitlichen Terrassen der Elbe und ihrer Nebenflüsse und die Gliederung der Elster-Kaltzeit in Sachsen. Geoprofil, 4, 1–43.

WOLFSTEIN, K., KIES, L. (1995) A case study on the oxygen budget in the freshwater part of the Elbe estuary. Archiv für Hydrobiologie Supplementband 110, 39–54.

WOLTER, C., ARLINGHAUS, R. (2003) Navigation impacts on freshwater fish assemblages: the ecological relevance of swimming performance. Reviews in Fish Biology and Fisheries 13, 63–89.

WOLZ, E. R., SHIOZAWA, D. K. (1995) Soft sediment benthic macroinvertebrate communities of the Green River at the Ouray National Wildlife Refuge, Utah Country, Utah. Great Basin Naturalist 55, 213–224.

WÖRNER, U., ZIMMERMANN-TIMM, H., KAUSCH, H. (2000) Succession of protists on estuarine aggregates. Microbial ecology 40, 209–222.

WÖRNER, U., ZIMMERMANN-TIMM, H., KAUSCH, H. (2002) Aggregate-associated bacteria and heterotrophic flagellates in the River Elbe – their relative significance along the longitudinal profile according to different points of reference. International Review of Hydrobiology 87, 255–266.

WSD OST (1997) Wasserstraßen zwischen Elbe und Oder. Magdeburg.

ZANKE, U. C. E. (Hrsg) (2001) Teilprojekt: Morphologische und hydraulische Modellierung (abiotische Parameter). In: Auswirkungen von Buhnen auf semiterrestische Flächen. Abschlussbericht des BMBF-Forschungsvorhabens, FKZ 0339590. Technische Universität Darmstadt, Institut für Wasserbau und Wasserwirtschaft. http://elise.bafg.de/?5082.

ZAUNER, G., SCHIEMER, F. (1994) Auswirkungen der Schiffahrt auf die Fischfauna großer Fließgewässer. Wissenschaftliche Mitteilungen des Niederösterreichischen Landesmuseums 8, 271–285.

ZIMMERMANN, H., HOLST, H., MÜLLER, S. (1998) Seasonal dynamics of aggregates and their typical biocoenosis in the Elbe Estuary. Estuaries 21, 613–621.

ZIMMERMANN, H., KAUSCH, H. (1996) Microaggregates in the Elbe Estuary: structure and colonization during spring. Archiv für Hydrobiologie Special issue: Advances in Limnology 48, 85–92.

ZIMMERMANN-TIMM, H. (2002) Characteristics, dynamics and importance of aggregates in rivers – an invited review. International Review of Hydrobiology 87, 197–240.

ZIMMERMANN-TIMM, H. (Hrsg) (2004) Struktur und Dynamik der pelagischen, benthischen und aggregatassoziierten Biozönosen, ihrer Wechselwirkungen und Stoffflüsse. Abschlussbericht des BMBF-Forschungsvorhabens, FKZ 0339606. Universität Hamburg, Institut für Hydrobiologie und Fischereiwissenschaft. http://elise.bafg.de/?3578.

# Abbildungsverzeichnis

| | | |
|---|---|---|
| Abb. 1-1: | Elbe bei Cumlosen von Elbe-km 467 bis 470 | 1 |
| Abb. 1-2: | Struktur Verbundprojekt „Strukturgebundener Stoffumsatz und Bioindikation in der Elbe" | 3 |
| Abb. 1-3: | Schematischer Grundriss eines Abschnitts der mittleren Elbe | 5 |
| Abb. 2-1: | Lauf der Elbe und ihrer größeren Nebenflüsse | 7 |
| Abb. 2-2: | Topographie und Gewässernetz im deutschen Teil des Elbeeinzugsgebietes | 8 |
| Abb. 2-3: | Vergleich des Elbabschnitts bei Drethem vor (1792) und nach (1893) dem Bau von Buhnen | 13 |
| Abb. 2-4: | Jahresgang der mittleren monatlichen Abflüsse im Zeitraum 1964 bis 1995 | 15 |
| Abb. 2-5: | Mittlere Fließgeschwindigkeiten im Hauptgerinne entlang der deutschen Binnenelbe | 17 |
| Abb. 2-6: | Wassertiefen bei verschiedenen Abflusszuständen und die Höhendifferenz | 18 |
| Abb. 2-7: | Entwicklung des DOC und des Gesamt-CSB am Elbe-km 318 von 1984 bis 2000 | 20 |
| Abb. 2-8: | Entwicklung der Phosphatkonzentration am Elbe-km 318 von 1970 bis 2000 | 21 |
| Abb. 2-9: | Konzentrationen anorganischer Stickstoffkomponenten am Elbe-km 318 von 1970 bis 2000 | 22 |
| Abb. 2-10: | Einleitung von Abwässern der Papierindustrie bei Pirna/Heidenau im Jahr 1984 | 24 |
| Abb. 2-11: | Übersichtskarte der Untersuchungsgebiete aller in diesem Band vorgestellten Projekte | 29 |
| Abb. 2-12: | Beprobung der Gewässersohle in Strommitte im Jahr 2001 mit Hilfe eines Taucherschachts | 29 |
| Abb. 3-1: | Talsperre Labská unterhalb Špindlerův Mlýn – erste große Staustufe der Elbe | 34 |
| Abb. 3-2: | Chlorophyll-a-Konzentration im Längsschnitt der Elbe | 35 |
| Abb. 3-3: | Abhängigkeit der täglichen Chlorophyll-a-Zunahme vom Durchfluss (Pegel Neu Darchau) | 36 |
| Abb. 3-4: | Typische Schwebealgen (Phytoplankton) aus der Elbe | 37 |
| Abb. 3-5: | Biomasse und Abundanz des Phytoplanktons im Elbe-Längsschnitt (Strommitte) | 38 |
| Abb. 3-6: | Relative Anteile der Phytoplanktongruppen an der mittleren Abundanz und Biomasse | 39 |
| Abb. 3-7: | Rückgang des Phytoplanktons und Ausprägung eines „Sauerstofflochs" im Tidebereich | 40 |
| Abb. 3-8: | Chlorophyllkonzentration am Elbe-km 475 von 1985 bis 2003 | 41 |
| Abb. 3-9: | Chlorophyllkonzentration zwischen Elbe-km 4 und 475 von 1997 bis 2003 | 42 |
| Abb. 3-10: | Beispiel für Tagesgänge mehrerer Messgrößen der Wasserqualität der Elbe | 46 |
| Abb. 3-11: | Netto-Ökosystemproduktion am Elbe-km 470 vom 06.07. bis 09.07.2002 | 47 |
| Abb. 3-12: | Brutto-Primärproduktion, Netto-Ökosystemproduktion, Gesamtrespiration am Elbe-km 470 | 47 |
| Abb. 3-13: | Produktion-Licht-Beziehung am Elbe-km 470 | 48 |
| Abb. 3-14: | Jahresgang der Sauerstoff- und Chlorophyllkonzentration am Elbe-km 470 im Jahr 1998 | 49 |
| Abb. 3-15: | Tagesintegrale der Sauerstoffumsatzgrößen am Elbe-km 470 im Jahr 1998 | 49 |
| Abb. 3-16: | Tagesintegrale der Sauerstoffumsatzgrößen im Elbe-Längsschnitt (26.06.–07.07.2000) | 51 |
| Abb. 3-17: | Mittelwerte der Tagesintegrale der Sauerstoffumsatzgrößen für 1998 im Elbe-Längsschnitt | 51 |
| Abb. 3-18: | Zeitliche Entwicklung der Sauerstoffkonzentration bei Schnackenburg über 18 Jahre | 52 |
| Abb. 3-19: | Chlorophyll-a-, Phaeophytin- und wichtige Nährstoffkonzentrationen im Elbe-Längsschnitt | 53 |
| Abb. 3-20: | Konzentrationen von gelöstem Nitrat und gelöstem Silizium im Elbe-Längsschnitt | 54 |
| Abb. 3-21: | Schema der fließgewässerspezifischen Umweltfaktoren, die auf das Zooplankton einwirken | 56 |
| Abb. 3-22: | Longitudinale Entwicklung des Zooplanktons zwischen Schmilka und Boizenburg (1991) | 58 |
| Abb. 3-23: | Saisonale Dynamik von Abundanz, Biomasse und C-Gehalt des Rotatorienplanktons | 59 |
| Abb. 3-24: | Saisonale Sukzession der Abundanzanteile von beutegreifenden/filtrierenden Rotatorien | 60 |
| Abb. 3-25: | Lebendaufnahme von *Synchaeta oblonga* und *Trichocerca pusilla* | 61 |
| Abb. 3-26: | Saisonale Abundanzdynamik des Crustaceenplanktons am Elbe-km 423 in 1999 und 2000 | 61 |
| Abb. 3-27: | Longitudinale Entwicklung des Rotatorienplanktons zwischen Elbe-km 46 und 583 | 62 |
| Abb. 3-28: | Longitudinale Entwicklung des Crustaceenplanktons zwischen Elbe-km 46 und 583 | 63 |

| | | |
|---|---|---|
| Abb. 3-29: | Abundanzzunahme von Rotatorien/Crustaceen unter Stillwasser-/Turbulenzbedingungen | 64 |
| Abb. 3-30: | Saisonaler Verlauf der Abundanzen von Bakterien, heterotrophen Flagellaten und Ciliaten | 66 |
| Abb. 3-31: | In der Mittleren Elbe häufig vorkommende Ciliaten | 67 |
| Abb. 3-32: | Saisonaler Verlauf der Biomasse von heterotrophen Flagellaten, Ciliaten und Bakterien | 69 |
| Abb. 3-33: | Saisonaler Dynamik der Abundanz von Bakterien im Längsprofil von Elbe-km 46 bis 583 | 70 |
| Abb. 3-34: | Saisonaler Dynamik der Abundanz von Flagellaten im Längsprofil von Elbe-km 46 bis 583 | 70 |
| Abb. 3-35: | Aggregatdichte in 1999 und 2000 sowie Aggregatgrößen der Aggregate >50 µm in 1999 | 74 |
| Abb. 3-36: | Aggregate der Mittleren Elbe mit ihren typischen Bestandteilen | 75 |
| Abb. 3-37: | Durchschnittliche prozentuale Zusammensetzung der Aggregate in 1999 und 2000 | 76 |
| Abb. 3-38: | Prozentuale Aggregatassoziation der Populationen von Bakterien, Flagellaten und Ciliaten | 76 |
| Abb. 3-39: | Verteilung der Aggregatdichte und von aggregatassoziierten Flagellaten und Bakterien | 77 |
| Abb. 3-40: | Ciliaten-Abundanz an schnell/langsam sedimentierenden Aggregaten und im Freiwasser | 78 |
| Abb. 3-41: | Anteile der Fraktionen an extrazellulären Enzymaktivitäten bezogen auf Elbwasser | 81 |
| Abb. 3-42: | Anteile der Fraktionen / des Freiwassers an Enzymaktivitäten bezogen auf Trockenmasse | 81 |
| Abb. 3-43: | Enzymaktivitäten in den Aggregatfraktionen und im Freiwasser pro $10^8$ Bakterienzellen | 82 |
| Abb. 3-44: | Organischer C-Gehalt von Aggregatfraktionen und Freiwasser pro $10^9$ Bakterienzellen | 82 |
| Abb. 4-1: | Vergleich von Karten des Elbabschnittes von Elbe-km 518 bis 520 aus 1889 und 1990 | 85 |
| Abb. 4-2: | Schema der Strömungsstruktur in einem Buhnenfeld bei frei liegenden Buhnenkörpern | 87 |
| Abb. 4-3: | Morphologische Klassifizierung von Buhnenfeldern | 88 |
| Abb. 4-4: | Häufigkeitsverteilung von sieben Buhnenfeldformen in der Elbe | 90 |
| Abb. 4-5: | Schematische Darstellung der Muster von Rückströmzonen in Buhnenfeldern | 90 |
| Abb. 4-6: | Fließgeschwindigkeitskomponenten; Wahrscheinlichkeitsverteilungen der Geschwindigkeit | 91 |
| Abb. 4-7: | Sinkgeschwindigkeitsverteilungen von Schwebstoffen im Hauptstrom/Buhnenfeld | 92 |
| Abb. 4-8: | Vertikalverteilung der turbulenten kinetischen Energie in einem Buhnenfeld | 93 |
| Abb. 4-9: | Vertikalverteilung der Gesamtschwebstoffkonzentration in einem Buhnenfeld | 94 |
| Abb. 4-10: | Tiefenintegrierte mittlere Fließgeschwindigkeiten im Laborgerinne / natürlichen Buhnenfeld | 94 |
| Abb. 4-11: | Horizontale Verteilung der tiefenintegrierten Fließgeschwindigkeit in Buhnenfeldern | 95 |
| Abb. 4-12: | Partikelaufenthaltszeiten (in Minuten) im Mai und September 2000 | 96 |
| Abb. 4-13: | Schwebstoffgesamtkonzentration (dimensionslose Größe) im Mai und September 2000 | 96 |
| Abb. 4-14: | Partikuläres organisches Material im Mai und September 2000 | 97 |
| Abb. 4-15: | Chlorophyll-a-Konzentration im Mai und September 2000 | 97 |
| Abb. 4-16: | Fließgeschwindigkeit in einem Buhnenfeld vor, während und nach einer Schiffspassage | 98 |
| Abb. 4-17: | Schwebstoffkonzentration entlang des Fließwegs vor und nach einer Schiffspassage | 98 |
| Abb. 4-18: | Illustration eines numerischen Experiments – Impfung mit einem fluoreszierenden Tracer | 100 |
| Abb. 4-19: | Beispielhafte numerisch simulierte Ganglinien der Konzentration in einem Buhnenfeld | 101 |
| Abb. 4-20: | Vergleich der Durchgangslinien aus der Stofftransportsimulation | 102 |
| Abb. 4-21: | Aufenthaltszeit virtueller Wasserpartikel im Referenzbuhnenfeld am Elbe-km 425,1 | 103 |
| Abb. 4-22: | Schematische Darstellung der Topographie eines Buhnenfeldes am Elbe-km 420,9 | 105 |
| Abb. 4-23: | Strömungsgeschwindigkeiten sowie potenzielle und effektive Sedimentationsraten | 107 |
| Abb. 4-24: | Muddevorkommen im Buhnenfeld 420,9 am 20.11.2001 und 10.07.2002 | 109 |
| Abb. 4-25: | Kornzusammensetzung der Elbsohle und der Buhnenfelder zwischen Elbe-km 474 und 485 | 111 |
| Abb. 4-26: | Regression organ. Kohlenstoff – Sandanteil und Gesamt-Stickstoff – organ. Kohlenstoff | 112 |
| Abb. 4-27: | Regression Gesamt-Nickelgehalt – organ. Kohlenstoff und Zinkgehalt – organ. Kohlenstoff | 112 |
| Abb. 4-28: | Winter/Sommer-Vergleich der Schwebstofffrachtbilanz zwischen Elbe-km 455 und 523 | 115 |
| Abb. 4-29: | Tageswerte der Schwebstofffrachtdifferenz und Differenzsumme in 1997 bis 1999 | 116 |
| Abb. 4-30: | Longitudinale und laterale Verteilung der Crustaceen im Juli 2000 | 119 |
| Abb. 4-31: | Verteilung der Bosminidae im Hauptstrom und in angrenzenden Buhnenfeldern | 120 |

| | | |
|---|---|---|
| **Abb. 4-32:** | Diurnale Verteilung der Chydoridae im Hauptstrom und in einem Buhnenfeld. | 120 |
| **Abb. 4-33:** | Flussmorphologische Strukturen als mittelskalige Lebensräume für wirbellose Tiere. | 121 |
| **Abb. 4-34:** | Wassertiefe unterschiedlicher Uferentfernung in Buhnenfeldern bei Niedrigwasserabfluss. | 122 |
| **Abb. 4-35:** | Anteile der Kornfraktionen an flussmorphologischen Sohlstrukturen der Elbe. | 123 |
| **Abb. 4-36:** | Kenngrößen der Nahrungsressourcen im Buhnenfeld und in Mesohabitaten der Sohle. | 124 |
| **Abb. 4-37:** | Dominanzstruktur der Meio- und Makrofauna im Benthal und Hyporheal von Buhnenfeldern. | 125 |
| **Abb. 4-38:** | Verteilung der Körperlängen der Meio- und Makrofauna im Benthal eines Buhnenfeldes. | 126 |
| **Abb. 4-39:** | Abundanzen und Taxazahlen pro Probenahme in verschiedener Uferentfernung. | 126 |
| **Abb. 4-40:** | Hauptkomponentenanalyse mit den Faktoren 1 und 2 der Makro- und Meiofauna. | 128 |
| **Abb. 4-41:** | Redundanzanalyse – Ordinationsdiagramm der Taxa mit den Faktoren 1 und 2. | 132 |
| **Abb. 4-42:** | Redundanzanalyse – Ordinationsdiagramm der Taxa mit den Faktoren 1 und 3. | 133 |
| **Abb. 4-43:** | Ökol. Reaktionsnormen der Abundanzen benthischer Taxa gegenüber der Reynolds-Zahl. | 134 |
| **Abb. 4-44:** | Ordinationsdiagramm mit Biplot der Variablen Hydromorphologie und Nahrungsressourcen. | 136 |
| **Abb. 4-45:** | Tagesverläufe der Taxazahl pro Driftprobe sowie Driftdichten verschiedener Taxa. | 137 |
| **Abb. 4-46:** | Sauerstoffgehalt und POM-Gehalt innerhalb eines Buhnenfeldes am Elbe-km 420. | 140 |
| **Abb. 4-47:** | Taxonomische Untergruppen der Wimpertierchen in drei Tiefenhorizonten. | 142 |
| **Abb. 4-48:** | Abundanz und taxonomische Zusammensetzung der Flagellatenfauna im Buhnenfeld. | 145 |
| **Abb. 4-49:** | Typische aggregatbesiedelnde Protozoen in der Mittleren Elbe. | 146 |
| **Abb. 4-50:** | Verteilung der Sedimentgesamtrespiration in Buhnenfeldern bei Coswig. | 149 |
| **Abb. 4-51:** | Sedimentgesamtrespiration in Fließgewässern. | 150 |
| **Abb. 4-52:** | Potenzielle Aktivität der β-Glucosidase und Leucin-Aminopeptidase in Buhnenfeldern. | 151 |
| **Abb. 4-53:** | Zeitliche Dynamik der Bakterienzahl und verschiedener Enzymaktivitäten in Buhnenfeldern. | 152 |
| **Abb. 5-1:** | Topographie der überströmten Sohle an Elbe-km 230 bis 235. | 156 |
| **Abb. 5-2:** | Teilprofil und Anordnung der ufernahen Interstitialmessstellen und Grundwasserpegel. | 158 |
| **Abb. 5-3:** | Auswirkung von Exfiltration und Infiltration auf Leitfähigkeit, Wassertemperatur, Sauerstoff. | 159 |
| **Abb. 5-4:** | Unterschiede in der Querverteilung des Sediments anhand der Korngrößenstruktur. | 160 |
| **Abb. 5-5:** | Muster der Temperaturgradienten im Oberflächenwasser und im ufernahen Interstitial. | 162 |
| **Abb. 5-6:** | Beispielhaftes Frequenzspektrum des Wasserstandes der Oberen Elbe. | 164 |
| **Abb. 5-7:** | Momentaufnahme der dynamischen Entwicklung des Grundwasserspiegels. | 165 |
| **Abb. 5-8:** | Schematische Darstellung der Strömungsverhältnisse an einer Unterwasserdüne. | 171 |
| **Abb. 5-9:** | Strömungstiefenprofile im Luv-, Kanten- und Lee-Bereich einer Unterwasserdüne. | 172 |
| **Abb. 5-10:** | Verteilung der Probenahmestellen und Uraninkonzentration 10 Tage nach Traceringabe. | 173 |
| **Abb. 5-11:** | Kumulative Verteilung der für Protozoen relevanten Korngrößen des Sediments. | 174 |
| **Abb. 5-12:** | Mittlere Ciliatengröße in Abhängigkeit von der mittleren Sedimentkorngröße. | 175 |
| **Abb. 5-13:** | Taxonomische Gruppen der Ciliaten der Flussmitte in einer Sedimenttiefe von 3,5 bis 7 cm. | 176 |
| **Abb. 5-14:** | Wichtige Ciliatengruppen des Elbsediments. | 178 |
| **Abb. 5-15:** | Saisonaler Vergleich der Abundanzen von Ciliaten, Diatomeen, Flagellaten, Bakterien. | 180 |
| **Abb. 5-16:** | Gewichtsanteile der Feinsedimente an der Zusammensetzung von Elbe-Sohlstrukturen. | 182 |
| **Abb. 5-17:** | Anteile taxonomischer Gruppen an der Besiedlung im Benthal der Fahrrinne/Düne. | 183 |
| **Abb. 5-18:** | Anteile taxonomischer Gruppen an der Besiedlung im Hyporheal der Fahrrinne/Düne. | 183 |
| **Abb. 5-19:** | Hauptkomponentenanalyse – Ordinationsdiagramm der Taxa. | 185 |
| **Abb. 5-20:** | Hauptkomponentenanalyse – Ordinationsdiagramm der Umweltvariablen. | 186 |
| **Abb. 5-21:** | Beziehung Abundanzen im Benthal der Düne/Fahrrinne – Kenngrößen Nahrungsangebot. | 188 |
| **Abb. 5-22:** | Tiefenprofile bakterieller Aktivität in Sedimenten der Elbe, Buhnenfelder und Flussmitte. | 192 |
| **Abb. 5-23:** | Durchströmungsrate und Sedimentgesamtrespiration in Unterwasserdünen der Elbe/Spree. | 193 |
| **Abb. 5-24:** | Sauerstoffkonzentration im Interstitial der Flussmitte und in einem Buhnenfeld. | 194 |
| **Abb. 5-25:** | Räumliche Verteilung von extrazellulärer Enzymaktivität, ... in einer Unterwasserdüne. | 195 |

| | | |
|---|---|---|
| Abb. 5-26: | Schema räumlicher Muster der Hydro-, Morphodynamik, ... in einer Unterwasserdüne | 196 |
| Abb. 5-27: | Querprofil des Elbufers an der Probenahmestelle Dresden-Saloppe am Elbe-km 52 rechts | 200 |
| Abb. 5-28: | Isoplethendarstellungen des jahreszeitlichen Verlaufs der Sauerstoffkonzentration | 201 |
| Abb. 5-29: | Isoplethendarstellungen des jahreszeitlichen Verlaufs der Nitratkonzentration | 202 |
| Abb. 5-30: | Konzeptionelles Modell der Nährstoffdynamik in einer Infiltrationszone des Hyporheals | 204 |
| Abb. 5-31: | Nachweis von Bakterien mittels Fluoreszenz-in-situ-Hybridisierung | 206 |
| Abb. 6-1: | Wechselwirkungen zwischen den Ökosystem-Kompartimenten der Elbe | 209 |
| Abb. 6-2: | Kurse der Bootsbefahrungen oberhalb Schnackenburg | 211 |
| Abb. 6-3: | Wassertemperatur im Flussquerschnitt bei Schnackenburg am 26.07.2001 | 213 |
| Abb. 6-4: | Sauerstoffkonzentration im Flussquerschnitt bei Schnackenburg am 24.07.2001 abends | 214 |
| Abb. 6-5: | Leitfähigkeit im Flussquerschnitt bei Schnackenburg am 26.07.2001 | 214 |
| Abb. 6-6: | Wassertrübung im Flussquerschnitt bei Schnackenburg am 26.07.2001 abends | 215 |
| Abb. 6-7: | Chlorophyll-Fluoreszenz im Flussquerschnitt bei Schnackenburg am 26.07.2001 mittags | 215 |
| Abb. 6-8: | Flusssediment der Elbe in Dresden in der Flussmitte und Taucherschacht beim Einsatz | 218 |
| Abb. 6-9: | Gradienten von Leitfähigkeit, Nitrat-N, Nitrit-N von der Freiwasser-Grenze bis ins Interstitial | 220 |
| Abb. 6-10: | Modellvorstellung zum Stoffumsatz und -transport im Interstitial | 221 |
| Abb. 6-11: | Schema der Kompartimente und vertikalen Austauschprozesse in einem Buhnenfeld | 225 |
| Abb. 6-12: | Gesamtabundanzen von heterotrophen Flagellaten und Ciliaten | 228 |
| Abb. 6-13: | Befunde zum Einfluss resuspendierten Präsediments auf pelagische Aggregate | 229 |
| Abb. 6-14: | Hydraulische Leitfähigkeit der Sedimente in geomorphologischen Strukturen der Elbe | 231 |
| Abb. 6-15: | Effektiver Porendurchmesser der Sedimente in geomorphologischen Strukturen der Elbe | 231 |
| Abb. 7-1: | Modellbausteine zum Stoffhaushalt und Plankton in dem Gewässergütemodell QSim | 233 |
| Abb. 7-2: | Strukturschema des Gewässergütemodells QSim | 234 |
| Abb. 7-3: | Luftbildaufnahme der Mittelelbe mit Schema der Berechnungsgitter im Modell QSim | 237 |
| Abb. 7-4: | Querprofile ohne und mit Buhnenschatten | 238 |
| Abb. 7-5: | Abhängigkeit der Austauschzeit $Tau_2$ vom Abfluss für fünf Elbabschnitte | 240 |
| Abb. 7-6: | Geschätzte Individuendichte der Rädertiere am oberen Modellrand | 242 |
| Abb. 7-7: | Gemessene und modellierte Tagesmittelwerte der Wassertemperatur am Elbe-km 470 | 244 |
| Abb. 7-8: | Modellierte Chlorophyllgehalte und Validierung mit 14-tägigen Messdaten | 245 |
| Abb. 7-9: | Vergleich gemessener Chlorophyll-Fluoreszenzwerte mit modellierten Tagesmittelwerten | 246 |
| Abb. 7-10: | Modellierte Netto-Wachstumsrate der Algen und Grazingrate durch Rotatorien – Messwerte | 246 |
| Abb. 7-11: | Modellierte Sauerstoffgehalte und Validierung mit 14-tägigen Messdaten | 247 |
| Abb. 7-12: | Modellierte und gemessene Sauerstoffsättigungen am Elbe-km 173 und 475 in 1998 | 248 |
| Abb. 7-13: | Modellierte Ammoniumgehalte und Validierung mit 14-tägigen Messdaten | 249 |
| Abb. 7-14: | Modellierte Nitratgehalte und Validierung mit 14-tägigen Messdaten | 250 |
| Abb. 7-15: | Modellierte ortho-Phosphat-Gehalte und Validierung mit 14-tägigen Messdaten | 251 |
| Abb. 7-16: | Modellierte gelöste Siliziumgehalte und Validierung mit 14-tägigen Messdaten | 252 |
| Abb. 7-17: | Mit QSim modellierte mittlere Fließgeschwindigkeit in Hauptstrom und Buhnenfeldern | 253 |
| Abb. 7-18: | Mittlere Wassertiefen in Hauptstrom und Buhnenfeldern in der Elbe am 01.07.1998 | 254 |
| Abb. 7-19: | Modellierte Brutto-Wachstumsraten für Kiesel-, Grünalgen in Hauptstrom u. Buhnenfeldern | 255 |
| Abb. 7-20: | Differenzen Chlorophyllgehalt; maximale Austauschzeiten von Buhnenfeld zu Hauptstrom | 256 |
| Abb. 7-21: | Modellierte Differenzen des Chlorophyll-a-Gehaltes von Buhnenfeldern zu Hauptstrom | 256 |
| Abb. 7-22: | Modellierte Differenzen des Sauerstoffgehaltes von Buhnenfeldern zu Hauptstrom | 258 |
| Abb. 7-23: | Simulierte Chlorophyll-a-Gehalte und Sauerstoffgehalte in Hauptstrom und Buhnenfeldern | 261 |
| Abb. 7-24: | Simulierte ortho-P-Gehalte im und Rotatoriendichten in Hauptstrom und Buhnenfeldern | 262 |
| Abb. 7-25: | Normierte Änderung der Zustandsgrößen Chlorophyll, Sauerstoff, Phosphat, Rotatorien | 263 |
| Abb. 7-26: | Buhnenfeld bei Elbe-km 418 bis 420 mit kleiner Sandbank | 264 |

| | | |
|---|---|---|
| Abb. 7-27: | Monotoner Verbau des Elbufers durch Buhnenfelder; Absenkungsbuhnen | 265 |
| Abb. 7-28: | Luftbild des Elbabschnittes von Elbe-km 418 bis 420 im Jahr 1992 bzw. 2003 | 266 |
| Abb. 7-29: | Luftbild der Knickbuhnen am Elbe-km 440 und 441 | 267 |
| Abb. 7-30: | Luftbild des Elbabschnittes bei Elbe-km 520 bis 520 mit großem Transportkörper | 269 |
| Abb. 7-31: | Zusammenhang Abfluss – Kohlenstoff-Umsatzlänge in verschiedenen Fließgewässern | 270 |
| Abb. 7-32: | Landseitig durchgerissene Buhne; Kolk stromab eines Buhnendurchrisses | 272 |
| Abb. 7-33: | Luftbild eines Parallelwerks | 273 |
| Abb. 7-34: | Parallelwerk bei Gallin | 274 |
| Abb. 7-35: | Ordinationsdiagramm von Makrozoobenthos-Abundanzen in Buhnenfeldern | 275 |
| Abb. 7-36: | Artendiversität und Biomasse des Makrozoobenthos in verschiedenen Buhnenfeldtypen | 277 |
| Abb. 7-37: | Nahezu von Totholz freier Elbstrand bei Elbe-km 425 | 278 |
| Abb. 7-38: | Kleiner Fallbaum am Elbe-km 425 | 279 |
| Abb. 7-39: | Anzahl der Taxa auf unterschiedlichen natürlichen und exponierten Siedlungssubstraten | 281 |
| Abb. 7-40: | Schema der von einem fahrenden Schiff ausgelösten Wellensysteme | 285 |
| Abb. 7-41: | Wellenwirkung eines vorbeifahrenden Schiffs in einem Buhnenfeld | 286 |
| Abb. 7-42: | Änderungen von Fließgeschwindigkeit und Wasserstand während der Talfahrt eines Schiffs | 287 |
| Abb. 7-43: | Zeitliche Schwankungen von physikochemischen Variablen während einer Schiffspassage | 289 |
| Abb. 7-44: | Änderungen der Trübung bei Schiffsdurchfahrten im Hauptstrom | 291 |
| Abb. 7-45: | Änderung von Driftraten während einer Schiffspassage | 292 |
| Abb. 7-46: | Dynamischer Uferbereich im Bereich von stark zerstörten Buhnen am Elbe-km 420 | 295 |
| Abb. 7-47: | Uferabschnitte der Elbe mit aktiver Sedimentdynamik am Elbe-km 425 und 426 R | 296 |
| Abb. 7-48: | Ausdehnung, Volumen, Veränderung eines Sedimentdepots am Elbe-km 420,9 | 297 |
| Abb. 7-49: | Kolk in einem Buhnenfeld am Elbe-km 425 R | 300 |
| Abb. 7-50: | Neue Buhnenschüttung und Güterschiff mit Massenguttransport | 302 |
| Abb. 7-51: | Gewitterstimmung an der Elbe bei Magdeburg | 303 |
| Abb. 7-52: | Elbaue bei Rühstädt bei mittlerem Hochwasser am Elbe-km 434 | 304 |
| Abb. 7-53: | Mit dem Hauptstrom verbundene Nebengewässer bei Hochwasser nahe Havelberg | 308 |
| Abb. 8-1: | Installation von Temperaturloggern in der überströmten Flusssohle | 315 |
| Abb. 8-2: | Tracerversuch im Sediment der Elbe; Beprobung der Interstitialfauna und von MFIP | 317 |
| Abb. 8-3: | Elbaue bei Boizenburg bei Mittelwasser am Elbe-km 558 | 318 |

# Tabellenverzeichnis

| | | |
|---|---|---|
| Tab. 2-1: | Die Elbe im Vergleich mit anderen großen Flüssen Mitteleuropas | 9 |
| Tab. 2-2: | Übersicht hydrologischer Kenngrößen an ausgewählten Pegelstellen | 16 |
| Tab. 2-3: | Stoffkonzentrationen der organischen Belastung und des Sauerstoffs in 1990 und 2000 | 21 |
| Tab. 2-4: | Stoffkonzentrationen der Nährstoffbelastung und Salzgehalte in 1990 und 2000 | 23 |
| Tab. 2-5: | Konzentrationswerte für Schadstoffe im Spurenbereich in 1989 und 1999 | 25 |
| Tab. 2-6: | Schwermetallkonzentrationen in 1990 und 2000 | 26 |
| Tab. 2-7: | Übersicht über die untersuchten Themengebiete und Untersuchungsstellen | 28 |
| Tab. 3-1: | Brutto-Primärproduktion, Netto-Ökosystemproduktion, Gesamtrespiration am Elbe-km 470 | 50 |
| Tab. 3-2: | Zahlenmäßig wichtigste taxonomische Gruppen der Ciliaten in der Mittleren Elbe | 68 |
| Tab. 3-3: | Bakterielle Abundanzen von Aggregatfraktionen und Freiwasser | 80 |
| Tab. 4-1: | Charakterisierung der Messsituationen bei drei Feldmesskampagnen | 91 |
| Tab. 4-2: | Mittlere Element-Gesamtgehalte feinkörniger Sedimente eines Buhnenfeldes | 113 |
| Tab. 4-3: | Bedeutung hydromorphologischer Variablen für die Verteilung der Meio- und Makrofauna | 130 |
| Tab. 4-4: | Hydromorphologische Redundanzanalyse der Meio- und Makrofauna in Buhnenfeldern | 130 |
| Tab. 4-5: | Bedeutung von Nahrungsressourcen für die Verteilung der Meio- und Makrofauna | 135 |
| Tab. 4-6: | Redundanzanalyse mit hydromorphologischen Variablen und Nahrungsressourcen | 135 |
| Tab. 4-7: | Abiotische und biotische Ergebnisse für ein Buhnenfeld am Elbe-km 420 im Mai 2001 | 140 |
| Tab. 4-8: | Abundanzen von Wimper-, Geißeltierchen, Kieselalgen, Bakterien in einem Buhnenfeld | 143 |
| Tab. 4-9: | Methoden der Untersuchung des mikrobiellen Stoffumsatzes | 148 |
| Tab. 4-10: | Korrelationen bakterieller Aktivitäten mit Umweltvariablen | 153 |
| Tab. 5-1: | Transportmodellparameter Amplitudendämpfung und Phasenverschiebung | 161 |
| Tab. 5-2: | Durchlässigkeitsbeiwerte und Dispersionskoeffizienten von Elbsedimenten | 162 |
| Tab. 5-3: | Länge der Perioden ähnlichen Wasserstandes der Elbe bei Dresden im Jahr 2000 | 164 |
| Tab. 5-4: | Vergleich des Austausches zwischen Pelagial und Parafluvial bzw. Hyporheal | 168 |
| Tab. 5-5: | Vergleich von modellierten und im Labor ermittelten Elbsediment-Stoffumsatzraten | 169 |
| Tab. 5-6: | Besiedlungsdichten der Fauna im Benthal der Fahrrinne, der mobilen und stationären Düne | 184 |
| Tab. 5-7: | Relative Abundanz der bakteriellen phylogenetischen Hauptgruppen in Habitaten der Elbe | 207 |
| Tab. 6-1: | Bilanz der Umsatzraten im Interstitial pro Flusskilometer in der Oberen Elbe | 224 |
| Tab. 6-2: | Auswirkungen von Sediment und Strömung auf aggregatassoziierte Protozoen | 227 |
| Tab. 7-1: | Prozesse und Eingabegrößen in QSim | 235 |
| Tab. 7-2: | Parameterliste und Angaben zu deren Belegung | 236 |
| Tab. 7-3: | Kenngrößen und optimierte Parameter zur Beschreibung des Buhnenfeldeinflusses | 239 |
| Tab. 7-4: | Die größten Nebenflüsse der Mittelelbe (DEUTSCHES GEWÄSSERKUNDLICHES JAHRBUCH 1998) | 241 |
| Tab. 7-5: | Modellierte mittlere Wassertiefen und Fließgeschwindigkeiten in Hauptstrom/Buhnenfeldern | 253 |
| Tab. 7-6: | Saisonal gemittelte Modellwerte der Algen-Wachstumsraten und des Chlorophyllgehaltes | 257 |
| Tab. 7-7: | Charakteristische Arten des Makrozoobenthos in verschiedenen Buhnenfeldtypen | 276 |
| Tab. 7-8: | Auswirkungen wichtiger Eingriffe des Menschen auf Stoffdynamik und Habitatstruktur | 299 |
| Tab. 7-9: | Szenarien zur weiteren Entwicklung der Elbe | 306 |
| Tab. 7-10: | Maßnahmenvorschläge zur Verbesserung des ökologischen Zustands der Elbe | 310 |

# Glossar

**Abfluss (Q)** [m³/s, l/s]
a) *Allgemein:* Unter dem Einfluss der Schwerkraft auf und unter der Landoberfläche sich bewegendes Wasser als einer Hauptkomponente des Wasserhaushalts; b) *Bezogen auf Fließquerschnitt:* Wasservolumen, das einen bestimmten Querschnitt in einer Zeiteinheit durchfließt und einem Einzugsgebiet zugeordnet ist; vgl. DIN 4049-3; → Durchfluss.
Nach UHLMANN und HORN (2001).
► Kap. 2.1, 2.2, 7.1

**Abflussregime**
Regelmäßig wiederkehrendes Abflussverhalten eines Fließgewässers im Jahresgang.
► Kap. 2.2

**Abiotik, abiotisch**
Unbelebte Umwelt; unbelebt, ohne Lebensvorgänge; → biotisch. JÜRGING und PATT (2005).
► Kap. 3.3, 4.3, 5.3

**Abundanz**
Anzahl von Organismen bezogen auf eine definierte Fläche oder Raumeinheit unter Berücksichtigung der methodisch bedingten Erfassungsfehler.
SCHAEFER (1991).
► Kap. 3.1, 3.3, 3.4, 4.3, 5.3

**adult**
Erwachsen, geschlechtsreif.
► Kap. 3.3

**ADV**
Acoustic Doppler Velocimeter. Ultraschallmessgerät für Strömungsgeschwindigkeiten, mit dem Strömungen dreidimensional und punktuell hoch aufgelöst erfasst werden können.
► Kap. 4.1

**Advektion**
A. ist der Transport von Stoffen mit dem Trägermittel Wasser durch den Grundwasserleiter bzw. durch die ungesättigte Zone. MATTHES (1990), SCHAEFER (2003).
► Kap. 6.2

**aerob**
Gelösten Sauerstoff enthaltend oder nutzend; → anaerob. KÖHLER et al. (2002).
► Kap. 3.2, 4.4, 5.4, 6.1

**Aggregat**
Im Wasserkörper transportiertes, fragiles, mikroskopisch und oft auch makroskopisch sichtbares Gebilde, welches unter Turbulenzeinfluss durch Vermengung von anorganischen (mineralischen) Partikeln und organischen Komponenten (z. B. Kieselalgen) entsteht.
Nach GROSSART und SIMON (1993), MCCAVE (1984).
► Kap. 3.5, 4.3.4, 6.1, 6.3

**Algenblüte**
Umgangssprachlich für massenhaftes Auftreten von → Phytoplankton (besonders an der Wasseroberfläche), welches das Wasser sichtbar färbt, z. B. grün durch → Chlorophyceen oder türkis durch → Cyanobakterien. KÖHLER et al. (2002).
► Kap. 3.1, 3.2

**Alkalinität**
Pufferungsvermögen des Wassers gegenüber Säuren (Säurebindungsvermögen); → pH-Wert. UHLMANN und HORN (2001).
► Kapitel 7.1

**allochthon**
Fremdbürtig, d. h. nicht aus dem betrachteten Lebensraum stammend und von außerhalb in ein Ökosystem eingetragen; → autochthon.
Nach JÜRGING und PATT (2005).
► Kap. 3.1, 4.4

**Altarm**
Ehemalige, vom Hauptstrom abgetrennte Flussschlinge (= Mäander). Altarme sind oft noch am unterstromigen Ende mit dem Fluss verbunden.
Nach KÖHLER et al. (2002), JÜRGING und PATT (2005).
► Kap. 2.1, 3.1, 3.3, 6.1

**Ammonium ($NH_4^+$)**
Anorganische Stickstoffverbindungen, die u. a. beim biologischen Abbau organischer Stickstoffverbindungen (z. B. Eiweiße) entstehen.
► Kap. 2.3, 3.2, 5.4, 6.2, 7.1, 7.2

**anaerob**
Bezeichnet ein Milieu, das frei ist von molekularem Sauerstoff ($O_2$); → aerob, → anoxisch. Nach JÜRGING und PATT (2005).
► Kap. 4.4, 5.4

**anoxisch**
Milieu ohne Anwesenheit von molekularem Sauerstoff, aber mit chemisch gebundenem Sauerstoff, der von darauf spezialisierten Mikroorganismen veratmet werden kann; → oxisch.
Nach UHLMANN und HORN (2001).
► Kap. 6.2

**anthropogen**
Menschlichen Ursprungs. KÖHLER et al. (2002).
► Kap. 2.3, 3.1 ff., 4.3, 7.1 ff.

aphotisch
Lichtlos. Dunkle, d. h. nicht durchlichtete, untere Zone eines Wasserkörpers.
UHLMANN und HORN (2001), SCHAEFER (2003).
► Kap. 6.1

**Ästuar**
Trichterförmige Mündungszone eines Flusses ins Meer mit starkem Gezeiteneinfluss, der die Feststoffschüttung des Flusses abträgt. Gegensatz: Deltamündung.
Nach SCHWOERBEL (1987).
► Kap. 3.4, 3.5

**ATP**
Adenosintriphosphat. Energiespeicher und -lieferant in allen lebenden Zellen. ATP besitzt drei Phosphatreste, von denen zwei säureanhydrisch energiereich gebunden sind. SCHERF (1997).
► Kap. 3.2

**Aue**
Überschwemmungsbereich von Bächen und Flüssen; → morphologische Aue. KÖHLER et al. (2002).
► Kap. 3.1, 3.1.1, 3.3, 5 ff.

**Aue, aktive**
Teil der → morphologischen Aue, welcher der Überflutung, d. h. dem oberflächigen hydrologischen Regime eines Flusses, ausgesetzt ist (syn. rezente A.).
BRETSCHKO (1999).
► Kap. 2.1

**Aue, inaktive**
Bereich einer → morphologischen Aue, der durch Eindeichung des Flusses von der Überschwemmungsdynamik abgeschnitten ist und allenfalls noch der Grund- und Qualmwasserdynamik unterliegt (syn. fossile A.). BRETSCHKO (1999).
► Kap. 2.1

**Aue, morphologische**
Natürlicher Überflutungsraum der Aue, der durch eine (im Fall der Elbe) im → Holozän (Nacheiszeit) infolge flussmorphologischer Prozesse herausgebildete Geländestufe (Hochufer/Terrassenrand) begrenzt wird.
► Kap. 2.1

**autochthon**
Einheimisch, d. h. am Ort des Vorkommens entstanden; → allochthon. Nach JÜRGING und PATT (2005).
► Kap. 3.1 ff., 4.4, 7.2

**autotroph**
A. Organismen benötigen für ihre Ernährung keine organische Substanz, sondern bauen organische Stoffe aus anorganischen selbst auf; → heterotroph.
► Kap. 3 ff., 4 ff., 5 ff.

**Bacillariophyceae**
Kieselalgen, früher → Diatomeen genannt. Algenklasse mit zweiteiliger Schale aus Kieselsäure und meist bräunlichen Farbstoffen. Werden unterschieden in pennate (längliche) und zentrische (zylindrische) B. KÖHLER et al. (2002).
► Kap. 3.1, 3.2, 3.5, 6.1, 7.1, 7.2

**Bakterioplankton**
Aus Bakterien, v. a. kleinen Stäbchen, Kokken und Vibrionen, bestehendes → Plankton. SCHAEFER (2003).
► Kap. 3.5, 4.3, 4.4

**bakterivor**
Sich von Bakterien ernährend, gilt zum Beispiel für viele Protozoen (syn. bakteriophag). SCHAEFER (2003).
► Kap. 3.4, 3.5, 4.3, 5.3

**Benthal**
Lebensraum der Bodenzone eines Gewässers; → Pelagial. KÖHLER et al. (2002).
► Kap. 3 ff., 4.3, 5.3, 6.1

**Benthos**
Am Grund von Gewässern (→ Benthal) lebende festsitzende und bewegliche Tier- (→ Zoobenthos) und Pflanzenwelt (→ Phytobenthos). SCHAEFER (2003).
► Kap. 3 ff., 4 ff., 5 ff., 6.1, 7.1

**Bicosoecida**
Gruppe der Einzeller (→ Protozoa); kommen als Einzelzellen oder Kolonien sowohl substratgebunden als auch planktisch im Salz- und Süßwasser vor und ernähren sich vor allem von Bakterien. Nach SAUERMOST und FREUDIG (2004).
► Kap. 3.5

**Biochemischer Sauerstoffbedarf (BSB)** [mg/l $O_2$]
Sauerstoffbedarf für den →aeroben (mikrobiellen) Abbau organischer und anderer reduzierter Substanzen (wie z. B. →Ammonium) im Wasser. Wird in der Regel für eine definierte Zeitspanne angegeben, z. B. für fünf Tage als $BSB_5$. UHLMANN und HORN (2001).
► Kap. 7.1

**Biofilm**
An Oberflächen assoziierte Gemeinschaft von Mikroorganismen, die in eine extrazelluläre, gelartige Matrix aus polymeren Substanzen (hauptsächlich Polysacchariden) eingebettet ist. KÖHLER et al. (2002).
► Kap. 3.5, 4.4, 5.4

**Biomasse**
Masse (Gewicht) lebender Organismen.
Nach JÜRGING und PATT (2005).
► Kap. 3.1, 3.2, 3.4, 3.5, 6.1, 7.1, 7.2

**biotisch**
Auf Lebewesen bezogen; →abiotisch.
► Kap. 3.3

**Biozönose**
Lebensgemeinschaft von Organismen. Ihre Mitglieder stehen in vielseitigen direkten oder indirekten Wechselbeziehungen zueinander.
► Kap. 3.1

**Biplot**
Graphische Darstellung der →multivariaten Statistik mit Überlagerung von zwei unterschiedlichen Datensätzen in einem Diagramm.
TER BRAAK und SMILAUER (1998).
► Kap. 4.3.2, 5.3.2

**Box-Whisker-Plot**
Bezeichnung für die graphische Darstellung der Verteilung der Werte eines Parameters in einem Schaubild; meist werden →Median, 25%- und 75%- →Quartil-Werte sowie die Maximal- und Minimalwerte dargestellt.
► Kap. 4.2

**Brutto-Primärproduktion** [g $C_{org.}$, kJ]
Gesamte Kohlenstoffproduktion einer Pflanze oder in einem Ökosystem ohne Berücksichtigung physiologischer Verluste durch →Respiration und Abgabe gelöster organischer Stoffe (Exsudation).
Nach SCHAEFER (2003).
► Kap. 3.2

**Bruttoproduktion**
Gesamte produzierte Substanz ohne Abzug der durch →Respiration der →Produzenten verbrauchten Biomasse.
► Kap. 7.2

**Buhne**
Quer zum Ufer liegendes Bauwerk zur seitlichen Begrenzung des Abflussquerschnitts und/oder zum Schutz des Ufers. Das landseitige, in das Ufer eingebundene Ende einer B. wird als Buhnenwurzel bezeichnet, das wasserseitige als Buhnenkopf. Die Fläche zwischen zwei B. wird als Buhnenfeld bezeichnet. Nach DIN 4054.
► Kap. 2.1, 2.4, 4 ff., 5 ff., 6 ff., 7 ff.

**Chemischer Sauerstoffbedarf (CSB)** [mg/l $O_2$]
Maßzahl für die Menge Sauerstoff (enthalten in einem bestimmten Oxidationsmittel, z. B. Kaliumpermanganat), die zur Oxidation von chemisch oxidierbaren Stoffen (als Summe der biologisch abbaubaren und nicht abbaubaren Stoffe) im Wasser benötigt wird.
Nach TITTIZER und KREBS (1996).
► Kap. 7.1

**Chironomidae**
Zuckmücken. Familie der Insekten-Ordnung Zweiflügler (Diptera).
► Kap. 4.3.2, 5.3.2

**Chlorococcales**
Ordnung der Grünalgen (→Chlorophyceen), deren Vertreter (außer bei der Vermehrung) keine Geißeln besitzen und von Einzellern bis Hohlkugeln verschiedene Formen bilden. STREIT und KENTNER (1992).
► Kap. 3.5

**Chlorophyceen**
Grünalgen. Artenreiche und vielgestaltige Algenklasse mit grünen Farbstoffen, eng verwandt mit den höheren Landpflanzen. KÖHLER et al. (2002).
► Kap. 3.1, 7.1

**Chlorophyll-a**
Grünes Hauptpigment der Pflanzen (neben weiteren Pigmenten wie z. B. Chlorophyll-b und Carotinoiden). Chlorophyll fängt bei der Photosynthese die Lichtenergie ein und wandelt sie in chemische Energie um. Die Konzentration von C. wird als ein Maß für die Algenbiomasse in Gewässern herangezogen. CZIHAK et al. (1981), KARLSON (1984), UHLMANN und HORN (2001).
► Kap. 3.1, 3.5, 5.4, 6.1, 7.1, 7.2

**Chlorophyll-Fluoreszenz**
Ein Teil der vom →Chlorophyll absorbierten Lichtenergie wird als Fluoreszenzlicht abgestrahlt. Die Intensität der C.-F. ist in bestimmten Fällen proportional der Chlorophyllmenge und kann deshalb als Maß für die Biomasse der Algen dienen.
Nach Schaefer (2003).
► Kap. 3.2

**Choanoflagellata**
Kragenflagellaten. Unterordnung im Stamm der Geißeltierchen (→Flagellata).
Nach Sauermost und Freudig (2004).
► Kap. 3.5

**Chrysomonadida**
Ordnung im Stamm der Geißeltierchen (→Flagellata).
Nach Sauermost und Freudig (2004).
► Kap. 3.5

**Ciliata**
Wimpertierchen. Stamm der Einzeller (→Protozoa), der durch den Besitz von Wimpern (Cilien) und zwei unterschiedlichen Zellkernen (Kerndimorphismus) gekennzeichnet ist. Wehner und Gering (1990).
► Kap. 3.4, 3.5, 4.3.3, 5.3.1

**Cladocera**
Wasserflöhe. Unterordnung der Blattfußkrebse der Klasse →Crustacea. Nach Streit und Kentner (1992).
► Kap. 3.3, 4.3.2, 5.3.2

**coccal**
Bezeichnet die kugelförmige Gestalt von Bakterien (Kokken). Sauermost und Freudig (2004).
► Kap. 3.5

**Conditional Effects**
Bezeichnet (in der Statistiksoftware CANOCO) innerhalb eines →Modells die erklärte Varianz einer Messgröße in Verknüpfung mit allen weiteren Messgrößen für die Struktur einer ausgewählten Lebensgemeinschaft. ter Braak und Šmilauer (2002).
► Kap. 4.3.2, 5.3.2

**Copepoda**
Ruderfüßer. Ordnung der Klasse der →Crustacea. Streit und Kentner (1992).
► Kap. 3.3

**Crustacea**
Krebse. Klasse im Stamm der Gliederfüßer (Arthropoda). Streit und Kentner (1992).
► Kap. 3.3, 4.3.2

**Cryptomonadida**
Ordnung im Stamm der Geißeltierchen (→Flagellata).
Nach Sauermost und Freudig (2004).
► Kap. 3.5

**Cyanobakterien**
Blaualgen, blaugrüne Algen. Bakterien, die →Photosynthese betreiben, →aerob leben und deswegen als Algen bezeichnet werden. Sie haben im Gegensatz zu den eigentlichen Algen aber eine bakterielle Zellstruktur und keinen echten Zellkern.
Streit und Kentner (1992).
► Kap. 3.1, 3.2

**Cyanophyceae**
→Cyanobakterien.
► Kap. 7.1

**Cyclopoida**
Ruderfußkrebse, Hüpferlinge. Unterordnung der →Copepoda. Sauermost und Freudig (2004).
► Kap. 5.3.2

**Cyrtophorida**
Gruppe der →Ciliaten. Bewimperung auf die Ventralseite beschränkt, auf dem Untergrund laufend, Mundöffnung zu einer Reuse spezialisiert und ventral sitzend, Ernährung als Weidegänger. Hausmann (1985).
► Kap. 3.5

**Daphnia**
Wasserfloh, wichtige Gattung der →Cladocera.
► Kap. 3.3

**DAPI-Färbung**
Färbung von Zell-DNA mit dem Fluoreszenzfarbstoff 4,6-Diamidino-2-phenylindol; häufig genutzt zur Quantifizierung aquatischer Mikroorganismen wie Bakterien und →heterotropher →Flagellaten.
Porter und Feig (1980).
► Kap. 3.4, 4.4

**Datenlogger**
Gerät zur selbsttätigen Datenaufzeichnung.
► Kap. 5.1, 6.2

**Denitrifikation**
Mikrobielle Reduktion des →Nitrats zu molekularem Stickstoff ($N_2$) durch →anaerobe Bakterien bei Sauerstoffmangel. Uhlmann und Horn (2001).
► Kap. 3.2, 4.4, 5.4, 6.2, 7.2

### Desorption
Die Ablösung von Stoffen von der Oberfläche fester Körper (Adsorbens) z. B. von Nährstoffionen im Austausch mit anderen Ionen. Umkehrung von Adsorptionsvorgängen.
► Kap. 7.2

### Destruent
Organismen, die tote organische Stoffe (→ Detritus) abbauen und mineralisieren, v. a. Bakterien und Pilze. KÖHLER et al. (2002).
► Kap. 3.4

### Detritus
Gesamtheit des toten organischen Materials im Freiwasser oder am Sediment. KÖHLER et al. (2002).
► Kap. 3.5, 4.3.2, 5.3.2, 7.2

### Diatomee
Kieselalge, → Bacillariophyceae.
► Kap. 3.1, 3.2, 3.5, 6.1, 7.1, 7.2

### Diffusion
Physikalischer Prozess des Ausgleichs eines Konzentrationsunterschiedes zwischen gasförmigen oder gelösten Stoffen infolge der thermischen Bewegung der Moleküle.
DEUTSCHES NATIONALKOMMITEE FÜR DAS IHP (1998).
► Kap. 6.2

### Dispersion
Die hydrodynamische D. (dispersiver Transport) umfasst den Stofftransport durch molekulare → Diffusion und die hydromechanische Ausbreitung eines Stoffs; letztere wird bestimmt von der Geschwindigkeitsverteilung in einer Pore, der Porengrößenverteilung und den unregelmäßigen Fließbahnen.
MATTHESS (1990).
► Kap. 6.2

### Dissimilation
Abbau von körpereigener Substanz zur Energiegewinnung, wobei energiearme anorganische Stoffe entstehen. Nach LESER et al. (1993).
► Kap. 5.4

### Diversität
Vielfalt, Mannigfaltigkeit der Artenzusammensetzung einer Lebensgemeinschaft.
Nach SCHAEFER (2003).
► Kap. 4.3.2, 5.3.2

### Drift
Transport von Tieren, Pflanzen und anderem organischen Material mit der fließenden Welle in einem Fließgewässer.
► Kap. 4.3.2, 5.3.2

### Düne
Bezeichnet im Fluss eine größere, meist regelmäßige Sohlenwelle, die sich in Strömungsrichtung bewegt und deren Höhe von der Wassertiefe abhängig ist. Nach DIN 4049-3.
► Kap. 5.2, 5.3

### Durchfluss (Q) [$m^3/s$, $l/s$]
Wasservolumen, das einen bestimmten Querschnitt in einer Zeiteinheit durchfließt (unabhängig von der Zuordnung zu einem Einzugsgebiet); vgl. DIN 4049-3; → Abfluss. UHLMANN und HORN (2001).
► Kap. 3ff, 4ff., 5ff., 6ff.

### Durchlässigkeitsbeiwert ($k_f$-Wert)
Beschreibt die Wasserdurchlässigkeit eines Gesteins oder Sediments in Abhängigkeit vom Druck.
Nach HÖLTING (1992).
► Kap. 5.1, 6.2, 6.3

### enzymatische Aktivität
Beschreibt die Leistung eines Enzyms (organische, den Stoffwechsel regulierende Verbindung) bei Abbau oder Umwandlung eines Substrats, z. B. die Aktivität der Cellulase beim Abbau von Cellulose.
► Kap. 3.5, 4.4, 5.4

### Epifluoreszenzmikroskop
E. ist mit Quecksilberdampflampe und verschiedenen Farbfiltern ausgestattet und kann nach Anregung mit bestimmten Wellenlängen das emittierte Licht längerer Wellenlänge (= Fluoreszenz) sichtbar machen.
► Kap. 3.4

### Ephemeroptera
Eintagsfliegen. Ordnung der Insekten (Insecta).
► Kap. 4.3.2, 5.3.2

### Erosion (Boden-)
Abtragung von Gestein durch Wasser. Man unterscheidet flächenhafte E. (Flächenabtrag) und lineare E. (Rinnenerosion); → Sohlerosion. Nach DIN 4049-3.
► Kap. 3.2, 3.5, 4.3.2, 5.3.2

### Euglenida
Augentierchen. Systematische Gruppe im Stamm der Geißeltierchen (→ Flagellata). Besitzen → Chlorophyll und sind damit in der Lage, Energie aus Sonnenlicht zu produzieren. WEHNER und GERING (1990).
► Kap. 3.5

### eutroph
Hohe → Trophie, hohe Intensität der → Primärproduktion. Meist → anthropogen bedingt als Folge von Nährstoffzufuhr; → hypertroph, → mesotroph.
UHLMANN und HORN (2001), KÖHLER et al. (2002).
► Kap. 3.1

**Eveness (Hurlbert's PIE)**
Das Verhältnis der in einem Diversitätsindex ermittelten → Diversität einer Lebensgemeinschaft, zu der bei der vorgegebenen Artenzahl maximal möglichen Diversität. SCHAEFER und TISCHLER (1983).
► Kap. 4.3.2, 5.3.2

**Exfiltration**
Flächenhafter → Grundwasseraustritt über das → Interstitial in das Oberflächenwasser; → Infiltration.
► Kap. 5.1, 6.2, 6.3

**extrazellulär**
Außerhalb der Zelle gelegen.
SAUERMOST und FREUDIG (2004).
► Kap. 3.5, 4.4, 5.4

**Filtrierer**
Tier, das aktiv oder passiv suspendierte Nahrungspartikel aus dem Wasser filtert, z. B. viele Köcherfliegenlarven (Trichoptera) und Kleinkrebse sowie die Muscheln. Nach SCHAEFER (2003).
► Kap. 7.1

**Flagellata**
Geißeltierchen. Geißeltragende mikroskopisch kleine (bewegliche) einzellige Tiere und Pflanzen. Stamm innerhalb des Unterreichs → Protozoa. Nach UHLMANN und HORN (2001).
► Kap. 3.1, 3.4, 3.5, 4.3, 6.3, 7.1

**Fracht**
In einem bestimmten Zeitraum durch ein Fließgewässer transportierte Stoffmenge; Produkt aus Stoffkonzentration und Wassermenge (→ Durchfluss).
KÖHLER et al. (2002).
► Kap. 2.3, 3.1, 7.2

**Froude-Zahl**
Dimensionsloses Maß für den Strömungszustand als Verhältnis der Fließgeschwindigkeit des Wassers zur Wellenschnelligkeit; F. < 1 kennzeichnet strömenden Abfluss, F. > 1 schießenden Abfluss.
Nach STATZNER et al. (1988).
► Kap. 4.1, 4.3.2

**Gilde**
Funktionelle Gruppe von Organismen mit ähnlichen Strategien der Ressourcennutzung oder ähnlichen Lebensformtypen.
KÖHLER et al. (2002), WILSON (1999).
► Kap. 3.3, 4.3, 5.3

**Gleithang**
Innenseite einer Flusswindung mit schwacher Strömung, Ablagerung von transportiertem Material und flachem Ufer; → Prallhang.
► Kap. 2.1, 5.1

**Globalstrahlung**
Strahlungssumme von direkter Sonnenstrahlung und diffusem Himmelslicht (indirekte Sonnenstrahlung) bezogen auf eine horizontale Flächeneinheit. G. ist die an einem Standort zur Verfügung stehende Gesamtenergie an kurzwelliger Strahlung.
Nach LESER et al. (1993).
► Kap. 3.2, 7.2

**Grazing**
„Abweiden" von Biomasse, vorwiegend auf die Nutzung pflanzlicher Nahrung bezogen wie → Phytoplankter und Aufwuchs. UHLMANN und HORN (2001).
► Kap. 3.3, 4.3.1, 7.1, 7.2

**Grundwasserkörper**
Grundwasservorkommen oder Teil eines solchen, das eindeutig abgegrenzt oder abgrenzbar ist.
Nach DIN 4044.
► Kap. 5.1

**Grundwasserpegel**
Messstelle zur Ermittlung des Grundwasserstandes und zur Entnahme von Proben; G. bestehen in der Regel aus vertikalen Rohren, die im Bereich des Grundwassers verfiltert sind.
► Kap. 5.1

**Hauptkomponentenanalyse (PCA)**
→ Multivariates statistisches Verfahren, bei dem mehrere, teilweise miteinander korrelierte Variablen zu Hauptkomponenten zusammengefasst werden. Es kann also zur Datenreduktion von korrelierten Umweltvariablen verwendet werden.
► Kap. 4.3.2, 5.3.2

**heterotroph**
H. Organismen benötigen für ihre Ernährung fremde organische Substanz, z. B. alle höheren Tierarten; → autotroph.
► Kap. 3 ff., 4 ff., 5 ff.

**Holozän**
Jüngster Abschnitt der Erdgeschichte bis zum Ende des Quartärs (beginnt vor etwa 11.600 Jahren, dauert bis heute).
► Kap. 2.1

**Huminsäuren**
Polymere organische Verbindungen von brauner bis schwarzer Farbe, die bei dem Abbau organischen Materials und bei der Humusbildung entsteht. LESER et al. (1993).
► Kap. 3.2

**Hydraulik, hydraulisch**
Strömungslehre. Teil der Hydromechanik, der sich mit dem Fließen von Wasser (oder anderen Flüssigkeiten) in Leitungen und offenen Gerinnen befasst. DEUTSCHES NATIONALKOMMITEE FÜR DAS IHP (1998).
► Kap. 4.1, 5.1, 6.2

**hydraulische Durchlässigkeit**
Permeabilität eines porösen Mediums für Flüssigkeiten. Wird als →Durchlässigkeitsbeiwert ($k_f$-Wert) angegeben. MATTHESS und UBELL (1983).
► Kap. 5.1

**Hydrodynamik, hydrodynamisch**
Teilgebiet der Strömungslehre (→Hydraulik), Lehre von den Bewegungsgesetzen des Wassers und den dabei wirksamen Kräften.
► Kap. 4.1, 5.1

**Hymenostomata**
Unterordnung der →Holotricha im Stamm der Wimpertierchen (→Ciliata). Alle Arten sind Strudler; bekanntester Vertreter ist das Pantoffeltierchen. SAUERMOST und FREUDIG (2004).
► Kap. 3.5

**hypertroph**
Sehr hohe →Trophie, sehr hohe Intensität der →Primärproduktion. Meist verursacht durch extremen Nährstoffreichreichtum aus der Belastung mit dem ursprünglich limitierenden Nährstoff, in mitteleuropäischen Gewässern meistens →Phosphat; →eutroph, →mesotroph. UHLMANN und HORN (2001).
► Kap. 3.1

**Hyporheal**
→hyporheisches Interstitial.
► Kap. 6.2

**hyporheisches Interstitial**
Übergangslebensraum zwischen Fluss- und Grundwasser im Sedimentlückensystem (→Interstitial) unterhalb der Flusssohle und in Sohlbänken; →Parafluvial. Nach SCHWOERBEL (1961), WHITE (1993).
► Kap. 4 ff., 5 ff., 6 ff., 7 ff.

**Hyporhithral**
Oberer Mittellauf von Flüssen (Äschenregion).
► Kap. 5.1

**Holotricha**
Ordnung der Wimpertierchen (→Ciliata). SAUERMOST und FREUDIG (2004).
► Kap. 3.5

**Hysterese**
Beschreibt das weitere Wirken eines Phänomens, auch wenn die auslösende Ursache nicht mehr vorhanden ist. BRUNOTTE et al. (2002).
► Kap. 6.1

**inert**
Träge, wenig reaktionsfreudig.
► Kap. 4.1

**Infiltration**
Bewegung von Oberflächenwasser in das →Interstitial und gegebenenfalls in das Grundwasser; →Exfiltration. Nach MATTHESS und UBELL (1983).
► Kap. 4.3.2, 5.1, 6.2, 6.3

**in-situ**
Am natürlichen Standort (lateinisch: am Ort, am Platz). Bezeichnet bei Umweltuntersuchungen Experimente vor Ort, z. B. direkt im Gewässer. Nach SCHAEFER (2003).
► Kap. 4.1, 4.4, 5.4, 6.2

**Interstitial**
Sedimentlückenraum. Lebensraum des wassergefüllten Hohlraumsystems der Sohle und Ufer eines Fließgewässers. JÜRGING und PATT (2005).
► Kap. 4 ff., 5 ff., 6 ff., 7 ff.

**Isolinie**
Ausgleichslinien auf einer Karte, die benachbarte Punkte gleicher Merkmale oder Werte einer bestimmten Größe miteinander verbinden, z. B. zur Wiedergabe von Grundwasserständen, um die Fließrichtung zu erfassen. Nach DEUTSCHES NATIONALKOMMITEE FÜR DAS IHP (1998).
► Kap. 6.2

**Kies**
→Korngröße, wird in Fein-, Mittel- und Grobkies unterteilt. LESER et al. (1993).
► Kap. 4 ff., 5 ff., 6 ff., 7 ff.

**Kinetoplastida**
Unterordnung der Protomonadina im Stamm der Geißeltierchen (→Flagellata). SAUERMOST und FREUDIG (2004).
► Kap. 3.5

**Klarwasserstadium**
Oft nach dem Frühjahrsmaximum des →Phytoplanktons beobachtete Phase geringer Algenbiomassen und hoher Sichttiefen, meist verursacht durch die Filtrieraktivität der sich stark vermehrenden Wasserflöhe (→Daphnien). KÖHLER et al. (2002).
► Kap. 3.1, 3.2, 6.1, 7.2

**Kolk**
Örtlich begrenzte, durch Strömungsvorgänge hervorgerufene Vertiefung im Gewässerbett. DIN 4054.
► Kap. 5.1

**Kolmation**
Selbstabdichtung von Flusssediment aufgrund biogener oder geogener Prozesse, die zu einer Verringerung der Durchlässigkeit und Porosität sowie zu einer Stabilisierung der Sohle führt. BRUNKE (1999).
► Kap. 3.2, 5.4.2, 6.3

**Konsument**
Tiere, die sich von anderen Organismen oder von organischen Sink- und Schwebstoffen ernähren (→Produzent). UHLMANN und HORN (2001).
► Kap. 3.3

**Korngröße**
Zusammensetzung des Sediments aus den Fraktionen Ton (≤0,002 mm), Schluff (>0,002 bis 0,06 mm), Sand (>0,06 bis 2 mm), Kies (>2 bis 63 mm), Steinen (>63 bis 200 mm) und Blöcken (>200 mm). LESER et al. (1993).
► Kap. 4ff., 5ff., 6ff., 7ff.

**Korrelationskoeffizient (r)**
Kenngröße, die den Zusammenhang zwischen zwei Messreihen quantifiziert.
► Kap. 4.3.2, 5.3.2

**Korrespondenzanalyse (CA)**
→Multivariates statistisches Verfahren, bei dem Objekte anhand von Merkmalen in einem mehrdimensionalem Raum angeordnet werden. In der Ökologie werden damit insbesondere Probeflächen anhand ihrer Artenzusammensetzung geordnet.
► Kap. 4.3.2, 5.3.2

**Leitfähigkeit**
Reziprokwert des elektrischen Widerstandes, gemessen als Leitfähigkeit für einen elektrischen Gleichstrom. Summenparameter für die Ionenkonzentration einer wässrigen Lösung.
► Kap. 5.1.1, 6.2

**lenitisch**
Bezeichnet einen durch ruhig und langsam fließendes oder stehendes Wasser gekennzeichneten Bereich eines Fließgewässers; →lotisch.
► Kap. 3.3

**lotisch**
Bezeichnet einen durch turbulent und schnell fließendes Wasser gekennzeichneten Bereich eines Fließgewässers; →lenitisch.
► Kap. 4.3.2, 5.3.2

**Makrofauna**
Mehrzellige Tiere größer als 1 mm Körperlänge.
► Kap. 4.3.2, 5.3.2

**Makrophyten**
Mit dem bloßen Auge sichtbare Algen und höhere Pflanzen in Gewässern. KÖHLER et al. (2002).
► Kap. 3.3, 3.5, 7.1

**Marginal Effects**
Bezeichnet (in der Statistiksoftware Canoco) innerhalb eines →Modells die erklärte Varianz einer einzelnen Messgröße für die Struktur einer ausgewählten Lebensgemeinschaft.
TER BRAAK und ŠMILAUER (2002).
► Kap. 4.3.2, 5.3.2

**Median**
Statistischer Wert, der eine der Größe nach angeordnete Messreihe in zwei gleiche Hälften teilt.
► Kap. 3.5.1, 4.2.2

**Meiofauna**
Mehrzellige Tiere kleiner als 1 mm Körperlänge.
► Kap. 4.3.2, 5.3.2

**Mesohabitat**
Teil eines Lebensraums, der aus Sicht eines Organismus als einheitlich betrachtet werden kann, z. B. bei Fischen der Hauptstrom eines Flusses; →Mikrohabitat.
► Kap. 4.3.2

**mesotroph**
Mäßige (mittlere) →Trophie, mäßige Intensität der →Primärproduktion; →eutroph, →oligotroph. KÖHLER et al. (2002).
► Kap. 3.1

**Mesozoikum**
Erdmittelalter vor rund 250 bis 65 Millionen Jahren (bestehend aus den Perioden Trias, Jura und Kreide). BRUNOTTE et al. (2001).
► Kap. 2.1

**Metabolit**
Produkt des Stoffwechsels von Organismen.
SCHAEFER (2003).
► Kap. 3.2

**Metazoa**
Mehrzeller. Bezeichnung für die systematische Einheit der vielzelligen Tiere.
► Kap. 3.5

**Mikrocrustaceen**
Kleinkrebse, z. B. Hüpferlinge (→Cyclopoida), Wasserflöhe (→Cladocera) und Muschelkrebse (→Ostracoda).
► Kap. 4.3.2, 5.3.2

**Mikrohabitat**
Unmittelbarer Aufenthaltsort eines Individuums; →Mesohabitat.
► Kap. 4.3.2

**Mineralisierung**
Letzte Stufe des Abbaus abgestorbener organischer Substanz. Durch enzymatischen Abbau wird die organische Substanz unter Freisetzung von Energie in ihre Grundbausteine zerlegt, wobei die Elemente frei werden und neue anorganische Verbindungen bilden, z. B. Kohlendioxid oder →Phosphat. LESER et al. (1993).
► Kap. 3.5

**Modalwert**
Die am häufigsten vorkommende Merkmalsausprägung einer Messreihe.
► Kap. 4.3.2, 5.3.2

**Modell**
Schematische und stark vereinfachende (physische oder mathematische) Abbildung eines Systems bezüglich ausgewählter Eigenschaften und/oder Prozesse, z. B. der →Sohlerosion einer Gewässerstrecke in einem Erosionsmodell oder der Eignung eines Lebensraums für eine Art in einem Habitatmodell.
► Kap. 4.1, 4.3.2, 5.1, 6.1, 6.2, 7.1, 7.2

**Mollusca**
Weichtiere. Zu diesem Tierstamm gehören die Klassen der Schnecken (Gastropoda) und Muscheln (Bivalvia).
► Kap. 4.3.2, 5.3.2

**Monte-Carlo-Permutationen**
Statistisches Verfahren, um die Signifikanz des Effekts einer Messgröße auf andere Größen zu testen.
TER BRAAK und ŠMILAUER (2002).
► Kap. 4.3.2, 5.3.2

**Mortalität**
Sterblichkeit. Die Zahl von Individuen einer Ausgangspopulation bestimmter Größe, die innerhalb einer bestimmten Periode stirbt. Nach LESER et al. (1993).
► Kap. 7.2

**Mucopolysaccharide**
Von Algen und Bakterien ausgeschiedene, schleimige Zuckerpolymere, die die Klebrigkeit der Zellen erhöhen und zur Bildung eines →Biofilms oder eines →Aggregats führen können.
ALLDREDGE und SILVER (1988).
► Kap. 3.5

**multivariate Statistik**
Berücksichtigt gleichzeitig mehrere Variablen. Mit ihrer Hilfe ist es möglich, Zusammenhänge zwischen vielen Variablen zu finden und in einem einzigen Diagramm darzustellen; z. B. →Hauptkomponentenanalyse, →Korrespondenzanalyse.
► Kap. 4.3.2, 5.4.2

**Nekton**
Tiere, die sich gegenüber Strömungen durchsetzen können, v. a. schnell schwimmende Wirbellose und Fische; →Plankton. UHLMANN und HORN (2001).
► Kap. 3

**Neozoen**
Aus anderen biogeographischen Regionen (insbesondere Kontinenten) nach etwa 1500 eingewanderte oder eingeschleppte Tierarten, die Bestandteil der heimischen Tierwelt geworden sind.
Nach SCHAEFER (1991).
► Kap. 4.3.2

**Netto-Ökosystemproduktion**
Kohlenstoff-Assimilation in einem Ökosystem, Brutto-Primärproduktion abzüglich Gesamtrespiration. Es gelten die Beziehungen: N. gleich →Netto-Primärproduktion minus →Respiration der →Heterotrophen sowie N. gleich Brutto-Primärproduktion minus Summe der Respiration von →Autotrophen und Heterotrophen. Nach SCHAEFER (2003).
► Kap. 3.2, 6.1

**Netto-Primärproduktion**
Kohlenstoff-Produktion einer Pflanze oder in einem Ökosystem nach Abzug physiologischer Verluste durch →Respiration und Abgabe gelöster organischer Stoffe (Exsudation). Nach SCHAEFER (2003).
► Kap. 3.2, 6.1

**Nitrat ($NO_3$)**
Anorganisches Salz der Salpetersäure ($HNO_3$).
N. gelangt in größeren Mengen aus der Landwirtschaft sowie mit Abwässern in die Gewässer, ist in höheren Konzentrationen humantoxisch und fördert wegen seiner Wasserlöslichkeit die → Eutrophierung der Gewässer; → Denitrifikation, → Nitrifikation.
FALBE und REGITZ (1999).
► Kap. 2.3, 3.2, 5.4.2, 6.2, 7.1, 7.2

**Nitrifikation**
Mikrobielle → Oxidation von → Ammonium über → Nitrit zu → Nitrat. UHLMANN und HORN (2001).
► Kap. 3.2, 4.4, 5.4, 6.2, 7.1, 7.2

**Nitrit ($NO_2$)**
Bezeichnung für Salze mit dem Anion $NO_2^-$.
STREIT und KENTNER (1992).
► Kap. 2.3, 3.2, 4.4, 5.4, 6.2, 7.2

**NN [cm]**
Normal-Null. Bezugshöhe, bezogen auf den langjährigen Mittelwasserstand am Pegel Amsterdam. Nach DIN 4049.
► Kap. 2.1, 5.1

**Oligochaeta**
Wenigborstige Würmer. Ordnung der Ringelwürmer (Annelida) mit einer Vielzahl wasserlebender Arten.
► Kap. 4.3.2, 5.3.2

**oligotroph**
Geringe → Trophie, geringe Intensität der → Primärproduktion, meist beruhend auf geringer Versorgung mit Nährstoffen; → mesotroph, → eutroph.
JÜRGING und PATT (2005).
► Kap. 3.1, 5.3.2

**omnivor**
Bezeichnet Allesfresser. Organismen ohne oder mit nur geringen Nahrungspräferenzen.
Nach DOKULIL et al. (2001).
► Kap. 3.5

**Ordination**
Mehrdimensionale Anordnung von Objekten anhand mehrerer Merkmale mittels → multivariater Statistik.
► Kap. 4.3.2, 5.3.2

**Ostracoda**
Muschelkrebse. Unterklasse der → Crustacea.
SAUERMOST und FREUDIG (2004).
► Kap. 4.3.2, 5.3.2

**Oxidation**
Chemischer Prozess, der zur Bindung von Sauerstoff oder dem Verlust von Wasserstoff bzw. Elektronen führen kann; der Gegenprozess wird als → Reduktion bezeichnet.
DEUTSCHES NATIONALKOMMITEE FÜR DAS IHP (1998).
► Kap. 3.2, 4.4, 5.4

**oxisch**
Sauerstoff enthaltend; → anoxisch.
UHLMANN und HORN (2001).
► Kap. 5.4

**Parafluvial**
Ufernahes → Interstitial. Seitliche Wasserwechselzone zwischen dem wassergefüllten Porenraum der Ufer eines Fließgewässers und dem angrenzenden → Grundwasserkörper; → Hyporheal.
► Kap. 4 ff., 5 ff., 6 ff., 7 ff.

**Pegel**
Einrichtung zum Messen des Wasserstandes oberirdischer Gewässer. P. haben häufig auch Vorrichtungen zur Ermittlung anderer hydrologischer Kenngrößen. Nach DIN 4049-3.
► Kap. 6.1, 7.1

**Pelagial**
Freiwasserraum (im Gegensatz zu den Bodensedimenten) eines Gewässers; → Benthal. KÖHLER et al. (2002).
► Kap. 3 ff., 4 ff., 6 ff., 7.2

**Peptid**
Gruppe organischer Verbindungen, bei denen verschiedene → Aminosäuren über Amidbindungen verknüpft sind. STREIT und KENTNER (1992).
► Kap. 3.5

**Peritrichia**
Artenreiche Ordnung der Wimpertierchen (→ Ciliata). Um die Mundöffnung herum bewimpert, auf einem Stiel festsitzend. HAUSMANN (1985).
► Kap. 3.5

**Phosphat ($PO_4$)**
Salze und Ester der verschiedenen Phosphorsäuren. P. nehmen im Stoffhaushalt der Gewässer eine besondere Stellung ein, da sie als Minimumfaktor die Biomasseproduktion limitieren; → hypertroph, → eutroph.
Nach STREIT und KENTNER (1992).
► Kap. 2.3, 3.1, 7.1, 7.2

**Photosynthese**
Bildung von körpereigenem organischem Material (durch grüne Pflanzen) unter Nutzung von Sonnenlichtenergie; → Chlorophyll. UHLMANN und HORN (2001).
► Kap. 3.2, 6.1

**pH-Wert**
Absoluter Wert des Zehnerlogarithmus der Wasserstoffionenkonzentration; Indikator für Azidität (pH < 7) und →Alkalinität (pH > 7).
DEUTSCHES NATIONALKOMMITEE FÜR DAS IHP (1998).
► Kap. 3 ff., 4 ff., 5 ff., 7.1, 7.2

**Phylogenie, phylogenetisch**
Stammesgeschichte, Lehre von der Stammesentwicklung (Phylogenese). Beschäftigt sich mit der Abstammung der Organismen, der Entstehung der Arten und den höheren taxonomischen Einheiten.
LESER et al. (1993).
► Kap. 5.4

**Phytobenthos**
Pflanzliches →Benthos. SCHAEFER (2003).
► Kap. 4 ff., 5 ff.

**Phytoplankton**
Funktionelle Gruppe von Algen und →Cyanobakterien, die im Wasser suspendiert sind (→Plankton) und →Photosynthese betreiben. KÖHLER et al. (2002).
► Kap. 3 ff., 4.3.1, 6.1, 7.1, 7.2

**Plankton, planktisch**
Im Freiwasser (→Pelagial) lebende, meist mikroskopisch kleine Organismen, deren Eigenbeweglichkeit nicht ausreicht, um sich gegen Wasserströmungen zu behaupten; →Nekton. KÖHLER et al. (2002).
► Kap. 3 ff., 4 ff.

**Planktonblüte**
→Algenblüte.
► Kap. 3.1.2, 3.2.3

**polytroph**
Hohe bis sehr hohe →Trophie und →Primärproduktion. In einigen Klassifizierungssystemen als Zwischenstufe zwischen →eutroph und →hypertroph verwendet. KÖHLER et al. (2002).
► Kap. 3.1

**Population**
Organismen einer Art in einem Lebensraum, die sich miteinander fortpflanzen. UHLMANN und HORN (2001).
► Kap. 3 ff., 4.3, 5.3

**Porosität**
Hohlraumanteil im Sediment.
► Kap. 5.1

**Potamoplankton**
→Plankton im frei fließenden Wasserkörper großer Flüsse.
► Kap. 3

**Prallhang**
Außenseite einer Flusswindung mit starker Strömung, erhöhter Seitenerosion und steilem Uferhang; →Gleithang.
► Kap. 5.1

**Primärkonsument**
Bezeichnung für →heterotrophe Organismen, die sich von →autotrophen Organismen ernähren (z. B. pflanzenfressende Tiere). Nach STREIT und KENTNER (1992).
► Kap. 3.4

**Primärproduktion**
Aufbau organischer Substanz aus anorganischen Verbindungen. Energiequellen sind Licht (→Photosynthese) oder chemische Substanzen (Chemosynthese).
KÖHLER et al. (2002).
► Kap. 3.1, 3.2, 3.4, 4.4, 5.4

**Produzent**
Organismen, die aus unbelebter Materie organisches Material (→Biomasse) durch →Photosynthese oder Chemosynthese bilden; →Primärproduktion.
UHLMANN und HORN (2001).
► Kap. 3.1, 3.2, 4.4, 5.4, 6.1

**Protargolfärbung**
Versilberung von →Ciliaten mit Albumosesilber (Protargol) zur taxonomischen Bestimmung. Zellstrukturen wie Wimpern, deren Basalkörper, Fibrillensysteme, Kernapparat werden dunkelbraun gefärbt.
FOISSNER et al. (1991), SKIBBE (1994).
► Kap. 3.4

**Protein**
Eiweiß. Gruppe organischer Verbindungen, die lineare Polymere von mindestens rund 50 →Aminosäuren darstellen, die über Peptidverbindungen miteinander verbunden sind. Bei geringerer Anzahl von Aminosäuren spricht man von →Peptiden.
STREIT und KENTNER (1992).
► Kap. 3.5

**Protozoa**
Einzeller, Urtierchen. Tiere, die nur aus einer Zelle bestehen und im Allgemeinen kein →Chlorophyll haben. STREIT und KENTNER (1992).
► Kap. 3.3, 3.4, 3.5

**Quartil**
Diejenigen Werte, die eine der Größe nach angeordnete Datenreihe in gleich große Viertel unterteilen.

**Redfield-Verhältnis**
→ Stöchiometrisches Verhältnis der Elemente Kohlenstoff zu Stickstoff zu Phosphor von 106 : 16 : 1 in der Algenbiomasse. DOKULIL et al. (2001).
► Kap. 3.2

**Redoxpotenzial**
Als elektrische Spannung messbares Maß für das Verhältnis der oxidierten und reduzierten Stoffe in einem wässrigen System. R. gibt an, in welche Richtung →Oxidations- bzw. →Reduktionsvorgänge ablaufen.
► Kap. 5.4.2

**Reduktion**
Chemischer Prozess, der zur Freisetzung von Sauerstoff oder zu einem Elektronenzuwachs einer Verbindung führt; der gegenteilige Vorgang ist die →Oxidation.
DEUTSCHES NATIONALKOMMITEE FÜR DAS IHP (1998).
► Kap. 4.4, 5.4

**Redundanzanalyse (RDA)**
Multivariates statistisches Verfahren zur simultanen asymetrischen Analyse von zwei Datensätzen. Wird zur Analyse von Zusammenhängen zwischen Artengruppen und Umweltmessgrößen verwendet.
TER BRAAK und ŠMILAUER (2002).
► Kap. 4.3.2, 5.3.2

**Reproduktionsrate**
Fortpflanzungsrate. Zahl der Nachkommen, die von einem Individuum über einen bestimmten Zeitraum produziert werden. Nach SCHAEFER (2003).
► Kap. 3.3

**Respiration**
Atmung. Abbau organischer Substanz zu anorganischen Verbindungen ($CO_2$ und $H_2O$) unter Energiegewinn. KÖHLER et al. (2002).
► Kap. 3.2, 4.4, 5.4, 6.1, 6.2, 7.2

**Respiratorischer Quotient**
Gibt an, wieviel Mol $CO_2$ pro verbrauchtes Mol $O_2$ freigesetzt werden. Ist abhängig von der Art des veratmeten Substrats und liegt zwischen 0,7, wenn Fett veratmet wird, und 1,1, wenn Kohlenhydrate veratmet werden und Fett synthetisiert wird. LAMPERT (1984)
► Kap. 5.4.1

**Resuspension**
Wiederaufwirbelung sedimentierter Schwebstoffe. KÖHLER et al. (2002).
► Kap. 3.2, 3.3, 3.5, 6.3

**Retention**
Stoff- oder Wasserrückhalt durch natürliche Gegebenheiten oder künstliche Maßnahmen.
JÜRGING und PATT (2005).
► Kap. 3 ff., 4 ff., 7 ff.

**Reynolds-Zahl**
Dimensionslose Maßzahl, die den →hydrodynamischen Stress im Gewässer ausdrückt.
STATZNER et al. (1988).
► Kap. 4.1, 4.3, 5.1, 5.3

**rheophil**
Bezeichnet Organismen, die sich mit Vorliebe in Gewässern mit starker Strömung aufhalten.
► Kap. 5.3.2

**Rippel**
Kleine, meist unregelmäßige Sohlenunebenheiten, die sich in Strömungsrichtung bewegen und deren Höhe von der Wassertiefe unabhängig ist.
Nach DIN 4049.
► Kap. 5.3.2

**Röntgen-Fluoreszenzanalyse**
Methode, bei der die Probenoberfläche mittels einer elektromagnetischen Quelle (gamma-Strahlung) hinsichtlich ihrer chemischen Zusammensetzung untersucht wird. Die eindringende Röntgenstrahlung tritt in Wechselwirkung mit den Atomen in der Probe, so dass alle Elemente gleichzeitig ihre jeweils charakteristische Fluoreszenzstrahlung emittieren, die zur Detektion verwendet werden.
Nach LICHTFUSS und BRÜMMER (1978).
► Kap. 4.2

**Rotatoria**
Rädertierchen. Gruppe mehrzelliger, mikroskopisch kleiner Tiere, oft →planktisch. KÖHLER et al. (2002).
► Kap. 3.3, 4.3.1, 7.1, 7.2

**Saprobie**
Intensität des Abbaus organischer Stoffe im Wasser. Summe der →heterotrophen Aktivität in einem Fließgewässer (Bakterien, wirbellose Tiere). Komplementärbegriff zur →Trophie. Nach SCHWOERBEL (1987), LAMPERT und SOMMER (1993).
► Kap. 4.3.2

**Sauerstoffdefizit** [mg/l]
Fehlbetrag zwischen Sauerstoffsättigungskonzentration und aktueller Sauerstoffmassenkonzentration in Bezug auf die bei der Messung herrschenden Bedingungen (v. a. Wassertemperatur, Luftdruck). Nach DIN 4049.
► Kap. 6.2.2

**Sauerstoffsättigungsindex**
Prozentsatz des tatsächlich im Wasser vorliegenden Sauerstoffgehaltes zu dem Gehalt, der sich bei den herrschenden Bedingungen (v. a. Wassertemperatur, Luftdruck) bei vollständigem physikalischem Gasaustausch über die Wasseroberfläche einstellen würde.
► Kap. 3.2, 7.2

**Sauerstoffübersättigung**
Liegt bei einem → Sauerstoffsättigungsindex größer 100 % vor und kann z. B. im Verlauf von → Algenblüten durch biogenen Sauerstoffeintrag erreicht werden.
► Kap. 3.2, 6.1

**Schluff**
→ Korngröße < 63 µm. LESER et al. (1993).
► Kap. 4 ff., 5 ff., 6 ff., 7 ff.

**Schwall**
Etwa mit Wellengeschwindigkeit fortschreitende Hebung des Wasserspiegels; → Sunk. Nach DIN 4044.
► Kap. 6.2, 7.4

**Schwebstoff**
Feststoffe in Flüssigkeiten, die durch Fließen oder Turbulenzen in Schwebe gehalten werden. JÜRGING und PATT (2005).
► Kap. 3.4, 3.5, 4.2, 6.3, 7.1

**Scuticociliaten**
Gruppe der → Hymenostomata im Stamm der Wimpertierchen (→ Ciliata) mit Individuengrößen unter 30 µm. SAUERMOST und FREUDIG (2004).
► Kap. 3.5

**Sediment**
Am Gewässerboden abgelagertes Material.
► Kap. 4 ff., 5 ff., 6 ff., 7 ff.

**Sedimentrauheit**
Kleinräumige Unterschiede in der Form der Gewässersohle, die u. a. durch die Kornzusammensetzung verursacht werden. STATZNER et al. (1988).
► Kap. 4.3.2, 5.3.2

**Sekundärkonsument**
Bezeichnung für diejenigen → heterotrophen Organismen eines Ökosystems, die sich unmittelbar von den lebenden → Primärkonsumenten ernähren. Nach STREIT und KENTNER (1992).
► Kap. 3.4

**Selbstreinigung**
Summenbezeichnung für biologische, chemische oder physikalische Vorgänge, durch die Wasserinhaltsstoffe z. B. auf einer bestimmten Fließstrecke aus dem Wasser entfernt werden. Nach DIN 4045.
► Kap. 6.2

**sessil**
Fest haftender Organismus, der unfähig zur aktiven Fortbewegung ist. SCHAEFER (2003).
► Kap. 4.3.3, 4.3.4, 7.2

**Seston**
Gesamtheit an lebenden (→ Plankton) und nicht lebenden → Schwebstoffen. KÖHLER et al. (2002).
► Kap. 4.2

**Silikat ($SiO_4$)**
Mineralgruppe, zu der alle Verbindungen von Siliziumoxid ($SiO_2$) mit basischen Oxiden gehören. Nach LESER et al. (1993).
► Kap. 3.1, 7.1, 7.2

**Sohlerosion**
Großflächige und zeitliche längerfristige Eintiefung der Gewässersohle durch Abtrag von Sohlenmaterial; → Erosion.
► Kap. 2.1

**Sohlschwelle**
Quer zur Fließrichtung liegendes, flaches Regelungsbauwerk in der Gewässersohle, das über diese nicht hinausragt. Nach DIN 4047.
► Kap. 4.1

**Sorption, sorbieren**
Anlagerung eines Stoffes aus der wäßrigen Phase auf eine angrenzende feste Phase.
► Kap. 5.4.1

**Steinsatz**
Mauerwerkartig aufgesetzte, unbearbeitete, meist in die Gewässersohle eingebundene Steine. Nach DIN 4047.
► Kap. 2.1

**stenotherm**
Bezeichnet Arten, die nur einen engen Temperaturbereich tolerieren. LAMPERT und SOMMER (1993).
► Kap. 5.3.2

**Stöchiometrie**
Lehre von der mengenmäßigen Zusammensetzung chemischer Verbindungen und der mathematischen Berechnung chemischer Umsetzungen. Nach GRILL (1994).
► Kap. 7.2

## Streichlinie
Planmäßige seitliche Begrenzung des Wasserspiegels im Bereich des Abflussquerschnitts beim Ausbauabfluss, z. B. die gedachte Verbindungslinie entlang der →Buhnenköpfe. Nach DIN 4054.
► Kap. 4 ff., 5 ff.

## Störung
Natürliche oder →anthropogene Ereignisse von begrenzter Dauer, die Veränderungen in der Zusammensetzung, der räumlichen Struktur, der zeitlichen Entwicklung oder der →abiotischen Umwelt von ökologischen Einheiten bewirken.
Nach PICKETT und WHITE (1985), JAX et al. (1993).
► Kap. 4.3.2

## Sukzession
Eigendynamische Ablösung einer Artengemeinschaft durch eine andere.
► Kap. 3.3

## Sunk
Etwa mit Wellengeschwindigkeit fortschreitende Senkung des Wasserspiegels, z. B. Sogwirkung durch Schiffe; →Schwall. Nach DIN 4.
► Kap. 5.1, 6.2, 7.4

## Taucherschacht
Vorrichtung auf einem Schiff, in dem nach Absenkung auf die Gewässersohle unter Überdruck direkte Arbeiten am Gewässergrund ohne Taucherausrüstung möglich sind.
► Kap. 2.4, 5.1, 6.2

## Taxon, (plural Taxa)
→taxonomische Einheit, z. B. Art, Gattung, Familie.
KÖHLER et al. (2002).
► Kap. 3.3.3, 3.4.2

## Taxonomie, taxonomisch
Biologische Arbeitsrichtung, die die verwandtschaftlichen Beziehungen der Organismen in einem hierarchischem System ordnet.
► Kap. 3.3

## Totholz
Abgestorbene Bäume oder deren Teile (Äste, Zweige, Wurzeln).
► Kap. 7.3.3

## Totwasserzone
Gegen die Strömung abgegrenzter Bereich eines Gewässers ohne erkennbare Fließbewegung. Nach DIN 4049.
► Kap. 4 ff.

## Tracer
Zur Untersuchung von Transportvorgängen in Gewässern eingebrachter Markierungsstoff (gelöst, suspendiert oder in anderer Form transportiert).
DEUTSCHES NATIONALKOMMITEE FÜR DAS IHP (1998).
► Kap. 4.1.3, 5.1.3

## transparente exopolymere Partikel
Partikuläre Polysaccharide im Wasser, welche von Algen und Bakterien ausgeschieden werden und als Kleber zwischen Partikeln dienen können.
ALLDREDGE et al. (1993).
► Kap. 3.5

## Transportkörper
Erhebungen der Sohle eines Fließgewässers, die sich in Strömungsrichtung (Riffel, Dünen und Bänke) oder gegen die Strömungsrichtung (Antidünen) fortbewegen (aus DIN 4044: 1980–2007).
► Kap. 7.3.1

## Trichoptera
Köcherfliegen. Ordnung der Insekten (Insecta).
► Kap. 4.3.2, 5.3.2

## Trophie
Intensität der →Primärproduktion.
SCHWOERBEL (1987).
► Kap. 3.1, 3.4

## Turbulenz
Ungeordnete Bewegung von Wasserteilchen, Verwirbelungen. Nach DIN 4044.
► Kap. 3.1, 3.3

## Ubiquist, ubiquitär
Lebewesen ohne Bindung an einen besonderen Lebensraum.
► Kap. 4.3.3

## Uferrehne
Uferaufhöhung an einem Wasserlauf durch Ablagerung von Feststoffen bei Hochwasser oder durch Räumgut. Nach DIN 4049.
► Kap. 2.1

## Umweltfaktor
Teil der Umweltwirkungen, z. B. Hochwasserdynamik. Kann sich in mehrere messbare Umweltparameter aufspalten, z. B. →Abfluss, Fließgeschwindigkeit, Wiederkehrintervall.
► Kap. 4.3.2

## Umweltgradient
Ein U. beschreibt die von Punkt zu Punkt variable Ausprägung eines oder mehrerer →Umweltfaktoren.
► Kap. 4.3.2

**Validierung**
Überprüfung eines → Modells mit Hilfe von Messdaten, die nicht zur Erstellung des Modells genutzt wurden.
▸ Kap. 7.1, 7.2

**Viskosität**
Innere Reibung von strömendem Wasser.
▸ Kap. 6.3

**Wasserwechselzone**
Amphibischer Bereich. Bereich eines Gewässerbettes mit häufig wechselnden Wasserständen.
Nach DIN 4047.
▸ Kap. 5.1

**weißes Rauschen**
Bezeichnet in der Statistik einen Prozess von unkorellierten Zufallsvariablen mit Erwartungswert Null und konstanter Varianz. Das weiße Rauschen stellt somit den einfachsten stochastischen Prozess dar.
▸ Kap. 5.1.3

**xylophag**
Holz fressend. SCHAEFER (1991). Vergleiche auch xylobiont = „Holz bewohnend", wobei die Tiere sich nicht unbedingt xylophag ernähren.
▸ Kap. 7.3.3

**Zoobenthos**
Tierisches → Benthos, (wirbellose) Tiere auf dem Gewässerboden, z. B. Muscheln, (Klein-)Krebse, festsitzende Einzeller. SCHAEFER (2003), KÖHLER et al. (2002).
▸ Kap. 4 ff., 5 ff.

**Zooplankton**
Tierisches → Plankton, z. B. Einzeller (→ Protozoen), Rädertiere (→ Rotatorien), Kleinkrebse (→ Microcrustaceen). LAMPERT und SOMMER (1993).
▸ Kap. 3.1, 3.3, 4.3.1, 7.1, 7.2

# Abkürzungsverzeichnis

| | |
|---|---|
| µg | Mikrogramm |
| µm | Mikrometer |
| | |
| Abd. | Abundanz |
| Ammonium-N | In Ammonium (vgl. Glossar) gebundener Stickstoff |
| ARGE-Elbe | Arbeitsgemeinschaft für die Reinhaltung der Elbe |
| | |
| BAW | Bundesanstalt für Wasserbau |
| BfG | Bundesanstalt für Gewässerkunde |
| BPP | Brutto-Primärproduktion |
| BSB | Biochemischer Sauerstoffbedarf |
| | |
| C | Kohlenstoff |
| Chl-a | Chlorophyll-a |
| $CO_2$ | Kohlendioxid |
| C-POM | Gesamtgehalt an organischem Material im Sediment gemessen als Kohlenstoff |
| CZ-Elbe-km | siehe Kapitel 2.1 |
| | |
| d | Tag |
| DBWK | Digitale Bundeswasserstraßenkarte |
| DCA | Korrespondenzanalyse |
| DDT | Dichlordiphenyltrichlorethan |
| DIN | Deutsche Industrie-Norm |
| DOC | Gelöster organisch gebundener Kohlenstoff (englisch: Dissolved Organic Carbon) |
| DOM | gelöstes organisches Material |
| | |
| EEA | extrazelluläre Enzymaktivität |
| EG-WRRL | EG-Wasserrahmenrichtlinie |
| EGW | Einwohnergleichwerte |
| Elbe-km | siehe Kapitel 2.1 |
| EPD | effektiver Porendurchmesser |
| | |
| $Fe^{2+}$ | Eisen (Ferrum) |
| Fr | Froude-Zahl |
| | |
| Gesamt-P | Gesamt–Phosphorgehalt |
| Gew. % | Gewichtsprozent |
| GPS | Global Positioning System |
| GR | Gesamtrespiration |
| | |
| h | Stunde |
| HCB | Hexachlorbenzol |

| | |
|---|---|
| HPLC | High Performance Liquid Chromatography |
| HQ | Höchster Abfluss (vgl. Glossar) im Beobachtungszeitraum (DIN 4049-3) |
| | |
| IGB | Leibniz-Institut für Gewässerökologie und Binnenfischerei |
| IKSE | Internationale Kommission zum Schutz der Elbe |
| Ind. | Individuen |
| | |
| $k_f$-Wert | Durchlässigkeitsbeiwert |
| | |
| l | Liter |
| LAWA | Länderarbeitsgemeinschaft Wasser |
| LUA | Landesumweltamt |
| | |
| $m^3/s$ | Kubikmeter pro Sekunde |
| MCA | Methylcumarinylamid |
| MFIP | mobile Feinpartikel im Interstitial (englisch: mobile fine interstitial particles) |
| MHQ | Mittlerer höchster Abfluss (vgl. Glossar) im Beobachtungszeitraum (DIN 4049-3) |
| MNQ | Mittlerer niedrigster Abfluss (vgl. Glossar) im Beobachtungszeitraum (DIN 4049-3) |
| MQ | Mittlerer Abfluss (vgl. Glossar) im Beobachtungszeitraum (DIN 4049-3) |
| MUF | Methylumbelliferyl |
| | |
| N | Stickstoff |
| n | Stichprobenumfang |
| NEP | Netto-Ökosystemproduktion |
| $NH_4^+$ | Ammonium |
| $NH_4$-N | In Ammonium (vgl. Glossar) gebundener Stickstoff |
| Nitrat-N | In Nitrat (vgl. Glossar) gebundener Stickstoff |
| Nitrit-N | In Nitrit (vgl. Glossar) gebundener Stickstoff |
| NN | Normal-Null (vgl. Glossar) |
| $NO_3$ | Nitrat |
| N-POM | Gesamtgehalt an organischem Material im Sediment gemessen als Stickstoff |
| NPP | Netto-Primärproduktion |
| NQ | Niedrigster Abfluss (vgl. Glossar) im Beobachtungszeitraum (DIN 4049-3) |
| | |
| $O_2$ | Sauerstoff |
| o-$PO_4$ | ortho-Phosphat |
| | |
| P | Phosphor |
| PCA | Hauptkomponentenanalyse (vgl. Glossar) |
| PN | Pegelnullpunkt |
| $PO_4$ | Phosphat |
| POM | paritkuläres organisches Material |
| | |
| Q | Abfluss |
| | |
| r | Korrelationskoeffizient |
| RDA | Redundanzanalyse |

| | |
|---|---|
| Re | Reynolds-Zahl |
| rel. | relativ |
| | |
| S | Schwefel |
| SGA | Sauerstoff-Ganglinienanalyse |
| SGR | Sedimentgesamtrespiration |
| Si | Silizium |
| Si gel. | im (Fluss-)Wasser gelöstes Silizium |
| $SiO_4$ | Silikate |
| sp. | species (Art) |
| SRP | gelöstes reaktives Phosphat |
| | |
| t | Zeit |
| T-CSB | chemischer Gesamtsauerstoffbedarf |
| TM | Trockenmasse |
| | |
| UBA | Umweltbundesamt |
| UFZ | Umweltforschungszentrum Leipzig-Halle GmbH in der Helmholtz-Gemeinschaft |
| | |
| VHG | vertikaler hydraulischer Gradient |
| | |
| WSA | Wasser- und Schifffahrtsamt |
| WSD | Wasser- und Schifffahrtsdirektion |